PRACTICAL VACUUM TUBE HANDBOOK

实用电子管手册

—— 修 订 版 —— 唐道济 ● 编著

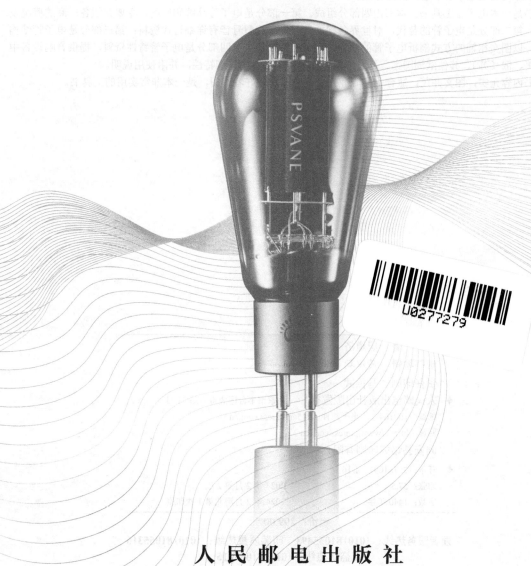

人民邮电出版社

北京

图书在版编目（CIP）数据

实用电子管手册 / 唐道济 编著. -- 2版（修订版
）. -- 北京：人民邮电出版社，2024.2
ISBN 978-7-115-63304-0

Ⅰ．①实… Ⅱ．①唐… Ⅲ．①电子管—手册 Ⅳ.
①TN11-62

中国国家版本馆CIP数据核字(2023)第238022号

内 容 提 要

本书是《实用电子管手册》的修订版。

本书是一本电子管工具书。本书由四部分组成。第一部分是电子管品牌和厂商，主要介绍各厂商的概况及其商标；第二部分是电子管的替代，对世界各国的常用电子管型号皆有详细替代资料；第三部分是电子管结构和应用，以图文相辅的方式剖析电子管的结构并介绍相关知识；第四部分是电子管特性资料，提供音响设备中常用的美、俄（苏）、其他欧洲国家、日及中国 300 多种电子管的详细特性，并附使用说明。

本书内容充实，图文并茂，适合相关专业人士及电子管爱好者查阅，是一本非常实用的工具书。

◆ 编　　著　唐道济
　　责任编辑　黄汉兵
　　责任印制　马振武

◆ 人民邮电出版社出版发行　　北京市丰台区成寿寺路 11 号
　　邮编　100164　　电子邮件　315@ptpress.com.cn
　　网址　https://www.ptpress.com.cn
　　固安县铭成印刷有限公司印刷

◆ 开本：787×1092　1/16
　　印张：57.5　　　　　　　　　2024 年 2 月第 2 版
　　字数：1440 千字　　　　　　2024 年 2 月河北第 1 次印刷

定价：299.00 元

读者服务热线：(010)81055493　印装质量热线：(010)81055316
反盗版热线：(010)81055315

　　唐道济（1939.12—2022.12），江苏无锡人。中国声学学会高级会员，中国电子学会会员，江苏省科普作家协会会员，历任无锡市科学技术协会委员、无锡市音响技术专业委员会主任、无锡市科学技术普及促进协会常务副理事长等职务。少年时对电器和机械装置有浓厚兴趣，20世纪50年代末开始在无线电专业刊物发表大量文章，20世纪60年代起从事电子技术教育工作，20世纪70年代起专事电声及电子产品开发工作，并组织大量科技讲座，20世纪90年代起为普及提高音响技术做了大量工作，1995年参加中华人民共和国人力资源和社会保障部有关专业的国家标准及规范制订，并两次赴京担任专家组主审。

　　主要著作：《无线电元器件应用手册》（1981）、《扬声器放音系统实践》（1984）、《新编无线电元器件应用手册》（1990）、《实用高保真声频放大手册》（1994）、《音响发烧友必读》（1994）、《音响技术与音乐欣赏手册》（2002）、《电子管声频放大器实用手册》（2009）、《Hi-Fi音响入门指南》（2010）、《电子管声频应用指南》（2012）、《音响发烧友进阶——电子管放大器DIY精要》（2016）、《电子管声频放大器实用手册》（第二版，2018）、《世界音响史》（2018）、《Hi-Fi音响入门指南》（第二版，2019）、《实用电子管手册》（2018）。

　　主要论文：《音频放大器低噪声化探讨》（1984）、《印制电路设计工艺》（1985）、《接地技术实践》（1985）、《声频放大器的瞬态失真与对策》（1989）、《音响电路中的运算放大器》（1992）、《声频放大器的参数与音质分析》（2015）。

前 言

电子管（Electron tube），英国称 Valve，早期叫真空管（Vacuum tube）。它的发明标志着一个新的时代开始，曾为人类的文明进步立下不朽功勋。

自 1883 年 T.A.爱迪生发现有名的爱迪生效应以后，1904 年英国 J.A.弗莱明发明了真空二极管，1906 年美国 L.德.弗雷斯特发明了真空三极管，扩展了热电子真空管的应用，使微弱信号的放大成为可能。1912 年美国通用电气公司的 I.阿诺德和美国电话电报公司的 H.兰米尔在各自公司研制出高真空电子管，使三极管的放大倍数大大提高，寿命和稳定性更好，电子管进入实用阶段。1926 年英国 H.J.朗德发明了帘栅四极管，提高了放大倍数，减小了栅极和屏极之间的电容。1928 年荷兰特勒根、霍尔斯特发明了五极管，抑制了二次电子发射。自 1906 年实用的电子管问世、1912 年高真空电子管研制成功以来，从简单的直热式二极管开始，各国开发的各种用途的电子管达数千种之多。

电子管是重现音乐情感的好器件而深受音响爱好者的欢迎，所以在电子管淡出电子技术舞台多年的现今，仍有其用武之地，且长盛不衰。当音响器材换用不同品牌电子管时，虽然性能可以一样，但因各厂材料及工艺等细微差异造就的独特性格，使其重放声音的音色会有不同的表现，此乃众多爱好者之乐趣所在。

20 世纪初，欧洲各国和美国相继介入电子管的开发与竞争，分别完成了自己独自的发展，拥有自己的生产线。由于欧洲与美国都各按自己的规格进行开发，生产工艺有所差异，故而早期电子管即使指标基本相当，不同厂家的产品在规格、内部构造及外形上也不尽相同。随着性能提高，技术成熟，小型管具有一系列的优点而得到普及使用，在国际上作为推荐品种，具有国际互换性。

鉴于世界主要电子管制造厂已停产数十年，大家对以往的生产厂商（manufacturer）和品牌（brand），包括商标（logo）标识，已不甚了解*。但使用电子管必先了解电子管，一本详细的手册是必不可少的。可当今有关资料并不好找，市面上更有个别手册错误迭出，缘此，笔者根据数十年从事电子技术工作中所接触及收集到的大量资料，花了数年工夫，编写了这本手册，对世界各国主要电子管的品牌和厂商作了介绍，剖析了电子管结构，并提供电子管替代资料及音响设备中常用的美、俄、其他欧洲国家、日及中国电子管详细特性参数和曲线 300 多种**。每管均集各厂特性手册之精要，并有使用说明，供大家查阅参考，希望能给大家在应用电子管时带来更多方便。尽管对有关资料已作了大量推敲考证，但有些厂商年代久远，已无从取得相关资料，在内容上难免仍有疏漏之处，祈望能得到各方教益，以便今后补正。

唐道济

2018 年 10 月

---

* 在众多电子管品牌之间，有互相贴牌生产的情况，故某一品牌电子管不一定都是其自己工厂生产。

** 本手册所列主要是声频设备用电子管，专为声频放大开发的电子管并不多，不少都引自高频放大或其他用途的电子管。

目　录

一、电子管品牌和厂商 ....

1.1 电子管品牌和厂商

在电子管的鼎盛时期，品牌多达一百多个，全球年产逾10亿只，但随着半导体器件的广泛应用，电子管逐渐从电子技术的主舞台淡出，仅在音响领域仍占有一席之地，并长盛不衰。各国电子管生产厂已相继在三四十年前陆续停产，现在仍在生产电子管的仅有俄罗斯、斯洛伐克、中国等少数国家。

RCA（Radio Corporation of America，美国无线电公司，美国）

电子管史上最显赫的先导者，开发和改进大量电子管，大量生产军用、民用、工业用电子管。1919年建厂制造电子管，1977年停止生产电子管。其Special Red "特殊红色" 系列（5691、5692、5693等，使用红色管基或红色管壳），还有Command Series "指令" 系列是优质管。军用管厂家识别码为CRC、JRC，工厂代码为274。管上MADE IN U.S.A.下面的××-××为4个出厂日期数字码（DATE-CODE），前面两个数字表示年份，后面两个数字表示第几周生产，如61-35为1961年第35周生产。还有CANADA、HOLLAND、GERMANY制造。

RCA最初与GE、WE、WH等公司联合组成无线电联盟，并收购了马可尼、阿姆斯特朗、贝尔电话等公司的专利，开始真正工业生产电子管，反垄断法实施后的1932年，GE和WH等公司退出RCA。RCA早期电子管曾使用过Radiotron、Cunningham*等商标。

RCA在20世纪40—50年代使用白色或银色长字及闪电商标，金属箍管基（包括发射管）上使用黑色文字及闪电商标，60年代使用橙红色长字及闪电商标，70年代起全面改用橙红色

---

* Cunningham——1915年开始生产三极管，打破Lee de Forest垄断局面，后成为RCA经销商，1931年并入RCA旗下。

长字 RCA 商标，并取消闪电商标。部分 OEM 产品仅有闪电商标标志。

功率管	"指令"系列	"特殊红色"系列	发射管
发射管	外国制造	外国制造	OEM	OEM
OEM	早期刻字 Radiotron	刻字 Radiotron	刻字 Cunningham	Radiotron

Cunningham

GE（General Electric Co.，通用电气公司，美国）

美国主流电子管生产商，几乎生产所有常用型号的电子管，为军方最大供应商之一。1913年开始研究试制电子管，1985年停止生产电子管。其 ★★★★★ 5 Star "五星" 系列是优质管。军用管厂家识别码为 CG、JG，工厂代码为 188。管上××-××为出厂日期数字码，前两个数字表示年份，后两个数字表示第几周生产，如 61-38 为 1961 年第 38 周生产。另有 CANADA、HOLLAND 制造。

GE 使用白色或绿色手写体文字圆商标，金属管基发射管用黑色商标，CANADA 及 HOLLAND 制造用红色手写体文字圆商标。

"五星"系列　　　　"五星"系列

发射管　　　　外国制造　　　　外国制造　　　　荷兰制造

Sylvania（俗称"喜万年"，Sylvania Electric Products Inc.，美国）

美国主要电子管生产商，也是美国最大的电子管材料供应商，有许多名管。1924 年开始制造接收管，1959 年被 GET 收购，改为 Sylvania ECG（Electronic Components Group），直到 1983 年。其 GB（Gold Brand）"金牌"系列是优质管。军用管厂家识别码为 CHS、JHS，工厂代码为 312。管上竖排 4 个出厂日期数字码前两个数字表示年份，后两个数字表示第几周生产，如 7225 为 1972 年第 25 周生产。另有 HOLLAND 制造。

Philco（"飞歌"）牌电子管大多为 Sylvania 制造。

Sylvania 使用绿色文字及超人闪电商标，但也有白色及金色文字商标。金属箍管基（包括发射管）上使用黑色文字商标。在 20 世纪 60 年代曾使用黄字商标。

"金牌"系列　　　　　"金牌"系列

"金牌"系列　　　　　　发射管　　　　　早期刻字　　　　　早期刻字

Raytheon（Raytheon Manufacturing Co.，美国）

美国著名电子管生产商，生产品种齐全，包括接收管、工业管、军用管及特种管，以工业管和军用管最有名。1929 年开始制造电子管。军用管厂家识别码为 CRP、JRP，工厂代码为 280。20 世纪 60 年代后期还有 JAPAN 制造。

Raytheon 使用橙色文字商标，或黄色文字商标。金属箍管基上使用橙色或黑色文字商标。

早期刻字

Tung-Sol（俗称"天梭"，Tung-Sol Electric Inc.，美国）

1929 年开始制造电子管，生产品种不太多，品质极好，为军方的最大供应商之一。军用管厂家识别码为 CTL、JTL，工厂代码为 322。管上纵向横排 6 位出厂日期数字码的后 4 位中，后两位数字表示年份，前两位数字表示第几周生产，如 710550 为 1950 年第 5 周生产。

Tung-Sol 使用白色文字商标，金属箍管基上使用黑色或白色文字商标。其标注的 MADE IN U.S.A.中的 *IN U.S.A.*大多为斜体。

功率管　　　　　　　　功率管

KEN-RAD（美国）

主要生产接收管，是标准电子管的最早供应商之一。1933 年开始制造电子管，1946 年被 GE 收购后，该品牌继续使用过一段时间。军用管厂家识别码为 CKR、JKR。

KEN-RAD 使用白色或银色文字商标，金属箍管基上使用黑色文字商标。

早期刻字

Hytron（Hytron Corporation，美国）

1926 年成立，生产接收管、发射管，1951 年被 CBS 收购，改为 CBS-Hytron。军用管厂家识别码为 CHY、JHY，工厂代码为 210。

Hytron 使用白色或银色文字商标。金属箍管基上使用黑色文字商标。CBS 使用红色或黄色文字菱形商标。

Hytron   CBS

WE（西电，Western Electric Co.，美国）

1913 年开始开发、制造电子管，为最早的电子管开拓者之一。只生产通信业务用电子管，型号不过千，制作精良，品管严格，寿命极长，1988 年停止生产电子管。军用管厂家识别码为 CW、JW，工厂代码为 336。

WE 原为美国最大的通信公司 AT&T 旗下成员，自制造电子管后，对电子管的发展卓有贡献，但从未涉足民用市场，只生产自己开发的品种，也从未做大量生产计划。

WE 使用黄色文字（早期使用正体，20 世纪 40 年代后改用斜体）商标为主，但也有其他颜色文字商标，金属箍管基上使用黑色文字商标，发射管用红色文字商标。

发射管   发射管   早期刻字   20 世纪 70 年代起包装盒加印贝尔标记

WH（西屋，Westinghouse，Westinghouse Electric Co.，美国）

世界著名电工设备制造商，最早涉足电子管研究和生产的公司之一。军用管厂家识别码为 CWL、JWL，工厂代码为 337。另有 CANADA、HOLLAND 制造。

WH 使用黄色、白色或蓝色文字及皇冠形 W 圆商标，金属管基发射管用橙红色。

功率管   发射管

National Union（National Union Radio Corp.，美国）

1930 年年初，由 Marathon、Magnatron、Sonatron 和 Televocal 四家公司合并成立。生产接收管，二战时生产发射管和特种管。军用管厂家识别码为 CNU。

National Union 使用白色或银色文字商标。金属管基发射管用黑色文字商标。

早期刻字　　　　发射管

Amperex（俗称"地球"，Amperex Electronic Corp.，美国）

1936 年开始制造电子管，以生产接收管、发射管和特种管著称。其 PQ（Premium Quality）为优质系列。军用管厂家识别码为 CEP，工厂代码为 111。1955 年被 Philips 收购，为其境外三大品牌之一，高质量管（Premium Quality）加有"PQ"标记。另有 HOLLAND、GERMANY、FRANCE 制造。

Amperex 电子管管身有一行识别码：前 3 个字符表示电子管型号及批次；第 4 个字母或符号表示生产地，如☆为 Amperex 纽约厂；第 5 个字母或数字表示出品年份，如 2 表示 1962 年；第 6 个字母用 A～L 表示 1—12 月。另外还有一行由数字和字母组成的代码，表示生产日期：首字 A～I 代表 1951—1959 年，0、1、2 代表 1960 年、1961 年、1962 年，后两位数字代表第几周。荷兰生产的 Amperex 电子管识别码同 Philips。

Amperex 使用白色文字商标，但也有黄字或绿字。20 世纪 60 年代起改用文字及地球商标，通称"地球"牌。20 世纪 70 年代后改用橙色。金属管基发射管用黑色文字商标。

PQ 系列

发射管　　　　　　　德国制造　　　　　　德国制造　　　荷兰制造

United（United Electron，美国）

生产发射管为主，军用管厂家识别码为 CUE，工厂代码为 323。

United 使用黄色文字商标（胶木管基），或黑色商标（金属管基），有图标者坊间称"飞将军"。

发射管　　　　　　　　　　发射管（飞将军）

Cetron（美国）

生产发射管及功率管为主。

Cetron 使用黑色或淡蓝色商标。

功率管　　　　　　　　　　　　　　　发射管　　　　　发射管

Chatham（Chatham Electronics，美国）

Chatham 使用黑色文字商标。军用管厂家识别码为 CAHG。

Arcturus（美国）

1929 年开始制造电子管，为早期接收管品牌。

Arcturus 早期使用刻字商标。

早期刻字　　　　　　　　　早期刻字

Bendix（Bendix Red Bank Division，美国）

美军方用电子管品牌，20 世纪 50 年代初面世，集合当时先进技术，采用最新材料和工艺，产品坚牢、长寿、可靠。军用管厂家识别码为 CEA，工厂代码为 125。

Bendix 使用红色或黑色文字商标，曾使用 HEINTZ and KAUFMANCHK（HK）。

HEINTZ and KAUFMANCHK

EIMAC（美国）

1934 年成立，美国工业用高频功率管及发射管生产商。工厂代码为 162。

使用橙红色手写体文字商标。

Philips ECG（美国）

1983 年 Philips 收购 Sylvania ECG 后使用本品牌，直至 1987 年才停止生产电子管。管上 4 位出厂日期数字码前两位表示年份，后两位表示第几周生产，同 Sylvania。

Philips ECG 使用蓝色或绿色文字商标。

G.E.C.（The General Electric Co. Ltd.，英国）

英国电子管制造元老，开发了不少电子管品种，拥有不少英国电子管史上的第一，品质极佳，寿命极长，可靠性极高，由 M-OV 马可尼-欧斯朗电子管公司生产。G.E.C.电子管都有一个代表厂方的正体 Z 字代号。

M-OV（The Marconi-Osram Valve Co. Ltd.）马可尼-欧斯朗电子管公司是最早涉足电子管生产的公司之一。1919 年由 Marconi 公司和 G.E.C.联合成立。品牌有 G.E.C.、Marconi、Osram、MWT、Genalex、Gold Lion、Gold Monarch。销售到美国的电子管都不使用 G.E.C.商标。

G.E.C.使用淡蓝边深蓝底白字椭圆形商标纸（LABEL），1975 年后改为蓝边蓝字长方形商标纸，还曾使用白色文字商标。

功率管　　　　　　　　　　　　发射管

Marconi（马可尼，Marconi Valve，英国）

1900 年成立，从事与无线电有关的电子管制造，由 M-OV 生产。

加拿大 Marconi Radiotron，是在 20 世纪 20 年代中期与 Radio Valve Co.合作创立，20 世纪 50 年代后易名为 Marconi CMC Radiotron，与英国 G.E.C.并无关系。

Marconi 使用白色文字商标或三角形商标纸。加拿大 Marconi 使用白色或红色手写体文字商标（下排照片为加拿大 Marconi）。

Osram（欧斯朗，英国）

由 M-OV 生产。

Osram 使用与 G.E.C.类似的商标纸，或使用金字椭圆商标。

Genalex Gold Lion（英国）

由 M-OV 生产，Gold Lion "金狮"是优质声频用管品牌。

Genalex 使用与 G.E.C.类似的商标纸。Gold Lion "金狮"使用金色图案及文字标记，同时标有 Genalex 和 Gold Lion，20 世纪 70 年代后不再印 Genalex 名称。使用金红两色外盒，20 世纪 60 年代外盒上 Gold Lion 用花体字，后期改用正体字。

Gold Lion

M.W.T.（Maroconi is Wireless Telegraph Co. 马可尼无线电报公司，英国）

由 M-OV 生产。

M.W.T.使用圆商标纸或白色文字圆商标。

Mullard（Mullard Radio Valve Co. Ltd.英国）

创建于 1922 年，20 世纪 50 年代中期成为英国最大的电子管制造商之一，1927 年被 Philips 收购，为其境外三大品牌之一，1982 年停止电子管生产。10M 系列为保证性能、保证长寿命（Guaranteed Performance and Guaranteed Long Life）的优质管。其小型管顶有十字痕（"大盾"）或一字痕（"笑口枣"）。管身近底部处有两行银灰色 ID（识别）码（Philips）。还有 HOLLAND 制造。

Mullard 早期使用白色（20 世纪 60 年代也有黄色）有文字的盾形商标，通称"大盾"，20 世纪 70 年代改用白色无文字的简化盾形商标，通称"笑口枣"。外国制造均注明产地。

Mullard 在 20 世纪 50 年代到 20 世纪 60 年代中期，使用大蓝盒包装，有保护纸，20 世纪 60 年代改用小蓝盒包装，无内保护纸。工业用管使用红、白、黑三色盒包装。20 世纪 70 年代用"笑口枣"盒包装。

"笑口枣"　　　　"笑口枣"　　　　10M 系列　　　　10M 系列

外国制造　　　　荷兰制造　　　　荷兰制造　　　　澳大利亚制造

STC（Standard Telegraph Corp. 英国）

由 The Edison Swan Electric Co. Ltd.生产。STC 在英国和法国均设有工厂。1934 年以后使用 Brimar 商标。

STC 使用白色文字圆商标。

发射管

Brimar（俗称"斑马"，英国）

由 The Edison Swan Electric Co.生产，主要生产美国系列电子管。标有正体 T 字三角黄标者为 Trustworthy Valve（"值得信赖之管"）。

Brimar 使用白色文字商标，早期有用红色文字商标，瓷管基使用黑色文字商标。外国制造均注明产地。

T 标　　　　　　外国制造　　　　　包装盒加印

Ediswan（英国）

1921 年开始制造电子管，由 The Edison Swan Electric Co.生产（由爱迪生灯泡公司英国分公司与 Swan 电灯公司合并而成）。

Ediswan 使用白色文字商标。

Teonex（英国）

由 Hall Electric Ltd.哈尔电气有限公司生产。

Teonex 使用白色文字商标。

包装盒

Cossor（英国）

1922 年开始制造无线电用电子管。二战后与美国 Sylvania 合作，1949 年前后被 EMI 收购而终止电子管制造。

Cossor 使用白色或黄色文字商标。

AWV（Super Radiotron，澳大利亚）（Mullard）

AWV 使用白色文字圆商标，也用 Super RADIOTRON 白色文字商标。

Tungsram（匈牙利）

20 世纪 20—30 年代即开始制造电子管，20 世纪 50 年代成为欧洲最大的电子管生产商之一，1985 年前后停止生产电子管。有些功率管为 ENGLAND 制造。

Tungsram 使用黄色或白色文字商标。

英国制造

Philips（飞利浦，荷兰）

1918 年以集各国精华的独立技术开始制造接收管，1920 年另立公司专门设厂生产电子管，1980 年前后关闭欧洲工厂。SQ（Special Quality）系列是高品质管，另有 USA、ENGLAND、GERMANY、FRANCE 等制造。其管身侧面或近底部有两行 ID（识别）码，表示该管的型号、生产厂及制造时间。旗下品牌有 Philips（荷）、Mullard（英）、Valvo（德）、Amperex（美）、Dario（法）、Adzam（荷）、Rogers（加）、Philips ECG（美）等。

ID 码第一行前两位字母或数字表示电子管型号，如 Cm 为 ECC88 Bee、Df 为 6201、Gf 为 12AU7 新结构、Hf 为 E83CC、ID 为 E182CC、Ib 为 12AX7 新结构、It 为 7025、KE 为 EL34 老结构、SY 为 EL34 新结构、SZ 为 EF80、TK 为 ECC81 小型的、VF 为 ECC81 新结构、VG 为 6201 新结构、VR 为 E188CC Bee、Wd 为 EF94、YF 为 EF80（g）、YK 为 ECC81（g）、dE 为 6CG7、dS 为 6AU6WB、fq 为 ECC83 低颤噪、tE 为 EF86 Bee、tU 为 ECC85、39 为 ECF80。第 3 位数字或字母表示同型管的版本。

Philips ID 码第二行首字母或数字为制造厂代码。

A　Wiener Radio Werke "WIRAG"，澳大利亚

B　Mullard，英国 Blackbum

C　Handon Works，澳大利亚 Alberton

D　Valvo，德国 Hamburg

F　La Radio Technique，法国 Suresnes

G　Mullard，英国 Fleetwood（Loewe Opta 在 1954 年 2 月 22 日以后）

I　Thom-AEI Radio Valve Co.，英国（Ediswan）（Mullard 提供）

J　Mullard，英国 Tottenham（前 Tungsram）

N　Matsushita Electronic Corp.，日本 Takatsuki（G.E.C.，Mullard 提供）

T　Philips，荷兰 Eindhoven

U　Thom-AEI Radio Valve Co. Ltd.，英国（前 B.T.H.）

V　Bharat Electronics (private) Ltd.，印度 Bangalore

X　Philips，Sittard，英国

Y　Philips，Sittard，英国

R　Mullard Radio Valve Co.，英国 Mitcham

d　Nederlanske Institunt voor Fysisch Onderzoek，荷兰

r　Philips Electronics Industries.，加拿大安大略

t　T.I.C，Philips Export Corp.，美国纽约

Φ　Mullard，英国 Whyteleofekenley 厂

△　Philips，丹麦 Eindhoven 厂

⊿　Philips，荷兰 Heerlen 厂

★　Amperex Electronic Corp.，美国纽约

≠　Siemens & Halske，德国慕尼黑

∥　Loewe Opta for Valve，德国汉堡

⌐　Tungsram，英国

1　Philips，Eindhoven，荷兰

2　Philips，Eindhoven，荷兰

3　Philips，Eindhoven，Volgroepen I 及 II，荷兰（Fivre，意大利，在 1970 年 1 月以后）

5　Toshiba，日本东京

6　Philips，Eindhoven（无线电真空管实验室，接收管技术组合，源自俄罗斯）

7　Philips，Eindhoven（无线电真空管实验室，物理学组合）日本日立

8　Philips，Eindhoven（无线电真空管实验室，玻璃组合）

9　Philips，荷兰 Heerlen 厂（无线电真空管实验室，接收管技术组合）

第 2 个字母是年份代码。第 3 个字母是月份代码，A～L 分别代表 1—12 月份。第 4 个数字 1～4 表示该月份第几周生产。

Philips 使用白色文字商标或淡蓝色商标。外国制造均注明产地。

SQ 系列　　　　　早期

ROGERS　　　　ROGERS　　　　ADZAM　　　　ADZAM

Philips Miniwatt（荷兰）

Miniwatt（低耗电之意）是 Philips 在欧洲使用的品牌，1924 年注册，一直使用到 20 世纪 70 年代初。

Philips Miniwatt 使用白色文字商标，还有绿字或黄字盾形商标。外国制造均注明产地。

SQ 系列

| 英国制造 | 贴牌制造 | 法国制造 | 法国制造 | 澳大利亚制造 |

Amperex Bugle Boy（俗称"吹喇叭"，荷兰）

主要由荷兰制造的优选声频用管（Premium Selected Audio Tube），该系列自 1956 年推出，后生产至 1968 年前后。另有英国 Mullard、法国 Dario 制造。带"高音符"者为经噪声筛选管。

Amperex Bugle Boy 使用白色文字及吹喇叭小孩商标。

| 荷兰制造 | 法国制造 | 法国制造 | 英国制造 |

Telefunken（德律风根，德国）

1914 年开始电子管制造，德国主要电子管生产商，隶属 AGE 旗下，1978 年关闭生产线，品质很好，长寿、可靠。吸气剂环比较粗肥是其结构特点，其小型管底部有一个"◇"菱形标记，无此标记者为 OEM 产品。

Telefunken 使用有文字的白色菱形商标。1937 年前使用的商标稍异。

Telefunken 使用红蓝色盒包装。20 世纪 60 年代前的军用管使用黑白盒包装。

早期（1926 年后）

Valvo（俗称"富豪"，Valvo Hamburg，德国）

德国老牌公司，1916 年开始涉足电子管制造，1932 年被 Philips 收购，为其境外三大品牌之一。管身近底部有两行银灰色 ID（识别）码（Philips），还有"HOLLAND 制造"字样。

Valvo 源自 C.H.F. Mueller GmbH Hamburg 公司，1926 年 Mueller 成立 Radio-Roehren-Fabrik GmbH（RRF GmbH），专门生产无线电用电子管，1926 年改名 Valvo。

Valvo 使用白色文字外齿轮状圆商标，还有黄色及绿色等文字外齿轮状圆商标。

荷兰制造

Siemens（西门子，德国）

德国著名电工设备制造商。AGE 旗下大厂，电子管生产品种不太多，品质很好。
Siemens 使用白色图案及文字商标。OEM 产品仅有文字标志，无图标。

  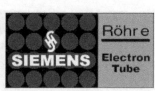

包装盒

R-F-T（Radio-Fuak-Technik，德国）

包括 M、FEW、W、WF、RWN-Neuhaus、HF 等品牌，并且还有其他 OEM 品牌。1990 年停止生产电子管。

R-F-T 使用黄色商标。

   R-F-T   GARANTI   WF   M

   HF   OSW   AEG

OTK（CCCP，苏联）

OTK（ОТДЕЛ ТЕХНИЧЕСКОГО КОНТРОЛЯ）为检验合格标记，苏联电子管商标用图案表示，并无文字。苏联制造的电子管在其商标图案下都标有生产年份的后两位数字及用罗马数字表示的月份数，如 IV-62 为 1962 年 4 月生产。

Рефлектор（Reflector），苏联最大国营接收管厂之一，1953 年成立。使用菱形或电子管符号（后期无屏极）形商标。现 Sovtek 及 EH 牌电子管大部分产自该厂。

Реторте（Novosibirsk），接收管为主。使用五角形或回纹商标。

Светлана（Svetlana），1928 年开始制造电子管的老厂，有很好的品质，使用带翼 C 字圆商标。

Калужский завод（Voskhod），创建于 1979 年，以生产小型接收放大管为主。使用横火箭形商标。

Ульянов（Ulyanov）是苏联大型国营企业，主要生产军用电子设备及元件，包括发射电子管。使用垂直火箭状商标。

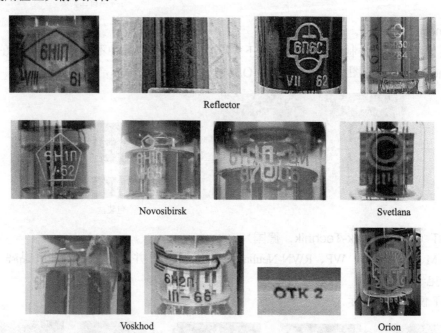

Reflector

Novosibirsk   Svetlana

Voskhod   Orion

Sovtek（索维克，苏联/俄罗斯）

美国 New Sensor Co.品牌，由苏联/俄罗斯 REFLECTOR 生产的声频用管。管上用 4 个数字表示生产年月，前两个数字表示生产年份，后两个数字表示第几周生产，如 99 04 为 1999 年第 4 周生产。

Sovtek 使用红色星形商标或黑色文字商标，非 REFLECTOR 生产用 S 矩形商标。

EH（electro-harmonix，苏联/俄罗斯）

比 Sovtek 更高级别的品牌，型号后均标 EH。管上用 4 个数字表示生产年月，前两个数字表示生产年份，后两个数字表示第几周生产，如 02 02 为 2002 年第 2 周生产。

EH 使用白色或黑色商标，或用金色或绿色图案及文字商标。

Svetlana（苏联/俄罗斯）

电子管生产老厂，苏联/俄罗斯最好的电真空管企业，1992 年与美国合作，名为 Svetlana Electron Devices, Inc.，简称 SED，型号前均标 SV，生产声频用管。管上用 4 个数字表示生产年月，前两个数字表示生产年份，后两个数字表示第几周生产，如 01 14 为 2001 年第 14 周生产。

Svetlana 使用金色、黑色或红色带翼 C 字圆商标，2003 年前使用 S 矩形商标。

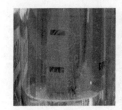    

Tesla（捷克斯洛伐克）

捷克斯洛伐克电子产品企业，1928 年开始电子管制造，玻壳顶呈半圆形是其特征。曾有 Telefunken、Siemens、Mullard、Brimar 等 OEM 品牌。

Tesla 使用黄色文字商标，或白色文字商标。

JJ（JJ Electronic，斯洛伐克）

1993 年由原 Tesla 电子管厂重组而成，生产声频用管。其玻壳顶呈半圆形，与 Tesla 相同。JJ 使用红色圆商标。

VV（Vaic Valve，捷克）

1988 年成立于捷克斯洛伐克，结束于 1996 年。生产声频用直热式三极功率管。

VV 使用金字或蓝字商标。

AVVT（Alesa Vaic Vacuum Technology，捷克）

1996 年底成立，以 AV 命名其电子管型号，生产直热式三极功率管及整流管。

AVVT 在白色瓷管基上使用黑字商标。

EMISSION LAB

KR（KR Audio，捷克）

1996 年由 VV 改组而成，规模很小，手工制作，以 KR 命名其电子管型号，以生产声频用直热式三极功率管为主。

KR 使用金字商标。管基上用银色或黄色标志。

Ei（Electronic Industries，南斯拉夫）

Elektronska Industrija Nis 成立于 1951 年，1959 年后采用 Philips 图纸、工艺，后只生产声频用管。GT 管顶有排气管尖是其特征。

Ei 使用白字圆商标。

MAZDA（法国）（STC 旗下）

1928 年开始制造电子管，由 The Edison Swan Electric Co.生产，早期多为英国制造。品牌还有 CIFTE、Belve。

MAZDA 使用白色或银色文字商标。CIFTE 使用白色文字商标。

英国制造

外国制造　　　　CIFTE　　　　CIFTE　　　　Belve　　　　Belve

RT/RTC（Radiotechnique，法国）

早期用 RT，后期用 RTC。1931 年被 Philips 收购。

RT 使用白色或绿色商标。RTC 使用白色或绿色文字椭圆商标。

Visseaux（法国）

Visseaux 使用白色文字商标。

Thomson（汤姆逊，法国）

Thomson 使用白色文字商标。

Fivre（Fivre Milano，意大利）

Fivre 使用蓝色或银灰色商标。

ナショナル（松下，日本）

即 Matsushita，1952 年与 Philips 技术合作，由 Mullard 建厂，1954 年开始生产电子管。
Ⓣ标记为高保真用管，SQ 标记为特殊品质管。

ナショナル使用白色日文圆商标及英文商标。

包装盒用

NEC（New Nippon Electrk Co.Ltd.，日本）

引进 WE 技术，1933 年开始业务用、工业用电子管制造。
NEC 使用银灰色英文菱形商标，或黄色斜体英文商标。

TOSHIBA（Tokyo Shibaura Electric，东芝，日本）

前身是东京电气株式会社 TEC，商标マツダ，电子管制造与 GE 进行技术合作。Hi-Fi
标记为高保真用管。

TOSHIBA 使用银灰色手写体英文商标，或银色手写体英文商标（胶木管基）。

マツダ　　　　　　マツダ　刻字

Hitachi（日立，日本）

第二次世界大战时开始制造电子管，战后开发电视用小型抗振管。

Hitachi 使用银色英文或汉字圆商标。

（1）选厂定牌制造

① 选管公司自己并无生产工厂，而是选厂定牌制造。

美国选管公司——GT（Geore Tube，绿色或红色商标）、Gold Aero "金航"、Gold Line "金线"、Penta（Penta Labs）、NATIONAL（红色或白色商标）、RAM、IEC 等。

英国选管公司——Billington Gold（BG，金字商标）、PM Component、Edicron（白色文字商标）、Haltron（使用白色文字菱形商标或红色文字菱形商标，胶木管基）等。

德国选管公司——Ultron、Lorenz 等。

GT （Geore Tube）　　　　　　　　　　　　NATIONAL

IEC　　　　　　　　　　　　　　Billington Gold　　　　　　　TEN

（International Electronics Corp.）　　　　　　　　　　　　　　　（Japan）

实用电子管手册（修订版）

ITT   ITT / Lorenz (Germany)

ICC(International Servicemaster)   Ultron   Edicron   Dumont

(Germany)

Tronal   RSD   Bentley   TUBE ART

Haltron (England)

② 著名整机制造厂为产品配套选厂定牌制造的电子管。如 Philco 飞歌、HP （Hewlett Packard）惠普、Motorola 摩托罗拉、Zenith（Zenith Radio Corp.，自己生产 CRT's）等品牌。

HP   Philco   Luxman (Japan)

Motorola   Zenith

（2）中国（China）接收放大用电子管，不包括发射电子管

中国的主要电子管品牌有"南京"（早期为"电工"）"北京""上海""桂光""曙光"等。"南京"以生产大型玻壳管为主，"北京"以生产小型管及特种管为主，"曙光"大、小型管都生产。现只有长沙"曙光"（SHUGUANG）、天津"全真"（Full music）和长沙"贵族之声"（PSVANE）仍在生产电子管。Full music 只生产声频用管及整流管。曙光管在国外叫 Sino Chinese。中国电子管通常分 M（民用）、J（军用）和 T（特殊）三个级别。

中国制造的电子管在其商标两边偏下分别标有生产年份的后两位数及以罗马或阿拉伯数字表示的月份数，如 $_{67}$（商标）$_{II}$ 为 1967 年 2 月份生产，$_{79}$（商标）$_{10}$ 为 1979 年 10 月份生产。

南京电子管厂——1951 年 3 月 1 日以南京电照厂为基础，成立南京电工厂，这是中国第一个电子管专业厂，1953 年 3 月 1 日定名南京电子管厂。1952 年，二机部十局向南京电工厂下达研制收信放大管任务，于 1952 年 11 月 20 日试制成功 6SA7GT、6SK7GT、6SQ7GT、6V6GT、5Y3GT 全套收音机用电子管。产品定名"电工"牌，后改名"南京"牌。

北京电子管厂——1954 年破土动工，1956 年 10 月 15 日验收投产，开始大量生产小型收信电子管。产品定名"北京"牌。

上海电子管厂——1958 年 4 月以华德工厂为基础筹建上海电子管厂。当年试制成功示波管及中型收信管。1959 年上海电子管厂在北京电子管厂的支持下试制成小型收信放大管。产品定名"上海"牌。

曙光电子管厂——曙光电子集团有限公司，始建于 1958 年，是我国第一个自行设计的国有大型综合性电子器件一级企业，产品及业务范围包括 CRT 显像管显示器件系列、电子管系列、应用整机系列、电真空材料系列、IT 技术产品，以及动力产品的设计、制造、销售和施工及服务等。

贵族之声电子管厂——恒扬电子有限公司品牌，创建于 2011 年 5 月，立足中、高端电子管领域。

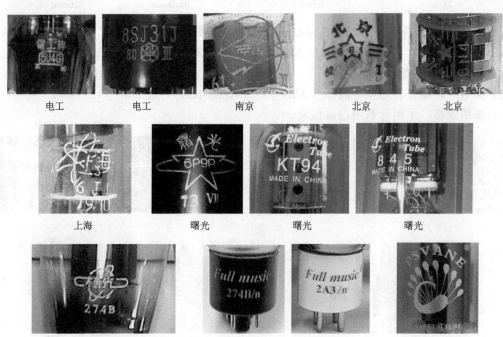

电工　　　　电工　　　　南京　　　　北京　　　　北京

上海　　　　曙光　　　　曙光　　　　曙光

桂光　　　　Full music　　　　Full music　　　　贵族之声

1.2　几点说明

△ 电子管厂家为弥补自己生产能力之不足，常有向其他厂家加工订制部分电子管的情况。Mullard、Brimar、RCA、Amperex、GE、Sylvania 等常会标明产地，或标注 IMPORT（贴牌）或 FOREIGN MADE（外国制造），但大部分厂家并不特别标记。

美国电子管厂家还用工厂代码作标识，如 Amperex (USA) 111、Bendix 125、DuMont 158、Motorola 185、GE (USA) 188、Hytron (CBS-Hytron) 210、Philco 260、RCA 274、Raytheon 280、Sylvania 312、Tung-Sol 322、WE 336、WH 337、Zenith (CRT 's) 343、Delco 466、Texas Instruments 980 等。

| GE | GE | Raytheon | Tung-Sol | Tung-Sol | WH |

△ 1930 年及更早期的美国电子管商标，都是在其胶木管基上用刻字方式做出标记。

| RCA | Arcturus | Raytheon | National Union |

△ 英国制造的标志：BRITISH MADE（Mullard 早期），MADE IN GT. BRITAIN 或 MADE IN GREAT BRITAIN（Mullard 后期）；MADE IN ENGLAND（Brimar, GEC）。

△ 英国军用管都标有 ↑ 箭头代号，使用 CV 编号；美国军用管除二战前以 VT（Vacuum Tube）编号外，都在普通型号前标有 JAN（Joint Army-Navy）或 USN（US Navy）代号，表示符合军用规格。军用管都用白盒包装。

△ BVA（British Valvo Association）英国电子管协会，成立于 1924 年，在电子管上用 BVA 文字外包椭圆符号标志。

△ 苏联电子管型号后缀意义。

| 1976 年前： | P——特别品质 | 1976 年后： | B——耐振动，高可靠 |

1976 年前：　P——特别品质　　　　　　　　1976 年后：　B——耐振动，高可靠

　　　　　　EP——特别品质，长寿命　　　　　　　　　　E——长寿命

　　　　　　BP——特别品质，高可靠　　　　　　　　　　K——特别声频

　　　　　　ДP——特别品质，超长寿命　　　　　　　　　Д——超长寿命

　　　　　　И——脉冲用　　　　　　　　　　　　　　　EB——长寿命，高可靠

△ 电子管管壳标准。

茄形玻壳管 S 封装

瓶形玻壳管（包括 ST 管、G 管）ST 封装

金属管 MT 封装

筒形玻壳管（包括 GT 管、锁式管、MT 管、SMT 管）T 封装

茄形玻壳管　　　　　　瓶形玻壳管　　　　　　　　　　金属管

筒形 GT 管　　　　　　锁式管　　　　　　　MT 管　　　　　　　SMT 管

（小 7 脚花生管）　（小 9 脚花生管）　（超小型管）

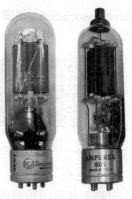

NOVAR 管	NUVCISTOR 管	发射管
（9 脚小型功率管）	（小型金属抗振管）	

电子管规格中的管壳直径均指最大值，实际值都要稍小。如 Φ52mm 瓶形玻壳实际为 40mm；Φ46mm 瓶形玻壳实际为 36mm（国产及俄罗斯 Φ42mm 瓶形玻壳实际为 33mm）；Φ37～40mm 筒形玻壳实际为 30mm；Φ27～30mm 筒形玻壳实际为 25mm；Φ22mm 小型玻壳实际为 18mm（国产及东欧为 19mm）；Φ19mm 小型玻壳实际为 16mm。

1.3　音响用电子管年表

UX201	直热式三极管	1919 年美国 RCA 开发
UX 210 (10)	直热式功率三极管	1924 年美国 RCA 开发（后 RCA 改进为 801）
211	直热式功率三极管	1924 年美国 RCA 开发
845	直热式功率三极管	1925 年美国 RCA 由 211 衍生
UX201A	直热式三极管	1925 年美国 RCA 改进（UX201）
UX 112、171	直热式功率三极管	1925 年美国 WH 开发
UX 280 (80)	直热式全波整流管	1927 年美国 RCA 开发
UY 227 (27)	旁热式三极管	1927 年美国 RCA 开发
UX 250 (50)	直热式功率三极管	1928 年美国 WH 开发
UX 245 (45)	直热式功率三极管	1929 年美国 WH 开发
UX 247 (47)	直热式功率五极管	1929 年美国 RCA 开发
PX4	直热式功率三极管	1929 年英国 GEC 开发
PX25	直热式功率三极管	1930 年英国 GEC 开发
30、31	直热式三极管	1931 年美国 RCA 开发
274A	直热式全波整流管	1931 年美国 WE 开发
57、58	旁热式五极管	1932 年美国 SPEED 公司开发（后 RCA 改进锐截止的 57 为 6C6，遥截止的 58 为 6D6）
2A3	直热式功率三极管	1933 年美国 RCA 开发（1935 年后改为双屏结构）
300A	直热式功率三极管	1933 年美国 WE 开发

5Z3	直热式全波整流管	1933 年美国 RCA 开发
84	旁热式全波整流管	1933 年美国 RCA 开发
5Z4	旁热式全波整流管	1935 年美国 RCA 开发
6F6	旁热式功率五极管	1935 年美国 RCA 改进（42）
6J7	旁热式五极管	1935 年美国 RCA 改进（6C6）
6E5	调谐指示管	1935 年美国 RCA 开发（锐截止）
6L6	旁热式功率集射管	1936 年美国 RCA 开发
6X5	旁热式全波整流管	1936 年美国 RCA 开发
6G5/6U5/6N5	调谐指示管	1936 年美国 RCA 开发（遥截止）
6L6G	旁热式功率集射管	1937 年美国 RCA 改进（6L6）
807	旁热式功率集射管	1937 年美国 RCA 改进（6L6G）
KT63	旁热式功率五极管	1937 年英国 GEC 开发（≈6F6G）
KT66	旁热式功率集射管	1937 年英国 GEC 开发（对标 6L6G）
5U4G	直热式全波整流管	1937 年美国 RCA 改进管基（5Z3）
6V6	旁热式功率集射管	1937 年美国 RCA 开发（4 年后有 GT 管）
300B	直热式功率三极管	1938 年美国 WE 改进（300A，灯丝结构及管基）
274B	直热式全波整流管	1939 年美国 WE 改进管基（274A）
350B	旁热式功率集射管	1940 年美国 WE 开发
6SL7GT	旁热式双三极管	1941 年美国 RCA 开发
6SN7GT	旁热式双三极管	1941 年美国 RCA 改进（6F8G）
6C4，6J6，6AG5	旁热式电子管	1942 年美国 RCA 开发
6AK5	旁热式五极管	1943 年美国 WE 开发
12AU7	旁热式双三极管	1947 年美国 RCA 开发
12AX7	旁热式双三极管	1947 年美国 RCA 开发
6AS7G	旁热式功率双三极管	1947 年美国 RCA 开发
5691	旁热式双三极管	1948 年美国 RCA 改进（6SL7GT）
5692	旁热式双三极管	1948 年美国 RCA 改进（6SN7GT）
5693	旁热式五极管	1948 年美国 RCA 改进（6SJ7）
5687	旁热式双三极管	1949 年美国 Tung-Sol 开发
5751	旁热式双三极管	1949 年美国 GE 开发
12BH7	旁热式双三极管	1950 年美国 RCA 开发
EF80	旁热式五极管	1950 年荷兰 Philips 开发
6CG7	旁热式双三极管	1951 年美国 RCA 开发
5881/6L6WGB	旁热式功率集射管	1951 年美国 Tung-Sol 改进（6L6GB）
EM80	调谐指示管	1952 年荷兰 Philips 开发
ECC83	旁热式双三极管	1953 年英国 Mullard 开发
EL34	旁热式功率五极管	1954 年荷兰 Philips 开发
KT77	旁热式功率集射管	1955 年英国 GEC 开发（对标 EL34）
6550	旁热式功率集射管	1955 年美国 Tung-Sol 开发

ECC88	旁热式双三极管	1956 年荷兰 Philips 开发
7027	旁热式功率集射管	1957 年美国 RCA 开发
KT88	旁热式功率集射管	1957 年英国 GEC 开发（对抗 6550）
7025	旁热式双三极管	1959 年美国 RCA 改进（12AX7）
EM84	调谐指示管	1959 年荷兰 Philips 开发
7591	旁热式功率集射管	1960 年美国 WH 开发
6EU7	旁热式双三极管	1960 年美国 GE 开发
7868	旁热式功率集射管	1962 年美国 RCA 开发
50C-A10	旁热式功率三极管	1967 年日本 NEC 开发（集射结构的三极管）
EL156	旁热式功率五极管	1968 年德国 Telefunken 开发
6550A	旁热式功率集射管	1978 年美国 GE 改进（6550）
KT90	旁热式功率集射管	1990 年南斯拉夫 Ei 改进（KT88）
KT120	旁热式功率集射管	2010 年左右俄罗斯 Reflector 开发（KT88 增强型）
KT150	旁热式功率集射管	2013 年俄罗斯 Reflector 开发（KT88 增强型）

RCA最早型　　RCA双屏极产品

欧洲生产的2A3电子管

意大利Fiver　　英国Brimar　　英国STC

不同的 2A3

1.4 音响常用电子管使用概率排序

电压放大管	12AX7　5687　12AU7　ECC83　EF86　12AT7　6SN7GT　6DJ8
	6922　ECC82　6CG7　ECC88　5751　6SL7GT　6AU6　ECC81
	12AY7　12BH7　6SJ7　7025　ECC85　E182CC
功率放大管	EL34　EL84　6L6GC　KT88　300B　2A3　6V6GT　KT66　6550/A
	5881　6BQ5　807　7868　6CA7　7189
全波整流管	5Y3GT　GZ34　5AR4　5U4G　6X4　EZ81　5R4GY　6CA4　EZ80
失真小的小信号放大管	6SN7GT　ECC82　E80CC　ECC81　6201　5965　ECC85
	2C51　6AM4　ECC40　E88CC　（5965=12AV7）

1.5　电子管发明年表

1855 年	冷阴极辉光放电管	（法）J.M.高盖恩
1856 年	低压放电管	（德）H.盖斯勒
1857 年	汞弧灯	（英）J.T.韦依
1878 年	碳丝白炽灯	（英）J.W.斯旺、C.H.斯特恩、F.托珀姆和 C.F.克鲁斯
1883 年	爱迪生效应	（美）T.A.爱迪生
1901 年	荧光灯	（美）P.库珀-休伊特
1904 年	真空二极管	（英）J.A.弗莱明
1906 年	真空三极管	（美）L.德·福雷斯特
1910 年	氖灯	（法）G.克劳德
1912 年	高真空电子管	（美）H.阿诺德（GE）、I.兰米尔（AT&T）
1912 年	钨氩管整流器	（美）I.兰米尔
1913 年	钨丝 X 射线管	（美）W.柯立芝
1914 年	闸流管	（美）I.朗谬尔
1919 年	减速场微波振荡器	（德）H.巴克豪森、K.库尔兹
1919 年	旁热式阴极	（美）Westinghouse
1919 年	电子管金属玻璃封接	（美）W.G.豪斯基珀
1921 年	钍钨灯丝	（美）I.兰米尔
1922 年	负阻振荡器	（英）E.W.B.吉尔、J.H.莫雷尔
1926 年	帘栅四极管	（英）H.J.朗德
1926 年	复合管	（德）Loewe 公司
1927 年	瓶形玻璃管（ST）	
1928 年	五极管	（荷兰）特勒根、霍尔斯特
1933 年	集射功率管	（英）通用电气有限公司（GEC）
1933 年	引燃管	（美）Westing house
1933 年	橡实管（955）	（美）美国无线电公司（RCA）
1935 年	金属管	（美）美国无线电公司（RCA）
1935 年	光电倍增管	（美）佐里肯、莫顿、马尔特
1935 年	行波形微波振荡器	（德）A.海尔和 O.海尔
1936 年	冷阴极触发管	（美）贝尔实验室
1937 年	筒形 8 脚玻璃管（GT）	（美）美国无线电公司（RCA）
1939 年	小型管（MT，7 脚及 9 脚）	（美）美国无线电公司（RCA）
1939 年	速调管	（美）W.C.哈恩、V.布鲁斯
1939 年	磁控管	（英）J.T.兰德尔、H.A.布特
1943 年	行波管（TWT）	（美）R.康普涅尔、A.W.亥夫和 J.R.皮尔斯

1948 年	高可靠管（SQ）	（美）美国无线电公司（RCA）
1949 年	冷阴极阶跃电子管	（美）R.兰德
1955 年	超小型管（SMT，铅笔形管）	
1956 年	蒸发冷却的电子管	（法）C.比尤泽莱特
1958 年	金属抗振管（Nuvcistor）	（美）美国无线电公司（RCA）
1960 年	大型无管座9脚功率管（NOVAR）	（美）美国无线电公司（RCA）

二、电子管替代 ....

各国生产的电子管都有特性相同及类似的型号。

在某种情况下，手头没有某型号电子管，需要找替代品，这就要了解有关电子管的等效替代信息，包括工业管、通信和特殊用途管（如交通设施用）、军用管、不同国家制造电子管。但替代不能够不加选择地进行，特别是类似管，考虑不周，必将引起差错。

收音机、电视机、音响设备用及工业用、军用、通信用的小功率电子管，通称接收管（receiving tube）或收信放大管。一些专业设备对电子管性能有特殊要求，如高可靠、长寿命、高稳定性、高一致性及坚牢性等，这些特殊品质管（special quality tube），有长寿命型、坚牢型、高可靠型等，长寿命型的实际寿命在 10000 小时以上，坚牢型耐冲击、耐振动。

某电子管的改进型，通常仅在电极最高电压及电极最大耗散功率等方面有提高，基本参数不变，可以直接替代。

军用（army）、工业用（industrial）、通信及特殊用途（special-purpose）电子管，都属特殊品质电子管范畴，特殊品质电子管的性能在一个或多个方面做出改进，它们的性能超过一般用于消费类产品的原型电子管，可以直接替换原型管，但在音响设备中对音色的影响并无特别之处。军用规格电子管要求在长时间内能保持稳定的性能，并要能耐受强烈的冲击和振动。工业用管或通信及特殊用途管，要求在长时间内能保持稳定的性能。

在某些空间较小的设备中，在换用性能相同的替代管时，可能会由于外形尺寸不同而遇到麻烦。如 6L6G 在性能上虽等同于 6L6GB，但 6L6G 要比 6L6GB 高 25mm、直径则大 12mm。电子管替代使用时，必须考虑其外形尺寸。

特性相同的 6L6、6L6G、6L6GA、6L6GB 的外形比较

2.1 可靠管与原型管互换指南

美系：

可靠管	原型管	可靠管	原型管
6AU6WA	6AU6	5814A	12AU7
6AU6WB	6AU6	5814WA	12AU7
12AT7WA	12AT7	6005/6AQ5W	6AQ5
12AT7WB	12AT7	6072	12AY7
407A	2C51	6080WA	6AS7G
408A	6AK5	6136	6AU6
5654/6AK5W	6AK5	6186/6AG5WA	6AG5
5670/5670WA	2C51	6189/12AU7WA	12AU7
5751	12AX7	6201	12AT7
5751WA	12AX7		

欧系：

可靠管	原型管	可靠管	原型管
A2900	ECC81	EF800	EF80
CCa	ECC88	ECC801	ECC81
E80CF	ECF80	ECC801S	ECC81
E81CC	ECC81	ECC802	ECC82
E82CC	ECC82	ECC802S	ECC82
E83CC	ECC83	ECC803	ECC83
E84L	EL84	ECC803S	ECC83
E88CC	ECC88	EE806S	EF86
E95F	EF95		

橡实管

金属抗振管

2.2　美国接收管的工业型号替代

左栏为美国标准接收管，右栏为可替代美国工业用电子管，包括相同或改进性能的电子管，能直接插入管座，但可能要重新调整相关工作状态。但工业用管某些极限参数较高，工作寿命较长，以列表左栏标准接收管替代右栏工业用管时，会出现较低性能电子管运作状态。

2A3	2A3W，5930
5R4GY	5R4WGA，5R4WGB，5R4WGY，5R4WGYA，274B
5U4G	5U4WG，5U4WGB，5931，WTT135
5Y3GT	5Y3WGT，5Y3WGTA，5Y3WGTB，6087，6106，6853，WTT202
5Z3	1275，WT270X
5Z4	6087
6AG5	6AG5WA，6186
6AK5	6AK5W，6AK5WA，6AK5WB，403A，1220，5654，5591◇，6096，6968
6AQ5	6AQ5W，6005，6095，6669
6AS7G	6AS7GYB，6080WA，6080WB，6520
6AT6	6066
6AU6	6AU6WA，6AU6WB，6136
6AV6	6066
6BH6	6265◇，6661，7693
6BL8	7643◇
6BQ5	7320
6C4	6C4W，6C4WA，6100，6135◇
6C5	WT390
6DJ8	6922
6F6	1611，1621
6J5	6J5WGT，WTT129
6J7	1223，1620，7000
6L6	6L6W，6L6WA，6L6WGA，6L6WGB，6L6WGT，1622，5932，WT6
6SC7	1655
6SJ7	6SJ7W，6SJ7WGT，6SJ7WGTY，5693◇，WTT122
6SL7GT	6SL7W，6SL7WGT，5691，6113
6SN7GT	6SN7W，6SN7WGT，6SN7WGTA，5692
6V6	5871，7184，WTT123
6X4	6X4W，6X4WA，6063，6202，WTT100
6X5	6X5W，6X5WGT，5852◇，WT308
6Z4	WT263
12AT7	12AT7WA，12AT7WB，6060，6201，6671，6679，7492，7728，A2900

12AU7	12AU7W，12AU7WA，5814$^\diamond$，5814A$^\diamond$，5814WA$^\diamond$，5963，6067，6189，6680，7316，7489，7730
12AX7	12AX7WA，5721，5751$^\diamond$，5751W$^\diamond$，6057，6681，7494，7729
12AY7	6072$^\diamond$
12BH7	6913
80	213B
807	807W，5933，5933WA，8018

$\diamond$ 灯丝电流不同，仅在原始电子管的灯丝并联供电时才能使用。

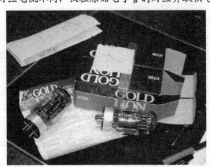 

2.3 美国通信和特殊用途管的替代

左栏为美国通信和特殊用途电子管型号，右栏为可替代美国电子管型号。但通信和特殊用途管的极限参数可能高于原始管，列表右栏电子管并不一定可替代左栏电子管。

RE1	80
2A3W	5930
2C51	2C51W$^\diamond$，396A，1219，5670$^\diamond$，5670W$^\diamond$，6185，6385$^\diamond$
2C51W	1219，5670，5670WA，6185
5R4WGA	5R4WGB，5R4WGY，5R4WGYA
5R4WGB	5R4WGYA
5R4WGY	5R4WGA，5R4WGB，5R4WGYA
5R4WGYA	5R4WGB
5U4WG	5U4WGB，5931
5U4WGB	5931
5Y3WGT	5Y3WGTA，5Y3WGTB，6087，6106，6853
5Y3WGTA	5Y3WGTB，6087，6106，6853
5Y3WGTB	5Y3WGTA，6087，6106，6853
6AG5WA	6186
6AK5W	6AK5WA，5654
6AQ5W	6005，6095
6AS7GYB	6080，6080WA，6080WB

6AU6WA	6AU6WB，6l36
6AU6WB	6136
6C4W	6C4WA，6100，6135$^{\diamond}$
6C4WA	6100，6135$^{\diamond}$
6L6W	6L6WA，6L6WGA，6L6WGB，5932
6L6WA	6L6WGA，6L6WGB，5932
6L6WGA	6L6WGB，5932
6L6WGB	5881
6L6WGT	5932
6SJ7W	6SJ7WGT，6SJ7WGTY
6SJ7WGT	6SJ7W，6SJ7WGTY
6SJ7WGTY	6SJ7W，6SJ7WGT
6SL7W	6SL7WGT，6113
6SL7WGT	6SL7W，6113
6SN7W	6SN7WGT，6SN7WGTA
6SN7WGT	6SN7W，6SN7WGTA
6SN7WGTA	6SN7W，6SN7WGT
6X4W	6X4WA
6X5W	6X5WGT
6X5WGT	6X5W
WT6	6L6
12AT7WA	6201
12AT7WB	6201
12AU7WA	6189
12AX7WA	5721，6057，7494，7729
RK39	807
HY61	807
WTT100	6X4
WTT102	5Y3GT
WTT122	6SJ7
WTT123	6V6
WTT129	6J5GT
WTT135	5U4G
WT210-009	6Z4
WT210-0012	80
WT210-0013	5Z3
WT210-0021	6X5
WT210-0029	6C5
WT210-0040	6X4

WT210-0042	5Y3GT
WT210-0048	5U4G
WT210-0082	6V6
WT210-0088	6J5
213B	80
WT263	6Z4
WT270	80
WT270X	5Z3
274	5V4G
274B	5R4GY
WT308	6X5GT
WT390	6C5
396A	2C51，2C51W$^\diamond$，1219$^\diamond$，5670$^\diamond$，5670WA$^\diamond$，6185，6385$^\diamond$
403A	6AK5
731A	6AK5
807	807W，807WA，RK39，HY61，5933，5933WA，8018
807W	807WA，5933，5933WA
807WA	807W，5933，5933WA
1219	2C51W，5670，5670WA，6185，6385$^\diamond$
1223	6J7，1620，7000
1275	5Z3
1381HQ	6AK5
1611	6F6
1613	6F6
1614	6L6
1620	6J7，1223，7000
1621	6F6
1622	6L6
1655	6SC7
3841	80
3921	45
5654	6AK5W，6AK5WB，1220，6096
5670	2C51W，1219，5670WA，6185，6385$^\diamond$
5687	5687WA
5721	12AX7WA，6057，7494，7729
5751	5751WA
5814	5814A，5814WA
5814A	5814WA
5871	6V6GT

5881	6L6WGB，7581，7581A
5930	2A3W
5931	5U4WGB
5932	6L6WGA，6L6WGB
5933	807，807W，807WA，5933WA
5933WA	807，807W，807WA，5933
5992	6V6GT$^{\diamond}$
6005	6AQ5W，6095
6063	6X4，6X4W，6X4WA
6080	6080WA，6080WB
6080WA	6080WB
6080WB	6080WA
6087	5Y3WGTB，6106，6853
6095	6AQ5W，6005
6096	6AK5W，5654
6100	6C4WA，6135$^{\diamond}$
6106	5Y3WGT，5Y3WGTA，5Y3WGTB，6853
6113	6SL7W，6SL7WGT
6135	6C4WA$^{\diamond}$，6100$^{\diamond}$
6136	6AU6WA，6AU6WB
6185	2C51W，1219，5670，5670WA
6186	6AG5WA
6189	12AU7WA
6201	12AT7WA，12AT7WB
6669	6AQ5A，6AQ5W，6005，6095
6678	6U8A
6679	12AT7，12AT7WA，12AT7WB，6201
6680	12AU7A，12AU7WA，6189，7730
6681	12AX7，12AX7WA，5721，6057，7494，7729
6853	5Y3WGT，5Y3WGTA，5Y3WGTB，6087，6106
6968	6AK5
7000	6J7，12Z3，1620
7025	12AX7，7025A
7025A	12AX7，7025
7027	7027A
7184	6V6
7408	6V6GT
7494	12AX7WA，5721，6057，7729
7543	6AU6，6AU6WA，6AU6WB，6136

7581	7581A
7729	12AX7WA，5721，6057，7494
7730	12AU7WA，6189
8018	807

◇ 灯丝电流不同，仅在原始电子管的灯丝并联供电时才能使用。

俄罗斯制造的 Tung-Sol

2.4　美国型号的欧洲替代型号

左栏为美国型号，右栏为可替代的相应欧洲型号。由于特性相同，可以直接互换。

5AR4	GZ34，U77
5U4G	5Z10，U52
5V4G	53KU，54KU，GZ32，GZ33，U77
5Y3GT	U50，U52
5Z4G	52KU，GZ30，R52，U77
6AG5	EF96
6AK5	DP61，EF95[§]，EF905，PM05[§]，M8100[§]
6AQ5	6L31，BPM04，EL90，M8245，N727
6AQ8	6L12，B719，ECC85
6AS7G	A1834，ECC230
6AT6	6BC32，DH77，EBC90，EBC91
6AU6	EF94
6AV6	6BC32，DH77，EBC90，EBC91
6BC5	EF96
6BL8	6C16，ECF80，ECF82
6BQ5	6P15，EL84，EL84L，N709
6BQ7A	ECC180
6BX6	8D6，64SPT，EF80，Z152，Z719
6C4	EC90，L77，M8080，QA2401，QL77
6C5	L63，OSW3112
6CA4	EZ81，U709◇，UU12

6CA7	EL34，KT77
6DJ8	ECC88，ECC189，E88CC$^\diamond$
6F6G	KT63
6GW8	ECL86
6J5	L63，OSW3112
6J7	A863，EF37$^\diamond$，Z63
6L6	EL37
6L6GC	KT66
6SL7GT	ECC35$^\diamond$
6SN7GT	13D2，B65，ECC32$^\diamond$，QA2408，QB65
6V6GT	OSW3106
6X4	6Z31，EZ90，EZ900，QA2407$^\diamond$，U78$^\diamond$
6X5G	EZ35，U70，U147
12AT7	B152，B309，B739，ECC81，ECC801，ECC801S
12AU7	B329，B749，ECC82，ECC186，ECC802，ECC802S，M8136
12AX7	6L13，B339，B759，ECC83，ECC803
807	4Y25，5S1，P17A，QE06/50，QV05-25
6085	E80CC
6550	KT88
6922	E88CC
7025	B339，B759，ECC83，M8137
7026	KT66
7308	E188CC
7543	EF94
7581	KT66，KT77
8223	E288CC

§ 特性略有不同，不能适用于所有电路。

$\diamond$ 灯丝电流不同，仅在原始电子管的灯丝并联供电时才能使用。

美国 GE 电子管特性手册

英国 Mullard 电子管技术数据手册

2.5 欧洲型号的美国替代型号

左栏为欧洲型号，右栏为可以直接等效替代的美国型号。

欧洲	美国	欧洲	美国	欧洲	美国
4Y25	807	E80CC	6085	EZ90	6X4
551	807	E88CC	6922	GZ30	5Z4G
5Z10	5U4G	E188CC	7308	GZ34	5AR4
6BC32	6AV6	E288CC	8223	KT63	6F6G
6CC10	5692	EBC90	6AT6	KT66	6L6GC
6CC42	5670	EBC91	6AV6	KT77	6CA7
6CF8	6267	EC90	6C4	KT88	6550
6F22	6267	ECC32	6SN7GT	L63	6J5
6F33	6AS6	ECC35	6SL7GT◇	L77	6C4
6F36	6AH6	ECC81	12AT7	N709	6BQ5
6G-B6	6BQ6GT	ECC82	12AU7	N727	6AQ5
6L12	6AQ8	ECC83	12AX7	OSW3106	6V6GT
6L13	12AX7	ECC85	6AQ8	OSW3112	6J5
6L31	6AQ5	ECC88	6DJ8	P17A	807
6P15	6BQ5	ECC180	6BQ7A	QB309	12AT7
6Z31	6X4	ECC186	12AU7	QE06/50	807
8D8	6267	ECC230	6080	QL77	6C4
13D2	6SN7GT	ECF80	6BL8	QV05-25	807
52KU	5Z4G	ECF82	6U8	R52	5Z4G
64SPT	6BX6	EF37	6J7GT	U50	5Y3GT
A863	6J7GT	EF80	6BX6	U52	5U4G
A1834	6AS7G	EF86	6267	U70	6X5G
B152	12AT7	EF87	6267	U78	6X4◇
B309	12AT7	EF94	6AU6	U147	6X5G
B329	12AU7	EF95	6AK5	U707	6X4
B339	12AX7	EE96	6AG5	U709	6CA4◇
B719	6AQ8	EL34	6CA7	UU12	6CA4
B739	12AT7	EL37	6L6	V2M70	6X4
B749	12AU7	EL84	6BQ5	Z63	6J7
B759	12AX7	EL90	6AQ5	Z152	6BX6
BPM04	6AQ5	EL500	6BG5	Z719	6BX6
DH77	6AT6	EZ35	6X5G	Z729	6267
DP61	6AK5	EZ81	6CA4		

◇ 灯丝电流不同，仅在原始电子管的灯丝并联供电时才能使用。

2.6 中国型号的外国替代型号

左栏为中国型号，右栏为等效的外国型号。由于所列为等效型号，除个别注明者外，可以直接互换。

5Z2P	5Y3GT，U50，5BX2
5Z3P	5Ц3С，5U4G，U52，5BX3
5Z4P	5Ц4С，5Z4G，5BX1
6C2P	6C2C，6J5GT，L63
6C5P	6C5C，6C5GT
6F1	6Ф1П，6BL8，ECF80
6F2	6U8A，ECF82，6DL12
6F3	ECL85，6GV8
6J1	6Ж1П，6AK5，6F32
6J2	6Ж2П，6AS6，6F33
6J3	6Ж3П，6AG5，EF96
6J4	6Ж4П，6AU6，EF94
6J4P	6Ж4，6AC7GT，6F10
6J5	6Ж5П，6AH6，6F36
6J8	6267，EF86，6Ж32П，Z729
6J8P	6SJ7GT，6Ж8
6J9	6Ж9П-E，6688，E180F
6N1	6Н1П
6N2	6Н2П
6N3	6Н3П，2C51，6CC42
6N4	12AX7，ECC83，B339，6CC41
6N5P	6Н5С，6AS7G
6N6	6Н6П
6N8P	6Н8С，6SN7GT
6N9P	6Н9С，6SL7GT
6N10	12AU7，ECC82，B329
6N11	ECC88，6DJ8
6N13P	6Н13С，6080
6N18P	6336A
6P1	6П1П，6AQ5[#]，EL90[#]，6L31[#]
6P3P	6L6G，6П3С
6P6P	6V6GT，6П6С
6P9P	6AG7GT，6П9，6L10

6P13P	6П13С
6P14	6П14П，6BQ5，EL84，N709，6L40
6Z4	6Ц4П，6X4◎，EZ90◎，U78◎，6Z31◎
6Z5P	6Ц5С，6X5GT，EZ35，U147
FU-5	805
FU-7	807，Г-807

管型不同，小型7脚管。

◎ 管脚接续不同。

2.7 苏联型号的外国替代型号

左栏为苏联型号，右栏为等效的其他国家型号，可以直接互换。

2C4C	2A3
5Ц3С	5U4G，U52，5BX3
5Ц4С	5Z4G，5BX1
6Ж1П	6AK5，6F32
6Ж2П	6AS6，6F33
6Ж3	6SH7
6Ж3П	6AG5，EF96
6Ж4	6CA7
6Ж4П	6AU6，EF94
6Ж5П	6AH6，6F36
6Ж7	6J7
6Ж8	6SJ7
6Ж9П	E180F，6688
6Ж32П	EF86，6267
6Н3П	2C51，6CC42
6Н4П	12AY7
6Н5С	6AS7G
6Н8С	6SN7GT
6Н9С	6SL7GT
6Н13С	6080
6П1П	EL90#，6AQ5#
6П3С	6L6G△
6П6С	6V6GT
6П9	6AG7
6П14П	EL84，6BQ5，N709，6L40
6П27С	6CA7，EL34

6C2C	6J5GT
6C4C	6B4G
6C5C	6C5GT
6Ф1П	ECF80
6Ф3П	6BM8，ECL82
6Ц4П	6X4◎，EZ90◎，U78◎
6Ц5С	6X5GT，EZ35，U147
Г-807	807

管型不同，小型 7 脚管。

△ 玻壳尺寸不同。

◎ 管脚接续不同。

2.8 美军用型号（VT）与等效商用型号

VT（Vacuum Tube）是美国军方在第二次世界大战期间及更早时使用的电子管代号系统。

VT4B	211	VT94	6J5	VT116	6SJ7
VT4C	211 特殊 spec.	VT94A	6J5G	VT116A	6SJ7GT
VT45	45	VT94D	6J5GT/G	VT116B	6SJ7Y
VT65	6C5	VT95	2A3	VT126	6X5
VT65A	6C5G	VT97	5W4	VT126A	6X5G
VT66	6F6	VT100	807	VT126B	6X5GT
VT66A	6F6G	VT100A	807 特殊 spec.	VTl45	5Z3
VT74	5Z4	VT105	6SC7	VT197A	5Y3GT/G
VT80	80	VT107	6V6	VT201A	5V4G
VT83	83	VT107A	6V6GT	VT229	6SL7GT
VT84	84/6Z4	VT107B	6V6G	VT231	6SN7GT
VT91	6J7	VT1l2	6AC7/1852	VT244	5U4G
VT91A	6J7GT	VT114	5T4		
VT93	6B8	VT115	6L6		
VT93A	6B8G	VT115A	6L6G		

RCA 制造的军用管

Sylvania 制造的军用管

2.9　美国商用型号与军用规格的对照

5R4GY	344A	807	99B
6AS7G	49C	5654/6AK5N	4E
6AU6WB	952D	5670	5E
6SJ7Y	521	5751W1	1403A
6V6GTY	126B	5751	10E
6V6Y	126B	5814A	12F
6X4W	64A	6005/6AQ5W	13G
12AT7WA	3E	6080WA	510D
12AT7WB	1079C	6186/6AG5WA	244A
	（NAVY）	6005/6AQ5W	13G

俄罗斯现生产的电子管

2.10　英军用型号（CV）与等效商用型号

CV 为 Common Valve 通用电子管的缩写，CV 后加若干位数字表示该管为英国军用型号。

CV133	6C4	CV492	12AX7	CV574	6X5GT
CV181	ECC32	CV493	6X4	CV575	5U4G
CV278	B65	CV509	6V6G	CV581	6C5G
CV321	KT66	CV510	6V6	CV582	6C5
CV378	GZ37	CV511	6V6GT	CV583	6C5GT
CV452	6AT6	CV569	ECC35	CV586	EF37
CV455	12AT7	CV572	6X5G	CV590	6SJ7
CV491	12AU7	CV573	6X5	CV591	6SJ7

CV592	6SJ7GT	CV1793	724B	CV2609	300A
CV593	GZ32	CV1799	350B	CV2613	310A
CV594	6SH7	CV1831	2A3	CV2716	6SC7
CV595	6SH7	CV1849	5W4	CV2729	E80F
CV617	80	CV1854	5Y3G	CV2748	GZ30
CV618	83	CV1556	5Y3GT	CV2796	6L6
CV619	6Z4	CV1861	5Z3	CV2817	6L6GA
CV620	211	CV1863	5Z4G	CV2821	ECC33
CV729	5V4G	CV1864	5Z4	CV2831	2C51
CV730	6A3	CV1911	6F6G	CV2842	6C4
CV731	6F6GT	CV1912	6F6	CV2844	6X4
CV735	845	CV1932	6J5G	CV2866	2C51
CV841	5U4	CV1933	6J5	CV2877	6AK5
CV842	5W4	CV1934	6J5GT	CV2883	6AQ5
CV848	6AG5	CV1935	6J7G	CV2901	EF86
CV850	6AK5	CV1936	6J7	CV2975	EL84
CV851	6B4G	CV1937	6J7GT	CV2984	6080
CV852	6C4	CV1947	6L6G	CV3508	6201
CV866	6SJ7	CV1948	6L6	CV3619	6SJ7
CV1060	807	CV1969	6SC7	CV3627	6SN7
CV4023	6AU6	CV1970	6SC7GT	CV3646	845
CV4026	5R4	CV1984	6SL7	CV3650	12AY7
CV4027	5Y3	CV1985	6SL7GT	CV3705	5691
CV4032	5814	CV1986	6SN7	CV3734	6X5
CV5008	6080	CV1988	6SN7GT	CV3809	807
CV1067	L63	CV2007	12AU7	CV3908	6BH6
CV1071	GZ32	CV2011	12AX7	CV3942	5692
CV1075	KT66	CV2016	12AT7	CV3974	6AS7
CV1268	5Y3	CV2020	6AK5	CV3985	6SL7
CV1364	807	CV2492	E88CC	CV3995	6CB6
CV1374	807	CV2493	E88CC	CV4003	6067
CV1376	6BX6	CV2523	6AS7	CV4004	6057
CV1377	GZ34	CV2524	6AU6	CV4013	5670
CV1471	EL34	CV2525	6AV6	CV4016	5814
CV1535	EZ80	CV2526	6AV6	CV4017	5751
CV1708	80	CV2548	6Z4	CV5039	6BL7
CV1730	KT66	CV2575	5670	CV5040	6BQ6
CV1736	EF80	CV2578	5687	CV5042	12BH7
CV1741	EL34	CV2608	300A	CV5065	6U8

CV5067	6SH7	CV5080	EF37A
CV5072	EZ81	CV5092	EF800

2.11　美国锁式管的等效对照

　　锁式管（Locktal tube）的玻璃外壳直接封接 Φ1.25mm 粗管脚，包绕管基的金属套有一柱塞锁键，能与管座牢固地锁紧，特点是屏蔽良好，耐振动，型号首字 7 表示热丝电压为 6.3V、14 表示热丝电压为 12.6V。下面是美国锁式管与通用管的用途及等效对照。

锁式管

5AZ4	全波整流管，等效八脚管 5Y3
7A4	中放大系数三极管，等效八脚管 6J5
7A5	集射功率管，低电源电压用，P_o=2.2W
7A6	双二极管，检波用
7A7	遥截止五极管，等效八脚管 6SK7
7A8	八极变频管，变频互导 0.55mA/V
7AD7	五极功率管，视频放大用，互导 9.5mA/V
7AF7	中放大系数双三极管，放大系数 μ=16
7AG7	锐截止五极管，互导 4.2mA/V
7AH7	遥截止五极管，互导 3.3mA/V

7B4	高放大系数三极管，等效八脚管 6SF7
7B5	五极功率管，等效八脚管 6K6GT
7B6	双二极三极管，等效八脚管 6SQ7
7B7	遥截止五极管，互导 1.75mA/V
7B8	五栅变频管，等效八脚管 6A8
7C5	集射功率管，等效八脚管 6V6
7C6	双二极三极管，类似小型七脚管 6AV6
7C7	遥截止五极管，互导 1.3mA/V
7E6	双二极三极管，等效八脚管 6BF6
7E7	双二极遥截止五极管，互导 1.3mA/V
7F7	高放大系数双三极管，等效八脚管 6SL7GT
7F8	中放大系数三极管，放大系数 $\mu=48$
7G7	锐截止五极管，互导 4.5mA/V
7H7	遥截止五极管，互导 4.2mA/V
7J7	三极七极变频管，等效八脚管 6J8G
7K7	双二极三极管，等效八脚管 6AQ7GT
7L7	锐截止五极管，互导 3.1mA/V
7N7	中放大系数双三极管，等效八脚管 6SN7GT
7Q7	五栅变频管，等效八脚管 6SA7
7R7	双二极五极管，互导 3.4mA/V
7S7	三极七极变频管，变频互导 0.525mA/V
7V7	锐截止五极管，与 7W7 完全相同，但管脚接续不同
7W7	锐截止五极管，高互导 5.8mA/V
7X7	双二极三极管，二极管 2 有独立阴极，二极管 1 与三极管共用阴极，$\mu=100$
7Y4	全波整流管，直流输出电流 70mA，类似八脚管 6X5
7Z4	全波整流管，直流输出电流 100mA
14A7	特性同 7A4，12.6V 热丝管
14AF7	特性同 7AF7，12.6V 热丝管
14B6	特性同 7B6，12.6V 热丝
14B8	特性同 7B8，12.6V 热丝管
14C5	特性同 7C5，12.6V 热丝管
14C7	特性同 7C7，12.6V 热丝管
14E6	特性同 7E6，12.6V 热丝管
14E7	特性同 7E7，12.6V 热丝管
14F7	特性同 7F7，12.6V 热丝管
14F8	特性同 7F8，12.6V 热丝管
14H7	特性同 7H7，12.6V 热丝管
14J7	特性同 7J7，12.6V 热丝管
14N7	特性同 7N7，12.6V 热丝管

14Q7　　　特性同 7Q7，12.6V 热丝管

35A5　　　集射功率管，等效八脚管 35L6GT

35Y4　　　半波整流管，等效八脚管 35Z5GT

50A5　　　集射功率管，等效八脚管 50L6GT

50X6　　　倍压整流管，除热丝电压为 50V 外，等效八脚管 25Z6GT

GE 7B5 锁式管

2.12　类似管一览

　　右栏类似管的特性与左栏管比较，有些是改进管，有些是特性近似管，大部分情况下可以替代，但相关工作状态可能要重新调整。

ECC88　　　6R-HH1（日），6N11（中），6H23Π（苏），E188CC，7308

12AU7　　　5814A$^\diamond$，6N10（中）$^\diamond$，5963（μ=21）

12AX7　　　5751（μ=70），6EU6$^{\square\circledcirc}$，ECC808$^{\square\circledcirc}$，E283CC$^{\square\circledcirc}$，6N4（中）$^\diamond$

12BH7A　　6CG7$^\square$，6FQ7$^\square$

5687　　　E182CC$^\diamond$，6H6Π（苏）$^{\square\circledcirc}$，6N6（中）$^{\square\circledcirc}$

2C51　　　8385，6BZ7/A$^\diamond$，6BQ7/A$^\diamond$，ECC180$^\circledcirc$，6R-HH1（日）$^\circledcirc$

6SL7GT　　ECC35$^\diamond$

6SN7GT　　ECC33$^\diamond$，6F8G$^\circledcirc$

EF86　　　E80F，6084，5879$^\circledcirc$，6Ж32Π（苏），6J8（中）

6AG5　　　6BC5

6AV6　　　6AQ6（μ=70），EBC90（μ=70），6AT6（μ=70）

6J5　　　　6C5，6L5G（μ=17）

6V6GT　　　EL32，EL33，KT61

6BQ5　　　7189，6R-P15（日）

6L6G　　　6L6GC，5881，KT66，7581，7591$^\circledcirc$，7027$^\circledcirc$

KT88　　　KT90，KT100

GZ34/5AR4　GZ32，GZ33，GZ37

5R4GY	274B
5U4G	U52，GZ31，5Z3◎
5Y3GT	U50，6106◇，80◎
5Z4GT	5V4G，53KU，U77
6X4	6Ц4П（苏）◎，6Z4（中）◎

◇ 灯丝电流不同。

□ 灯丝电压不同。

◎ 管座接续不同。

三、电子管结构和应用

音响设备中使用的电子管，除专为声频开发者外，还有大量高频用管，一般认为20世纪50—60年代及以前生产的音色较好，但有些电子管并无制造时间标志，爱好者常为此而烦恼。实际上，根据电子管外形结构上的一些特征，可为判别电子管的生产日期提供线索，帮助作出估计。

电子管的外形取决于其管壳。最早是仿照白炽灯泡制造的，为球形玻璃壳，顶端有抽气头，电极装在芯柱上。芯柱是一端平的玻璃管，圆端封接在灯泡上，外壳底部装有一个带管脚（pin）的胶木管基（base，也称底座），可插入管座（socket）。稍后，玻璃管壳演变成茄形S管（spherical tube），1927年，管壳改变为头部呈筒形的瓶形（葫芦形）ST管（shouldered tube），上部筒形段用来支撑电极，使其更耐振动，握式芯柱为扁平状玻璃柱。1935年发明金属外壳封装的管基中央带定位键（key）的8脚金属电子管（metal tube，美国RCA），其电极引线穿过熔入金属壳内的玻璃小珠。1937年出现筒形玻壳的管基带定位键的8脚GT管（glass tube，美国RCA），小鸡式芯柱是缩小尺寸的扁平状玻璃柱。1939年发明纽扣状芯柱平面玻璃管底无管基MT小型管（miniature tube，美国RCA，7脚，抽气头在顶部），稍后发明9脚小型管（NOVAL，诺瓦型标准9脚小型管），为了对管座定位，管脚1和9之间的间隔大于其他管脚之间的间隔，1945年后大量生产民用系列。同时期还出现了玻璃外壳直接封接1.25mm粗管脚，包绕管基的金属套有一柱塞锁键能与管座牢固锁紧的锁式管（locktal tube，美国Sylvania）。这些电子管外形的变革使电极和芯柱尺寸变小，引线缩短，极间电容减小，扩展了高频使用范围。1948年美国RCA发展出高可靠红色系列，随后还有Raytheon、GE的五星系列、Philips的SQ管等。1960年发展出可耗散较大功率的纽扣状平面管底无管基大型9脚功率管（NOVAR，Φ30、Φ40mm，抽气头在顶部或管底，美国RCA）。1964年前后，美国发明将多个标准化的电子管基本组件集成于同一管壳内的小型平面玻璃管底12脚（duo-decar，GE称compactiron，抽气头在管底中心）紧密型电子管。

欧洲独有的里姆管（Rimlock，8脚）是1946年MAZDA和Mullard发明的，玻壳与9脚MT管相同，早期有带定位突起的金属管基，后改为下部较宽带定位突起的一体玻壳。

还有一些特殊的管型，如1933年美国无线电公司（RCA）发明的橡实管（Acorn tube）形似橡树果实，应用于超高频段。1955年发明的超小型管（SMT，subminiature tube），直径

≤10mm。1958 年美国无线电公司（RCA）发明的金属抗振管（Nuvcistor）是为高可靠性而设计的小型化电子管。1942 年 RCA 发明灯塔管（Lighthouse tube，也称盘封管 Disk-seal tube），可与用作调谐元件的同轴线末端固定，应用于超高频振荡和放大。1949 年 RCA 开发玻璃-金属铅笔管（Glass-metal Pencil Tube），直径 6mm，长度 53mm。

ST 瓶形管握式芯柱

GT 筒形管小鸡式芯柱

硬币管基 GT 管芯柱

MT 小型管纽扣式芯柱

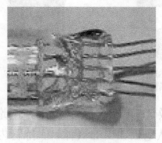

SMT 超小型管芯柱

特殊品质电子管（special quality tube）的性能，在一个或多个方面对原型做了改进，包括高可靠型和长寿命型，用于工业和交通设施，有别于一般电视机、音响和收音机用的原型。

特殊品质电子管具有优良的设计、高精密度的制造规格，对材料及制造过程有严格控制，有比同类管长得多的平均寿命。工业用管一般设计为能在长时间内保持稳定的性能。军用及交通设施用管还要求有强的耐冲击和防振动性能。

全盛时期电子管主要以瓶形、8 脚直筒形以及小型管为主。ST 式瓶形玻璃管（Φ40mm、Φ46mm、Φ52mm 的瓶形玻璃壳及塑料管基，分 UX 型 4 脚、UY 型 5 脚、UZ 型 6 脚）；G 式大型玻璃管（Φ40mm、Φ46mm、Φ52mm 的瓶形玻璃壳及带定位键的 8 脚塑料管基 Octak Bose，称 US 型）；GT 式 8 脚玻璃筒形管（也称金属玻璃管，外形尺寸比 G 式小，Φ30mm、Φ33mm、Φ37mm、Φ40mm 的筒形玻璃壳及带定位键的 8 脚 Octak 塑料管基或金属箍管腰塑料管基）；MT 式小型管（也称花生管或指形管，有 7 脚 Φ19mm 和 9 脚 Φ22mm 两种玻璃壳，顶部有抽气头，无管基）。所有电子管管壳直径均指最大尺寸，实际都要略小些。某些电子管的顶端有金属帽状端子（top cap，顶帽），与管内栅极或屏极连接。

大型 ST 管在电极组的两端装有屏蔽皿，小型管为构造简单的顶部屏蔽片，用以减小屏—栅间的静电电容。下屏蔽皿用以减小从下云母片伸出的栅极支柱线下端和屏极间的静电电容。

无管帽金属电子管和 GT 管栅极在管底引出，为减小屏—栅间的静电电容，在管基对正键里面设有圆筒状屏蔽装置，它与管基的金属箍一般都由 1 脚引出。小型管则设有屏蔽片，以防止屏、栅管脚间产生反馈。

WE 216A（球形管）

RCA 10（茄形 S 管）

RCA 2A3（瓶形 ST 管）

GEC KT88（瓶形 G 管）

GE 6SJ7
（金属管）

Raytheon 6SN7GT
（筒形 GT 管）

Tung-Sol 5687
（9 脚小型 MT 管）

Sylvania 6BA6W
（7 脚小型 MT 管）

　　电子管的吸气剂架内置有吸气剂，制造时以高频加热使其蒸发留在管壁，用以吸收管内残留及使用中从电极放出的气体，保持管内良好的真空状态。吸气剂架从外观上，可分方环、D 形环、大圆环、小圆环、方形碟及圆盘状碟等。通常方环及 D 形环为 20 世纪 50 年代或更早期电子管采用，直径略小于云母片的大圆环为 20 世纪 50—60 年代电子管采用，再后期生产的电子管大多是直径明显小于云母片的小圆环，大型管则多用 D 形环。苏联（俄罗斯）及国产电子管

一字顶（中）和十字顶（右）

大多采用圆盘状碟及方形碟。另外，某些大型电子管设有两个吸气剂架。吸附在电子管管壁上的吸气剂，呈黑棕色或银色晕。欧美早期茄形电子管有大片亮银色吸气剂晕及金属片状吸气剂架，20 世纪 40 年代电子管的吸气剂晕呈棕黑色，面积也小。

　　电子管的屏极从外观看，可分黑屏、灰屏、银屏、网屏、盒屏、分裂屏、半边屏、长屏与短屏、宽屏与窄屏、平滑屏及有肋屏等，为了提高屏极的热辐射能力，功率管屏极常带有翼片。黑屏（black plate）是 20 世纪 50 年代及更早期的一些电子管所用的，为了增加屏极的热辐射能力从而帮助散热，在屏极表面涂以石墨而呈黑色。灰屏（grey plate）比黑屏出现得晚，是因石墨工艺有碍环保，为提高热辐射能力而把表面进行碳化处理呈灰色。银屏（silver plate）为屏极耗散功率较小的电子管所用，其镍或镀镍钢板屏极为银色（如 6H2П、6N2）。网屏（mesh plate）是早期电子管曾采用的以金属丝编织的网状屏极，用以防止热辐射而造成栅极过热，现在某些功率电子管也有使用冲有矩形孔金属板的网状屏极。但某些小功率五极管外面的网状金属筒，并非屏极而是围在屏极外面的静电屏蔽，静电屏蔽也可能是光亮的或灰色的金属筒。盒屏（box plate）也称多士屏，外形如盒状，两边无翼（如 M8136、CV4003、M8137、CV4004）。分裂屏（sliver plate）是由两片分开的相对极片组成（如 6H1П、6N1）。

半边屏为不对称、仅在单边有支柱及翼的屏极结构（如 12AT7）。宽屏和窄屏是指同型号电子管的屏极的宽度不同时的称呼（如 Sylvania 的 12AU7、12AX7 是窄屏的）。长屏及短屏是指同型号电子管的屏极高度不同时的称呼，长屏多为 20 世纪 50—60 年代的产品。平滑屏（smooth plate）俗称滑屏，指屏极表面平坦，无加强机械强度的坑、筋（如 6H6П、6N6）；有肋屏（ribbed plate）俗称坑屏，指屏极表面有增加强度的坑及筋的屏极。从结构上看，电子管的屏极有点焊屏（spot welded plate）、铆接屏（stapled plate）、卷曲屏（crimped plate）等。

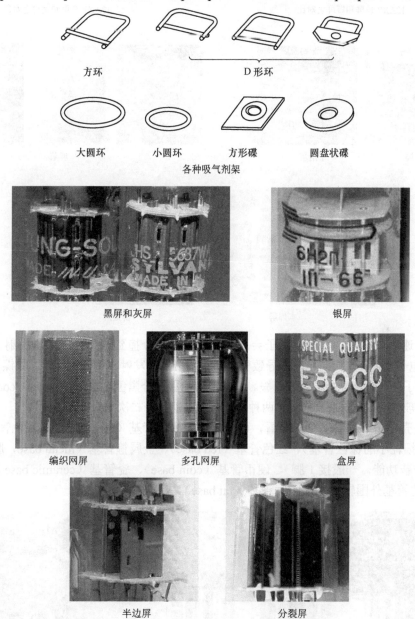

方环　　　　　　　　　D 形环

大圆环　　　小圆环　　　方形碟　　圆盘状碟
各种吸气剂架

黑屏和灰屏　　　　　　　　　　　银屏

编织网屏　　　　多孔网屏　　　　盒屏

半边屏　　　　　　分裂屏

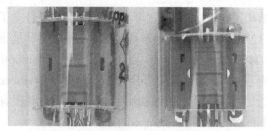

12AX7 长屏和短屏之对比

12AX7 窄屏和宽屏之对比

有肋屏

平滑屏

屏蔽

点焊屏

铆接屏

电子高速轰击屏极，有少量电子会从屏极逸出，部分撞到管壁形成二次发射（sccondary emission）电子，使管壁带负电荷，导致失真。除采用二次发射比率低的材料，如镍等制作屏极外，有些电子管还在玻壳内层涂以石墨。玻壳喷碳涂层可分黑色涂层玻壳（black coated glass）和灰色涂层玻壳（gray coated glass）两种，喷碳涂层能减少二次发射电子。

大型玻壳电子管的管基从外观看，可分塑料的黑色管基（black base）、棕色管基（brown base，高频损耗小的棕色管基）、红色管基（red base）、金属箍管基（metal base，胶木座环形金属箍有屏蔽功能，一般接 1 脚）、硬币管基（coin base）、瓷管基（ceramic base）等。有些瓶形 G 管的管基外围较大，称肥大管基（fat base）。

两种黑色管基及硬币管基

棕色管基

红色管基

金属箍管基

各种管基

瓷管基

美国及西欧小型管的管脚颜色发暗，端头呈圆形，而东欧及中国小型管的管脚呈银色，端头呈针尖形。有些高品质管采用镀金脚，通常称金脚（gold pins），普通管脚则称标准镍脚（standard nickel pins）。

美国及西欧小型管管脚

东欧、中国小型管管脚

小型管脚的不同

电子管的基本类型除二极管外，有三极管、五极管和集射管，它们的内部结构大致可分为电极和芯柱两部分。芯柱也称管茎，芯柱的作用是支撑电子管的电极部分和密封电极的引出线，保证气密性，使电子管不会漏气。ST 管和 GT 管用的是握式芯柱，为扁平状玻璃柱，但 GT 式尺寸较小，称小鸡型，MT 管则在管壳底呈纽扣状。电子管电极部分的构造示意见下图，下图中从左至右分别为三极管、五极管、集射管。

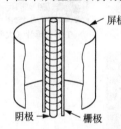

屏极

阴极　栅极

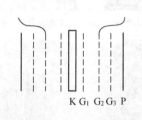

K G₁ G₂ G₃ P

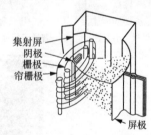

集射屏
阴极
栅极
帘栅极

屏极

电子管的构造（三极管、五极管、集射管）

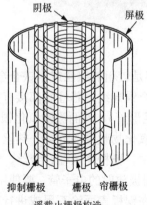

阴极　　屏极

抑制栅极　栅极　帘栅极

遥截止栅极构造

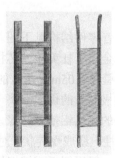

框架栅极和常规栅极

直热式电子管的灯丝，底部由 2 根硬金属线支撑（也有 3 根的情况），顶部由弹簧拉紧，但早期顶部由吊钩悬挂固定，后发展了云母片固定及弹簧支撑固定。3 种固定方式见下图，分别为吊钩悬挂固定、云母片固定、弹簧吊挂固定。

吊钩悬挂固定　　　　　　　云母片固定　　　　　　　　弹簧吊挂固定

直热式灯丝的固定

　　电子管电极的固定，由电极两端的云母绝缘垫片承担，电极插在云母片的冲孔内，上云母片与管壳为紧配合，保证电极安装牢固，云母片外缘有爪状突起的 T 形云母片，防振性更好，有利于减小颤噪效应。一般电子管的电极由上、下两层云母固定，称双云母（double mica）结构，有些电子管为了增强抗振性能，上云母用两层，连下云母就有三层，通常称三云母（tprple mica）结构，见下图。茄形 S 管电极以玻璃柱支架固定，没有上下云母片，防振性能差。云母片上开槽是为防止吸气剂溅出金属使云母片轻微漏电。

普通云母片（小型管）　普通云母片（大型管）　　T 形云母片（小型管）　　T 形云母片（大型管）

双云母　　　　　　　三云母

云母垫片

　　典型的电子管零件结构见下图。支撑电极的支架是较粗的镍丝或铜铁合金丝（莫耐尔丝），下接铜包铁镍合金丝（杜美丝）芯柱引出线。下部焊铜导线。芯柱底部接有排除管内空气的抽气管。阴极是壁厚 0.05mm 左右的镍制圆管（或矩形管），外面涂敷氧化钡、氧化锶、氧化钙的混合物，阴极发射的优劣取决于其材料性质和氧化物敷层的好坏。热丝是钨丝或钨钼合金丝，涂以纯净的氧化铝使之绝缘，置于阴极套管中。栅极是镍锰合金丝、钼丝、镍铁合金丝等，在两根支柱上绕成螺旋状，对特别容易发生栅极放射的电子管，要使用镀金或镀银丝。屏极在小功率管一般用镍板或镀镍铁板，功率管则在镍板表面涂石墨或进行碳化处理，以提高散热能力。五极管等在电极的两端设有镍板或镀镍铁板的屏蔽皿，以减小跨路电容 $C_{p\text{-}g}$。吸气剂的主要成分是钡，用高频加热装在吸气剂板（架）上的吸气剂，使其蒸发在管壁上，呈黑棕色或银色，用以吸收抽真空后管内的残留气体及使用过程中由电极放出的气体。

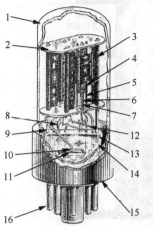

1) 封壳——钙玻璃
2) 绝缘垫片——喷涂氧化镁的云母
3) 屏极——碳化的镍或镀镍钢
4) 栅极丝——镍锰合金或钼
5) 栅极支撑条——铬铜、镍或镀镍铁
6) 阴极——敷以钡钙锶氧化物的镍
7) 热丝——钨或钨钼合金并敷以氧化物绝缘涂层
8) 阴极托盘——镍
9) 装配支架——镍或镀镍铁
10) 吸气剂支架及环——镍锰合金或钼
11) 吸气剂——钡镁合金
12) 热丝接头——镍或镀镍铁
13) 芯柱引出线——镍、铁镍合金、铜
14) 握式芯柱——铅玻璃
15) 管基——胶木
16) 管脚——镀镍黄铜

典型电子管零件结构

小型五极管的构造见下图。

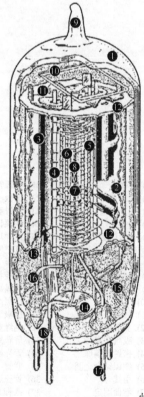

1) 封壳
2) 内部屏蔽
3) 屏极（阳极）
4) 第3栅极（抑制栅极）
5) 第2栅极（帘栅极）
6) 第1栅极（控制栅极）
7) 阴极
8) 热丝
9) 排气管
10) 吸气剂
11) 顶部屏蔽
12) 上云母垫片
13) 下云母垫片
14) 芯柱屏蔽片
15) 纽扣形芯柱
16) 引线
17) 管脚
18) 管脚封口

小型五极管构造

电子管的电极尺寸小，电极间的距离更小，为了保证参数的一致性，就要求电子管零件具有非常精确的尺寸，电子管零件要求的尺寸精度参见下页图。

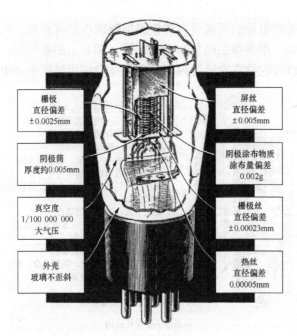

栅极 直径偏差 ±0.0025mm	屏丝 直径偏差 ±0.005mm
阴极筒 厚度约0.005mm	阴极涂布物质 涂布量偏差 0.002g
真空度 1/100 000 000 大气压	栅极丝 直径偏差 ±0.00023mm
外壳 玻璃不歪斜	热丝 直径偏差 0.00005mm

电子管电极的精度

金属管 6J7 的详细结构见下图。

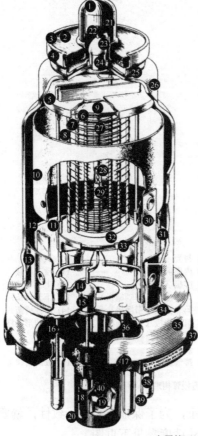

1) 焊锡		21) 栅极帽	
2) 绝缘盖		22) 栅极引线	
3) 固定卷边		23) 密封玻璃珠	
4) 帽盖		24) 铁镍钴合金圈	
5) 栅极屏蔽		25) 铜焊焊接	
6) 控制栅极		26) 真空密封钢壳	
7) 帘栅极		27) 阴极	
8) 抑制栅极		28) 螺旋状热丝	
9) 绝缘垫片		29) 阴极涂层	
10) 屏极		30) 屏极绝缘支架	
11) 装配支架		31) 屏极连接引线	
12) 支架环		32) 绝缘垫片	
13) 吸气剂翼片		33) 屏蔽垫片	
14) 密封玻璃珠		34) 管壳端密封焊接	
15) 铁镍钴合金圈		35) 联管	
16) 引线		36) 管壳连接	
17) 卷曲固定		37) 八脚基座	
18) 对正键		38) 管脚	
19) 封口		39) 焊锡	
20) 对准塞		40) 排气管	

金属管 6J7 结构

两种高品质电子管的结构特点分别示于以下两图中。

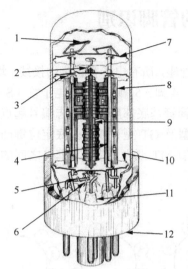

1) 长寿命双吸气剂
2) 阻尼阴极振动的附加翼片
3) 可靠的固定小孔构造
4) 8 根侧杆，使装配结构刚性
5) 纯质挤压的陶瓷热丝绝缘体及螺旋形热丝
6) 引线，提供强的焊接
7) 附加的云母，防止吸气剂闪发漏出
8) 屏极，用多个加强肋
9) 大的阴极面积及增加间隔
10) 云母有多尖端与管壳接触，阻尼振动
11) 强度完全均衡的纽扣形芯柱
12) 特殊聚酯管基

Bendix 高可靠长寿命管 6106 结构特点

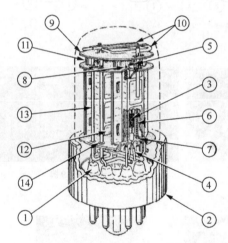

1) 密封纽扣式芯柱
2) 无吸湿管基
3) 高机械强度纯钨热丝
4) 套管引线，保证在热丝和热丝引线间有好的机械及电气连接
5) 阴极管，固定到云母片
6) 栅极，最小位变化
7) "Stops" 防止栅极杆垂直活动
8) 栅极杆，适当紧密地与云母片
9) 附加的云母片，提供吸气剂防护
10) 长寿命双吸气剂
11) 屏极，保持刚性的屏极耳状物嵌入云母片
12) 单元屏极间设计为最小电子耦合
13) 装配可靠的 5 根支持杆
14) 12 小孔，在云母片和 5 根支持杆间提供加强

RCA 特殊红色管 5691 结构特点

金属管 6J7

高可靠管 6106

特殊红色管 5691

3.1 电子管的管脚识别

电子管的电极由底部的管脚引出，用以插入管座，所有电子管管脚的接续，均为底视图，即从管座底下向上看，顺时针方向编号，见下图。4 脚、5 脚、6 脚等电子管（S 型及 ST 型）以两粗脚或对称靠近两脚为编号起点，老式电子管管基底部用箭头标志编号起点，有些管型在管壳顶部还有顶帽。8 脚电子管（金属型、G 型及 GT 型）以管基底定位键凸起部标志编号起点。小型管（7 脚 MT 型）的 1 脚和 7 脚（9 脚 MT 型为 1 脚和 9 脚）之间的间隔大于其他管脚之间的间隔。

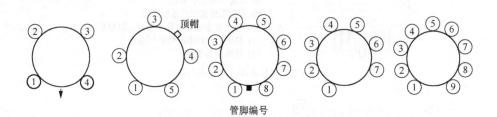

管脚编号

4 脚

8 脚

无管基小 9 脚

锁式 8 脚

无管基大 9 脚

紧密 12 脚

欧洲另有一些特殊管基，如早期的菱形排列 4 脚管（A 型）、5 脚管（O 型），序号为 1～19 的欧洲特殊管（P 型是边接触 8 脚，Y 型是带中心定位键的非对称 8 脚、10 脚），序号为 40～49 的小型 8 脚里姆管（Rimlock，管壳下部有一突起定位紧锁的小型管）等，见下页图。

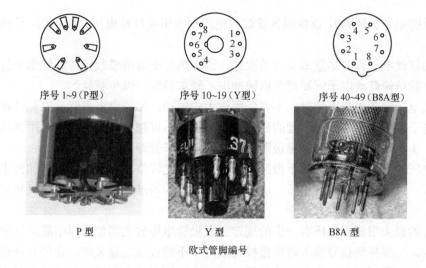

序号1~9（P型）　　　　　序号10~19（Y型）　　　　　序号40~49（B8A型）

P 型　　　　　　　　Y 型　　　　　　　　B8A 型

欧式管脚编号

3.2　电子管应用须知

电子管在应用时，必须严格注意下列问题，以免影响使用效果或寿命。

（1）灯丝电压。应按规定供给，电压波动范围不得超过额定值的 5%，若超出±10%，电子管寿命就会缩短，过低会造成阴极中毒，过高则造成阴极过热，都将缩短电子管的寿命。

直热式电子管灯丝电压超出 10% 时寿命可能会降低到原来的 60%，低于 10% 时危害更大。下图为 RCA 提供的电子管灯丝电压与寿命的关系曲线。

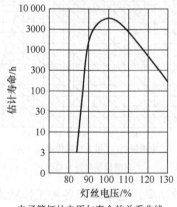

电子管灯丝电压与寿命的关系曲线

旁热式电子管必须让阴极充分加热再工作，加热时间需 10 余秒，甚至 30~40s，直热式电子管的预热时间为 1.5~2s。阴极没有充分预热即加上高压，阴极会受损害。但没有屏极电流而继续加热阴极，则会导致阴极表面活性金属的污染。

汞气直热灯丝电子管必须先预热灯丝 15s 以上，初次使用则需 20min，才能加上屏极电压，预热不够，将引致逆弧缩短寿命。

普通电子管一般不推荐灯丝串联供电，故而普通电子管灯丝串联供电不宜多于两只（专供串联使用的电子管例外），以免因各管灯丝电流误差引起灯丝电压分配不均，导致阴极过热及欠热。

敷钍钨灯丝电子管要尽量减少开关次数，因为热冲击可造成敷钍钨灯丝电子管损坏，会缩短寿命。敷钍钨灯丝电子管要避免机械冲击，轻拿轻放，以免断丝。

直热式电子管在尚未冷却时，不要受到过大的振动，如拔出电子管，以免灯丝损坏。

（2）电子管的运用值。电子管的任何运用值，都不可超出最大额定值。用到极限值的参数不得多于 1 个，即使短时间超出极限值也将影响电子管寿命。

屏极电压和帘栅极电压，都不得超出它们的最大允许值，屏极电压是指加到电子管屏极的实际电压，并不是电源供给电压。电子管各极电压的基准点是阴极，直流直热式则是灯丝的负极端。

电子管的最大帘栅极电压有一定的规定。五极管电压放大器如采用串联降压电阻法取得帘栅极电压，只要任何信号输入时帘栅极耗散功率不超过规定最大值，允许存在帘栅极电压超过规定，如下图所示。但在最大信号输入时，实际帘栅极电压以不超过规定最大值为宜。

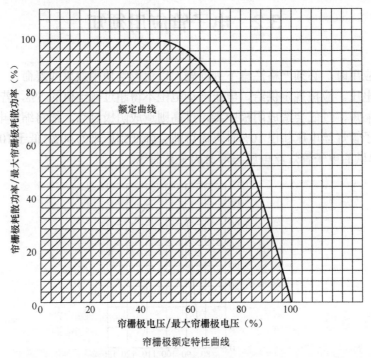

帘栅极额定特性曲线

屏极耗散功率和帘栅极耗散功率。电子管在各种工作状态下，都不得超出它们的最大允许值。屏极耗散功率超出会使电极赤热发红，造成阴极损伤而显著缩短电子管寿命，帘栅极则绝对不允许过热发红。最大屏极耗散功率，A 类放大是在无信号输入时，B 类放大则实际可能发生于任何输入信号时；最大帘栅极耗散功率，A 类放大发生在输入信号的峰值等于栅极负压时。

（3）功率放大管的栅极电阻。不得超出特性手册给出的最大值，以免管内残留气体、栅极发射现象引起逆栅电流，造成屏极电流的异常增大，使工作不稳定，甚至超出耗散功率，过载红屏。

一般功率管在自给偏压时的栅极电阻在 500kΩ 以下，固定偏压时的栅极电阻大多在 100kΩ 或以下。高互导电压放大管的栅极电阻一般为 1～2MΩ。

（4）热丝与阴极间电压。电子管接地的灯丝与阴极间的电位差，不能超出电子管的灯丝—阴极间峰值电压。这在阴极输出器、长尾电路、级联电路等阴极有较高电压的电路中，要引起重视，并选用适当的管型，如 12AU7/ECC82、12AX7/ECC83、6CG7、12BH7A、E182CC/7119、6681/E83CC、6N1/6H1Π、6N6/6H6Π 等的灯丝—阴极峰值电压都在 180～200V，一般电子管只有 90V。

灯丝电路与阴极电路之间，必须有电阻通路，此灯丝—阴极间最大电阻一般不大于 20kΩ，用于倒相时不大于 150kΩ。

（5）整流电子管在采用电容输入滤波电路时，滤波电容器容量越大，屏极峰值电流越大，故而滤波输入电容器的电容量过大（如 5Y3GT 在 40μF 以上），必须增大屏极电源有效阻抗值到大于特性所示值以上（如 5Y3GT 为 50Ω），以限制屏极峰值电流在额定值内。

（6）集射功率管或五极功率管在未加屏极电压前，不得先加帘栅极电压，否则帘栅极电流将很大而过热发红，导致损坏。

（7）装置位置。大部分接收放大用电子管的装置位置不受限制，不论垂直、水平皆可。但少数直热式电子管，因灯丝结构关系，适宜垂直安装，如 2A3、300B、5Y3GT、5U4G……若要水平安装，必须使灯丝处于同一垂直面（如下图所示），以免发生灯丝碰撞。热量较大的功率管及整流管也最好垂直安装。为防止高增益前级电子管产生颤噪效应，管座可装在有弹性的支架上。

直热管水平安装示意

（8）不能对电子管施加过大振动，不在高湿（98%）、高温（60°C）和低温（−60°C）环境中使用。环境温度升高，管壳过热，如功率管工作时管壳允许的极限温度一般不高于 150°C，管壳过热往往会使电子管的芯柱玻璃发生电解，并使管壁分离出来的气体增加，破坏吸气剂的工作，使电子管过早损坏。功率管、整流管必须有足够的通风，保持壳体洁净，以利散热。电子管不宜倒装，因对周围空气流通不利，易产生过热。

（9）玻璃管壳脆弱易碎，要防止敲击或碰撞。小型电子管及无管基电子管的管脚不能受到过大引力，要采用优质管座，管脚有弯曲时，应先弄直后再插入管座，并使用柔软的多股线连接管座。除功率管和整流管外，小型管管座中心的屏蔽柱应接地。插拔电子管时要垂直于管座平面，不能前后左右摇晃着拔，大型管要握住塑料管基拔，小型管要用力均匀，顶帽的插拔更须注意，并避免不必要地拔出电子管。

（10）配对。对推挽放大等场合，要求特性非常相同的电子管，建议在同一制造厂、同一时期，而且同一批号中挑选特性一致的电子管。配对不能光凭电子管测试器，最好用替换法实地检验一下。

电子管参数的允许偏差：

灯丝/热丝电流	±10%
屏极电流	±30%（功率放大管）　±40%～50%（电压放大管）
帘栅极电流	±50%
互导	±25%
放大系数	±20%
热丝—阴极间漏电流	＜50μA（±45V 时）
逆栅电流	＜2μA（I_P＜10mA）　＜3μA（I_P＜30mA）
	＜5μA（I_P＞30mA）
整流输出电流	±15%
输出功率	±30%
绝缘电阻	＞50MΩ（各电极间，500V 时）
	＞20MΩ（栅极—阴极间，100V 时）

由于生产缺陷，电子管的早期故障要比以后高得多，所以最好把电子管进行 48 小时老化，以便发现问题。

电子管玻璃内壁表面出现蓝光，常见于功率管，是管内电子轰击玻璃所致，通常不会产生有害影响。事实上，这种电子管的真空度特别好。

3.3　电子管的包装

电子管的外包装，可分为有独立包装盒的盒装（单只或一对），以及 50 或 100 只插于一只分格大盒的插装两种，前者通常供应流通领域，后者通常供应厂商单位。单管外盒分彩色印刷盒及白盒两种，白盒通常是军用管包装。电子仪器的备件管，顶部排气管尖常会点以不同颜色油漆，或加标签，表示经过筛选，一般存放于海绵或特定盒中。

下面是一些常见的电子管外盒包装图例。

GEC（英国）

GEC（英国）

Genalex（英国）

M.W.T.（英国）

Gold Lion（金狮，英国）

Osram（欧斯朗，英国）

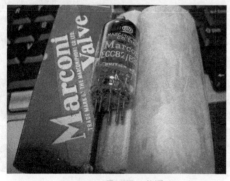

Marconi（马可尼，英国）

Brimar（STC 英国）

Brimar（英国）

Mullard（工业用管，英国）

Mullard（英国，20世纪50年代至20世纪60年代中期）

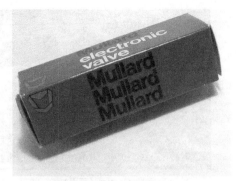

Mullard（英国，20世纪70年代起）

Mullard 10M（英国）

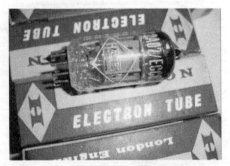

HALTRON（英国）

Cossor（英国）

Ediswan（英国）

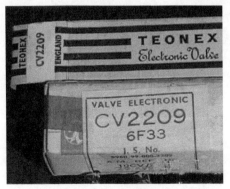

Teonex（英国）

RCA（美国）

RCA（美国，20 世纪 70 年代起）

Sylvania（金牌，美国）

Sylvania（美国）

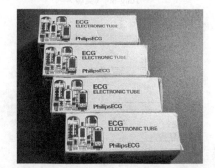

Philips ECG（美国）

GE（美国）

GE（五星，美国）

RAYTAEON（美国）

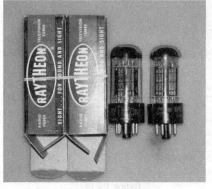

RAYTAEON（美国）

Tung-Sol（美国）

Tung-Sol（美国）

Amperex（美国）

WE（西电，美国）

WE（西电，美国）

CBS（美国）

Hytron（美国）

Cetron（美国）

Westinghouse（西屋，美国）

美军用

RCA（美国）

KEN-RAD（美国）

Philips Miniwatt（飞利浦，荷兰）

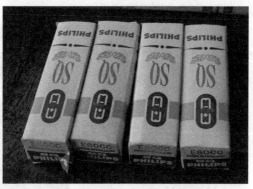

Philips SQ（飞利浦，荷兰）

Amperex BB（荷兰）

Tungsram（匈牙利）

Tungsram（匈牙利）

Tungsram（匈牙利）

Telefunken（德律风根，德国）

Telefunken（德律风根，德国）

Telefunken（德律风根，德国）

Siemens（西门子，德国）

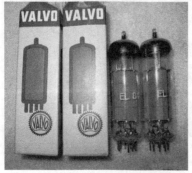

Valvo（德国）

Valvo（德国）

Fivre（意大利）

RT（法国）

MAZDA（法国）

MAZDA（法国）

Светлана（苏联）

Sovtek（苏联，原 Рефлектор 制造）

Svetlana（俄罗斯，SED）

Sovtek（俄罗斯，原 Рефлектор 制造）

Ei（南斯拉夫）

Tesla（捷克斯洛伐克）

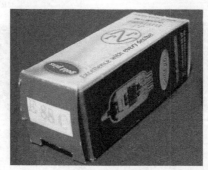

JJ（斯洛伐克）

WF（德国）

RFT（德国）

TELAM（波兰）

AWV（Super RADIOTRO，澳大利亚）

东芝（日本）

日立（日本）

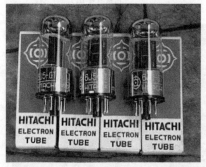

日立（日本）

松下（日本）

NEC（日本）

NEC（日本）

三菱（日本）

TEN（日本）

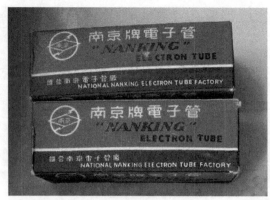

南京（中国）　　　　　　　　　　　　　北京（中国）

曙光（中国）

100 只插装包装（左 Mullard，右 Telefunken）

仪器备件包装（TEKTRONIX）

3.4 接收电子管型号命名

收音机、电视机、音响设备用，以及工业用、军用、通信用的小功率电子管，通称接收管（receiving tube）。各国的接收电子管命名方法简介如下。

（1）美国 EIA 方式——由数字-字母-数字组成。20 世纪 30 年代的老式电子管由两位数字组成，如 42、80 等，并无具体含义。

第一部分数字：表示灯丝电压的整数。以自然数 n 表示，应满足 $n-0.4 < n \leqslant n+0.6$。

0——冷阴极　　　　　　　　1——0～1.6V

2——1.6～2.6V　　　　　　 6——5.6～6.6V

······　　　　　　　　　　　12——11.6～12.6V

以 7 或 14 表示 6.3V 及 12.6V 灯丝电压时，该电子管为锁式管，如 7N7、14C5 等。

第二部分字母：以 1～2 个字母作为区别管型用，并无确切含义。但第 1 个字母为 S，指单端 single end 之意，表示该管为无栅帽型单管底电子管，如 6SJ7、6SK7 等。

第三部分数字：8 脚管、小型管表示电子管引出电极数，如 6J7、5Y3GT 等。4、5、6、7 脚 ST 管表示管内电极数，如 2A3、5Z3 等，但某些 6 脚 ST 管也有表示引出脚数，如 6C6、2A6 等。

基本型号后，如有后缀，意义为

G——8 脚玻壳管（ST-12、ST-16 尺寸）

GT——8 脚筒形玻壳管（T-9 尺寸）

如为改进管，在型号末尾加字母 A、B、C，表示为原型的改进型，如 6L6GC 为第 3 次改进型。

（2）欧洲方式——由字母-字母-数字组成（由 Philips 及 Telefunken 制订，Mullard、Philips、Siemens、Valvo 等使用，如 EF80 为灯丝电压 6.3V 的小 9 脚五极管）。

第一部分字母：表示灯丝电压或电流。

A——4V

D——≤1.4V，串联或并联供电

E——6.3V，串联或并联供电

G——5V，并联供电

H——150mA，串联供电

P——300mA，串联供电

U——100mA，串联供电

X——600mA，串联供电

第二部分字母：表示管型类别。

A——高频二极管（整流管除外）

B——高频双二极管（整流管除外）

C——三极管（功率三极管除外）

D——功率三极管

F——五极管（功率五极管除外）

L——功率四极或五极管

M——调谐指示管

Y——高真空半波整流管

Z——高真空全波整流管

第三部分数字：以 2～3 位数字表示登记序号，其中第 1 个数字代表外形分类，后面的数字为登记序号。

0～19——杂（1～9 为 P 型边接触式管座，11～19 为 Y 型刚质管座）

20～29——锁式管（B8G）

30～39——8 脚管（US）

40～49——小型 8 脚里姆管（B8A，缘锁式管座）

50～59——锁式管（B9G）

60～79——超小型管（B8D/F）

80～89——标准小型 9 脚管（B9A）

90～99——小型 7 脚管（B7G）

（3）英国方式——由字母-数字组成（GEC、Marconi、Osram 等使用，如 KT77 为功率四极管）。

第一部分字母：表示管型类别。

B——双三极管	N——功率五极管
D——二极管	P——功率三极管
H——高 μ 三极管	U——全波或半波整流管
KT——功率四极管	Z——锐截止五极管
L——低内阻三极管	W——遥截止五极管

第二部分数字：以 2～3 位数字表示登记序号。

（4）苏联方式——由数字-字母-数字-字母组成（如 6П6C 为灯丝电压 6.3V 的输出集射四极玻壳管）。

第一部分数字：表示灯丝电压，取整数部分。

第二部分字母：表示管型类别。

Б——二极-五极管	Γ——二极-三极管
Х——双二极管	С——三极管
П——输出五极管或集射四极管	Е——调谐指示管
К——遥截止五极管	Ж——锐截止五极管
Н——双三极管	Ф——三极-五极管
Ц——整流管	Э——四极管

第三部分数字：以 1～2 位数字表示登记序号。

第四部分字母：表示外形结构。

无——8 脚金属管	С——普通玻壳管
П——小型管（Φ19mm 或 22.5mm）	Б——超小型管（Φ10mm）
А—— 超小型管（Φ6mm）	К——金属陶瓷管

Ж——橡实管 Д——灯塔管

Л——锁式管

（5）中国方式——由数字-字母-数字-字母组成（如 6N1 为灯丝电压 6.3V 的小型双三极管）。

第一部分数字：表示灯丝电压，取整数部分。

第二部分字母：表示管型类别。

F——三极-五极管 C——三极管

H——双二极管 J——锐截止五极管或四极管

K——遥截止五极管 N——双三极管

P——输出五极管或集射管 E——调谐指示管

Z——小功率整流二极管 S——四极管

第三部分数字：以 1～2 位数字表示型、序号。

第四部分字母：表示外形结构。

无——小型管（Φ19mm 和 Φ22.5mm） P——普通玻壳管

G——超小型管（Φ10mm） B——超小型管（Φ6mm）

K——金属陶瓷管 J——橡实管

D——灯塔管

早期国产电子管型号沿用苏联、美国命名方式，如 6H8C、6SK7GT 等。苏联型号加后缀"-K"，表示该型管是在苏联基础上开发，并非全面引进，如 6Е1П-К、6Г2П-К。

（6）日本 JIS 方式——由数字-字母-字母-数字组成（如 6R-HH1 为灯丝电压 6.3V 的小型 9 脚高 μ 双三极管）。

第一部分数字：表示灯丝电压，取整数部分。

第二部分字母：表示外形结构。

M——小型 7 脚管 R——小型 9 脚管 G——GT 管 X——中型 4 脚管

Y——中型 5 脚管 Z——中型 6 脚管 W——中型 7 脚管 D——超小型管

第三部分字母：表示管型类别。

L——μ<30 三极管 H——高 μ 三极管 A——功率三极管

R——高频四极或五极管 V——遥截止四极或五极管 B——功率集射管

P——功率五极管 D——检波二极管 K——高真空整流管

第四部分数字：表示登记序号，整流管则奇数为半波整流管，偶数为全波整流管。

（7）MAZDA 方式——由数字-字母-数字组成，是该公司专用，但并不严格遵守此命名方式（如 6F22 为灯丝电压 6.3V 的小型 9 脚小信号五极管）。

第一部分数字：表示灯丝类型。

6——6.3V 10——100mA 20——200mA 30——300mA

第二部分字母：表示管型类别。

C——变频管 D——小信号二极管 F——小信号五极管

K——闸流管 L——三极管 M——荧光指示管

P——五极管或集射四极管 U——半波整流管

UU——全波整流管

第三部分数字：表示序号。

电子管特殊性质的标志

电子设备常要求电子管的性能在一个或多个方面做出改进，这些特殊品质的接收电子管的性能，超过一般用于消费类产品的原型管，可以直接替换原型管。

（1）美国。W 为高可靠管的代号。如 6X4W、6L6WGB、12AX7WA 等为 6X4、6L6GB、12AX7A 的高可靠管。

4 位数字型号，表示该管为工业用管或通信及特殊用途管，在长时间内能保持稳定的性能。如 6067 为 12AU7 的工业用管，6679 为 12AT7 的特殊用途管。

型号前加 JAN、USN 表示该管符合美国军用规格（MIL-Qualified），在长时间内能保持稳定性能，并能耐受强烈的冲击和振动，如 JAN6922、JAN12AX7WA 等。

型号后的 A、B、C，表示该管为原型的 1、2、3 的某次改进型，改进管一般在最高工作电压及最大耗散功率等方面做了提高，如 6L6GC、6550A 等为 6L6G、6550 的第 3 次、第 1 次改进型。

型号后缀 GT/G，表示该管可与 G 型或 GT 型互换，如 6V6 GT/G、5Y3GT/G。

（2）欧洲（不包括苏联与英国）。序号夹在灯丝特性代号字母与结构代号字母中间的电子管为高品质管，有长寿命、高可靠、低公差、耐冲击及耐振动等特点。如 E83CC、E88CC 是 ECC83、ECC88 的高品质型。

（3）英国。CV 后加若干位数字表示该管为军用型号，CV 为通用电子管（Common Valve）的缩写，如 CV492 是 ECC83 的军用型号。

（4）日本。①表示 Hi-Fi 用管，⊘或 Hi-S（High-Stability Tube）表示通信-工业用高稳定管。

（5）苏联。后缀 -B 表示为高可靠坚牢管，-E 表示为长寿命管，-И 表示为脉冲用管，-K 表示为抗振管，如 6Н1П-B、6C45П-E 等。

1976 年前：	P——特别品质	1976 年后：	B——耐振动，高可靠
	EP——特别品质，长寿命		E——长寿命
	BP——特别品质，高可靠		K——特别声频
	ДР——特别品质，超长寿命		Д——超长寿命
	И——脉冲用		EB——长寿命，高可靠

（6）中国。-Q 表示为高可靠与高机械强度管，-M 表示为脉冲工作管，-S 表示为长寿命管，如 6N1-M、6J1-Q 等。

管壳或底座上注明级别，M（民）表示为民用级，J（军）表示为军用级，Z（专）表示为专用级，T（特）表示为特级。该级别主要指基本参数的误差范围及某些特殊要求。

苏联发射管及离子管命名法（苏联国家标准 ГОСТ）

第一部分字母：表示电子管类型。

ГК——长、短波发射管（$f \leqslant 25\text{MHz}$）

ГУ——超短波发射管（$f = 25 \sim 600\text{MHz}$）

ГС——厘米波发射管（$f > 600\text{MHz}$）

ГМ——调制管

В——二极整流管

ГИ——脉冲发射管

ГГ——充气二极管

ГР——汞气二极管

ГМН——脉冲调制管

СГ——稳压管

第二部分数字：表示序号。

中国发射管及离子管命名法

第一部分字母：表示电子管类型。

FD——长、短波发射管（$f \leqslant 25\text{MHz}$）

FU——超短波发射管（$f = 25 \sim 600\text{MHz}$）

FC——厘米波发射管（$f > 600\text{MHz}$）

E——二极整流管

FM——脉冲发射管

EQ——充气二极管

EG——汞气二极管

WY——稳压管

第二部分数字：表示序号。

第三部分字母：S——水冷式，F——风冷式，Z——蒸发式。

3.5　电子管的选择

正确选用和运用电子管，对整机的性能、可靠性以及寿命，都至关重要。在音响设备中使用的电子管，除专为声频放大开发的音响用管外，还引入不少高频用管。通常三极管的谐波失真中高次谐波较少，五极管则不一定，集射管的高次谐波少于五极管。

不同厂家制造的同一型号电子管，尽管技术参数都一样，但由于电极机械加工尺寸和阴极化学性能都有着微小差异，加上电极材料或制造时的工艺处理不同，在放大声频信号时产生各种谐波并不一致，造成音色差异，形成不同个性。同一厂家在不同时期制造的电子管，由于生产工艺的变化，同样会有不同音色表现。所以不同品牌或者同厂不同时期的同型号电子管的音色表现，有时差异可以很大，人们常常换管调声并乐此不疲。

电子管的选择实际包括两大内容，购买时的选择及设计时的选择，前者是选择品质的优劣，后者是选择适当的型号。

当今市场上的电子管，大致可分3类。

（1）库存新管。即所谓的 NOS（New Old Stock）管，指电子管全盛时期生产的电子管库存至今的新管。NOS 电子管的价格常因存货量而定，价高并不代表好声音。市场上有少数无良商家有用一般品牌管冒充名牌管，以及用旧管冒充新管出售的情况，购时要弄清真伪。

（2）现生产新管。这是最容易买到的管子，主要有俄罗斯、斯洛伐克和中国的产品。市场上特别低价的新管，有可能是厂家筛选下来的低性能管。

（3）二手旧管。大多来自旧仪器设备，不乏名牌名管，品质良莠不齐，仅由外观及测试无法准确判别其新旧程度，使用寿命无从保证。通常二手小功率管能有较长剩余寿命，功率管及整流管的剩余寿命比小功率管要短得多。

军用、工业用、通信及特殊用途电子管，均属特殊品质电子管，与应用在电视机、收音机等消费类产品的普通接收电子管相比，有寿命长、一致性好、长期工作特性稳定、耐冲击和振动等特点。但两者由于电气特性基本一致，通常对音色并无特别之处。

改进管和原型管一般仅在最大电极电压及最大电极耗散功率等方面做改进提高，基本参数不变，外形尺寸可能不一样，所以改进管和原型管在换用时必须注意到这些问题。

在选用电子管时，外观及管脚应无缺陷。使用较长时间的玻壳旧管，会在阴极相对的顶端玻壳上出现黑斑或镜面斑，越旧则斑越大，见下图。小型管则整个玻壳的透明度会降低发灰，犹如用旧的电灯泡那样，甚至在电极间隙相对玻壳上出现黑晕。但个别品牌的电子管虽仅使用很短时间，在电极间隙相对玻壳上也会有明显黑晕。某些小型管的底边玻璃颜色呈灰黑，或管脚周围有某种痕迹，是玻璃烧结工艺差异所致，并非使用过的旧管。全新小型电子管的管脚应是笔直的，外力只会造成倾斜，不会弯曲。使用过的旧管，所有管脚由于长期插在管座而致中间同一部位都有个向内弯曲点。

若电子管玻壳顶部或侧底部银白色或棕黑色吸气剂晕呈暗白色，表示该管已漏气失效。真空度略有降低的电子管，工作时随机的电离噪声会增大。

当电子管存在轻微漏气时，虽然消气剂无特别异常，但灯丝电流会变大，灯丝亮度下降或不亮，玻壳迅速发热甚至烫手。

旧电子管阴极相对玻壳上的黑斑（左）和亮斑（右）

旧小型管的弯曲管脚　　　　　　　　　漏气电子管的吸气剂晕

对于电子管好坏的判别，可以使用电子管测试器，但电子管测试器提供的被测电子管工作条件，与电子管在实际电路中的工作条件很可能并不一样，所以测试器测试合格的电子管，在某些电路中使用并不一定很好，所以再用替换法进行检查是十分必要的，同样电子管的配对也不能仅凭电子管测试器。

放射型电子管测试器（emission-type tube tester），仅以阴极发射是否良好为目标，标明的读数是以电流 100% 为 GOOD（好，绿色），80% 为?（疑问，黄色），50% 为 BAD（坏，红色，或用 REPLACE），如下图所示。这种测试器上测得参数良好的电子管，有时不一定毫无问题。

电子管互导测试器（vacuum tube Gmmeter）可以测量电子管的互导、屏极电流、管内真空度等主要静态参数，能提供电子管是否合格的数据。

放射型电子管测试器 T31

电子管互导测试器 HICKOK 539C

在使用电子管测试器时，按下测试钮，若指示表头的指针走得特别慢，说明被测电子管可能已衰老；若指针达到最大读数后又缓慢返回一段再停下，则被测电子管很可能有问题。仅凭测量互导值并不能判别电子管的新旧程度，但屏极电流值的大小有较大参考价值，旧管的屏极电流较小。

库存数十年的新电子管，真空度可能有下降，会出现电离噪声等问题。初次使用时，建议在加高压电源前，先让热丝点亮半小时到数小时，以消除残留气体，延长电子管的使用寿命。

美国 RCA 接收管手册

美国 RAYTHEON 接收管数据手册

3.6　电子管特性曲线的应用

　　各种电子管有不同的特性，公开发表的曲线和数据，仅能反映其中心值，典型的电子管特性常被忽略，下图为不同类型电子管的典型屏极特性曲线（V_p/I_p 特性曲线）。五极管的特性曲线基本呈为水平线，三极管特性曲线则倾向为垂直线，即五极管近似于恒流特性，三极管对某一给定的栅极电压，则接近于恒压特性。

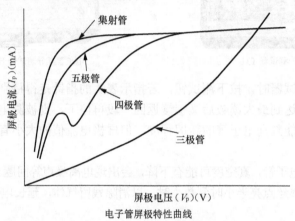

电子管屏极特性曲线

　　三极管的互导 g_m 和屏极内阻 r_p 随电子管工作点不同而异，放大系数 μ 在一定屏极电压和栅极电压范围内几乎不变。三极管屏极电流与其参数的关系曲线见下图。

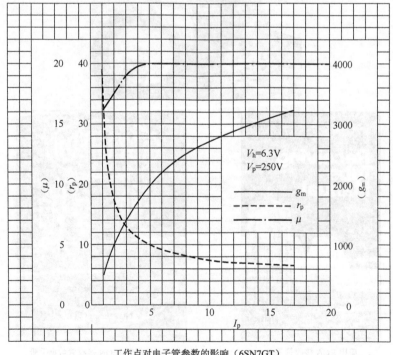

工作点对电子管参数的影响（6SN7GT）

电子管的特性曲线是设计电路的基本工具，在实用上可带来很大方便，能得到电子管特性手册上没有提供的数据。例如，一般电子管的特性曲线是取屏极电流较大处，而阻容耦合放大因为工作于小电流，所以设计时很少直接使用特性曲线。**运用电子管特性曲线进行阻容耦合放大设计的方法如下。**

右图为三极管 6SN7GT 阻容耦合放大电路。电路中 R_p 是电子管 6SN7GT 的屏极电阻，R_k 是阴极电阻，R_g' 是下级栅极电阻，V_{bb} 是屏极供电电压。当给电子管控制栅极加上变化电压，屏极电流将相应变化，R_p 上的电压降亦发生变化。

阻容耦合放大电路

若 R_p=50kΩ，R_g'=100kΩ，V_{bb}=400V，则在 6SN7GT 的屏极特性曲线上可画出静态负载线，如下图所示。通过静态负载线可知栅极电压变化时各瞬间的屏极电流与电压，该静态负载可用下式表示，I_p=（V_{bb}-V_p）/R_p。

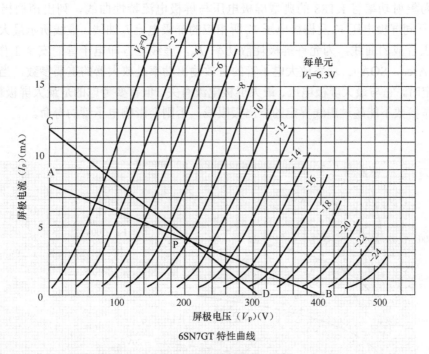

6SN7GT 特性曲线

负载线（Load Line）是在电子管的一族特性曲线上的一条直线，用来说明当输入信号加到该电子管时，负载两端的电压和负载上的电流之间的关系。

先设电子管无屏极电流时的屏极电压为一点，全导通时的屏极电压为另一点，再以直线连接该两点并延长至两坐标轴，就是静态负载线，即 V_p=0 时的 A 点，I_p=400/50=8mA；I_p=0 时的 B 点，V_p=400V，连此两点间的直线 AB，就是 V_{bb}=400V、R_p=50kΩ 时 6SN7GT 的静态负载线，此静态负载线与对角方向的屏极电流—屏极电压特性曲线族的交点，就是某一栅偏压下的对应屏极电压。负载线上的点可以表示出 V_p、I_p、V_g 之间的相互关系。

为求得阻容耦合放大电路的电压增益，先取静态工作点于静态负载线的中点附近为 P，而电路实际负载电阻 R_L 是 R_p 和 R_g' 的并联值，R_L=R_pR_g'/（R_p+R_g'）=33.3kΩ，其负载线为通过 P 点的线 CD，这是动态负载线，C 点的 I_p'=V_{bb}/R_L=12mA。

如果取栅偏压分别为-6V 和-8V，相应的屏极电压是 175V 和 205V，也就是在负载电阻为 33.3kΩ 时，栅极电压变化 2V，会引起屏极电压变化–30V*，它的增益 G_V 是 30/2=15，这就是 6SN7GT 通过图解法得到的增益（*负号表示相位相反）。

电子管 6SN7GT 栅极要求的偏压 $V_g=V_k=6V$，而 $R_p=50kΩ$，$R_g'=100kΩ$，$V_{bb}=400V$ 时，取静态负载线与栅极电压–6V 相交的屏极电流 I_p'=4.5mA，由此可求得阴极电阻 $R_k=V_g/I_p'$=1333Ω。

当然，实际电子管的工作区应在静态负载线上 V_g= –0.5V 到最小屏极电流时的栅负压间，其中点即为静态工作点。为使放大不失真，电子管必须工作于动态特性曲线的线性范围内。三极管动态特性的显著特点是其斜率小于静态特性的斜率。五极管由于屏极电压对屏极电流的影响很小，故动态特性与静态特性相同。

五极功率管或集射功率管在作功率输出放大时，它的屏极特性曲线表明，只要屏极电压不是非常低，屏极电流几乎不受屏极电压的影响。

下图为集射功率管 KT88 的典型屏极电压与屏极电流特性曲线，列出帘栅极电压 V_{sg}=300V 时，不同屏极电压 V_p 及栅极电压 V_g 所相应的屏极电流 I_p 曲线，虚线所示最大屏极电流和屏极电压合成的曲线，为允许屏极耗散功率 P_p，虚线左方即电子管的安全工作区（Safe Operating Area，SOA）。功率放大电子管的有效输出功率是放大器的重要参数，当总谐波失真系数一定时，它与最大屏极电压、最大屏极电流有关，但首要考虑的是最大屏极耗散功率，设定的工作参数不能超过虚线界定的输出极限线，否则会影响电子管的寿命。

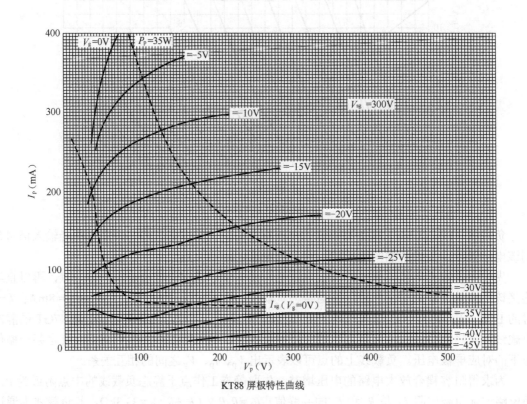

KT88 屏极特性曲线

3.7 功率电子管特性电压变换图

电子管特性手册中，不可能把功率电子管在所有电压下的参数完全列出。对此，下面提供的电压变换图可带来极大方便，当电压变换系数 F_v 在 0.7～1.5 时，该图准确程度很高。

功率电子管采用不同于特性手册所列的屏极电压时，其特性参数的变化，可根据电压转换图求得。原标称屏极电源电压 V_p 与实际屏极电源电压 V_p' 之比，即电压变换系数 $F_v= V_p'/V_p$，根据 F_v 可从图中得出各参数的变换系数 F_p、F_i、F_r、F_{g_m}，只要乘以各参数的原标称值，即可得到实际值。

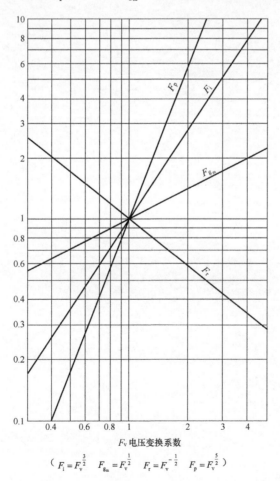

F_v 电压变换系数

$$\left(F_i = F_v^{\frac{3}{2}} \qquad F_{g_m} = F_v^{\frac{1}{2}} \qquad F_r = F_v^{-\frac{1}{2}} \qquad F_p = F_v^{\frac{5}{2}} \right)$$

例如，某五极功率管 $V_p = 250V$，$V_{sg} = 250V$，$V_g = -15V$，$I_p = 30mA$，$I_{sg} = 6mA$，$R_L = 10k\Omega$，$P_o = 2.5W$，$g_m = 2mA/V$，$r_p = 0.13M\Omega$。

当 $V_p' = V_{sg}' = 200V$ 时，$F_v = 200/250 = 0.8$，则 $F_p = 0.57$，$F_i = 0.72$，$F_r = 1.06$，$F_g = 0.89$，故 $V_g' = -12V$，$I_p' = 21.16mA$，$I_{sg}' = 4.3mA$，$R_L' = 10.6k\Omega$，$P_o' = 1.42W$，$g_m' = 1.78mA/V$，$r_p' = 0.14M\Omega$。

四、常用电子管特性

对电子管的分类名称，不同国家和公司习惯上有所不同。

☆ 集射功率管：Beam Power Tube 集射功率管、Beam Pentode 集射五极管、Beam Tetrode 集射四极管。

☆ 功率三极管：Power Triode 功率三极管、Output Triode 输出三极管。

☆ 功率五极管：Power Pentode 功率五极管、Output Pentode 输出五极管。

☆ 双三极管：Double Triode 双三极管、Twin Triode 孪生三极管。孪生三极管特指两部分特性完全相同的管型，双三极管的两部分特性可能不一样。

☆ 遥截止五极管：Remote Cut-off Pentode 遥截止五极管、Variable-MU Pentode 可变 μ 五极管。

☆ 锐截止五极管：Sharp Cut-off Pentode 锐截止五极管，不注明截止特性的五极管通常都是指锐截止五极管。

☆ 全波整流管：Full-Wave Rectifier 全波整流管、Full-Wave Power-Rectifier 全波功率整流管。

电子管管脚接续图的说明。

（1）所有管脚接续，均为底视图，顺时针方向编号。

（2）管脚接续图中，IC（Internal connection）是管内没有电极连接的空脚，但管座上的相应焊片，不可用作中继连接端子使用。IS（Internal shield）是内部屏蔽。NC（Not connection）是管内没有电极连接的空脚，可用作连接端子使用。BS（Base sleeve）是金属管腰（屏蔽用）。S 是金属管管壳。

（3）管脚接续图中，F 是灯丝，F_M 是灯丝中心，G 是栅极（G_1 为控制栅极，G_2 为帘栅极，G_3 为抑制栅极或集射屏），H 是热丝，H_M 是热丝中心，K 是阴极，P 是屏极（A 阳极）。

（4）复合管中不同部分的电极以下标注明，D 是二极管部分，T 是三极管部分，P 是五极管部分。如三极-五极管中 P_P 为五极部分屏极，G_P 为五极部分栅极，K_P 为五极部分阴极；P_T 为三极部分屏极，G_T 为三极部分栅极，K_T 为三极部分阴极；双三极管中 P_{T1} 为第 1 三极部分屏极，P_{T2} 为第 2 三极部分屏极，G_{T1} 为第 1 三极部分栅极，G_{T2} 为第 2 三极部分栅极，K_{T1} 为第 1 三极部分阴极，K_{T2} 为第 2 三极部分阴极；三极-双二极管中 P_{D1} 为第 1 二极部分屏极，

P_{D2} 为第 2 二极部分屏极，P_T 为三极部分屏极，G_T 为三极部分栅极。

4.1　电子管资料

电子管手册提供电子管的简要介绍，包括应用范围及注意事项，并列出工作条件、特性、额定值、特性曲线图、外形尺寸、管基接线图、典型工作状态及数据等。这些资料对正确运用电子管和电子管电路设计十分有用。当年各大电子管制造厂都有自己的电子管手册，然而由于年代久远，现今已难见踪影。

在当今实践中，详细的电子管特性参数及有关曲线图非常缺乏，产生诸多不便，甚至造成差错，为此，笔者根据美、俄、欧洲其他国家、日等多个原厂手册综合编译了一些音响设备中常用电子管的详细技术资料，并加以说明，以供设计使用时参考。

几点说明。

（1）在美国电子管手册中，尺寸习惯使用英制表示（每英寸等于 25.4mm），如 0.875in = 22.23mm，$1\frac{3}{4}$in=44.45mm；电容量用 μμF（微微法拉，即 pF）表示；互导值用 μmho（微漠 μ℧或 micromho，即 μA/V）表示；电阻值用 ohm（欧姆，即 Ω）、megohm（兆欧，即 MΩ）表示；电压值用 Volt（伏特，即 V）表示；电流值用 Amp（ere）（安培，即 A）、milliampere（毫安，即 mA）表示；功率值用 Watt（瓦特，即 W）表示；电感量用 Henry（亨利，即 H）表示；百分数用 Percent（即%）表示。

（2）在英国电子管手册中，尺寸使用公制表示，屏极习惯用阳极 a 表示，失真用 d 表示。

（3）在德国电子管手册中，尺寸使用公制表示，电压习惯用 U 表示，功率用 N 表示，失真用 k 表示。

（4）在苏联及俄罗斯电子管手册中，尺寸使用公制表示，伏特用 в 表示，毫安用 ma 表示，瓦特用 вт 表示，千欧用 ком 表示，兆欧用 мом 表示，毫安/伏用 ma/в 表示，微微法用 лф 表示，最大用 макс 表示。

（5）同样，特性曲线图中使用的符号，不同国家及厂商习惯上也有所不同。

如美国电压用 E 表示，电流用 I 表示，互导用 g_m 表示，功率用 P 表示，电感用 L 表示。

如英国电压用 V 表示，如 V_a；电流用 I 表示，如 I_a；功率用 P 表示，如 P_a；互导用 g_m 表示。

如德国电压用 U 表示，如 U_a；电流用 I 表示，如 I_a；功率用 N 表示，如 N_a；互导用 S 表示。

如苏联及俄罗斯电压用 U 表示，如 U_a；电流用 I 表示，如 I_a；互导用 S 表示。

4.1.1　美系电子管

（1）2A3

直热式功率三极管，应用于声频功率输出级，具有很高的互导及大的有效阴极面积。

◎ 特性
　　敷氧化物灯丝：2.5V/2.5A，交流或直流
　　极间电容：栅极—屏极　16.5pF

栅极—灯丝 7.5pF

屏极—灯丝 5.5pF

安装位置：垂直，当 1 脚及 4 脚在同一水平面时也可水平安装

管壳：ST-16，玻璃

管基：中型四脚

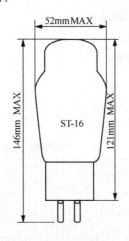
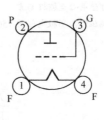

◎ A 类单端放大

最大额定值

屏极电压   300V（最大）

屏极耗散功率 15W（最大）

典型应用值

屏极电压   250V

栅极电压△   −45V

屏极电流   60mA

放大系数   4.2

屏极内阻   800Ω

互导   5250μA/V

负载电阻   2500Ω

二次谐波   5%

输出功率   3.5W

最大电路值

栅极电路电阻   0.05MΩ（固定偏压），0.5MΩ（自给偏压）#

◎ AB$_1$ 类推挽放大

最大额定值

屏极电压   300V（最大）

屏极耗散功率 15W（最大）

典型应用值（两管值）

	固定偏压	自给偏压
屏极电压	250V	300V□

栅极电压△	−62V	—
阴极偏压电阻	—	780Ω
栅—栅声频峰值电压	124V	156V
零信号屏极电流	80mA	80mA
最大信号屏极电流	147mA	100mA
屏—屏负载电阻	3000Ω	5000Ω
总谐波	2.5%	5%
输出功率	15W	10W

△ 栅极电压指交流灯丝中心至栅极而言。

\# 当 2A3 单管自给偏压时，阴极电阻为 750Ω。

□ 零信号时。

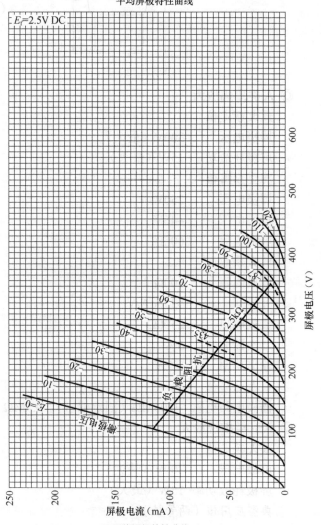

2A3 平均屏极特性曲线（RCA）
屏极电压—屏极电流

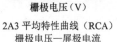

2A3 平均特性曲线（RCA）
栅极电压—屏极电流

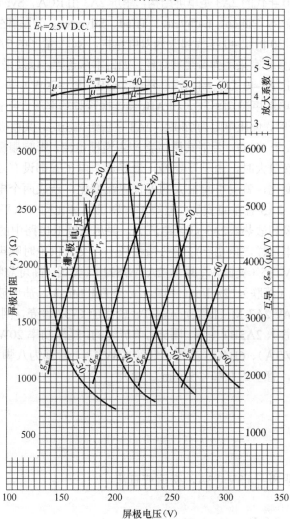

平均特性曲线

2A3 平均特性曲线（RCA）
屏极电压—互导、屏极内阻、放大系数

单屏 2A3（左）双屏 2A3（右）（RCA）

2A3 为 1933 年 RCA 开发的著名 ST 型四脚直热式低内阻功率三极管，线性极好，有非常优美的音色。20 世纪 30 年代的 2A3 是单屏结构，单屏 2A3 由 RCA、Sylvanina、National Unioa、Arcturus 制造，十分稀少，Philco、Lafayette、Triad、Silvertone 为贴牌生产，品牌都在胶木管基上用刻字方式标识。20 世纪 40 年代起改为双屏结构。RCA 量产的 2A3 灯丝由云母片固定，中国产品也如此，但很多厂家采用弹簧悬挂灯丝，如日本东芝等，以及采用吊钩悬挂灯丝。耗散功率更大的衍生管有 JJ 2A3-40（P_{pm}=40W）、曙光 2A3B（P_{pm}=20W）等。

2A3 适用于 A 类单端声频功率放大和 AB$_1$ 类推挽声频功率放大，曾广泛应用于高级收音机。2A3 单管自给偏压时，偏压电阻为 750Ω。2A3 在自给偏压时，其栅极电阻不得大于 500kΩ；固定偏压时，则不能大于 50kΩ，否则其栅极会产生逆栅电流，影响栅极偏压而使电子管工作不稳定。2A3 用于推挽放大时，由于互导高，最好每个电子管都设有独立的偏压调节，高互导电子管很小的偏压变化，就会引起很大的屏极电流变化，造成两个电子管屏极电流差异，破坏电路工作的平衡。2A3 宜垂直安装，但第 1 脚和第 4 脚在同一水平面时，也可水平安装。该管必须有良好的通风和散热。2A3 灯丝电流大，要尽量降低电路中的直流电阻。灯丝 6.3V 的同类管特性虽然基本一样，但由于灯丝热惰性较小，交流供电时噪声稍大。

2A3 的等效管有 VT95（美国，军用）、2A3W/5930（美国，高可靠特殊用途）、2A3H（美国，Sylvania）、2C4C（苏联）、2A3/n（中国，天津 Full Music，茄形玻壳）。

2A3 的类似管有 AV 2A3-M（捷克，AVVT，瓷底座 C-37 管壳，网状屏）、2A3-40（斯洛伐克，JJ，Φ62mm ST 管）、2A3B（中国，曙光，单屏结构，耗散功率 20W，单管输出达 6.5W）、6A3（美国，灯丝 6.3V/1A）、6B4G（美国，灯丝 6.3V/1A，管基为八脚 Φ52mm G 管）、6C4C（苏联，灯丝 6.3V/1A，管基为八脚 Φ52mm G 管）。

（2）2C22

脉冲三极管。

◎ **特性**

敷氧化物旁热式阴极：6.3V/0.3A，交流或直流

极间电容：

栅—屏	3.6pF
栅—阴	2.2pF
屏—阴	0.7pF

安装位置：任意

管壳：T-9，玻璃

管基：双顶帽八脚

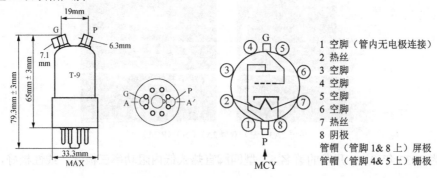

1 空脚（管内无电极连接）
2 热丝
3 空脚
4 空脚
5 空脚
6 空脚
7 热丝
8 阴极
管帽（管脚 1 & 8 上）屏极
管帽（管脚 4 & 5 上）栅极

◎ **最大额定值**

屏极电压	300V
屏极耗散功率	3.3W

◎ **A₁ 类放大特性**

屏极电压	300V
栅极电压	−10.5V
放大系数	20
屏极内阻	6.6kΩ
互导	3.0mA/V
屏极电流	11mA

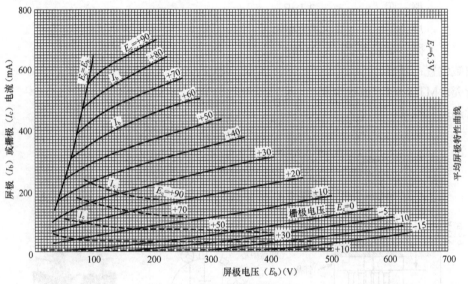

2C22 平均屏极特性曲线（RCA）

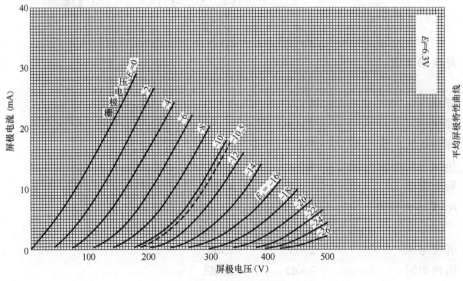

2C22 平均屏极特性曲线（RCA）

2C22 为中放大系数脉冲三极管，带双帽 GT 管。该管原用于高频脉冲振荡。在音响电路中，适用于倒相、激励及阻容耦合放大等。应用可参考 6J5GT、6SN7GT 等。

2C22 的等效管有 7193、6C8C（苏联）、6C8P（中国）。

（3）2C40 2C40A

灯塔三极管。

◎ **特性**

敷氧化物旁热式阴极：6.3V/0.75A，交流或直流

极间电容：

栅—屏	1.3pF
栅—阴	2.1pF
屏—阴	0.02pF
阴—金属外壳	100pF

安装位置：任意

管壳：MT-8-1/4，玻璃金属

管基：八脚（6 脚）

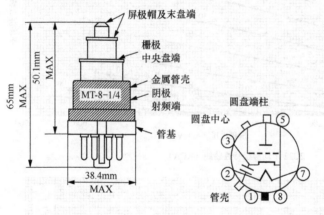

◎ **最大额定值**

	2C40	2C40A
屏极电压	450V	
屏极电流	22mA	
屏极耗散功率	5W	
热丝—阴极间电压	90V	
管壳温度	150℃	175℃

◎ **A₁ 类放大特性**

	2C40	2C40A
屏极电压	250V	250V
阴极电阻	200Ω	200Ω

放大系数	36	35
屏极内阻	7.5kΩ	
互导	4.8mA/V	5.1mA/V
屏极电流	16.5mA	17mA

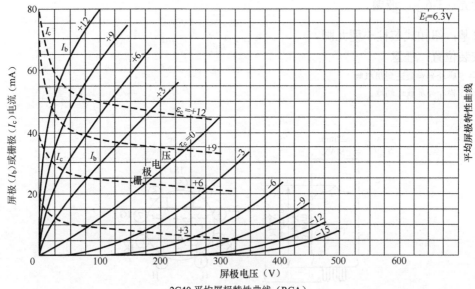

2C40 平均屏极特性曲线（RCA）

2C40 为功率灯塔三极管（Lighthouse tube）。这种电子管的外形似灯塔，其阴极、栅极和屏极是平板状环形圆盘，圆盘大小呈阶梯式，故也称盘封管（Disk-seal tube）。因电极间距极小，互导很大，电子渡越时间较短，环状引线的电感很小，可与用作调谐元件的同轴线末端固定，所以可有效应用于超高频振荡和放大。2C40 原用于 CW 振荡、射频放大及屏极脉冲调制振荡，最高工作频率 3370MHz，特别适用于无人值守的定向发射机。在音响电路中，可用于倒相、激励、阻容耦合放大等。该管互导较高，较小负载仍可获高增益。

2C40 的等效管有 2C40A、ZP620、6С5Д（苏联）、6C5D（中国）。

（4）2C51

高频双三极管，应用于从低频到 VHF 频段的设备。

◎ 特性

敷氧化物旁热式阴极：6.3V/0.3A，交流或直流

最大热丝—阴极间电压：90V

极间电容：

（有屏蔽）栅极—屏极 1.3pF[A]

　　　　　输入 2.3pF[A]

　　　　　输出 1.3pF[A]

　　　　　屏—屏 0.03pF[B]

（没有屏蔽）栅极—屏极 1.3pF

输入 2.2pF

输出 1.0pF

屏—屏 0.02pF

管壳：T-6$\frac{1}{2}$，玻璃

管基：纽扣式芯柱小型九脚

安装位置：任意

A 第 5 脚外部屏蔽连到阴极脚。

B 第 5 脚外部屏蔽连到地。

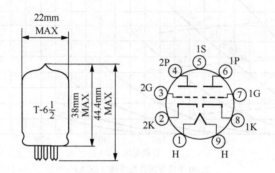

◎ **最大额定值（每三极部分）**

屏极电压　　　　　300V

正直流栅极电压　　0V

屏极耗散功率　　　1.5W

阴极电流　　　　　18mA

栅极电路电阻　　　1MΩ

◎ **典型工作特性**

A$_1$ 类放大（每三极部分）

屏极电压　　　　　150V

阴极电阻　　　　　240Ω

屏极电流　　　　　8.2mA

屏极内阻　　　　　6500Ω

互导　　　　　　　5500μA/V

放大系数　　　　　35

栅极电压（I_p=10μA）−8V

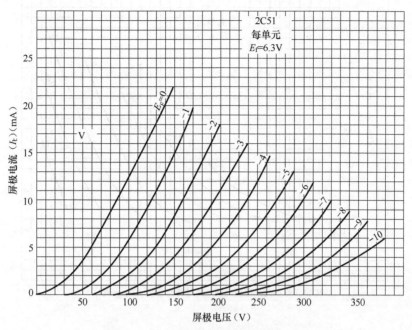

2C51（每单元）屏极电压—屏极电流特性曲线（Tung-Sol）

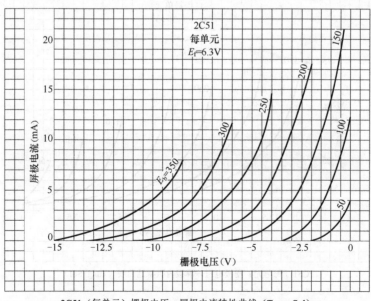

2C51（每单元）栅极电压—屏极电流特性曲线（Tung-Sol）

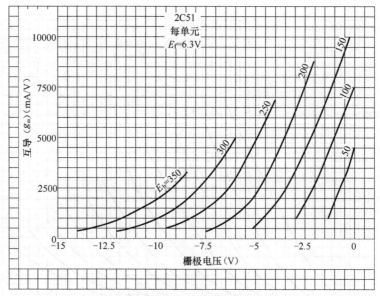

2C51（每单元）栅极电压—互导特性曲线（Tung-Sol）

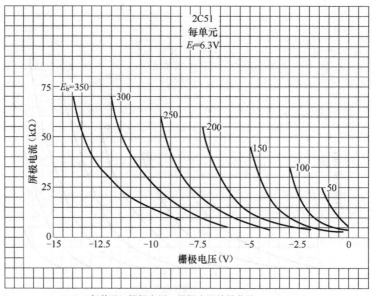

2C51（每单元）栅极电压—屏极内阻特性曲线（Tung-Sol）

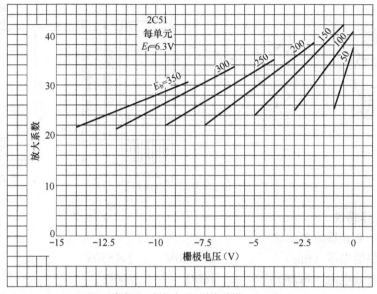

2C51（每单元）栅极电压—放大系数（Tung-Sol）

2C51 为小型九脚中放大系数高频双三极管，两三极管间除热丝外完全独立。该管原用于电视接收机 VHF 调谐器射频放大。在音响电路中，适用于阻容耦合放大及级联放大等。应用时屏极电流宜大于 1mA，屏极电阻取 27～68kΩ 为宜。该管互导较高，较小负载仍可获高增益，每级有 24～27 倍的电压增益。使用时管座中心屏蔽柱建议接地。

2C51 的等效管有 2C51（美国，通信用）、WE396A（美国，WE，通信用）、CV2866（英国，军用）、6CC42（捷克）、6185（美国，通信用）、5670（美国，工业用可靠管）、2C51W（美国，高可靠）、1219（美国，通信用）、6N3（中国）、6H3П（苏联）、6H3П–E（苏联，长寿命）。

2C51 的类似管有 6385（美国，工业用）；管脚接续不同的类似管有 6BZ7/A、6BQ7/A、ECC180（计算机用）、6R-HH2（日本）。

（5）5AR4

高真空旁热式全波整流管，高输出电流及小尺寸。

◎ **特性**

敷氧化物旁热式阴极：5V/1.9A，交流或直流

安装位置：任意

管壳：T-9 或 T-11，玻璃

管基：八脚式（5 脚）

◎ **最大额定值**

峰值反向屏极电压	1700V
屏极供电电压（每屏）	见特性曲线 I
屏极峰值电流（每屏）	1A
热开关瞬间屏极电流（每屏）	5A
直流输出电流	见特性曲线 I
输入滤波电容器	60μF

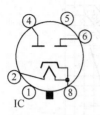
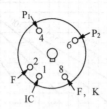
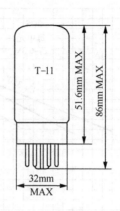
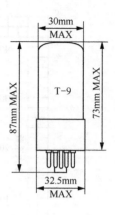

◎ **典型工作特性**

全波整流—电容器输入滤波

交流屏极供给电压（rms）	2×450V	2×550V
屏极电源有效电阻（每屏）	160Ω	200Ω
直流输出电流	225mA	160mA
直流输出电压（滤波输入）	475V	620V

全波整流—扼流圈输入滤波

交流屏极供给电压（rms）	2×450V	2×550V
滤波输入扼流圈	10H	10H
直流输出电流	250mA	225mA
直流输出电压（滤波输入）	375V	465V
管压降（每屏225mA，直流）	17V	

额定曲线 I

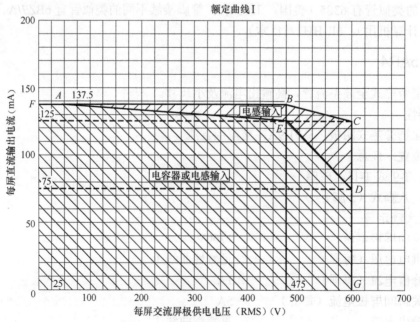

5AR4 特性曲线 I

额定曲线：屏极供电电压与直流输出电流（GE）

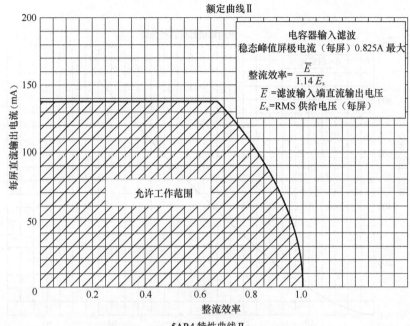

5AR4 特性曲线Ⅱ
额定曲线：直流输出电流与整流效率（每屏）（GE）

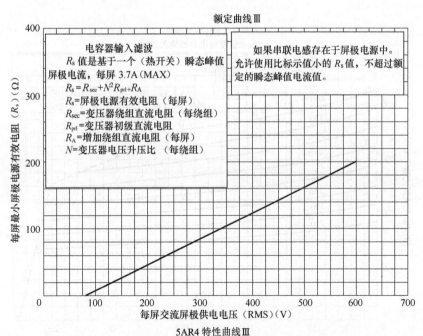

5AR4 特性曲线Ⅲ
额定曲线：（电容器输入滤波）交流供电电压与最小屏极有效电阻（GE）

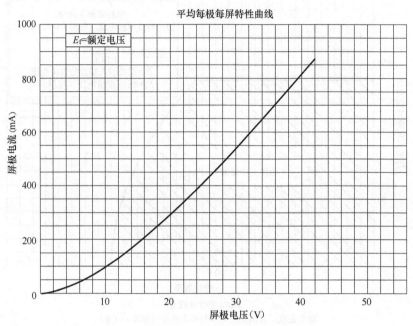

5AR4 平均屏极（每屏）特性曲线（GE）

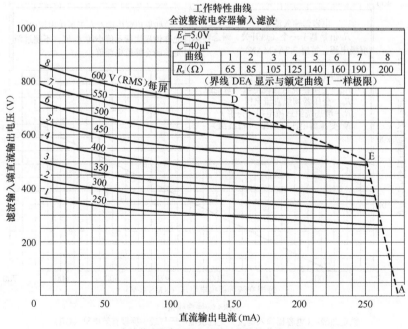

5AR4 全波整流电容器输入滤波工作特性曲线（GE）

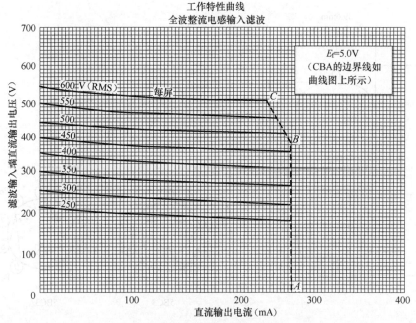

5AR4全波整流扼流圈输入滤波工作特性曲线（GE）

5AR4 为 GT 型八脚高真空旁热式全波整流管。该小型高性能整流管适用于较大电流（250mA）电源整流，电容器输入滤波的输入电容器电容量不得大于 60μF。适宜垂直安装，工作时必须有良好的通风。美国 RCA 自己并不生产 5AR4。

5AR4 的等效管有 GZ34、GZ34S（斯洛伐克，J/J）。

5AR4 的类似管有 GZ32、GZ33（英国，Mullard，G 管）、GZ37（英国，Mullard、G 管）。

（6）5BC3　5BC3A

高真空直热式全波整流管，高输出电流。

◎ **特性**

敷氧化物灯丝：5V/3A，交流或直流

管壳：T-12，玻璃

管基：大纽扣芯柱 NOVAR 九脚

安装位置：垂直，当第 2 脚及第 7 脚成垂直时也可水平安装

◎ **最大额定值**

峰值反向屏极电压	1700V
屏极供电电压（每屏）	见特性曲线 I
屏极峰值电流（每屏）	825mA
热开瞬间屏极电流（最大不超过 0.2s）	3.7A
直流输出电流	见特性曲线 I
输入滤波电容器	60μF

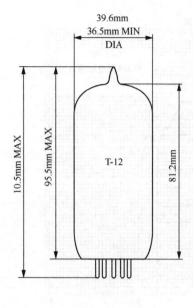

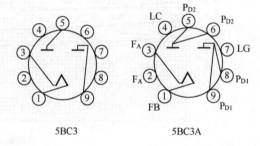

5BC3 5BC3A

◎ 典型工作特性

全波整流—电容器输入滤波

交流屏极供给电压（每屏，rms）	2×300V	2×450V	2×550V
输入滤波电容器	40μF	40μF	40μF
屏极电源有效电阻（每屏）	21Ω	67Ω	97Ω
直流输出电压（滤波输入）			
负载电流 300mA	290V	—	
275mA	—	460V	
162mA	—	—	630V
150mA	335V	—	
137.5mA	—	520V	
81mA	—	—	680V

全波整流—扼流圈输入滤波

交流屏极供给电压（每屏，rms）	2×450V	2×550V
输入滤波扼流圈	10H	10H
直流输出电压（滤波输入）		
负载电流 348mA	340V	—
275mA	—	440V
174mA	355V	—
137.5mA	—	455V

平均屏极特性曲线
每屏

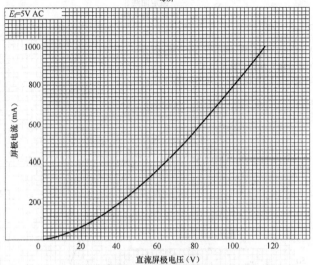

5BC3（每屏）平均屏极特性曲线（RCA）
屏极电压—屏极电流

额定曲线 I

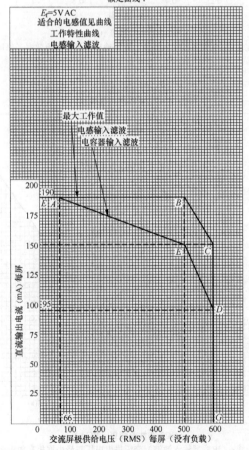

5BC3 特性曲线 I
额定曲线：（扼流圈输入滤波）屏极供电压与直流输出电流（每屏）（RCA）

额定曲线Ⅱ
电容器输入滤波

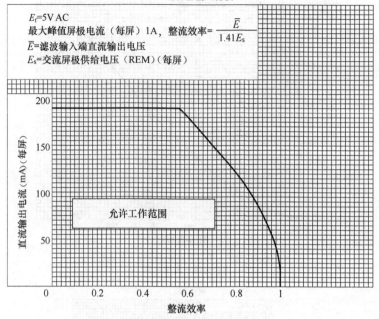

E_f=5V AC

最大峰值屏极电流（每屏）1A，整流效率=$\dfrac{\overline{E}}{1.41E_s}$

$\overline{E}$=滤波输入端直流输出电压

E_s=交流屏极供给电压（REM）（每屏）

直流输出电流（mA）（每屏）

允许工作范围

整流效率

5BC3 特性曲线Ⅱ（RCA）

额定曲线：（电容器输入滤波）直流输出电流与整流效率（每屏）

额定曲线Ⅲ
电容器输入滤波

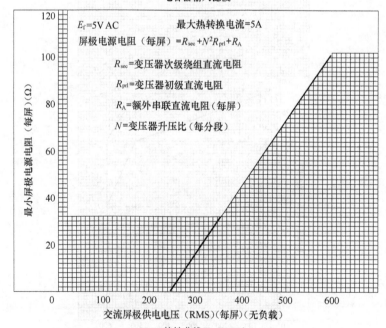

E_f=5V AC   最大热转换电流=5A

屏极电源电阻（每屏）=$R_{sec}+N^2R_{prl}+R_A$

R_{sec}=变压器次级绕组直流电阻

R_{prl}=变压器初级直流电阻

R_A=额外串联直流电阻（每屏）

N=变压器升压比（每分段）

最小屏极电源电阻（每屏）（Ω）

交流屏极供电电压（RMS）（每屏）（无负载）

5BC3 特性曲线Ⅲ（RCA）

额定曲线：（电容器输入滤波）交流供电电压与最小屏极有效电源电阻

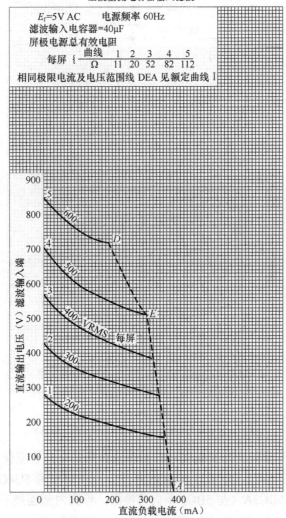

5BC3 全波整流电容器输入滤波工作特性曲线（RCA）

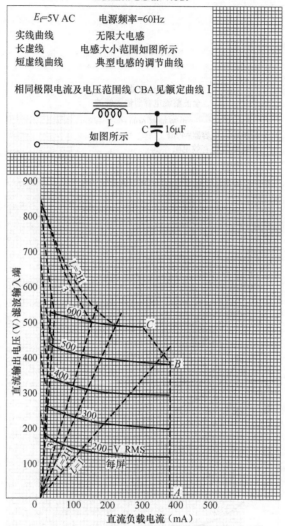

5BC3 全波整流扼流圈输入滤波工作特性曲线（RCA）

5BC3 为 NOVAR 无管基大九脚高输出电源供应直热式全波整流管。5BC3 适用于较大电流（275～300mA）电源整流。特性与 5U4GB 相同，应用可参考 5U4G。

5BC3 的等效管有 5BC3A（与 5BC3 单向可换用，管脚内部连接不同）。

（7）5R4GY　5R4WGB

高真空直热式全波整流管，大电流设备，700V 时为交流 250mA，900V 时为交流 150mA。

◎ 特性

敷氧化物灯丝：5V/2A，交流或直流

管壳：ST-16（5R4GY），T-16（5R4WGB），玻璃

管基：八脚式（5 脚）

安装位置：垂直，当 1 及 4 管脚成垂直时也可水平安装

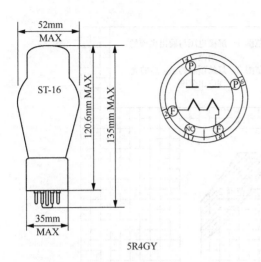

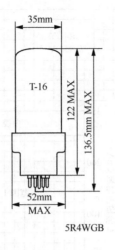

5R4GY

5R4WGB

◎ **最大额定值（全波整流）**

灯丝电压（交流或直流）	5V	5V	5V
灯丝电流	2A	2A	2A
峰值反向屏极电压（交流）	2100V	2400V	2800V
屏极峰值电流（每屏）	650mA	650mA	650mA
直流输出电流（电容器输入滤波）	250mA	175mA	150mA
直流输出电流（扼流圈输入滤波）	250mA	250mA[A]	175mA[B]

[A] 输入扼流圈不小于 5H。

[B] 输入扼流圈不小于 10H。

◎ **典型应用条件及特性（全波整流）**

		电容器输入滤波		扼流圈输入滤波	
交流屏极供电电压（rms）	全负载	2×700V	2×900V	2×750V	2×950V
	无负载	2×750V	2×1000V	2×850V	2×1000V
滤波输入电容器*		4μF	4μF	—	—
屏极电源有效电阻（每屏）		125Ω**	575Ω	—	—
滤波输入扼流圈		—	—	5H	10H
直流输出电流		250mA***	250mA	250mA	175mA
直流输出电压（滤波输入端）（大约）		700V[△]	700V	550V	750V
电压调整（大约）		90V[☆]	110V	40V	60V

* 如用较大电容量，必须增加屏极电源有效阻抗，以限制热开瞬时屏极电流，使不超过额定值。

** 5R4WGB 为 100Ω。

*** 5R4WGB 为 275mA。

△ 5R4WGB 为 730V（全负载），800V（无负载）。

☆ 5R4WGB 为 70V。

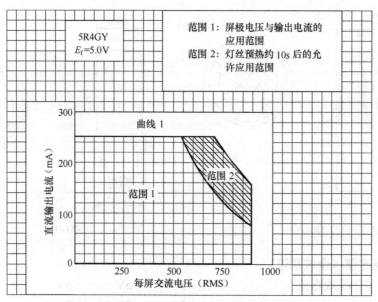

5R4GY 直流输出电流—交流电压特性曲线（Tung-Sol）

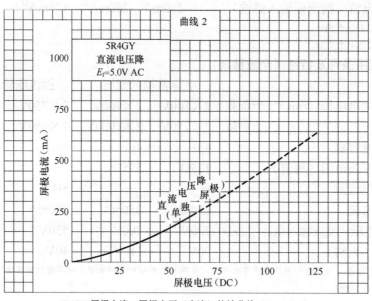

5R4GY 屏极电流—屏极电压（直流）特性曲线（Tung-Sol）

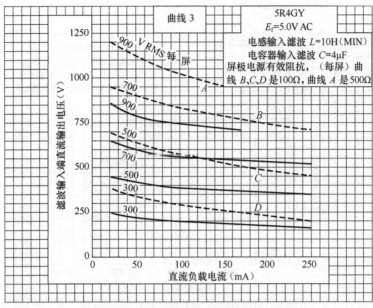

5R4GY 直流输出电压—直流负载电流特性曲线（Tung-Sol）

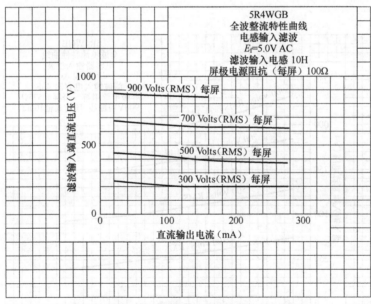

5R4WGB 直流电压—直流输出电流特性曲线（Tung-Sol）

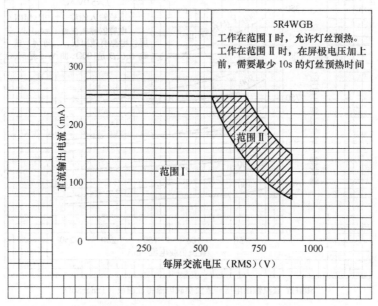

5R4WGB 直流输出电流—交流电压特性曲线（Tung–Sol）

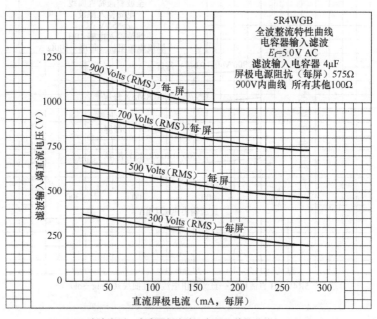

5R4WGB 直流电压—直流屏极电流（每屏）特性曲线（Tung–Sol）

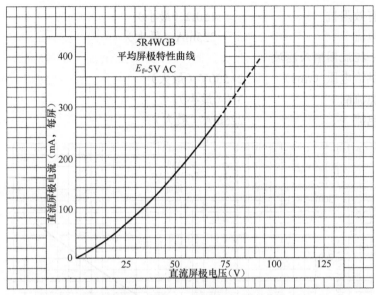

5R4WGB 直流屏极电流（每屏）—直流屏极电压特性曲线（Tung-Sol）

5R4GY 为 G 型八脚高真空直热式全波整流管。该管适用于较高电压电源整流，屏极有效电压 750V 时最大整流电流 250mA（电容输入滤波），850V 及 1000V 时 150mA，电容输入滤波的典型输入滤波电容器电容量为 4μF。适宜垂直安装，工作时必须有良好的通风。

5R4GY 的等效管有 5R4GYA（美国，外形尺寸较小，Φ45mm，GT 管）、5R4GYB（美国，5R4GY 的改进型，Φ40mm，GT 管）、5R4WGA（美国，高可靠）、5R4WGB（美国，长寿命高可靠）、5R4WGY（美国，Φ45mm，GT 管，高可靠）。

5R4GY 类似管有 274B（美国，WE，通信用，G 管）。

（8）5T4

高真空直热式全波整流管。
◎ 特性
敷氧化物灯丝：5V/2A，交流
管壳：MT-10，金属
管基：八脚式（5 脚）
安装位置：垂直，当 2 及 4 管脚成垂直时也可水平安装

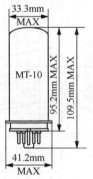
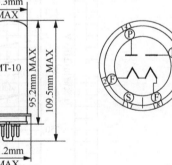

◎ 最大额定值
峰值反向屏极电压　　　　　　　　1550V（最大）
稳态屏极峰值电流（每屏）　　　　675mA（最大）
管压降（I_p=225mA，直流，每屏）　45V
◎ 典型工作特性
全波整流—电容器输入滤波
交流屏极供给电压（rms）　　　　2×450V（最大）
滤波输入电容器　　　　　　　　　40μF（最大）

屏极电源有效阻抗	150Ω（最小）
直流输出电流	225mA（最大）

全波整流—扼流圈输入滤波

交流屏极供给电压（rms）	2×550V（最大）
滤波输入扼流圈	3H（最小）
直流输出电流	225mA（最大）

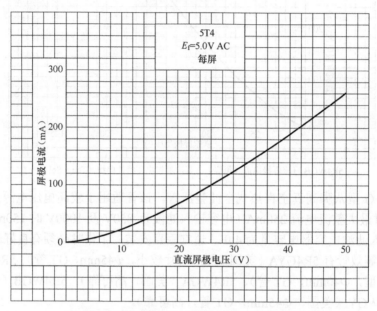

5T4（每屏）直流屏极电压—屏极电流特性曲线（Tung-Sol）

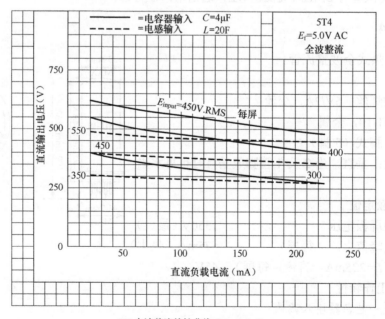

5T4 全波整流特性曲线（Tung-Sol）

5T4 为金属型八脚高真空直热式全波整流管，特性与 5U4G 类似，但灯丝电流为 2A。

（9） 5U4G　5U4GB

高真空直热式全波整流管，高输出电流。

◎ **特性**

敷氧化物灯丝：5V/3A，交流或直流

管壳：ST-16（5U4G），T-12（5U4GB），玻璃

管基：八脚式（5 脚）

安装位置：垂直，或第 2 及第 4 管脚成垂直时也可水平安装

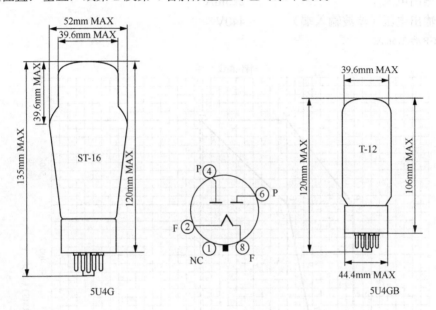

◎ **最大额定值**

峰值反向屏极电压	1550V（最大）
交流屏极供给电压（每屏，rms）	见特性曲线 I
直流输出电流（每屏）	见特性曲线 I
稳态屏极峰值电流（每屏）（见特性曲线 II）	800mA（最大）[A]
瞬时屏极峰值电流（每屏）（见特性曲线 III）	4A（最大）[B]
5U4G 管压降（I_p=225mA，直流，每屏）	44V
5U4GB 管压降（I_p=275mA，直流，每屏）	50V

[A] 5U4GB 为 1000mA。

[B] 5U4GB 为 4.6A。

◎ **典型工作特性**

全波整流—电容器输入滤波

交流屏极供给电压（rms）	2×300V	2×450V
滤波输入电容器[*]	40μF	40μF
屏极电源有效阻抗	35Ω[**]	85Ω[***]
直流输出电流	245mA[▽]	225mA[▽▽]

直流输出电压（滤波输入端）	290V	470V☆

* 如用较大电容量，必须增加屏极电源有效阻抗，以限制热开瞬时屏极电流，使不超过额定值。

** 5U4GB 为 21Ω。　　*** 5U4GB 为 67Ω。

▽ 5U4GB 为 300mA。　　▽▽ 5U4GB 为 275mA。

☆ 5U4GB 为 460V。

全波整流—扼流圈输入滤波

交流屏极供给电压（rms）	2×550V
滤波输入扼流圈	10H
直流输出电流	225mA*
直流输出电压（滤波输入端）	440V

* 5U4GB 为 275mA。

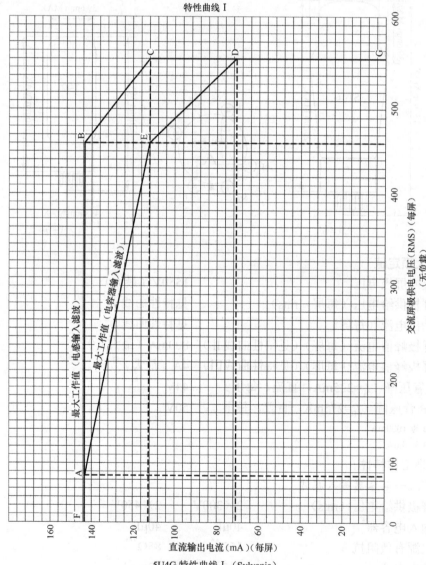

特性曲线 I

5U4G 特性曲线 I（Sylvania）

（每屏）交流屏极供电电压（RMS）—直流输出电流

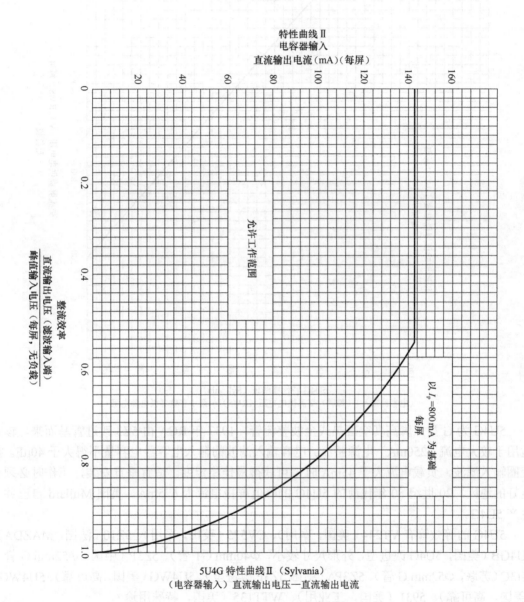

特性曲线Ⅱ
电容器输入
直流输出电流（mA）（每屏）

允许工作范围

以 $I_p = 800\,\mathrm{mA}$ 为基础 每屏

直流输出电压（滤波输入端）峰值输入电压（每屏，无负载）

整流效率

5U4G 特性曲线Ⅱ（Sylvania）
（电容器输入）直流输出电压—直流输出电流

特性曲线Ⅲ
电容器输入

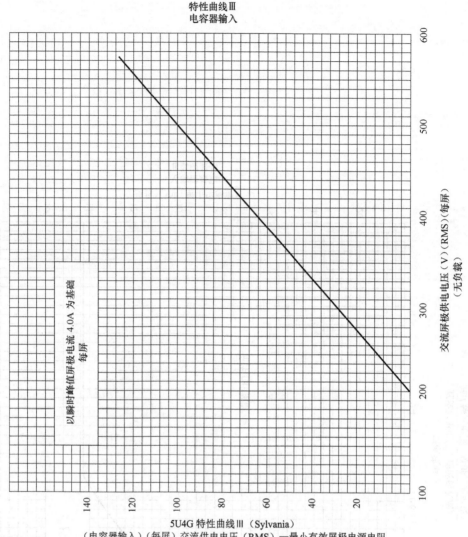

5U4G 特性曲线Ⅲ（Sylvania）
（电容器输入）（每屏）交流供电电压（RMS）—最小有效屏极电源电阻

　　5U4G 为 G 型八脚高真空直热式全波整流管，1937 年 RCA 由 5Z3 改进管基而来。该管适用于较大电流（250mA）电源整流。电容输入滤波的输入电容器电容量不得大于 40μF。扼流圈输入滤波，负载电流大于 45mA 时，可获得最佳稳定度。适宜垂直安装，工作时必须有良好的通风。20 世纪 50 年代前的 5U4G 的峰值屏极电流为 675mA。英国 Mullard 自己并不生产 5U4G。

　　5U4G 的等效管有 VT244（美国，军用）、CV575（英国，军用）、5Z10（法国，MAZDA）、5U4GB（美国，5U4G 改进型，外形尺寸较小，Φ40mm GT 管）、5Z3P（中国，Φ52mm G 管）、5Ц3С（苏联，Φ52mm G 管）、5Z3PA（中国 5Z3P 改进型）、5U4WG（美国，高可靠）、5U4WGB（美国，高可靠）、5931（美国，工业用）、WTT135（美国，特殊用途）。

　　5U4G 类似管有 U52（英国，GEC，G 管）、GZ31、5Z3（美国，底座为四脚，Φ52mm ST 管）。

（10）5V4G 5V4GA

高真空旁热式全波整流管。

◎ **特性**

敷氧化物旁热式阴极：5V/2A，交流或直流

管壳：ST-14（5V4G），T-12（5V4GA），玻璃

管基：八脚式（5脚）

安装位置：任意

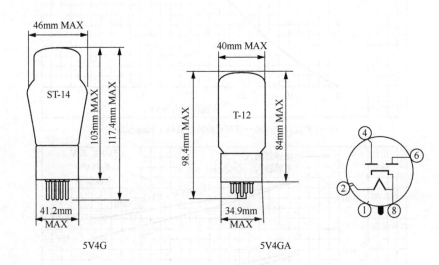

5V4G　　　　　　　　　　　5V4GA

◎ **最大额定值**

峰值反向屏极电压	1400V（最大）
屏极峰值电流（每屏）	525mA（最大）
瞬时屏极峰值电流（每屏）（见特性曲线Ⅲ）	4A（最大）
管压降（I_p=175mA，直流，每屏）	23V

◎ **典型工作特性**

全波整流—电容器输入滤波*

交流屏极供给电压（RMS）	2×375V
屏极电源有效阻抗	65Ω
直流输出电流	175mA

全波整流—扼流圈输入滤波

交流屏极供给电压（RMS）	2×500V
滤波输入扼流圈	4H
直流输出电流	175mA

* 输入滤波电容器电容量不超过40μF，如用较大电容量，必须增大屏极电源有效阻抗。

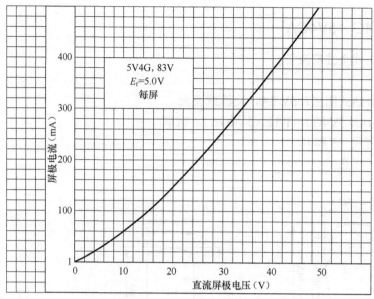

5V4G 直流屏极电压—屏极电流特性曲线（Tung-Sol）

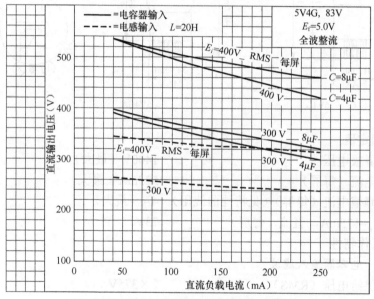

5V4G 直流负载电流—直流输出电压特性曲线（Tung-Sol）

5V4G 为 G 型八脚高真空旁热式全波整流管，特性与 83V 相同，适用于电流为 175mA 内的电源整流。

5V4G 的等效管有 54KU（英国，Cossor，G 管）、GZ32、GZ33、U77（英国，GEC）。

（11）5W4　5W4GT

高真空直热式全波整流管。

◎ **特性**

敷氧化物灯丝：5V/1.5A，交流

管壳：MT-8B，金属（5W4）；T-9，玻璃（5W4GT）
管基：八脚式（5 脚）
安装位置：垂直，当第 2 管脚及第 8 管脚成水平时也可水平安装

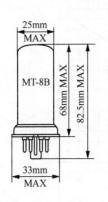
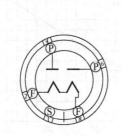

5W4

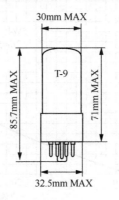

5W4GT

◎ **最大额定值**

交流屏极电压（RMS，每屏）	350V（最大）
峰值反向屏极电压	1000V（最大）
屏极峰值电流（每屏）	300mA（最大）
稳态屏极峰值电流（每屏）	110mA（最大）

◎ **典型工作特性**

全波整流—电容器输入滤波

交流屏极供给电压（RMS）	2×350V（最大）
滤波输入电容器	4μF
屏极电源有效阻抗	50Ω（最小）
直流输出电流	100mA
半负载直流输出电压（50mA）	410V
全负载直流输出电压（100mA）	360V
电压变动	50V
调整率	12%

全波整流—扼流圈输入滤波

交流屏极供给电压（RMS）	2×500V（最大）
滤波输入扼流圈	6H
直流输出电流	100mA
半负载直流输出电压（50mA）	420V
全负载直流输出电压（100mA）	405V
电压变动	15V
调整率	3.5%

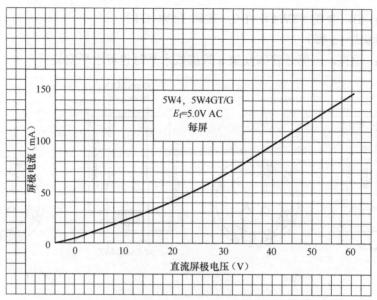

5W4（每屏）直流屏极电压—屏极电流特性曲线（Tung-Sol）

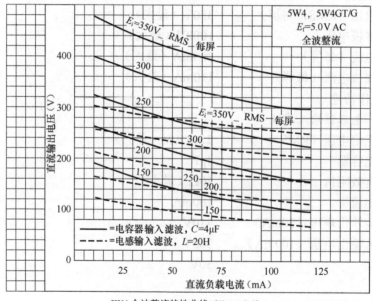

5W4 全波整流特性曲线（Tung-Sol）

5W4 为八脚高真空直热式全波整流管，特性与 80 近似，但灯丝电流为 1.5A，直流输出电流为 100mA。

（12）5Y3GT

高真空直热式全波整流管，中等电流设备。

◎ **特性**

敷氧化物灯丝：5V/2A，交流或直流

管壳：T-9，玻璃

管基：八脚式（5 脚）
安装位置：垂直，第 2 管脚及第 4 管脚成垂直时也可水平安装

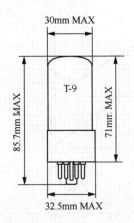

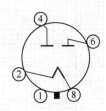

◎ **最大额定值（电源频率 25～1000Hz）**

峰值反向屏极电压　　　　　　　1400V
交流屏极供给电压（每屏）
　　　（RMS，无负载）　　　见特性曲线 I
稳态屏极峰值电流（每屏）
　　　（见特性曲线 II）　　　440mA
瞬时屏极峰值电流
　　　（见特性曲线III）　　　2.5A（最大）
直流输出电流　　　　　　　　　见特性曲线 I
管压降（I_p=125mA）（每屏）　50V

◎ **典型工作特性**

	电容器输入滤波	扼流圈输入滤波
交流屏极供给电压	2×350V	2×500V
滤波输入电容器*	20μF	—
滤波输入扼流圈	—	10H
屏极电源有效阻抗（每屏）	50Ω	—
直流输出电压		
（滤波输入端）	360V	380V
直流输出电流	125mA	125mA

* 如用较大电容量，必须增大屏极电源有效阻抗，以限制热开瞬时屏极电流，使其不超过额定值。

特性曲线 Ⅰ

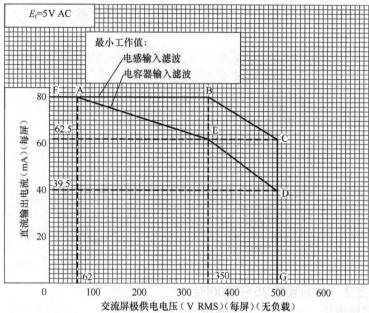

5Y3GT 特性曲线 Ⅰ（RCA）
交流屏极供电电压（RMS）—直流输出电流

特性曲线 Ⅱ
电容器输入滤波

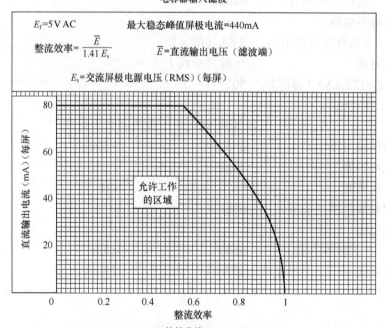

5Y3GT 特性曲线 Ⅱ（RCA）
（电容器输入滤波）整流效率—直流输出电流

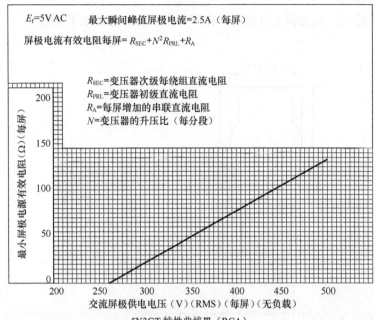

5Y3GT 特性曲线 Ⅲ（RCA）
（电容器输入滤波）交流屏极供电电压（RMS）—最小屏极电源有效电阻

5Y3GT 为 GT 型八脚高真空直热式全波整流管。其前身是 1927 年开发的 UX-280（80），该管适用于中等电流（125mA）电源整流。电容输入滤波的输入电容器电容量不得大于 20μF。扼流圈输入滤波，负载电流大于 35mA 时，可获得最佳稳定度。适宜垂直安装，但 5Y3GT 的第 2 脚和第 8 脚在同一水平面（灯丝在同一平面）时，也可水平安装。工作时必须有良好的通风。20 世纪 50 年代前的 5Y3GT 的屏极峰值电流为 400mA。

同类管四脚 ST 管 80 适宜垂直安装，但在第 1 脚和第 4 脚成垂直状态时，也可水平安装。

5Y3GT 的等效管有 VT197A（美国，军用）、CV1856（英国，军用）、5Y3G（美国，Φ46mm G 管）、5Z2P（中国）、5Y3WGT（美国，高可靠）、6087（美国，工业用）、6853（美国，工业用）、WTT102（美国，特殊用途）。

5Y3GT 的类似管有 6106（美国，工业用，旁热式热丝电流 1.7A）、U50（英国，GEC，G 管，直流输出电流 120mA）、80（美国，底座为 4 脚，Φ46mm ST 管）、5Z1P（中国，同美国 80）。

（13）5Z3

高真空直热式全波整流管，电特性与 5U4G 相同。

◎ **特性**

敷氧化物灯丝：5V/3A，交流
交流屏极电压（每屏，RMS）：　500V（最大）
峰值反向电压（每屏）：　1400V（最大）
直流输出电流：　250mA（最大）

管壳：ST-16 玻璃

管基：中型四脚

安装位置：垂直，当管脚1及管脚4在同一水平面时也可水平安装

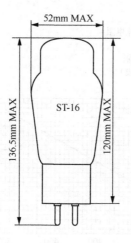

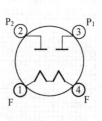

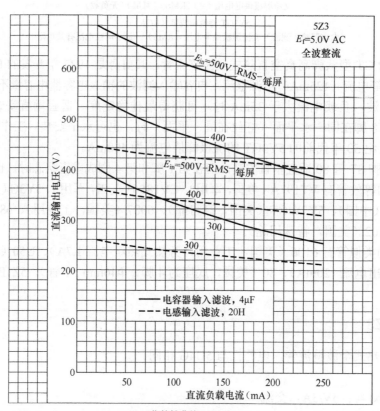

5Z3 工作特性曲线（Tung-Sol）

5Z3为ST型四脚高真空直热式全波整流管，1937年由RCA开发，额定值和电特性与5U4G、5X4G相同，适用于要求大电流工作的电源整流。

（14）5Z4

高真空旁热式全波整流管，中等电流设备。

◎ **特性**

敷氧化物旁热式阴极：　　　　　　5V/2A，交流

最大反向电压：　　　　　　　　　1400V

最大稳态屏极峰值电流（每屏）：　375mA

安装位置：任意

管壳：MT-88，金属

管基：小基板八脚式（5 脚）

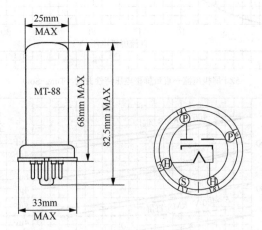

◎ **典型工作特性**

全波整流—电容器输入滤波[*]

交流屏极电压（每屏，RMS）　　　350V（最大）

直流输出电流　　　　　　　　　　125mA（最大）

屏极电源有效阻抗（每屏）　　　　30Ω（最小）

全波整流—扼流圈输入滤波

交流屏极电压（每屏，RMS）　　　500V（最大）

直流输出电流　　　　　　　　　　125mA（最大）

滤波输入扼流圈　　　　　　　　　5H（最小）

管压降（每屏，I_p=125mA）　　　20V

* 滤波输入电容器大于 40μF 时，必须增大屏极电源有效阻抗，限制热开瞬时屏极电流，使其不超过额定值。

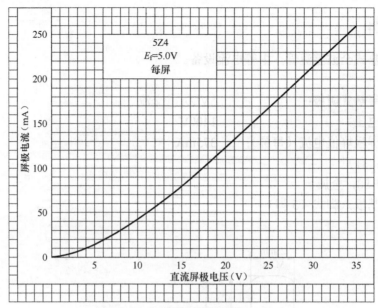

5Z4 屏极电流—直流屏极电压特性曲线（Tung-Sol）

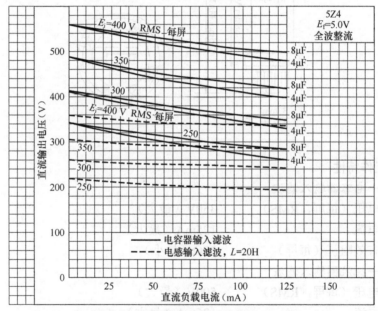

5Z4 直流输出电压—直流负载电流特性曲线（Tung-Sol）

　　5Z4 为金属型八脚高真空旁热式全波整流管，1935 年由 RCA 开发。该管适用于中等电流（125mA）电源整流。电容输入滤波的典型输入电容器电容量为 10μF。该管的两个屏极可在管座上并接作为半波整流管。当用两只 5Z4 接成全波整流时，直流输出电流可两倍于单管而保持特性不变。适宜垂直安装，工作时必须有良好的通风。

　　5Z4 的等效管有 5Z4G（美国，Φ46mm G 管）、VT74（美国，军用金属管）、GZ30、52KU（英国，Cossor，G 管）、5Z4P（中国，Φ42mm G 管）、5Ц4C（苏联，Φ42mm G 管）、5Z4PA（中国，GT 管）。

5Z4 的类似管有 5V4G（美国，ϕ46mm G 管，直流输出电流 175mA）、5V4GA（美国，ϕ40mm 筒形）、53KU（英国，Cossor，G 管）、U77（英国，GEC，G 管）。

（15）6A3

直热式功率三极管，电特性与 6B4G 相同。

◎ **特性**

敷氧化物灯丝：6.3V/1A，交流或直流

极间电容：栅极—屏极 16pF

栅极—灯丝 7pF

栅极—灯丝 5pF

安装位置：垂直，当管脚 1 和管脚 4 在同一水平面时也可水平安装

管壳：ST-16

管基：中型四脚

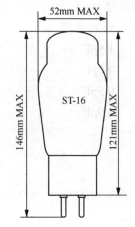

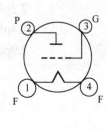

◎ **A 类单端放大**

屏极电压	250V
栅极电压△	−45V
屏极电流	60mA
放大系数	4.2
屏极内阻	800Ω
互导	5250μA/V
负载电阻	2500Ω
二次谐波	5%
输出功率	3.2W
栅极电路电阻	0.05MΩ（固定偏压），0.5MΩ（自给偏压）

◎ **A 类推挽放大（两管值）**

	固定偏压	自给偏压
屏极电压	325V（最大）	325V（最大）
栅极电压	−68V	—

阴极偏压电阻	—	850Ω
零信号屏极电流	80mA	80mA
最大信号屏极电流	147mA	100mA
屏—屏负载电阻	3000Ω	5000Ω
总谐波	2.5%	5%
输出功率	15W	10W

△ 栅极电压指交流灯丝中心至栅极而言。

6A3 为 ST 型四脚直热式功率三极管，电特性与 6B4G 相同。由于灯丝的热惰性较小，交流供电时交流噪声比 2A3 稍大，可参阅 2A3 相关内容。

（16）6AB4

三极管。

◎ 特性

敷氧化物旁热式阴极：6.3V/0.15A，交流或直流

极间电容：	有屏蔽*	没有屏蔽
栅极—屏极（最大）	1.5pF	1.5pF
输入	2.2pF	2.2pF
输出	1.4pF	0.5pF
热丝—阴极	2.9pF	2.9pF

安装位置：任意

管壳：T-5$\frac{1}{2}$

管基：小型七脚

* 屏蔽连接到第 7 脚。

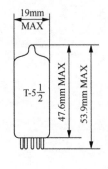
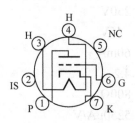

◎ 最大额定值

屏极电压	300V
栅极负电压	−50V
屏极耗散功率	2.5W
热丝—阴极间电压	90V
栅极电路电阻	1MΩ（自给偏压）

◎ 典型工作特性

A₁ 类放大

屏极电压	100V	250V
阴极电阻	270Ω	200Ω
屏极电流	3.7mA	10.0mA
屏极内阻（近似）	15kΩ	10.9kΩ
互导	4000μA/V	5500μA/V
放大系数	60	60
栅极电压（I_p=10μA）	−5V	−12V

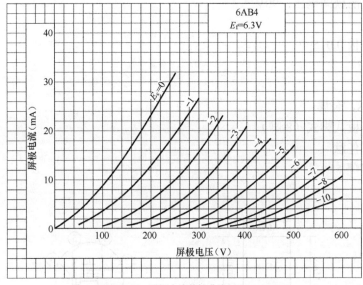

6AB4 屏极电压—屏极电流特性曲线（TUNG-SOL）

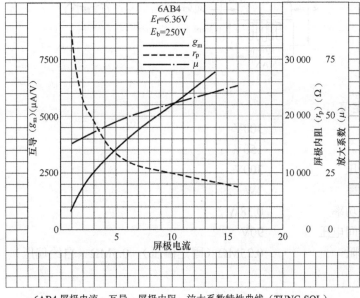

6AB4 屏极电流—互导、屏极内阻、放大系数特性曲线（TUNG-SOL）

6AB4 为小型七脚高放大系数高频三极管。该管为低电容、高互导三极管，原用于高频振荡、混频及放大，最高工作频率 500MHz。在音响电路中，适用于倒相以及阴极激励放大、阻容耦合放大。其特性与半只 12AT7 相同，可参照。

6AB4 的等效管有 EC92、6664（美国，工业用）。

（17）6AC7

高频锐截止五极管。

◎ **特性**

敷氧化物旁热式阴极：6.3V/0.45A，交流或直流

最大热丝—阴极间电压：90V

极间电容*：

  栅极—屏极 0.015pF

  输入 11pF

  输出 5pF

管壳：MT-8，金属

管基：小基板八脚式（8 脚）

安装位置：任意

* 第 1 脚连接到第 5 脚

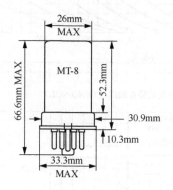

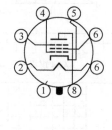

◎ **最大额定值**

屏极电压	300V
帘栅极电压	150V
帘栅供给电压	300V
屏极耗散功率	3W
帘栅极耗散功率	0.38W
热丝—阴极间电压	90V
栅极电路电阻	0.25MΩ（固定偏压），0.5MΩ（自给偏压）

◎ 典型工作特性

A_1 类放大

	条件 1[△]	条件 2[☆]
屏极电压	300V	300V
抑制栅电压[*]	0V	0V
帘栅供电电压	—	300V
帘栅电压	150V	—
帘栅电阻	—	60kΩ
阴极电阻[**]	160Ω	160Ω
屏极内阻（近似）	1MΩ	1MΩ
互导	9000μA/V	9000μA/V
屏极电流	10mA	10mA
帘栅电流	2.5mA	2.5mA

△ 固定帘栅电压，锐截止特性。

☆ 帘栅电阻降压，扩展截止特性，栅偏压调整增益变化。

* 在射频及中频级，抑制栅直接接地，反馈最小。

** 阴极偏压电阻应调至屏极电流 10mA。

平均特性曲线

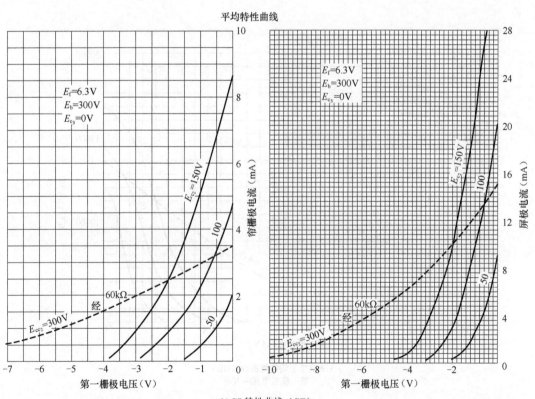

6AC7 特性曲线（GE）

左：第一栅极电压—帘栅极电流　　右：第一栅极电压—屏极电流

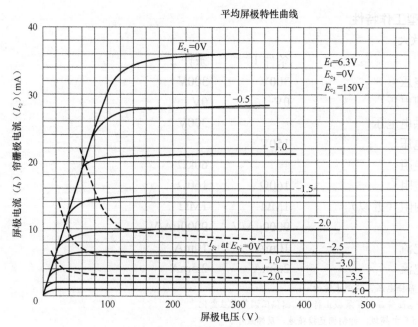

6AC7 平均屏极特性曲线（GE）
屏极电压—屏极电流、帘栅极电流

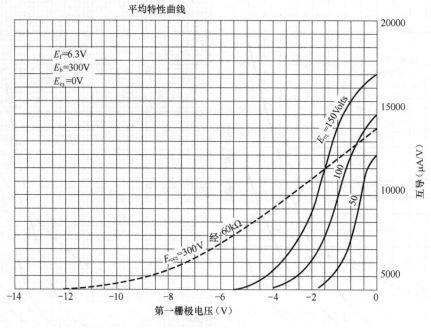

6AC7 平均特性曲线（GE）
第一栅极电压—互导

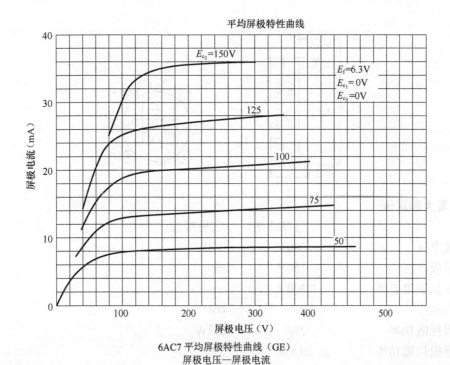

6AC7 平均屏极特性曲线（GE）
屏极电压—屏极电流

6AC7 为金属型八脚高频锐截止五极管。该管原用于电视接收机宽带中频放大，互导高。在音响电路中，适用于高增益的阻容耦合放大，有不错的声音表现。

6AC7 的等效管有 VT112（美国，军用）、6AC7GT（日本，Φ30mm GT 管，金属箍管基）、6AJ7、6Ж4（苏联，金属管）、6J4P（中国，GT 管）、1852、6134。

（18）6AG5

高频锐截止五极管，中频及高频放大，最高频率 400MHz。

◎ **特性**

敷氧化物旁热式阴极：6.3V/0.3A，交流或直流

极间电容：

	五极接法		三极接法	
	有屏蔽*	无屏蔽	有屏蔽*	无屏蔽
栅极—屏极（最大）	0.020pF	0.020pF	2.5pF	2.5pF
输入	6.6pF	6.6pF	3.6pF	3.6pF
输出	4.3pF	3.0pF	4.3pF	3.0pF

安装位置：任意

管壳：T-5$\frac{1}{2}$

管基：纽扣式芯柱小型七脚

* 屏蔽连接到第 7 脚。

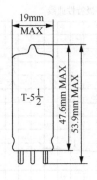

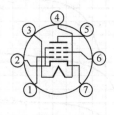

◎ **最大额定值**

	五极接法	三极接法
屏极电压	300V	300V
帘栅极电压	150V	—
帘栅极供电电压	300V	—
栅极电压	0V	0V
屏极耗散功率	2W	2.5W
帘栅极耗散功率	0.5W	
热丝—阴极间电压	90V	90V

◎ **典型工作特性**

A_1 类放大

	三极接法 △			五极接法	
屏极电压	250V	180V	100V	125V	250V
帘栅极电压	—	—	100V	125V	150V
阴极电阻	820Ω	330Ω	180Ω	100Ω	180Ω
放大系数	42	45	—	—	—
屏极内阻（近似）	10kΩ	8kΩ	0.6MΩ	0.5MΩ	0.8 MΩ
互导	3.8mA/V	5.7mA/V	4.5mA/V	5.1mA/V	5.0mA/V
屏极电流	5.5mA	7mA	4.5mA	7.2mA	6.5mA
帘栅极电流	—	—	1.4mA	2.1mA	2.0mA
栅极电压（I_p=10μA）	—	—	–5V	–6V	–8V

△ 三极接法，帘栅极连接到屏极。

6AG5 为小型七脚高频锐截止五极管，集射结构。该管原用于高频放大，最高工作频率 400MHz。在音响电路中，适用于高增益的小信号阻容耦合放大，可获得 220～330 倍的电压增益（R_p=220kΩ），三极接法时 μ=42～45、r_p=8～10kΩ，有不错的表现。由于管内无屏蔽，必要时应加屏蔽罩，管座中心屏蔽柱必须接地。

6AG5 的等效管有 EF96、CV848（英国，军用）、6Ж3П（苏联）、6J3（中国）、6186（美国，工业用可靠管）、6AG5WA（美国，通信用可靠管）。

6AG5 的类似管有 6BC5。

平均屏极特性曲线
五极接法

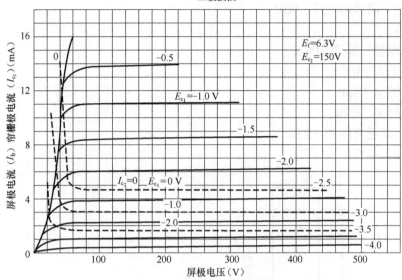

6AG5（五极接法）平均屏极特性曲线（GE）
屏极电压—屏极电流、帘栅极电流

平均屏极特性曲线
三极接法

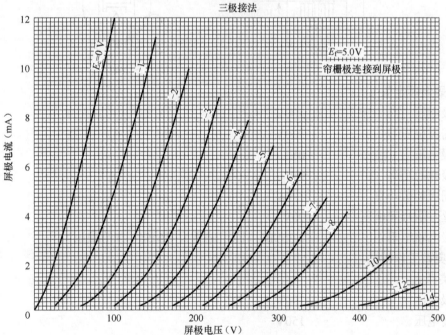

6AG5（三极接法）平均屏极特性曲线（GE）
屏极电压—屏极电流（帘栅极连接到屏极）

（19）6AG7

功率五极管。

敷氧化物旁热式阴极：6.3V/0.65A，交流或直流

最大热丝—阴极间电压：90V

极间电容：

　　　栅极—屏极 0.06pF

　　　输入 13pF

　　　输出 7.5pF

管壳：MT-8，金属

管基：小基板八脚式（8 脚）

安装位置：任意

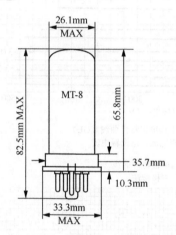

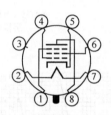

◎ **最大额定值**

屏极电压	300V
帘栅极电压	300V
栅极电压	0V
屏极耗散功率	9W
帘栅极耗散功率	1.5W
热丝—阴极间电压	90V
栅极电路电阻	0.25MΩ（固定偏压），1MΩ（自给偏压）

◎ **典型工作特性**

A_1 类放大

屏极电压	300V
帘栅电压	150V
栅极电压	−3V
峰值声频输入电压	3V
零信号屏极电流	30mA
最大信号屏极电流	30.5mA
零信号帘栅电流	7mA
最大信号帘栅电流	9mA

屏极内阻（近似）	0.13MΩ
互导	11000μA/V
负载阻抗	10000Ω
总谐波失真	7%
最大输出功率	3W

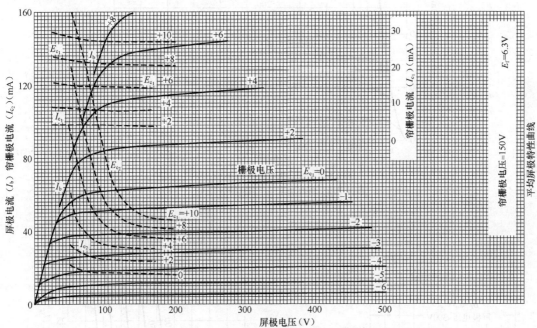

6AG7 平均屏极特性曲线 1（RCA）
屏极电压—屏极电流、帘栅极电流（不同栅极电压）

平均屏极特性曲线（栅极电压为变量）

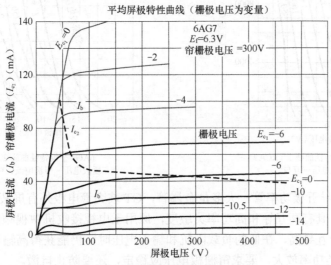

6AG7 平均屏极特性曲线 2（RCA）
屏极电压—屏极电流、帘栅极电流（不同栅极电压）

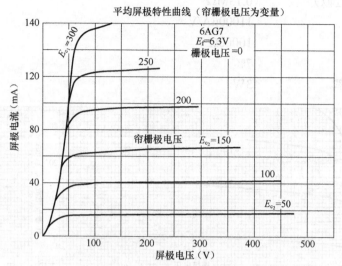

6AG7 平均屏极特性曲线 3（RCA）
屏极电压—屏极电流（不同帘栅极电压）

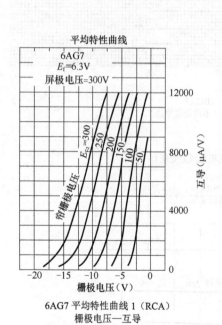

6AG7 平均特性曲线 1（RCA）
栅极电压—互导

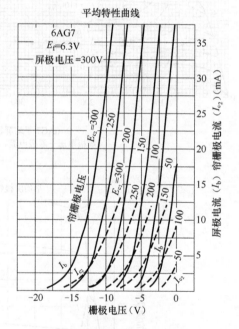

6AG7 平均特性曲线 2（RCA）
栅极电压—屏极电流、帘栅极电流

　　6AG7 为高互导五极功率管，大多是金属管，GT 玻壳管电极外有屏蔽罩。6AG7 能高屏极电流电平工作，具有高互导和高功率灵敏度，原用于电视接收机中视频放大输出级或用作阴极跟随器。由于互导高，在低的负载阻抗和输入电压时，仍能获得高输出电压。在音响电路中，可用于 A 类功率放大，要求帘栅极电压应稳定，还要防止自激。

　　6AG7 的等效管有 6AG7GT（日本，GT 管）、6AK7、6Π9（苏联，金属管），6P9P（中国，GT 管，部分带铝外壳）。

（20）6AH6

高频锐截止五极管，高互导，低输入/输出电容，宽频带放大。

◎ **特性**

敷氧化物旁热式阴极：6.3V/0.45A，交流或直流

极间电容：	有屏蔽[*]	无屏蔽
栅极—屏极（最大）	0.03pF	0.02pF
输入	10pF	10pF
输出	2.0pF	3.6pF

安装位置：任意

管壳：T-5$\frac{1}{2}$

管基：纽扣式芯柱小型七脚

* 屏蔽连接到第7脚。

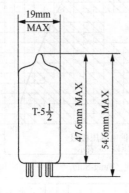
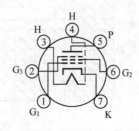

◎ **最大额定值**

屏极电压	300V
帘栅供电电压	300V
帘栅电压	150V
屏极耗散功率	3.2W
帘栅耗散功率	0.4W
热丝—阴极间电压	90V
阴极电流	13mA

◎ **典型工作特性**

A_1 类放大

	三极接法[△]	五极接法
屏极电压	150V	300V
抑制栅电压[☆]	—	0V
帘栅电压	—	150V
阴极电阻	160Ω	160Ω
放大系数	40	—

屏极内阻（近似）	3.6kΩ	0.5MΩ
互导	11.0mA/V	9.0mA/V
屏极电流	12.5mA	10.0mA
帘栅电流	—	2.5mA
栅极电压（I_p=10μA）	−7V	−7V

△ 三极接法，帘栅、抑制栅连接到屏极。

☆ 第2脚连接到第7脚。

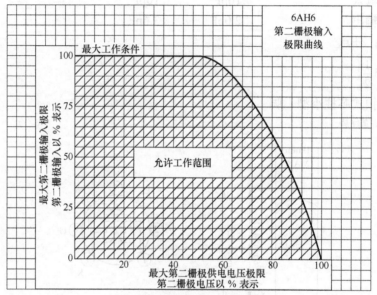

6AH6 帘栅输入极限曲线（Tung-Sol）

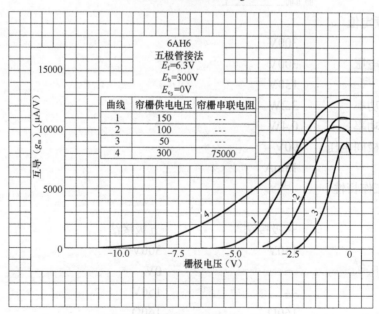

6AH6 五极接法特性曲线 1（Tung-Sol）
栅极电压—互导

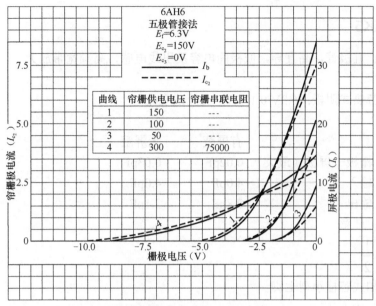

6AH6 五极接法特性曲线 2（Tung-Sol）
栅极电压—屏极电流、帘栅极电流

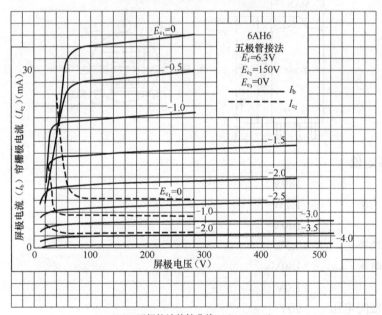

6AH6 五极接法特性曲线 3（Tung-Sol）
屏极电压—屏极电流、帘栅极电流

　　6AH6 为小型七脚高频五极管。该管结构上近似四极管，高互导，锐截止，低输入/输出电容，原应用于宽带放大或用作电抗管，还可应用于移动或飞机设备的宽带放大或中频放大。在音响电路中，适用于高增益的阻容放大及激励放大。把帘栅极和抑制栅极连接到屏极接成三极管时，放大系数 $\mu=40$。由于该管内无屏蔽，必要时应加屏蔽罩，管座中心屏蔽柱必须接地。

　　6AH6 的等效管有 6AH6S（法国）、6F36（捷克）、6AH6WA（美国，高可靠）、6485（美国，工业用）、6Ж5П（苏联）、6J5（中国）。

（21）6AK5

高频锐截止五极管，高互导，低极间电容及引线电感，高频宽带放大。

◎ **特性**

敷氧化物旁热式阴极：6.3V/0.175A，交流或直流

极间电容：

	有屏蔽*	无屏蔽
栅极—屏极（最大）	0.02pF	0.03pF
输入	4.0pF	4.0pF
输出	2.8pF	2.1pF

安装位置：任意

管壳：T-5$\frac{1}{2}$

管基：纽扣式芯柱小型七脚

* 屏蔽连接到阴极。

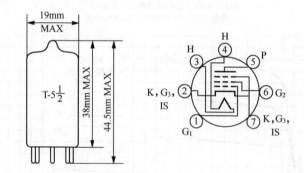

◎ **最大额定值**

屏极电压	180V
屏极耗散功率	1.7W
帘栅电压	140V
帘栅耗散功率	0.5W
帘栅供电电压	180V
栅极电压	1.0V
热丝—阴极间电压	90V
阴极电流	18mA

◎ **典型工作特性**

A 类放大**

屏极电压	120V	180V
帘栅电压	120V	120V
阴极电阻	180Ω	180Ω
屏极电流	7.5mA	7.7mA
帘栅电流	2.5mA	2.4mA

互导	5.0mA/V	5.1mA/V
屏极内阻（近似）	0.3MΩ	0.5MΩ

** 不推荐固定偏压工作。

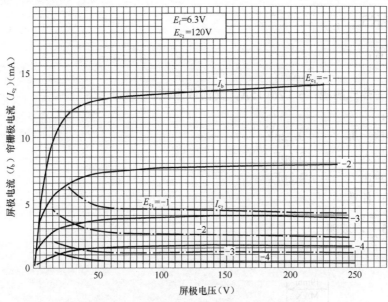

6AK5 屏极电压—屏极电流、帘栅电流特性曲线（Sylvania）

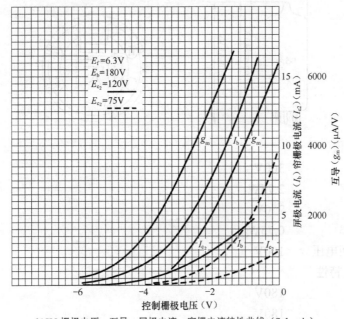

6AK5 栅极电压—互导、屏极电流、帘栅电流特性曲线（Sylvania）

6AK5 为小型七脚高频五极管，是高互导、低极间电容及引线电感锐截止五极管。该管原用于宽频带高频放大。在音响电路中，适用于高增益的小信号阻容耦合放大，供电电压不宜高。由于管内无屏蔽，必要时应加屏蔽罩，管座中心屏蔽柱必须接地。

6AK5 的等效管有 EF95、CV850（英国，军用）、M8100（英国，Mullard，高品质低噪声）、

6F32（法国，MAZDA）、6Ж1П（苏联）、6J1（中国）、6AK5W（美国，高可靠）、5654（美国，工业用可靠管）、CK5654（美国，Raytheon，工业用可靠管）、E95F、6096（美国，工业用）、6J1-Q（中国，高可靠）、6Ж1П-B（俄罗斯，高可靠）、6Ж1П-EB（苏联，长寿命高可靠）。

（22）6AK6

功率五极管。

◎ **特性**

敷氧化物旁热式阴极：6.3V/0.15A，交流或直流

极间电容：

栅—屏	0.12pF
输入	3.6pF
输出	4.2pF

安装位置：任意

管壳：T-5$\frac{1}{2}$，玻璃

管基：小型七脚

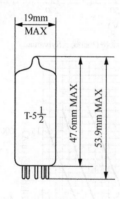
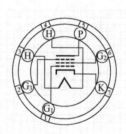

◎ **最大额定值**

屏极电压	300V
屏极耗散功率	2.75W
帘栅电压	250V
帘栅耗散功率	0.75W
热丝—阴极间电压	100V

◎ **A₁类放大特性**

屏极电压	180V
帘栅电压	180V
抑制栅电压	0V
栅极电压	−9V
峰值栅极电压	9V
屏极内阻	0.2MΩ
互导	2.3mA/V

零信号屏极电流   15mA

零信号帘栅电流   2.5mA

负载阻抗   10kΩ

总谐波失真   10%

输出功率   1.1W

栅极电路电阻   0.1MΩ（固定偏压），0.5MΩ（自给偏压）

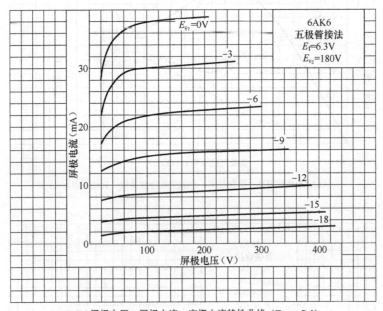

6AK6 屏极电压—屏极电流、帘栅电流特性曲线（Tung-Sol）

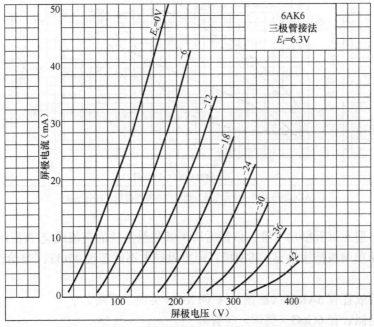

6AK6（三极接法）屏极电压—屏极电流特性曲线（Tung-Sol）

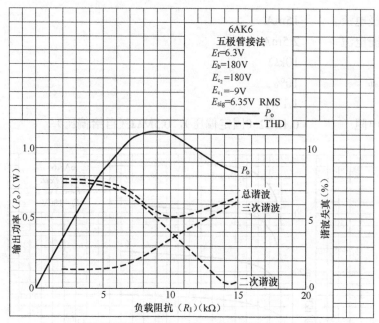

6AK6 负载阻抗—输出功率、谐波失真特性曲线（Tung-Sol）

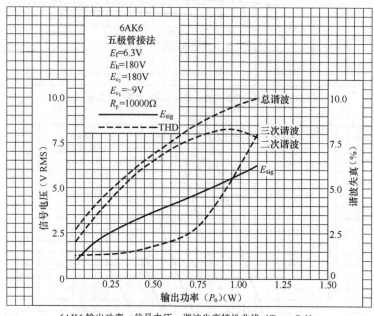

6AK6 输出功率—信号电压、谐波失真特性曲线（Tung-Sol）

　　6AK6 为小型七脚五极功率管。该管适用于低热丝消耗的交流或交/直流两用设备。在收音机中，适用于单端或推挽输出。其栅极直流电阻最大不能超过 470kΩ（自给偏压）或 100kΩ（固定偏压）。

　　6AK6 的等效管有 6AK6S（法国）、CV1762（英国，军用）。

　　6AK6 的类似管有 6G6G（美国，G 管）。

（23）6AM4

高放大系数三极管。

◎ **特性**

敷氧化物旁热式阴极：6.3V/0.225A，交流或直流

极间电容

（有屏蔽）屏极—阴极	0.16pF	（没有屏蔽）屏极—阴极	0.16pF
	阴极—栅极＋热丝	4.6pF		阴极—栅极＋热丝	4.4pF
	屏极—栅极＋热丝	2.8pF		屏极—栅极＋热丝	2.4μF
	热丝—阴极	1.8pF		热丝—阴极	1.8pF

管壳：T-6$\frac{1}{2}$，玻璃

管基：纽扣式芯柱小型九脚

安装位置：任意

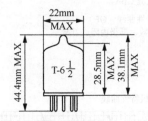
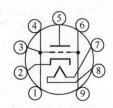

◎ **最大额定值**

屏极电压	200V
屏极耗散功率	2.0W
栅极电压	0V
热丝—阴极间电压	80V

◎ **典型工作特性**

屏极电压	200V
阴极电阻	100Ω
放大系数	85
屏极内阻（近似）	8700Ω
互导	9800μA/V
屏极电流	10mA
栅极电压（I_p=10μA）	−6.5V

6AM4 为小型九脚高放大系数三极管，具有锐截止及高互导特性，输入和输出间有极好的绝缘，原用于 VHF/UHF 电视机栅极接地混频或放大，频率范围 470～890MHz。该管在音响电路中，用于小信号放大时仅有很小的失真。

6AM4 的类似管有 6AJ4、EC84。

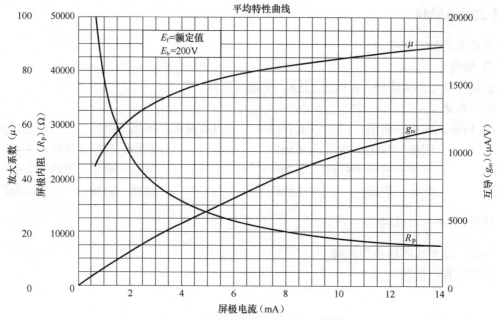

6AM4 平均特性曲线（GE）
屏极电流—放大系数、屏极内阻、互导

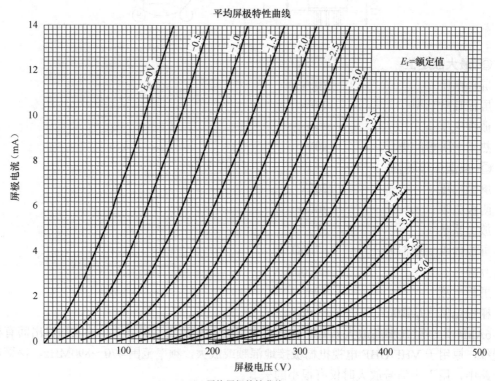

6AM4 平均屏极特性曲线（GE）

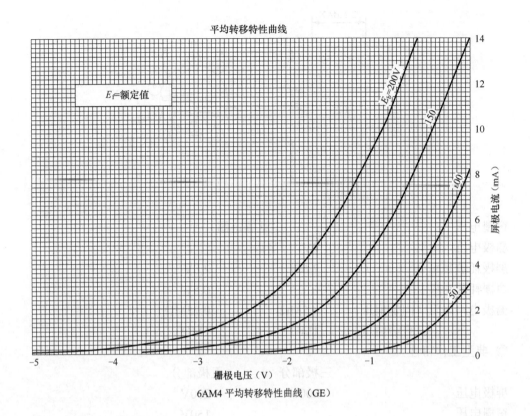

平均转移特性曲线

E_f=额定值

6AM4 平均转移特性曲线（GE）

（24）6AN8　6AN8A

中放大系数三极-锐截止五极复合管。

◎ **特性**

敷氧化物旁热式阴极：6.3V/0.45A，交流或直流

热丝加热时间：11s（6AN8A）

热丝—阴极间电压：-200V（最大），+100V（最大），直流及峰值200V（最大）

极间电容：

三极部分——栅极—屏极：1.5pF，输入：2pF，输出：0.27pF

五极部分——栅极—屏极：0.04pF，输入：7.0pF，输出：2.3pF

耦合——三极栅—五极屏：0.005pF，五极栅—三极屏：0.006pF，五极屏—三极屏：

0.045pF

安装位置：任意

管壳：T-21，玻璃

管基：纽扣式芯柱小型九脚

◎ **最大额定值**

	三极部分	五极部分
屏极电压	300V	300V
帘栅供电电压		300V

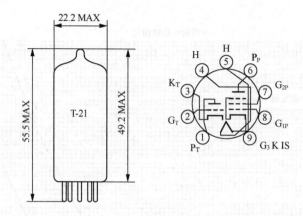

帘栅电压	见额定图	
栅极电压	0V	
屏极耗散功率	2.6W	2.0V
帘栅耗散功率		0.5W
栅极电路电阻（固定偏压）	0.5MΩ	0.25MΩ
（自给偏压）	1MΩ	1MΩ

◎ **典型工作特性**

	三极部分	五极部分
屏极电压	200V	200V
帘栅电压		150V
栅极电压	−6V	
阴极电阻		180Ω
屏极电流	13mA	9.5mA
帘栅电流	2.8mA	
互导	3300μA/V	6200μA/V
放大系数	19	
屏极内阻	5750Ω	300kΩ
栅极电压（I_p=10μA）	−19V	−8V

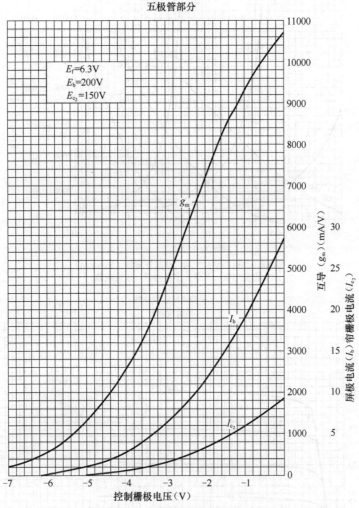

6AN8（五极部分）平均转移特性曲线（Sylvania）
控制栅极电压—互导、屏极及帘栅极电流

平均转移特性曲线
三极管部分

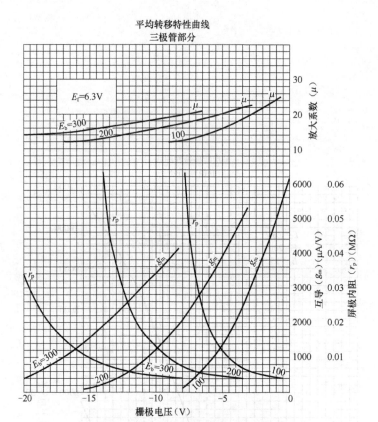

6AN8（三极部分）平均转移特性曲线（Sylvania）
栅极电压—互导、屏极内阻、放大系数

平均屏极特性曲线
五极管部分

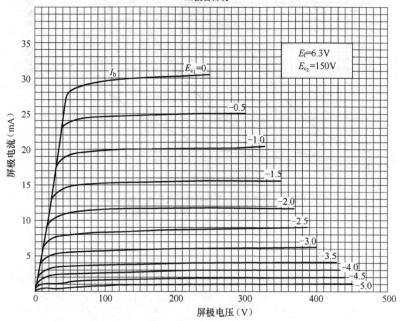

6AN8（五极部分）平均屏极特性曲线（Sylvania）
屏极电压—屏极电流

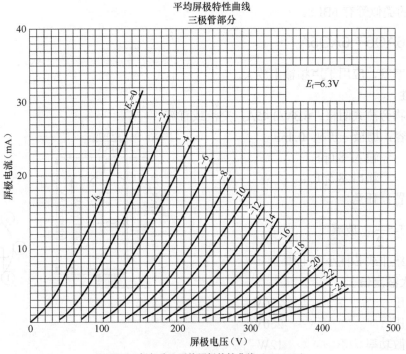

平均屏极特性曲线
三极管部分

$E_\mathrm{f}=6.3\mathrm{V}$

6AN8（三极部分）平均屏极特性曲线（Sylvania）
屏极电压—屏极电流

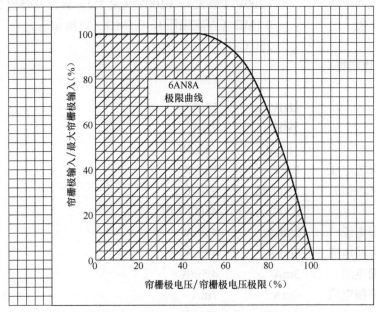

6AN8A
极限曲线

6AN8A（五极部分）帘栅极极限曲线（Tung-Sol）

　　6AN8 为小型九脚三极-五极复合管，三极管与五极管间除热丝外，完全独立。该管原用于电视接收机中调谐器振荡及混频。在音响电路中，中放大系数的三极部分适用于剖相式倒相及阻容耦合放大，锐截止的五极部分适用于高增益阻容耦合放大。使用时管座中心屏蔽柱建议接地。

6AN8 的类似管有 6BL8。

（25）6AQ5　6AQ5A

集射功率管，应用于声频输出放大。

◎ **特性**

敷氧化物旁热式阴极：6.3V/0.45A，交流或直流

极间电容：栅极—屏极 0.4pF

输入 8.0pF

输出 8.5pF

安装位置：任意

管壳：T-5$\frac{1}{2}$，玻璃

管基：纽扣式芯柱小型七脚

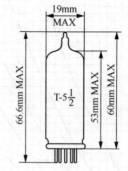
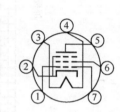

◎ **最大额定值**

屏极电压	250V
帘栅电压	250V
屏极耗散功率	12W
帘栅耗散功率	2W
热丝—阴极间电压	−200V（最大），+100V（最大），直流及峰值 200V（最大）
栅极电路电阻	0.1MΩ（固定偏压），0.5MΩ（自给偏压）
管壳温度	250℃

◎ **典型工作特性**

A_1 类放大

屏极电压	180V	250V
帘栅电压	180V	250V
栅极电压	−8.5V	−12.5V
栅极声频峰值电压	8.5V	12.5V
屏极内阻（近似）	58000Ω	52000Ω
互导	3700μA/V	4100μA/V
零信号屏极电流	29mA	45mA
最大信号屏极电流	30mA	47mA
零信号帘栅电流	3mA	4.5mA
最大信号帘栅电流	4mA	7mA
负载阻抗	5500Ω	5000Ω
总谐波失真（近似）	8%	8%
最大信号输出功率	2.0W	4.5W

AB_1 类推挽放大（两管值）

屏极电压	250V
帘栅电压	250V

栅极电压	−15V
栅—栅声频峰值电压	30V
零信号屏极电流	70mA
最大信号屏极电流	79mA
零信号帘栅电流	5.0mA
最大信号帘栅电流	13mA
屏—屏有效负载阻抗	10000Ω
总谐波失真（近似）	5%
最大信号输出功率	10W

三极接法特性*

屏极电压	250V
栅极电压	−12.5V
放大系数	9.5
屏极内阻（近似）	1970Ω
互导	4800μA/V
屏极电流	49.5mA
栅极电压（I_p=0.5mA）	−37V

* 帘栅极连接到屏极。

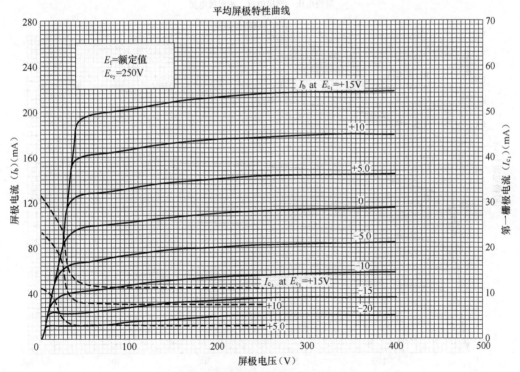

6AQ5 平均屏极特性曲线 1（GE）
屏极电压—屏极电流、第一栅极电流

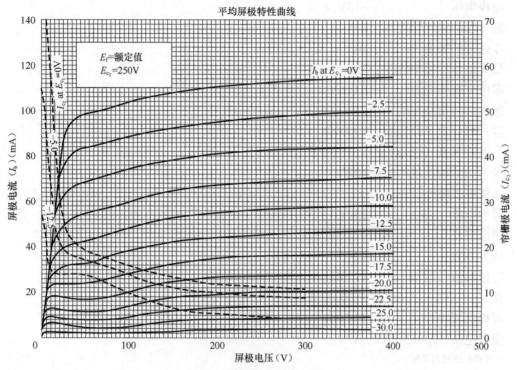

6AQ5 平均屏极特性曲线 2（GE）
屏极电压—屏极电流、帘栅极电流

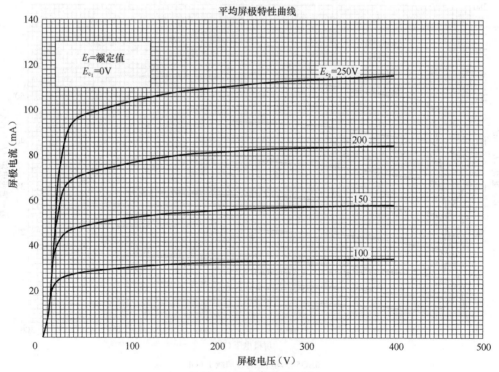

6AQ5 平均屏极特性曲线 3（GE）
屏极电压—屏极电流

平均屏极特性曲线
三极接法

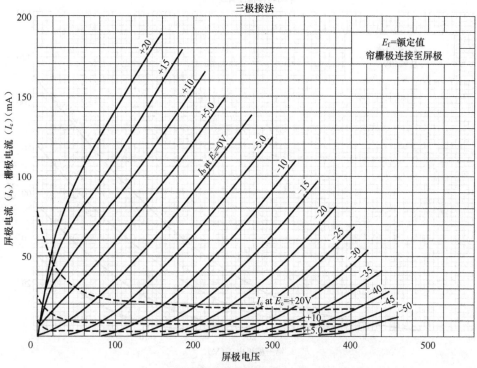

6AQ5 平均屏极特性曲线 4（GE）
（三极接法）屏极电压—屏极+帘栅电流（帘栅连接到屏极）

平均转移特性曲线

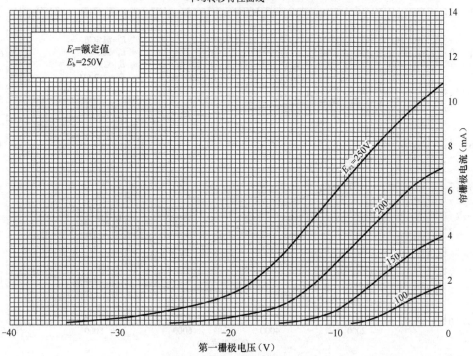

6AQ5 平均转移特性曲线 1（GE）
第一栅极电压—帘栅极电流

平均转移特性曲线

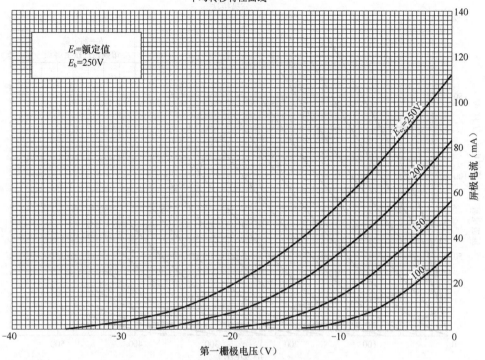

6AQ5 平均转移特性曲线 2（GE）
第一栅极电压—屏极电流

工作特性曲线

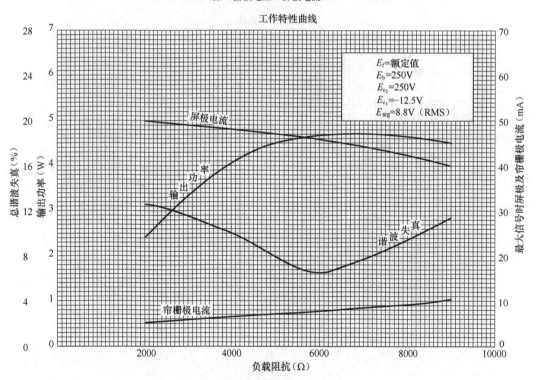

6AQ5 工作特性曲线（GE）
负载阻抗—谐波失真、输出功率、最大信号时屏极电流及帘栅极电流

6AQ5 为小型七脚集射功率管，欧洲型号 EL90 基本相同。该管曾广泛应用在无线电收音机中，在音响电路中适用于 AB$_1$ 类推挽声频放大，栅极电阻最大不能超过 470kΩ（自给偏压）。6AQ5 的特性与 6V6GT 基本相同，可参考 6V6GT 有关内容。由于是小型管，易过热，使用时要注意有良好的通风。

6AQ5 的等效管有 6AQ5A（美国，6AQ5 耐压改进管）、6AQ5W（美国，工业用管）、6005（美国，特种用途管）、EL90（欧洲）、6L31（捷克）。

6AQ5 的类似管有 6P1（中国，小型九脚）、6П1П（苏联，小型九脚）、6П1П-EB（苏联，小型九脚，长寿命高可靠管）。

（26）6AQ6

双二极-三极管，收音机中检波、放大及 AGC。

◎ **特性**

敷氧化物旁热式阴极：6.3V/0.15A，交流或直流

最大热丝—阴极间电压：90V

最大屏极电压：300V

二极管工作电流：0.9mA

安装位置：任意

管壳：T-5$\frac{1}{2}$，玻璃

管基：纽扣式芯柱小型七脚

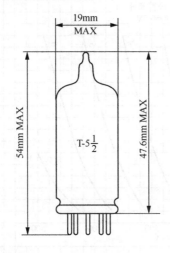
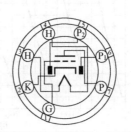

◎ **典型工作特性**

A$_1$ 类放大（三极部分）

屏极电压	100V	250V
栅极电压	−1V	−3V
屏极电流	0.8mA	1.0mA
屏极内阻	61kΩ	58kΩ
互导	1150μA/V	1200μA/V

放大系数　　　　　　　70　　　　　70
（二极部分）

两个小屏位于阴极周围，各自独立，除阴极与三极部分共用外，没有其他关系。

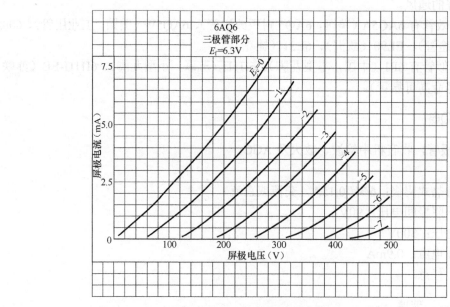

6AQ6（三极部分）屏极电压—屏极电流特性曲线 1（Tung-Sol）

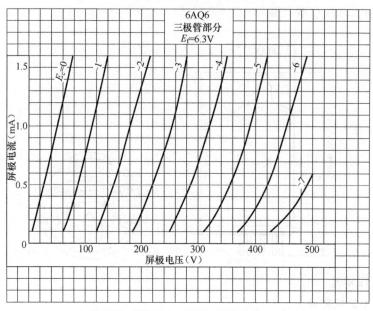

6AQ6（三极部分）屏极电压—屏极电流特性曲线 2（Tung-Sol）

　　6AQ6 为小型七脚双二极-三极复合管。该管原用于收音机中，双二极部分用于检波及 AGC，三极部分用于声频放大、阻容耦合放大。

　　6AQ6 的类似管有 6AT6、EBC90、DH77、6AV6（美国，μ=100）、EBC91、6BC32（捷克）、6G2（中国）。

（27）6AQ8

高频双三极管，特性与 ECC85 相同。

◎ **特性**

敷氧化物旁热式阴极：6.3V/0.435A，交流或直流

极间电容：

	1 单元	2 单元
屏极—栅极	1.5pF	1.5pF
屏极—阴极	0.18pF	0.18pF
输入	3.0pF	3.0pF
输出	1.2pF	1.2pF

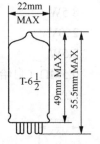

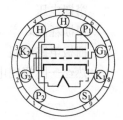

安装位置：任意

管壳：T-6$\frac{1}{2}$，玻璃

管基：纽扣式芯柱小型九脚

◎ **最大额定值**

屏极电压	300V
屏极耗散功率	2.5W
阴极电流	15mA
栅极电压	−100V
栅极电路电阻	1MΩ
热丝—阴极间电阻	20kΩ
热丝—阴极间电压	90V

◎ **A$_1$ 类放大特性** （每三极部分）

屏极电压	250V
栅极电压	−2.3V
屏极电流	10mA
互导	5900μA/V
放大系数	57

6AQ8 是小型 9 脚高放大系数高频双三极管，欧洲编号是 ECC85，两三极管间除热丝外，完全独立。美国自己并不生产 6AQ8，如 RCA、Sylvania、Westinghouse 为荷兰制造，Raytheon、Ultroe 为日本制造。ECC85 原用于 AM/FM 接收机射频放大、变频，特性与 12AT7/ECC81 类似。在音响电路中，适用于前置阻容耦合放大及倒相，可获得每级 30～33 倍的电压增益（R_p=100～240kΩ）。使用时管座中心屏蔽柱建议接地。

6AQ8 的等效管有 ECC85、B719（英国）、6L12（法国，MAZDA）。

（28）6AR5

功率五极管。

◎ **特性**

敷氧化物旁热式阴极：6.3V/0.4A，交流或直流

安装位置：任意

管壳：T-5$\frac{1}{2}$，玻璃

管基：小型七脚

◎ **最大额定值**

屏极电压	250V
屏极耗散功率	8.5W
帘栅电压	250V
帘栅耗散功率	2.5W
栅极电路电阻	0.5MΩ（自给偏压），0.1MΩ（固定偏压）
热丝—阴极间电压	90V

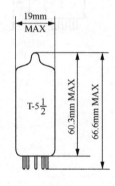

◎ **典型工作特性**

A_1 类放大特性

屏极电压	250V	250V
帘栅电压	250V	250V
栅极电压	−16.5V	−18V
峰值栅极电压	16.5V	18V
屏极内阻	65kΩ	68kΩ
互导	2.4mA/V	2.3mA/V
零信号屏极电流	34mA	32mA
零信号帘栅电流	5.7mA	5.5mA
最大信号屏极电流	35mA	33mA
最大信号帘栅电流	10mA	10mA
负载阻抗	7kΩ	7.6kΩ
总谐波失真	7%	11%
输出功率	3.2W	3.4W

A_1 类单端放大特性

屏极电压	100V	250V	315V
帘栅电压	100V	250V	250V
栅极电压	−7V	−18V	−21V

峰值栅极电压	7V	18V	21V
零信号屏极电流	9mA	32mA	25.5mA
最大信号屏极电流	9.5mA	33mA	28mA
零信号帘栅电流	1.6mA	5.5mA	4.0mA
最大信号帘栅电流	3mA	10mA	9mA
屏极内阻（近似）	104kΩ	90kΩ	110kΩ
互导	1.5mA/V	2.3mA/V	2.1mA/V
负载阻抗	12kΩ	7.6kΩ	9kΩ
总谐波失真	11%	11%	15%
输出功率	0.33W	3.4W	4.5W

A_1 类推挽放大特性（两管值）

屏极电压	285V	285V
帘栅电压	285V	285V
栅极电压	−25.5V	—
阴极电阻	—	400Ω
峰值栅极电压（g-g）	51V	51V
零信号屏极电流	55mA	55mA
最大信号屏极电流	72mA	61mA
零信号帘栅电流	9mA	9mA
最大信号帘栅电流	17mA	13mA
负载阻抗（p-p）	12kΩ	12kΩ
输出功率	10.5W	9.8W
总谐波失真	6%	4%

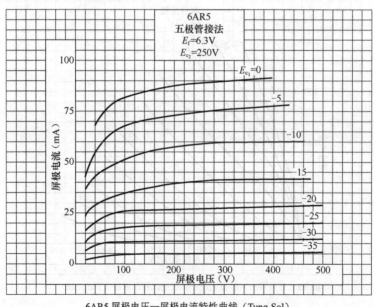

6AR5 屏极电压—屏极电流特性曲线（Tung-Sol）

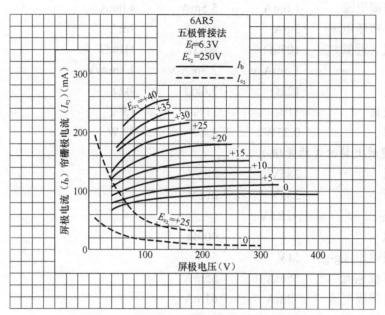

6AR5 屏极电压—屏极电流、帘栅极电流特性曲线（Tung-Sol）

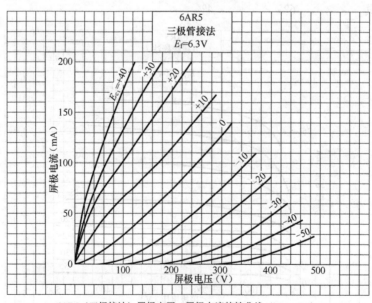

6AR5（三极接法）屏极电压—屏极电流特性曲线（Tung-Sol）

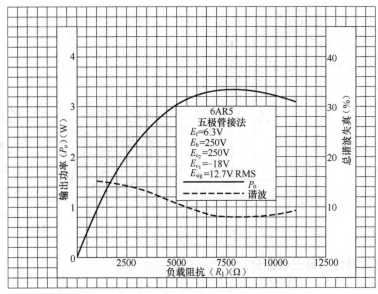

6AR5 负载阻抗—输出功率、总谐波失真特性曲线（Tung-Sol）

6AR5 为小型七脚五极功率管，是交流及蓄电池供电收音机中合适的中等灵敏度的功率输出管，为屏极电压 200V、输出功率 2W 的优选管，曾广泛应用于日本制造的家用收音机声频输出级。6AR5 的栅极直流电阻最大不能超过 470kΩ（自给偏压）或 100kΩ（固定偏压）。6AR5 的特性与 6K6GT 相近。

（29）6AS7G　6AS7GA

功率双三极管，高电流，稳压电源。

◎ **特性**

敷氧化物旁热式阴极：6.3V/2.5A，交流或直流

极间电容：

栅极—屏极	6AS7G	10.5pF	6AS7GA	7.5pF
栅极—阴极及热丝	6AS7G	6.8pF	6AS7GA	6.5pF
屏极—阴极及热丝	6AS7G	2.3pF	6AS7GA	2.2pF
阴极—热丝	6AS7G	11pF	6AS7GA	7pF
1 单元栅极—2 单元栅极	6AS7G	0.7pF	6AS7GA	0.5pF
1 单元屏极—2 单元屏极	6AS7G	1.65pF	6AS7GA	1.9pF

最大屏极电压：	250V
最大屏极电流：	125mA
最大屏极耗散功率：	13W
最大热丝—阴极间电压：	300V
最大栅极电路电阻：	1MΩ（自给偏压），不建议固定偏压

安装位置：任意

管壳：ST-16（6AS7G），T-12（6AS7GA），玻璃

管基：八脚式（8 脚）

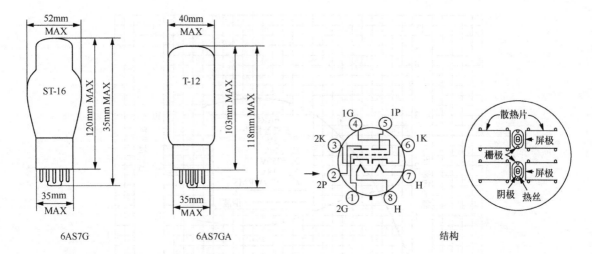

6AS7G   6AS7GA   结构

◎ A₁ 类放大特性（每三极部分）

屏极供给电压	135V
阴极偏压电阻	250Ω
放大系数	2
屏极内阻（近似）	280Ω
互导	7000μA/V
屏极电流	125mA

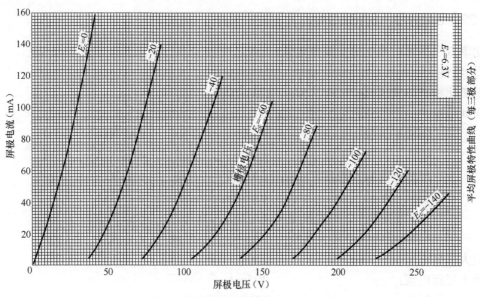

6AS7G（每三极部分）平均屏极特性曲线（RCA）
屏极电压—屏极电流

    6AS7G 为 G 型八脚双三极功率管，1947 年由 RCA 开发。该管为低电压、大电流、低内阻管，除用作稳压调整管及伺服用缓冲外，还可用于 A 类声频推挽功率放大（11～13W），但不适宜用在固定偏压场合，栅极电阻最大不超过 1MΩ。因为 6AS7G 的内阻特低，屏极电流较大，用于功率放大时有良好的阻尼系数。例如，RCA 6AS7G 有平滑而丰富（浓）的声音表现，适用于无输出变压器功率放大，但该管屏耗较小，不宜用于 AB 类和 B 类放大。6AS7G 有黑屏和灰屏、塑料黑色管基和金属箍管基之分。

6AS7G 的等效管有 6AS7GA（美国，外形尺寸较小，$\Phi40\times94$mm 肥大管基 GT 管）、6080（美国，特殊用途，坚牢型，$\Phi40\times94$mm 肥大管基 GT 管）、ECC230（欧洲，$\Phi44\times89$mm 肥大管基 GT 管）、A1834（英国，GEC，$\Phi50\times107$mm G 管）、6520（美国，工业用，$\Phi52\times116$mm G 管）、6AS7GYB、6080WB（美国，高可靠，肥大管基 GT 管）、6H5C（苏联，G 管）、6N5P（中国，G 管）、6H13C（苏联，G 管）、6N13P（中国，G 管）。

6AS7G 的类似管有 6082（美国，热丝 26.5V/0.6A）。

（30）6AT6

双二极-三极管，收音机中检波、放大及 AGC。

◎ **特性**

敷氧化物旁热式阴极：	6.3V/0.3A，交流或直流
最大热丝—阴极间电压：	90V
最大屏极电压：	300V
最大屏极耗散功率：	0.5W
二极管工作电流：	1mA

安装位置：任意

管壳：T-5$\frac{1}{2}$，玻璃

管基：纽扣式芯柱小型七脚

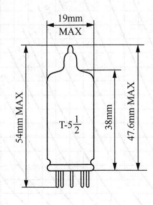

◎ **典型工作特性**

A_1 类放大（三极部分）

屏极电压	100V	250V
栅极电压	−1V	−3V
屏极电流	0.8mA	1.0mA
屏极内阻	54kΩ	58kΩ
互导	1300μA/V	1200μA/V
放大系数	70	70

◎ A 类阻容耦合放大（三极部分，GE）

A 类阻容耦合放大
三极管部分

R_p MΩ	R_s MΩ	R_{g_1} MΩ	E_{bb}=90V			E_{bb}=180V			E_{bb}=300V		
			R_k	增益	E_o	R_k	增益	E_o	R_k	增益	E_o
0.10	0.10	0.10	5700	21	7.0	2400	29	13	1800	33	35
0.10	0.24	0.10	6100	26	9.0	2700	34	23	2000	38	42
0.24	0.24	0.10	9100	30	10	4300	40	24	3000	44	43
0.24	0.51	0.10	10000	34	13	4700	45	31	3300	49	52
0.51	0.51	0.10	15000	37	14	7500	47	23	5600	51	50
0.51	1.0	0.10	16000	40	16	8200	50	35	6200	55	60
0.24	0.24	10	0	31	5.0	0	44	49	0	43	40
0.24	0.51	10	0	37	7.0	0	49	25	0	52	52
0.51	0.51	10	0	39	7.5	0	51	22	0	54	44
0.51	1.0	10	0	42	10	0	54	28	0	58	56

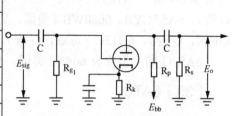

注：耦合电容器（C）应调整到要求的频率响应。
R_k 应旁路。

1. 总谐波失真 5%，最大 RMS 输出电压。

2. 2V RMS 时增益。

3. 零偏压数据，可忽略发生阻抗。

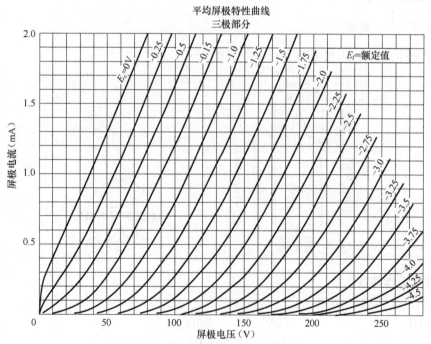

6AT6（三极部分）平均屏极特性曲线 1（GE）
屏极电压—屏极电流

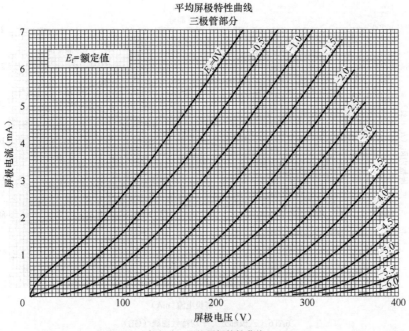

6AT6（三极部分）平均屏极特性曲线 2（GE）
屏极电压—屏极电流

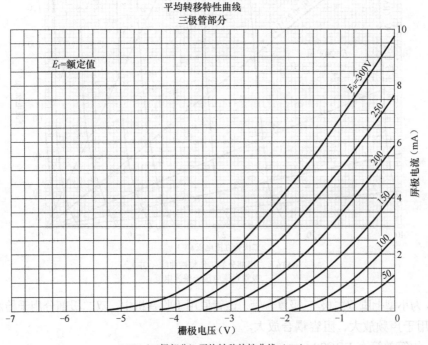

6AT6（三极部分）平均转移特性曲线（GE）
栅极电压—屏极电流

平均特性曲线
三极管部分

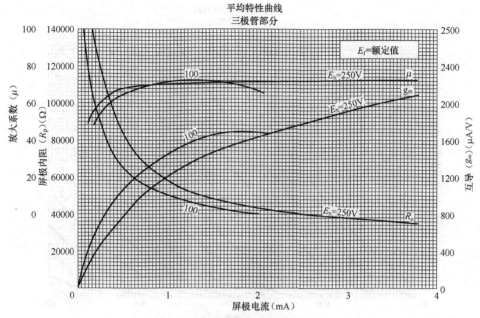

6AT6（三极部分）平均特性曲线（GE）
屏极电流—放大系数、屏极内阻、互导

工作特性曲线
每二极管

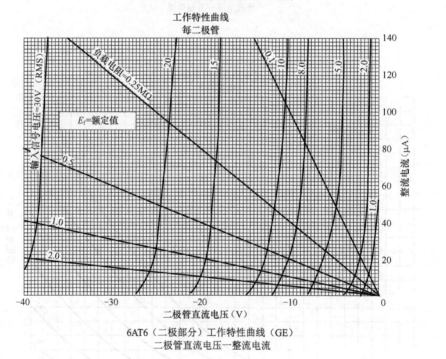

6AT6（二极部分）工作特性曲线（GE）
二极管直流电压—整流电流

6AT6 为小型七脚双二极-三极复合管。该管原用于收音机中，双二极部分用于检波及 AGC，三极部分用于声频放大、阻容耦合放大。

6AT6 的等效管有 EBC90。

6AT6 的类似管有 6AQ6、DH77、6AV6（美国，μ=100）、EBC91、6BC32（捷克）、6G2（中国）。

（31）6AU6

锐截止五极管，高增益射频及中频放大。

◎ **特性**

敷氧化物旁热式阴极：6.3V/0.3A，交流或直流

极间电容：	有屏蔽*	无屏蔽
栅极—屏极（G_1-P）（最大）	0.0035pF	0.0035pF
输入 G_1-（H+K+G_2+G_3+IS）	5.5pF	5.5pF
输出 P-（H+K+G_2+G_3+IS）	5.0pF	5.0pF
三极接法		
栅极—屏极 G_1-（P+ G_2+G_3+IS）	2.6pF	2.6pF
输入 G_1-（H+K）	3.2pF	3.2pF
输出（P+ G_2+G_3+IS）-（H+K）	8.5pF	1.2pF

安装位置：任意

管壳：T-5$\frac{1}{2}$

管基：纽扣式芯柱小型七脚

* 屏蔽连接第7脚阴极。

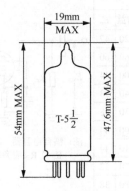

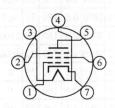

◎ **最大额定值**

	三极接法	五极接法
最大热丝—阴极间电压	±200V	±200V
最大屏极电压	275V	330V
最大帘栅供给电压		330V
最大帘栅电压		150V
最大屏极耗散功率	3.5W	3.5W
最大帘栅耗散功率		0.75W
热丝加热时间	11s（6AU6A）	

◎ **典型工作特性**

A_1 类放大

屏极电压	100V	250V	250V

帘栅电压	100V	125V	150V
阴极电阻	150Ω	100Ω	68Ω
抑制栅电压	第 2 脚连接到第 7 脚		
互导	3.9mA/V	4.5mA/V	5.2mA/V
屏极内阻（近似）	0.5MΩ	1.5MΩ	1MΩ
屏极电流	5mA	7.6mA	10.6mA
帘栅电流	2.1mA	3.0mA	4.3mA
栅极电压（I_p=10μA）	−4.2V	−5.5V	−6.5V

A_1 类放大（三极接法）

屏极电压**	250V
阴极电阻	330Ω
互导	4.8mA/V
屏极电流	12.2mA
放大系数	36

** 三极接法，帘栅极、抑制栅极连接到屏极。

◎ 阻容耦合数据

A 类阻容耦合放大

R_p MΩ	R_s MΩ	R_{g_1} MΩ	E_{bb}=90V				E_{bb}=180V				E_{bb}=300V			
			R_k	R_{sg}	增益	E_o	R_k	R_{sg}	增益	E_o	R_k	R_{sg}	增益	E_o
0.10	0.10	0.1	960	0.1	68	13	610	0.2	96	27	480	0.2	120	47
0.10	0.24	0.1	1000	0.2	93	16	630	0.2	130	35	480	0.2	160	60
0.24	0.24	0.1	2900	0.3	88	12	1700	0.4	120	25	820	0.6	200	44
0.24	0.51	0.1	3600	0.4	110	14	1800	0.5	170	31	960	0.7	240	53
0.51	0.51	0.1	5300	0.9	110	10	4000	0.9	160	23	2100	1.1	230	38
0.51	1.0	0.1	4600	1.1	125	12	3800	1.1	200	25	1800	1.3	300	44
0.24	0.24	10	0	0.4	100	12	0	0.5	160	25	0	0.5	210	44
0.24	0.51	10	0	0.5	120	14	0	0.6	180	31	0	0.7	270	52
0.51	0.51	10	0	0.9	120	11	0	1.1	200	22	0	1.2	280	38
0.51	1.0	10	0	1.0	145	12	0	1.1	240	25	0	1.3	350	42

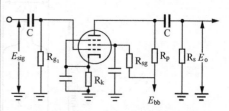

注：耦合电容器（C）应调整到要求的频率响应。R_k 及 R_{sg} 应旁路。

GAIN 增益　E_o=2Vrms 时　　　　E_o 为 rms，总谐波失真 5%　　零偏压数据可忽略发生阻抗

6AU6A 阻容耦合放大数据（GE）

6AU6 为小型七脚高频五极管，是高增益锐截止五极管。该管原用于宽频带高频放大及低频放大。在音响电路中，适用于高增益的小信号前置放大。6AU6 既可作为五极管又可作为中放大系数（μ=36）三极管使用，五极管可获得 110～170 倍/160～262 倍的电压增益（R_p=100/220kΩ）。使用时管座中心屏蔽柱建议接地。

6AU6 的等效管有 EF94、CV2524（英国，军用）、6AU6A（美国，热丝加热时间平均 11s，热丝可应用于串联连接）、6Ж4П（苏联）、6J4（中国）、6136（美国，工业用）、6AU6WA（美国，高可靠）、7543（美国，特殊用途，低噪声、低颤噪效应）。

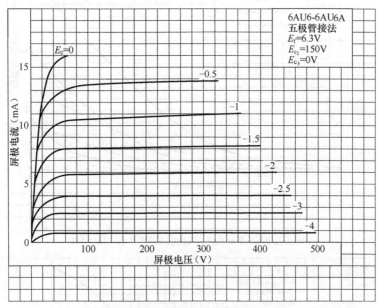

6AU6 屏极电压—屏极电流特性曲线（Tung-Sol）

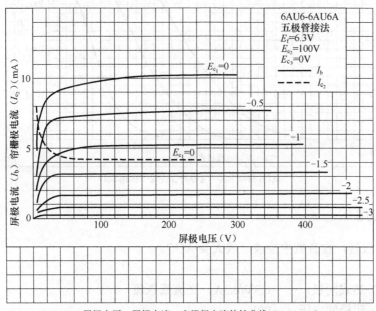

6AU6 屏极电压—屏极电流、帘栅极电流特性曲线（Tung-Sol）

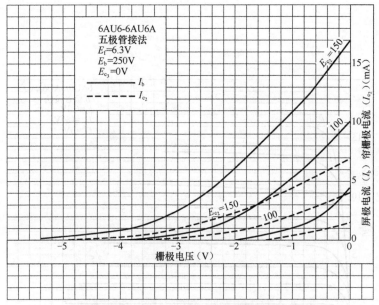

6AU6 栅极电压—屏极电流、帘栅电流特性曲线（Tung-Sol）

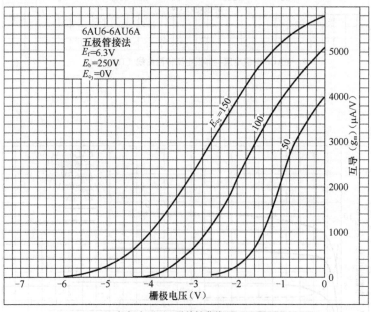

6AU6 栅极电压—互导特性曲线（Tung-Sol）

（32）6AV6

双二极-三极管，收音机中检波、放大及 AGC。

◎ **特性**

敷氧化物旁热式阴极：　　　6.3V/0.3A，交流或直流

最大热丝—阴极间电压：　　90V

最大屏极电压：　　　　　　300V

最大屏极耗散功率：	0.5W
二极管工作电流：	1mA
安装位置：任意	

管壳：T-5$\frac{1}{2}$，玻璃

管基：纽扣式芯柱小型七脚

◎ **典型工作特性**

A$_1$ 类放大（三极部分）

屏极电压	100V	250V
栅极电压	−1V	−2V
屏极电流	0.5mA	1.2mA
屏极内阻	80kΩ	62kΩ
互导	1250μA/V	1600μA/V
放大系数	100	100

（二极部分）

两个小屏位于阴极周围，各自独立，除阴极与三极部分共用外，没有其他关系。

◎ **阻容耦合数据**

阻容耦合放大

R_L MΩ	R_C MΩ	E_{bb}=90V			E_{bb}=180V			E_{bb}=300V		
		R_k	增益	E_o	R_k	增益	E_o	R_k	增益	E_o
0.1	0.22	4700	35[A]	4	2000	47	18	1500	52	40
0.22	0.47	7400	45[B]	6	3500	59	24	2800	65	49
0.47	1.0	13000	52[C]	8	6700	66	28	5200	73	54

E_o rms 输出

GAIN 增益：5Vrms 输出时

[A] 2Vrms 输出时，[B] 3Vrms 输出时，[C] 4Vrms 输出时

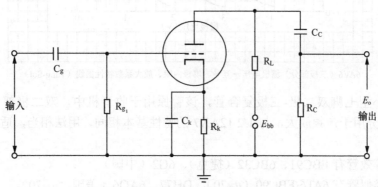

6AV6 阻容耦合放大数据（Tung-Sol）

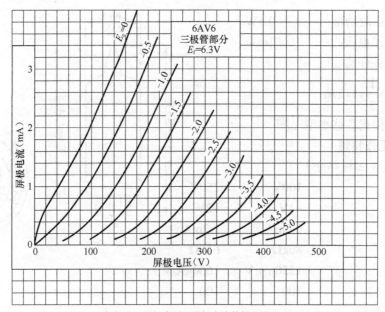

6AV6（三极部分）屏极电压—屏极电流特性曲线（Tung-Sol）

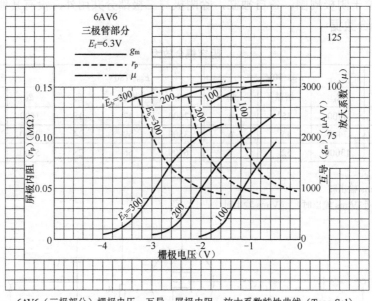

6AV6（三极部分）栅极电压—互导、屏极内阻、放大系数特性曲线（Tung-Sol）

　　6AV6 为小型七脚双二极-三极复合管，该管原用于收音机中，双二极部分用于检波及 AGC，三极部分用于声频放大，与 1/2 12AX7 的特性基本相同，用法相当，适用于阻容耦合放大。

　　6AV6 的等效管有 EBC91、6BC32（捷克）、6G2（中国）。

　　6AV6 的类似管有 6AT6/EBC90（μ=70）、DH77、6AQ6（美国，μ=70）。

（33）6B4G

　　直热式功率三极管，声频输出放大，电特性与 6A3 相同。

◎ **特性**

敷氧化物灯丝：6.3V/1.0A，交流或直流

极间电容：栅极—屏极　16pF

　　　　　　栅极—灯丝　7pF

　　　　　　栅极—灯丝　5pF

安装位置：垂直

管壳：ST-16

管基：八脚式

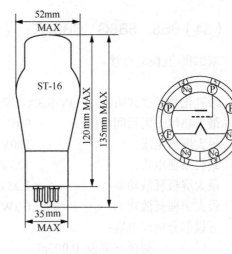

◎ **A 类单端放大**

典型应用值

屏极电压	250V
栅极电压△	−45V
屏极电流	60mA
放大系数	4.2
屏极内阻	800Ω
互导	5250μA/V
负载电阻	2500Ω
二次谐波	5%
输出功率	3.2W
最大栅极电路电阻	0.05MΩ（固定偏压），0.5MΩ（自给偏压）

◎ **AB₁ 类推挽放大**

最大额定值

屏极电压	300V（最大）
屏极耗散功率	15W（最大）

典型应用值（两管值）

	固定偏压	自给偏压
屏极电压	325V	325V
栅极电压△	−68V	—
阴极偏压电阻	—	750Ω
栅—栅声频峰值电压	124V	156V
零信号屏极电流	80mA	80mA
最大信号屏极电流	147mA	100mA
屏—屏负载电阻	3000Ω	5000Ω
总谐波	2.5%	5%
输出功率	15W	10W

△ 栅极电压指交流灯丝中心至栅极而言。

6B4G 为 G 型八脚直热式功率三极管，除灯丝外，额定值和电特性与 2A3 相同，但灯丝热惰性较小，交流供电时交流噪声稍差，可参阅 2A3 相关内容。

（34）6B8　6B8G　6B8GT　（6B7　2B7）

双二极-五极复合管。

◎ **特性**

敷氧化物旁热式阴极：6.3V/0.3A，交流或直流（6B7：6.3V/0.3A，2B7：2.5V/0.8A）

最大热丝—阴极间电压：　　　　90V

最大屏极电压：　　　　　　　300V

最大帘栅电压：　　　　　　　125V

最大屏极耗散功率：　　　　　2.25W

最大帘栅耗散功率：　　　　　0.3W

五极部分极间电容：

　　　　栅极—屏极 0.005pF

　　　　栅极—阴极 6pF

　　　　屏极—阴极 9pF

二极管工作电流：（DC 10V）　　0.8mA

安装位置：任意

管壳：MT-8A，金属（6B8）；ST-12，玻璃（6B8G）；T-9，玻璃（6B8GT）

管基：八脚式（8 脚），有栅帽

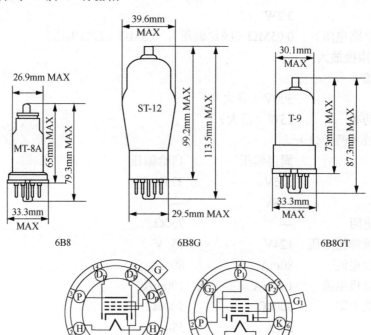

6B8　　　　　　　　　6B8G　　　　　　　　6B8GT

6B8，6B8G，6B8GT　　　　6B7，2B7

◎ 典型工作特性

A_1 类放大（五极部分）

屏极电压	180V	250V	250V
帘栅电压	75V	100V	125V
栅极电压	−3V	−3V	−3V
屏极电流	3.4mA	6mA	9mA
帘栅电流	0.9mA	1.5m4	2.3mA
屏极内阻	1MΩ	0.8MΩ	0.6MΩ
放大系数	800		
互导	840μA/V	1000μA/V	1125μA/V
栅极电压（I_k 截止）	−13V	−17V	−21V

（二极部分）

两个小屏位于阴极周围，各自独立，除阴极与五极部分共用外，没有其他关系。

◎ 阻容耦合放大数据

电源电压	100V	100V	250V	250V
屏极电阻	0.1MΩ	0.5MΩ	0.1MΩ	0.5MΩ
阴极电阻	2000Ω	4800Ω	1000Ω	2800Ω
帘栅电阻	0.6MΩ	2.6MΩ	0.6MΩ	2.5MΩ
电压增益	39	65	50	90

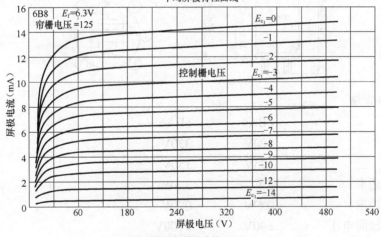

6B8 平均屏极特性曲线（RCA）
（五极部分）屏极电压—屏极电流

6B8GT 为 GT 型八脚双二极-五极管。该管原用于收音机中，双二极部分用于检波及 AGC，五极部分用于高频、中频或低频放大，具有遥截止特性。在音响电路中，五极部分适用于阻容耦合放大。

6B8GT 的等效管有 6B8（美国，金属管）、VT93（美国，军用金属管）、6B8G（美国，G 管）、VT93A（美国，军用 G 管）、EBF32、6Б8C（苏联）、6B8P（中国）。

6B8GT 的类似管有 6B7（美国，七脚带栅帽 ST 管）、2B7（美国，热丝 2.5V/0.8A，七脚带栅帽 ST 管）。

（35）6BA6 6BA6W/5749

遥截止五极管，中频及射频放大。

◎ **特性**

敷氧化物旁热式阴极：6.3V/0.3A，交流或直流

极间电容：	有屏蔽[*]	无屏蔽
栅极—屏极	0.0035pF	0.0035pF
输入	5.5pF	5.5pF
输出	5.5pF	5.0pF

安装位置：任意

管壳：T-5$\frac{1}{2}$，玻璃

管基：纽扣式芯柱小型七脚

[*] 屏蔽连接到第 7 脚阴极。

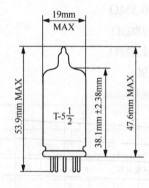
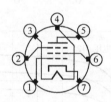

◎ **最大额定值**

	6BA6	6BA6W
屏极电压	300V	330V
帘栅电压	125V	150V
屏极耗散功率	3W	3.3W
帘栅耗散功率	0.6W	0.7W
热丝—阴极间电压	±90V	±100V
玻壳温度		165℃
高度		10000 英尺
冲击		450g

◎ **典型工作特性**

A_1 类放大

屏极电压	100V	250V
帘栅电压	100V	100V
阴极电阻	68Ω	68Ω

屏极电流	10.8mA	11mA
帘栅电流	4.4mA	4.2mA
屏极内阻（近似）	0.25MΩ	1.0MΩ
互导	4300μA/V	4400μA/V
栅极（1V）（g_m=40μA/V）	−20V	−20V

平均屏极特性曲线

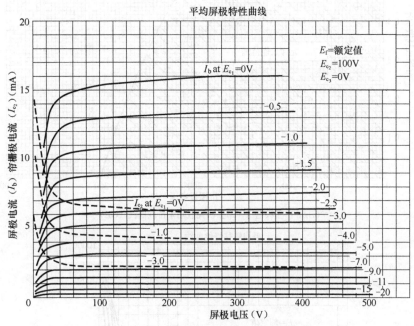

6BA6 屏极电压—屏极电流、帘栅极电流特性曲线（GE）

平均转移特性曲线

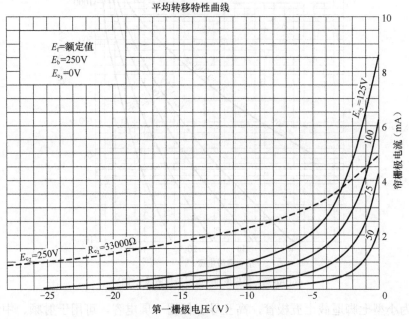

6BA6 栅极电压—帘栅极电流特性曲线（GE）

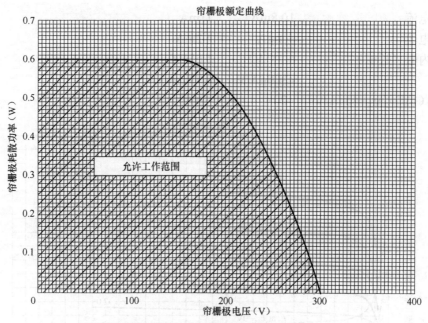

6BA6 帘栅极电压—帘栅极耗散功率特性曲线（GE）

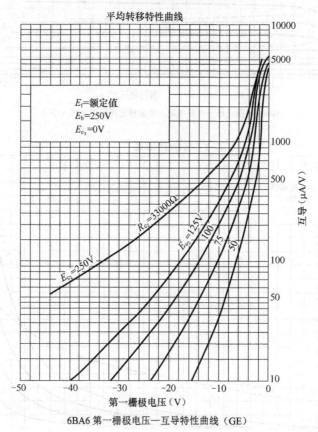

6BA6 第一栅极电压—互导特性曲线（GE）

6BA6 为小型七脚遥截止五极管，高互导、低栅—屏电容，可用于射频、中频放大、声频放大。

6BA6 的等效管有 EF93、W727（英国，GEC）、6K4Π（苏联，管脚接续不同，管内抑制栅与阴极相连）、6K4（中国，管脚接续不同，管内抑制栅与阴极相连）、6BA6W（美国，高可靠）、5749（美国，高可靠）、6K4Π-EB（苏联，长寿命高可靠，管脚接续不同，管内抑制栅与阴极相连）。

（36）6BC5

锐截止五极管，中频及高频放大，最高频率 400MHz。

◎ **特性**

敷氧化物旁热式阴极：6.3V/0.3A，交流或直流

极间电容：	有屏蔽*	无屏蔽
栅极—屏极（G_1-P）最大	0.030pF	0.020pF
输入 G_1-（$K+G_2+G_3$+IS）	6.5pF	6.6pF
输出 P-（$K+G_2+G_3$+IS）	1.8pF	2.6pF
三极接法（帘栅连接屏极）		
栅极—屏极 G_1-（$P+G_2+G_3$+IS）	2.5pF	2.5pF
输入 G_1-K	3.9pF	4.0pF
输出（$P+G_2+G_3$+IS）-K	3.0pF	4.3pF

安装位置：任意

管壳：T-5$\frac{1}{2}$，玻璃

管基：纽扣式芯柱小型七脚

* 屏蔽连接到阴极。

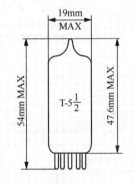
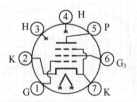

◎ **最大额定值**

屏极电压	300V
帘栅供给电压	300V
帘栅电压	150V
屏极耗散功率	2W**
帘栅耗散功率	0.5W
热丝—阴极间电压	±90V

** 三极接法（帘栅连接屏极）屏极耗散功率 2.5W。

◎ 典型工作特性

A₁ 类放大

屏极电压	100V	125V	250V
帘栅电压	100V	125V	150V
阴极电阻	180Ω	100Ω	180Ω
屏极内阻（近似）	0.6MΩ	0.5MΩ	0.8MΩ
互导	4.9mA/V	6.1mA/V	5.7mA/V
屏极电流	4.7mA	8mA	7.5mA
帘栅电流	1.4mA	2.4mA	2.1mA
栅极电压（I_p=10μA）	−5V	−6V	−8V

A₁ 类放大 （三极接法）

屏极电压	180V	250V
阴极电阻	330Ω	820Ω
屏极内阻（近似）	6000Ω	9000Ω
互导	6.0mA/V	4.4mA/V
屏极+帘栅电流	8mA	6mA
放大系数	42	40

平均屏极特性曲线

6BC5 平均屏极特性曲线（Sylvania）
屏极电压—屏极电流、帘栅极电流

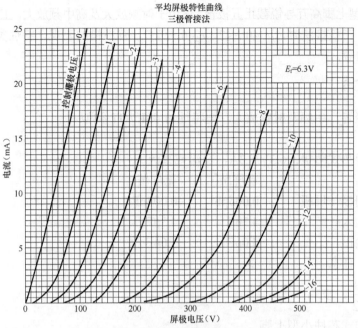

6BC5（三极接法）平均屏极特性曲线（Sylvania）
屏极电压—屏极电流

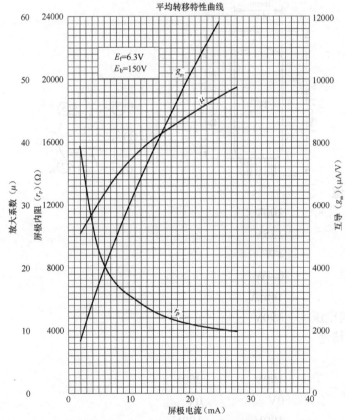

6BC5（三极接法）平均转移特性曲线（Sylvania）
屏极电流—互导、屏极内阻、放大系数

6BC5 为小型七脚高互导锐截止五极管，适用于射频放大及高中频放大，工作频率 400MHz。在音响电路中，三极接法时，$\mu=40\sim42$、$r_p=6\sim9k\Omega$，有不错的表现。特性类似 6AG5，可参阅 6AG5 有关内容。

（37）6BD6

遥截止五极管，中频及射频放大，电特性与 6SK7GT 类似。

◎ **特性**

敷氧化物旁热式阴极：6.3V/0.3A，交流或直流

极间电容：	有屏蔽*	无屏蔽
栅极—屏极	0.005pF	0.004pF
输入	4.3pF	4.3pF
输出	5.0pF	5.0pF

安装位置：任意

管壳：T-5$\frac{1}{2}$，玻璃

管基：纽扣式芯柱小型七脚

* 屏蔽连接到第 7 脚阴极。

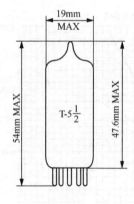

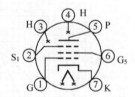

◎ **最大额定值**

屏极电压	300V
帘栅电压	125V
屏极耗散功率	4W
帘栅耗散功率	0.4W
阴极电流	14mA
热丝—阴极间电压	±90V

◎ **典型工作特性**

A_1 类放大

屏极电压	100V	250V
抑制栅电压**	0V	0V
帘栅电压	100V	100V
栅极电压	−1V	−3V

屏极电流	13mA	9mA
帘栅电流	5mA	3.5mA
屏极内阻（近似）	0.12MΩ	0.7MΩ
互导	2350μA/V	2000μA/V
栅极电压（g_m=10μA/V）	−35V	−35V

** 第2脚连接到第7脚。

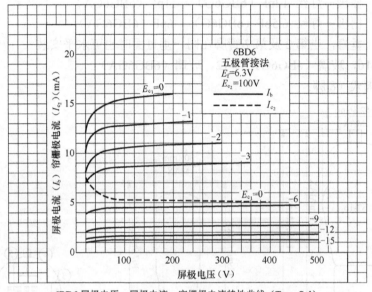

6BD6 屏极电压—屏极电流、帘栅极电流特性曲线（Tung-Sol）

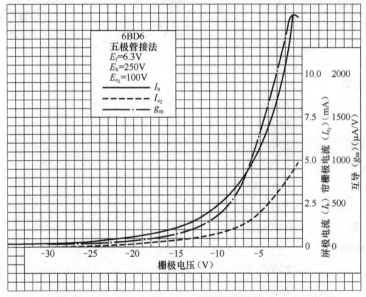

6BD6 栅极电压—互导、屏极电流、帘栅极电流特性曲线（Tung-Sol）

　　6BD6 为小型七脚遥截止五极管，应用于射频及中频放大场合。电特性与 6SK7GT 相似，参阅 6SK7GT 有关内容。

（38）6BG6G　6BG6GA

功率集射管。

◎ **特性**

敷氧化物旁热式阴极：6.3V/0.9A，交流或直流

极间电容：栅极—屏极 0.34pF（最大）（6BG6G）　0.8pF（6BG6GA）

　　　　　栅极—灯丝 12pF（6BG6G）　11pF（6BG6GA）

　　　　　栅极—灯丝 6.5pF（6BG6G）　6pF（6BG6GA）

安装位置：垂直，当第 2 及第 7 管脚在同一垂直面时也可水平安装

管壳：ST-16，玻璃（6BG6G）；T-12，玻璃（6BG6GA）

管基：八脚式（8 脚）

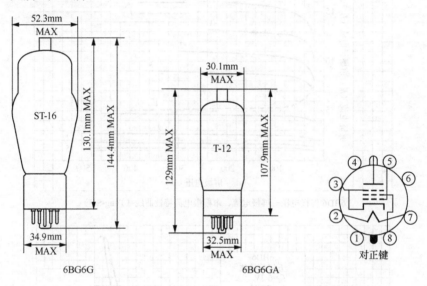

6BG6G　　　　　　　　　6BG6GA

◎ **最大额定值**

屏极电压	700V
帘栅电压	350V
屏极耗散功率	20W
帘栅耗散功率	3.2W
阴极电流	110mA
热丝—阴极间电压	200V
栅极电路电阻	0.47MΩ

◎ **典型工作特性**

屏极电压	250V
帘栅电压	250V
栅极电压	−15V
屏极电流	75mA
帘栅电流	4mA

屏极内阻（近似）	25000Ω
互导	6000μA/V
栅极电压（I_p=1mA）	−45V
三极接法放大系数	8

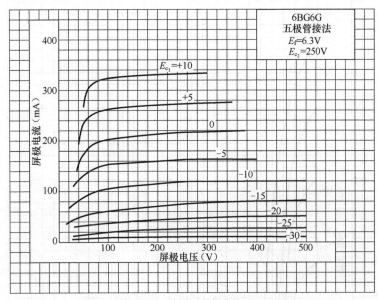

6BG6G 屏极电压—屏极电流特性曲线 1（Tung-Sol）

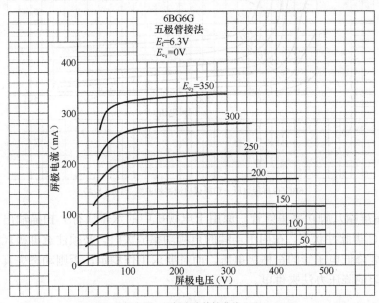

6BG6G 屏极电压—屏极电流特性曲线 2（Tung-Sol）

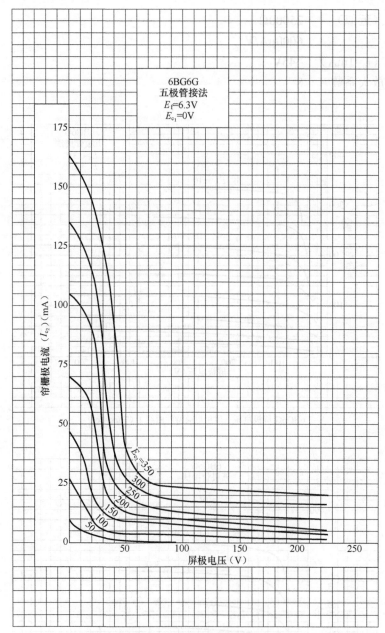

6BG6G 屏极电压—帘栅极电流特性曲线（Tung-Sol）

6BG6 为带屏帽八脚功率集射管，原用于电视机中的水平（行）扫描输出。行扫描输出电子管工作于 C 类脉冲状态，在用于连续的声频功率放大时，必须注意屏极耗散功率不能超标，为此就需要降低电子管的帘栅极电压，而且要求工作稳定，否则动态失真增大，不能采用普通串联电阻的降压办法来供电。

（39）6BH6

高频锐截止五极管，高增益射频及中频放大。

◎ 特性

敷氧化物旁热式阴极：6.3V/0.15A，交流或直流

极间电容：	有屏蔽*	无屏蔽
栅极—屏极	0.0035pF	0.0035pF
输入	5.4pF	5.4pF
输出	4.4pF	4.4pF

安装位置：任意

管壳：T-5$\frac{1}{2}$，玻璃

管基：纽扣式芯柱小型七脚

* 屏蔽连接到第 2 脚阴极。

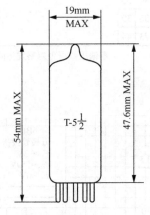

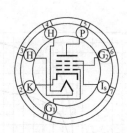

◎ 最大额定值

屏极电压	300V
帘栅电压	150V
栅极电压	+0V，−50V
屏极耗散功率	3W
帘栅耗散功率	0.5W
热丝—阴极间电压	±90V

◎ 典型工作特性

A_1 类放大

屏极电压	100V	250V
抑制栅电压	抑制栅（第 7 脚）连接到阴极（第 2 脚）	
帘栅电压	100V	150V
栅极电压	−1V	−1V
屏极内阻（近似）	0.7MΩ	1.4MΩ
互导	3400μA/V	4600μA/V
屏极电流	3.6mA	7.4mA
帘栅电流	1.4mA	2.9mA
栅极电压（I_p=10μA）	−5V	−7.7V

◎ 阻容耦合数据

A 类阻容耦合放大

R_p MΩ	R_s MΩ	R_{g_1} MΩ	E_{bb}=90V				E_{bb}=180V				E_{bb}=300V			
			R_k	R_{sg}	增益	E_o	R_k	R_{sg}	增益	E_o	R_k	R_{sg}	增益	E_o
0.10	0.10	0.1	1000	0.09	57	14	740	0.13	88	29	490	0.18	105	44
0.10	0.24	0.1	1100	0.10	78	18	740	0.15	109	36	440	0.21	144	57
0.24	0.24	0.1	2700	0.31	77	13	1500	0.46	128	27	1300	0.47	156	43
0.24	0.51	0.1	3200	0.34	97	17	1800	0.49	159	33	1000	0.59	220	53
0.51	0.51	0.1	6600	0.68	96	13	3400	0.99	154	25	2000	1.40	228	41
0.51	1.0	0.1	6300	0.82	115	14	3900	1.00	194	29	1900	1.30	292	46
0.24	0.24	10	0	0.54	96	9.2	0	0.55	154	26	0	0.64	214	43
0.24	0.51	10	0	0.48	117	15	0	0.61	214	32	0	0.66	286	53
0.51	0.51	10	0	1.10	123	10	0	1.20	196	22	0	1.30	306	39
0.51	1.0	10	0	1.10	130	13	0	1.40	259	26	0	1.50	373	44

注：耦合电容器（C）应调整到要求的频率响应。R_k 及 R_{sg} 应旁路。

GAIN 增益 E_o=2Vrms 时　　E_o 为 rms，总谐波失真 5%　　零偏压数据可忽略发生阻抗

6BH6 阻容耦合放大数据（GE）

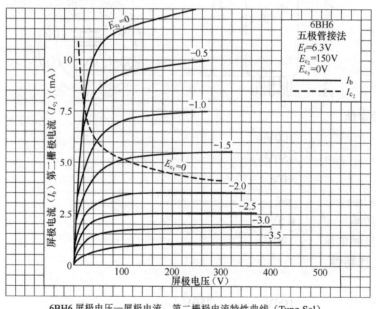

6BH6 屏极电压—屏极电流、第二栅极电流特性曲线（Tung-Sol）

　　6BH6 为小型七脚高频五极管。该管为高互导、低极间电容、低热丝功耗的锐截止五极电压放大管，适用于汽车收音机及移动设备中高增益射频、中频放大、低频放大。在音响电路中，适用于高增益的阻容放大。把帘栅极和抑制栅极连接到屏极接成三极管时，放大系数 μ=48。

　　6BH6 的等效管有 6661（美国，工业用）、E90F。

　　6BH6 的类似管有 6265（美国，在热丝并联供电时）。

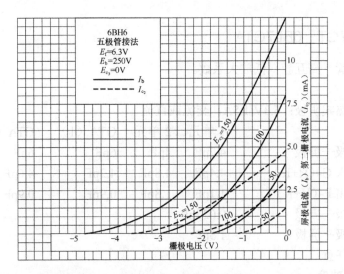

6BH6 栅极电压—屏极电流、第二栅极电流特性曲线（Tung-Sol）

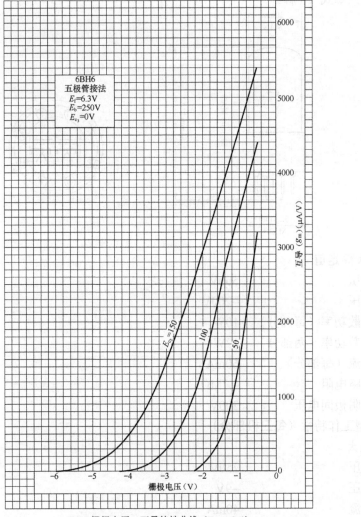

6BH6 栅极电压—互导特性曲线（Tung-Sol）

（40）6BL7GT　6BL7GTA

功率双三极管，高互导，低放大系数。

◎ **特性**

敷氧化物旁热式阴极：6.3V/1.5A，交流或直流

极间电容：

	1 单元	2 单元	GTA（1）	GTA（7）
栅极—屏极	4.2pF	4pF	6pF	6pF
输入 G-（H+K）	4.4pF	4.8pF	4.2pF	4.6pF
输出 P-（H+K）	1.1pF	1.8pF	0.9pF	0.9pF
栅极—栅极	0.022pF			
屏极—屏极	1.5pF			

安装位置：任意

管壳：T-9，玻璃

管基：八脚式（8 脚）

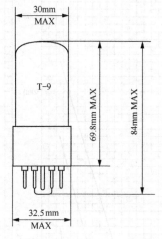

◎ **最大额定值**

屏极电压	500V
栅极电压	−200V
屏极耗散功率（每部分）	10W
屏极耗散功率（两部分）	12W
阴极电流（每部分）	60mA
栅极电路电阻	4.7MΩ
热丝—阴极间电压	200V

◎ **典型工作特性（每三极部分）**

A$_1$ 类放大

屏极电压	250V
栅极电压	−9V
屏极电流	40mA

放大系数	14
互导	7000μA/V
屏极内阻	2000Ω
栅极电压 $[I_p=10\mu A（V_p=600V）]$	−75V

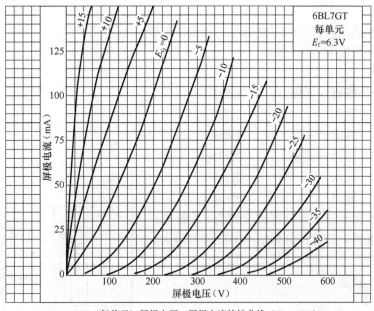

6BL7GT（每单元）屏极电压—屏极电流特性曲线（Tung-Sol）

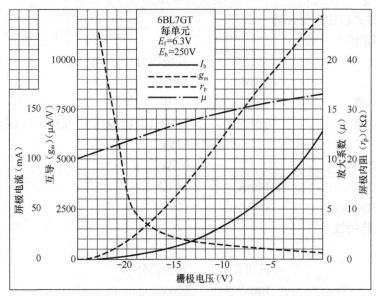

6BL7GT（每单元）栅极电压—屏极电流、互导、放大系数、屏极内阻特性曲线（Tung-Sol）

6BL7GTA 为 GT 型八脚低放大系数双三极功率管，两三极管间除热丝外，完全独立，结构与 6SN7GT 相似，但有较低的内阻和较大的电流，线性度稍差。该管原用于电视接收机中垂直（帧）偏转放大和垂直偏转振荡。在音响电路中，可用于 AB₁ 类推挽功率放大。

6BL7GTA 的同类管有 6BL7GT（原型管，峰值屏极电压稍低）、6BX7GT。

6BL7GTA 的类似管有 6DN7。

（41）6BL8

三极-五极管，中放大系数三极部分，锐截止五极部分。

◎ **特性**

敷氧化物旁热式阴极：6.3V/0.45A，交流或直流

最大热丝—阴极间电压：90V

极间电容：

（三极部分）栅极—屏极		1.5pF
	输入	2.5pF
	输出	1.8pF
（五极部分）栅极—屏极		0.025pF
	输入	5.5pF
	输出	3.8pF

五极部分屏极—三极部分屏极　0.07pF（最大）

五极部分屏极—三极部分栅极　0.02 pF（最大）

五极部分栅极—三极部分屏极　0.16 pF（最大）

安装位置：任意

管壳：T-6$\frac{1}{2}$，玻璃

管基：纽扣式芯柱小型九脚

◎ **最大额定值**

	三极部分	五极部分
屏极电压	250V	250V
屏极耗散功率	1.5W	1.7W
栅极电路电阻	0.5MΩ	1MΩ（自给偏压），0.5MΩ（固定偏压）
帘栅电压		175V
帘栅耗散功率		0.5W
阴极电流	14mA	14mA
热丝—阴极间电压	100V	100V

◎ **典型工作特性**

A$_1$ 类放大

	三极部分	五极部分
屏极电压	100V	170V
帘栅电压		170V
栅极电压	–2V	–2V
屏极电流	14mA	10mA
帘栅电流		2.9mA
互导	5000μA/V	6200μA/V

屏极内阻		0.4MΩ
放大系数	20	47*
输入阻抗（50MHz）		10000Ω
等效噪声电阻		1500Ω

* 帘栅放大系数。

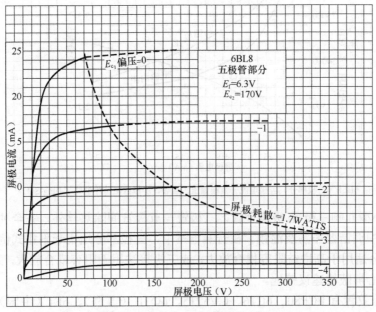

6BL8（五极部分）屏极电压—屏极电流特性曲线（Tung-Sol）

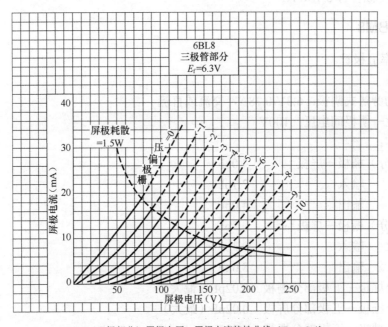

6BL8（三极部分）屏极电压—屏极电流特性曲线（Tung-Sol）

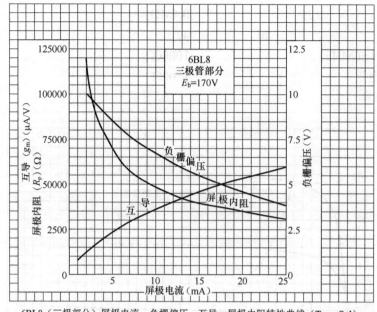

6BL8（三极部分）屏极电流—负栅偏压、互导、屏极内阻特性曲线（Tung-Sol）

6BL8 为小型九脚三极-五极复合管，三极管与五极管间除热丝外，完全独立。该管原用于电视接收机中调谐器振荡及混频。在音响电路中，三极部分适用于剖相式倒相及阻容耦合放大，五极部分适用于高增益阻容耦合放大，或三极接法用于阻容耦合放大，效果都很不错。使用时管座中心屏蔽柱建议接地。

6BL8 的等效管有 ECF80、6C16、CV5215、6Ф1П（苏联）、6F1（中国）、7643/F80CF（长寿命坚牢型）。

6BL8 的类似管有 6AN8/A。

（42）6BM8

三极-功率五极管。

◎ 特性

敷氧化物旁热式阴极：6.3V/0.78A，交流或直流

最大热丝—阴极间电压：100V

极间电容：

（三极部分）栅极—屏极	4.0pF	
输入	2.7pF	
输出	4.0pF	
（五极部分）栅极—屏极	0.3pF	
输入	9.3pF	
输出	8.0pF	
三极部分屏极—五极部分栅极	0.02pF（最大）	
三极部分栅极—五极部分屏极	0.02pF（最大）	
三极部分栅极—五极部分栅极	0.025pF（最大）	

三极部分屏极—五极部分屏极　0.25pF（最大）

安装位置：任意

管壳：T-6$\frac{1}{2}$，玻璃

管基：纽扣式芯柱小型九脚

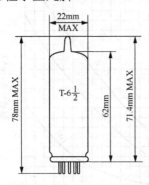

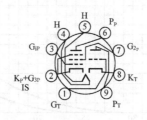

◎ **最大额定值**

	三极部分	五极部分
屏极电压	300V	600V
帘栅电压		300V
屏极耗散功率	1.0W	7W
帘栅耗散功率		2W
阴极电流	15mA	50mA
栅极电路电阻（自给偏压）	3MΩ	2MΩ
栅极电路电阻（固定偏压）	1MΩ	1MΩ
热丝—阴极间电压	100V	100V

◎ **典型工作特性**

A$_1$ 类放大

	三极部分	五极部分
屏极电压	100V	200V
帘栅电压		200V
栅极电压	0V	−16V
输入信号（rms）		6.6V
放大系数	70	9.5*
屏极内阻		20000Ω
互导	2500μA/V	6400μA/V
屏极电流	3.5mA	35mA**
帘栅电流		7mA
有效负载电阻		5600Ω
总谐波失真		10%
最大信号输出功率		3.5W

* 帘栅放大系数。
** 零信号屏极电流。

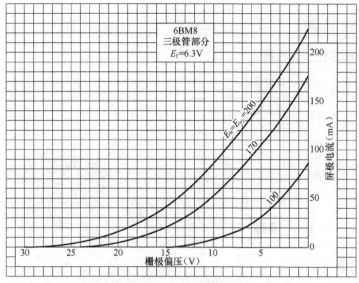

6BM8（三极部分）栅极偏压—屏极电流特性曲线（Tung-Sol）

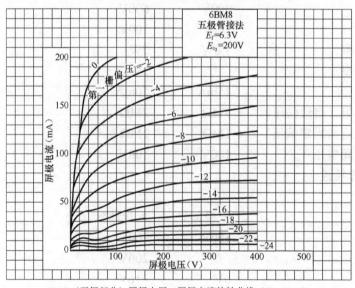

6BM8（五极部分）屏极电压—屏极电流特性曲线（Tung-Sol）

　　6BM8 原是为电视接收机及无线电收音机开发的三极-五极功率管，三极部分与五极部分除热丝外，完全独立。在宽偏转角显像管电视机中，高放大系数的三极部分用于场振荡，高效率的五极部分用于场输出。在收音机中，用于声频放大。

　　6BM8 的等效管有 ECL82（欧洲）。

　　6BM8 的类似管有 6Ф3П（俄罗斯）。

（43）6BQ5

功率五极管，中等功率高保真放大。

◎ **特性**

敷氧化物旁热式阴极：6.3V/0.76A，交流或直流

最大热丝—阴极间电压：90V

极间电容：栅极—屏极 0.5pF（最大）

　　　　　输入　　　10.8pF（最大）

　　　　　输出　　　6.5pF（最大）

安装位置：任意

管壳：T-6$\frac{1}{2}$，玻璃

管基：纽扣式芯柱小型九脚

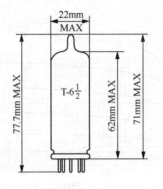

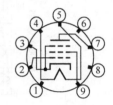

◎ **最大额定值**

屏极电压	300V
帘栅电压	300V
栅极电压	0V
屏极耗散功率	12W
帘栅耗散功率	2W
阴极电流	65mA
栅极电路电阻	0.3MΩ（固定偏压），1MΩ（自给偏压）
热丝—阴极间电压	±100V

◎ **典型工作特性**

A_1 类放大

屏极电压	250V
帘栅电压	250V
栅极电压	−7.5V
输入信号（RMS）	6.2V
屏极内阻（近似）	38000Ω
互导	11300μA/V
零信号屏极电流	48mA
最大信号屏极电流	50.6mA
零信号帘栅电流	5.5mA
最大信号帘栅电流	10mA
有效负载阻抗	4500Ω
总谐波失真	10%
最大信号输出功率	5.7W

6BQ5 为小型九脚高功率灵敏度五极输出管，欧洲编号是 EL84。该管适用于高保真声频放大输出级（AB$_1$ 类推挽 12W 或 17W，超线性推挽 10W，超线性抽头 43%），常见于早期高保真设备中，栅极电阻最大不能超过 1MΩ（自给偏压）或 300kΩ（固定偏压）。6BQ5/EL84 有优良的电气特性和优秀的谐波表现，声音柔和圆润。由于是小型管，易过热，使用时要注意有良好的通风条件。

6BQ5 的等效管有 EL84、6P15（法国，MAZDA）、N709（英国，GEC）、CV2975（英国，军用）、6П14П（苏联）、6П14П-EB（苏联，长寿命坚牢型）、E84L/7320、EL84M/6BQ5WA（俄罗斯，Sovtek）、6P14（中国）。

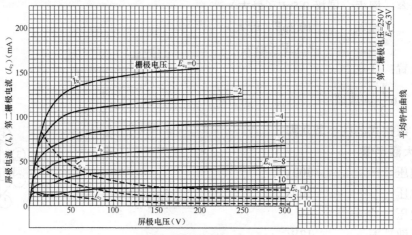

6BQ5 平均特性曲线（RCA）
屏极电压—屏极电流、第二栅极电流

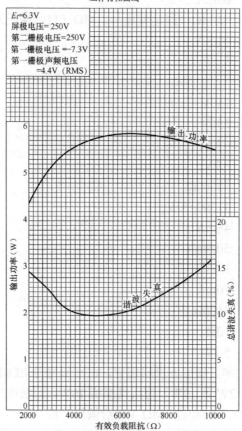

6BQ5 工作特性曲线（RCA）
有效负载阻抗—输出功率、总谐波失真

6BQ5/EL84 的类似管有 7189（美国，特殊用途，6BQ5 高耐压改进型）、7189A（与 7189 单向可换用，管脚内部连接不同）、6R-P15（日本，6BQ5 屏极耗散增强型）。

（44）6BQ6G　6BQ6GA　6BQ6GT　6BQ6GTB

功率集射管，水平扫描输出，低屏极和帘栅电压时，具有高互导、高屏极电流以及高屏极—帘栅电流比。

◎ **特性**

敷氧化物旁热式阴极：6.3V/1.2A，交流或直流

最大热丝—阴极间电压：90V

极间电容：栅极—屏极 0.6pF（最大）

　　　　　输入　　　　15pF（最大）

　　　　　输出　　　　7.5pF（最大）

安装位置：任意

管壳：ST-12，玻璃

管基：八脚式，有屏帽

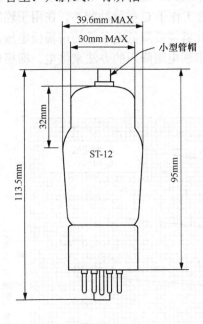

6BQ6G

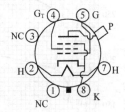

6BQ6GT，GA，GTB

◎ **最大额定值**

屏极供给电压	600V
帘栅电压	175V
屏极耗散功率	11W
帘栅耗散功率	2.5W
平均阴极电流	110mA
峰值阴极电流	400mA

栅极电路电阻	0.47MΩ（最大）		
热丝—阴极间电压	−200V，+100V		

◎ **典型工作特性**

A_1 类放大

屏极电压	60V	150V	250V
帘栅电压	150V	150V	150V
栅极电压	0V	−22.5V	−22.5V
放大系数（帘栅极—栅极）	—	4.3	—
屏极内阻（近似）			14500Ω
互导			5900μA/V
屏极电流	260mA	—	57mA
帘栅电流	26mA	—	2.1mA
栅极电压（I_p=1mA）	—	—	−43V

6BQ6G 为水平扫描输出带屏帽八脚功率集射管。电子管电视机中的水平（行）扫描输出管，为集射功率管结构，由于屏极内阻较低、耗散功率较大，适用于中等功率输出的声频功率放大，且互导高而驱动电压低。但行扫描输出电子管工作于 C 类脉冲状态，在用于连续的声频功率放大时，必须注意屏极耗散功率不超标，为此就需要降低电子管的帘栅极电压，而且要求工作稳定，否则动态失真增大，不能采用普通串联电阻降压的办法来供电。栅极电阻宜在 470kΩ 以下。

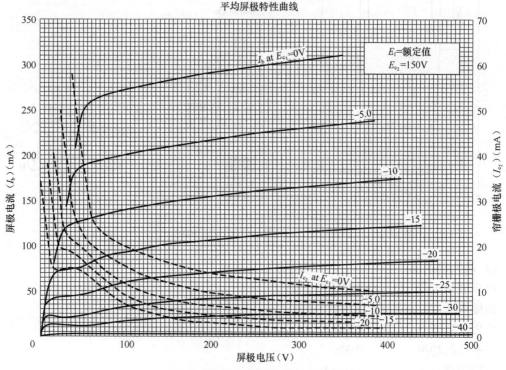

平均屏极特性曲线

6BQ6GTB 平均屏极特性曲线 1（GE）
屏极电压—屏极电流、帘栅极电流

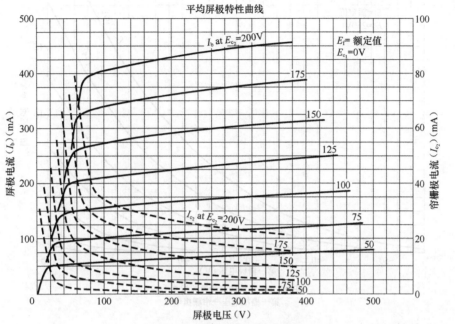

6BQ6GTB 平均屏极特性曲线 2（GE）
屏极电压—屏极电流、帘栅极电流

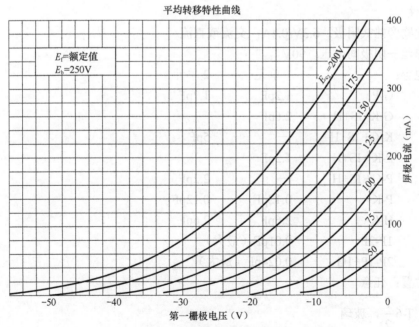

6BQ6GTB 平均转移特性曲线 1（GE）
第一栅极电压—屏极电流

平均转移特性曲线

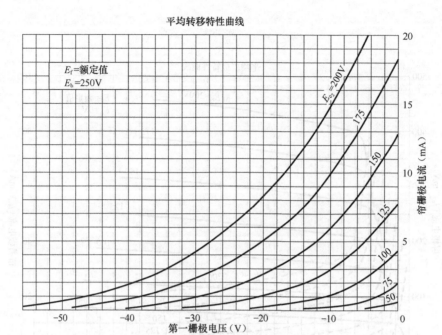

6BQ6GTB 平均转移特性曲线 2（GE）
第一栅极电压—帘栅极电流

6BQ6G 的等效管有 6BQ6GA、6BQ6GT、6BQ6GTB、6CU6。

（45）6BQ7　6BQ7A

中放大系数双三极管，低极间电容、高互导，两三极部分有较好屏蔽。

◎ **特性**

敷氧化物旁热式阴极：6.3V/0.4A，交流或直流

最大热丝—阴极间电压：90V

极间电容：

	1 单元	2 单元
G-P	1.2pF	1.2pF
G-K+IS+H	2.6pF	—
K-G+ IS+H	—	5pF
P-K+ IS+H	1.2pF	—
P-G+ IS+H	—	2.2pF
P-K	0.12pF	0.12pF
H-K	2.6pF	2.6pF
1P-2P	0.01pF（最大）	
2P-1P+1G	0.024pF（最大）	

安装位置：任意

管壳：T-$6\frac{1}{2}$，玻璃

管基：纽扣式芯柱小型九脚

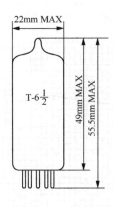

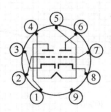

◎ 最大额定值

屏极电压	250V
屏极耗散功率	2W
阴极电流	20mA
栅极电路电阻	0.5MΩ
热丝—阴极间电压	±200V

◎ 典型工作特性 （每三极部分）

A_1 类放大

屏极电压	150V
阴极电阻	220Ω
放大系数	38
屏极内阻（近似）	5900Ω
互导	6400μA/V
屏极电流	9mA
栅极电压（近似）（I_p=100μA）	−6.5V

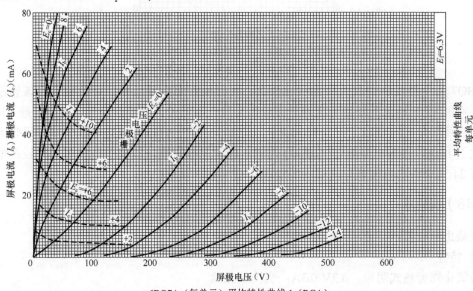

6BQ7A（每单元）平均特性曲线 1（RCA）
屏极电压—屏极电流、栅极电流

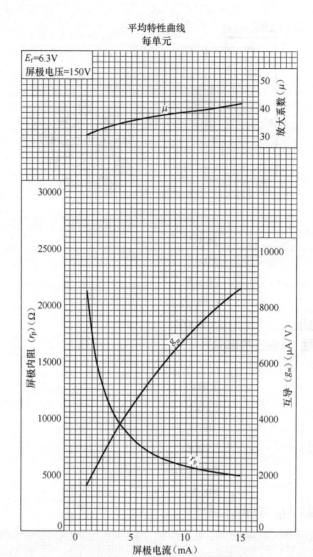

平均特性曲线
每单元

6BQ7A（每单元）平均特性曲线 2（RCA）
屏极电流—屏极内阻、互导、放大系数

6BQ7 为小型九脚中放大系数双三极管，两三极管间除热丝外，完全独立。该管原用于电视接收机 VHF 调谐器栅地—阴地射频放大，具有高增益、低噪声特性，内部屏蔽（IS）提供两三极管部分间的隔离。在音响电路中，适用于阻容耦合放大及级联放大，应用时屏极电流宜大于 1mA，屏极电阻取 27～68kΩ 为宜。该管互导较高，较小负载仍可获得较高增益，每级有 24～27 倍的电压增益。使用时管座中心屏蔽柱建议接地。

（46）6BX6

锐截止五极管。

◎ **特性**

敷氧化物旁热式阴极：6.3V/0.3A，交流或直流

极间电容：栅极—屏极 0.007pF（最大）

输入	7.5pF（最大）
输出	3.3pF（最大）

安装位置：任意

管壳：T-6$\frac{1}{2}$，玻璃

管基：纽扣式芯柱小型九脚

◎ **最大额定值**

屏极电压	300V
帘栅电压	300V
屏极耗散功率	2.5W
帘栅耗散功率	0.7W
栅极电路电阻	0.5MΩ（固定偏压），1MΩ（自给偏压）

◎ **典型工作特性**

屏极电压	170V	200V	250V
帘栅电压	170V	200V	250V
栅极电压	−2V	−2.5V	−3.5V
屏极内阻（近似）	0.5MΩ	0.55MΩ	0.65MΩ
互导	7400μA/V	7100μA/V	6800μA/V
G_2-G_1放大系数	50	50	50
屏极电流	10mA	10mA	10mA
帘栅电流	2.5mA	2.6mA	2.8mA

6BX6为小型九脚锐截止五极管，是宽频带电压放大管。该管为低噪声电阻、低电压特性的多用途五极管，互导较高、屏极电流较大、跨路电容很小、屏蔽完善，原用于电视接收机中宽频带高频放大、中频放大、变频、视频放大、同步分离等场合，曾是用量很大的管型。在音响电路中，适用于高增益的小信号阻容耦合放大，有不错的声音表现。把帘栅极和抑制栅极连接到屏极，可作为三极管，μ=50。使用时管座中心屏蔽柱建议接地。可参阅EF80有关内容。

6BX6的等效管有EF80、64SPT、Z152（英国）、Z719（英国，GEC）、EF800（德国，Telefunken，特选管）。

6BX6的类似管有6BW7、8D6。

（47）6BX7GT

功率双三极管，高互导。

◎ **特性**

敷氧化物旁热式阴极：6.3V/1.5A，交流或直流

极间电容：	1单元	2单元
栅极—屏极	4.2pF	4pF
输入 G-（H+K）	4.4pF	4.8pF
输出 P-（H+K）	1.1pF	1.2pF
栅极—栅极	0.11pF	

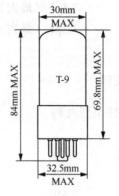

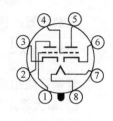

屏极—屏极　　　　　1.5pF

安装位置：任意

管壳：T-9，玻璃

管基：八脚式（8 脚）

◎ **最大额定值**

屏极电压	500V
栅极电压	−500V
屏极耗散功率（每部分）	10W
屏极耗散功率（两部分）	12W
阴极电流	60mA
阴极峰值电流	180mA
栅极电路电阻	2.2MΩ
热丝—阴极间电压	−200V，+100V

◎ **典型工作特性** （每三极部分）

屏极电压	250V
阴极电阻	390Ω
屏极电流	42mA
放大系数	10
互导	7600μA/V
屏极内阻（大约）	1300Ω
栅极电压（I_p=50μA）	−40V

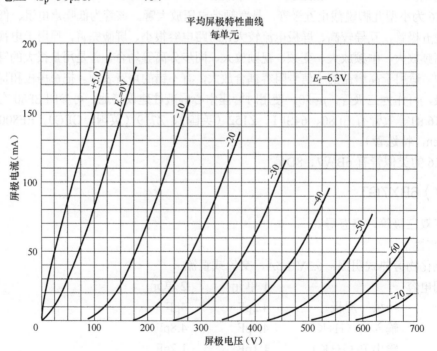

平均屏极特性曲线
每单元

6BX7GT（每单元）平均屏极特性曲线 1（GE）
屏极电压—屏极电流

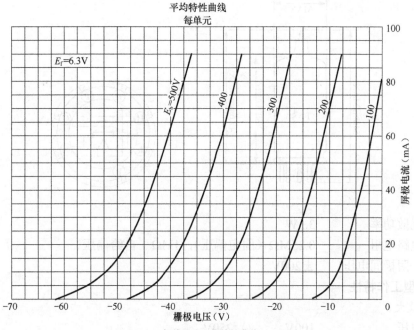

平均特性曲线
每单元

6BX7GT（每单元）平均特性曲线 2（GE）
栅极电压—屏极电流

6BX7GT 为 GT 型八脚低放大系数双三极功率管，两三极管间除热丝外，完全独立，结构与 6SN7GT 相似，但有较低的内阻和较大的电流，线性度稍差，两三极部分的参数一致性较差。该管原用于电视接收机中垂直（帧）偏转放大和垂直偏转振荡。在音响电路中，可用于 AB$_1$ 类推挽功率放大。参阅 6BL7GT 有关内容。

6BX7GT 的类似管有 6BL7GT、6BL7GTA。

（48）6C4

中放大系数三极管，高频低功率振荡及功率放大，最高频率 150Hz，高互导，低电容及引线电感。

◎ **特性**

敷氧化物旁热式阴极：6.3V/0.15A，交流或直流

最大热丝—阴极间电压：90V

极间电容：G-P   1.6pF（最大）

           G-K+H   1.8pF（最大）

           P-K+H   1.3pF（最大）

安装位置：任意

管壳：T-5$\frac{1}{2}$，玻璃

管基：纽扣式芯柱小型七脚

◎ **最大额定值**

屏极电压   300V

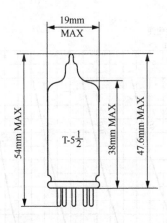

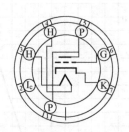

屏极耗散功率　　　　3.5W

栅极电路电阻　　　　0.25MΩ（固定偏压），1MΩ（自给偏压）

热丝—阴极间电压　　±200V

◎ **典型工作特性**

A₁ 类放大

屏极电压	100V	250V
栅极电压	0V	−8.5V
放大系数	19.5	17
屏极内阻（近似）	6250Ω	7700Ω
互导	3100μA/V	2200μA/V
屏极电流	11.8mA	10.5mA

◎ **阻容耦合放大数据**

A 类阻容耦合放大

R_p MΩ	R_s MΩ	R_{g1} MΩ	E_{bb}=90V			E_{bb}=180V			E_{bb}=300V		
			R_k	增益	E_o	R_k	增益	E_o	R_k	增益	E_o
0.10	0.10	0.10	3900	10	10	3600	11	20	3500	11	30
0.10	0.24	0.10	5000	11	14	4700	12	27	4400	12	41
0.24	0.24	0.10	9400	11	13	8700	11	25	8700	12	38
0.24	0.51	0.10	11000	11	17	11000	12	32	11000	12	48
0.51	0.51	0.10	19000	11	15	18000	12	29	18000	12	43
0.51	1.0	0.10	24000	11	19	23000	12	37	23000	12	54
0.24	0.24	10	0	14	12	0	16	20	0	17	28
0.24	0.51	10	0	14	16	0	16	28	0	17	40
0.51	0.51	10	0	14	15	0	15	26	0	16	38
0.51	1.0	10	0	14	19	0	16	35	0	16	52

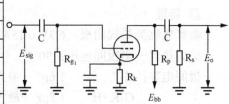

注：耦合电容器（C）应调整到要求的频率响应。R_k 应旁路。

GAIN 增益　E_o=2Vrms 时　　　E_o 为 rms，总谐波失真 5%　　零偏压数据可忽略发生阻抗

6C4 阻容耦合放大数据（GE）

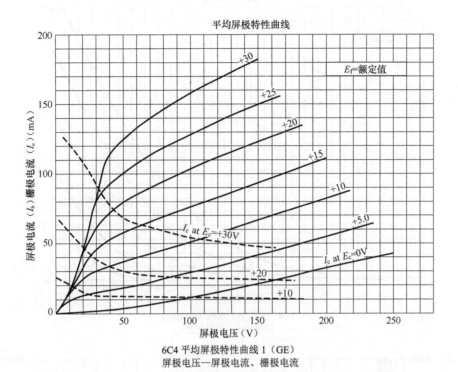

6C4 平均屏极特性曲线 1（GE）
屏极电压—屏极电流、栅极电流

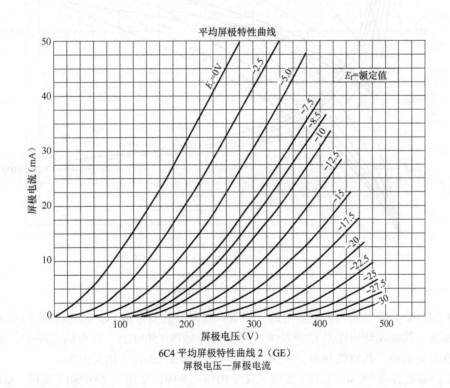

6C4 平均屏极特性曲线 2（GE）
屏极电压—屏极电流

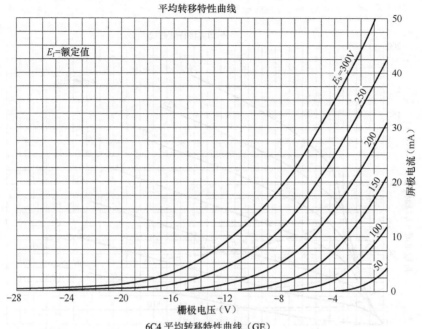

6C4 平均转移特性曲线（GE）
栅极电压—屏极电流

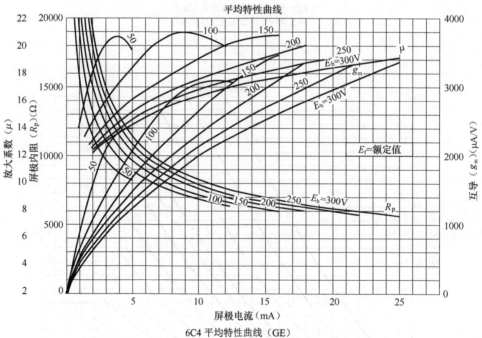

6C4 平均特性曲线（GE）
屏极电流—放大系数、屏极内阻、互导

6C4 为小型七脚中放大系数多用途三极管，欧洲等效型号是 EC90。该管原用于 FM 接收机本机振荡、其他高频电路及 C 类放大，最高工作频率 150MHz。在音响电路中，适用于阻容耦合放大及倒相，其特性与半只 12AU7 相同，可参阅 12AU7 相关内容。

6C4 的等效管有 EC90、L77（英国）、CV4058（英国，军用）、M8080（英国，Mullard）、

QA2401、QL77、6C4W、6C4WA、6100（美国，工业用）。

（49）6C5　6C5G　6C5GT

三极管，检波、放大。

◎ 特性

敷氧化物旁热式阴极：6.3V/0.3A，交流或直流

最大热丝—阴极间电压：90V

极间电容：

	6C5	6C5G	6C5GT
栅—屏	2.0pF	2.2pF	1.6pF
栅—阴	3.0pF	4.4pF	3.6pF
屏—阴	11pF	12pF	11pF

安装位置：任意

管壳：MT-8A，金属（6C5）；ST-12，玻璃（6C5G）；T-9，玻璃（6C5GT）

管基：八脚式（6脚）

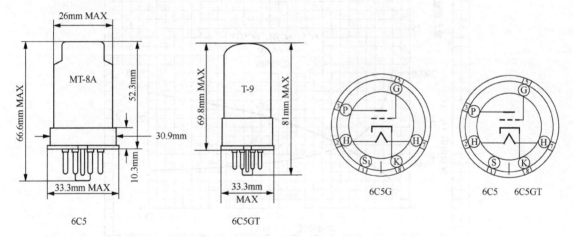

◎ 最大额定值

屏极电压	300V
屏极耗散功率	2.5W
栅极电压	0V
栅极电路电阻	1MΩ

◎ 典型工作特性

A_1类放大

屏极电压	250V
栅极电压	−8V
放大系数	20
屏极内阻	10000Ω
互导	2000μA/V
屏极电流	8mA

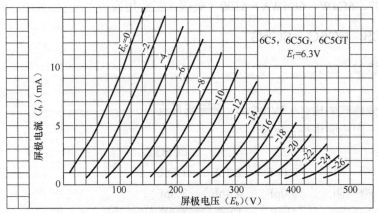

6C5 平均屏极特性曲线（Tung-Sol）
屏极电压—屏极电流

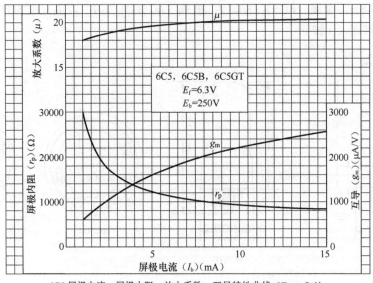

6C5 屏极电流—屏极内阻、放大系数、互导特性曲线（Tung-Sol）

　　6C5 为金属型八脚检波放大三极管，应用于检波、放大、振荡等用途，管内有屏蔽，其特性与三极接法的 6C6、6J7 及 57 相似。6C5G 和 6C5GT 是 6C5 的瓶形 G 管和筒形 GT 管，特性与 6J5 近似，可参阅 6J5 有关内容。

　　6C5 的等效管有 L63（英国，G 管）、OSW3112、6C5C（苏联）。

　　6C5 的类似管有 6J5、6J5G、6J5GT、6L5G。

（50）6CA4

高真空旁热式全波整流管。

◎ **特性**

敷氧化物旁热式阴极：6.3V/1.0A，交流或直流

最大热丝—阴极间电压：90V

安装位置：任意

管壳：T-6$\frac{1}{2}$，玻璃

管基：纽扣式芯柱小型九脚

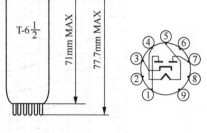

◎ **最大额定值**

峰值反向屏极电压	1200V
交流屏极供给电压（每单元）（rms）	350V*
屏极峰值电流（每单元）	500mA
瞬间峰值屏极电流（每单元）（持续0.2s）	1.85A
直流输出电流	150mA
热丝—阴极间电压	500V

* 电容器输入滤波。

◎ **典型工作特性**

全波整流—电容器输入滤波

交流屏极供给电压	2×250V	2×300V	2×350V
滤波输入电容	50μF	50μF	50μF
屏极电源有效阻抗（每屏）	150Ω	200Ω	240Ω
直流输出电压**	245V	293V	347V

** 滤波输入端，直流输出电流150mA。

管压降（150mA，每屏）	20V

6CA4为小型九脚高真空旁热式全波整流管。该小型高性能整流管，适用于最大电流150mA以内的电源整流，电容输入滤波的输入电容器电容量不得大于50μF。装置位置可任意，但工作时必须有良好的通风条件。

6CA4的等效管有EZ81、U709（英国，GEC）、CV5072（英国，军用）。

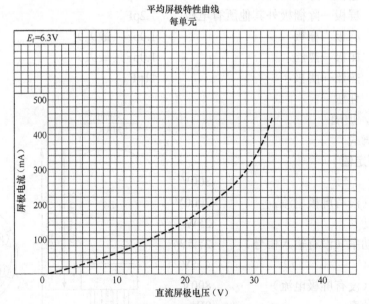

6CA4（每单元）平均屏极特性曲线（RCA）
直流屏极电压—屏极电流

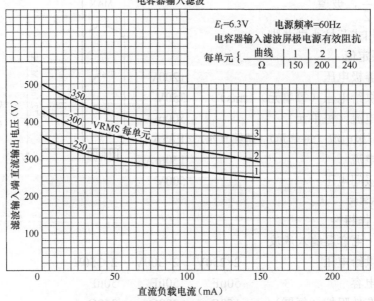

工作特性曲线
电容器输入滤波

	曲线	1	2	3
每单元 {	Ω	150	200	240

E_f=6.3V　　电源频率=60Hz
电容器输入滤波屏极电源有效阻抗

6CA4 电容器输入滤波工作特性曲线（RCA）
直流负载电流—滤波输入端直流输出电压（电源频率 60Hz）

（51）6CA7

功率五极管。

◎ **特性**

敷氧化物旁热式阴极：6.3V/1.5A，交流或直流

极间电容：栅极—除屏极外其他所有电极　　15.5pF

屏极—除栅极外其他所有电极　　7.2pF

屏极—栅极　　1.0pF（最大）

栅极—热丝　　1.0pF（最大）

热丝—阴极　　11pF

安装位置：任意

管壳：T-9，玻璃

管基：八脚式

◎ **最大额定值**

屏极电压	800V
屏极电压（没有屏极电流）	2000V
屏极耗散功率	25W
屏极耗散功率（没有输入信号）	27.5W
帘栅电压	425V
帘栅电压（没有屏极电流）	800V
帘栅耗散功率	8W

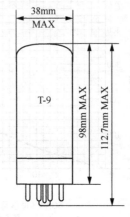

阴极电流		150mA
栅极电压（栅极电流起始点 0.3μA）		−1.3V
栅极电路电阻		0.7MΩ（自给偏压），0.5MΩ（固定偏压）
热丝—阴极间电阻		20000Ω
热丝—阴极间电压		100V

◎ 典型工作特性

A 类放大（单管）

供给电压	265V	265V
屏极电压	250V	250V
帘栅串联电阻	2000Ω	—
抑制栅电压	0V	0V
栅极电压	−14.5V	−13.5V
屏极电流	70mA	100mA
帘栅电流	10mA	15mA
互导	9000μA/V	11000μA/V
放大系数 G_1-G_2	11	11
屏极内阻	18000Ω	15000Ω
负载阻抗	3000Ω	2000Ω
输入电压 rms	9.3V	8.7V
最大信号输出功率	8W	11W
总谐波失真	10%	10%
输出 50mW 时输入电压（rms）		
	0.65V	0.5V

AB 类放大（两管）

供给电压		375V
负载阻抗（P-P）		3400Ω
阴极电阻		130Ω
抑制栅电压	0V	
输入电压 rms	0V	21V
供给电压	375V	375V
屏极电压*	355V	350V
屏极电流	2×75mA	2×95mA
帘栅电流	2×11.5mA	2×22.5mA
输出功率	0W	35W
总谐波失真	—	5%

* 越过阴极电阻。

三极接法**A 类放大（单管）

供给电压	375V
抑制栅电压	0V

阴极电阻	370Ω
负载阻抗	3000Ω
输入电压（rms）	18.9V
屏极电流	70mA
最大信号输出功率	6W
总谐波失真	8%
输出 50mW 时输入电压（rms）	1.7V

三极接法[**]AB 类放大（两管）

供给电压		400V
抑制栅电压		0V
阴极电阻		220Ω
负载阻抗（P-P）		5000Ω
输入电压 rms	0V	22V
屏极电流	2×65mA	2×70mA
最大信号输出功率	0W	16.5W
总谐波失真	—	3%

[**] 帘栅连到屏极。

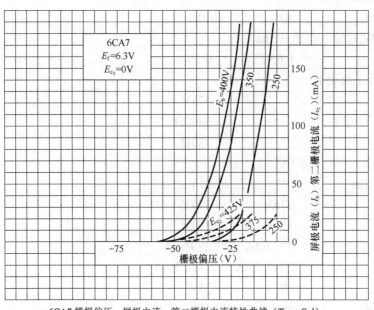

6CA7 栅极偏压—屏极电流、第二栅极电流特性曲线（Tung-Sol）

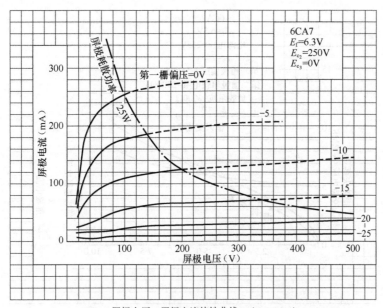

6CA7 屏极电压—屏极电流特性曲线 1（Tung-Sol）

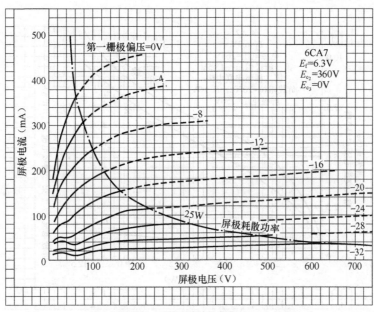

6CA7 屏极电压—屏极电流特性曲线 2（Tung-Sol）

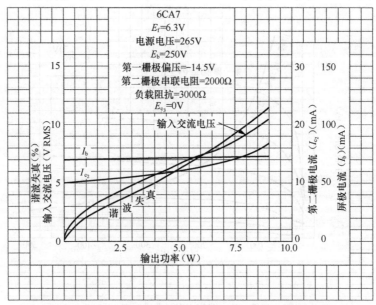

6CA7 输出功率—谐波失真、输入交流电压、第二栅极电流、屏极电流特性曲线 1（Tung-Sol）

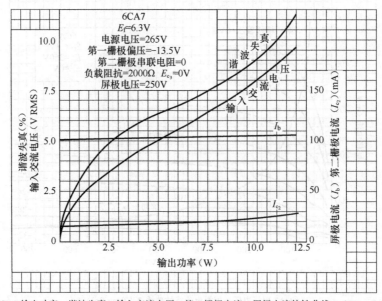

6CA7 输出功率—谐波失真、输入交流电压、第二栅极电流、屏极电流特性曲线 2（Tung-Sol）

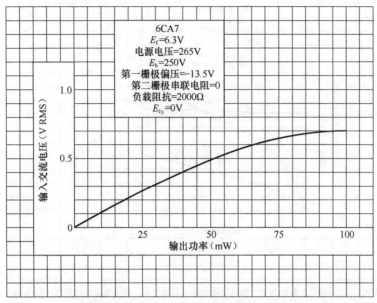

6CA7 输出功率—输入交流电压特性曲线（Tung-Sol）

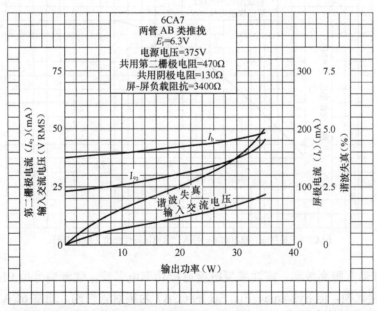

6CA7（AB 类推挽）输出功率—输入交流电压、屏极电流、第二栅极电流、谐波失真特性曲线（Tung-Sol）

6C□□
用□□
极性。

6C□7是□□□□□□□□□□□□用于□类，□□□□□□□□□□。可□□□□□□□□□36～
40W，□□□类可达100W。□□□□□□□□□□；□□□□□□□□□□□□□□□6CA7可以
□□AB□类放大，□□电压不□□□□□600□，□□□□×□极（□□□□□□），□□□□□□不足的□
□。

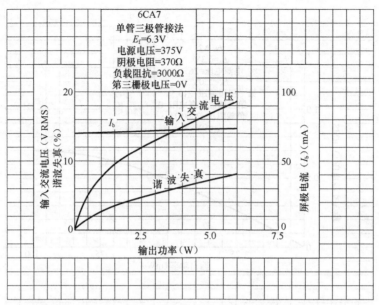

6AC7（三极接法）输出功率—输入交流电压、谐波失真、屏极电流特性曲线（Tung-Sol）

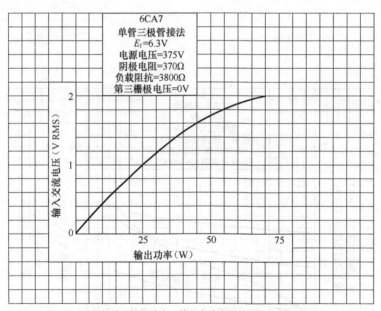

6AC7（三极接法）输出功率—输入交流电压特性曲线（Tung-Sol）

6CA7 为筒形八脚高效率、高功率灵敏度五极功率电子管，欧洲编号是 EL34，特性完全相同，可以直接代换，但 Sylvania、Ei、EH 的 6CA7 为集射管结构。通常 6CA7 管壳比 EL34 略粗，美国 RCA 自己并不生产 6CA7。

6CA7 是非常流行的高保真用管，适用于 AB$_1$ 类推挽声频功率放大，可取得输出功率 30～40W，B 类放大可达 100W，用于超线性放大时，其超线性抽头位置在 43%圈数处。6CA7 在 A$_1$ 和 AB$_1$ 类放大时，栅极电阻不能大于 680kΩ，AB$_2$ 类和 B 类放大时，栅极电阻不能大于

470kΩ。6CA7 的互导高，用于推挽工作时，最好每个电子管都设有独立的偏压调节，因为高互导电子管很小的偏压变化就会引起很大的屏极电流变化，造成电路工作不平衡。6CA7 用于推挽放大时，如栅极连线较长，容易产生自激，必要时可在栅极串进阻尼电阻。电源电压较高时，帘栅极宜串接一个数百欧姆的电阻。6CA7 的负载阻抗不宜过大，特别是用于推挽工作时，负载阻抗值可取得比单端时小，否则三次谐波会增多从而影响音质。6CA7 的装置位置可任意，但必须有良好的通风。

6CA7 在三极管接法时，屏极内阻约 1.1kΩ，单端输出功率可达 6W，这时负载阻抗 3000Ω，阴极电阻 370Ω，阴极电压 26V，屏—阴间电压 375V，屏极电流 70mA，输入信号电压 18.9Vrms，总谐波失真 8%，为取得好的性能，必须采用漏感小的大型输出变压器。

6CA7 的等效管有 EL34（Φ33mm GT 管）、CV1741（英国，军用）、7D11、12E13、EL34WXT（俄罗斯，Sovtek，Φ32mm，细壳长底座改良型）、EL34EH（俄罗斯，EH，Φ32mm）、6CA7EH（俄罗斯，EH，Φ37mm 粗壳，集射结构）、E34L（斯洛伐克，JJ，Φ33mm GT 管，栅偏压稍高）、EL34B（中国，曙光，Φ33mm 棕色底座，耐用型，第 1 脚为空脚）、KT77（英国，GEC，集射结构，EL34 的大功率替代管）。

（52）6CG7

双三极管，特性与 6FQ7 相同。

◎ **特性**

敷氧化物旁热式阴极：6.3V/0.6A，交流或直流

最大热丝—阴极间电压：90V

极间电容：	1 单元	2 单元
栅极—屏极	4.0pF	4.0pF
输入	2.3pF	2.3pF
输出	2.2pF	2.2pF

安装位置：任意

管壳：T-6½，玻璃

管基：纽扣式芯柱小型九脚

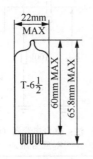
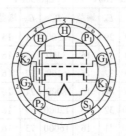

◎ **最大额定值**

屏极电压	330V
屏极耗散功率（每屏）	4.0W
屏极耗散功率（双屏）	5.7W

栅极电压	0V
阴极电流	22mA
栅极电路电阻	2.2MΩ（自给偏压）
热丝—阴极间电压	±200V
阴极加热时间（近似）	11s

◎ **典型工作特性（每三极部分）**

A_1 类放大

屏极电压	90V	250V
栅极电压	0V	−8V
放大系数	20	20
屏极内阻（近似）	6700Ω	7700Ω
互导	3000μA/V	2600μA/V
栅极电压（I_p=10μA）	−7V	−18V
屏极电流（V_g=−12.5V）	—	1.3mA
屏极电流	10mA	9mA

◎ **阻容耦合放大数据**

A 类阻容耦合放大

每单元

R_L	R_{gf}	E_{bb}=90V			E_{bb}=180V			E_{bb}=300V		
		R_k	E_o	增益	R_k	E_o	增益	R_k	E_o	增益
0.10	0.10	2600	11	14	2100	29	15	2000	49	16
0.10	0.24	3200	15	16	2700	36	15	2600	65	17
0.24	0.24	6200	12	15	5000	27	15	4700	53	17
0.24	0.51	7400	16	16	6300	37	16	6000	66	17
0.51	0.51	14000	13	15	12000	30	16	11000	54	16
0.51	1.0	17000	16	15	15000	35	16	13000	56	16

低阻抗驱动（约200Ω）

1. E_o 为最大 rms 输出电压，总谐波失真约 5%。
2. 增益 Gain，输出电压 2Vrms 时。
3. R_k 单位是Ω；R_L 及 R_{gf} 是 MΩ。
4. 耦合电容器（C）应调整到要求的频率响应。R_k 应旁路。

R_L	R_{gf}	E_{bb}=90V			E_{bb}=180V			E_{bb}=300V		
		R_k	E_o	增益	R_k	E_o	增益	R_k	E_o	增益
0.10	0.10	3400	13	14	2700	29	15	2500	51	15
0.10	0.24	4300	17	15	3600	37	15	3400	67	16
0.24	0.24	8100	15	14	6500	32	15	6100	57	16
0.24	0.51	9900	18	15	8400	40	16	8000	71	16
0.51	0.51	16000	15	14	13000	32	16	12000	59	16
0.51	1.0	21000	19	15	18000	41	16	16000	73	16

高阻抗驱动（约100kΩ）

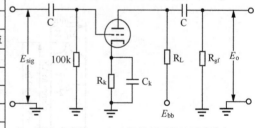

注：耦合电容器（C）应调整到要求的频率响应。R_k 应旁路。

6CG7（每单元）阻容耦合放大数据（GE）

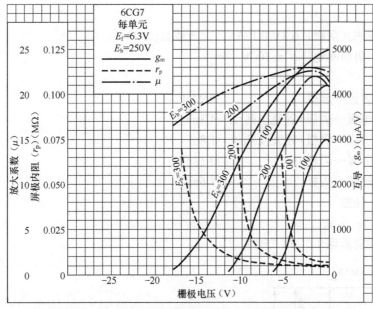

6CG7（每单元）栅极电压—放大系数、屏极内阻、互导特性曲线（Tung-Sol）

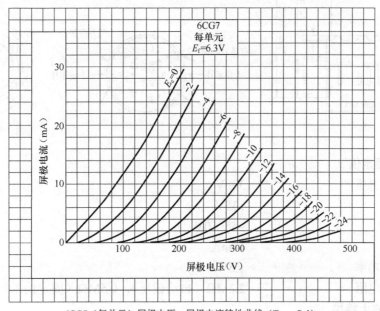

6CG7（每单元）屏极电压—屏极电流特性曲线（Tung-Sol）

6CG7 为小型九脚中放大系数通用双三极管，1951 年美国 RCA 开发的特性与 GT 管 6SN7GT 相同的小型九脚管，两三极管间除热丝外，完全独立。原用于电视接收机中垂直扫描振荡及水平扫描振荡、倒相、多谐振荡、同步分离、同步放大等用途。在音响电路中，适用于阻容耦合放大、倒相、激励放大。特性与 6FG7 相同，但第 9 脚是内部屏蔽。

（53）6CW4

高放大系数三极管，NUVISTOR 管。

◎ **特性**

敷氧化物旁热式阴极：6.3V/0.135A，交流或直流

最大热丝—阴极间电压：±100V

极间电容：

栅极—屏极	0.92pF
栅极—阴极+管壳及热丝	4.3pF
屏极—阴极+管壳及热丝	1.8pF
屏极—阴极	0.18pF
热丝—阴极	1.6pF

安装位置：任意

管壳：MT-4，金属

管基：中陶瓷基座十二脚（5脚）

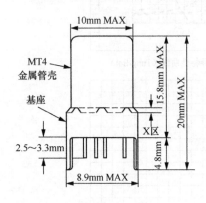
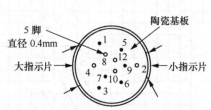

标志：大指示片·短路针

◎ **最大额定值**

屏极供给电压	300V
屏极电压	135V
栅极电压	−55～0V
阴极电流	15mA
屏极耗散功率	1.5W
栅极电路电阻	2.2MΩ（自给偏压），0.5MΩ（固定偏压）

◎ **A₁ 类放大特性**

屏极供给电压	110V
栅极供给电压	0V
阴极电阻	130Ω
放大系数	65
屏极内阻	6600Ω
互导	9800μA/V
屏极电流	7mA
栅极电压（近似）（I_p=10μA）	−4V

◎ 典型工作特性

屏极电压	70V
栅极供给电压	0V
栅极电阻	47kΩ
放大系数	68
屏极内阻（近似）	5440Ω
互导	12500μA/V
屏极电流	7.2mA

平均屏极特性曲线

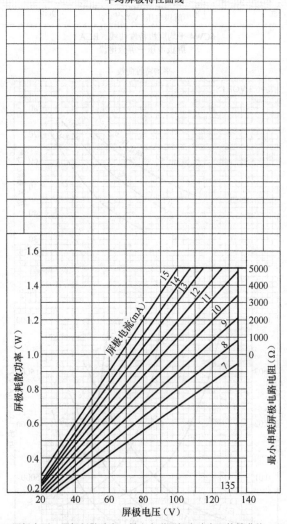

6CW4 屏极电压—屏极耗散功率、最小串联屏极电路电阻特性曲线（RCA）

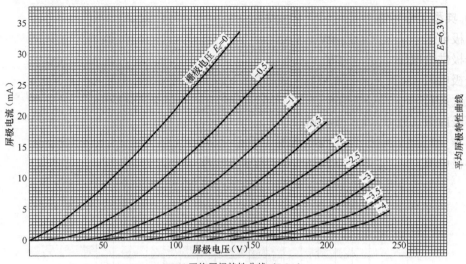

6CW4 平均屏极特性曲线（RCA）
屏极电压—屏极电流

平均特性曲线

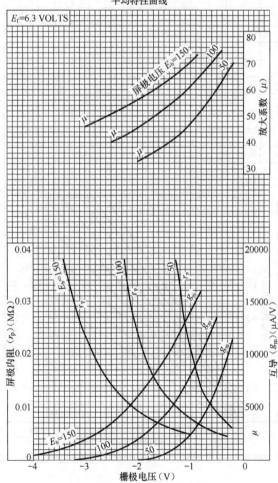

6CW4 平均特性曲线（RCA）
栅极电压—屏极内阻、互导、放大系数

6CW4 为高放大系数高频三极小型抗震管，原用于 VHF 电视机调谐器及 FM 接收机高频放大。该管具有低栅极电压锐截止特性，屏极电压又低，所以在音响设备中，仅适用于小信号放大。

6CW4 的类似管有苏联的 6C52H（V_h=6.3V，I_h=0.13A，V_p=110V，I_p=8mA，R_k=130Ω，g_m=10mA/V，μ=64）。

小型抗振管（NUVISTOR）是 20 世纪 60 年代初出现的为高可靠性而设计的坚实的小型化电子管，其特点是电极及电极间隙都很小，并且所有电极为圆柱形，一个套着一个紧密地放在金属陶瓷外壳里，如下图所示。

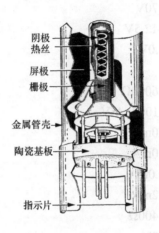

阴极
热丝
屏极
栅极

金属管壳

陶瓷基板

指示片

小型抗振管结构

（54）6CW5

功率五极管。

◎ 特性

敷氧化物旁热式阴极：6.3V/0.76A，交流或直流

极间电容：

G_1-（K+G_3+G_2+H）	13.0pF	
P-（K+ G_3+G_2+H）	6.8pF	
P-G_1	0.6pF （最大）	
G_1-H	0.25pF （最大）	

安装位置：任意

管壳：T-6½，玻璃

管基：纽扣式芯柱小型九脚

◎ 最大额定值

屏极供给电压	600V
屏极电压	275V
帘栅供给电压	600V
帘栅电压	220V

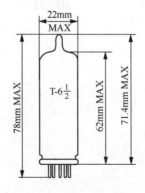

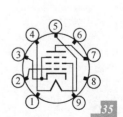

阴极电流	110mA
屏极耗散功率	14W
帘栅耗散功率	2.1W
热丝—阴极间电压	±22V
栅极电路电阻	1.0MΩ

◎ **典型工作特性**

A_1 类放大特性

屏极电压	170V
帘栅电压	170V
栅极电压	−12.5V
输入电压（rms）	7.0V
放大系数（G_2-G_1）	8
屏极内阻（近似）	26000Ω
互导	11000μA/V
屏极电流	70mA
最大信号屏极电流	70mA
帘栅电流	5.0mA
最大信号帘栅电流	22mA
负载阻抗	2400Ω
总谐波失真	10%
输出功率	5.6W
输入信号（P_o=50mW）（rms）	0.5V

AB_1 类推挽放大特性（两管）

屏极电压	250V
帘栅电压	200V
栅极电压	−18.5V
输入电压（rms）（G-G）	34V
零信号屏极电流	91mA
最大信号屏极电流	180mA
零信号帘栅电流	4.0mA
最大信号帘栅电流	23mA
负载阻抗（P-P）	3000Ω
总谐波失真	1%
输出功率	25W

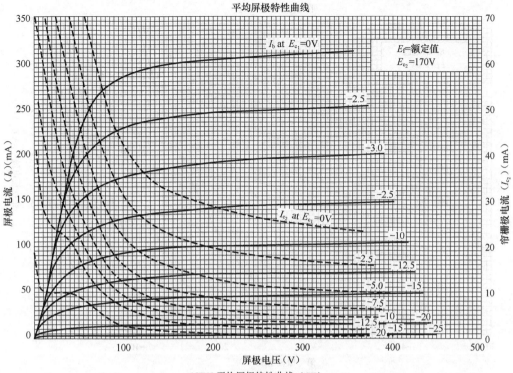

6CW5 平均屏极特性曲线（GE）
屏极电压—屏极电流、帘栅极电流

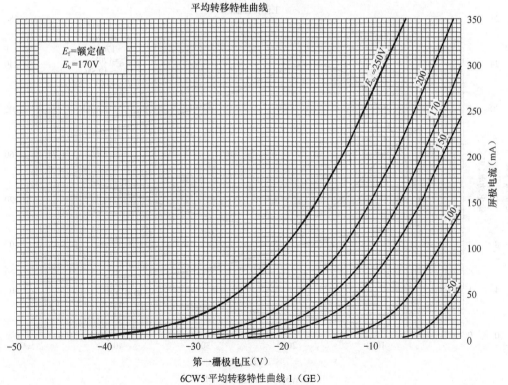

6CW5 平均转移特性曲线 1（GE）
第一栅极电压—屏极电流

平均转移特性曲线

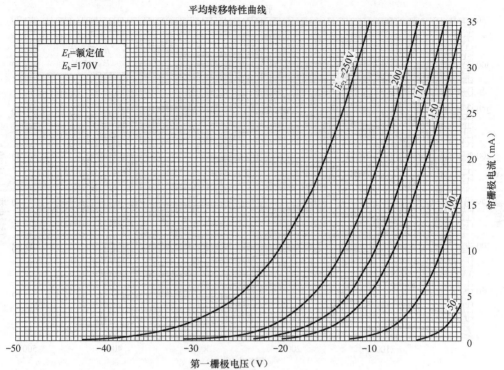

E_f=额定值
E_b=170V

6CW5 平均转移特性曲线 2（GE）
第一栅极电压—帘栅极电流

工作特性曲线

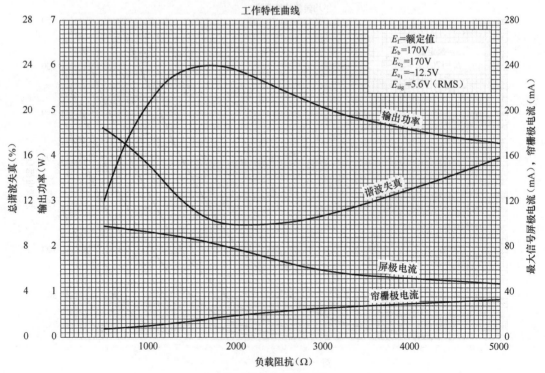

E_f=额定值
E_b=170V
E_{c_2}=170V
E_{c_1}=-12.5V
E_{sig}=5.6V（RMS）

6CW5 工作特性曲线（GE）
负载阻抗—总谐波失真、输出功率、最大信号屏极电流、帘栅极电流

◎ 应用电路（两管）

供电电压	300V
负载阻抗	1000Ω
零信号阴极电流	69mA
输入信号（rms）	5.7V
最大信号阴极电流	67mA
最大输出功率	4.8W
总谐波失真	9.3%
输入信号（P_o=50mW）（rms）	0.55V

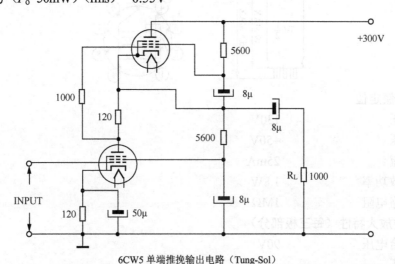

6CW5 单端推挽输出电路（Tung-Sol）

6CW5 为小型九脚高性能五极功率管。该管适用于无线电、电视接收机及高保真放大器中声频输出放大，工作电压较低，可用于 OTL 单端推挽输出放大，以及电视机垂直偏转输出。由于是小型管，易过热，使用时要注意有良好的通风。

6CW5 的等效管有 EL86、6П18П（苏联）、6П33П（苏联）。

（55）6DJ8

双三极管，高互导，低噪声。

◎ 特性

敷氧化物旁热式阴极：6.3V/0.365A，交流或直流

极间电容：	有屏蔽	无屏蔽*
1 单元　栅极—屏极	1.4pF	1.4pF
栅极—阴极+IS	3.3pF	3.3pF
屏极—阴极+IS	1.8pF	2.5pF
栅极—热丝	0.13pF	0.13pF
2 单元　栅极—屏极	1.4pF	1.4pF
阴极—栅极+IS	6pF	6pF
屏极—栅极+IS	2.8pF	3.7pF

阴极—热丝	2.7pF	2.7pF
屏极—阴极	0.18pF	0.16pF

安装位置：任意

管壳：T-6½，玻璃

管基：纽扣式芯柱小型九脚

* 屏蔽连接到阴极。

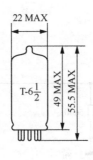 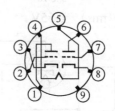

◎ 最大额定值

屏极电压	130V
栅极电压	−50V
阴极电流	25mA
屏极耗散功率	1.8W
栅极电路电阻	1MΩ

◎ A_1 类放大特性（每三极部分）

屏极供给电压	90V
栅极电压	−1.3V
放大系数	33
互导	12500µA/V
屏极电流	15mA
等效噪声电阻	300Ω

6DJ8 为高互导、低噪声、低颤噪效应框架栅极多用途小型九脚双三极管，两三极管间除热丝外，完全独立，欧洲编号为 ECC88。该管原用于电视接收机、VHF 无线电接收机调谐器中射频放大和混频。6DJ8 虽不是为声频而设计的，但后来发现其高互导、低屏极内阻、低噪声、好的线性等特点，在音响电路中，适用于前置阻容耦合放大及级联放大。当今 6DJ8 在美国厂机中应用较多。美国 RCA 自己并不生产 6DJ8，为德国 Siemens 制造。

用于声频放大时，6DJ8 的屏极电压 90～150V，屏极电流大于 4mA 时，可获得最佳特性，通常屏极电流不宜小于 3mA，屏极电阻 27～47kΩ，可获得每级 18～22 倍的电压增益。用于 SRPP 电路时，6DJ8 的 2 号管（1、2、3 脚）应该接在上电路，因为其阴极与热丝间耐压较高。使用时管座的中心屏蔽柱建议接地。

6DJ8 的等效管有 ECC88、6922/E88CC（长寿命坚牢型）、CV2492（英国，军用）、CCa（德国，通信用）、6DJ8EG（南斯拉夫，Ei）。

6DJ8 的类似管有 6R-HH1（日本）、6H23Π（苏联）、6N11（中国）、6H23Π-EB（苏联，长寿命坚牢型）、7308/E188CC（长寿命坚牢型，10000 小时，低颤噪效应声频设备用）、7DJ8

（热丝 7.2V/0.3A）。

（56）6F5　6F5G　6F5GT

高放大系数三极管。

◎ **特性**

敷氧化物旁热式阴极：6.3V/0.3A，交流或直流

最大屏极电压：300V

安装位置：任意

管壳：MT-8A，金属（6C5）；ST-12，玻璃（6C5G）；T-9，玻璃（6C5GT）

管基：八脚式（5 脚），有栅帽

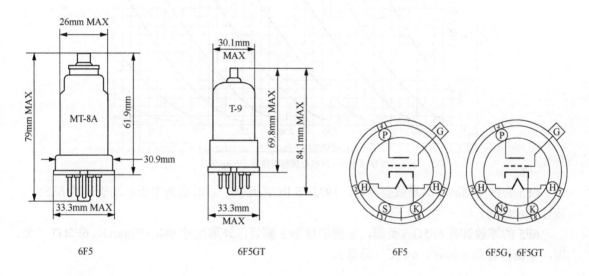

| 6F5 | 6F5GT | 6F5 | 6F5G，6F5GT |

◎ **静态特性**

屏极电压	100V	250V
栅极电压	−1V	−2V
屏极电流	0.4mA	0.9mA
屏极内阻	85000Ω	66000Ω
互导	1150μA/V	1500μA/V
放大系数	100	100

◎ **典型工作特性**

零偏压阻容耦合放大

屏极供给电压	100V		250V	
屏极电阻	0.25MΩ		0.25MΩ	
栅极电阻	10MΩ		10MΩ	
耦合电容器	0.01～0.005μF		0.01～0.005μF	
次级栅极电阻	0.5～1MΩ		0.5～1MΩ	
电压增益	48	52	66	71

输出电压*（rms）7V 8.5V   44V 50V

* 总谐波失真5%。

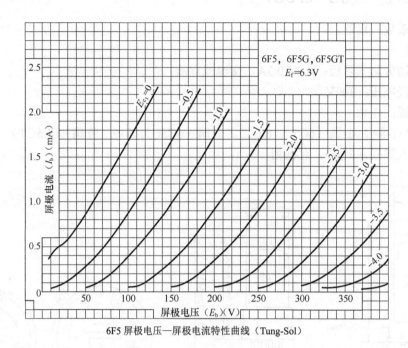

6F5 屏极电压—屏极电流特性曲线（Tung-Sol）

　　6F5 为带栅帽高放大系数金属管，1935 年 RCA 开发，后改进为电极单端引出的 6SF5，特性完全相同。

　　6F5 的等效管有 6F5G（美国，带栅帽瓶形 8 脚管，外形尺寸 $\Phi40\times99$mm）、6F5GT（美国，带栅帽直筒 8 脚管、6Ф5C（苏联）。

（57）6F6 6F6G 6F6GT（2A5 42）

功率五极管。

◎ **特性**

敷氧化物旁热式阴极：6.3V/0.7A（2A5：2.5V/1.75A，42：6.3V/0.7A），交流或直流

安装位置：任意

管壳：MT-8A，金属（6F6）；T-9，玻璃（6F6GT）；ST-14，玻璃（2A5，42）

管基：八脚式（7 脚）

◎ **最大额定值**

	五极接法	三极接法
屏极电压	375V	350V
帘栅电压	285V	—
屏极耗散功率	11W	10W（帘栅连接屏极）
帘栅输入功率	3.75W	—
热丝—阴极间电压	±90V	
栅极电路电阻	0.1MΩ（固定偏压），0.5MΩ（自给偏压）	

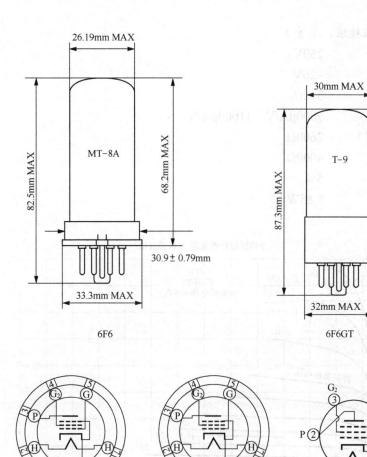

6F6   6F6GT

6F6GT   6F6   2A5，42

◎ 典型工作特性

A₁类放大（单管）

屏极电压	250V	315V（最大）
帘栅电压	250V	315V（最大）
栅极电压	−16.5V	−22V
屏极电流	34mA	42mA
帘栅电流	6.5mA	8mA
互导	9000μA/V	11000μA/V
屏极内阻（近似）	80000Ω	75000Ω
放大系数	200	200
互导	2500μA/V	2650μA/V
负载阻抗	7000Ω	7000Ω
总谐波失真	7%	7%
输出功率	3W	5W

A_1 类放大（三极接法，单管）

屏极电压	250V
栅极电压	−20V
屏极电流	31mA
互导	9000μA/V 11000μA/V
屏极内阻（近似）	2600Ω
负载阻抗	4000Ω
总谐波失真	5%
输出功率	0.85W

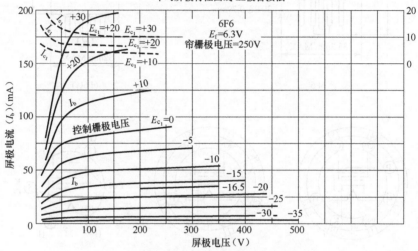

6F6（五极接法）平均屏极特性曲线（RCA）
屏极电压—屏极电流

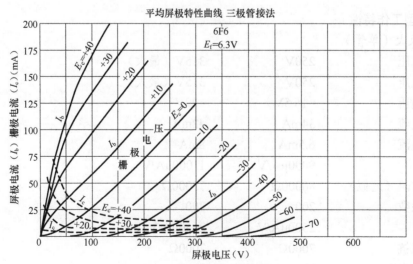

6F6（三极接法）平均屏极特性曲线（RCA）
屏极电压—屏极电流、栅极电流

6F6 为金属型八脚五极功率管，1935 年 RCA 由 42 型 ST 管演变而来，后改进为瓶形玻璃壳管 6F6G，再改进成筒形玻壳管 6F6GT。该管为声频功率输出管，适用于声频放大输出级（A_1 类推挽 11W），栅极电阻最大不能超过 470kΩ（自给偏压）或 100kΩ（固定偏压）。1937 年英国 GEC 开发出类似管 KT63。在效率更高、功率更大的 6V6 未推出前，6F6 曾广泛应用于收音机等设备中。

6F6 的等效管有 6F6GT、VT66（美国，军用金属管）、6F6G（美国，Φ46mm×103mm G 管）、VT66A（美国，军用 G 管）、1611（美国，工业用金属管）、1621（美国，工业用金属管）。

6F6 的类似管有 6Φ6（苏联，金属管）、6Φ6C（苏联，G 管）、KT63（英国，G 管）、42（美国，Φ46mm×103mm 6 脚 ST 管）、2A5（美国，灯丝 2.5V/1.75A，Φ46mm×120mm 6 脚 ST 管）。

（58）6F8G

双三极管，电特性与 6SN7GT 相同。

◎ **特性**

敷氧化物旁热式阴极：6.3V/0.6A，交流或直流

最大屏极电压：300V

最大屏极耗散功率：2.5W

安装位置：任意

管壳：ST-12，玻璃

管基：八脚式（8 脚），有栅帽

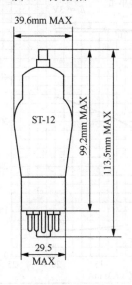

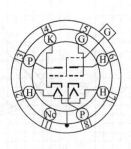

◎ **典型工作特性**（每三极部分）

屏极电压	90V	250V
栅极电压	0V	−8V
放大系数	20	20
屏极内阻	6700Ω	7700Ω
互导	3000μA/V	2600μA/V

屏极电流　　　　　10mA　　　　9mA

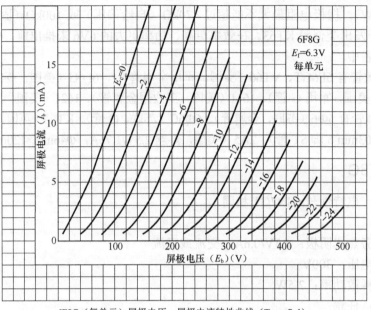

6F8G（每单元）屏极电压—屏极电流特性曲线（Tung-Sol）

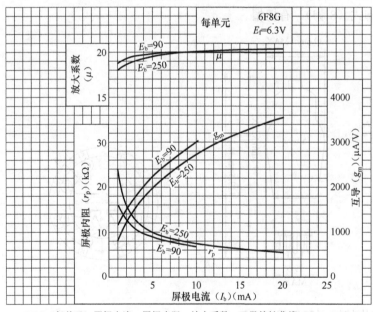

6F8G（每单元）屏极电流—屏极内阻、放大系数、互导特性曲线（Tung-Sol）

6F8G 为 1941 年美国 RCA 开发的有栅帽八脚 G 型中放大系数双三极管，两三极管间除热丝外，完全独立，适用于倒相、激励、阻容耦合放大等用途。可参阅 6SN7GT 有关内容。

（59）6FQ7

双三极管，电特性与 6CG7 相同。

◎ **特性**

敷氧化物旁热式阴极：6.3V/0.6A，交流或直流

最大热丝—阴极间电压：90V

极间电容：	1 单元	2 单元
栅极—屏极	3.6pF	3.8pF
输入 G-（K+H）	2.4pF	2.4pF
输出 P-（K+H）	0.34pF	0.26pF
1 屏极—2 屏极		1.0pF

安装位置：任意

管壳：T-6½，玻璃

管基：纽扣式芯柱小型九脚

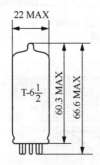
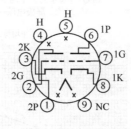

◎ **最大额定值**

屏极电压	330V
屏极耗散功率（每屏）	4.0W
屏极耗散功率（双屏）	5.7W
栅极电压	0
阴极电流	22mA
栅极电路电阻	1MΩ（自给偏压）
热丝—阴极间电压	±200V
阴极加热时间（近似）	11s

◎ **典型工作特性 （每三极部分）**

A_1 类放大

屏极电压	90V	250V
栅极电压	0V	−8V
放大系数	20	20
屏极内阻（近似）	6700Ω	7700Ω
互导	3000μA/V	2600μA/V
栅极电压（I_p=10μA）	−7V	−18V
屏极电流（V_g=−12.5V）	—	1.3mA
屏极电流	10mA	9mA

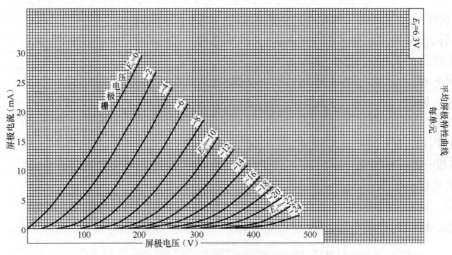

6FQ7（每单元）平均屏极特性曲线 1（RCA）
屏极电压—屏极电流

平均特性曲线
每单元

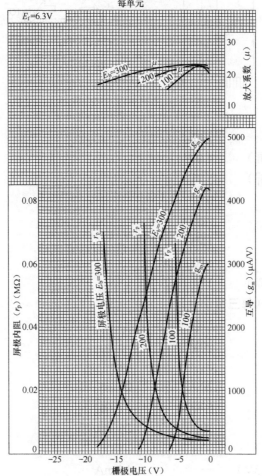

6FQ7（每单元）平均屏极特性曲线 2（RCA）
栅极电压—屏极内阻、互导、放大系数

6FQ7 为小型九脚中放大系数通用双三极管，特性与 GT 管 6SN7GT 相同，两三极管间除热丝外，完全独立。原用于电视接收机中垂直扫描振荡及水平扫描振荡、倒相、多谐振荡、同步分离、同步放大、声频阻容耦合放大等用途。特性与 6CG7 相同，但第 9 脚是没有电极连接的空脚。

（60）6GW8

高放大系数三极-功率五极管。

◎ **特性**

敷氧化物旁热式阴极：6.3V/0.66A，交流或直流

极间电容：

三极部分		
屏一栅 P-G	1.4pF	
输入 G -(K+ H)	2.3pF	
输出 P-(K+ H)	2.5pF	
栅一热丝 G-H	0.006pF（最大）	
五极部分		
栅一屏 G_1-P	0.25pF（最大）	
输入 G_1-(K+G_3+IS+G_2+H)	10pF	
栅一热丝 G_1-H	0.24pF（最大）	

安装位置：任意

管壳：T-6½，玻璃

管基：纽扣式芯柱小型九脚

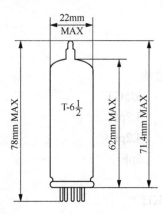

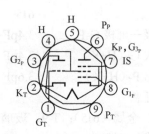

◎ **最大额定值**

	三极部分	五极部分
屏极电压	300V	300V
帘栅电压	—	300V
屏极耗散功率	0.5W	9W（帘栅连接屏极）
帘栅输入功率	—	1.8W

阴极电流	4mA	55mA
热丝—阴极间电压	100V	
栅极电路电阻[*]	1MΩ	0.5MΩ
栅极电压（$I_{g_1}=0.3\mu A$）	−1.3V	−1.3V

[*] 固定偏压。

◎ **典型工作特性**

A_1 类放大

	三极部分	五极部分
屏极电压	250V	250V
帘栅电压		250V
栅极电压	−1.9V	−7V
放大系数	100	21[**]
屏极内阻		48000Ω
互导	1600μA/V	10000μA/V
屏极电流	1.2mA	36mA[**]
帘栅电流	—	6mA

[**] G_1-G_2。

6GW8 是为高保真声频放大开发的小型九脚三极-五极功率管，三极部分与五极部分除热丝外，完全独立。高放大系数的三极部分用于电压放大，高效率的五极部分用于输出功率放大，单管即可组成一个声道的优质放大器。

6GW8 的等效管有 ECL86（欧洲）。

（61）6J5　6J5G　6J5GT　6J5WGT

三极管。

◎ **特性**

敷氧化物旁热式阴极：6.3V/0.3A，交流或直流

极间电容：	6J5	6J5GT
栅极—屏极 G-P	3.4pF	3.8pF
输入 G-(H+K)	3.4pF	4.2pF
输出 P-(H+K)	3.6pF	5pF

安装位置：任意

管壳：MT-8，金属（6J5）；T-9，玻璃（6J5GT）

管基：八脚式（6 脚）

◎ **最大额定值**

	6J5，6J5GT	6J5WGT
屏极电压	300V	330V
栅极电压	0V	
屏极耗散功率	2.5W	2.75W

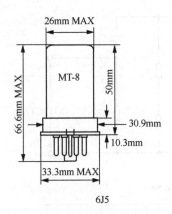

6J5

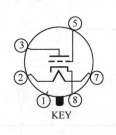

KEY

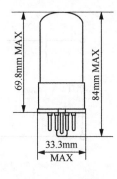

6J5GT

阴极电流	20mA	20mA
热丝—阴极间电压	90V	100V
栅极电路电阻	1MΩ	1MΩ

◎ **典型工作特性**

A_1 类放大

屏极电压	90V	250V
栅极电压	0V	−8V
屏极电流	10mA	9mA
屏极内阻	6700Ω	7700Ω
互导	3000μA/V	2600μA/V
放大系数	20	20

◎ **阻容耦合放大数据**

阻容耦合放大

R_L MΩ	R_g MΩ	R_C MΩ	E_{bb}=90V			E_{bb}=±80V			E_{bb}=300V		
			R_k	增益	E_o	R_k	增益	E_o	R_k	增益	E_o
0.10	A	0.10	3300	14	13	2200	14	26	1800	14	40
0.10	A	0.24	3600	14	16	2700	15	33	2200	15	51
0.24	A	0.24	7500	14	16	5100	15	30	4300	15	44
0.24	A	0.51	9100	14	19	6800	15	39	5100	15	54
0.51	A	0.51	13000	14	16	9100	15	30	6800	16	40
0.51	A	1.0	15000	14	19	10000	16	32	7500	16	45
0.24	10	0.24	—	15	13	—	16	33	—	17	46
0.24	10	0.51	—	16	17	—	17	38	—	18	62
0.51	10	0.51	—	16	14	—	18	32	—	18	53
0.51	10	1.0	—	17	18	—	18	41	—	19	68

A R_g 不超过最大值　　GAIN 增益　　E_o=2Vrms 时　　E_o 为 rms，总谐波失真 5%

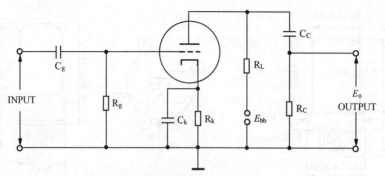

6J5 阻容耦合放大电路（Tung-Sol）

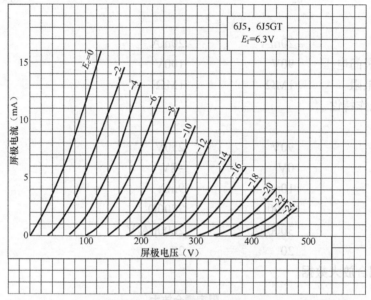

6J5 屏极电压—屏极电流特性曲线（Tung-Sol）

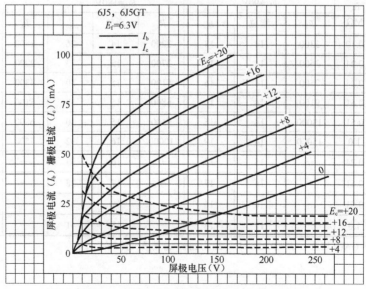

6J5 屏极电压—屏极电流、栅极电流特性曲线（Tung-Sol）

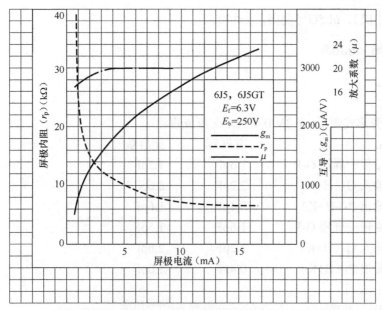

6J5 屏极电流—屏极内阻、互导、放大系数特性曲线（Tung-Sol）

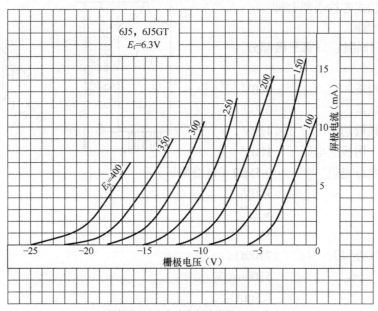

6J5 栅极电压—屏极电流特性曲线（Tung-Sol）

6J5 为金属型八脚中放大系数三极管。该管多用途管，原用于检波放大及振荡。在音响电路中，适用于倒相、激励、阻容耦合放大等用途。特性与半只 6SN7GT 相同，可参照。

6J5 的等效管有 VT94（美国，军用金属管）、6J5G（美国，G 管）、VT94A（美国，军用 G 管）、6J5GT、VT94D（美国，军用 GT 管）、WTT129（美国，工业用）、L63（英国，G 管 Φ34×74～84mm）、OSW3112、6C2C（苏联）、6C2P（中国）。

6J5 的类似管有 6C5（美国，金属管）、VT65（美国，军用金属管）、6C5G（美国，G 管）、VT65A（美国，军用 G 管）、6C5GT（美国，GT 管）、WT390（美国，工业用）、6C5C（苏联）、6C5P（中国）、6L5G（美国，μ=17）。

（62）6J6　6J6A

双三极管。

◎ **特性**

敷氧化物旁热式阴极：6.3V/0.45A，交流或直流

极间电容：　　　　　　　　　有屏蔽　　无屏蔽[*]

		有屏蔽	无屏蔽[*]
1 单元	栅极—屏极 G-P	1.6pF	1.5pF
	输入 G-(H+K)	2.2pF	2.6pF
	输出 P-(H+K)	0.4pF	1.6pF
2 单元	栅极—屏极 G-P	1.6pF	1.5pF
	输入 G-(H+K)	2.2pF	2.6pF
	输出 P-(H+K)	0.4pF	1.0pF

安装位置：任意

管壳：T-5½，玻璃

管基：纽扣式芯柱小型七脚

[*] 屏蔽连接到阴极。

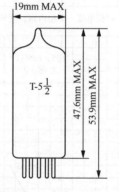
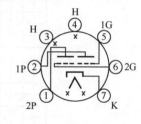

◎ **典型工作特性　（每三极部分）**

A_1 类放大

最大屏极电压	300V
最大栅极电压	0V
最大屏极耗散功率	1.5W
最大热丝—阴极间电压	100V
最大栅极电路电阻	0.5MΩ（自给偏压）
屏极电压	100V
阴极电阻	50Ω[**]
放大系数	38
屏极内阻（近似）	7100Ω
互导	5300μA/V
屏极电流	8.5mA

[**] 两管共用。

6J6 为小型七脚中放大系数共阴极双三极管，两三极部分共用同一阴极。该管原用于射频功率放大、振荡及混频，最高工作频率 600MHz，也可用于声频放大。使用时注意该管是共用阴极，但两三极部分间有完善的隔离。

6J6 的等效管有 6J6A（美国，6J6 改进型，热丝加热时间平均 11s）、ECC91、CV858（英国，军用）、M8081（英国，Mullard）、6CC31（捷克）、6H15Π（苏联）、6N15（中国）、6J6W（美国，特殊用途）、6J6WA/6101（美国，特殊用途，高可靠）、5964（美国，长寿命工业用）。

6J6 的类似管有 6927。

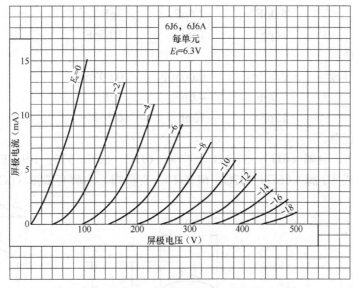

6J6（每单元）屏极电压—屏极电流特性曲线（Tung-Sol）

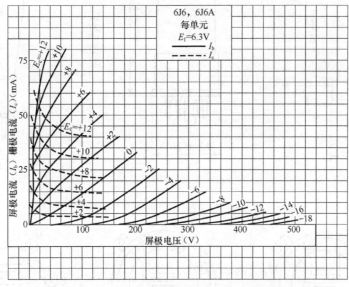

6J6（每单元）屏极电压—屏极电流、栅极电流特性曲线（Tung-Sol）

（63）6J7　6J7G　6J7GT　（6C6　57）

锐截止五极管。

◎ **特性**

敷氧化物旁热式阴极：6.3V/0.3A　（6C6：6.3V/0.3A，57：2.5V/1A），交流或直流

极间电容：

	6J7	6J7GT	6C6
三极接法			
栅极—屏极	2.0pF	1.8pF	2pF

输入	5.0pF	2.6pF	3pF
输出	14pF	17pF	10.5pF
五极接法			
栅极—屏极	0.005pF	0.005pF	0.007pF
输入	7.0pF	4.6pF	5pF
输出	12pF	12pF	6.5pF

安装位置：任意

管壳：MTT-8，金属（6J7）；ST-12C，玻璃（6J7G，6C6，57）；T-9，玻璃（6J7GT）

管基：八脚式（7 脚）（6J7，6J7G，6J7GT），有栅帽，六脚有栅帽（6C6）

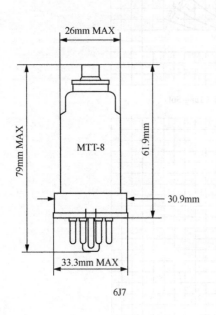

6J7

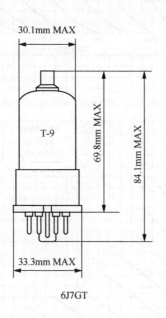

6J7GT

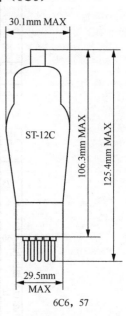

6C6，57

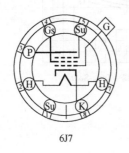

6J7

6J7G，6J7GT

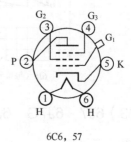

6C6，57

◎ **最大额定值**

	三极接法*	五极接法
屏极电压	250V	300V
帘栅电压		125V
栅极电压	0V	
屏极耗散功率	1.75W	0.75W

帘栅耗散功率		0.1W	
热丝—阴极间电压	90V	90V	
栅极电路电阻	1MΩ	1MΩ	

◎ **典型工作特性**

A_1 类放大

	三极接法*		五极接法	
屏极电压	180V	250V	100V	250V
帘栅电压			100V	100V
栅极电压	–5.3V	–8V	–3V	–3V
放大系数	20	20		
屏极内阻	11000Ω	10500Ω	1MΩ	>1MΩ
互导	1800μA/V	1900μA/V	1185μA/V	1225μA/V
阴极电流截止栅极电压			–7V	–7V
屏极电流	5.3mA	6.5mA	2mA	2mA
帘栅电流			0.5mA	0.5mA

* 帘栅及抑制栅连接到屏极。

◎ **阻容耦合放大数据**

A 类阻容耦合放大

R_p MΩ	R_{g1} MΩ	R_s MΩ	E_{bb}=90Volts				E_{bb}=180Volts				E_{bb}=300Volts			
			R_k	R_{sg}	增益	E_o	R_k	R_{sg}	增益	E_o	R_k	R_{sg}	增益	E_o
0.10	*	0.10	1100	0.39	40	16	910	0.43	50	42	620	0.47	60	54
0.10	*	0.24	1100	0.43	53	21	820	0.47	68	50	560	0.51	80	80
0.24	*	0.24	2400	1.0	67	23	1200	1.1	91	40	1000	1.2	102	78
0.24	*	0.51	2700	1.1	82	31	1500	1.2	115	60	1100	1.3	140	100
0.51	*	0.51	4700	2.2	92	28	2400	2.4	130	44	1600	2.4	157	72
0.51	*	1.0	5100	2.4	116	29	3000	2.7	160	55	2000	3.0	239	95
0.24	10	0.24	—	1.2	71	4.5	—	1.3	112	20	—	1.3	130	39
0.24	10	0.51	—	1.3	86	10	—	1.5	138	35	—	1.5	172	52
0.51	10	0.51	—	2.4	96	6.5	—	2.7	145	29	—	2.7	185	40
0.51	10	1.0	—	2.7	122	11	—	3.0	178	40	—	3.0	280	54

注：耦合电容器（C）应调整到要求的频率响应。R_k 及 R_{sg} 应旁路。

GAIN 增益 E_o=2Vrms 时　　E_o 为 rms，总谐波失真 5%

6J7 阻容耦合放大数据（GE）

6J7 为检波放大金属五极管，是 1935 年美国 RCA 由 6C6 演变而来的带栅帽金属管。该管原用于无线电收音机中偏压检波、高增益低频放大。在音响设备中，适用于高增益的前置阻容耦合放大。6J7 把帘栅极接到屏极可作为中放大系数（μ=20）三极管使用。

6J7 的等效管有 VT91（美国，军用金属管）、6J7G（美国，G 管）、6J7GT（美国，GT 管）、VT91A（美国，军用 GT 管）、Z63（英国，GEC）、6Ж7（苏联，金属管）、1620（美国，耐震低颤噪效应动金属管）。

6J7 的类似管有 EF37/A（英国，低颤噪效应声频 G 管）、6C6（美国，6 脚 ST 管）、57（美国，6 脚 ST 管，热丝 2.5V/1A）。

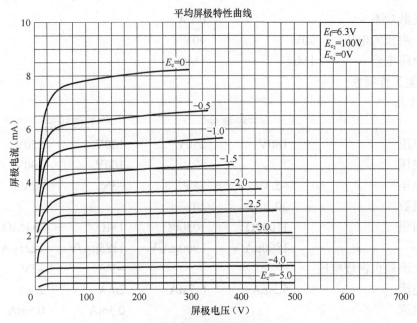

6J7 平均屏极特性曲线（GE）
屏极电压—屏极电流

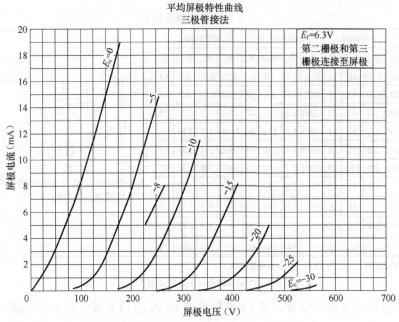

6J7（三极接法）平均屏极特性曲线（GE）
屏极电压—屏极电流（帘栅及抑制栅连接到屏极）

（64）6K6GT（41）

功率五极管。

◎ 特性

敷氧化物旁热式阴极：6.3V/0.4A，交流或直流。

极间电容：

栅极—屏极 G_1-P		0.5pF
输入 G_1-（H+K+G_2+G_3）		5.5pF
输出 P-（H+K+G_2+G_3）		6.0pF

安装位置：任意

管壳：T-9，玻璃

管基：八脚式（7 脚）

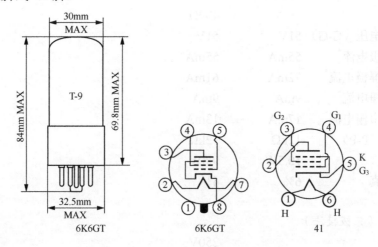

6K6GT 6K6GT 41

◎ **最大额定值**

屏极电压	315V
帘栅电压	285V
屏极耗散功率	8.5W
帘栅耗散功率	2.8W
热丝—阴极间电压	−200V，+100V
栅极电路电阻	0.1MΩ（固定偏压），0.5MΩ（自给偏压）

◎ **典型工作特性**

A_1 类单端放大

屏极电压	100V	250V	315V
帘栅电压	100V	250V	250V
栅极电压	−7V	−18V	−21V
峰值输入电压	7V	18V	21V
零信号屏极电流	9mA	32mA	25.5mA
最大信号屏极电流	9.5mA	33mA	28mA
零信号帘栅电流	1.6mA	5.5mA	4.0mA
最大信号帘栅电流	3mA	10mA	9mA
屏极内阻（近似）	104kΩ	90kΩ	110kΩ
互导	1500μA/V	2300μA/V	2100μA/V
负载阻抗	12kΩ	7.6kΩ	9kΩ

输出功率	0.33W	3.4W	4.5W
总谐波失真	11%	11%	15%

A_1 类推挽放大

	固定偏压	自给偏压
屏极电压	285V	285V
帘栅电压	285V	285V
栅极电压	−25.5V	—
阴极电阻	—	400Ω
峰值输入电压（G-G）	51V	51V
零信号屏极电流*	55mA	55mA
最大信号屏极电流*	72mA	61mA
零信号帘栅电流*	9mA	9mA
最大信号帘栅电流*	17mA	13mA
负载阻抗（P-P）	12kΩ	12kΩ
输出功率	10.5W	9.8W
总谐波失真	6%	4%

* 两管值。

A_1 类放大（三极接法）

屏极电压	250V
栅极电压	−18V
屏极电流	37.5mA
互导	2700μA/V
放大系数	6.8
屏极内阻（近似）	2500Ω
栅极电压（I_p=0.5mA）（近似）	−48V

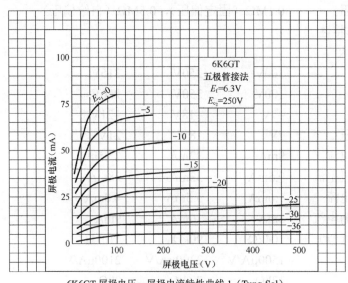

6K6GT 屏极电压—屏极电流特性曲线 1（Tung-Sol）

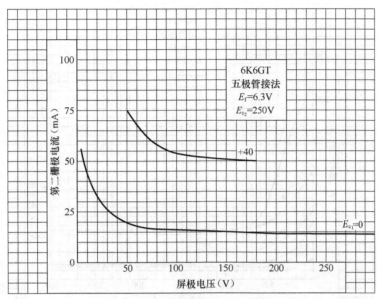

6K6GT 屏极电压—第二栅极电流特性曲线（Tung-Sol）

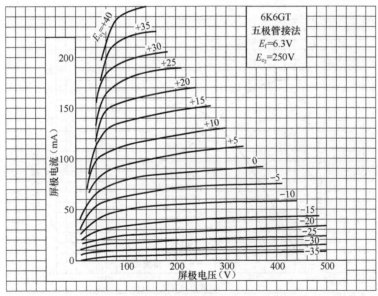

6K6GT 屏极电压—屏极电流特性曲线 2（Tung-Sol）

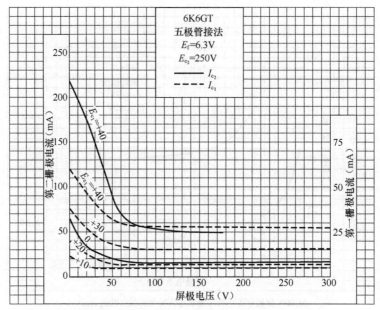

6K6GT 屏极电压—第一栅极电流、第二栅极电流特性曲线（Tung-Sol）

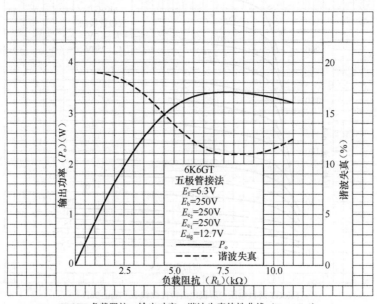

6K6GT 负载阻抗—输出功率、谐波失真特性曲线（Tung-Sol）

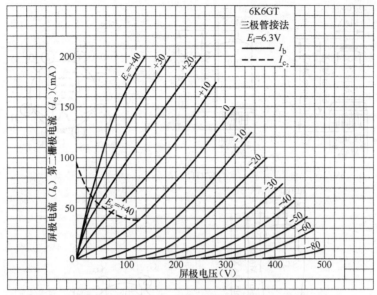

6K6GT（三极接法）屏极电压—屏极电流、第二栅极电流特性曲线（Tung-Sol）

6K6GT 为 GT 型八脚五极功率管。特性与 6AR5 相近，适用于交流、AC/DC 及蓄电池供电收音机中功率输出级，还可用于 A 类单端或 A 类推挽功率放大。6K6GT 的栅极直流电阻最大不能超过 470kΩ（自给偏压）或 100kΩ（固定偏压）。

6K6GT 的等效管有 VT152（美国，军用）、6K6G（美国，G 管，$\Phi40\times86$mm）、VT152A（美国，军用 G 管）。

6K6GT 的 ST 型类似管有 41（美国，6 脚 ST 管，$\Phi40\times86$mm）、VT48（美国，军用 6 脚 ST 管）、7B5（美国，锁式管）。

（65）6K7 6K7GT （6D6 58）

遥截止五极管。

◎ 特性

敷氧化物旁热式阴极：6.3V/0.3A，交流或直流

极间电容[*]：

	6K7	6K7GT	6D6
栅极—屏极（最大）	0.005pF	0.005pF	0.007pF
输入	7.0pF	4.6pF	4.7pF
输出	12pF	12pF	6.5pF

安装位置：任意

管壳：MTT-8A，金属（6K7）；T-9，玻璃（6K7GT）；ST-12C，玻璃（6D6）

管基：八脚式（7 脚）（6K7，6K7GT）；六脚（6D6）

[*] 金属管壳或金属管腰连接到阴极。

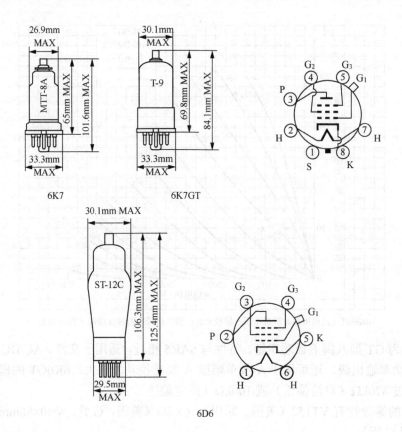

6K7　6K7GT

6D6

◎ **最大额定值**

	6K7，6K7GT	6D6
屏极电压	300V	300V
帘栅电压	125V	100V
帘栅供给电压	300V	300V
栅极电压	0V	0V
屏极耗散功率	2.75W	2.25W
帘栅耗散功率	0.35W	0.25W
热丝—阴极间电压	90V	

◎ **典型 A$_1$ 类放大特性**

	6K7，6K7GT		6D6	
屏极电压	180V	250V	180V	250V
帘栅电压	75V	100V	100V	100V
栅极电压	−3V	−3V	−3V	−3V
抑制栅极	连接阴极		连接阴极	
屏极内阻（近似）	1MΩ	0.8MΩ	0.25MΩ	0.8MΩ
互导	1100μA/V	1450μA/V	1500μA/V	1600μA/V
屏极电流	4mA	7mA	8mA	8.2mA
帘栅电流	1mA	1.7mA	2.2mA	2mA

栅极电压（$g_m=2\mu A/V$）　　　　−32.5V　　　　−42.5V　　　　−50V　　　　−50V

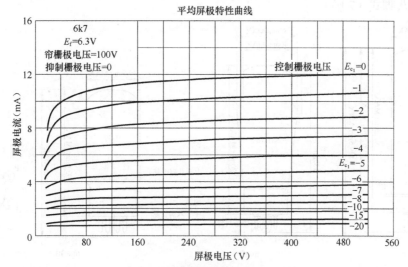

6K7 平均屏极特性曲线（RCA）
屏极电压—屏极电流（$V_{G_2}=100V$，$V_{G_3}=0V$）

6K7GT 为 GT 型带栅帽八脚高频遥截止五极管，源自金属管 6K7，由 6D6 发展而来。该管原用于收音机的射频及中频放大，引入自动增益控制（AGC），互导随栅负压增大而减小。一般认为遥截止五极管不适用于声频电压放大，但大量实验证明，遥截止五极管（或接成三极管）不仅可应用于小信号声频电压放大，而且还有较好的泛音表现。

根据 6K7 特性，该管在栅极偏压小于−3.0V 时，其特性与普通五极管并无不同，完全适用于小信号声频电压放大，只有在栅极偏压大于−3.0V 时，才出现遥截止特性，随着偏压升高互导变小，至−35V 时接近截止，增益最小。遥截止五极管用于声频放大时，电源电压必须稳定，以免工作点偏离。

6K7 的等效管有 VT86（美国，军用）、6K7G（美国，G 管）、VT86A（美国，军用）、6K7GT（美国，GT 管）、VT86B（美国，军用 GT 管）、6K7（苏联，金属管）。

6K7GT 的类似管有 6D6（美国，ST 六脚管）、58（美国，ST 六脚管，灯丝 2.5V/1A）、12K7（美国，热丝 12.6V/0.15A）。

（66）6L6　6L6G　6L6GB

功率集射管。

◎ **特性**
敷氧化物旁热式阴极：6.3V/0.9A，交流或直流
极间电容：

	6L6	6L6G
栅极—屏极 G_1-P	0.4pF	0.9pF
输入 G_1-（H+K+G_2+G_3）	10pF	11.5pF
输出 P-（H+K+G_2+G_3）	12pF	9.5pF

安装位置：任意

管壳：MT-10，金属（6L6）；ST-16，玻璃（6L6G）；T-12，玻璃（6L6GB）
管基：八脚式（7脚）

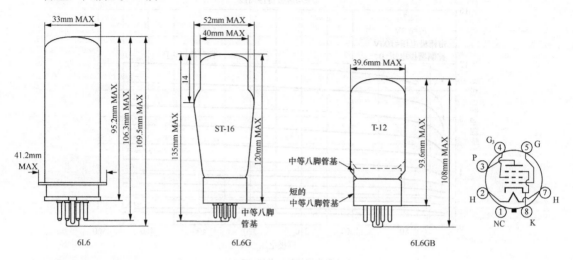

6L6   6L6G   6L6GB

◎ 典型工作特性

A₁类功率放大（三极接法，帘栅连接到屏极）

最大屏极电压	275V	
最大屏极耗散功率	19W	
热丝—阴极间电压	180V	
栅极电路电阻	0.1MΩ（固定偏压），0.5MΩ（自给偏压）	
	固定偏压	自给偏压
屏极电压	250V	250V
栅极电压	−20V	—
阴极电阻	—	490Ω
峰值输入电压	20V	20V
零信号屏极电流	40mA	40mA
最大信号屏极电流	44mA	42mA
放大系数	8	
屏极内阻（近似）	1700Ω	
互导	4700μA/V	
负载阻抗	5000Ω	6000Ω
总谐波失真	5%	6%
最大信号输出功率	1.4W	1.3W

A₁类功率放大 （五极接法）

最大屏极电压	360V
最大帘栅电压	270V
最大屏极耗散功率	19W
最大帘栅耗散功率	2.5W

热丝—阴极间电压	180V			
栅极电路电阻	0.1MΩ（固定偏压），0.5MΩ（自给偏压）			

单端功率放大（固定偏压）

屏极电压	200V	250V	300V	350V
帘栅电压	200V	250V	200V	250V
栅极电压	−11.5V	−14V	−12.5V	−18V
峰值输入电压	11.5V	14V	12.5V	18V
零信号屏极电流	52mA	72mA	48mA	54mA
最大信号屏极电流	57mA	79mA	55mA	66mA
零信号帘栅电流	3.5mA	5.0mA	2.5mA	2.5mA
最大信号帘栅电流	5.7mA	7.3mA	4.7mA	7.0mA
屏极内阻（近似）	35000Ω	22500Ω	35000Ω	33000Ω
互导	5300μA/V	6000μA/V	5300μA/V	5200μA/V
负载阻抗	3000Ω	2500Ω	4500Ω	4200Ω
总谐波失真	9%	10%	11%	15%
最大信号输出功率	4W	6.5W	6.5W	10.8W

单端功率放大（自给偏压）

屏极电压	200V	250V	300V
帘栅电压	200V	250V	200V
阴极电阻	186Ω	167Ω	218Ω
峰值输入电压	11.5V	14V	12.7V
零信号屏极电流	55mA	75mA	51mA
最大信号屏极电流	56mA	78mA	54.5mA
零信号帘栅电流	4.2mA	5.4mA	3.0mA
最大信号帘栅电流	5.6mA	7.2mA	4.6mA
负载阻抗	3000Ω	2500Ω	4500Ω
总谐波失真	9%	10%	11%
最大信号输出功率	4W	6.5W	6.5W

A_1 类推挽功率放大（两管值）

	固定偏压		自给偏压	
屏极电压	250V	270V	250V	270V
帘栅电压	250V	270V	250V	270V
栅极电压	−16V	−17.5V	—	—
阴极电阻	—	—	124Ω	124Ω
峰值输入电压（G-G）	32V	35V	35.6V	28.2V
零信号屏极电流	120mA	134mA	120mA	134mA
最大信号屏极电流	140mA	155mA	130mA	145mA
零信号帘栅电流	10mA	11mA	10mA	11mA
最大信号帘栅电流	16mA	17mA	15mA	17mA

屏极内阻（近似）	24500Ω	23500Ω		
互导	5500μA/V	5700μA/V		
负载阻抗（P-P）	5000Ω	5000Ω	5000Ω	5000Ω
总谐波失真	2%	2%	2%	2%
最大信号输出功率	14.5W	17.5W	13.8W	18.5W

AB₁类推挽功率放大 （两管值）

	固定偏压		自给偏压
屏极电压	360V	360V	360V
帘栅电压	270V	270V	270V
栅极电压	−22.5V	−22.5V	—
阴极电阻	—	—	248Ω
峰值输入电压（G-G）	45V	45V	40.6V
零信号屏极电流	88mA	88mA	88mA
最大信号屏极电流	132mA	140mA	100mA
零信号帘栅电流	5mA	5mA	5mA
最大信号帘栅电流	15mA	11mA	17mA
负载阻抗（P-P）	6600Ω	3800Ω	9000Ω
总谐波失真	2%	2%	4%
最大信号输出功率	26.5W	18W	24.5W

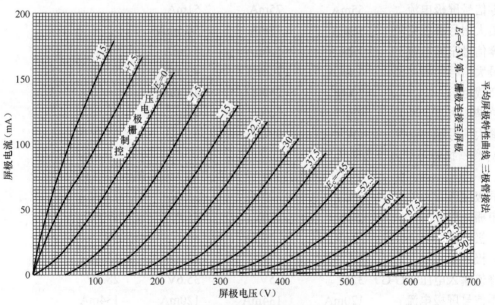

6L6（三极接法）平均屏极特性曲线（RCA）
屏极电压－屏极电流

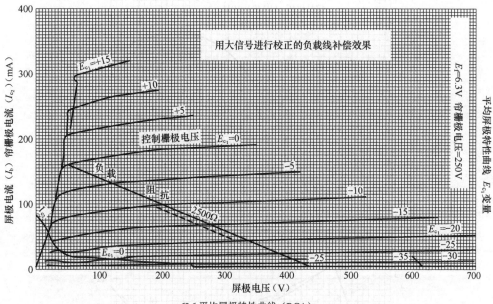

6L6 平均屏极特性曲线（RCA）
屏极电压—屏极电流、帘栅极电流

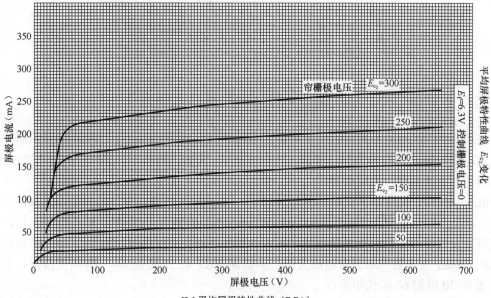

6L6 平均屏极特性曲线（RCA）
屏极电压—屏极电流

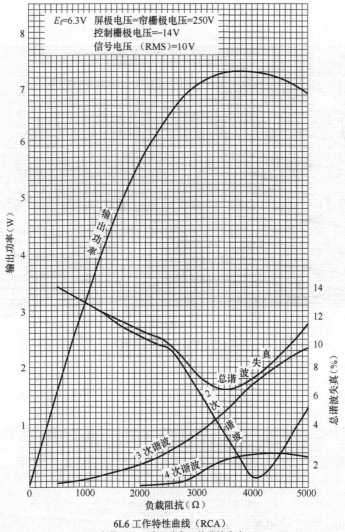

工作特性曲线

E_f=6.3V 屏极电压=帘栅极电压=250V
控制栅极电压=−14V
信号电压（RMS）=10V

6L6 工作特性曲线（RCA）
负载阻抗—输出功率、总谐波失真

6L6 为 1936 年 RCA 开发的用于声频的金属外壳集射功率输出管。1937 年推出瓶形玻壳管6L6G，是世界上第一种集射功率管，具有高效率、大输出等特点，而且三次及高次谐波低、声音和谐、中频醇厚、富有韵味。

6L6、6L6G、6L6GA、6L6GB（P_{pm}=19W）、6L6WGB/5881（P_{pm}=23W）、6L6GC（P_{pm}=30W）以及一些工业型号 1614、5932/6L6WGA（P_{pm}=21W），仅外形、功耗有所不同，可互换使用。发射管 807 除屏极电压可达 600V 及管基不同并有屏帽外，特性与 6L6 基本相同。6L6GC、5881 曾大量应用于吉他放大器，类似管 7027 在 20 世纪 60～70 年代流行，类似管 7591 曾在 20 世纪 60 年代初流行。

6L6 适用于 AB$_1$ 类推挽声频放大，可取得 25W 左右的不失真输出功率，超线性推挽 24W（超线性抽头 43%），AB$_2$ 类推挽功率放大输出可达 50W。6L6 在自给偏压时，其栅极电阻不能大于 500kΩ；固定偏压时，则不能大于 100kΩ。6L6 在各种工作状态下，其屏极和帘栅极的耗散功率都不能超过最大额定值，特别是在固定偏压时，更须留意屏极在最大耗散功率时不能发红，帘栅极则绝对不允许发红，以免阴极受损伤而缩短寿命。6L6 在工作时，帘栅极电压必须尽可能保持稳定，以免帘栅极电压降低时，输出功率受限制和非线性失真增大。6L6 的负载阻抗不宜过大，特别是推挽工作时，负载阻抗值可取得比单端时小，否则三次谐波会增多从而影响音质。6L6 在工作时，若施加足够的负反馈量，可降低电子管屏极内阻，提高阻尼系数，从而提高对低频的控制力度。6L6 装置时必须有良好的通风和散热。

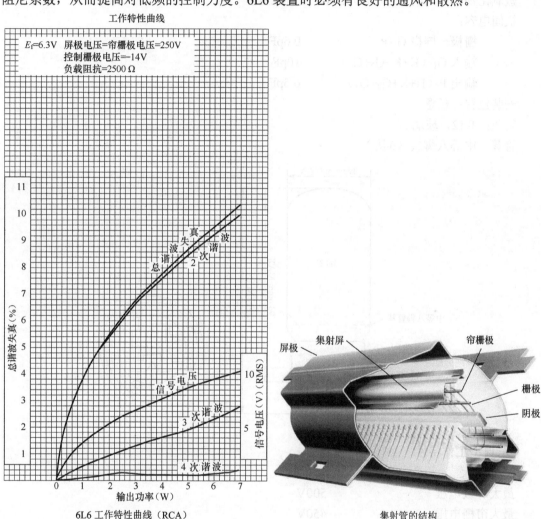

6L6 工作特性曲线（RCA）
输出功率—总谐波失真、信号电压

集射管的结构

6L6 的等效管有 6L6G（美国，Φ52×120mm G 管）、VT115A（美国，军用，Φ52mm G 管）、6L6（美国，Φ40mm×95mm 金属管）、VT115（美国，军用金属管）、6L6GA（美国，外形尺寸较小，Φ46×102mm G 管）、6L6GB（美国，外形尺寸较小，Φ40mm×94mm GT 管）、CV1947（英国，军用）、6П3C（苏联，Φ40mm GT 管）、6P3P（中国，Φ46mm G 管）、1614（美国，特殊用途金属管，功耗稍大）、5932（美国，Φ40×83mm 特殊用途 GT 管，耐压及功耗稍大）、6L6WGA。

6L6 的类似管有 EL37（英国，Mullard，G 管）、7591（美国，Westinghouse，$\Phi 30\times70$mm 小型 GT 管，管脚接续不同）、1622（美国，工业用金属管，耐压及功耗稍小）。

（67）6L6GC

功率集射管。

◎ **特性**

敷氧化物旁热式阴极：6.3V/0.9A，交流或直流

极间电容：

栅极—屏极 G_1-P		0.6pF
输入 G_1-$(H+K+G_2+G_3)$		10pF
输出 P-$(H+K+G_2+G_3)$		6.5pF

安装位置：任意

管壳：T-12，玻璃

管基：中等八脚式（6 脚）

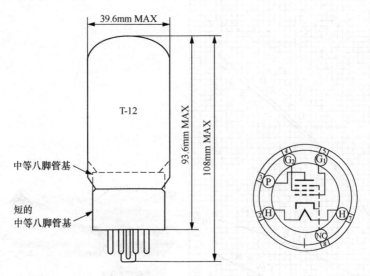

◎ **典型工作特性**

A_1 类放大

最大屏极电压	500V
最大帘栅电压	450V
最大屏极耗散功率	30W
最大帘栅耗散功率	5W
热丝—阴极间电压	200V
栅极电路电阻	0.1MΩ（固定偏压），0.5MΩ（自给偏压）
屏极电压	250V
帘栅电压	250V
栅极电压	−14V

屏极内阻（近似）	22500Ω			
互导	6000μA/V			
屏极电流	72mA			
帘栅电流	5mA			
单端功率放大（固定偏压）				
屏极电压	200V	250V	300V	350V
帘栅电压	200V	250V	200V	250V
栅极电压	−11.5V	−14V	−12.5V	−18V
峰值输入电压	11.5V	14V	12.5V	18V
零信号屏极电流	52mA	72mA	48mA	54mA
最大信号屏极电流	57mA	79mA	55mA	66mA
零信号帘栅电流	3.5mA	5.0mA	2.5mA	2.5mA
最大信号帘栅电流	5.7mA	7.3mA	4.7mA	7.0mA
屏极内阻（近似）	35000Ω	22500Ω	35000Ω	33000Ω
互导	5300μA/V	6000μA/V	5300μA/V	5200μA/V
负载阻抗	3000Ω	2500Ω	4500Ω	4200Ω
总谐波失真	9%	10%	11%	15%
最大信号输出功率	4W	6.5W	6.5W	10.8W
单端功率放大（自给偏压）				
屏极电压	200V	250V	300V	
帘栅电压	200V	250V	200V	
阴极电阻	186Ω	167Ω	218Ω	
峰值输入电压	11.5V	14V	12.7V	
零信号屏极电流	55mA	75mA	51mA	
最大信号屏极电流	56mA	78mA	54.5mA	
零信号帘栅电流	4.2mA	5.4mA	3.0mA	
最大信号帘栅电流	5.6mA	7.2mA	4.6mA	
负载阻抗	3000Ω	2500Ω	4500Ω	
总谐波失真	9%	10%	11%	
最大信号输出功率	4W	6.5W	6.5W	

单端功率放大（三极接法，帘栅连接到屏极）

最大屏极电压	450V	
最大屏极耗散功率	30W	
热丝—阴极间电压	200V	
栅极电路电阻	0.1MΩ（固定偏压），0.5MΩ（自给偏压）	
	固定偏压	自给偏压
屏极电压	250V	250V
栅极电压	−20V	—
阴极电阻	—	490Ω

峰值输入电压	20V	20V
零信号屏极电流	40mA	40mA
最大信号屏极电流	44mA	42mA
放大系数	8	
屏极内阻（近似）	1700Ω	
互导	4700μA/V	
负载阻抗	5000Ω	6000Ω
总谐波失真	5%	6%
最大信号输出功率	1.4W	1.3W

A_1 类推挽功率放大（两管值）

	固定偏压		自给偏压	
屏极电压	250V	270V	250V	270V
帘栅电压	250V	270V	250V	270V
栅极电压	−16V	−17.5V	—	—
阴极电阻	—	—	124Ω	124Ω
峰值输入电压（G-G）	32V	35V	35.6V	28.2V
零信号屏极电流	120mA	134mA	120mA	134mA
最大信号屏极电流	140mA	155mA	130mA	145mA
零信号帘栅电流	10mA	11mA	10mA	11mA
最大信号帘栅电流	16mA	17mA	15mA	17mA
屏极内阻（近似）	24500Ω	23500Ω		
互导	5500μA/V	5700μA/V		
负载阻抗（P-P）	5000Ω	5000Ω	5000Ω	5000Ω
总谐波失真	2%	2%	2%	2%
最大信号输出功率	14.5W	17.5W	13.8W	18.5W

AB_1 类推挽功率放大（两管值）

	固定偏压		自给偏压	
屏极电压	360V	450V	450V	360V
帘栅电压	270V	350V	400V	270V
栅极电压	−22.5V	−30V	−37V	—
阴极电阻	—	—	—	248Ω
峰值输入电压（G-G）	45V	60V	70V	40.6V
零信号屏极电流	88mA	95mA	116mA	88mA
最大信号屏极电流	132mA	194mA	210mA	100mA
零信号帘栅电流	5mA	3.4mA	5.6mA	5mA
最大信号帘栅电流	15mA	19.2mA	22mA	17mA
负载阻抗（P-P）	6600Ω	6000Ω	5600Ω	9000Ω
总谐波失真	2%	1.5%	1.8%	4%
最大信号输出功率	26.5W	50W	55W	24.5W

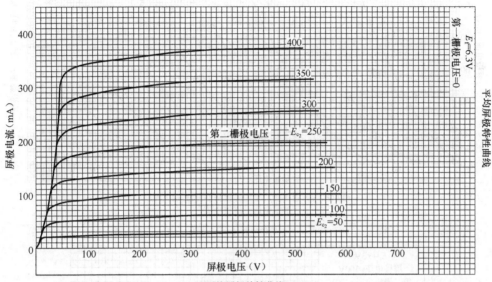

6L6GC 平均屏极特性曲线（RCA）
屏极电压—屏极电流

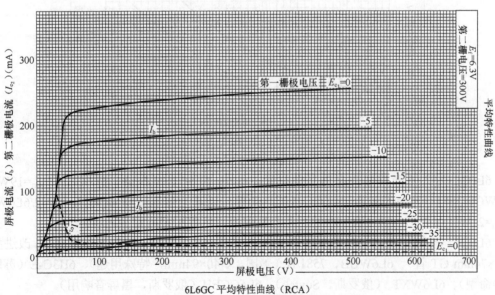

6L6GC 平均特性曲线（RCA）
屏极电压—屏极电流、第二栅极电流

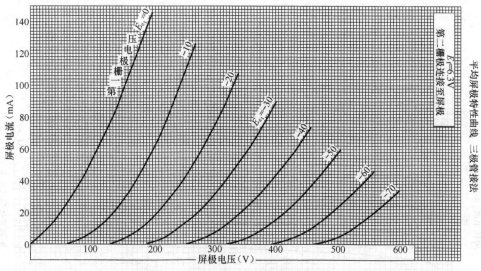

6L6GC（三极接法）平均屏极特性曲线（RCA）
屏极电压—屏极电流

平均特性曲线

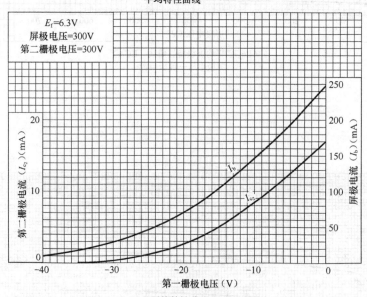

6L6GC 平均特性曲线（RCA）
第一栅极电压—屏极电流、第二栅极电流

　　6L6GC 为大管壳筒形八脚功率集射管。6L6、6L6G、6L6GA、6L6GB（P_{pm}=19W）、6L6WGB/5881（P_{pm}=23W）、6L6GC（P_{pm}=30W）以及一些工业型号 1614、5932/6L6WGA（P_{pm}=21W）仅外形、功耗有所不同，可互换使用。可参阅 6L6 有关内容。

　　6L6GC（Φ40×94mm）的等效管有 5881（美国，Tung-Sol，特殊用途，6L6G 改进型，Φ37×74mm GT 管）、6L6WGB、7581/A（美国，Φ40×94mm，特殊用途）、6П3C-E（苏联，长寿命型）、6L6WXT+（俄罗斯，Sovtek）、6L6GCEH（俄罗斯，黑屏音响用）。

　　6L6GC 的类似管有 KT66（英国，GEC，Φ52×121mm G 管）、CV1075（英国，军用）、7027A（美国，高功率灵敏度、高稳定、低失真管，Φ40×103mm GT 管，管脚接续不同）、

EL37（英国，Mullard，Φ54×131mm G 管）、1622（美国，工业用金属管，耐压及功耗稍小）。

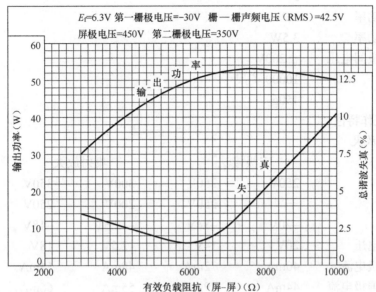

6L6GC（AB₁类推挽）工作特性曲线（RCA）
有效负载阻抗—输出功率、总谐波失真

（68）6L6WGB

功率集射管。

◎ 特性

敷氧化物旁热式阴极：6.3V/0.9A，交流或直流

极间电容：

栅极—屏极（额定）	0.9pF
输入（额定）	11.5pF
输出（额定）	9.5pF

安装位置：任意

管壳：T-11，玻璃

管基：八脚式（7 脚）

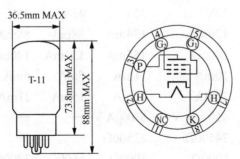

◎ **最大额定值**

屏极电压	400V
帘栅电压	300V
屏极耗散功率	26W
帘栅耗散功率	3.5W
热丝—阴极间电压	±200V
最大高度	10000 英尺
最大冲击	450g

◎ **典型工作特性**

A_1 类单端放大

	三极接法*		集射放大	
屏极电压	250V	250V	300V	350V
帘栅电压	—	250V	200V	250V
栅极电压	−20V	−14V	−12.5V	−18V
峰值输入电压	20V	14V	12.5V	18V
零信号屏极电流	40mA	72mA	48mA	54mA
最大信号屏极电流	44mA	79mA	55mA	66mA
零信号帘栅电流	—	5.0mA	2.5mA	2.5mA
最大信号帘栅电流	—	7.3mA	4.7mA	7.0mA
互导	4700μA/V	6000μA/V	5300μA/V	5200μA/V
屏极内阻	1700Ω	22500Ω	35500Ω	33000Ω
放大系数	8			
负载阻抗（P-P）	5000Ω	2500Ω	4500Ω	4200Ω
总谐波失真	5%	10%	11%	15%
最大信号输出功率	1.4W	6.5W	6.5W	10.8W

* 帘栅连接到屏极。

推挽放大（两管）

	A_1 类		AB_1 类		AB_2 类	
屏极电压	250V	270V	310V	360V	360V	360V
帘栅电压	250V	270V	270V	270V	225V	270V
栅极电压	−16V	−17.5V	−22.5V	−22.5V	−18V	−22.5V
峰值输入电压	32V	35V	45V	45V	52V	45V
零信号屏极电流	120mA	134mA	88mA	88mA	78mA	88mA
最大信号屏极电流	140mA	155mA	132mA	140mA	142mA	205mA
零信号帘栅电流	10mA	11mA	5mA	5mA	3.5mA	5mA
最大信号帘栅电流	16mA	17mA	15mA	11mA	11mA	16mA
互导	4500μA/V	5700μA/V	—	—	—	—
屏极内阻	24500Ω	23500Ω	—	—	—	—
负载阻抗（P-P）	5000Ω	5000Ω	6600Ω	3800Ω	6000Ω	3800Ω

| 总谐波失真 | 2% | 2% | 2% | 2% | 2% | 2% |
| 最大信号输出功率 | 14.5W | 17.5W | 26.5W | 18W | 31W | 47W |

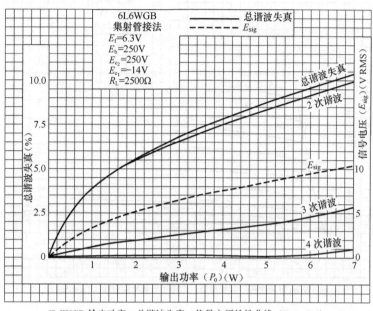

6L6WGB 输出功率—总谐波失真、信号电压特性曲线（Tung-Sol）

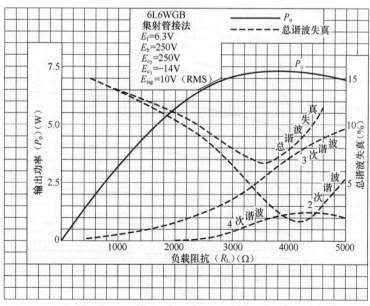

6L6WGB 负载阻抗—输出功率、总谐波失真特性曲线（Tung-Sol）

实用电子管手册（修订版）

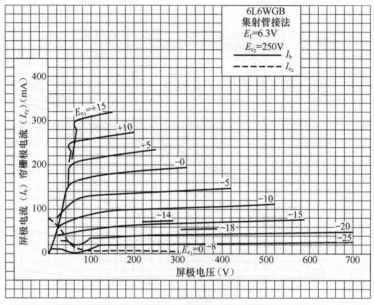

6L6WGB 屏极电压—屏极电流、帘栅极电流特性曲线（Tung-Sol）

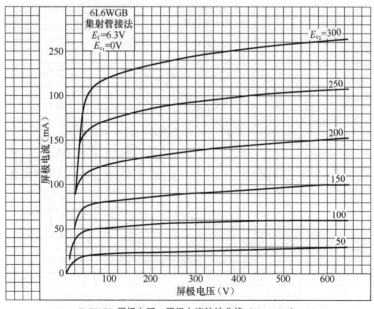

6L6WGB 屏极电压—屏极电流特性曲线（Tung-Sol）

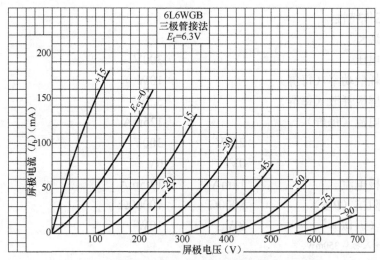

6L6WGB（三极接法）屏极电压—屏极电流特性曲线（Tung-Sol）

6L6WGB 为筒形八脚功率集射管。6L6、6L6G、6L6GA、6L6GB（P_{pm}=19W）、6L6WGB/ 5881（P_{pm}=23W）、6L6GC（P_{pm}=30W）以及一些工业型号 1614、5932/6L6WGA（P_{pm}=21W）仅外形、功耗有所不同，可互换使用。可参阅 6L6 有关内容。

6L6WGB 的等效管有 5881。

（69）6N7　6N7GT

双三极管。

◎ 特性

敷氧化物旁热式阴极：6.3V/0.8A，交流或直流

安装位置：任意

管壳：MT-8，金属；T-9，玻璃

管基：八脚式（8 脚）

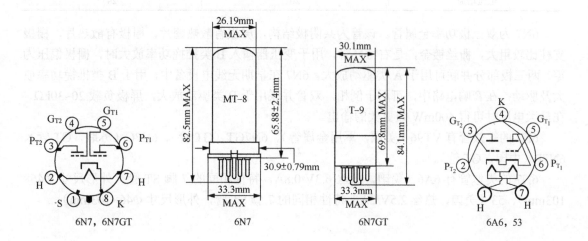

6N7，6N7GT　　　　6N7　　　　6N7GT　　　　6A6，53

◎ 典型工作特性

B 类功率放大

最大屏极电压		300V
最大屏极耗散功率（每屏）		10W
最大平均屏极耗散（每屏）		5.5W
最大屏极电流（每屏）		125mA
屏极电压	250V	300V
栅极电压	0V	0V
零信号屏极电流	14mA	17.5mA
有效负载阻抗（P-P）	8000Ω	10000Ω
输出功率（近似）*	8W	10W

* 栅极平均输入功率 350mW。

A_1 类驱动放大

最大屏极电压		300V
最大屏极耗散（每屏）		1.0W
屏极电压	250V	294V
栅极电压	−5V	−6V
放大系数	35	35
屏极内阻	11300Ω	11000Ω
互导	3100μA/V	3200μA/V
屏极电流	6mA	7mA

◎ 阻容耦合放大及倒相数据（每三极部分）

电源电压	100V	250V
屏极电阻	100kΩ	100kΩ
阴极电阻	2.5kΩ	1.8kΩ
电压增益	20	24

6N7 为双三极功率金属管。该管为共阴极结构，屏极有散热翅片，栅极有散热片，栅极支柱比较粗大，栅丝镀金，是右特性管，用于变压器输入 B 类推挽功率放大时，栅极偏压为零，两三极部分并联可用于 A 类驱动放大。6N7 在早期无线电设备中，用于 B 类推挽功率放大及驱动；在音响电路中，可用于倒相，双管并联用于 B 类驱动放大，屏极负载 20~30kΩ，在最大电压时可得 400mW 或更大的输出。

6N7 的等效管有 VT96（美国，军用金属管）、6N7GT（GT 管）、6H7C（苏联，GT 管）、6N7P（中国，GT 管）。

6N7 的类似管有 6A6（美国，热丝 6.3V/0.8A，特性相同的 7 脚 ST 管，外形尺寸 Φ46×103mm）、53（美国，热丝 2.5V/2A，特性相同的 7 脚 ST 管，外形尺寸 Φ46×103mm）。

平均屏极特性曲线 每三极部分

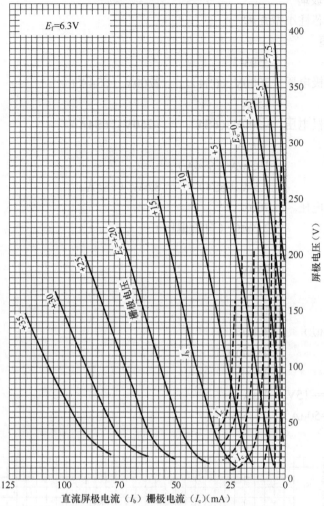

6N7（每单元）屏极电压—屏极电流、栅极电流特性曲线（RCA）

（70）6S4　6S4A

中放大系数三极管。

◎ **特性**

敷氧化物旁热式阴极：6.3V/0.6A，交流或直流

阴极加热时间（近似）：11s（6S4A）

最大热丝—阴极间电压：90V

极间电容：

栅极—屏极	2.4pF
输入 G-（K+H）	4.2pF
输出 P-（K+H）	0.6pF

安装位置：任意

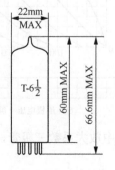

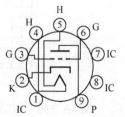

管壳：T-6½，玻璃

管基：纽扣式芯柱小型九脚

◎ **最大额定值**

屏极电压	550V
峰值正脉冲屏极电压	2000V（6S4）　　2200V（6S4A）
栅极电压	−50V
峰值负脉冲栅极电压	−200V（6S4）　　−250V（6S4A）
阴极电流	30mA
峰值阴极电流	105mA（6S4A）
屏极耗散功率	7.5W（6S4）　　8.5W（6S4A）
热丝—阴极间电压	200V
栅极电路电阻	2.2MΩ（自给偏压）

◎ **A_1 类放大**

屏极电压	250V
栅极电压	−8V
放大系数	16.5
屏极内阻（近似）	3700Ω
互导	4500μA/V
屏极电流	24mA
屏极电流（V_g=−15V）	4mA
栅极电压（I_p=50μA）	−22V

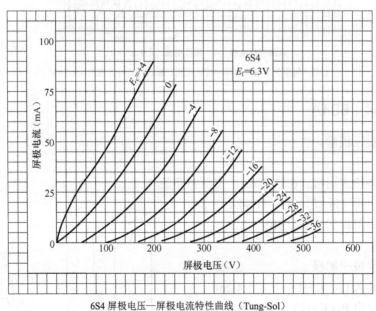

6S4 屏极电压—屏极电流特性曲线（Tung-Sol）

6S4A 为小型九脚中放大系数三极管，6S4 的改进型，热丝加热时间受控，可用于热丝串联工作。该管具有高互导特性，原应用于电视接收机垂直偏转放大。在音响电路中，适用于激励放大。

（71）6SC7　6SC7GT

高放大系数双三极管。

◎ **特性**

敷氧化物旁热式阴极：6.3V/0.3A，交流或直流

最大屏极电压：250V

最大热丝—阴极间电压：90V

极间电容：近似*

屏—栅	2.0pF
输入	2.0pF
输出	3.0pF

管壳：MT-8G，金属（6SC7）；T-9，玻璃（6SC7GT）

管基：八脚式（8脚）

安装位置：任意

* 第1脚连接到第6脚。

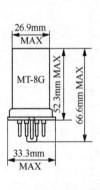

6SC7	6SC7GT	6SC7	6SC7GT

◎ **典型 A_1 类放大特性（每三极部分）**

屏极电压	250V
栅极电压	−2V
放大系数	70
屏极内阻（近似）	53000Ω
互导	1325μA/V
屏极电流	2mA

◎ **阻容耦合放大数据**

A 类阻容耦合放大

每单元

R_p MΩ	R_{g_1} MΩ	R_s MΩ	$E_{bb}=90V$			$E_{bb}=180V$			$E_{bb}=300V$		
			R_k	增益	E_o	R_k	增益	E_o	R_k	增益	E_o
0.10	*	0.10	1800	19	6.0	910	25	18	380	39	32
0.10	*	0.24	2000	25	8.0	1000	29	24	750	34	42
0.24	*	0.24	3300	28	9.0	1800	35	23	1300	39	40
0.24	*	0.51	3600	33	10	2000	40	30	1500	42	51
0.51	*	0.51	5600	35	8.5	3000	43	27	2200	46	45
0.51	*	1.0	6200	38	12	3300	46	35	2400	49	55
0.24	10	0.24	0	39	7.5	0	36	23	0	39	44
0.24	10	0.51	0	33	10	0	41	30	0	43	55
0.51	10	0.51	0	36	9.5	0	44	26	0	46	51
0.51	10	1.0	0	40	12	0	48	36	0	50	62

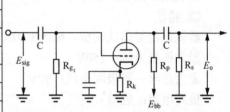

注：耦合电容器（C）应调整到要求的频率响应。
R_k 应旁路。

GAIN 增益　　$E_o=2Vrms$ 时　　E_o 为 rms，总谐波失真 5%　零偏压数据可忽略发生阻抗

6SC7 阻容耦合放大数据（GE）

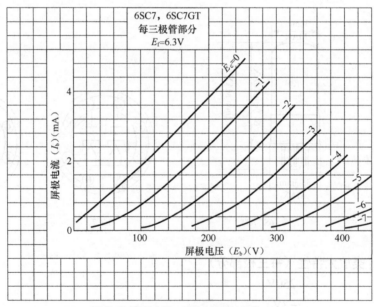

6SC7（每单元）屏极电压—屏极电流特性曲线（Tung-Sol）

　　6SC7 为金属型八脚共阴极高放大系数双三极管。该管用于声频电压放大，特性与 6SL7GT 近似，适用于前级设备中的倒相及放大。使用时注意该管是共用阴极。

　　6SC7 的等效管有 VT105（美国，军用）、6SC7GT（筒形玻壳管）、6SC7GTY（高频损耗小材料管，基筒形玻壳管）、1655（美国，工业用）、6H10C（俄罗斯）。

　　6SC7 的类似管有 12SC7（美国，热丝 12.6V/0.15A，金属管）。

（72）6SF5 6SF5GT

高放大系数三极管，电特性与6F5相同。

◎ **特性**

敷氧化物旁热式阴极：6.3V/0.3A，交流或直流

最大屏极电压：300V

最大热丝—阴极间电压：90V

极间电容：

屏—栅	2.4pF
输入	4.0pF
输出	3.6pF

管壳：MT-8，金属（6SF5）；T-9，玻璃（6SF5GT）

管基：八脚式（6脚）

安装位置：任意

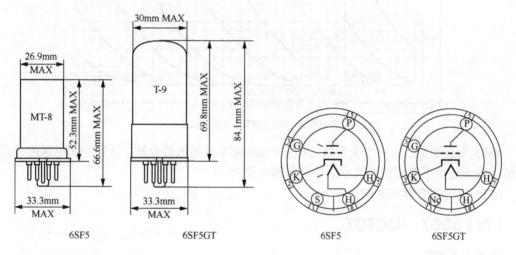

	6SF5	6SF5GT	6SF5	6SF5GT

◎ **典型 A₁ 类放大特性**

屏极电压	100V	250V
栅极电压	−1V	−2V
放大系数	100	100
屏极内阻（近似）	85000Ω	66000Ω
互导	1150μA/V	1500μA/V
屏极电流	0.4mA	0.9mA

◎ **零偏压阻容耦合放大**

屏极供给电压	100V	250V
屏极电阻	0.25MΩ	0.25MΩ
栅极电阻	10MΩ	10MΩ
耦合电容器	0.01~0.005μF	

次级栅极电阻	0.5MΩ	1MΩ	0.5MΩ	1MΩ
电压增益	48	52	66	71
输出电压（rms*）	7.0V	8.5V	44V	50V

* 总谐波失真 5%。

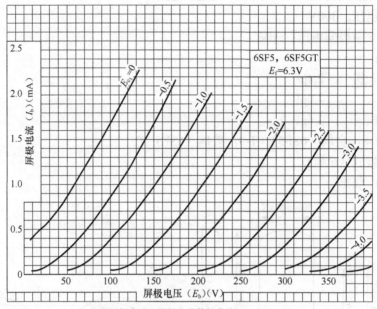

6SF5 屏极电压—屏极电流特性曲线（Tung-Sol）

6SF5 为金属型八脚高放大系数三极管，6SF5GT 是筒形玻壳管，改进 6F5 电极的单端引出型。该管适用于低频高增益小信号阻容耦合放大。

6SF5 的等效管有 6SF5GT。

（73）6SG7 6SG7GT

遥截止五极管。

◎ **特性**

敷氧化物旁热式阴极：6.3V/0.3A，交流或直流

极间电容：	6SG7[A]	6SG7GT[B]
栅极—屏极（最大）	0.003pF	0.035pF
输入 G_1-(H+KG_3+G_2)	8.5pF	8.5pF
输出 P-(H+KG_3+G_2)	7pF	7pF

安装位置：任意

管壳：MT-8G，金属（6SG7）；T-9，玻璃（6SG7GT）

管基：八脚式（8 脚）

[A] 管壳连接到阴极。

[B] 管腰外壳连接到阴极。

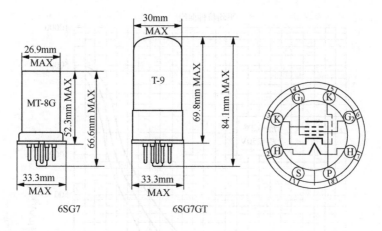

6SG7   6SG7GT

◎ **最大额定值**

屏极电压	300V
帘栅电压	200V
帘栅供给电压	300V
栅极电压	0V
屏极耗散功率	3W
帘栅耗散功率	0.6W
热丝—阴极间电压	90V

◎ **典型 A_1 类放大特性**

屏极电压	100V	250V	300V
帘栅电压	100V	125V	150V
栅极电压	−1V	−1V	−2.5V
偏压电阻	90Ω	60Ω	190Ω
屏极内阻（近似）	0.25MΩ	0.9MΩ	＞1MΩ
互导	4100μA/V	4700μA/V	4000μA/V
屏极电流	8.2mA	11.8mA	9.2mA
帘栅电流	3.2mA	4.4mA	3.4mA
栅极电压（g_m=10μA/V）	−15V	−19V	−23V

遥截止五极管是专为收音机的中频放大及高频放大而开发的，可引入自动增益控制（AGC），互导随栅负压增大而减小。遥截止五极管（或接成三极管）可应用于小信号声频电压放大，有较好的声音表现，如 6SK7、6BD6、EF92 等，互导过高的管型易产生不稳定状况。遥截止五极管用于声频电压放大的，必须使用在遥截止起始栅负压之内，并不适用于较大信号的放大。半遥截止五极管，如 6SG7/GT、6BA6/EF93、6K4П（苏联）/6K4（中国）等，由于起控电压低，只能用于较小信号的放大。

遥截止五极管在声频领域常用于音量扩展或压缩放大等特殊用途，利用可控的放大特性对声频信号的动态进行处理。

6SG7 为金属型八脚高频遥截止五极管，高互导、低栅—屏电容、双阴极引脚。该管原用于高增益射频或中频放大。6SG7GT 是筒形玻壳管。

平均特性曲线

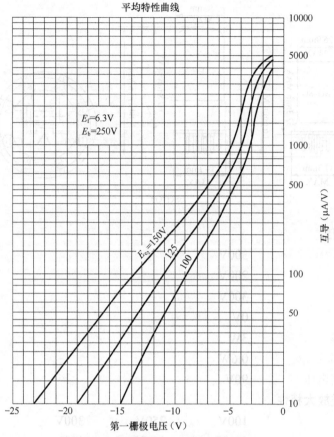

6SG7 第一栅极电压—互导特性曲线（GE）

平均屏极特性曲线

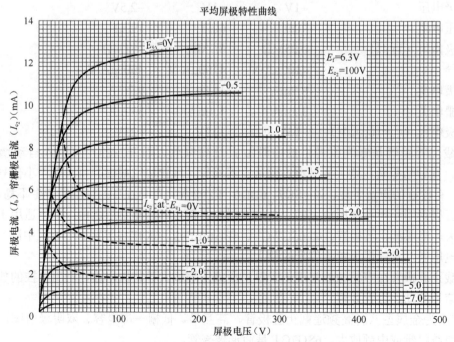

6SG7 屏极电压—屏极电流、帘栅极电流特性曲线（GE）

平均特性曲线

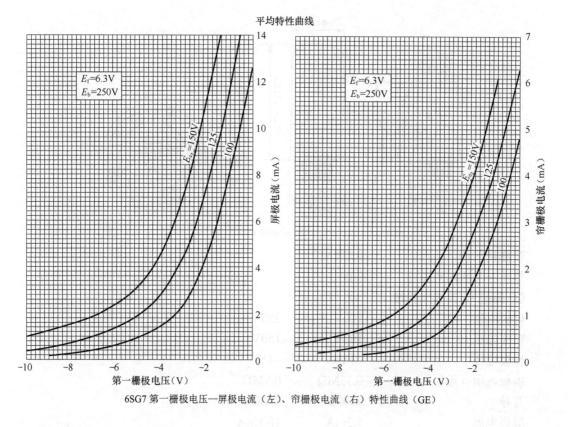

6SG7 第一栅极电压—屏极电流（左）、帘栅极电流（右）特性曲线（GE）

（74）6SH7　6SH7GT

锐截止五极管。

◎ **特性**

敷氧化物旁热式阴极：6.3V/0.3A，交流或直流

极间电容*：

栅极—屏极（最大）	0.003pF
输入 G_1-（H+KG_3+G_2）	8.5pF
输出 P-（H+KG_3+G_2）	7pF

安装位置：任意

管壳：MT-8，金属（6SH7）；T-9，玻璃（6SH7GT）

管基：八脚式（8 脚）

* 金属管壳或金属管腰连接到阴极。

◎ **最大额定值**

屏极电压	300V
帘栅电压	150V
帘栅供给电压	300V
栅极电压	0V
屏极耗散功率	3W

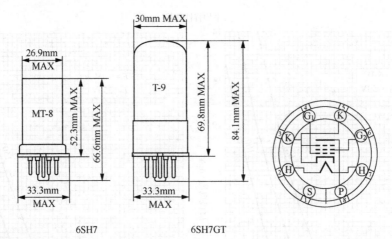

6SH7　　　　　　6SH7GT

帘栅耗散功率	0.7W	
热丝—阴极间电压	90V	

◎ **典型 A_1 类放大特性**

屏极电压	100V	250V
帘栅电压	100V	150V
栅极电压	−1V	−1V
屏极内阻（近似）	0.35MΩ	0.9MΩ
互导	4000μA/V	4900μA/V
屏极电流	5.3mA	10.8mA
帘栅电流	2.1mA	4.1mA
栅极电压（$I_p=10μA$）	−4V	−5.5V

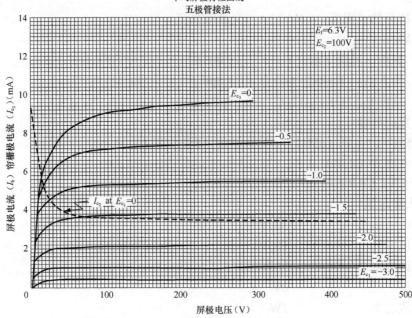

6SH7 屏极电压—屏极电流、帘栅极电流特性曲线（GE）

平均屏极特性曲线

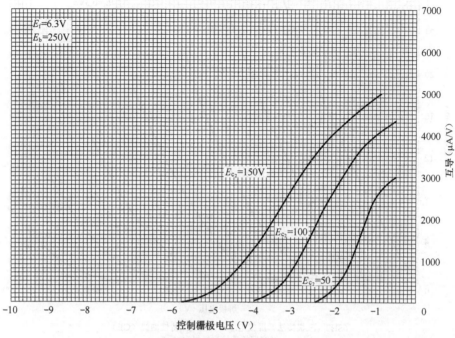

6SH7 控制栅极电压—互导特性曲线（GE）

平均特性曲线

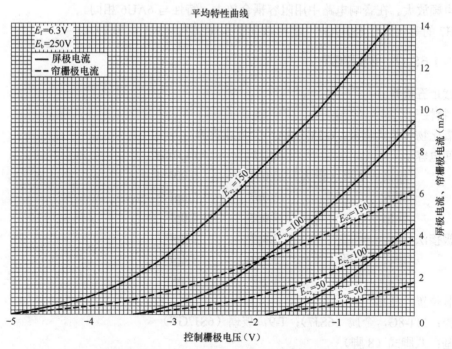

6SH7 控制栅极电压—屏极电流、帘栅极电流特性曲线（GE）

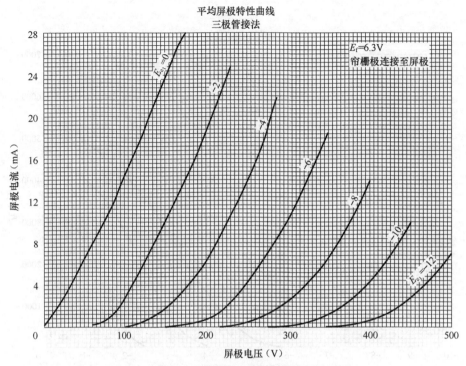

平均屏极特性曲线
三极管接法

6SH7（三极接法）屏极电压—屏极电流特性曲线（GE）
（帘栅极连接到屏极）

6SH7 为金属型八脚高频锐截止五极管。该管原用于 FM 设备中高频宽带放大和限幅以及高增益声频放大。在音响电路中用阻容耦合放大。特性与 6AU6 相同。

6SH7 的等效管有 6SH7GT（筒形玻壳管）、6SE7、6Ж3（苏联）。

（75）6SJ7　6SJ7GT

锐截止五极管。

◎ 特性

敷氧化物旁热式阴极：6.3V/0.3A，交流或直流

极间电容*		6SJ7	6SJ7GT
	栅极—屏极（最大）	0.005pF	0.005pF
	输入	6.0pF	7.0pF
	输出	7.0pF	7.0pF
三极接法	栅极—屏极	2.8pF	2.8pF
	栅极—阴极	3.4pF	3.4pF
	屏极—阴极	11pF	11pF

安装位置：任意

管壳：MT-8G，金属（6SJ7）；T-9，玻璃（6SJ7GT）

管基：八脚式（8 脚）

* 金属管壳或金属管腰连接到阴极。

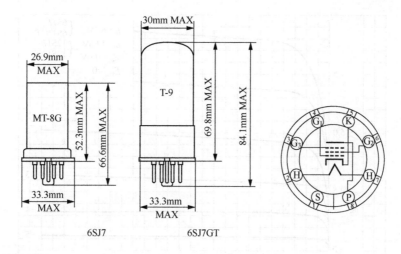

6SJ7　　　　　　　　6SJ7GT

◎ **最大额定值**

屏极电压	300V
帘栅电压	125V
帘栅供给电压	300V
栅极电压	0V
屏极耗散功率	2.5W
帘栅耗散功率	0.7W
热丝—阴极间电压	90V
栅极电路电阻	1MΩ

◎ **典型 A_1 类放大特性**

屏极电压	100V	250V
帘栅电压	100V	100V
栅极电压	−3V	−3V
抑制栅极	连接阴极	
屏极内阻（近似）	0.7MΩ	1.5MΩ
互导	1575μA/V	1650μA/V
屏极电流	2.9mA	3.0mA
帘栅电流	0.9mA	0.8mA
栅极电压（阴极电流截止）	−9V	−9V

三极接法*

屏极电压	180V	250V
栅极电压	−6V	−8.5V
放大系数	19	19
屏极内阻（近似）	8250Ω	7600Ω
互导	2300μA/V	2500μA/V
屏极电流	6.0mA	9.2mA

* 帘栅及抑制栅极连接到屏极。

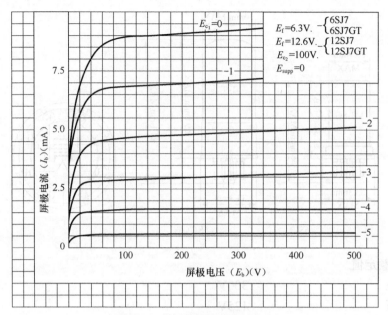

6SJ7 屏极电压—屏极电流特性曲线（Tung-Sol）

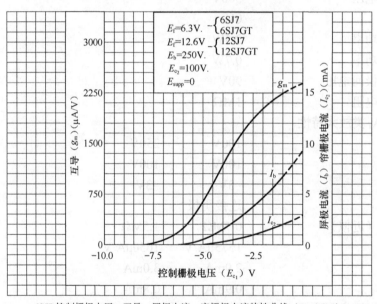

6SJ7 控制栅极电压—互导、屏极电流、帘栅极电流特性曲线（Tung-Sol）

6SJ7GT 为 GT 型八脚高频锐截止五极管，源自金属管 6SJ7。该管用于高频放大及低频放大。在音响设备中，适用于高增益的前置阻容耦合放大。该管既可作为五极管又可作为中放大系数（$\mu=19$）三极管使用，可获得 70～108 倍的电压增益（$R_p=100\mathrm{k}\Omega$）。

6SJ7GT 的等效管有 VT116A（美国，军用）、6SJ7（美国，$\varPhi33\times52\mathrm{mm}$ 金属管）、VT116（美国，军用金属管）、6Ж8（苏联，金属管）、6J8P（中国，GT 管）、5693（美国，RCA，红色金属管，工业用）、6SJ7WGT（美国，通信用可靠管）。

6SJ7GT 的类似管有 12SJ7（美国，热丝 12.6V/0.15A，金属管）、12SJ7GT（美国，热丝 12.6V/0.15A）。

（76）6SK7　6SK7GT

遥截止五极管。

◎ **特性**

敷氧化物旁热式阴极：6.3V/0.3A，交流或直流

极间电容*：

	6SK7	6SK7GT
栅极—屏极（最大）	0.003pF	0.005pF
输入	6.0pF	6.5pF
输出	7.0pF	7.5pF

安装位置：任意

管壳：MT-8，金属（6SK7）；T-9，玻璃（6SK7GT）

管基：八脚式（8 脚）

* 金属管壳或金属管腰连接到阴极。

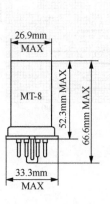

6SK7

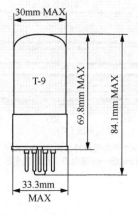

6SK7GT

◎ **最大额定值**

屏极电压	300V
帘栅电压	125V
帘栅供给电压	300V
栅极电压	0V
屏极耗散功率	4.0W
帘栅耗散功率	0.4W
热丝—阴极间电压	90V

◎ **典型 A_1 类放大特性**

屏极电压	100V	250V
帘栅电压	100V	100V
栅极电压	−1V	−3V
抑制栅极	连接阴极	

屏极内阻（近似）	0.12MΩ	0.8MΩ
互导	2350μA/V	2000μA/V
屏极电流	13mA	9.2mA
帘栅电流	4.0mA	2.6mA
栅极电压（g_m=10μA/V）	−35V	−35V

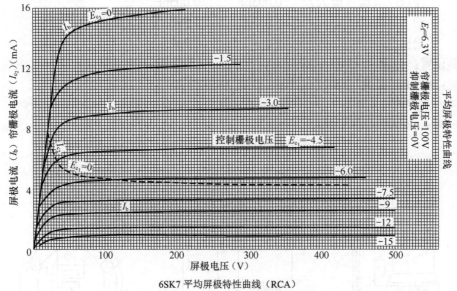

6SK7 平均屏极特性曲线（RCA）
屏极电压—屏极电流、帘栅极电流

  6SK7GT 为 GT 型八脚高频遥截止五极管，源自金属管 6SK7，结构上各相对引出线有隔离作用，减小了这些引线间的电容量，特别是栅极与屏极间的电容量可同栅极从管顶引出一般。该管原用于收音机的中频放大，引入自动增益控制（AGC），互导随栅负压增大而减小。一般认为遥截止五极管不适用于声频电压放大，但大量实验证明，遥截止五极管（或接成三极管）不但可应用于小信号声频电压放大，而且还有较好的泛音表现。

  根据 6SK7 特性，该管在栅极偏压小于−3.0V 时，其特性与普通五极管并无不同，完全适用于小信号声频电压放大，只有在栅极偏压大于−3.0V 时，才出现遥截止特性，随着偏压升高互导变小，至−35V 时接近截止，增益最小。遥截止管用于声频放大时，电源电压必须稳定，以免工作点偏离。

  6SK7 的等效管有 VT117（美国，军用）、6SK7GT（美国，GT 管）、VT117A（美国，军用 GT 管）、6K3（苏联，金属管）、6K3P（中国，GT 管）、6K3PT（中国，抗振管）。

  6SK7GT 的类似管有 12SK7（美国，热丝 12.6V/0.15A，金属管）、12SK7GT（美国，热丝 12.6V/0.15A）。

平均特性曲线

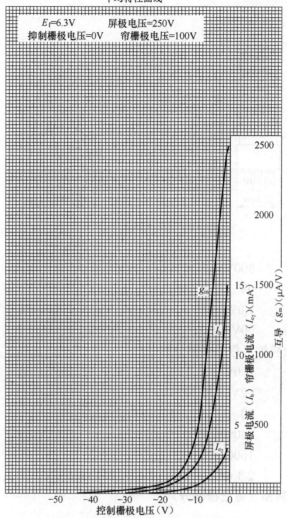

E_f=6.3V　　屏极电压=250V
抑制栅极电压=0V　帘栅极电压=100V

6SK7 平均特性曲线（RCA）
控制栅极电压—互导、屏极电流、帘栅极电流

（77）6SL7GT

高放大系数双三极管。

◎ 特性

敷氧化物旁热式阴极：6.3V/0.3A，交流或直流

极间电容近似*：	1 单元	2 单元
P-G	2.8pF	2.8pF
G-（K+H）	3.0pF	3.4pF
P-（K+H）	3.8pF	3.2pF

管壳：T-9，玻璃

管基：八脚式（8 脚）

安装位置：任意

* 闭合屏歌连接到阴极。

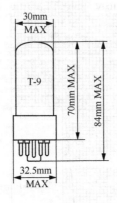

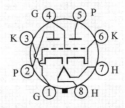

◎ **最大额定值**

屏极电压	300V
栅极电压	0V
屏极耗散功率	1.0W
热丝—阴极间电压	90V

◎ **典型 A₁ 类放大特性（每三极部分）**

屏极电压	100V
栅极电压	–2V
放大系数	70
屏极内阻（近似）	44000Ω
互导	1600μA/V
屏极电流	2.3mA

◎ **阻容耦合放大数据（每三极部分）**

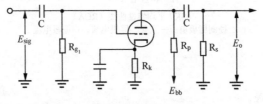

6SL7GT 阻容耦合放大数据（Tung-Sol）

A 类阻容耦合放大

每单元

R_p MΩ	R_s MΩ	R_{g_1} MΩ	$E_{bb}=90V$			$E_{bb}=180V$			$E_{bb}=300V$		
			R_k	增益	E_o	R_k	增益	E_o	R_k	增益	E_o
0.10	0.10	0.10	1500	26	6.6	1200	30	19	1100	32	35
0.10	0.24	0.10	1700	31	9.5	1400	36	26	1300	37	47
0.24	0.24	0.10	3200	35	7.6	2200	40	24	2100	42	44
0.24	0.51	0.10	3800	39	10	2700	44	30	2500	46	54

R_p MΩ	R_s MΩ	R_{g_1} MΩ	$E_{bb}=90V$			$E_{bb}=180V$			$E_{bb}=300V$		
			R_k	增益	E_o	R_k	增益	E_o	R_k	增益	E_o
0.51	0.51	0.10	7100	39	7.9	4400	45	23	3800	48	45
0.51	1.0	0.10	8000	41	9.9	5200	47	29	4700	50	53
0.24	0.24	10	0	34	6.0	0	42	21	0	45	43
0.24	0.51	10	0	38	8.3	0	46	28	0	48	52
0.51	0.51	10	0	38	6.8	0	47	22	0	50	43
0.51	1.0	10	0	41	8.7	0	50	27	0	53	52

GAIN 增益 E_o=2Vrms 时 E_o为 rms，总谐波失真 5%   零偏压数据可忽略发生阻抗

Sylvania 6SL7GT 不同时期的结构

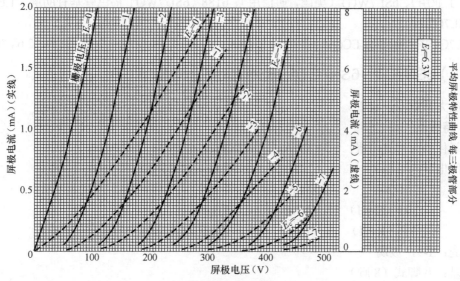

6SL7GT 平均屏极特性曲线（RCA）
屏极电压—屏极电流

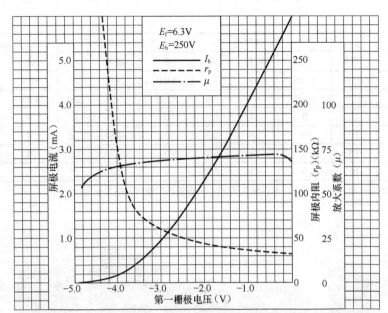

6SL7GT 第一栅极电压—屏极电流、屏极内阻、放大系数特性曲线（Tung-Sol）

6SL7GT 为 GT 型八脚低频放大用高放大系数双三极管，两三极管间除热丝外，完全独立。1941 年美国 RCA 开发，早期管壁有黑色涂层，屏极为黑色圆柱形，后用透明玻璃，屏极为灰色圆柱形，各公司制造的管子结构上略有不同，如高度就有 65mm、70mm、73mm 等几种。6SL7GT 为音响用电压放大管，适用于阻容耦合放大、倒相，屏极电阻 R_p=100～220kΩ 时，可获得每级 34～50 倍的电压增益。

6SL7GT 的等效管有 VT229（美国，军用）、CV1985（英国，军用）、33S29B（瑞典，Standard，军用），6H9C（苏联）、6N9P（中国）、5691（美国，RCA，红色管基，长寿命工业用）、6113（美国，工业用）、6SL7WGT（美国，通信用）、6188（6SU7WGT 褐色管基有肋屏，Tung-Sol，优质 6SL7GT）。

6SL7GT 的类似管有 ECC35（英国）、CV569（英国，军用）、12SL7GT（热丝 12.6V/0.15A）。

（78）6SN7GT 6SN7GTA 6SN7GTB 6SN7WGT

中放大系数双三极管。

◎ **特性**

敷氧化物旁热式阴极：6.3V/0.6A，交流或直流

极间电容（近似）：	1 单元	2 单元
P-G	3.8pF	4.0pF
G-（K+H）	2.8pF	3.0pF
P-（K+H）	0.8pF	1.2pF

管壳：T-9，玻璃

管基：八脚式（8 脚）

安装位置：任意

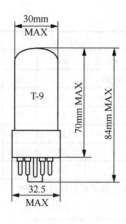

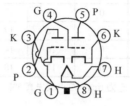

◎ **最大额定值**

	6SN7GT	6SN7GTA	6SN7GTB	6SN7WGT
屏极电压	300V	450V	450V	330V
屏极耗散功率（单屏）	2.5W	5W	5W	3.5W
屏极耗散功率（两屏）	5W	7.5W	7.5W	5W
阴极电流			20mA	20mA
热丝—阴极间电压	＋100V	＋100V	＋100V	
	−200V	−200V	−200V	
阴极加热时间			11s	
栅极电路电阻*	1MΩ	1MΩ	2.2MΩ	1MΩ
管壳温度				200℃
高度				60000 英尺

* 自给或固定偏压。

◎ **典型 A_1 类放大特性（每三极部分）**

屏极电压	90V	250V
栅极电压	0V	−8V
放大系数	20	
屏极内阻（近似）	6700Ω	7700Ω
互导	3000μA/V	2600μA/V
屏极电流	10mA	9mA
栅极电压（I_p=10μA）		−18V

◎ **阻容耦合放大数据（每三极部分）**

阻容耦合放大

R_p MΩ	R_{g_1} MΩ	R_s MΩ	E_{bb}=90V			E_{bb}=180V			E_{bb}=500V		
			R_k	增益	E_o	R_k	增益	E_o	R_k	增益	E_o
0.10	A	0.10	3300	14	13	2200	14	26	1800	14	40
0.10	A	0.24	3600	14	16	2700	15	33	2200	15	51
0.24	A	0.24	7500	14	16	5100	15	30	4300	15	44
0.24	A	0.51	9100	14	19	6800	15	39	5100	15	54

续表

R_p MΩ	R_{g1} MΩ	R_s MΩ	E_{bb}=90V			E_{bb}=180V			E_{bb}=500V		
			R_k	增益	E_o	R_k	增益	E_o	R_k	增益	E_o
0.51	A	0.51	13000	14	16	9100	15	30	6800	16	40
0.51	A	1.0	15000	14	19	10000	16	32	7500	16	45
0.24	10	0.24	0	15	13	0	16	33	0	17	46
0.24	10	0.51	0	16	17	0	17	38	0	18	62
0.51	10	0.51	0	16	14	0	18	32	0	18	53
0.51	10	1.0	0	17	18	0	18	41	0	19	68

GAIN 增益　　E_o=2Vrms 时　　E_o 为 rms，总谐波失真 5%　　零偏压数据可忽略发生阻抗

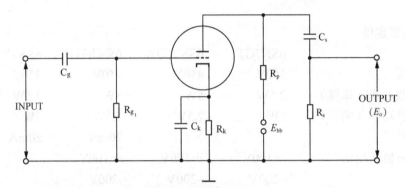

6SN7GT 阻容耦合放大数据（Tung-Sol）

Tung-Sol 6SN7GT 不同时期的结构

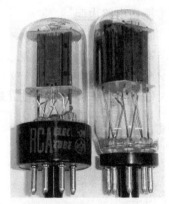

RCA 6SN7GTB（1960）

　　6SN7GT 为 GT 型八脚低频放大用多用途中放大系数双三极管，两三极管间除热丝外，完全独立，适用于倒相、激励、阻容耦合放大等用途。该管具有良好的线性，非线性失真在众多电压放大管中最小，1941 年美国 RCA 由 6F8G 演变而来，应用极广，但各种 6SN7GT 管身有高、中、矮（73、70、65mm）3 种，管基有胶木及金属箍之分，某些管壁还有灰色或黑色涂层。可获得每级 14～16 倍的电压增益（R_p=47～100kΩ）。早期 6SN7GT 的最大屏极耗散功率 P_{pm} 为 2.5W，后期则为 3.5W。

　　6SN7GT 用于阻容耦合放大的表格见前页，表列数据由实验所得，大体合理，但某些用途不同场合，未必绝对合适。6SN7GT 实用上不失真（THD<5%）最大输入信号电压可达 2.5Vrms 以上，而五极管及高放大系数三极管则只有 0.5Vrms 左右，适用于激励放大。当输入信号电

压较大时，要取较小 R_p 值，以扩大动态范围。

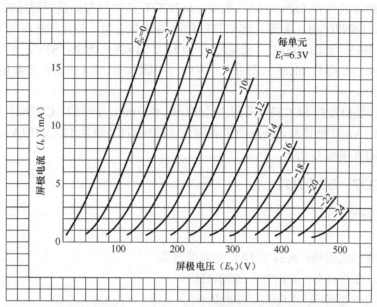

6SN7GT（每单元）屏极电压—屏极电流特性曲线 （Tung-Sol）

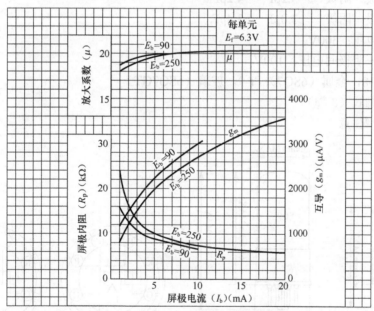

6SN7GT 屏极电流—屏极内阻、放大系数、互导特性曲线 （Tung-Sol）

阻容耦合放大的高频响应上限，取决于电子管内阻 r_p 和屏极电阻 R_p、次级栅极电阻 R_g' 的并联值和杂散电容 C_s 的乘积。杂散电容包括电子管的跨路电容、布线对地电容及次级电子管的实际输入电容。电子管的实际屏极内阻在阻容耦合放大时，由于屏极电流小，要远比电子管手册给出的标称值高。阻容耦合放大的低频响应下限，取决于耦合电容器的电容量。6SN7GT 的实际屏极内阻在阻容耦合放大时，当 $E_{bb}=250$V，$R_p=100$kΩ 时，r_p 约为 15.6kΩ，实际输入电容由于密勒效应为 85～115pF。6SN7GT 用于阻容耦合放大时，$V_{bb}=250$V，$R_p=100$kΩ，

R_g'=220kΩ，C_c=0.1μF，C_s=100pF 时，高频上限 f_H=125kHz，低频下限 f_L=6.8Hz。

6SN7GT 的等效管有 6SN7GTA（美国，6SN7GT 的阴极与热丝间耐压改进型）、VT231（美国，军用）、6SN7GTB（美国，6SN7GT 的高耐压改进型，热丝加热时间平均 11s，热丝可串联使用）、B65（英国，GEC，金属箍 G 型）、CV1988（英国，STC，军用）、33S30B/A（瑞典，Standard，军用）、6H8C（苏联）、6N8P（中国）、6180（美国，工业用）、6SN7WGT（美国，通信用）。

6SN7GT 的类似管有 ECC33（英国，Mullard，Φ33mm，μ=35）、CV2821（英国，军用）、5692（美国，RCA，红色管基，长寿命工业用）、12SN7GT（热丝 12.6V/0.3A）、6F8G（美国，管脚接续不同的有栅帽 G 管）。

（79）6SQ7　6SQ7GT

双二极-三极复合管。

◎ **特性**

敷氧化物旁热式阴极：6.3V/0.3A，交流或直流

极间电容：三极部分　　6SQ7　　6SQ7GT

　　　　　屏极—栅极　　1.6pF　　1.8pF

　　　　　栅极—阴极　　3.2pF　　4.2pF

　　　　　屏极—阴极　　3.0pF　　3.4pF

最大屏极电压：300V

最大热丝—阴极间电压：100V

管壳：MT-8，金属（6SQ7）；T-9，玻璃（6SQ7GT）

管基：八脚式（8 脚）

安装位置：任意

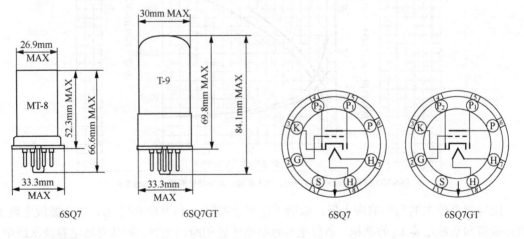

◎ **典型工作特性**

A$_1$ 类放大（三极部分）

屏极电压	100V	250V
栅极电压	−1V	−2V

屏极电流	0.4mA	0.9mA
屏极内阻	110kΩ	91kΩ
互导	900μA/V	1100μA/V
放大系数	100	100

（二极部分）

两个小屏位于阴极周围，各自独立，除阴极与三极部分共用外，没有其他关系。

◎ 阻容耦合放大数据

A 类阻容耦合放大

R_p MΩ	R_s MΩ	R_{g_1} MΩ	E_{bb}=90V			E_{bb}=180V			E_{bb}=300V		
			R_k	增益	E_o	R_k	增益	E_o	R_k	增益	E_o
0.10	0.10	0.1	4300	22	5.0	2400	29	15	2000	31	28
0.10	0.24	0.1	4700	27	7.0	2700	35	20	2200	38	37
0.24	0.24	0.1	7500	31	7.5	4300	42	20	3300	46	36
0.24	0.51	0.1	8200	40	10	4700	50	26	3900	52	50
0.51	0.51	0.1	13000	39	9.5	7500	53	24	5600	58	47
0.51	1.0	0.1	15000	43	11	8200	58	31	6200	62	56
0.24	0.24	10	0	39	4.5	0	45	19	0	49	38
0.24	0.51	10	0	45	6.5	0	52	24	0	57	48
0.51	0.51	10	0	48	7.0	0	59	22	0	62	42
0.51	1.0	10	0	52	8.5	0	62	25	0	66	55

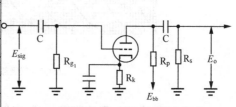

注：耦合电容器（C）应调整到要求的频率响应。R_k 应旁路。

6SQ7 三极部分阻容耦合放大数据（GE）

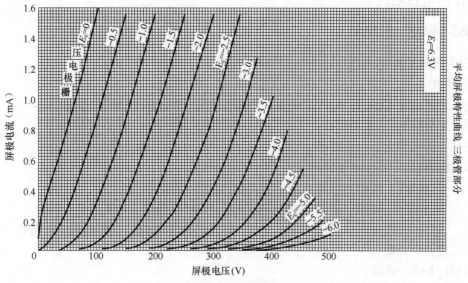

6SQ7（三极部分）平均屏极特性曲线 1（RCA）
屏极电压—屏极电流

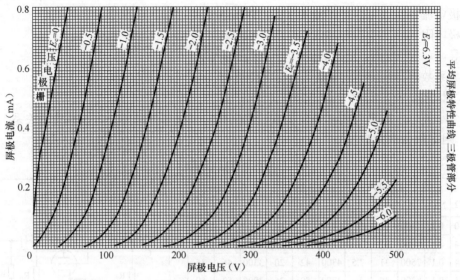

6SQ7（三极部分）平均屏极特性曲线 2（RCA）
屏极电压—屏极电流

6SQ7GT 为 GT 型八脚双二极-三极复合管，由 ST 管 75 演变而来的金属管 6SQ7。该管原用于收音机中，双二极部分用于检波及 AGC，三极部分用于高增益声频放大，适用于阻容耦合放大。

6SQ7GT 的等效管有 6SQ7（美国，金属管）、VT103（美国，军用金属管）、6SQ7G（美国，G 管）、6Г2（苏联，金属管）、6G2P（中国，GT 管）。

6SQ7GT 的类似管有 6SZ7（美国，金属管，$\mu=70$）、75（美国，6 脚带栅帽 ST 管）、12SQ7GT（热丝 12.6V/0.15A）。

（80）6U8　6U8A

三极-五极复合管。

◎ 特性

敷氧化物旁热式阴极：6.3V/0.45A，交流或直流

热丝加热时间：11s（6U8A）

热丝一阴极间电压：±200V（最大）

极间电容：

　　　　三极部分　栅极—屏极 1.8pF，输入 2.8pF，输出 1.5pF

　　　　五极部分　栅极—屏极 0.015pF，输入 5.0pF，输出 2.6pF

　　　　耦合　五极栅—三极屏 0.2pF，五极屏—三极屏 0.1pF，热丝—阴极 3pF

安装位置：任意

管壳：T-6½，玻璃

管基：纽扣式芯柱小型九脚

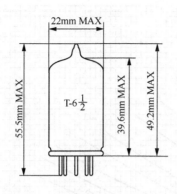

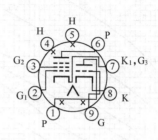

◎ **最大额定值**

	三极部分	五极部分
屏极电压	330V	330V
帘栅供电电压		330V
帘栅电压		见后页五极管部分额定图
栅极电压	0V	0V
屏极耗散功率	2.5W	3.0V
帘栅耗散功率		0.55W
栅极电路电阻（固定偏压）	—	0.5MΩ
（自给偏压）	—	1MΩ

◎ **典型工作特性**

	三极部分	五极部分
屏极电压	125V	125V
帘栅电压		110V
栅极电压	−1V	−1V
屏极电流	13.5mA	9.5mA
帘栅电流		3.5mA
互导	7500μA/V	5000μA/V
放大系数	40	
屏极内阻	5400Ω	200kΩ
栅极电压（I_p=20μA）	−9V	−8V
零偏压互导*		5500μA/V

* V_p=100V，V_{g_2}=70V。

6U8A 为小型九脚三极-五极复合管，三极部分与五极部分除热丝外，完全独立。该管原用于电视接收机调谐器振荡及混频。在音响电路中，五极部分适用于高增益阻容耦合放大，可获得 145 倍左右的电压增益（R_p=100kΩ），三极部分适用于剖相式倒相及阻容耦合放大，可获得 24～26 倍的电压增益（R_p=47～100kΩ）。使用时管座中心屏蔽柱建议接地。

6U8A 的等效管有 6U8（美国，热丝不宜串联使用）、ECF82、6F2（中国）、1252（美国，工业用）、6678（美国，特殊用途）、7731（美国，工业用）。

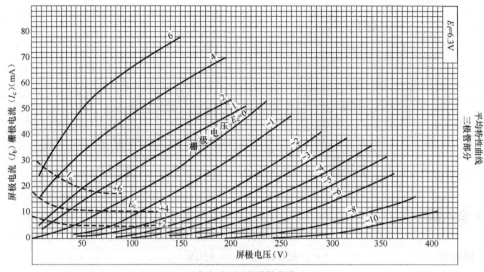

6U8A（三极部分）平均特性曲线（RCA）
屏极电压—屏极电流、栅极电流

平均特性曲线
三级管部分

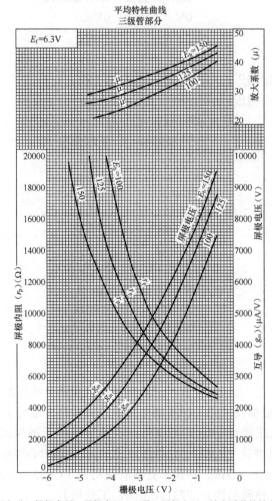

6U8A（三极部分）栅极电压—屏极内阻、互导、屏极电压、放大系数特性曲线（RCA）

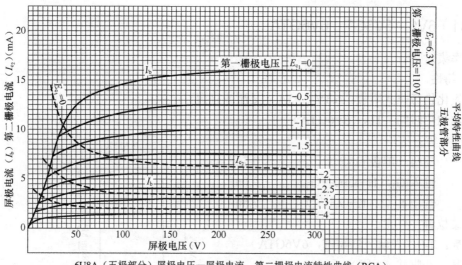

6U8A（五极部分）屏极电压—屏极电流、第二栅极电流特性曲线（RCA）

平均特性曲线
五极管部分

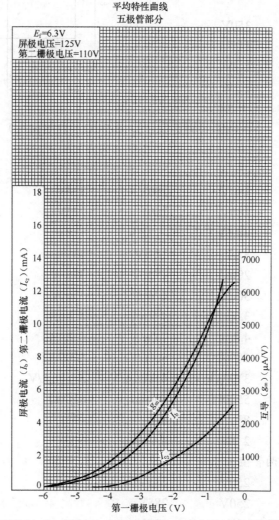

6U8A（五极部分）第一栅极电压—屏极电流、第二栅极电流、互导特性曲线（RCA）

（81）6V6　6V6GT　6V6GTA

功率集射管。

◎ **特性**

敷氧化物旁热式阴极：6.3V/0.45A，交流或直流

热丝加热时间：11s（6V6GTA）

极间电容：

栅极—屏极 G_1-P		0.7pF
输入 G_1-（H+K+G_2+G_3）		9.0pF
输出 P-（H+K+G_2+G_3）		7.5pF

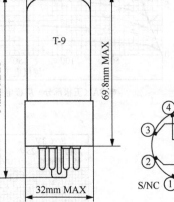

安装位置：任意

管壳：T-9，玻璃（6V6GT，6V6GTA）

管基：八脚式（8脚）

◎ **最大额定值**

屏极电压	350V
帘栅电压	315V
屏极耗散功率	14W
帘栅耗散功率	2.2W
热丝—阴极间电压	±200V
栅极电路电阻	0.1MΩ（固定偏压），0.5MΩ（自给偏压）

◎ **典型工作特性**

A_1 类放大

屏极电压	180V	250V	315V
帘栅电压	180V	250V	225V
栅极电压	−8.5V	−12.5V	−13V
峰值输入电压	8.5V	12.5V	13V
零信号屏极电流	29mA	45mA	39mA
最大信号屏极电流	30mA	47mA	35mA
零信号帘栅电流	3.0mA	4.5mA	2.2mA
最大信号帘栅电流	4.0mA	7.0mA	6.0mA
屏极内阻（近似）	50000Ω	50000Ω	80000Ω
互导	3700μA/V	4100μA/V	3750μA/V
负载阻抗	5500Ω	5000Ω	8500Ω
总谐波失真	8%	8%	12%
最大信号输出功率	2.0W	4.5W	5.5W

AB_1 类推挽放大（两管值）

屏极电压	250V	285V
帘栅电压	250V	285V
栅极电压	−1.5V	−19V

峰值输入电压（G-G）	30V	38V
零信号屏极电流	70mA	70mA
最大信号屏极电流	79mA	92mA
零信号帘栅电流	5.0mA	4.0mA
最大信号帘栅电流	13.0mA	13.5mA
负载阻抗（P-P）	10000Ω	8000Ω
总谐波失真	5%	3.5%
最大信号输出功率	10W	14W

三极接法

屏极电压	250V
栅极电压	−12.5V
放大系数	9.8
屏极内阻	1960Ω
互导	5000μA/V
屏极电流	49.5mA
栅极电压（I_p=0.5mA）	−36V

RCA 6V6GT，6V6GTA 不同时期的结构

Sylvania 6V6GTY（1972），6V6GT（1979），6V6GTA（1970'）

苏联 6П6С

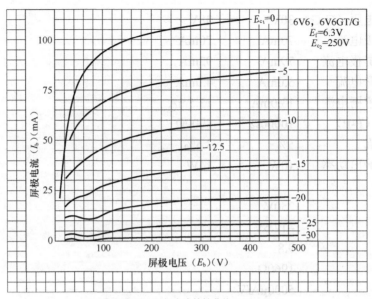

6V6 屏极电压—屏极电流特性曲线（Tung-Sol）

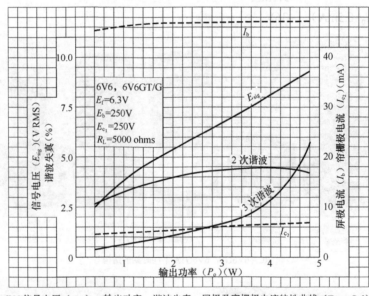

6V6 信号电压（rms）—输出功率、谐波失真、屏极及帘栅极电流特性曲线（Tung-Sol）

6V6GT 为 RCA 于 1937 年开发的金属管 6V6 的直筒玻壳改进管。6V6GT 为低频用集射功率输出管，适用于声频放大输出级，AB_1 类推挽 10W 或 14W，超线性推挽 10.5W，超线性抽头为 22.5%，栅极电阻最大不能超过 470kΩ（自给偏压）或 100kΩ（固定偏压）。该管曾广泛使用在家用小功率放大设备中，各厂生产的 6V6GT 在局部结构上有较大差异，玻璃管壁涂有涂层，后期有些没有涂层。20 世纪 40 年代早期 6V6GT 的最大额定值为 E_{pm}=315V，E_{sgm}=285V，P_{pm}=12W，P_{sgm}=2W。

6V6GT 的等效管有 VT107A（美国，军用）、CV511（英国，军用）、OSW3106、6V6（美国，Φ33mm×68mm 金属管）、VT107（美国，军用金属管）、6V6G（美国，Φ46mm×103mm G 管）、CV509（英国，军用）、VT107B（美国，军用 G 管）、6V6Y（美国，高频损耗小材料

管基金属管）、6V6GTY（美国，高频损耗小材料棕色管基）、6V6GTA（美国，热丝加热时间平均11s，其他特性与6V6GT相同）、5S2D（瑞典，Standard，军用）、 6Π6C（苏联）、6P6P（中国）、5871（美国，工业用，灯丝6.3V/0.9A，特性与6V6GTA相同）、7184（美国，工业用金属管）、7408（美国，特殊用途）。

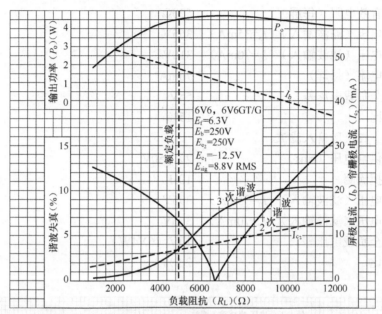

6V6负载阻抗—谐波失真、输出功率、屏极及帘栅极电流特性曲线（Tung-Sol）

6V6GT的类似管有EL32、EL33、KT61（英国）。

（82）6X4　6X4W　6X4WA

高真空旁热式全波整流管。

◎ **特性**

敷氧化物旁热式阴极：6.3V/0.6A，交流或直流

最大热丝—阴极间电压（直流及峰值）；　　　　450V

峰值屏极电压：1250V（最大）（6X4）；1375V（最大）（6X4W）

峰值屏极电流（每屏）：210mA（最大）（6X4）；230mA（最大）（6X4W）

管压降（I_o=70mA）：22V

最大高度：10000英尺（6X4W）

最大冲击：700g（6X4W）

安装位置：任意

管壳：T-5½，玻璃

管基：纽扣式芯柱小型七脚

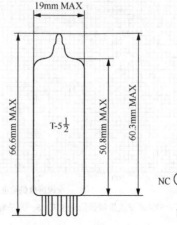

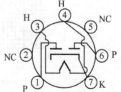

◎ **典型工作特性**

全波整流—电容器输入滤波

交流屏极供给电压（rms）	2×325V
滤波输入电容器	10μF
屏极电源有效电阻（每屏）	520Ω
直流输出电压（滤波输入）（I_o=35mA）	365V
直流输出电压（滤波输入）（I_o=70mA）	310V
直流输出电流（每屏）	70mA
半负载到全负载电压差	55V
变动百分比	15%

全波整流—扼流圈输入滤波

交流屏极供给电压（rms）	2×450V
滤波输入扼流圈	10H
直流输出电压（滤波输入）（I_o=35mA）	395V
直流输出电压（滤波输入）（I_o=70mA）	385V
半负载到全负载电压差	10V（6X4W）
变动百分比	2.5%

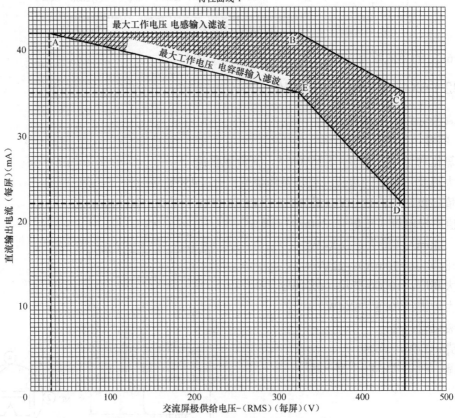

特性曲线 1

6X4W 交流屏极供给电压 RMS—直流输出电流特性曲线（每屏）（Raytheon）

特性曲线 2
最大整流效率
保持稳定状态峰值电流额定值
电容器输入滤波

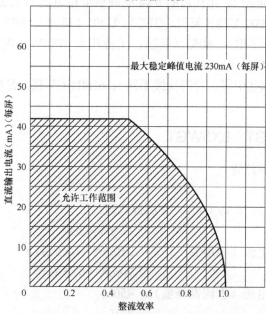

6X4W 整流效率—直流输出电流特性曲线（每屏）（Raytheon）

特性曲线 3
保持浪涌电流的
最小电源电阻值范围

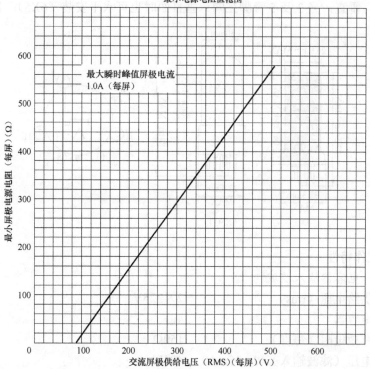

6X4W 交流屏极供给电压 RMS—最小屏极电源电阻特性曲线（每屏）（Raytheon）

6X4 为小型七脚高真空旁热式全波整流管，欧洲型号为 EZ90。该管适用于最大电流 70mA 内的电源整流，电容输入滤波的典型输入电容器电容量为 10μF。装置位置可任意，但工作时必须有良好的通风。20 世纪 50 年代前的 6X4 的峰值屏极电流为 210mA。

6X4 的等效管有 EZ90、U78（英国，GEC）、U707（英国）、6BX4（法国）、6Z31（捷克，Tesla）、CV493（英国，军用）、6063（美国，工业用）、6X4W（美国，高可靠）、WTT100（美国，特殊用途）、6X4WS（法国）。

6X4 的类似管有 6Z4（中国，管脚接续不同）、6Ц4П（苏联，管脚接续不同）、12X4（热丝 12.6V/0.3A）。

（83）6X5　6X5GT　6X5WGT

高真空旁热式全波整流管。

◎ **特性**

敷氧化物旁热式阴极：6.3V/0.6A，交流或直流

最大反向电压：	1250V（6X5/GT）	1375V（6X5WGT）
最大稳态屏极峰值电流（每屏）：	210mA（6X5/GT）	230mA（6X5WGT）
最大输出电流：	70mA（6X5/GT）	75mA（6X5WGT）

最大热丝—阴极间电压（直流及峰值）：450V

管压降（I_o=70mA）：22V

管壳：MT-8，金属（6X5）；T-9，玻璃（6X5GT）

管基：八脚式（6 脚）

安装位置：垂直，当 3 及 5 管脚在同一垂直面时也可水平安装（6X5）；任意（6X5GT）

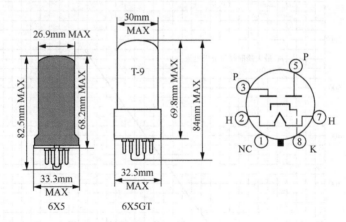

6X5　　　　6X5GT

◎ **典型工作特性**

全波整流—电容器输入滤波

交流屏极供给电压（rms）	2×325V
滤波输入电容器	4μF
屏极电源有效电阻（每屏）	150Ω
直流输出电压（滤波输入）（I_o=35mA）	405V
直流输出电压（滤波输入）（I_o=70mA）	370V

直流输出电流（每屏）	70mA
半负载到全负载电压差	35V
变动百分比	8.5%
全波整流—扼流圈输入滤波	
交流屏极供给电压（rms）	2×450V
滤波输入扼流圈	8H
直流输出电压（滤波输入）（I_o=35mA）	385V
直流输出电压（滤波输入）（I_o=70mA）	380V
半负载到全负载电压差	5V
变动百分比	1.3%

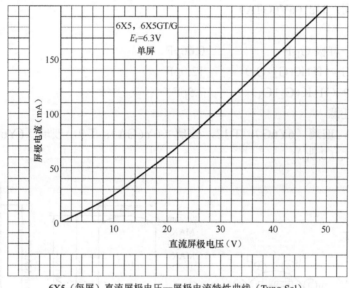

6X5（每屏）直流屏极电压—屏极电流特性曲线（Tung-Sol）

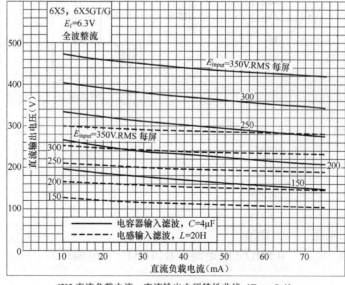

6X5 直流负载电流—直流输出电压特性曲线（Tung-Sol）

6X5GT 为八脚 GT 型高真空旁热式全波整流管。该管适用于最大电流 70mA 内的电源整流，电容输入滤波电容器的最大电容量为 32μF。

6X5GT 的等效管有 6X5（金属管）、6X5G（瓶形 G 管）、6X5WGT（高可靠管）、EZ35（瓶形 G 管）、U70（英国，GEC，瓶形 G 管）、U147（英国，瓶形 G 管）、6Ц5C（苏联）、6Z5P（中国）。

（84）6Y6G　6Y6GA　6Y6GT

功率集射管。

◎ **特性**

敷氧化物旁热式阴极：6.3V/1.25A，交流或直流

热丝加热时间：11s（6V6GTA）

极间电容：

栅极—屏极 G_1-P		0.66pF
输入 G_1-（H+K+G_2+G_3）		12.0pF
输出 P-（H+K+G_2+G_3）		7.5pF

安装位置：任意

管壳：ST-14，玻璃（6Y6G）；T-12，玻璃（6Y6GA）；T-9，玻璃（6Y6GT）

管基：八脚式（8 脚）

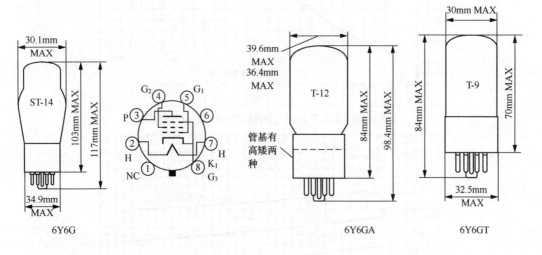

6Y6G　　　　　　　　　　　　　6Y6GA　　　　6Y6GT

◎ **最大额定值**

屏极电压	200V
帘栅电压	200V
屏极耗散功率	12.5W
帘栅耗散功率	1.75W
热丝—阴极间电压	±180V
栅极电路电阻	0.5MΩ（固定偏压），1MΩ（自给偏压）

◎ 典型工作特性

屏极电压	135V	200V
帘栅电压	135V	135V
栅极电压	−13.5V	−14V
峰值输入电压	13.5V	14V
零信号屏极电流	58mA	61mA
最大信号屏极电流	60mA	66mA
零信号帘栅电流	3.5mA	2.2mA
最大信号帘栅电流	11.5mA	9mA
屏极内阻（近似）	9300Ω	18300Ω
互导	7000μA/V	7100μA/V
负载阻抗	2000Ω	2600Ω
总谐波失真	10%	10%
最大信号输出功率	3.6W	6W

6Y6G 为八脚 G 型声频集射功率管。6Y6G 在较低直流电源电压时具有高功率灵敏度和高输出的特性。6Y6G 适用于声频功率放大，在相对低的电源电压时特别适用。

6Y6G 的等效管有 VT168A（美国，军用 G 管）、6Y6GA（美国，筒形管）、6Y6GT（美国，GT 管）。

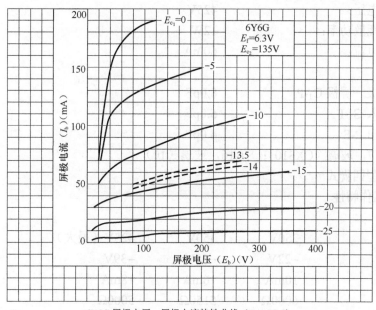

6Y6G 屏极电压—屏极电流特性曲线（Tung-Sol）

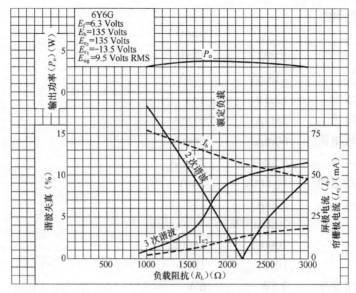

6Y6G 负载阻抗—谐波失真、输出功率、屏极及帘栅极电流特性曲线（Tung-Sol）

（85）10

直热式功率三极管。

◎ **特性**

敷氧化物灯丝：7.5V/1.25A，交流或直流

最大屏极电压：	425V
最大屏极耗散功率：	12W
最大屏极电流：	60mA
极间电容：	
栅极—屏极 G_1-P	8.0pF
输入 G_1-F	5.0pF
输出 P-F	4.0pF

管壳：S-17，玻璃（CX310）；ST-16，玻璃（10）

管基：中型四脚式

◎ **典型工作特性**

A 类放大

屏极电压	250V	350V	425V（最大）
栅极电压*	−22V	−31V	−39V
屏极电流	10mA	16mA	18mA
屏极内阻	6000Ω	5150Ω	5000Ω
放大系数	8		
互导	1330μA/V	1550μA/V	1600μA/V
负载阻抗	13000Ω	11000Ω	10200Ω
输出功率	0.4W	0.9W	1.6W

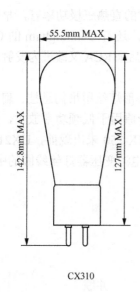

55.5mm MAX

142.8mm MAX

127mm MAX

CX310

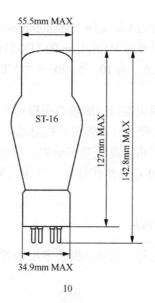

55.5mm MAX

ST-16

127mm MAX

142.8mm MAX

34.9mm MAX

10

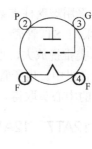

P 2 3 G

F 1 4 F

B 类放大（双管）

屏极电压	250V	350V	425V（最大）
栅极电压*	−28V	−40V	−50V
峰值声频栅极电压	110V	120V	130V
零信号屏极电流（每管）	4mA	4mA	4mA
最大信号屏极电流（每管）	55mA	55mA	55mA
负载阻抗（每管）	1000Ω	1500Ω	2000Ω
有效屏—屏负载阻抗	4000Ω	6000Ω	8000Ω
最大信号激励功率	2.1W	2.3W	2.5W
最大信号输出功率	13W	20W	25W

* 栅极电压指交流灯丝中心至栅极而言。

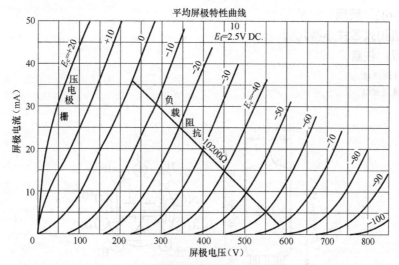

10 平均屏极特性曲线（RCA）
屏极电压—屏极电流

10 的前身是 UX210，为 1924 年美国 Westinghouse 开发的直热三极功率管，早期是茄形管，后改为 ST-16 瓶形管。型号除 Radiotron 的 UX-210 外，还有 Cunningham 的 CX-310、Sylvania 的 SX-210 等，后型号统一为 10，军用编号为 VT25，后来 RCA 又改进为发射管 801/A，军用编号为 VT62。

UX210 采用玻璃柱支架固定电极、涂敷石墨镍屏极、M 形灯丝用吊钩悬挂、扁平状握式芯柱。801 采用 ST 管壳、陶瓷支架、弹簧吊挂灯丝。该管原用于低频功率放大，适用于 A 类单端及 B 类推挽放大，也可用于高频功率放大、调制。UX-250 未出现前，UX210 广泛应用在公共扩音机中。电子管 10 是直热式灯丝，栅偏压要从电源变压器灯丝线圈的中心抽头，或灯丝电阻的中心头取得。

（86）12AT7　12AT7WA

高放大系数双三极管，放大、混频、振荡多用途管。

◎ 特性

敷氧化物旁热式阴极：	串联	并联
	12.6V/0.15A	6.3V/0.3A，交流或直流
极间电容：	没有屏蔽	有屏蔽 [A]
栅极—屏极 G-P（每单元）	1.5pF	1.5pF
输入 G-（H+K）（每单元）	2.2pF	2.2pF
输出 P-（H+K）（1 单元）	0.5pF	1.2pF
输出 P-（H+K）（2 单元）	0.4pF	1.5pF
热丝—阴极 H-K（每单元）	2.4pF	2.4pF
栅极接地	没有屏蔽	有屏蔽 [B]
输入 K-（H+G）（每单元）	4.6pF	4.6pF
输出 P-（H+G）（每单元）	1.8pF	2.6pF
屏极—阴极 P-K（每单元）	0.2pF	0.2pF

管壳：T-6½，玻璃
管基：纽扣式芯柱小型九脚
安装位置：任意

[A] 屏蔽连接到阴极。
[B] 屏蔽连接到栅极。

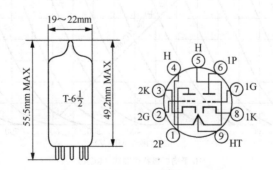

◎ **最大额定值**

屏极电压	300V（12AT7）	330V（12AT7WA）
屏极耗散功率	2.5W（12AT7）	2.8W（12AT7WA）
热丝—阴极间电压	90V（12AT7）	100V（12AT7WA）
栅极电压	−50V（12AT7）	−55V（12AT7WA）
冲击加速度	600g（12AT7WA）	
振动加速度	2.5g（12AT7WA）	
管壳温度	200℃	
高度	10000 英尺（12AT7WA）	
栅极电阻	1MΩ	

◎ **典型工作特性**

A_1 类放大（每三极部分）

屏极电压	100V	250V
阴极电阻	270Ω	200Ω
屏极电流	3.7mA	10mA
屏极内阻	15kΩ	10.9kΩ
互导	4000μA/V	5500μA/V
放大系数	60	60
栅极电压（I_p=10μA）	−5V	−12V

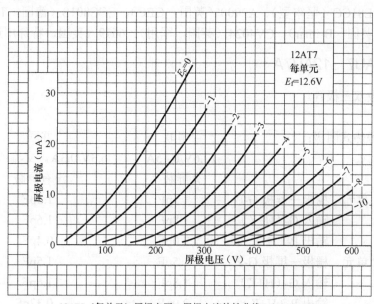

12AT7（每单元）屏极电压—屏极电流特性曲线 （Tung-Sol）

　　12AT7 为小型九脚高放大系数高频双三极管，欧洲编号为 ECC81，两三极管间除热丝外，完全独立，不对称的半边屏为单边支柱及翼。该管原用于 FM 收音机射频放大、混频。在音响电路中，该管是应用得较多的管型，适用于倒相、阴极激励放大、阻容耦合放大等用途。RC 耦合放大时屏极电流可取 1.5～2mA，可获得每级 30～40 倍的电压增益（R_p=100～220kΩ）。

使用时管座中心屏蔽柱建议接地。

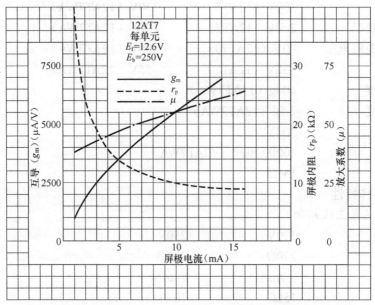

12AT7（每部分）屏极电流—互导、屏极内阻、放大系数特性曲线　（Tung-Sol）

12AT7 的等效管有 ECC81、B152、B309（英国，GEC）、CV455（英国，军用）、12AT7EG（南斯拉夫，Ei）、2025（中国）、12AT7WA（美国，通信用可靠管）、M8162（英国，Mullard）、QS2406、6201/E81CC（坚牢型）、A2900（英国，GEC）、ECC801S（德国，Tel.，通信用特选管）、6060（英国，Brimar）、CV4024（英国，军用）、6679（美国，特殊用途）。

（87）12AU7　12AU7A

中放大系数双三极管。

◎ 特性

敷氧化物旁热式阴极：	串联	并联
	12.6V/0.15A	6.3V/0.3A，交流或直流
极间电容：	有屏蔽 [A]	没有屏蔽
1 单元　栅极—屏极 G-P	1.5pF	1.5pF
输入 G-（H+K）	1.8pF	1.6pF
输出 P-（H+K）	2.0pF	0.4pF
2 单元　栅极—屏极 G-P	1.5pF	1.5pF
输入 G-（H+K）	1.8pF	1.6pF
输出 P-（H+K）	2.0pF	0.32pF

管壳：T-6½，玻璃

管基：纽扣式芯柱小型九脚

安装位置：任意

[A] 屏蔽连接到阴极。

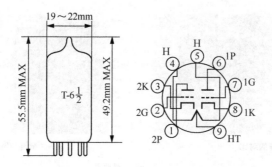

◎ **最大额定值**

屏极电压	300V（12AU7）	330V（12AU7A）
屏极耗散功率	2.75W	
阴极电流	20mA（12AU7）	22mA（12AU7A）
热丝—阴极间电压	200V	
管壳温度	165℃	
栅极电阻	1MΩ	

◎ **典型工作特性**

A_1 类放大（每三极部分）

屏极电压	100V	250V
栅极电压	0	−8.5V
屏极电流	11.8mA	10.5mA
屏极内阻（近似）	6.5kΩ	7.7kΩ
互导	3100μA/V	2200μA/V
放大系数	20	17
栅极电压（I_p=10μA）	—	−24V

◎ **阻容耦合放大数据**

A 类阻容耦合放大
每单元

R_p MΩ	R_s MΩ	R_{g_1} MΩ	E_{bb}=90V			E_{bb}=180V			E_{bb}=300V		
			R_k	增益	E_o	R_k	增益	E_o	R_k	增益	E_o
0.10	0.10	0.10	3900	10	10	3600	11	20	3500	11	30
0.10	0.24	0.10	5000	11	14	4700	12	27	4400	12	41
0.24	0.24	0.10	9400	11	13	8700	11	25	8700	12	38
0.24	0.51	0.10	11000	11	17	11000	12	32	11000	12	48
0.51	0.51	0.10	19000	11	15	18000	12	29	18000	12	43
0.51	1.0	0.10	24000	11	19	23000	12	37	23000	12	54
0.24	0.24	10	0	14	12	0	16	20	0	17	28
0.24	0.51	10	0	14	16	0	16	28	0	17	40
0.51	0.51	10	0	14	15	0	15	26	0	16	38
0.51	1.0	10	0	14	19	0	16	35	0	16	52

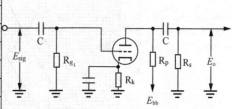

注：耦合电容器（C）应调整到要求的频率响应。R_k 应旁路。

GAIN 增益　　E_o=2Vrms 时　　E_o 为 rms，总谐波失真 5%　　零偏压数据可忽略发生阻抗

12AU7 阻容耦合放大数据（GE）

长屏与短屏的对比

窄屏与宽屏的对比

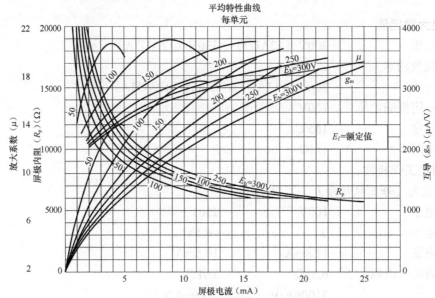

12AU7（每单元）平均特性曲线（GE）
屏极电流—放大系数、屏极内阻、互导

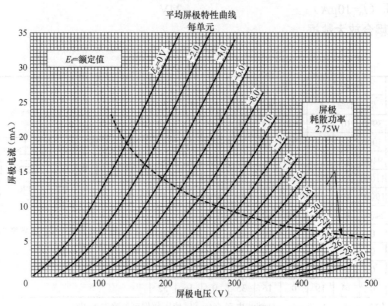

12AU7（每单元）平均屏极特性曲线（GE）
屏极电压—屏极电流

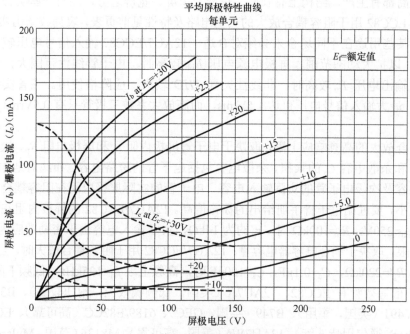

12AU7（每单元）平均屏极特性曲线（GE）
屏极电压—屏极电流、栅极电流

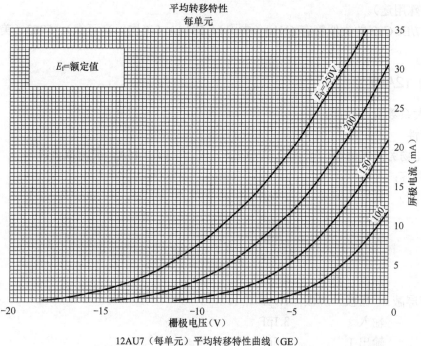

12AU7（每单元）平均转移特性曲线（GE）
栅极电压—屏极电流

　　12AU7 为小型九脚低频放大用低噪声多用途双三极管，有好的低电压特性，两三极管间除热丝外，完全独立，适用于倒相、激励、阻容耦合放大等用途。该管线性良好，是应用得很多的管型，1947 年由美国 RCA 开发，特性相同的欧洲型号是 ECC82。12AU7/ECC82 各国电子管制造商都有生产，结构上有长屏、短屏及窄屏、宽屏之分，还有一些类似型号。

12AU7/ECC82 用于阻容耦合放大的典型电路及特性见前页表，表列数据由实验所得，大体合理，但某些用途在不同场合未必绝对合适。12AU7/ECC82 输入信号电压较大时，宜取较小 R_p 值，以扩大动态范围，屏极电源电压 E_{bb} 较高时，电子管线性范围大，可取得较大输出。表列输出电压 E_o 较高时，非线性失真 THD 较大，应降格使用。该管实用上不失真（$THD<5\%$）最大输入信号电压可达 1.5Vrms，而高放大系数三极管只有 0.5Vrms 左右，适用于激励放大。

阻容耦合放大的高频响应上限，取决于电子管屏极内阻 r_p 和屏极电阻 R_p、次级栅极电阻 R_g' 的并联值和杂散电容 C_s 的乘积。杂散电容包括电子管的跨路电容、布线对地电容、耦合电容器对地电容及次级电子管的实际输入电容。电子管的实际屏极内阻在阻容耦合放大时，由于屏极电流小，要远比电子管手册给出的标称值高。12AU7/ECC82 的屏极内阻在阻容耦合放大时，当 $E_{bb}=250V$，$R_p=100k\Omega$ 时，r_p 约为 14kΩ，实际输入电容由于密勒效应为 45～65pF。低频响应下限，取决于耦合电容器电容量。12AU7/ECC82 用于阻容耦合放大时，当 $E_{bb}=250V$，$R_p=100k\Omega$，$R_g'=220k\Omega$，$C_c=0.1\mu F$，$C_s=100pF$ 时，高频上限 $f_H=125kHz$，低频下限 $f_L=6.8Hz$。

12AU7 的等效管有 ECC82、12AU7A（美国，低颤噪效应，耐压较高）、B329（英国，GEC）、 CV491（英国，军用）、B749（英国，GEC）、6189/E82CC（高可靠）、ECC802S（德国，Telefunken，通信用特选管）、12AU7WA（美国，高可靠）、M8136（英国，Mulard）、ECC186（计算机用）、7730（美国，工业用）、6067（英国，Brimar）、CV4003（英国，军用）、6680（美国，特殊用途）。

12AU7/ECC82 的类似管有 6N10（中国）、5814A（美国，高可靠）、5963（美国，$\mu=21$，工业用）。

（88）12AV7

中放大系数双三极管。

◎ 特性

敷氧化物旁热式阴极：	12.6V/0.225		6.3V/0.45A，交流或直流

极间电容：

（有屏蔽）	栅极—屏极	1.9pF
	输入	3.2pF
	输出 1*	1.3pF
	2*	1.6pF
	热丝—阴极	4.0pF
（没有屏蔽）	栅极—屏极	1.9pF
	输入	3.1pF
	输出 1*	0.5pF
	2*	0.4pF
	热丝—阴极	3.8pF

管壳：T-6½，玻璃

管基：纽扣式芯柱小型九脚

安装位置：任意

*1单元6、7、8脚，2单元1、2、3脚。

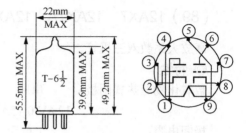

◎ 最大额定值

屏极电压	300V
屏极耗散功率（每屏）	2.7W
栅极电压	−50V
热丝—阴极间电压	90V

◎ 典型工作特性 （每三极部分）

A_1 类放大

屏极电压	100V	150V
阴极电阻	120Ω	56Ω
屏极电流	9.0mA	18mA
屏极内阻（近似）	6100Ω	4800Ω
互导	6100μA/V	8500μA/V
放大系数	37	41
栅极电压（I_p=10μA）	−9V	−12V

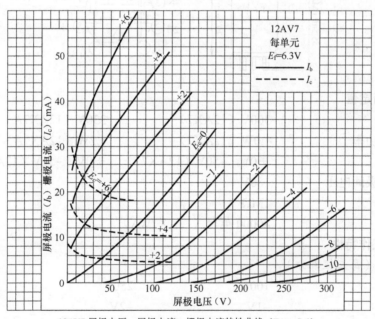

12AV7 屏极电压—屏极电流、栅极电流特性曲线（Tung-Sol）

12AV7 为小型九脚中放大系数双三极管，适用于 VHF 电视机中射频放大、振荡及混频、声频放大等用途。

12AV7 的类似管有 5965。

（89）12AX7　12AX7A　12AXWA

高放大系数双三极管。

◎ **特性**

敷氧化物旁热式阴极：

	串联	并联
	12.6V/0.15A	6.3V/0.3A，交流或直流

极间电容：

	1 单元	2 单元
栅极—屏极 G-P	1.7pF	1.7pF
输入 G-（H+K）	1.6pF	1.6pF
输出 P-（H+K）	0.46pF	0.34pF

管壳：T-6½，玻璃

管基：纽扣式芯柱小型九脚

安装位置：任意

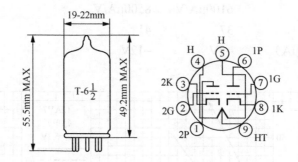

◎ **最大额定值**

屏极电压	300V（12AX7）	330V（12AX7A）
屏极耗散功率	1.0W（12AX7）	1.2W（12AX7A）
栅极电压	+0V，−50V（12AX7）	+0V，−55V（12AX7A）
热丝—阴极间电压	180V	
栅极电阻	1MΩ	
高度	80000 英尺（12AX7WA）	

◎ **典型工作特性**

A_1 类放大（每三极部分）

屏极电压	100V	250V
栅极电压	−1V	−2V
屏极电流	0.5mA	1.2mA
屏极内阻（近似）	80kΩ	62.5kΩ
互导	1250μA/V	1600μA/V
放大系数	100	100
等效噪声及交流声电压（平均）		1.8mVrms（12AX7A）

◎ 阻容耦合放大数据

阻容耦合放大

R_p MΩ	R_L MΩ	R_{g_1} MΩ	E_{bb}=90V			E_{bb}=180V			E_{bb}=300V		
			R_k	增益	E_o	R_k	增益	E_o	R_k	增益	E_o
0.10	0.10	0.1	1700	31	5.0	1000	40	15	760	43	30
0.10	0.24	0.1	2000	38	6.9	1100	46	20	900	50	40
0.24	0.24	0.1	3500	43	6.5	2000	54	18	1600	58	37
0.24	0.51	0.1	3900	49	8.6	2300	59	24	1800	64	47
0.51	0.51	0.1	7100	50	7.4	4300	62	19	3100	66	39
0.51	1.0	0.1	7800	53	9.1	4800	64	24	3600	69	46
0.24	0.24	10	0	37	3.9	0	53	15	0	62	32
0.24	0.51	10	0	44	5.4	0	60	19	0	67	41
0.51	0.51	10	0	44	5.0	0	61	17	0	69	35
0.51	1.0	10	0	49	6.4	0	66	21	0	71	41

GAIN 增益　　E_o=2Vrms 时　　E_o 为 rms，总谐波失真 5%　　零偏压数据可忽略发生阻抗

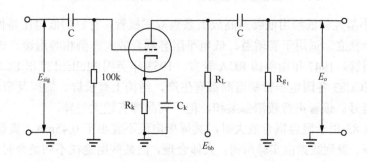

12AX7 阻容耦合放大数据（Tung-Sol）

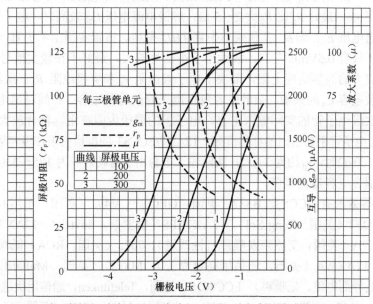

12AX7（每三极部分）栅极电压—屏极内阻、互导、放大系数特性曲线（Tung-Sol）

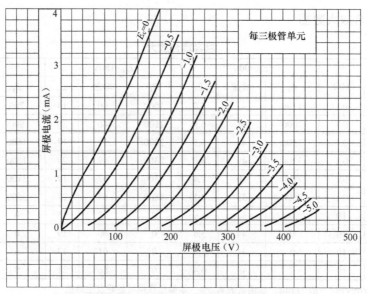

12AX7（每三极部分）屏极电压—屏极电流特性曲线（Tung-Sol）

12AX7 为小型九脚低频用低噪声高放大系数双三极管，有好的低电压特性，两三极管间除热丝外，完全独立，适用于高增益、低电平阻容耦合放大、倒相等用途。该管是使用得最多的前置放大用管，1947 年由美国 RCA 开发，1953 年英国 Mullard 推出 ECC83，特性完全相同。12AX7/ECC83 各国电子管制造商都有生产，结构上有长屏、短屏及窄屏、宽屏之分，还有一些类似型号。该管声音较浓郁柔和，但不同品牌有较大差异。

12AX7/ECC83 用于阻容耦合放大时，其屏极电流不宜小于 0.45mA，典型电路及特性见前页附图及附表。表列数据由实验所得，大体合理，但某些用途在不同场合时未必绝对合适。12AX7/ECC83 输入信号电平较低时，可选较大屏极电阻 R_p，以求高增益；输入信号电平较高时，宜取较小屏极电阻 R_p 值，以扩大动态范围。次级栅极电阻 R_g' 对增益 G_v、输出电压 E_o 及失真 THD 有影响，最好 R_g' 比 R_p 大 2～5 倍。屏极电源电压 E_{bb} 较高时，电子管线性范围大，对取得大的输出电压 E_o、增益 G_v 和减小失真 THD 有利。该管实用上不失真（$THD<5\%$）最大输入信号电压只有 0.5Vrms 左右，故适用于小信号放大，最好不在较大信号状态下工作。

阻容耦合放大的高频响应上限，取决于电子管内阻 r_p 和屏极电阻 R_p、次级栅极电阻 R_g' 的并联值和杂散电容 C_s 的乘积。杂散电容包括电子管的跨路电容、布线对地电容、耦合电容器对地电容及次级电子管的实际输入电容。电子管的屏极内阻在阻容耦合放大时，由于屏极电流小，要远比电子管手册给出的标称值高，12AX7/ECC83 的屏极内阻在阻容耦合放大时，当 $E_{bb}=250V$，$R_p=100k\Omega$ 时，r_p 约为 72kΩ，实际输入电容由于密勒效应为 185～330pF。低频响应下限，取决于耦合电容器电容量。

12AX7 的等效管有 ECC83、B337（英国，GEC）、CV492（英国，军用）、CV2011（英国，军用）、12DF7（美国，Tung-Sol）、12AX7LPS（俄罗斯，Sovtek）、12AX7WB（俄罗斯，Sovtek）、12AX7A（美国，交流声及噪声特性改进）、7025（美国，RCA，低噪声、低颤噪效应，可靠管）、12AXWA（美国，通信用高可靠管）、M8137（英国，Mullard）、E83CC（欧洲，长寿命，低界面电阻、低噪声）、ECC803S（德国，Telefunken，通信用优选管）、5721（美国，特殊用途）、6057（英国，Brimar）、CV4004（英国，军用）、7494（美国，特殊用途）、7729

（美国，通信用）。

12AX7/ECC83 的类似管有 6N4（中国）、5751（美国，GE，特殊用途，可靠管）、6AX7
（热丝 6.3V/3.15V，0.3A/0.6A）。

12AX7/ECC83 的管脚接续不同的类似管有 6EU7（美国，热丝 6.3V/0.3A，低交流声、低
颤噪效应）、ECC808（德国，Valvo，热丝 6.3V/0.35A，低交流声音响用）、E283CC（德国，
Siemens，热丝 6.3V/0.33A，高品质音响及测量用）、6H2Π（俄罗斯，热丝 6.3V/0.34A）、6N2
（中国，热丝 6.3V/0.34A）。

（90）12AY7

中放大系数双三极管，低电平、高增益声频放大。

◎ **特性**

敷氧化物旁热式阴极：　　　串联　　　　　　　并联

　　　　　　　　　　　　12.6V/0.15A　　6.3V/0.3A，交流或直流

极间电容*：

　　栅极—屏极　　　1.3pF

　　输入　　　　　　1.3pF

　　输出　　　　　　0.6pF

管壳：T-6½，玻璃

管基：纽扣式芯柱小型九脚

安装位置：任意

* 没有外加屏蔽。

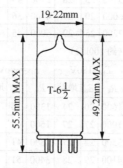

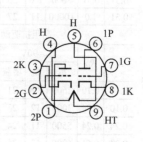

◎ **最大额定值**

屏极电压　　　　　　　　300V

屏极耗散功率　　　　　　1.5W

栅极电压　　　　　　　　+0V，−50V

阴极电流　　　　　　　　10mA

热丝—阴极间电压　　　　90V

栅极电阻　　　　　　　　1MΩ

◎ **典型工作特性**

A_1 类放大（每三极部分）

屏极电压　　　　　　　　250V

栅极电压　　　　　　　　−4V

屏极电流　　　　　　　　3.0mA

屏极内阻（近似）　　　　25kΩ

互导　　　　　　　　　　1750μA/V

放大系数　　　　　　　　44

栅极电压（$I_p=10\mu A$）　　−11V

低电平放大（每三极部分）

屏极供给电压** 　　　　　150V

屏极负载电阻	20kΩ
栅极电阻	0.1MΩ
阴极电阻	2.7kΩ
阴极电容器	40μF
电压增益	12.5

**9 脚连接到电源负端。

◎ 阻容耦合放大数据

A 类阻容耦合放大
每单元

		低阻抗驱动（约 200Ω）										说明
R_L	R_{gf}	E_{bb}=90V			E_{bb}=180V			E_{bb}=300V				
		R_k	E_o	增益	R_k	E_o	增益	R_k	E_o	增益		1. E_o 为最大 rms 输出电压，总谐波失真约 5%。
0.10	0.10	1900	6.9	22	1300	18	25	1000	34	27		2. 增益 Gain，输出电压 2Vrms 时。
0.10	0.24	2100	9.6	25	1500	24	28	1300	45	29		3. R_k 单位是Ω；R_L 及 R_{gf} 是 MΩ。
0.24	0.24	4200	8.2	26	2700	20	28	2200	36	30		4. 耦合电容器（C）应调整到要求的频率响应。R_k 应
0.24	0.51	4800	11	27	3100	25	28	2700	45	31		旁路。
0.51	0.51	8600	8.6	26	6000	20	29	4700	36	30		
0.51	1.0	10000	11	27	7200	25	29	6000	45	31		

		高阻抗驱动（约 100kΩ）									
R_L	R_{gf}	E_{bb}=90V			E_{bb}=180V			E_{bb}=300V			
		R_k	E_o	增益	R_k	E_o	增益	R_k	E_o	增益	
0.10	0.10	2600	8.8	21	1600	20	24	1300	36	26	
0.10	0.24	3000	12	23	1900	27	27	1600	48	28	
0.24	0.24	5500	11	24	3500	24	27	2800	41	29	
0.24	0.51	6200	13	25	4100	29	28	3400	51	30	
0.51	0.51	11000	11	25	6800	25	28	5500	49	30	
0.51	1.0	12000	14	26	8100	31	29	6700	54	30	

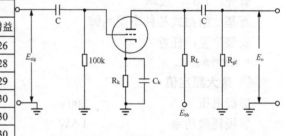

12AY7 阻容耦合放大数据（GE）

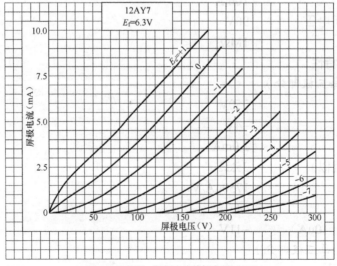

12AY7 屏极电压—屏极电流特性曲线（GE）

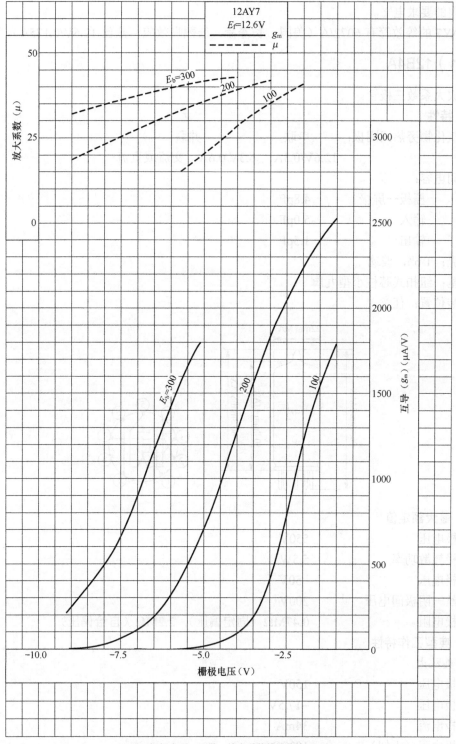

12AY7 栅极电压—互导、放大系数特性曲线（GE）

12AY7 为小型九脚中放大系数双三极管，两三极管间除热丝外，完全独立。该管特别设计的低噪声、低颤噪效应，适用于低电平、高增益放大的第一级，附加啸声及交流声电压可控至有限的要求电平。

12AY7 的等效管有 6072/A（美国，长寿命，低颤噪效应，热丝 12.6V/0.175A）。

（91）12B4A

低放大系数三极管。

◎ **特性**

敷氧化物旁热式阴极：   串联   并联

                         12.6V/0.3A   6.3V/0.6A，交流或直流

极间电容：

栅极—屏极	4.8pF
输入	5.0pF
输出	1.5pF

管壳：T-6½，玻璃

管基：纽扣式芯柱小型九脚

安装位置：任意

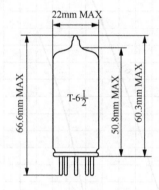
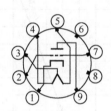

◎ **最大额定值**

屏极电压	550V
屏极耗散功率	5.5W
栅极电压	−50V
热丝—阴极间电压	200V
栅极电阻	0.47MΩ（固定偏压），2.2MΩ（自给偏压）

◎ **典型工作特性**

A_1 类放大

屏极电压	150V
栅极电压	−17.5V
屏极电流	34mA
屏极内阻（近似）	1030Ω
互导	6300μA/V
放大系数	6.5

屏极电流（$V_g=-23V$）　　　9.6mA
栅极电压（$I_p=200\mu A$）　　　$-32V$

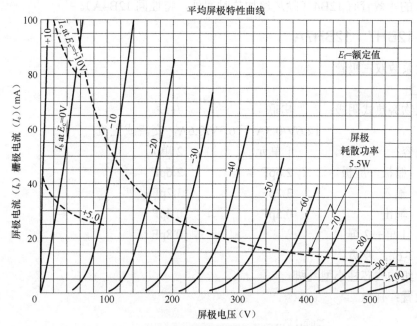

12B4A 平均屏极特性曲线（GE）
屏极电压—屏极电流、栅极电流

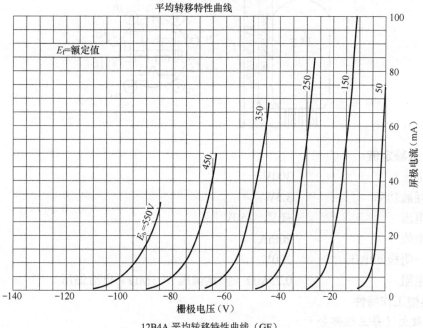

12B4A 平均转移特性曲线（GE）
栅极电压—屏极电流

　　12B4A 为小型九脚旁热式低放大系数、高互导三极管。该管原用于电视接收机中垂直偏转放大，在较低屏极电压时有高屏极电流且能耐得住高的脉冲电压，可在高峰值电流、低电源电压下应用。12B4A 还可以使用在 600mA 型串联热丝的设备上。在音响电路中，可用 8 只 12B4A 并联用于单端推挽 OTL 输出。

12B4A 的等效管有 12B4（除热丝加热时间外，特性同 12B4A）。

（92）12BH7 12BH7A

中放大系数双三极管。

◎ **特性**

敷氧化物旁热式阴极：　　　　串联　　　　　　并联

　　　　　　　　　　　　12.6V/0.3A　6.3V/0.6A，交流或直流

极间电容：　　　　　　　1 单元　　　　　　2 单元

　　栅极—屏极　　　　　2.6pF　　　　　　2.6pF

　　输入　　　　　　　　3.2pF　　　　　　3.2pF

　　输出　　　　　　　　0.5pF　　　　　　0.4pF

　　1 屏—2 屏　　　　　　　　　　　　　0.8pF

管壳：T-6½，玻璃

管基：纽扣式芯柱小型九脚

安装位置：任意

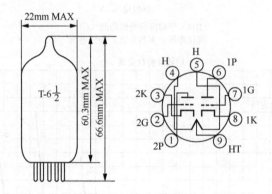

◎ **最大额定值**

屏极电压　　　　　　　　300V

屏极耗散功率　　　　　　3.5W

栅极电压　　　　　　　　+0V，−50V

阴极电流　　　　　　　　20mA

热丝—阴极间电压　　　　200V

栅极电阻　　　　　　　　0.25MΩ（固定偏压），1MΩ（自给偏压）

◎ **典型工作特性**

A_1 类放大（每三极部分）

屏极电压　　　　　　　　250V

栅极电压　　　　　　　　−10.5V

屏极电流　　　　　　　　11.5mA

屏极内阻（近似）	5300Ω
互导	3100μA/V
放大系数	16.5
屏极电流（V_g= –14V）	4mA
栅极电压（I_p=50μA）	–23V

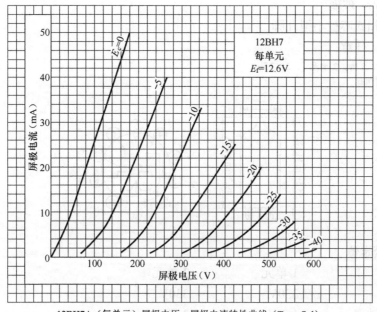

12BH7A（每单元）屏极电压—屏极电流特性曲线（Tung-Sol）

12BH7A 为小型九脚中放大系数双三极管，两三极管间除热丝外，完全独立，1950 年美国 RCA 开发，原型管为 12BH7，后改进为能用于串联热丝供电的 12AH7A，镀铝铁板箱形散热片状屏极，是 12AU7 的大电流高耐压型。该管原用于电视接收机中水平振荡、垂直振荡及输出，在音响电路中，适用于倒相、激励放大，采用 300～400V 高电压供电，偏压–8～–9V，屏极电流 5mA 以上及屏极电阻在 20～30kΩ 时，可获得每级 11～13 倍的电压增益，能输出较大激励电压（50～70Vrms），足以驱动包括直热式三极管在内的输出级。使用时管座中心屏蔽柱建议接地。

12BH7A 的等效管有 12BH7（美国，热丝不宜串联使用）、12BH7AEG（南斯拉夫，Ei）、6913（美国，工业用）。

12BH7A 的类似管有 6CG7/6FQ7（美国，热丝 6.3V/0.6A，热丝加热时间平均 11s，热丝可串联使用，管脚接续与 12BH7A 不同）。

（93）12DW7

双三极管。

◎ 特性

敷氧化物旁热式阴极：　　　串联　　　　　　　　　　并联

　　　　　　　　　　　　　　12.6V/0.15A　　　　　　6.3V/0.3A，交流或直流

极间电容：

	1 单元[A]		2 单元[A]	
	有屏蔽[B]	没有屏蔽	有屏蔽[B]	没有屏蔽
栅极—屏极	1.7pF	1.7pF	1.5pF	1.5pF
输入	1.8pF	1.6pF	1.8pF	1.7pF
输出	2.0pF	0.44pF	2.4pF	0.4pF

管壳：T-6½，玻璃

管基：纽扣式芯柱小型九脚

安装位置：任意

[A] 1 单元 6、7、8 脚，2 单元 1、2、3 脚。
[B] 屏蔽连接到阴极。

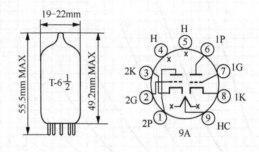

◎ **最大额定值**

	1 单元	2 单元
屏极电压	330V	330V
屏极耗散功率	1.2W	3.3W
阴极电流	—	22mA
栅极电压	+0V，−55V	—
热丝—阴极间电压	200V	
栅极电阻		0.25MΩ（固定偏压）
		1MΩ（自给偏压）

◎ **典型工作特性**

A₁ 类放大

	1 单元		2 单元	
屏极电压	100V	250V	100V	250V
栅极电压	−1V	−2V	0V	−8.5V
屏极电流	0.5mA	1.2mA	11.8mA	10.5mA
屏极内阻（近似）	80000Ω	62500Ω	6500Ω	7700Ω
互导	1.25mA/V	1.6mA/V	3.1mA/V	2.2mA/V
放大系数	100	100	20	17
栅极电压（I_p=10μA）				−24V

12DW7 为小型九脚双三极管。该管用于声频放大及倒相。两三极管间除热丝外，完全独立，但其两个三极部分特性并不一样，一半（No.1 管 8、7、6 脚）特性与 12AX7 相同，用于低噪声电压放大，另一半（No.2 管 3、2、1 脚）特性与 12AU7 相同，用于阴极剖相式倒

相，可参阅 12AX7 及 12AU7 有关内容。

12DW7 的等效管 7247 用于高保真放大，其 No.1 部分特性与 7025 相同，低交流声及低颤噪效应。

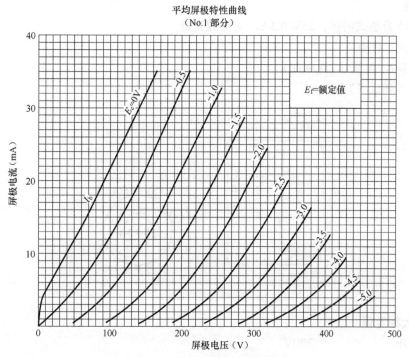

12DW7（1 单元）屏极电压—屏极电流特性曲线（GE）

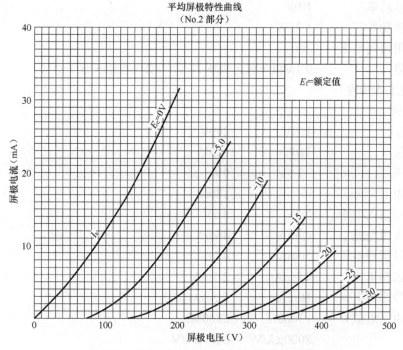

12DW7（2 单元）屏极电压—屏极电流特性曲线（GE）

（94）25L6　25L6GT

功率集射管。

◎ **特性**

敷氧化物旁热式阴极：25V/0.3A，交流或直流

安装位置：任意

管壳：T-9，玻璃（25L6GT）

管基：八脚式（7 脚）

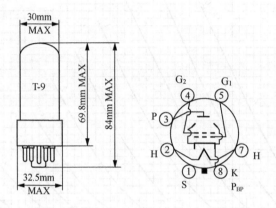

◎ **最大额定值**

屏极电压	200V
帘栅电压	125V
屏极耗散功率	10W
帘栅耗散功率	1.25W
热丝—阴极间电压	200V
栅极电阻	0.1MΩ（固定偏压），0.5MΩ（自给偏压）

◎ **典型工作特性**

A_1 类放大

屏极电压	110V	200V
帘栅电压	110V	125V
栅极电压	−7.5V	0V
阴极电阻	—	180Ω
峰值声频输入电压	7.5V	8.5V
零信号屏极电流	49mA	46mA
最大信号屏极电流	50mA	47mA
零信号帘栅电流	4.0mA	2.2mA
最大信号帘栅电流	10mA	8.5mA
屏极内阻（近似）	13000Ω	28000Ω
互导	8000μA/V	8000μA/V

负载阻抗	2000Ω	4000Ω
总谐波失真	10%	10%
最大信号输出功率	2.1W	3.8W

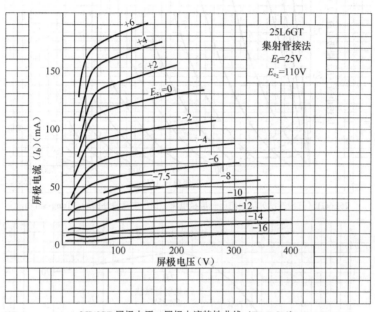

25L6GT 屏极电压—屏极电流特性曲线（Tung-Sol）

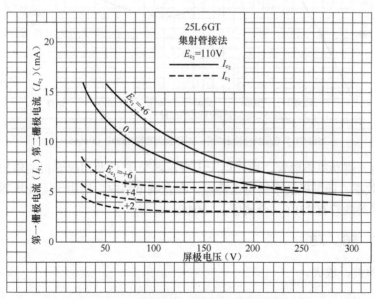

25L6GT 屏极电压—第一栅极电流、第二栅极电流特性曲线（Tung-Sol）

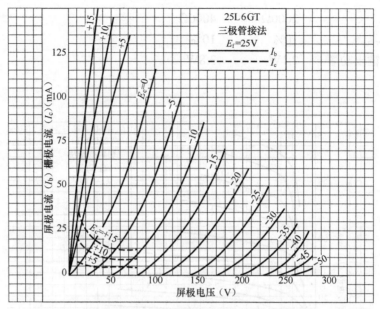

25L6GT（三极接法）屏极电压—屏极电流、栅极电流特性曲线（Tung-Sol）

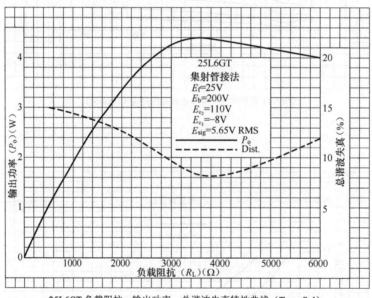

25L6GT 负载阻抗—输出功率、总谐波失真特性曲线（Tung-Sol）

25L6GT 为八脚功率集射管，原应用于无变压器交/直流两用收音机的输出级，具有高功率灵敏度及高效率、低屏极及帘栅电压特点。在音响电路中，适用于无变压器输出放大。

25L6GT 的等效管有 25L6（金属管）、6046。

（95）27　56　76

三极管，检波、放大。

◎ **特性**

敷氧化物旁热式阴极：交流或直流

27	2.5V/1.75A
56	2.5V/1A
76	6.3V/0.3A

极间电容：	27	56	76
栅极—屏极	3.3pF	3.2pF	2.8pF
输入	3.1pF	3.2pF	3.6pF
输出	2.3pF	2.2pF	2.6pF

安装位置：任意

管壳：ST-12，玻璃

管基：中型五脚

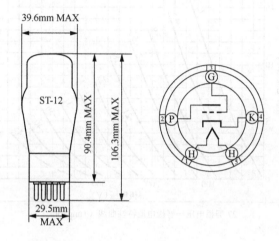

◎ 最大额定值

	27
屏极电压	275V
热丝—阴极间电压	90V

◎ 27　A类放大特性

屏极电压	90V	135V	180V	250V
栅极电压	−6V	−9V	−13.5V	−2lV
屏极电流	2.7mA	4.5mA	5.0mA	5.2mA
屏极内阻	11kΩ	9kΩ	9kΩ	9.25kΩ
互导	820μA/V	1000μA/V	1000μA/V	975μA/V
放大系数	9	9	9	9

◎ 56/76　A类放大特性

屏极电压	100V	250V
栅极电压	−5V	−13.5V
栅极电路电阻	1MΩ	1MΩ
屏极电流	2.5mA	5.0mA
屏极内阻	12kΩ	9.5kΩ

互导	1150μA/V	1450μA/V		
放大系数	13.8	13.8		

56/76 阻容耦合放大

屏极供电电压	100V	100V	250V	250V
屏极电阻	50kΩ	250kΩ	50kΩ	250kΩ
阴极电阻	3.8kΩ	15kΩ	3.8kΩ	15kΩ
电压增益	8.5	10	9	10

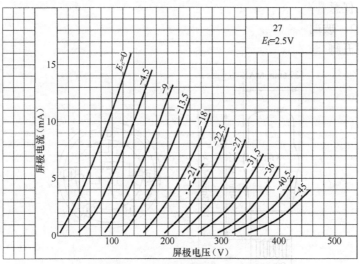

27 屏极电压—屏极电流特性曲线（TungSol）

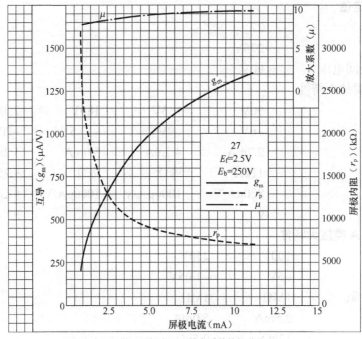

27 屏极电流—互导、屏极内阻、放大系数特性曲线（TungSol）

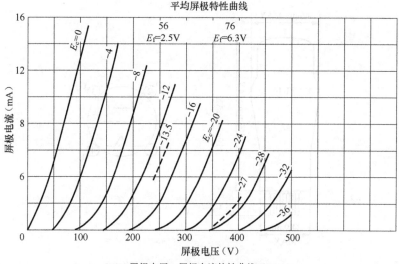

平均屏极特性曲线

56/76 屏极电压—屏极电流特性曲线（RCA）

27 为低放大系数三极管。它的前身是 1927 年美国 RCA 开发的茄形玻壳旁热式低放大系数三极管 UY-227（外形尺寸 $\Phi40\times108$mm），生产者还有 National Union、Sylvania、Raytheon 等，Cnuuingham 型号 C-327，Arcturus 型号 127，改为瓶形玻壳后统一称 27（外形尺寸 $\Phi40\times90$mm）。56 是 27 的改进管，早期 56 也是茄形玻壳（外形尺寸 $\Phi40\times108$mm），76 是 56 的热丝电压 6.3V 管，瓶形玻壳（外形尺寸 $\Phi40\times90$mm）。27、56、76 原用于检波放大，适用于振荡、检波或低频放大。在音响电路中，27 适用于低频变压器耦合放大，输入变压器圈数比为 1：3，56/76 可用于阻容耦合放大。

27 的等效管有 VT29（美国，军用）。

56 的等效管有 VT 56（美国，军用）。

76 的等效管有 VT76（美国，军用）。76 的类似管有 6P5G（美国，G 型，除管基外，特性与 76 相同）。

（96）45

功率直热式三极管。

◎ **特性**

敷氧化物灯丝：2.5V/1.5A，交流或直流

极间电容：栅极—屏极　4pF　　8pF（CX-345 茄形管）

　　　　　栅极—灯丝　7pF　　5pF（CX-345 茄形管）

　　　　　屏极—灯丝　3pF　　3pF（CX-345 茄形管）

管壳：ST-14，玻璃；S-17，玻璃（CX-345 茄形管）

管基：中型四脚

安装位置：垂直，当 1 及 4 管脚在同一水平面时也可水平安装

◎ **A$_1$ 类单端放大**

屏极电压	180V	250V	275V（最大）
栅极电压	−31.5V	−50V	−56V

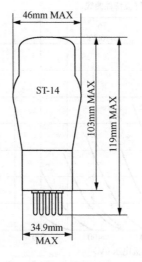

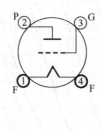

栅极电路电阻	1MΩ	1MΩ	1MΩ（自给偏压）
	0.1MΩ	0.1MΩ	0.1MΩ（固定偏压）
屏极电流	31mA	34mA	36mA
屏极内阻	1650Ω	1610Ω	1700Ω
互导	2125μA/V	2175μA/V	2050μA/V
放大系数	3.5	3.5	3.5
负载阻抗	2700Ω	3900Ω	4600Ω
输出功率	0.825W	1.6W	2.0W

◎ AB$_2$类推挽放大*

	固定偏压	自给偏压
屏极电压	275V（最大）	275V（最大）
栅极电压**	−68V	
自给偏压电阻	775Ω	
零信号屏极电流	28mA	36mA
最大信号屏极电流	138mA	90mA
负载阻抗（P-P）	3200Ω	5060Ω
总谐波失真	5%	5%
平均输入功率（G-G）	656mW	460mW
输出功率	18W	12W

** 栅极电压指交流灯丝中心至栅极而言。

* 两管值。

45 是 1929 年 Westinghouse 因 50 售价昂贵而开发的功率较小且价廉的 UX-245，早期是茄形管 UX-245，后期是瓶形 45。45 是为声频功率放大而开发的，曾广泛应用于无线电收音机的输出级，风靡一时。45 是直热式灯丝，栅偏压要从电源变压器灯丝线圈的中心抽头，或灯丝电阻的中心头取得。

45 存世量已较少，能见到的早期 45 有 Radiotron 和 Silvertone 的 UX-245、Cunningham

的 CX-345、National Union 的 NX-245。45 有 RCA、Victor、GE、Sylvania、Philco（Sylvania 制造）、Zenith（贴牌）等。其中，Radiotron、Cunningham、Silvertone、Victor 都是 RCA 早期使用的商标，大多为 WH 公司制造。能见到的 VT52 有 Hytron（WE 制造）、Philco（National Union 制造）等。

　　45 的等效管有 VT45（美国，军用）。

　　45 的类似管有 VT52（美国，军用，灯丝 7V）。

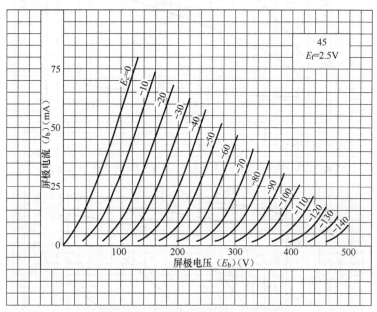

45 屏极电压—屏极电流特性曲线（Tung-Sol）

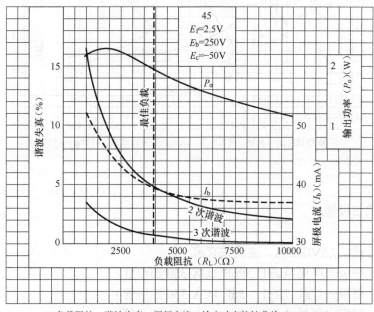

45 负载阻抗—谐波失真、屏极电流、输出功率特性曲线（Tung-Sol）

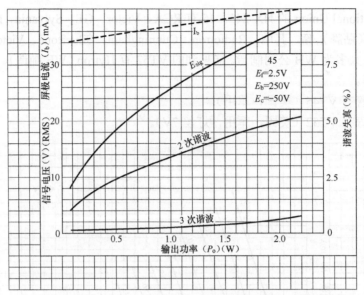

45 输出功率—信号电压 rms、屏极电流、谐波失真特性曲线 （Tung-Sol）

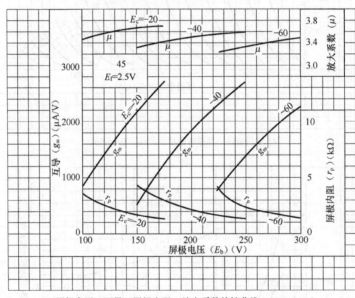

45 屏极电压—互导、屏极内阻、放大系数特性曲线 （Tung-Sol）

（97）50

功率直热式三极管。

◎ **特性**

敷氧化物灯丝：7.5V/1.25A，交流或直流

极间电容：栅极—屏极 4.2pF　9pF（CX-350 茄形管）

　　　　　栅极—灯丝 7.1pF　5pF（CX-350 茄形管）

　　　　　屏极—灯丝 3.4pF　3pF（CX-350 茄形管）

管壳：ST-16/ST-19，玻璃；S-21，玻璃（CX-350 茄形管）

管基：中型四脚
安装位置：垂直，屏极和灯丝处于垂直时允许水平安装

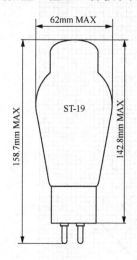

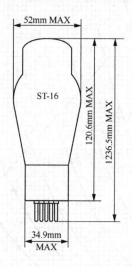

◎ **典型工作特性**

屏极电压	350V	400V	450V（最大）
栅极电压*	−63V	−70V	−84V
屏极电流	45mA	55mA	55mA
屏极内阻	1900Ω	1800Ω	1800Ω
互导	2000μA/V	2100μA/V	2100μA/V
放大系数	3.8	3.8	3.8
负载阻抗	4100Ω	3670Ω	4350Ω
输出功率	2.4W	3.4W	4.6W

* 栅极电压指交流灯丝中心至栅极而言。

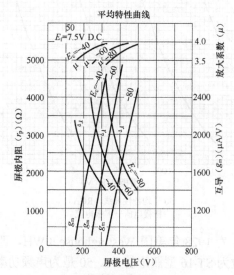

50 平均特性曲线（RCA）
屏极电压—屏极内阻、放大系数、互导

平均屏极特性曲线

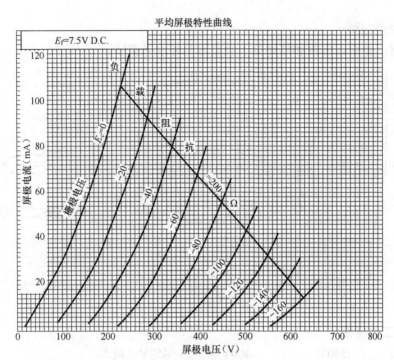

50 平均屏极特性曲线（RCA）
屏极电压—屏极电流

平均特性曲线

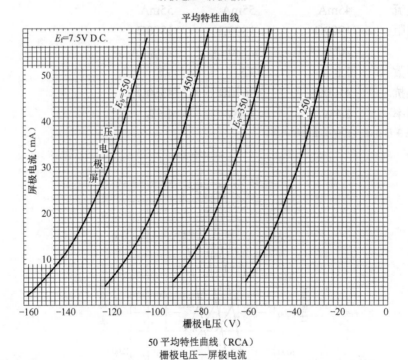

50 平均特性曲线（RCA）
栅极电压—屏极电流

　　50 的前身是 UX-250，为 1928 年美国 Westinghouse（WH，西屋）开发的直热式三极功率管，早期是茄形管，后改为 ST-16 型瓶形管 50。50 是为声频功率放大而开发的，但也有用于高频功率放大或倍频的。在音响电路中，50 适用于变压器输入低频功率放大。其栅极电阻不得大于 10kΩ。50 是直热式灯丝，栅偏压要从电源变压器灯丝线圈的中心抽头，或灯丝电阻的中心头取得。

50 存世量已较少，还能见到的早期 50 有 Radiotron 的 UX-250、Cunningham 的 CX-350。50 有 RCA、Sylvania、Raytheon、National Union 等，Philco、Zenith 等为贴牌。

50 的等效管有 VT50（美国，军用）。

（98）50L6GT

功率集射管，特性与 25L6GT 相同。

◎ **特性**

敷氧化物旁热式阴极：50V/0.15A，交流或直流

安装位置：任意

管壳：T-9，玻璃

管基：八脚式（7 脚）

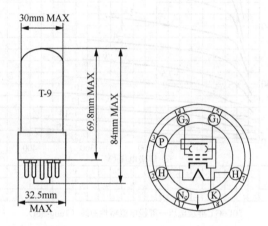

◎ **最大额定值**

屏极电压	200V
帘栅电压	117V
屏极耗散功率	10W
帘栅耗散功率	1.25W
热丝—阴极间电压	200V
栅极电阻	0.1MΩ（固定偏压），0.5MΩ（自给偏压）

◎ **典型工作特性**

A_1 类放大

屏极电压	110V	200V
帘栅电压	110V	110V
栅极电压	−7.5V	−8V
峰值声频输入电压	7.5V	8V
零信号屏极电流	49mA	50mA
最大信号屏极电流	50mA	55mA

零信号帘栅电流	4.0mA	2.0mA
最大信号帘栅电流	11mA	7.0mA
屏极内阻（近似）	13000Ω	30000Ω
互导	9000μA/V	9500μA/V
负载阻抗	2000Ω	3000Ω
总谐波失真	10%	10%
最大信号输出功率	2.1W	4.3W

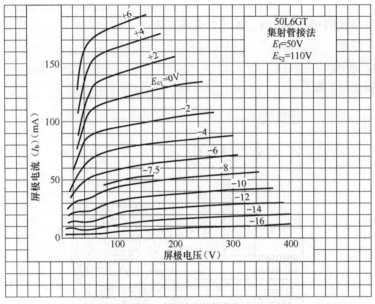

50L6GT 屏极电压—屏极电流特性曲线（Tung-Sol）

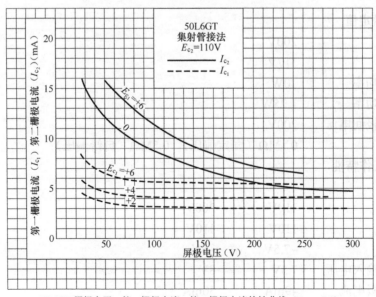

50L6GT 屏极电压—第一栅极电流、第二栅极电流特性曲线（Tung-Sol）

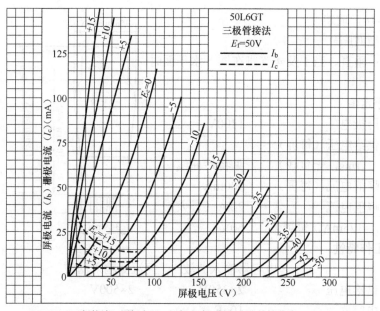

50L6GT（三极接法）屏极电压—屏极电流、栅极电流特性曲线（Tung-Sol）

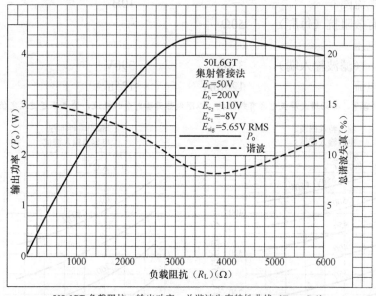

50L6GT 负载阻抗—输出功率、总谐波失真特性曲线（Tung-Sol）

50L6GT 为八脚功率集射管，原应用于无变压器交/直流两用收音机的输出级，具有高功率灵敏度及低工作电压等特点。在音响电路中，适用于无变压器输出放大。

50L6GT 的等效管有 KT71。

（99）80

高真空直热式全波整流管，电特性与 5Y3GT 相同。

◎ **特性**

敷氧化物灯丝：5V/2A，交流或直流

管壳：ST-16，玻璃

管基：中型四脚

安装位置：垂直，当1及4管脚在同一水平面时也可水平安装

◎ **最大额定值**

峰值反向屏极电压 　　　　　　　　1400V

交流屏极供给电压（每屏）

　　　（rms，无负载） 　　　　　见特性曲线

稳态屏极峰值电流（每屏） 　　　　400mA

瞬时屏极峰值电流 　　　　　　　　2.2A（最大）

管压降（I_p=125mA，每屏） 　　　60V

◎ **典型工作特性**

	电容器输入滤波	扼流圈输入滤波
交流屏极供给电压	2×350V	2×500V
滤波输入电容器*	10μF	—
滤波输入扼流圈	—	10H
屏极电源有效阻抗（每屏）	50Ω	—
直流输出电压		
（滤波输入端）	350V	390V
直流输出电流	125mA	125mA

* 如用较大电容量，必须增大屏极电源有效阻抗，以限制热开瞬时屏极电流，使之不超过额定值。

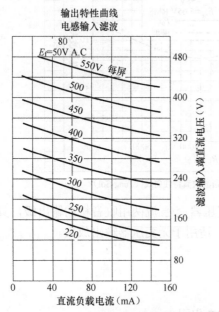 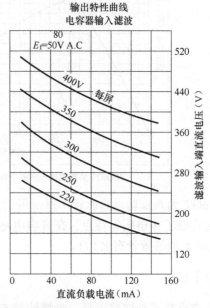

80 直流负载电流—滤波输入端直流电压特性曲线（RCA）

（左）扼流圈输入，（右）电容器输入

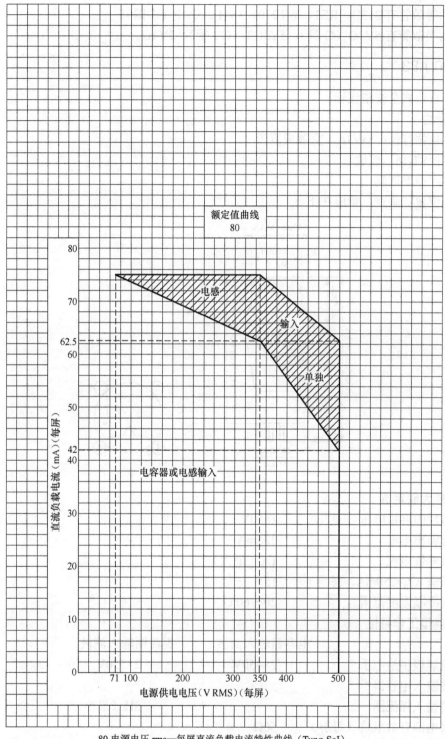

80 电源电压 rms—每屏直流负载电流特性曲线（Tung-SoI）

80 为四脚高真空直热式全波整流管，其前身是美国 RCA 于 1927 年开发的茄形管 CX380、UX280，后改为 ST-14 型瓶形管 80，参见 5Y3。适宜垂直安装，但在第 1 和第 4 脚成垂直状态时，也可水平安装。

80 的等效管有 213B、RE1、WT270、3841、5Z1P（中国）。

80 的类似管有 5Y3G（G 管）、5Y3GT（GT 管）、5Y4G。

（100）83

汞气直热式全波整流管。

◎ **特性**

敷氧化物灯丝：5V/3A，交流或直流

管壳：ST-16，玻璃

管基：中型四脚

安装位置：垂直，管座在下

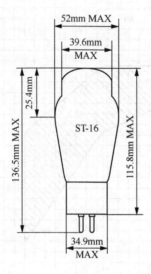

◎ **最大额定值**

峰值反向屏极电压	1550V
直流输出电流	225mA
屏极峰值电流	1A（最大）
管压降（I_p=250mA，每屏）	15V
汞气冷凝温度范围	20～60℃

◎ **典型工作特性**

	电容器输入滤波	扼流圈输入滤波
交流屏极供给电压	2×450V	2×550V
滤波输入电容器*		—
滤波输入扼流圈	—	3H（最小）
屏极电源有效阻抗（每屏）	50Ω	—
直流输出电流	225mA	225mA

*如电容量大于 40μF 时，必须增大屏极电源有效阻抗，以限制热开瞬时屏极电流，使之不超过额定值。

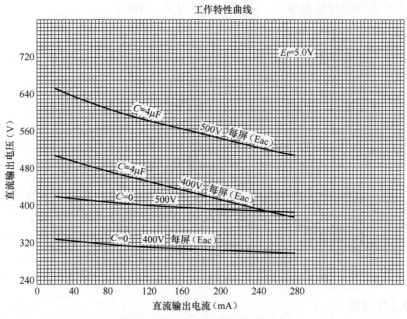

83 直流输出电流—直流输出电压特性曲线（GE）

83 为四脚汞气直热式全波整流管。该管管压降小（15V）而且与电流无关，所以电压调节率极好，适用于需要大电流、电压波动小的 AB 类、B 类放大直流电源。汞气整流管应防止瞬时过载或逆弧现象，以免严重影响寿命。其周围环境温度在 20～40℃为宜，过高或过低均不适当。汞气整流管使用时，必须先加热灯丝预热，待管内具有充分温度后，才能加给屏极电压，预热时间约 15s，初次使用则需 20min，若预热不够，将导致逆弧寿命缩短。汞气整流管工作时会产生超高频减幅振荡，引起噪声，可在屏极引线上串磁珠或高频扼流圈进行抑制，也可在整流管两端并联 0.01μF 旁路电容器，该电容器亦可并联在电源变压器次级高压绕组两端。83 适宜垂直安装。

83 的等效管有 WT301。

（101）117Z3（117Z4GT）

高真空旁热式半波整流管。

◎ **特性**

敷氧化物旁热式阴极：117V/0.04A，交流或直流

管壳：T-5½，玻璃

管基：纽扣式芯柱小型七脚

安装位置：任意

◎ **最大额定值**

峰值反向屏极电压	330V（最大）
屏极峰值电流	540mA（最大）
直流输出电流	90mA（最大）
热开关瞬时屏极电流（持续 0.2s）	2.5A（最大）

最大热丝—阴极间峰值电压 　　　　　　　　　−175V，+100V

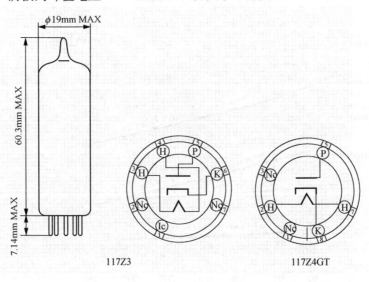

117Z3　　　　　　　117Z4GT

◎　典型工作特性

电容器输入滤波

交流屏极供给电压（rms）	117V
滤波输入电容器	30μF
最小屏极电源有效阻抗	20Ω
直流输出电流	90mA
直流输出电压（滤波输入端）约	
半负载电流（45mA）	130V
全负载电流（90mA）	110V
半负载到全负载电流的电压调节约	20V

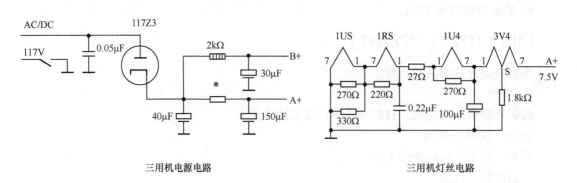

三用机电源电路　　　　　　　　　　　三用机灯丝电路

　　117Z3 为小型七脚高真空旁热式半波整流管，常用于交流、直流及电池三用收音机的半波整流，最大直流输出电流为 90mA。由于是小型管，和一般功率管一样，使用时必须要有足够的通风，尤其是 117Z3 更重要，必须特别注意。

　　117Z4GT（外形尺寸 Φ30×60mm）是与 117Z3 特性相同的 8 脚 GT 管。

工作特性曲线
半波整流

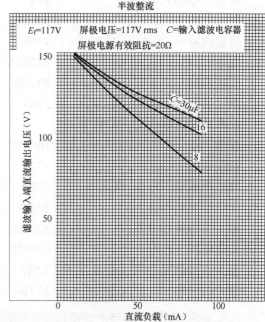

E_f=117V　屏极电压=117V rms　C=输入滤波电容器
屏极电源有效阻抗=20Ω

117Z3（半波整流）工作特性曲线（RCA）

平均屏极特性曲线

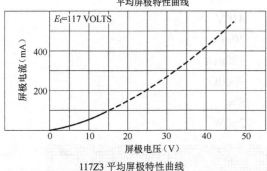

E_f=117 VOLTS

117Z3 平均屏极特性曲线

（102）211

直热式功率三极管。

◎ **特性**

敷钍钨灯丝：10V/3.25A，交流或直流

极间电容：栅极—屏极　14pF

　　　　　栅极—灯丝　5.4pF

　　　　　屏极—灯丝　4.8pF

管壳：T-18，玻璃

管基：金属四脚卡口

安装位置：垂直，管座在下，第1及

3管脚在垂直状态时也可水平安装

◎ **最大额定值**

屏极电压	1250V
屏极电流	75mA
屏极耗散功率	75W*

*A类放大，B类放大时100W。

◎**典型工作特性**

A类声频功率放大

屏极电压	750V	1000V	1250V
栅极电压	−46V	−61V	−80V

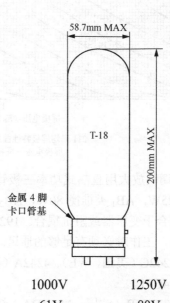

58.7mm MAX

T-18

200mm MAX

金属4脚
卡口管基

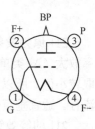

峰值声频输入电压	41V	56V	75V
屏极电流	34mA	53mA	60mA
屏极内阻	4400Ω	3800Ω	3600Ω
互导	2750μA/V	150μA/V	3300μA/V
负载阻抗	8800Ω	7600Ω	9200Ω
最大信号输出功率（近似）	5.6W	12W	19.7W
B 类声频功率放大（两管值）			
屏极电压	1000V	1250V	
栅极电压	−77V	−100V	
峰值声频输入电压（G-G）	380V	410V	
零信号屏极电流	20mA	20mA	
最大信号屏极电流	320mA	320mA	
负载阻抗（P-P）	6900Ω	9000Ω	
最大信号激励功率（近似）	7.5W	8W	
最大信号输出功率（近似）	200W	260W	

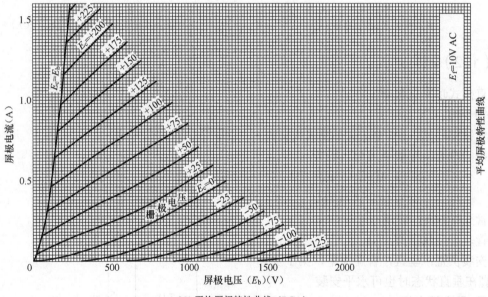

211 平均屏极特性曲线（RCA）
屏极电压—屏极电流

　　211 原为发射、调制放大用直热式功率三极管，石墨屏极。适用于大功率输出的声频功率放大（A$_1$ 类单端 25W，AB$_1$ 类推挽 80W，AB$_2$ 类推挽 190W），其栅极回路的直流电阻应取较小值，所以只适合于变压器或阻抗耦合。1924 年美国开发，20 世纪 90 年代后在音响界流行。适宜垂直安装，工作时必须有足够的通风。

　　211 的等效管有 242C（美国，WE）、4242A（英国，STC）、VT4C（美国，军用）、RS-237（德国，Tel.）、835、4C21。

　　211 的类似管有 3X-75B（法国，MAZDA，灯丝 4V/3.3A）。

典型特性曲线

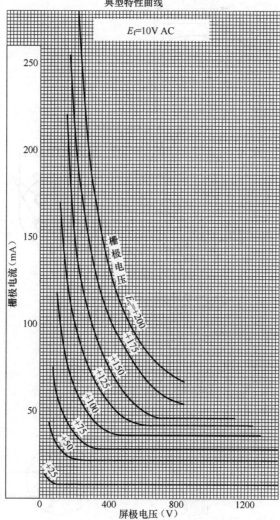

211 平均特性曲线（RCA）
屏极电压—栅极电流

（103）274A　274B

高真空直热式全波整流管。

◎ **特性**

敷氧化物灯丝：5V/2A，交流或直流

管壳：ST-16，玻璃（274B）

管基：四脚卡口（274A）；八脚式（5 脚）（274B）

安装位置：垂直，管座在下

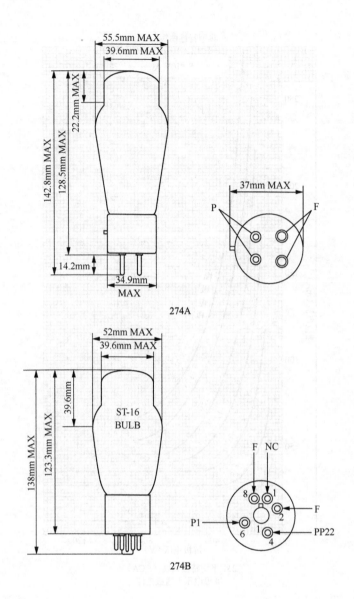

◎ **典型工作特性**

	交流电压（每屏）	整流电流
扼流圈输入滤波	550V	160mA
	550V*	200mA
	660V*	160mA
电容器输入滤波	450V	140mA
	450V*	150mA**

* 最大工作条件。

** 最大滤波输入电容器 4μF。

274A 为 ST 型四脚高真空直热式全波整流管，274B 为 G 型八脚管，两者仅管壳及管基不同，美国 Western Electric 开发，适用于最大电流 200mA 内的电源整流。适宜垂直安装。

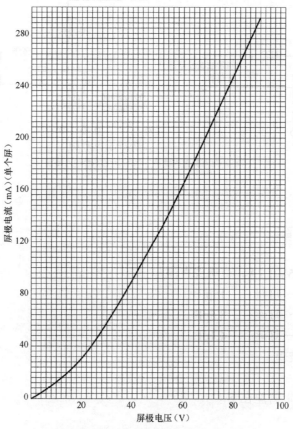

274A 屏极电压—屏极电流特性曲线（WE）

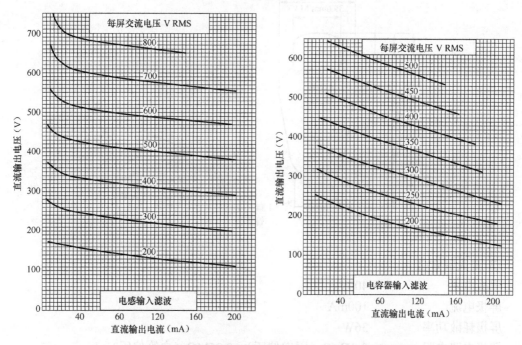

左：274A（扼流圈输入滤波）直流输出电流—直流输出电压特性曲线（WE）
右：274A（电容器输入滤波）直流输出电流—直流输出电压特性曲线（WE）

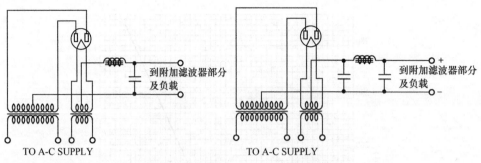

（左）扼流圈输入滤波　（右）电容器输入滤波

（104）300B

功率直热式三极管。

◎ **特性**

敷氧化物灯丝：5V/1.2A，交流或直流

极间电容：栅极—屏极　　15pF

栅极—灯丝　　8.5pF

屏极—灯丝　　4.1pF

管壳：ST-19，玻璃

管基：四脚卡口

安装位置：垂直，管座在下

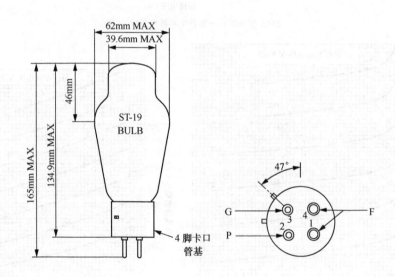

◎ **最大额定值**

屏极电压　　　　　　　400V

屏极电流　　　　　　　100mA

屏极耗散功率　　　　　36W

栅极电路电阻　　　　　0.05MΩ（固定偏压），0.25MΩ（自给偏压）

◎**典型工作特性**

A₁类单端放大

屏极电压	300V	350V
栅极电压	−61V	−74V
峰值声频输入电压	61V	74V
零信号屏极电流	62mA	60mA
最大信号屏极电流	74mA	77mA
屏极内阻	740Ω	790Ω
互导	5300μA/V	5000μA/V
负载阻抗	3000Ω	4000Ω
放大系数	3.9	3.9
输出功率（近似）	6W	7W
总谐波失真	5%	5%

A₁类推挽放大（两管值）

屏极电压	300V	350V
栅极电压	−61V	−67.5V
峰值声频输入电压（G-G）	122V	135V
零信号屏极电流	100mA	170mA
最大信号屏极电流	150mA	200mA
负载阻抗（P-P）	4000Ω	4000Ω
最大输出功率	10W	20W
总谐波失真	4.5%	2%

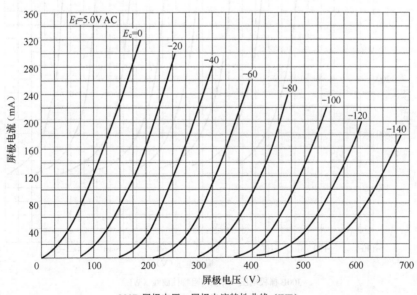

300B 屏极电压—屏极电流特性曲线（WE）

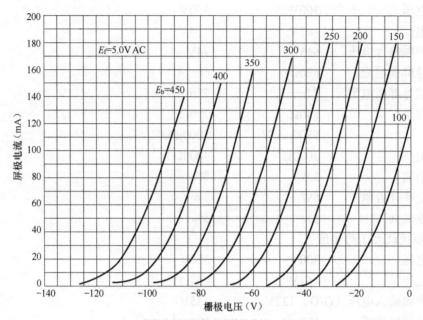

300B 栅极电压—屏极电流特性曲线（WE）

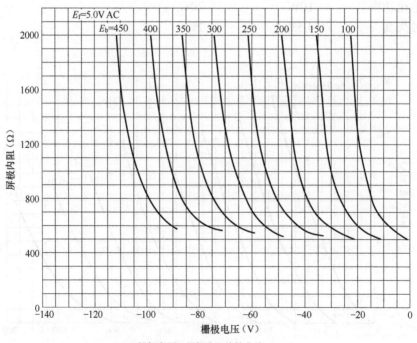

300B 栅极电压—屏极内阻特性曲线（WE）

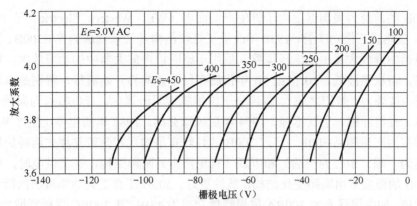

300B 栅极电压—放大系数特性曲线（WE）

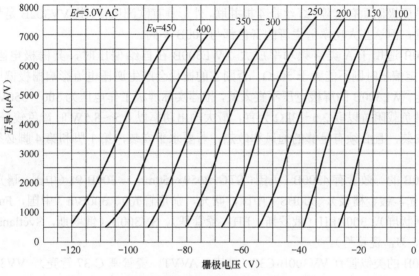

300B 栅极电压—互导特性曲线（WE）

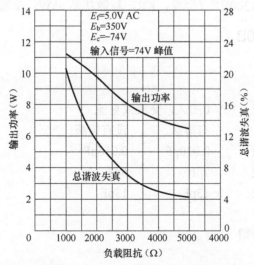

300B 负载阻抗—输出功率、总谐波失真特性曲线（WE）

WE300B 的前身为美国通信电子管生产商西电（WE，Western Electric）于 1933 年开发的 WE300A 直热式三极功率管，1938 年改进了灯丝结构及管基就成为 WE300B。该管原用于通信设备电话中继放大器中的电压调整，后用于剧院扩声放大器中的功率放大。WE300B 由于线性极好、奇次谐波低，20 世纪 70 年代后在日本音响界开始流行，特别是单端机，享有极高的声誉，被誉为"梦幻之球"，以声音平滑细腻透明而著称，音色特点为高频延伸好、弦乐表现华丽、轻灵纤细、空气感强，1994 年后风靡亚洲。1988 年西电停止生产 WE300B 后，不少国家都有生产仿制品 300B。目前 300B 的灯丝有吊钩式和弹簧支撑式两种结构，灯丝有并联（首尾为一端，中心为一端）和串联（首尾接出）两种结构，交流供电时，后者噪声稍大。WE300B 的栅极采用间距变化结构，线性更好。300B 还有更大功率输出的衍生管，为捷克和中国制造，如中国曙光的 300BA 屏极耗散功率为 45W，其 300BC 屏极耗散功率为 65W；捷克 VAIC VALVE 公司的 VV300B 屏极耗散功率为 45W，互导为 5.5mA/V，屏极内阻为 700Ω，结构特点是屏极侧面有缝隙，灯丝是 4 根并联，外形具有欧洲风格，其 VV302B 是灯丝 5V/2A 的大功率管，但这些大功率衍生管的音色都与 300B 不同。

WE300B 适用于 A 类声频功率放大。WE300B 在自给偏压时，其栅极电阻不能大于 250kΩ，固定偏压时则不能大于 50kΩ，否则它的栅极会产生逆栅电流影响栅极偏压使电子管工作不稳定。WE300B 的屏极电压不宜太低，推荐实际屏极工作电压为 300～350V。WE300B 单端输出时负载阻抗以取 2.5～3kΩ 为宜，最大输出功率以 6.5～8.5W 时音色较好。WE300B 适宜垂直安装，且必须有足够的通风和散热，若要水平安装，第 1 脚和第 4 脚必须在同一垂直面。

WE300B 的等效管有 4300B（英国，STC，Φ59×150mm）、300B-98（中国，曙光）、300BA（中国，曙光，镀金栅极）、300BS（中国，曙光，茄形管壳）、300B/n（中国，Full Music，茄形管壳网状屏）、300BEH（俄罗斯，EH，瓷管基）、SV300B（俄罗斯，Svetlana）、JJ300B（斯洛伐克，JJ，瓷管基）。

WE300B 的类似管有 VV300B-C37（捷克，AVVT，瓷管基 C-37 管壳）、VV30B（捷克，VAIC VALVE，瓷管基，单端输出可达 18W）、300BC（中国，曙光，石墨屏极，耗散功率 60W，单端输出大于 20W）、KR300BX（捷克，KR，耗散功率 65W，单端输出功率可达 23W）。

（105）310A　310B

锐截止五极管。

◎ **特性**

敷氧化物旁热式阴极：10V/0.32A，交流或直流

极间电容：	有屏蔽*	没有屏蔽
栅极—屏极	0.010pF	0.016pF
栅极—阴极	7pF	6pF
屏极—阴极	13pF	13pF

管壳：ST-12，玻璃

管基：小六脚，有栅帽

安装位置：任意

* 屏蔽连接到阴极。

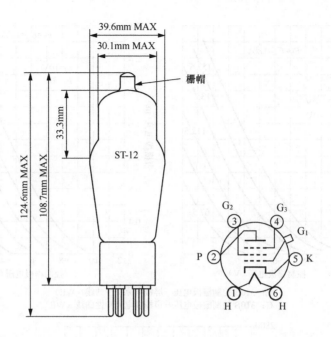

◎ **最大额定值**

屏极电压	250V
帘栅电压	180V
屏极耗散功率	2W
帘栅耗散功率	0.4W
阴极电流	10mA
热丝—阴极间电压	150V

◎ **典型工作特性**

屏极电压	135V	180V	250V
帘栅电压	135V	135V	135V
栅极电压	−3V	−3V	−3V
抑制栅电压	0V	0V	0V
屏极电流	5.4mA	5.5mA	5.6mA
帘栅电流	1.2mA	1.18mA	1.17mA
峰值声频信号电压	3.0V	1.5V	2.1V
屏极内阻	0.75MΩ	0.9MΩ	1.15MΩ
互导	1800μA/V	1820μA/V	1840μA/V
栅极电压（I_p=10μA）	−9.5V	−9.5V	−9.5V

WE310B 为美国 WESTERN ELECTRIC 开发的 ST 型带栅帽六脚锐截止五极管 310A 的颤噪效应、交流声改进型。WE310A/B 电极外的筛孔状屏蔽有小孔和大孔之分，还有网状屏蔽。该管适用于声频、载波及射频电压放大、振荡或调制，曾大量应用于有线通信设备中。在音响设备中适用于高增益电压放大。

WE310B 的等效管有 310A（美国）、10Ж12C（俄罗斯）、4310A。

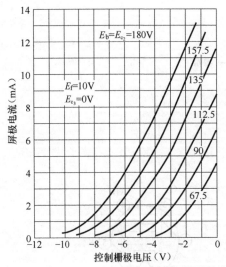 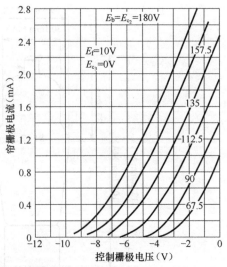

左：310B 控制栅极电压—屏极电流特性曲线（WE）
右：310B 控制栅极电压—帘栅极电流特性曲线（WE）

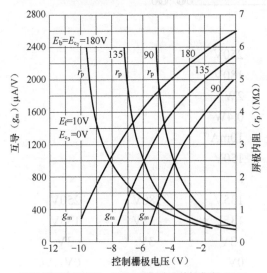

310B 控制栅极电压—互导、屏极内阻特性曲线（WE）

（106）350B

功率集射管。

◎ **特性**

敷氧化物旁热式阴极：6.3V/1.6A，交流或直流

极间电容：

栅极—屏极	0.5pF
栅极—阴极	16pF
屏极—阴极	8pF

管壳：ST-16，玻璃

管基：八脚式（7 脚）

安装位置：任意

◎ **最大额定值**

屏极电压	360V
帘栅电压	270V
屏极耗散功率	27W
帘栅耗散功率	4W
阴极电流	125mA
栅极电路电阻	0.5MΩ（自给偏压），0.1MΩ（固定偏压）

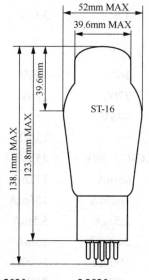

◎ **典型工作特性**

A_1 类单端放大

屏极电压	250V	350V	350V
帘栅电压	250V	250V	250V
栅极电压	−14V	−18V	
阴极电阻	—	—	130Ω
峰值声频输入电压	14V	18V	14V
零信号屏极电流	93mA	62mA	93mA
最大信号屏极电流	97mA	81mA	89mA
零信号帘栅电流	6.0mA	2.5mA	5.0mA
最大信号帘栅电流	15mA	16mA	16mA
互导	8300μA/V	7100μA/V	8500μA/V
屏极内阻	37500Ω	57500Ω	34500Ω
负载阻抗	2000Ω	3200Ω	2500Ω
最大信号输出功率	10.5W	15.8W	9.6W
总谐波失真	11%	18%	11%

A_1 类单端放大（三极接法）[*]

屏极电压	250V	250V
栅极电压	−20V	
阴极电阻	—	350Ω
峰值声频输入电压	20V	20V
零信号屏极电流	50mA	50mA
最大信号屏极电流	56.0mA	52.2mA
互导	6400μA/V	6800μA/V
放大系数	8	8
屏极内阻	1250Ω	1180Ω
负载阻抗	5000Ω	6000Ω
最大信号输出功率	1.7W	1.5W

总谐波失真	5%	3.6%

* 帘栅连接到屏极。

AB₁ 类推挽放大（两管值）

屏极电压	360V	360V
帘栅电压	270V	270V
栅极电压	−25V	—
阴极电阻	—	130Ω
峰值声频输入电压（G-G）50V		45V
零信号屏极电流	68mA	132mA
最大信号屏极电流	162mA	155mA
零信号帘栅电流	2.5mA	5.5mA
最大信号帘栅电流	24.5mA	18mA
负载阻抗（P-P）	3000Ω	5000Ω
最大信号输出功率	22W	25W
总谐波失真	5%	14%

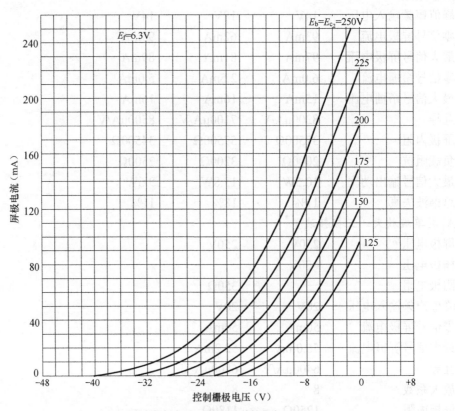

350B 控制栅极电压—屏极电流特性曲线（WE）

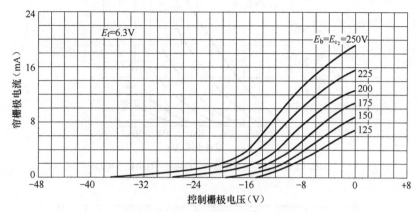

350B 控制栅极电压—帘栅极电流特性曲线（WE）

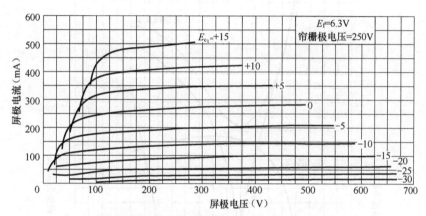

350B 屏极电压—屏极电流特性曲线（V_{g_2}=250V）（WE）

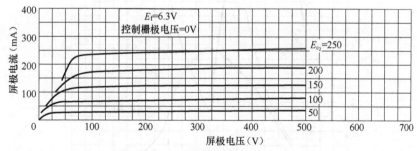

350B 屏极电压—屏极电流特性曲线（V_{g_1}=0V）（WE）

三极管接法

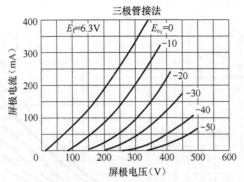

350B（三极接法）屏极电压—屏极电流特性曲线（WE）

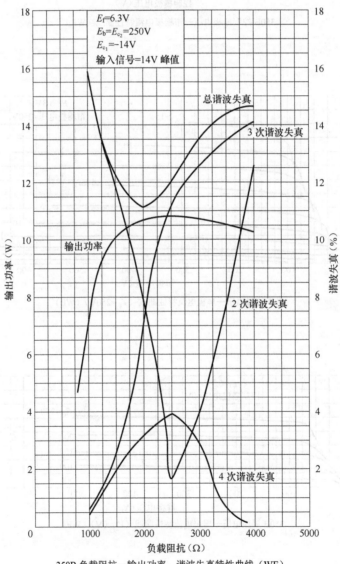

350B 负载阻抗—输出功率、谐波失真特性曲线（WE）

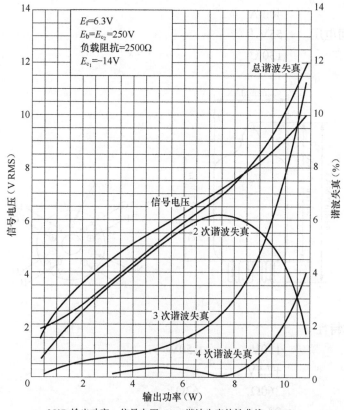

350B 输出功率—信号电压 rms、谐波失真特性曲线（WE）

　　WE350B 为 1940 年美国 WESTERN ELECTRIC 推出的 G 型八脚集射功率管。该管适用于声频功率放大及射频振荡，特性与 6L6G 类似，类似管还有 RK49（美国，六脚 ST 管）。WE350A 为带屏帽五脚 ST 管，特性与 807 类似。

（107）417A　5842　F7004

高频三极管。

◎ **特性**

敷氧化物旁热式阴极：6.3V/0.3A，交流或直流

极间电容：

　　　　输入 K-（G+H）　　9pF

　　　　输出 P-（G+H）　　1.8pF

　　　　P-K+H　　　　　　0.48pF

管壳：T-6½，玻璃

管基：纽扣式芯柱小型九脚

安装位置：任意

◎ **最大额定值**

屏极电压　　　　　200V

屏极耗散功率　　　4.5W

阴极电流	40mA
热丝—阴极间电压	55V
管壳温度	130℃

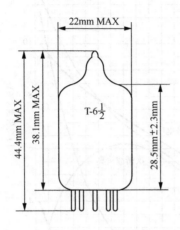

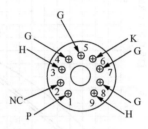

◎ **典型工作特性**

屏极电压	130V	150V
栅极电压*	+7.5V	—
阴极电阻	360Ω	62Ω
屏极电流	23mA	22.5mA
屏极内阻	1850Ω	1700Ω
互导	25000μA/V	25000μA/V
放大系数	44	43

* 此栅极电压基准点是阴极电阻负端。

WE 417A

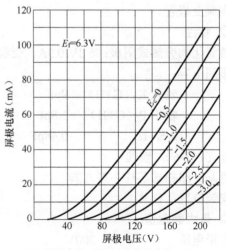

417A 屏极电压—屏极电流特性曲线（WE）

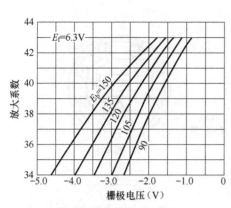

417A 栅极电压—放大系数特性曲线（WE）

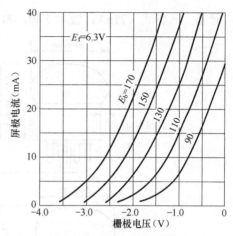

417A 栅极电压—屏极电流特性曲线（WE）

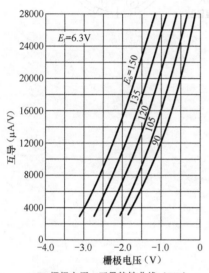

417A 栅极电压—互导特性曲线（WE）

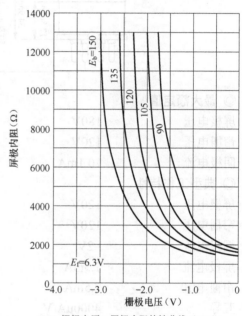

417A 栅极电压—屏极内阻特性曲线（WE）

　　417A 为小型九脚高互导三极管，美国 WESTERN ELECTRIC 开发，浴缸状屏极结构，使之不仅靠近栅极丝，还避开栅极支撑柱，减小了其间的电容，具有低噪声、低极间电容、高互导等特点，原负责宽频带放大器输入级的栅极接地工作，工作频率范围宽。在音响电路中可用于低噪声放大、激励放大。

　　417A 的等效管有 5842、CK5842（美国，Raytheon）、F7004。

（108）713A　717A

旁热式高频五极管。

◎ 特性

敷氧化物旁热式阴极：6.3V/0.175A，交流或直流

管壳：类蘑菇形玻璃

管基：八脚式（713A：胶木 7 脚，717A：金属箍腰 8 脚）

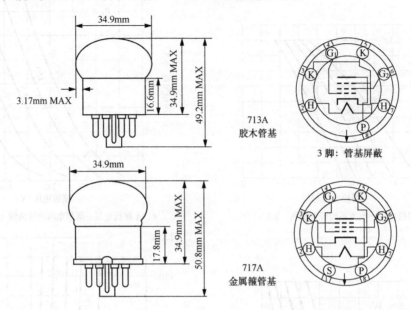

713A
胶木管基

3 脚：管基屏蔽

717A
金属箍管基

◎ **最大额定值**

屏极电压	180V
帘栅电压	120V
阴极电流	10.1mA

◎ **典型工作特性**

屏极电压	120V
帘栅电压	120V
栅极电压	−2V
屏极电流	7.5mA
帘栅电流	2.5mA
互导	4000μA/V
屏极内阻	0.25MΩ
栅极电压（I_p=10μA）	−9V

713A/717A 为八脚高频锐截止五极管。713A 与 717A 特性完全相同，仅管基形式不同。该管大多由 Tung-Sol、Raytheon 生产。在音响电路中，三极接法适用于阻容耦合电压放大。

（109）805

直热式功率三极管，射频功率放大、振荡，声频功率放大、调制。

◎ **特性**

敷钍钨灯丝：10V/3.25A，交流或直流

放大系数：50（近似）

互导：4800μA/V（I_p=100mA）

极间电容：栅极—屏极　　6.5pF

栅极—灯丝　　　　6.5pF

屏极—灯丝　　　　1.5pF

管壳：T-18，玻璃

管基：金属四脚卡口，有屏帽

安装位置：垂直

◎ 最大额定值

屏极电压	1500V
屏极电流	210mA
屏极耗散功率	125W
栅极电路电阻	0.05MΩ（固定偏压），0.25MΩ（自给偏压）

◎ 典型工作特性

B类声频放大　（两管值）

屏极电压	1250V	1500
栅极电压	0V	−16V
峰值声频输入电压（G-G）	220V	250V
零信号屏极电流	148mA	84mA
最大信号屏极电流	400mA	400mA
负载阻抗（P-P）	6700Ω	8200Ω
最大信号激励功率（近似）	6.5W	7W
最大信号输出功率（近似）	320W	400W

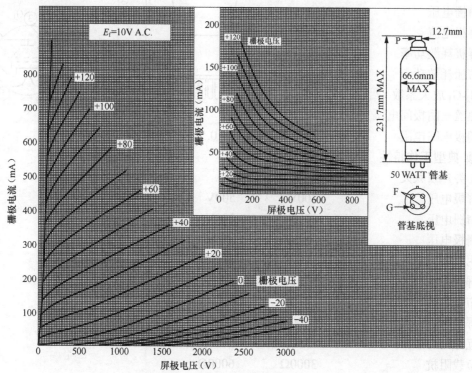

805 屏极电压—栅极电流特性曲线（Amperex）

805 为耗散功率大、放大系数也高的正栅极偏压的右特性直热式发射三极管，用于射频功率放大、振荡、B 类调制等用途。805 截止偏压小，效率较高，也比较容易激励推动，常用于大功率输出场合。电子管虽然容易激励，但由于工作时栅极有电流流动，使输入阻抗急剧减小而且变化大，将使耦合电路设计变得复杂而困难，而且其栅极回路的直流电阻最大只有 3kΩ，只适合于变压器或阻抗耦合。适宜垂直安装。

805 的等效管有 4242A、RK57、FU5（中国）。

（110）807

功率集射管。

◎ **特性**

敷氧化物旁热式阴极：6.3V/0.9A，交流或直流

极间电容：

G-P	0.2pF	（最大）
G_1-(K+G_3+G_2+H)	12pF	
P-(K+G_3+G_2+H)	7pF	

管壳：ST-16，玻璃

管基：中型五脚式，有屏帽

安装位置：任意

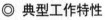

◎ **最大额定值**

屏极电压	600V
帘栅电压	300V
屏极电流	120mA
屏极耗散功率	25W
帘栅耗散功率	3.5W
G_2-G_1 放大系数	8
热丝—阴极间电压	135V
栅极电路电阻	0.1MΩ（固定偏压），0.5MΩ（自给偏压）

◎ **典型工作特性**

A 类声频放大

屏极电压	300V	500V
帘栅电压	250V	200V
栅极电压	−12.5V	−14.5V
阴极电阻	140Ω	280Ω
屏极电流	83mA	50mA
帘栅电流	8.0mA	1.6mA
屏极内阻	24000Ω	39000Ω
互导	6500μA/V	5700μA/V
负载阻抗	3000Ω	6000Ω
输出功率	6.4W	11.5W

总谐波失真	6%	12%	
推挽声频放大		AB$_1$ 类	AB$_2$ 类
屏极电压	500V	600V	600V
帘栅电压	300V	300V	300V
栅极电压		−27.5V	−30V
阴极电阻	270Ω	—	—
峰值声频输入电压（G-G）	72V	59V	78V
零信号屏极电流	100mA	80m4	60mA
最大信号屏极电流	119mA	150mA	200mA
零信号帘栅电流	2.5mA	1.5mA	1.5mA
最大信号帘栅电流	16.5mA	17.5mA	21mA
负载阻抗（P-P）	9000Ω	1000Ω	6400Ω
输出功率	32.5W	47.5W	80W
总谐波失真	2.7%	2.2%	3.5%

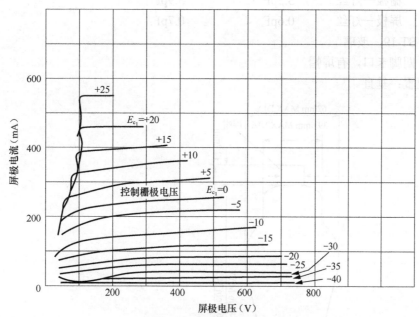

807 平均屏极特性曲线（GE）
屏极电压—屏极电流（帘栅极电压=300V）

807 为 1937 年 RCA 由 6L6 演变而来的 ST 型五脚带屏帽集射功率管，除最大屏极电压较高、带有屏帽外，特性与 6L6 相同。该管为发射用管，可用于射频放大、振荡、倍频以及声频功率放大，屏极在管顶引出。在电源电压 300V 以下时，特性与 6L6G 相同。在音响电路中，适用于声频放大输出级（AB$_1$ 类推挽 36～56W）；在早期高保真设备中，其栅极电阻最大不能超过 100kΩ（固定偏压，AB$_1$ 类放大）。该管较易产生超高频自激，应用时需要注意，必要时可在栅极串入数千欧的电阻，或在屏帽就近串入 2.2μH 的电感。807 工作在最大耗散功率时，屏极不应发红，帘栅极更绝对不能发红。该管工作时必须有良好的通风。

807 的等效管有 5B/250A、VT100A（美国，军用）、5933（美国，工业用，$\Phi40\times102mm$ 筒形）、38807、A4051、5933WA（美国，高可靠）、8018（美国，工业用）、807W（美国，高可靠）、RK39（美国，特殊用途）、HY61（美国，通信用）、QE06/50（荷兰，PH）、4Y25（法国，MAZDA）、Γ-807（苏联）、FU-7（中国）。

807 的类似管有 QV05-25、CV124（英国，军用）、RK41（美国）、ATS25（英国，军用）、1625（美国，热丝 12.6V/0.45A，底座为 7 脚 ST 管，特性与 807 相同）。

（111）811　811A

直热式功率三极管。

◎ **特性**

敷钍钨灯丝：6.3V/4A，交流或直流

放大系数：160

极间电容：

	811	811A
栅极—屏极	5.5pF（最大）	5.6pF（最大）
栅极—灯丝	5.5pF	5.9pF
屏极—灯丝	0.6pF	0.7pF

管壳：ST-19，玻璃

管基：四脚卡口，有屏帽

安装位置：垂直

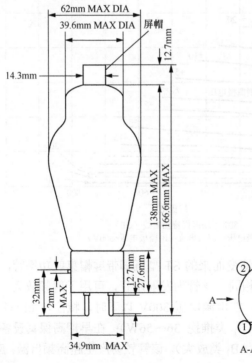

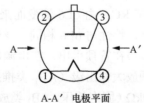

A-A′ 电极平面

◎ **最大额定值**

屏极电压　　　　1250V（连续）　　1500V（间歇）

屏极电流	150mA	150mA
栅极电流	50mA	50mA
最大信号屏极输入功率	125W	150W
屏极耗散功率	40W	50W

◎ **典型工作特性**

B 类推挽放大（两管值）

屏极电压	750V	1250V
栅极电压*	0V	0V
峰值声频输入电压（G-G）	197V	145V
零信号屏极电流	32mA	50mA
最大信号屏极电流	350mA	260mA
负载阻抗（每管）	3600Ω	4400Ω
负载阻抗（P-P）	5100Ω	12400Ω
最大信号驱动功率	9.7W	3.8W
最大信号输出功率	178W	235W

* 连接到交流灯丝的中心或灯丝负极端。

◎ **参考电路**

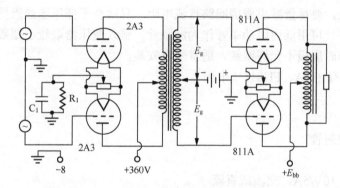

B 类推挽放大：E_{bb}=1250V，V_{g_1}=0V，R_{C-C}=12400Ω（RCA）。

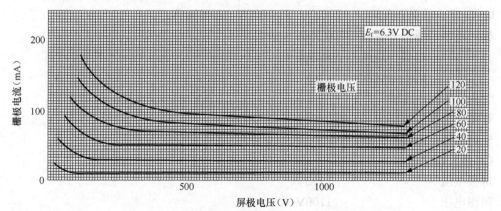

811 平均特性曲线（Amperex）
（灯丝直流供电）屏极电压—栅极电流

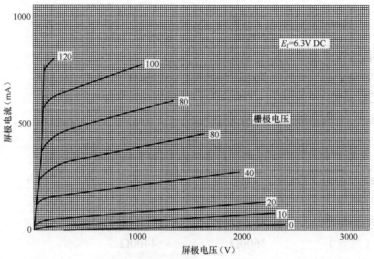

811 平均特性曲线（Amperex）
（灯丝直流供电）屏极电压—屏极电流

811 为直热式敷钍钨阴极发射功率三极管，原用于声频功率放大及调制、射频功率放大及振荡等用途。该管放大系数高，为正栅偏压的右特性管，截止偏压低、效率较高、比较容易激励推动。右特性管工作时有栅极电流流动，使输入阻抗急剧减小，并且变化大，耦合电路的设计困难复杂，要尽量减小栅极回路直流电阻，只适合于变压器或阻抗耦合。B 类放大需要输入激励功率，可用低内阻功率管作为激励管，输入变压器取较小圈数比，并尽量减小其漏感。连续工作时屏极不允许微红，适宜垂直安装。

811 的等效管有 811A、FU811（中国）。

（112）813

直热式功率集射管。

◎ **特性**

敷钍钨灯丝：10V/5A，交流或直流

互导：3750μA/V（V_p=2000V，V_{g_2}=400V，I_p=50mA）

G_2-G_1 放大系数：8.5（V_p=2000V，V_{g_2}=400V，I_p=50mA）

极间电容：栅极—屏极　　0.25pF（最大）

　　　　　栅极—灯丝　　16.3pF

　　　　　屏极—灯丝　　14pF

管壳：T-20，玻璃

管基：金属大七脚卡口，有屏帽

安装位置：垂直

◎ **最大额定值**

屏极电压　　　　　　　　2250V

帘栅电压　　　　　　　　1100V

屏极电流　　　　　　　　180mA

屏极耗散功率　　　　　　100W

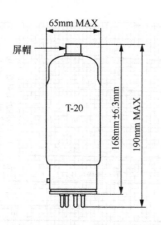

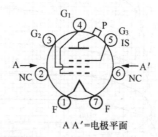

AA'=电极平面

栅极电阻	30000Ω（固定偏压）

◎ **典型工作特性**

AB₁类推挽放大（两管值）

屏极电压	1500V	2000V	2250V
抑制栅电压*	0V	0V	0V
帘栅电压	750V	750V	750V
栅极电压	−85V	−90V	−95V
峰值声频输入电压（G-G）	160V	160V	170V
零信号屏极电流	50mA	50mA	50mA
最大信号屏极电流	305mA	265mA	255mA
零信号帘栅电流	2mA	2mA	2mA
最大信号帘栅电流	45mA	43mA	53mA
负载阻抗（P-P）	9300Ω	16000Ω	20000Ω
最大信号输出功率	260W	335W	380W

* 连接到交流灯丝的中心或灯丝负极端。

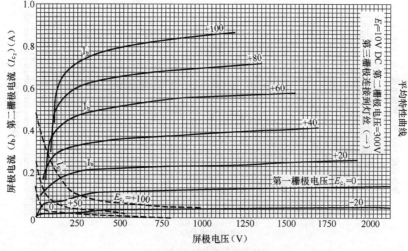

813 平均特性曲线 1（RCA）
（灯丝直流供电）屏极电压—屏极电流、第二栅极电流

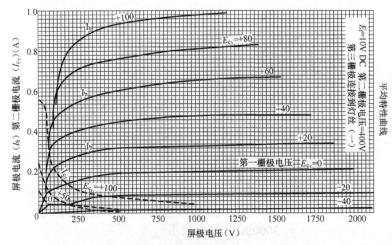

813 平均特性曲线 2（RCA）
（灯丝直流供电）屏极电压—屏极电流、第二栅极电流

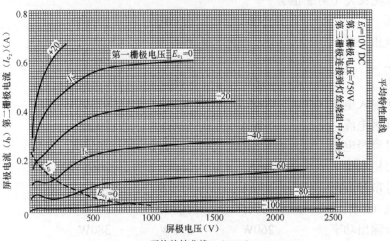

813 平均特性曲线 3（RCA）
（灯丝交流供电）屏极电压—屏极电流、第二栅极电流

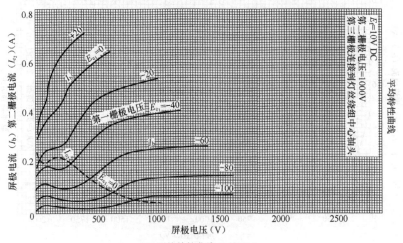

813 平均特性曲线 4（RCA）
（灯丝交流供电）屏极电压—屏极电流、第二栅极电流

813 为直热式通用发射功率集射管，石墨屏极，原用于 30MHz 以下射频功率放大及振荡、声频功率放大及调制等用途，具有高功率灵敏度。813 用于声频放大时，如果帘栅极耗散功率在额定值以内，帘栅极电压值可以选得比高频放大时所用的电压高，这样即使工作于 AB$_1$ 类，也能得到 375W 输出。该管三极接法的特性与 211、845、STC4212E 相近。适宜垂直安装。

813 的等效管有 4B13、TT10、FU13（中国）。

（113）829B

功率双集射管。

◎ **特性**

敷氧化物旁热式阴极：　　　　　串联　　　　　　　并联

　　　　　　　　　　　12.6V/1.125A　　6.3V/2.250A，交流或直流

互导：8500μA/V(V_p=250V，V_{g_2}=175V，I_p=60mA)

G$_2$-G$_1$ 放大系数：9(V_p=250V，V_{g_2}=175V，I_p=60mA)

极间电容：G$_1$-P　　　　　　　　0.12pF（最大）

　　　　　G$_1$-(K+G$_3$+G$_2$+H)　　14.5pF

　　　　　P-(K+G$_3$+G$_2$+H)　　　7pF

　　　　　G$_2$-K（包括内部 G$_2$ 旁路电容）65pF（近似）

管壳：见图，玻璃

管基：中型七脚，有双屏脚

安装位置：垂直，管基或向下；两屏极处于垂直状态时也可水平安装

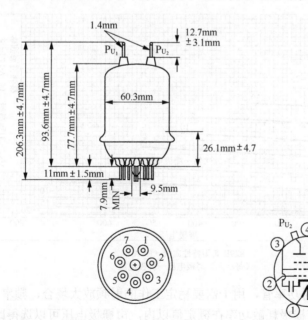

◎ **最大额定值**

最大屏极电压　　　　　　750V（MAX）

最大帘栅电压　　　　　　225V（MAX）

最大信号屏极电流　　　　　　250mA（MAX）

最大信号屏极输入　　　　　　100W（MAX）

最大信号帘栅输入　　　　　　7W（MAX）

最大屏极耗散功率　　　　　　30W（MAX）

最大热丝—阴极间电压　　　　100V（MAX）

管壳温度　　　　　　　　　　235℃（MAX）

◎　**典型工作特性**

AB$_1$类推挽放大（两管值）

屏极电压　　　　　　　　　　600V

帘栅电压　　　　　　　　　　200V

栅极电压　　　　　　　　　　−18V

峰值声频输入电压（G-G）　　36V

零信号屏极电流　　　　　　　40mA

最大信号屏极电流　　　　　　110mA

零信号帘栅电流　　　　　　　6mA

最大信号帘栅电流　　　　　　26mA

负载阻抗（P-P）　　　　　　13750Ω

最大信号激励功率　　　　　　0W

最大信号输出功率　　　　　　44W

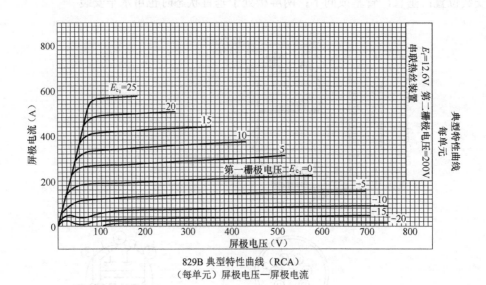

829B 典型特性曲线（RCA）
（每单元）屏极电压—屏极电流

　　　829B 为发射用双集射功率管，用于需要稳定工作的射频放大场合，频率可达 200MHz。用于声频放大时，如果帘栅极耗散功率在额定值以内，帘栅极电压可以选得比高频放大时所用的电压高，这样即使工作于 AB$_1$ 类，也能得到 44W 输出。适宜垂直安装，两屏极处于垂直时也可水平安装。

　　　829B 的等效管有 P2-40B、2B29、FU29（中国）。

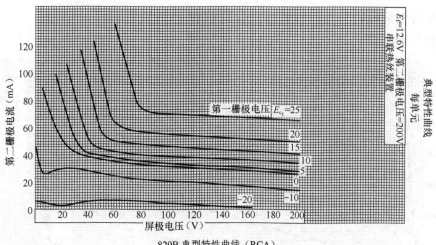

829B 典型特性曲线（RCA）
（每单元）屏极电压—第二栅极电流

（114）838

直热式功率三极管。

◎ **特性**

敷钍钨灯丝：10V/3.25A，交流或直流

放大系数：50

互导：4800μA/V（100mA）

极间电容：栅极—屏极　　8pF（最大）

　　　　　栅极—灯丝　　6.5pF

　　　　　屏极—灯丝　　5pF

管壳：T-18，玻璃

管基：金属大四脚卡口

安装位置：垂直

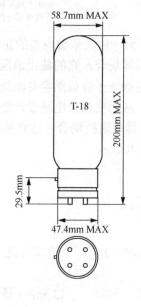

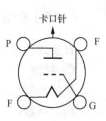

◎ **最大额定值**

最大屏极电压　　　　　1250V（MAX）

最大信号屏极电流　　　175mA（MAX）

最大信号屏极输入　　　220W（MAX）

最大屏极耗散功率　　　100W（MAX）

◎ **典型工作特性**

B 类推挽放大（两管值）

屏极电压	1000V	1250V
栅极电压	0V	0V
峰值声频输入电压（G-G）	200V	200V
零信号屏极电流	106mA	148mA
最大信号屏极电流	320mA	320mA
负载阻抗（P-P）	6900Ω	9000Ω

最大信号激励功率	7W	7.5W
最大信号输出功率	200W	260W

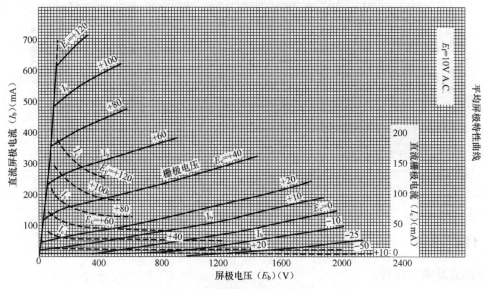

838 平均屏极特性曲线（RCA）
屏极电压—屏极电流、栅极电流

838 为耗散功率大、放大系数也高的正栅极偏压的右特性直热式发射三极管，用于射频功率放大、B 类调制等场合。它的截止偏压小、效率较高、比较容易激励推动，常用于声频大功率输出场合。这些电子管虽然容易激励，但由于工作时栅极有电流流动，使输入阻抗急剧减小而且变化大，从而使耦合电路设计变得复杂而困难，其栅极回路的直流电阻最大只有 3kΩ，只适合于变压器或阻抗耦合。适宜垂直安装。

838 的等效管有 RK58。

（115）845

直热式功率三极管。

◎ 特性

敷钍钨灯丝：10V/3.25A，交流或直流

放大系数：5.3

极间电容：栅极—屏极　　13.5pF（最大）

　　　　　栅极—灯丝　　　6pF

　　　　　屏极—灯丝　　　6.5pF

管壳：T-18，玻璃

管基：金属大四脚卡口

安装位置：垂直

◎ 典型工作特性

A_1 类声频放大

最大屏极电压　　　　　1250V（MAX）

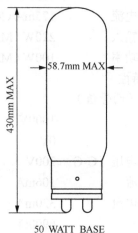

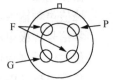

50 WATT BASE

最大屏极耗散功率	100W（max）		
屏极电压	750V	1000V	1250V
栅极电压*	−98V	−145V	−195V
峰值声频输入电压	93V	140V	190V
屏极电流	95mA	90mA	80mA
互导	3100μA/V	3100μA/V	3100μA/V
屏极内阻	1700Ω	1700Ω	1700Ω
负载阻抗	3400Ω	6000Ω	11000Ω
总谐波失真	5%	5%	5%
最大信号输出功率	15W	24W	30W

AB₁类推挽放大（两管值）

最大屏极电压	1250V（MAX）	
最大栅极电压	−400V（MAX）	
最大屏极电流	120mA（MAX）	
最大屏极输入	150W（MAX）	
最大屏极耗散功率	100W（MAX）	
屏极电压	1000V	1250V
栅极电压*	−175V	−225V
峰值声频输入电压（G-G）	340V	440V
零信号屏极电流	40mA	40mA
最大信号屏极电流	230mA	240mA
负载阻抗	4600Ω	6600Ω
最大信号输出功率	75W	115W

* 灯丝交流供电。

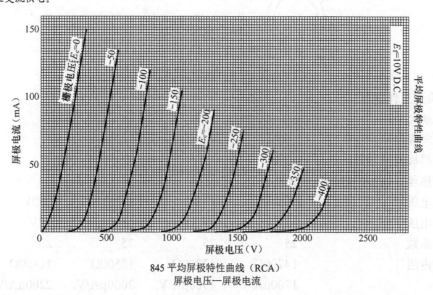

845 平均屏极特性曲线（RCA）
屏极电压—屏极电流

845 为高频放大、振荡及调制用直热式功率发射三极管，石墨屏极，是由 211 发展而来的。用于声频放大时，由于允许栅极直流电阻值小，只适合于变压器耦合，这时栅极回路的电阻即是耦合变压器次级直流电阻，阻抗越低，工作就更稳定。适宜垂直安装。845 所需激励电压很高，激励电路的设计难度大，市场上成功的机型不多，大多存在一些问题。

845 的等效管有 T110-1。

（116）955

高频三极管，橡实管。

◎ **特性**

敷氧化物旁热式阴极：6.3V/0.15A，交流或直流

互导：6050μA/V（I_p=72mA）

极间电容：

　　　栅极—屏极　1.4pF（最大）

　　　栅极—阴极　1.0pF

　　　屏极—阴极　0.6pF

管壳：T-4½，玻璃

管基：无管基小的辐射状五脚

安装位置：任意

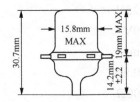
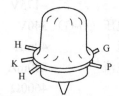
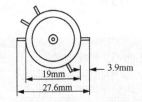

◎ **典型工作特性**

声频放大

最大屏极电压	250V			
最大屏极耗散功率	1.6W			
最大热丝—阴极间电压	90V			
屏极电压	90V	135V	180V	250V
栅极电压	−2.5V	−3.75V	−5V	−7V
放大系数	25	25	25	25
屏极内阻	14700Ω	13200Ω	12500Ω	11400Ω
互导	1700μA/V	1900μA/V	2000μA/V	2200μA/V
屏极电流	2.5mA	3.5mA	4.5mA	6.3mA

负载电阻	—	—	20000Ω	—
总谐波失真	—	—	5%	
输出功率	—	—	135mW	

◎ 阻容耦合放大数据

屏极供给电压	180V
栅极电压 A	–3.5V
负载电阻	250kΩ
屏极电流	0.42mA
输出电压（THD=5%）	45Vrms
电压增益（近似）	20

A 栅极电路电阻不超过 1MΩ。

955 外形

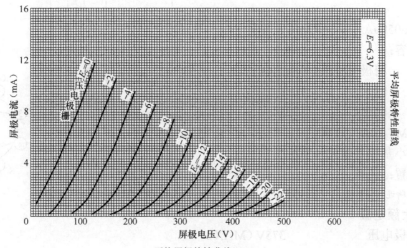

955 平均屏极特性曲线（RCA）
屏极电压—屏极电流

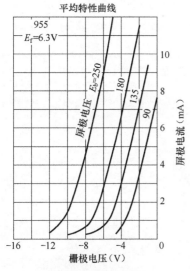

955 平均特性曲线（RCA）
栅极电压—屏极电流

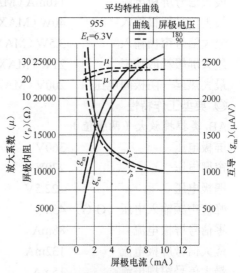

955 平均特性曲线（RCA）
屏极电流—屏极内阻、放大系数、互导

955 为高频三极橡实管。这种电子管形似橡树果实，辐射状从玻壳封接处引出的电极引线短而粗，具有电子渡越时间短、极间电容小、引线电感小及引线介质损耗小等特点，所以可以应用在超高频频段，但功率较小。955 可用于检波、射频或声频放大、振荡等用途，最高工作频率 600MHz（V_p=150V）。

955 的等效管有 UN955、VT121（美国，军用）、4671（英国，Mullard）、CV1059（英国，军用）、E1C（荷兰，Philips）、6C1Ж（苏联）、6C1J（中国）。

（117）1614

集射功率管。

◎ **特性**

敷氧化物旁热式阴极：6.3V/0.9A，交流或直流

互导：6050μA/V（I_p=72mA）

极间电容：*

    栅极—屏极　　0.4pF（最大）

    输入　　　　　10pF

    输出　　　　　12pF

管壳：MT-10A，金属

管基：小基板八脚式（7 脚）

安装位置：任意

* 管壳 1 脚连接到阴极。

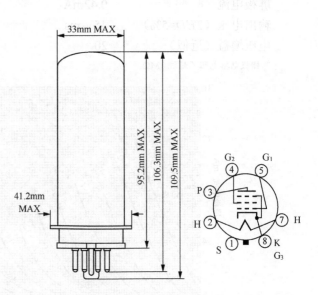

◎ **最大额定值**

最大屏极电压	375V（MAX）
最大帘栅电压	300V（MAX）
最大信号屏极电流	110mA（MAX）
最大信号屏极输入	40W（MAX）
最大信号帘栅输入	3.5W（MAX）
最大屏极耗散功率	21W（MAX）
最大热丝—阴极间电压	200V（MAX）

◎ **典型工作特性**

AB_1 类推挽放大（两管值）

屏极电压	360V
帘栅电压	270V
栅极电压	−22.5V
峰值声频输入电压（G-G）	45V
零信号屏极电流	88mA
最大信号屏极电流	132mA
最大信号帘栅电流	15mA

负载阻抗（P-P）	6000Ω
总谐波失真	2%
最大信号输出功率	26.5W

1614 为金属型八脚发射功率集射管。应用在 807 最大额定值范围，参阅 807 有关内容。

（118）1625

集射功率管，除热丝及管基外，特性与 807 相同。

◎ **特性**

敷氧化物旁热式阴极：12.6V/0.45A，交流或直流

互导：6000μA/V（I_p=72mA）

G_2-G_1 放大系数：8

极间电容：

G-P	0.2pF（最大）
G_1-（K+G_3+G_2+H）	11pF
P-（K+G_3+G_2+H）	7pF

管壳：ST-16，玻璃

管基：中型七脚式，有屏帽

安装位置：任意

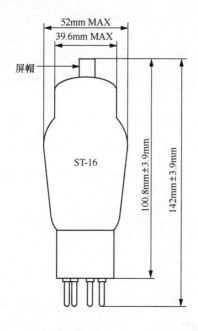
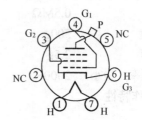

1625 为带屏帽 ST 型七脚发射功率集射管，除热丝及管基，以及最大热丝—阴极间电压为 135V 外，特性与 807 相同，参阅 807 有关内容。

（119）5654　6AK5W　6096

高频锐截止五极管，高互导，低极间电容及引线电感，高频宽带放大。

◎ **特性**

敷氧化物旁热式阴极：6.3V/0.175A，交流或直流

极间电容：

栅极—屏极	0.020pF（最大）	
输入	4.0pF	
输出	2.85pF	

安装位置：任意

管壳：T-5½

管基：纽扣式芯柱小型七脚

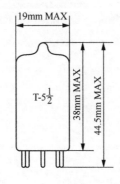
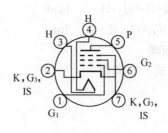

◎ **最大额定值**

屏极电压	200V
屏极耗散功率	1.85W
帘栅电压	155V
帘栅耗散功率	0.55W
热丝—阴极间电压	100V
阴极电流	20mA
栅极电阻	0.5MΩ
冲击加速度	500g
振动加速度	2.5g
间歇工作频率（最小）	2000Hz

◎ **典型工作特性**

A 类放大[**]

屏极电压	120V	180V
帘栅电压	120V	120V
阴极电阻	180Ω	180Ω
屏极电流	7.5mA	7.7mA
帘栅电流	2.5mA	2.4mA

互导	5.0mA/V	5.1mA/V
栅极电压（I_p=10μA）	−8.5V	−8.5V

** 不推荐固定偏压工作。

◎ 阻容耦合放大数据（GE）

A 类阻容耦合放大

		\multicolumn{12}{c}{低阻抗激励（约 200Ω）}

R_L	R_{gf}	E_{bb}=90V				E_{bb}=180V				E_{bb}=300V			
		R_k	R_{c_2}	E_o	增益	R_k	R_{c_2}	E_o	增益	R_k	R_{c_2}	E_o	增益
0.10	0.10	700	0.2	12	62	400	0.3	21	120	200	0.4	38	170
0.10	0.24	800	0.2	16	85	400	0.3	28	170	300	0.4	51	260
0.24	0.24	4100	0.3	13	53	900	0.7	22	160	500	0.9	35	250
0.24	0.51	4800	0.3	15	68	1000	0.8	26	200	500	1.0	40	300
0.51	0.51	7100	0.9	11	73	2000	1.5	22	170	1200	1.8	34	290
0.51	1.0	7500	1.0	14	93	2500	1.6	26	220	1400	1.9	42	390

1. E_o 为最大 rms 输出电压，总谐波失真约 5%。
2. 增益 Gain，输出电压 2Vrms 时。
3. R_k 单位Ω，R_{c_2}、R_L 及 R_{gf} 单位 MΩ。
4. 耦合电容器（C）应调整到要求的频率响应。R_k 及 R_{c_2} 应旁路。

		\multicolumn{12}{c}{高阻抗激励（约 100kΩ）}

R_L	R_{gf}	E_{bb}=90V				E_{bb}=180V				E_{bb}=300V			
		R_k	R_{c_2}	E_o	增益	R_k	R_{c_2}	E_o	增益	R_k	R_{c_2}	E_o	增益
0.10	0.10	1600	0.1	13	42	300	0.4	23	120	200	0.4	41	160
0.10	0.24	1800	0.1	16	64	400	0.4	31	160	200	0.4	53	290
0.24	0.24	5300	0.2	14	43	700	1.0	26	160	400	1.1	44	240
0.24	0.51	5500	0.3	15	65	700	1.2	33	200	500	1.2	54	310
0.51	0.51	11000	0.5	12	50	2000	1.6	23	180	800	2.5	47	290
0.51	1.0	11000	0.7	13	72	2000	1.7	27	250	900	2.8	58	370

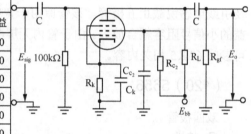

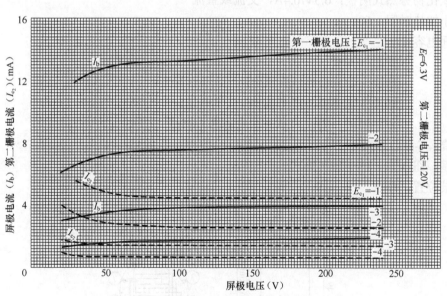

5654 屏极电压—屏极电流、第二栅极电流特性曲线（RCA）

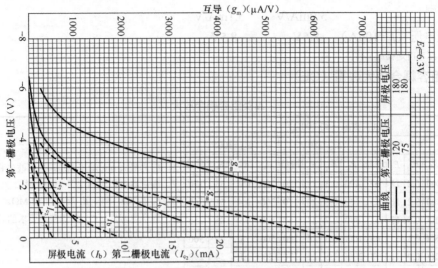

5654 第一栅极电压—互导、屏极电流、第二栅极电流特性曲线（RCA）

5654/6AK5W/6096 为小型七脚高频五极管，是 6AK5 的优质型号，高互导、低极间电容及引线电感锐截止五极管。该管原用于宽频带射频及中频放大。在音响电路中，适用于高增益的小信号阻容耦合放大。由于管内无屏蔽，必要时应加屏蔽罩，管座中心屏蔽柱必须接地。可参阅 6AK5 相关内容。

（120）5656

双四极管。

◎ **特性**

敷氧化物旁热式阴极：6.3V/0.4A，交流或直流

最小加热时间：60s

极间电容*：

栅极—屏极	0.06pF（MAX）
栅极—除屏极外所有其他	3.6pF
屏极—除栅极外所有其他	1.5pF
公共屏蔽—阴极内部并联电容器	15pF

管壳：T-6½，玻璃

管基：纽扣式芯柱小型九脚式

安装位置：任意

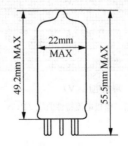

◎ **最大额定值**

最大屏极电压 250V（MAX）

最大帘栅电压 165V（MAX）

最大屏极耗散功率（每单元） 3W（MAX）

最大帘栅耗散功率 1.5W

最大屏极电流 20mA

最大热丝—阴极间电压 100V（MAX）

最大栅极电路电阻（每单元） 0.1MΩ

◎ **典型工作特性**

A_1 类放大

屏极电压 150V

帘栅电压 120V

栅极电压 −2.0V

屏极内阻（近似） 60kΩ

互导 5800μA/V

屏极电流 15.5mA

帘栅电流 2.7mA

栅极电压（近似）（I_p=100μA） −8.5V

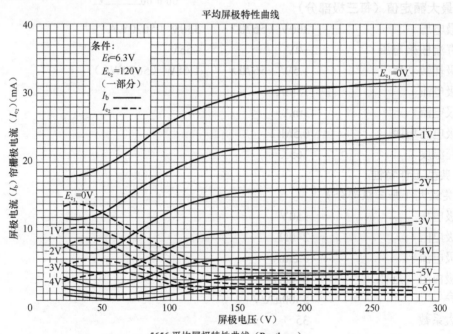

5656 平均屏极特性曲线（Raytheon）
屏极电压—屏极电流、帘栅极电流

5656 为小型九脚双四极管。该双四极管两部分的帘栅极和阴极在管内相连，以确保两个系统的构件之间的连接的自感减至最小，帘栅极与阴极间内部有 15pF 旁路电容器。5656 适用于 A 类、C 类射频推挽放大，最高频率 400MHz，特别适用于移动发射机中。在音响电路中，可用于输出电压较大的长尾式倒相。

5656 的等效管有 QM322、6T1（中国）。

（121）5670　5670WA

高频双三极管，特性与 2C51 相同。

◎ **特性**

敷氧化物旁热式阴极：6.3V/0.35A，交流或直流

最大热丝—阴极间电压：100V

极间电容：

栅极—屏极（每部分）	1.1pF[A]
屏极—阴极（每部分）	1.0pF[A]
栅极—阴极（每部分）	2.2pF[A]
屏极—屏极（额定）	0.05pF
屏极—屏极（最大）	0.1pF

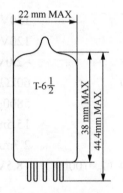

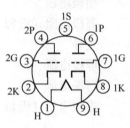

管壳：T-6½，玻璃

管基：纽扣式芯柱小型九脚

安装位置：任意

[A] 内部屏蔽及热丝连接到阴极。

◎ **最大额定值（每三极部分）**

屏极电压	300V（5670）	330V（5670WA）
正直流栅极电压	+0V	−55V
屏极耗散功率	1.5W（5670）	1.65W（5670WA）
阴极电流	18mA	
栅极电流	3mA	
栅极电路电阻	0.5MΩ	
管壳温度	165℃	

◎ **典型工作特性**

A_1 类放大（每三极部分）

屏极电压	150V
阴极电阻	240Ω
屏极电流	8.2mA
屏极内阻（近似）	6400Ω
互导	5500μA/V
放大系数	35
栅极电压（近似）（I_p=10μA)	−8V

AB_1 类推挽放大（两管值）

屏极供给电压	300V
阴极电阻（两部分合用）	800Ω
峰值声频输入电压（G-G)	19.8V

零信号屏极电流	9.8mA
最大信号屏极电流	12.6mA
负载阻抗（P-P）	27000Ω
总谐波失真	10%
最大信号输出功率（近似）	1W

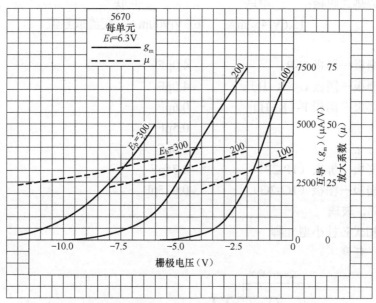

5670（每单元）栅极电压—互导、放大系数特性曲线（Tung-Sol）

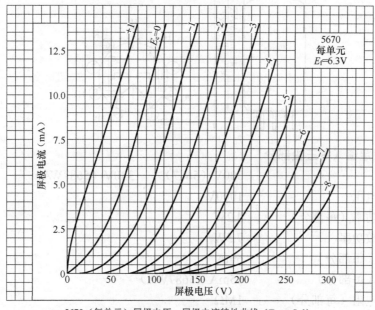

5670（每单元）屏极电压—屏极电流特性曲线（Tung-Sol）

5670 为小型九脚高可靠高频双三极管，中放大系数、耐冲击、振动、高互导，两三极管间除热丝外，完全独立，适用于低频到 VHF 范围。电特性与 2C51 相同，参阅 2C51 有关内容。

（122）5687 5687WA 5687WB

双三极管。

◎ 特性

敷氧化物旁热式阴极：　　　　串联　　　　　　　　　并联

　　　　　　　　　　　　　12.6V/450mA　　6.3V/900mA，交流或直流

极间电容：

栅极—屏极 G-P	4.0pF
栅极—阴极 G-(K+H)	4.0pF
屏极—阴极 P-(K+H)	0.6pF
$^\#$1 部分	0.5pF
$^\#$2 部分	7.0pF
屏极—屏极（1P-2P）	0.75pF
栅极—栅极（1G-2G）	0.025pF

管壳：T-6½，玻璃

管基：纽扣式芯柱小型九脚

安装位置：任意

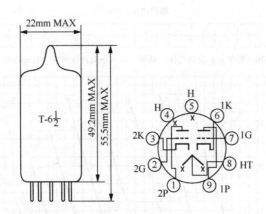

◎ 最大额定值（每三极部分）

屏极电压	300V（5687）	330V（5687WA）
反向屏极电压	1000V	
屏极耗散功率（每部分）	4.2W	
总屏极耗散功率	7.5W	
栅极电流（每部分）	6mA	
阴极电流（每部分）	65mA（5687WA）	
栅极电路电阻（每部分）	1MΩ	
热丝—阴极间电压	±90V（5687）	±100V（5687WA）
管壳温度	220℃（5687）	225℃（5687WA）

◎ 典型工作特性

A₁类放大（每三极部分）

屏极电压	120V	180V	250V
栅极电压	−2V	−7V	−12.5V
屏极电流	36mA	23mA	12mA
屏极内阻（近似）	1560Ω	2000Ω	3000Ω
互导	11500μA/V	8500μA/V	5400μA/V
放大系数	18.0	17.0	16.0
栅极电压（近似）(I_p=100μA)	−9V	−14V	−19V

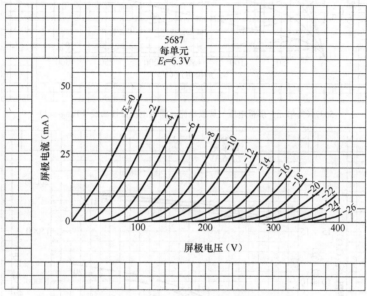

5687（每单元）屏极电压—屏极电流特性曲线（Tung-Sol）

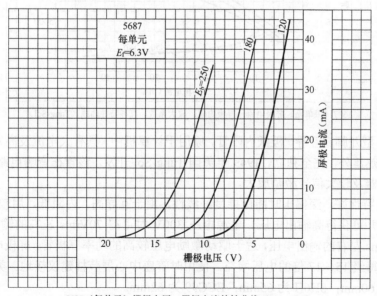

5687（每单元）栅极电压—屏极电流特性曲线（Tung-Sol）

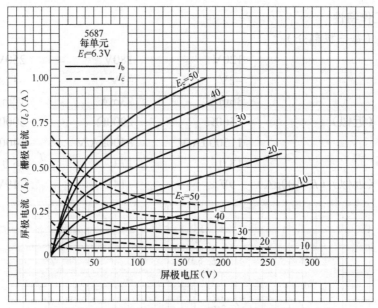

5687（每单元）屏极电压—屏极电流、栅极电流特性曲线（Tung-Sol）

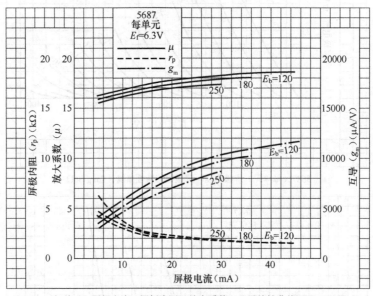

5687（每单元）屏极电流—屏极内阻、放大系数、互导特性曲线（Tung-Sol）

　　5687 为小型九脚高互导、极低内阻管，原用于计算机中，具有大电流及高发射能力特性，两三极管间除热丝外，完全独立，1949 年美国 Tung-Sol 开发。该管在音响电路中，适用于倒相、阴极输出器及较大信号激励放大。

　　5687 输出特性好，深偏压时能保持良好线性，由于互导高、内阻低，用较小负载电阻仍有高的增益，并可获得高输出电压。电源电压 300V 时可得 70Vrms 左右的输出电压，400V 时可得 100Vrms 左右的输出电压，适于驱动激励电压较高的功率三极管，屏极电阻宜在 20kΩ 以内，可获得每级 15～17 倍的电压增益。使用时管座中心屏蔽柱建议接地。类似管 E182CC 外形较高，为 60mm；6H6Π 为 65mm；ECC99 为 62mm。

5687 的等效管有 5687WA、5687WB、6900（美国，高可靠）、7044（美国，工业用）。

5687 的类似管有 E182CC/7119（长寿命，热丝 6.3/12.6V、0.64/0.32A）、6H6Π（苏联，热丝 6.3V/0.75A，管脚接续不同）、6N6-Q（中国，高可靠，热丝 6.3V/0.75A，管脚接续不同）、ECC99（斯洛伐克，JJ，热丝 6.3/12.6V、0.8/0.4A）。

（123）5691　5692　5693

5691 为高放大系数双三极管，5692 为中放大系数双三极管，5693 为锐截止五极管。

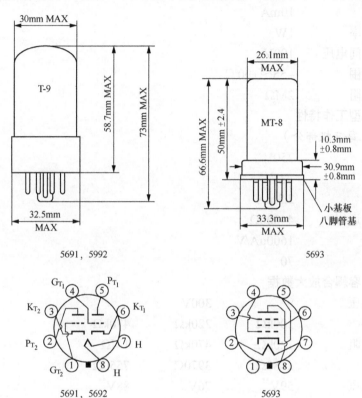

◎ **5691 特性**

敷氧化物旁热式阴极：6.3V/0.6A，交流或直流

极间电容：

#1 部分　栅极—屏极	3.6pF
栅极—阴极	2.4pF
屏极—阴极	2.3pF
#2 部分　栅极—屏极	3.0pF
栅极—阴极	2.7pF
屏极—阴极	2.6pF
#1 屏极—#2 屏极	0.35pF

管壳：T-9，玻璃

管基：八脚式（8 脚）

安装位置：任意

#第4、5、6脚为1部分，第1、2、3脚为2部分。

◎ **5691 最大额定值**

屏极电压	275V
屏极供给电压	330V
栅极电压	−1～−100V
栅极电流	2mA
阴极电流	10mA
屏极耗散功率	1W
热丝—阴极间电压	100V
环境温度范围	−55～+90℃
栅极电路电阻	2MΩ

◎ **5691 典型工作特性**

A_1 类放大（每三极部分）

屏极电压	250V
栅极电压	−2V
屏极电流	2.3mA
屏极内阻（近似）	44000Ω
互导	1600μA/V
放大系数	70

◎ **5691 阻容耦合放大数据**

屏极供电电压	300V		
屏极电阻	100kΩ	220kΩ	470kΩ
后级栅极电阻	220kΩ	470kΩ	1MΩ
阴极电阻	2180Ω	3970Ω	7550Ω
峰值输出电压	59V**	76V**	88V**
电压增益	36*	45*	50*

* 输出 5Vrms 时。

** 所列峰值输出电压，非线性失真在 5% 左右，实用上应降格一半使用。

◎ **5692 特性**

敷氧化物旁热式阴极：6.3V/0.6A，交流或直流

极间电容：

#1 部分	栅极—屏极	3.5pF
	栅极—阴极	2.3pF
	屏极—阴极	2.5pF
#2 部分	栅极—屏极	3.3pF
	栅极—阴极	2.6pF
	屏极—阴极	2.7pF
#1 屏极—#2 屏极		0.35pF

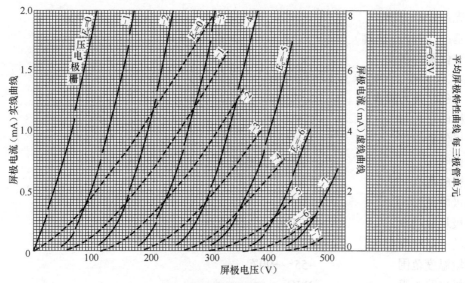

5691 平均屏极特性曲线（RCA）
（每三极部分）屏极电压—屏极电流

平均特性曲线 每三极管单元

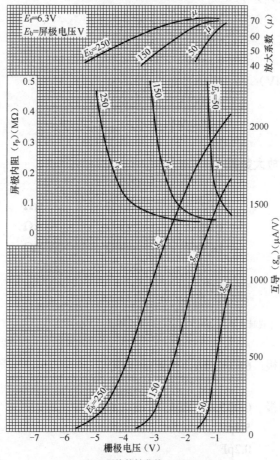

5691 平均特性曲线（RCA）
（每三极部分）栅极电压—屏极内阻、互导、放大系数

管壳：T-9，玻璃

管基：八脚式（8 脚）

安装位置：任意

#第 4、5、6 脚为 1 部分，第 1、2、3 脚为 2 部分。

◎ 5692 最大额定值

屏极电压	275V
屏极供给电压	330V
栅极电压	$-100\sim-200$V
栅极电流	2mA
阴极电流	15mA
屏极耗散功率	1.75W
热丝—阴极间电压	100V
环境温度范围	$-55\sim+90$℃
栅极电路电阻	2MΩ

◎ 5692 典型工作特性

A_1 类放大（每三极部分）

屏极电压	250V
栅极电压	-9V
屏极电流	6.5mA
屏极电流（$V_g=-24$V）	15μA
屏极内阻（近似）	91000Ω
互导	2200μA/V
放大系数	20

◎ 5692 阻容耦合放大数据

屏极供电电压	300V		
屏极电阻	50kΩ	100kΩ	250kΩ
后级栅极电阻	100kΩ	250kΩ	500kΩ
阴极电阻	1270Ω	2440Ω	5770Ω
峰值输出电压	51V**	56V**	57V**
电压增益	14*	14*	14*

* 输出 5Vrms 时。

** 所列峰值输出电压，非线性失真在 5%左右，实用上应降格一半使用。

◎ 5693 特性

敷氧化物旁热式阴极：6.3V/0.3A，交流或直流

极间电容：

	栅极—屏极	0.005pF（最大）
	输入	5.3pF
	输出	0.2pF

管壳：MT-8，金属

管基：八脚式（8 脚）

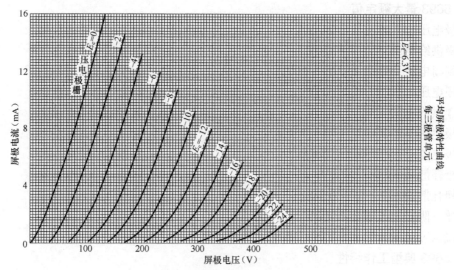

5692 平均屏极特性曲线 （RCA）
（每三极部分）屏极电压—屏极电流

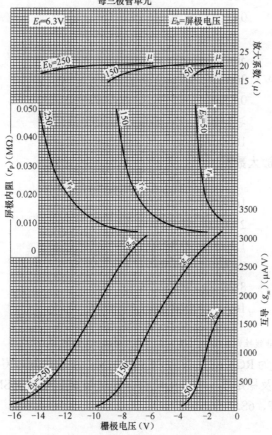

平均特性曲线
每三极管单元

5692 平均特性曲线 （RCA）
（每三极部分）栅极电压—屏极内阻、互导、放大系数

安装位置：任意

◎ 5693 最大额定值

屏极电压	300V
屏极供给电压	330V
抑制栅电压	0～-100V
帘栅电压	125V
帘栅供给电压	330V
栅极电压	-1～-50V
阴极电流	10mA
屏极耗散功率	2W
帘栅耗散功率	0.3W
热丝—阴极间电压	100V
环境温度范围	-55～+90℃

◎ 5693 典型工作特性

A_1 类放大

屏极电压	250V
帘栅电压	100V
抑制栅电压	0V
栅极电压	-3V
屏极电流	3mA
屏极电流（V_g= -7.5V）	30μA
帘栅电流	0.85mA
屏极内阻	>1MΩ
互导	1650μA/V

◎ 5693 阻容耦合放大数据

屏极供电电压		300V
屏极电阻	100kΩ	250kΩ
后级栅极电阻	250kΩ	500kΩ
帘栅电阻	1.1MΩ	2.2MΩ
阴极电阻	860Ω	1410Ω
峰值输出电压	88V**	79V**
电压增益	167*	238*

* 输出 5Vrms 时。

** 所列峰值输出电压，非线性失真在 5%左右，实用上应降格一半使用。

5691、5692、5693 为 RCA 红色系列（Special red）工业用管，寿命 10000 小时，有严格的构造，极高的一致性及稳定性，它们的电特性分别与 6SL7GT、6SN7GT、6SJ7 非常相似。参阅 6SL7GT、6SN7GT、6SJ7 有关内容。

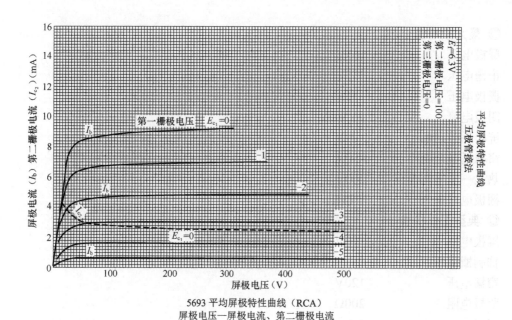

5693 平均屏极特性曲线（RCA）
屏极电压—屏极电流、第二栅极电流

（124）5702WA　5702WB

超小型锐截止五极管。

◎ **特性**

敷氧化物旁热式阴极：6.3V/0.2A，交流或直流

最大冲击加速度：450g

最大匀加速度：1000g

最大振动加速度：2.5g

最大管壳温度：220℃

管壳：T-3，玻璃

管基：超小型七脚

安装位置：任意

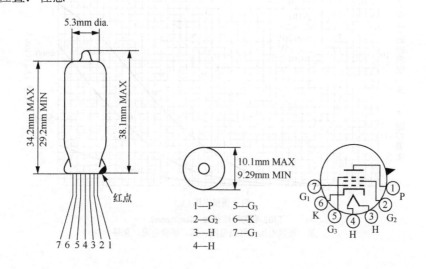

1—P　5—G₃
2—G₂　6—K
3—H　7—G₁
4—H

◎ 最大额定值

屏极电压	165V
帘栅电压	155V
栅极电压	−55V
阴极电流	16.5mA
屏极耗散功率	1.1W
帘栅耗散功率	0.4W
热丝—阴极间电压	200V
栅极电路电阻	1.2MΩ

◎ 典型工作特性

屏极电压	120V
抑制栅电压	0V
帘栅电压	120V
阴极电阻	200Ω
屏极电流	7.5mA
帘栅电流	2.5mA
屏极内阻	340kΩ
互导	5000μA/V

超小型管是比小型管体积和重量更小的电子管，也称 SMT 管或铅笔形管，出现于 20 世纪 50 年代，直径≤10mm。

5702 为超小型五极管，该管能工作在 VHF 波段，可耐高温及机械冲击或振动。

5702 的等效管有 CK5702、5702WA、6148、5702WB、6Ж1Б（苏联）、6J1B（中国）。

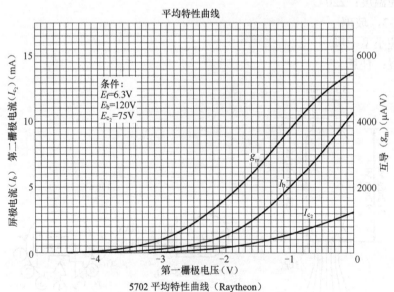

5702 平均特性曲线（Raytheon）
第一栅极电压—屏极电流、第二栅极电流、互导

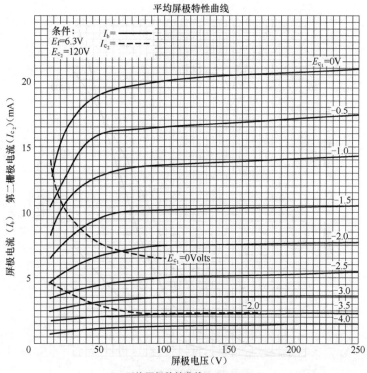

5702 平均屏极特性曲线 1（Raytheon）
屏极电压—屏极电流、第二栅极电流

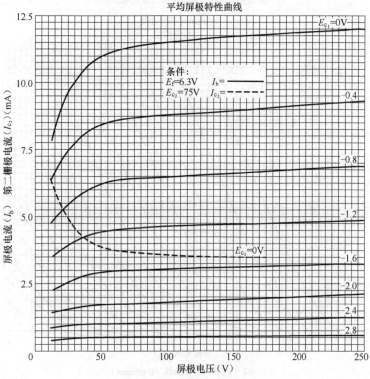

5702 平均屏极特性曲线 2（Raytheon）
屏极电压—屏极电流、第二栅极电流

平均特性曲线

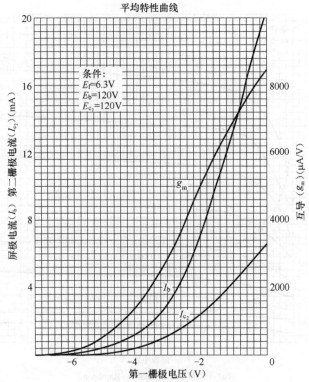

5702 平均特性曲线（Raytheon）
第一栅极电压—屏极电流、第二栅极电流、互导

平均屏极特性曲线
三极管接法

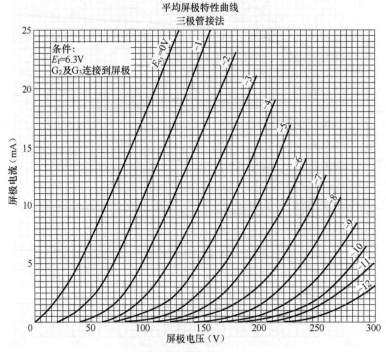

5702 平均屏极特性曲线（Raytheon）
（三极接法）屏极电压—屏极电流

（125）5703　5703WA　5703WB

超小型中放大系数三极管。

◎ **特性**

敷氧化物旁热式阴极：6.3V/0.2A，交流或直流

最大冲击加速度：450g

最大匀加速度：1000g

最大振动加速度：2.5g

最大高度：10000 英尺

最大管壳温度：220℃

极间电容：

　　　　栅极—屏极　　1.2pF（最大）

　　　　输入　　　　　2.6pF

　　　　输出　　　　　0.7pF

管壳：T-3，玻璃

管基：超小型六脚

安装位置：任意

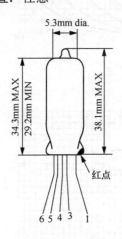

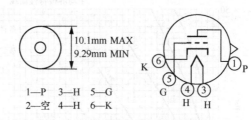

1—P　3—H　5—G
2—空　4—H　6—K

◎ **最大额定值**

屏极电压	275V
栅极电压	−55V
屏极电流	22mA
栅极电流	5.5mA
屏极耗散功率	3.3W
热丝—阴极间电压	±100V

◎ **典型工作特性**

屏极电压	120V
阴极电阻	220Ω

屏极电流	9.6mA
互导	5000μA/V
放大系数	22.5

5703 为超小型中放大系数三极管。该管可用于 UHF 波段的振荡、C 类放大、倍频等用途，也可用于低频放大。

5703 的等效管有 CV3917（英国）、5703WA、6149、5703WB、6C6Б（苏联）、6C6B（中国）。

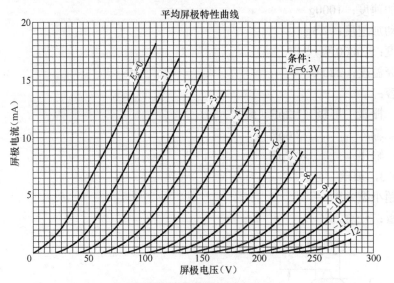

5703 平均屏极特性曲线 1（Raytheon）
屏极电压—屏极电流

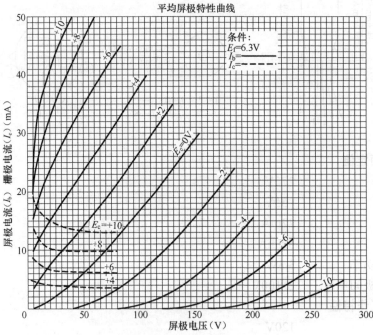

5703 平均屏极特性曲线 2（Raytheon）
屏极电压—屏极电流、栅极电流

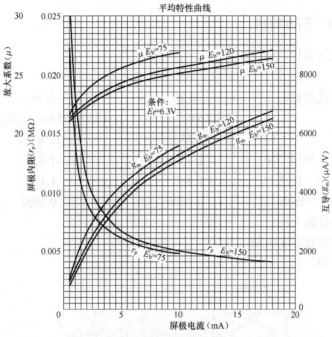

5703 平均特性曲线（Raytheon）
屏极电流—屏极内阻、放大系数、互导

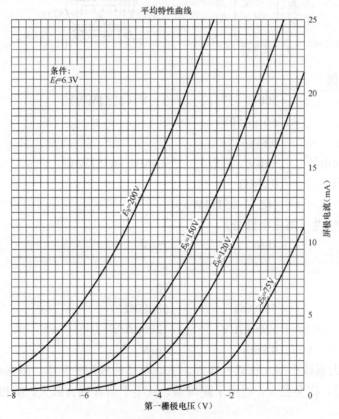

5703 平均特性曲线（Raytheon）
第一栅极电压—屏极电流

（126）5751　5751WA

高放大系数双三极管。

◎ **特性**

敷氧化物旁热式阴极：　　　　　　串联　　　　　　　　　并联

　　　　　　　　　　　　　　12.6V/0.175A　　　6.3V/0.35A，交流或直流

极间电容：　　　　　　　　　1 单元　　　　　　　　2 单元

　　栅极—屏极 G-P　　　　　　1.4pF　　　　　　　　1.4pF

　　输入 G-（H+K）　　　　　　1.4pF　　　　　　　　1.4pF

　　输出 P-（H+K）　　　　　　0.46pF　　　　　　　0.36pF

管壳：T-6½，玻璃

管基：纽扣式芯柱小型九脚

安装位置：任意

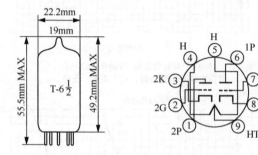

◎ **最大额定值**

屏极电压　　　　　　　　300V（5751）　　　330V（5751WA）

栅极电压　　　　　　　　+0～−50V

屏极耗散功率　　　　　　0.8W

热丝—阴极间电压　　　　±90V（5751）　　　±100V（5751WA）

栅极电路电阻　　　　　　0.5MΩ

管壳温度　　　　　　　　165℃（5751WA）

◎ **典型工作特性（每三极部分）**

屏极电压　　　　　　　　100V　　　　　　　　250V

栅极电压　　　　　　　　−1V　　　　　　　　−3V

放大系数　　　　　　　　70　　　　　　　　　70

屏极内阻　　　　　　　　58000Ω　　　　　　58000Ω

互导　　　　　　　　　　1200μA/V　　　　　1200μA/V

屏极电流　　　　　　　　0.8mA　　　　　　　1mA

　　5751 为高放大系数小型九脚双三极管，工业及其他应用的坚牢、耐振动、长寿命型。两三极管间除热丝外，完全独立，适用于高增益、低电平阻容耦合放大、倒相等用途。5751WA 为高可靠型。

　　5751 的类似管有 5721、6057、6681、7494、7729、12AX7。

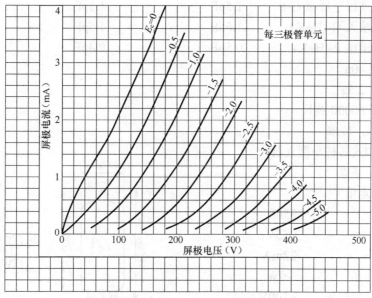

5751（每三极部分）屏极电压—屏极电流特性曲线（Tung-Sol）

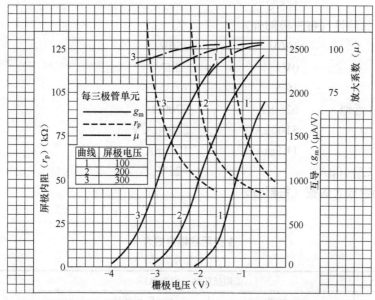

5751（每三极部分）栅极电压—屏极内阻、互导、放大系数特性曲线（Tung-Sol）

（127）5814　5814A　5814WA　5814WB

中放大系数双三极管。

◎ **特性**

敷氧化物旁热式阴极：

	串联	并联
	12.6V/0.175A	6.3V/0.35A，交流或直流

极间电容：　　　　　　　　　1 单元　　　　　　　　2 单元

栅极—屏极 G-P	1.5pF	1.5pF
输入 G-(H+K)	1.6pF	1.6pF
输出 P-(H+K)	0.5pF	0.4pF

最大冲击：40g

最大振动：2.5g

最大高度：60000 英尺

管壳：T-6½，玻璃

管基：纽扣式芯柱小型九脚

安装位置：任意

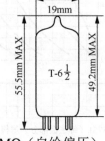
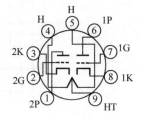

◎ 最大额定值

屏极电压	330V
栅极电压	−55V
阴极电流	22mA
屏极耗散功率	3.0W
热丝—阴极间电压	±100V
栅极电路电阻	0.5MΩ（固定偏压），1MΩ（自给偏压）
管壳温度	165℃

◎ 典型工作特性（每三极部分）

屏极电压	100V	250V
栅极电压	0V	−8.5V
放大系数	19.5	17
屏极内阻（近似）	6250Ω	7700Ω
互导	3100μA/V	2200μA/V
屏极电流	11.8mA	10.5mA
栅极电压（I_p=10μA）		−22V

◎ 阻容耦合放大数据（每部分）

A 类阻容耦合放大
每部分

		低阻抗驱动（约200Ω）								
R_L	R_{gf}	E_{bb}=90V			E_{bb}=180V			E_{bb}=300V		
		R_k	E_o	增益	R_k	E_o	增益	R_k	E_o	增益
0.10	0.10	3900	10	10	3600	20	11	3500	30	11
0.10	0.24	5000	14	11	4700	27	12	4400	41	12
0.24	0.24	9400	13	11	8700	25	11	8700	38	12
0.24	0.51	11000	17	11	11000	32	12	11000	48	12
0.51	0.51	19000	15	11	18000	29	11	18000	43	12
0.51	1.0	24000	19	11	23000	37	12	23000	54	12

		E_{bb}=90V			E_{bb}=180V			E_{bb}=300V		
R_L	R_{gf}	R_k	E_o	增益	R_k	E_o	增益	R_k	E_o	增益
0.10	0.10	2600	11	12	2000	22	13	1800	31	13
0.10	0.24	3400	16	12	2800	32	13	2600	44	14
0.24	0.24	7200	15	12	5800	29	13	5000	41	13
0.24	0.51	9400	19	12	8400	37	13	7000	52	13
0.51	0.51	17000	16	12	15000	33	13	13000	46	13
0.51	1.0	22000	20	12	20000	42	13	18000	58	13

高阻抗驱动（约100kΩ）

E_o为rms，总谐波失真5%　　GAIN增益 E_o=2Vrms时　　R_k单位Ω，R_L及R_{Gf}单位MΩ

5814A 阻容耦合放大数据（Tung-Sol）

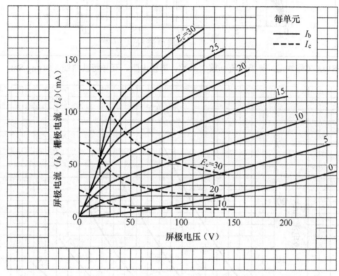

5814A（每单元）屏极电压—屏极电流、栅极电流特性曲线（Tung-Sol）

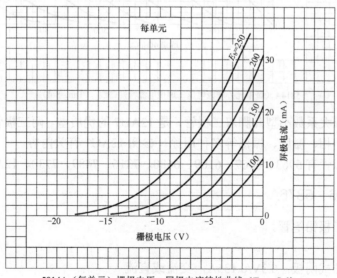

5814A（每单元）栅极电压—屏极电流特性曲线（Tung-Sol）

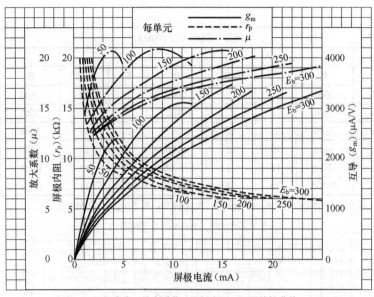

5814A（每单元）屏极电流—放大系数、屏极内阻、互导特性曲线 （Tung-Sol）

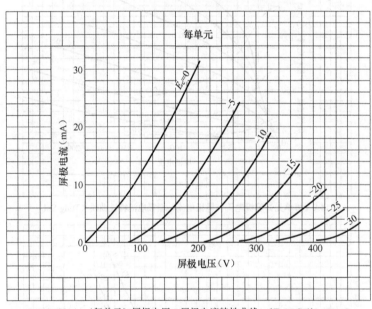

5814A（每单元）屏极电压—屏极电流特性曲线 （Tung-Sol）

  5814A 为中放大系数小型九脚双三极管，是 12AU7 的优质型。两三极管间除热丝外，完全独立，适用于倒相、激励、振荡等多种用途。参阅 12AU7 有关内容。

  5814A 的类似管有 5963、6067、6189、6680、7316、7489、7730、12AU7、12AU7WA。

（128） 5876　5876A

高放大系数三极铅笔管。

◎ 特性

敷氧化物旁热式阴极：6.3V/0.135A，交流或直流

极间电容：

栅极—屏极	1.4pF（最大）
栅极—阴极	2.5pF
屏极—阴极	0.035pF

管壳：见图，玻璃金属

安装位置：任意

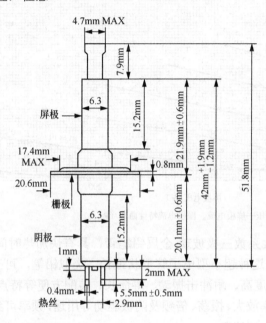

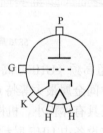

◎ **最大额定值**

A₁ 类放大

屏极电压	300V
栅极电压	−100V
屏极电流	25mA
屏极耗散功率	6.25W
热丝—阴极间电压	±90V
栅极电路电阻	0.5MΩ
管壳温度	175℃
最少预热时间	60s
全额定工作频率	1700MHz
全额定工作高度	60000 英尺

◎ **典型工作特性**

屏极电压	250V
阴极电阻	75Ω
放大系数	56
屏极内阻	8625Ω

互导	6500μA/V
屏极电流	18mA

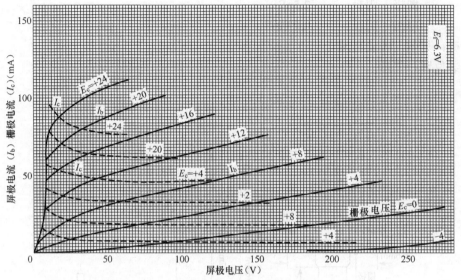

5876 屏极电压—屏极电流、栅极电流特性曲线（RCA）

5876 为超高频（UHF）高放大系数三极玻璃-金属铅笔管，具有快加热时间、坚牢同轴电极结构、中间金属最大等特点。这种超小型电子管形状细长，类似铅笔，可工作在 100～3000MHz，还具有体积小、机械强度高、耐冲击振动、寿命长、装配方便等特点。5876 适用于移动及航空设备中 UHF 射频功率放大、振荡、倍频及阴极驱动等用途，频率可到 3000MHz。5876 的栅极直流电阻最大不能超过 500kΩ。

5876 的等效管有 5876A、6C22D（中国）。

（129）5879

锐截止五极管。

◎ **特性**

敷氧化物旁热式阴极：6.3V/0.15A，交流或直流

极间电容：

五极接法

栅极—屏极	0.11pF（最大）
输入	2.7pF
输出	2.4pF

三极接法[*]

栅极—屏极	1.4pF（最大）
输入	1.4pF
输出	0.85pF

管壳：T-6½，玻璃

管基：纽扣式芯柱小型九脚

安装位置：任意

* 帘栅及抑制栅连接到屏极。

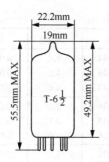

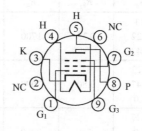

◎ **最大额定值**

屏极电压	300V
屏极电压（三极接法）	275V
帘栅电压	150V
帘栅供给电压	300V
栅极电压	+0～−50V
帘栅输入	0.25W
屏极耗散功率	1.25W
热丝—阴极间电压	±90V
栅极电路电阻	2.2MΩ

◎ **典型工作特性**

屏极电压	250V
抑制栅电压	连接到阴极
帘栅电压	100V
栅极电压	−3V
屏极内阻（近似）	2MΩ
互导	1000μA/V
屏极电流	1.8mA
帘栅电流	0.4mA
栅极电压（I_p=10μA）	−8V

三极接法（帘栅及抑制栅连接到屏极）

屏极电压	100V	250V
栅极电压	−3V	−8V
放大系数	21	21
屏极内阻（近似）	17000Ω	13700Ω
互导	1240μA/V	1530μA/V
屏极电流	2.2mA	5.5mA

◎ 阻容耦合放大数据

阻容耦合放大

最大电压增益

E_{bb}	R_p	R_g	R_{g_2}	R_k	C_{g_2}	C_k	C	E_o	$V.G.^*$
		0.1			0.044	4.6	0.020	13	29
	0.1	0.22	0.35	1700	0.046	4.5	0.012	17	39
		0.47			0.047	4.4	0.006	20	47
		0.22			0.034	3.2	0.010	15	43
90^A	0.22	0.47	0.80	3000	0.035	3.1	0.005	21	59
		1.0			0.036	3.0	0.003	24	67
		0.47			0.021	1.8	0.005	21	59
	0.47	1.0	1.9	7000	0.022	1.7	0.003	25	75
		2.2			0.023	1.7	0.002	28	67
		0.1			0.060	7.4	0.020	24	39
	0.1	0.22	0.35	700	0.062	7.3	0.012	28	56
		0.47			0.064	7.2	0.006	33	65
		0.22			0.045	5.5	0.010	24	65
180	0.22	0.47	0.80	1200	0.046	5.3	0.005	31	67
		1.0			0.048	5.2	0.003	34	101
		0.47			0.033	3.5	0.005	27	98
	0.47	1.0	1.9	2500	0.034	3.4	0.003	32	122
		2.2			0.035	3.3	0.002	37	140
		0.1			0.075	10.8	0.020	25	51
	0.1	0.22	0.35	300	0.077	10.5	0.012	32	68
		0.47			0.080	10.5	0.006	35	83
		0.22			0.056	7.9	0.010	28	81
300	0.22	0.47	0.80	600	0.057	7.5	0.005	37	109
		1.0			0.058	7.4	0.003	41	123
		0.47			0.044	5.3	0.005	35	125
	0.47	1.0	1.9	1200	0.046	5.2	0.003	42	152
		2.2			0.047	5.1	0.002	48	174

* 输出电压1Vrms，栅极偏压1V

^{A} 输出电压2Vrms

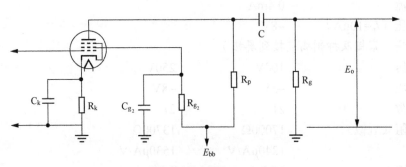

5879 阻容耦合放大数据（Tung-Sol）
最大电压增益

阻容耦合放大

最大输出电压

E_{bb}	R_p	R_g	R_{g_2}	R_k	C_{g_2}	C_k	C	E_o	V.G.
90[B]	0.1	0.1	0.12	2000	0.09	4.8	0.027	22	23
		0.22	0.15	2200	0.08	4.4	0.013	28	32
		0.47	0.17	2400	0.07	4.0	0.007	31	39
	0.22	0.22	0.35	3500	0.06	3.3	0.011	24	33
		0.47	0.40	3800	0.065	3.2	0.006	30	44
		1.0	0.44	4100	0.06	3.0	0.003	32	50
	0.47	0.47	0.90	6800	0.04	2.0	0.005	25	47
		1.0	1.0	7400	0.04	2.0	0.003	30	57
		2.2	1.1	8000	0.04	2.0	0.002	32	64
180	0.1	0.1	0.19	1300	0.08	6.0	0.021	48	33
		0.22	0.20	1400	0.08	5.85	0.013	59	46
		0.47	0.22	1500	0.07	5.45	0.007	68	57
	0.22	0.22	0.44	2000	0.09	4.85	0.011	48	41
		0.47	0.53	2300	0.07	4.45	0.006	62	62
		1.0	0.55	2400	0.055	4.25	0.004	68	72
	0.47	0.47	1.0	3500	0.07	3.5	0.005	51	54
		1.0	1.1	3700	0.07	3.5	0.003	59	66
		2.2	1.2	4000	0.07	3.3	0.002	66	81
300	0.1	0.1	0.18	1000	0.1	7.0	0.022	85	38
		0.22	0.2	1100	0.1	6.8	0.013	110	53
		0.47	0.23	1200	0.075	6.4	0.007	124	66
	0.22	0.22	0.47	1400	0.1	5.75	0.012	88	44
		0.47	0.52	1600	0.1	5.45	0.006	113	64
		1.0	0.58	1700	0.075	5.0	0.004	124	86
	0.47	0.47	1.1	2300	0.1	4.6	0.006	90	58
		1.0	1.2	2500	0.1	4.3	0.004	110	76
		2.2	1.3	2800	0.1	4.2	0.002	121	99

[B] 输出电压 3Vrms

5879 阻容耦合放大数据（Tung-Sol）

最大输出电压

三极管接法

阻容耦合放大

最大电压增益

E_{bb}	R_p	R_g	R_k	C_k	C	E_o	V.G.
90[C]	0.047	0.047	1800	2.9	0.060	9	10[A]
		0.1	2100	2.4	0.033	12	11[B]
		0.22	2200	2.3	0.016	14	12[C]
	0.1	0.1	3200	1.8	0.027	10	12[B]
		0.22	3900	1.3	0.015	13	13[C]
		0.47	4300	1.0	0.007	16	13
	0.22	0.22	6200	0.87	0.015	12	13[B]
		0.47	8100	0.53	0.006	16	13
		1.0	9000	0.49	0.003	19	14

续表

E_{bb}	R_p	R_q	R_k	C_k	C	E_o	$V.G.$
		0.047	1200	3.5	0.063	21	12
	0.047	0.1	1600	2.6	0.033	29	13
		0.22	1800	2.4	0.016	35	13
		0.1	2200	1.9	0.031	26	13
180	0.1	0.22	2900	1.35	0.015	33	14
		0.47	3400	1.1	0.007	40	14
		0.22	4500	0.92	0.015	28	14
	0.22	0.47	6400	0.61	0.006	39	14
		1.0	8200	0.52	0.003	47	14
		0.047	1100	3.9	0.063	42	13
	0.047	0.1	1500	2.8	0.033	65	13
		0.22	1700	2.5	0.016	71	14
		0.1	2000	2.1	0.032	45	15
300	0.1	0.22	3400	1.4	0.015	74	15
		0.47	3700	1.1	0.007	83	15
		0.22	4300	0.97	0.015	50	15
	0.22	0.47	7200	0.63	0.007	88	15
		1.0	7400	0.63	0.003	94	15

[C] 输出电压 3Vrms

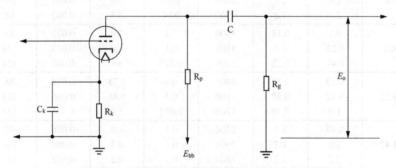

5879（三极接法）阻容耦合放大数据（Tung-Sol）
最大电压增益

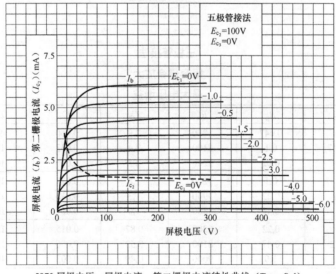

5879 屏极电压—屏极电流、第二栅极电流特性曲线（Tung-Sol）

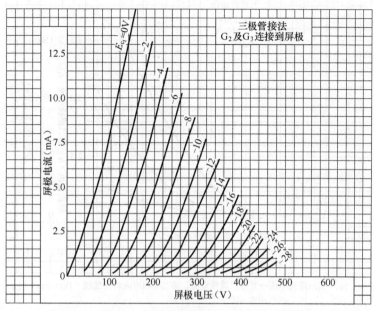

5879（三极接法）屏极电压—屏极电流特性曲线（Tung-Sol）

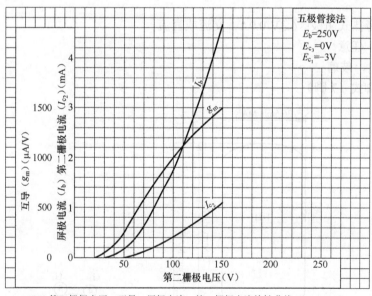

5879 第二栅极电压—互导、屏极电流、第二栅极电流特性曲线（Tung-Sol）

5879 为小型九脚锐截止五极管，应用于声频前置放大场合，具有高增益、非常低电平的颤噪效应、交流声及声频噪声。实用上可用于五极管高增益放大，也可三极接法用于中增益放大。

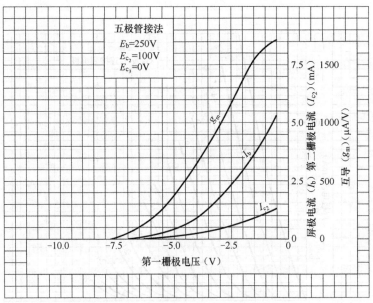

5879 第一栅极电压—互导、屏极电流、第二栅极电流特性曲线（Tung-Sol）

（130）5881

功率集射管。

◎ 特性

敷氧化物旁热式阴极：6.3V/0.9A，交流或直流

安装位置：任意

管壳：T-11，玻璃

管基：八脚式（7脚）

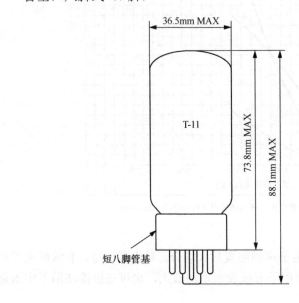

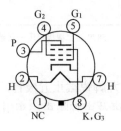

◎ **最大额定值**

屏极电压	400V
帘栅电压	400V
屏极电压（三极接法）	400V
屏极耗散功率	23W
帘栅耗散功率	3W
屏极耗散功率（三极接法）	26W
热丝—阴极间电压	200V
栅极电路电阻	0.1MΩ（固定偏压），0.5MΩ（自给偏压）

◎ **典型工作特性**

A₁类单端功率放大

屏极电压	250V	300V	350V
帘栅电压	250V	200V	250V
栅极电压	−14V	−12.5V	−18V
峰值输入电压	14V	12.5V	18V
互导	6100μA/V	5300μA/V	5200μA/V
屏极内阻	30000Ω	35000Ω	48000Ω
零信号屏极电流	75mA	48mA	53mA
最大信号屏极电流	80mA	55mA	65mA
零信号帘栅电流	4.3mA	2.5mA	2.5mA
最大信号帘栅电流	7.6mA	4.7mA	8.5mA
负载阻抗	2500Ω	4500Ω	4200Ω
总谐波失真	10%	11%	13%
最大信号输出功率	6.7W	6.5W	11.3W

A₁类单端功率放大（三极接法）

屏极电压	250V	300V
栅极电压	−18V	−20V
峰值输入电压	18V	20V
零信号屏极电流	52mA	78mA
最大信号屏极电流	58mA	85mA
放大系数	8	—
互导	5250μA/V	—
负载阻抗	4000Ω	4000Ω
总谐波失真	6%	5.5%
最大信号输出功率	1.4W	1.8W

A₁类推挽功率放大（两管值）

屏极电压	250V	270V
帘栅电压	250V	270V
栅极电压	−16V	−17.5V

峰值输入电压	32V	35V
互导（每管）	5500μA/V	5700μA/V
屏极内阻（每管）	24500Ω	23500Ω
零信号屏极电流	120mA	134mA
最大信号屏极电流	140mA	155mA
零信号帘栅电流	10mA	11mA
最大信号帘栅电流	16mA	17mA
负载阻抗	5000Ω	5000Ω
总谐波失真	2%	2%
最大信号输出功率	14.5W	17.5W

AB$_1$ 类推挽功率放大（两管值）

屏极电压	360V	360V
帘栅电压	270V	270V
栅极电压	−22.5V	−22.5V
峰值输入电压	45V	45V
零信号屏极电流	88mA	88mA
最大信号屏极电流	132mA	140mA
零信号帘栅电流	5mA	5mA
最大信号帘栅电流	15mA	11mA
负载阻抗	6600Ω	3800Ω
总谐波失真	2%	2%
最大信号输出功率	26.5W	18W

AB$_1$ 类推挽功率放大（三极接法，两管值）

屏极电压	400V
栅极电压	−45V
峰值输入电压	90V
零信号屏极电流	65mA
最大信号屏极电流	130mA
负载阻抗	4000Ω
总谐波失真	4.4%
最大信号输出功率	13.3W

AB$_2$ 类推挽功率放大（两管值）

屏极电压	360V	360V
帘栅电压	225V	270V
栅极电压	−18V	−22.5V
峰值输入电压	52V	72V
零信号屏极电流	78mA	88mA
最大信号屏极电流	142mA	205mA
零信号帘栅电流	3.5mA	5mA

最大信号帘栅电流	11mA	16mA
负载阻抗	6000Ω	3800Ω
总谐波失真	2%	2%
最大信号输出功率	31W	47W

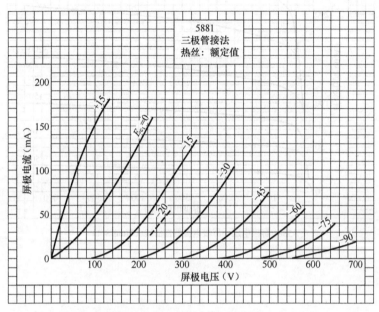

5881（三极接法）屏极电压—屏极电流特性曲线（Tung-Sol）

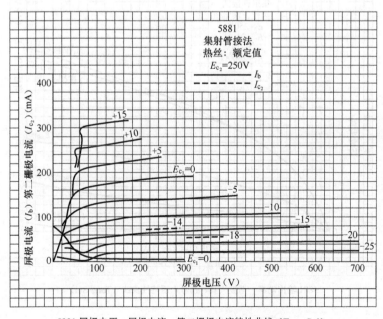

5881 屏极电压—屏极电流、第二栅极电流特性曲线（Tung-Sol）

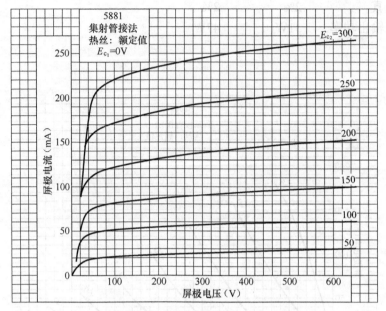

5881 屏极电压—屏极电流特性曲线（Tung-Sol）

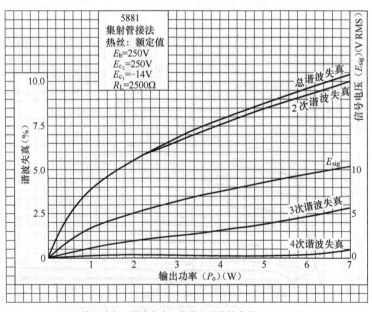

5881 输出功率—谐波失真、信号电压特性曲线（Tung-Sol）

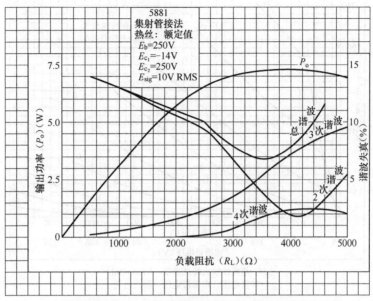

5881 负载阻抗—输出功率、谐波失真特性曲线（Tung-Sol）

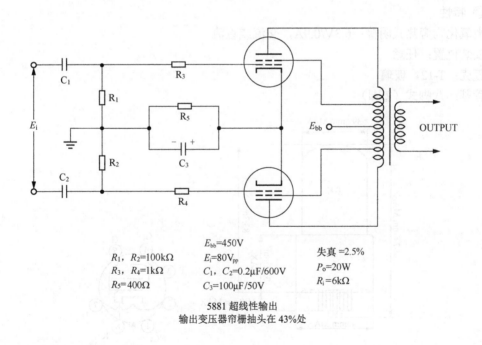

R_1，$R_2=100\text{k}\Omega$	$E_{bb}=450\text{V}$	失真 $=2.5\%$
R_3，$R_4=1\text{k}\Omega$	$E_i=80\text{V}_{pp}$	$P_o=20\text{W}$
$R_5=400\Omega$	C_1，$C_2=0.2\mu\text{F}/600\text{V}$	$R_i=6\text{k}\Omega$
	$C_3=100\mu\text{F}/50\text{V}$	

5881 超线性输出
输出变压器帘栅抽头在 43% 处

　　5881 为筒形八脚功率集射管，特性与 6L6 及 6L6G 相同，但屏极、帘栅极耗散功率增大接近 20%。参阅 6L6 有关内容。

　　5881 的类似管有 6L6GC、7581、7581A。

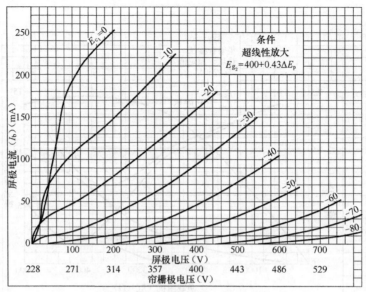

5881 超线性放大特性曲线 （Tung-Sol）
屏极电压、帘栅极电压—屏极电流

（131）5932　6L6WGA

功率集射管。

◎ **特性**

敷氧化物旁热式阴极：6.3V/0.9A，交流或直流

安装位置：任意

管壳：T-12，玻璃

管基：八脚式（7 脚）

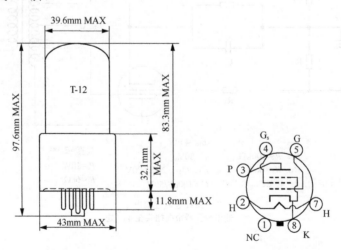

◎ **最大额定值**

屏极电压	400V
帘栅电压	300V

屏极耗散功率	21W
帘栅耗散功率	2.75W
热丝—阴极间电压	200V
冲击	450g
振动	2.5g
机械谐振	100Hz
栅极电路电阻	0.1MΩ（固定偏压），0.25MΩ（自给偏压）

◎ **典型工作特性**

A₁类单端功率放大

屏极电压	250V	300V	350V
帘栅电压	250V	200V	250V
栅极电压	−14V	−12.5V	−18V
峰值输入电压	14V	12.5V	18V
零信号屏极电流	72mA	48mA	54mA
最大信号屏极电流	79mA	55mA	66mA
零信号帘栅电流	5mA	2.5mA	2.5mA
最大信号帘栅电流	7.3mA	4.7mA	7mA
互导	6000μA/V	5300μA/V	5200μA/V
屏极内阻	22500Ω	35000Ω	33000Ω
负载阻抗	2500Ω	4500Ω	4200Ω
最大信号输出功率	6.5W	6.5W	10.8W
总谐波失真	10%	11%	15%
栅极电流	3.0μA		
热丝—阴极间漏电流	75μA（$V_{h\text{-}k}=\pm200V$）		

推挽功率放大（两管值）

	A₁类		AB₁类		AB₂类	
屏极电压	250V	270V	360V	360V	360V	360V
帘栅电压	250V	250V	270V	270V	225V	270V
栅极电压	−16V	−17.5V	−22.5V	−22.5V	−18V	−22.5V
峰值输入电压	32V	35V	45V	45V	52V	72V
零信号屏极电流	120mA	134mA	88mA	88mA	78mA	88mA
最大信号屏极电流	140mA	155mA	132mA	140mA	142mA	205mA
零信号帘栅电流	10mA	11mA	5mA	5mA	3.5mA	5mA
最大信号帘栅电流	16mA	17mA	15mA	11mA	11mA	16mA
互导	5500μA/V	5700μA/V	—	—	—	—
屏极内阻	24500Ω	23500Ω	—	—	—	—
负载阻抗	5000Ω	5000Ω	6600Ω	3800Ω	6000Ω	3800Ω
最大信号输出功率	14.5W	17.5W	26.5W	18W	31W	47W
总谐波失真	2%	2%	2%	2%	2%	2%

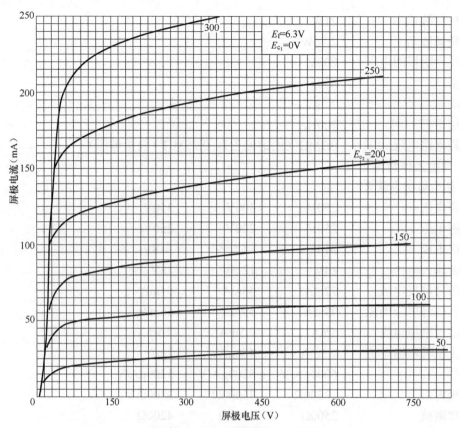

5932 屏极电压—屏极电流特性曲线（Sylvania）

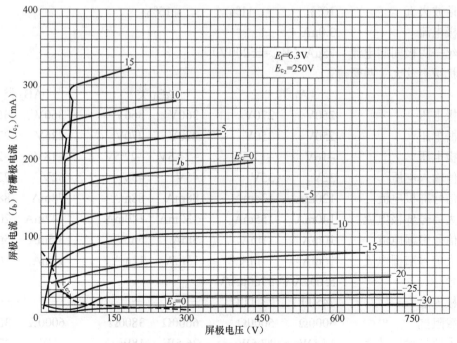

5932 屏极电压—屏极电流、帘栅极电流特性曲线 （Sylvania）

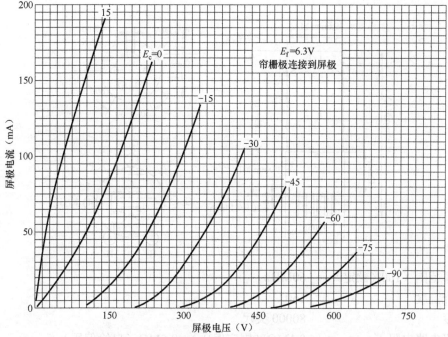

5932（三极接法）屏极电压—屏极电流特性曲线（Sylvania）

　　5932 为筒形八脚功率集射管，应用在控制或记录装置上，或受机械冲击或振动的放大器设备上。电特性与 6L6 及 6L6G 相同，参阅 6L6 有关内容。

（132）5933

集射功率管，声频及射频放大。

◎ **特性**

敷氧化物旁热式阴极：6.3V/0.9A，交流或直流

极间电容：

G-P	0.2pF（最大）
G_1-$(K+G_3+G_2+H)$	11pF
P-$(K+G_3+G_2+H)$	7pF

管壳：T-12，玻璃

管基：中型五脚式，有屏帽

安装位置：任意

◎ **最大额定值**

屏极电压	600V
帘栅电压	300V
屏极电流	120mA
屏极耗散功率	25W
帘栅耗散功率	3.5W
热丝—阴极间电压	135V

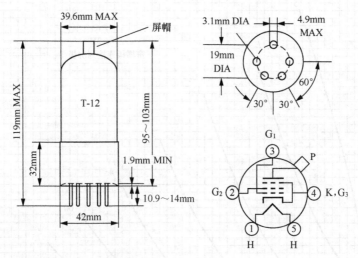

频率范围（100%额定）	60MHz		
管壳温度	160℃		
高度	80000 英尺		
栅极电路电阻	0.1MΩ（固定偏压），0.5MΩ（自给偏压）		

◎ **典型工作特性**

AB_2 类推挽放大（两管值）

屏极电压	400V	500V	600V
帘栅电压	300V	300V	300V
栅极电压	−25V	−29V	−30V
栅—栅峰值信号电压	78V	86V	78V
零信号屏极电流	90mA	72mA	60mA
最大信号屏极电流	240mA	240mA	200mA
零信号帘栅电流	5mA	5mA	5mA
最大信号帘栅电流	10mA	10mA	10mA
屏—屏负载阻抗	3200Ω	4240Ω	6400Ω
最大信号驱动功率	0.2W	0.2W	0.1W
功率输出（近似）	55W	75W	80W

5933 为筒形玻壳五脚带屏帽集射功率管，用于声频及射频放大场合，耐冲击、振动，可高温度及高高度使用。该管工作时必须有良好的通风。特性与 807 相同，可参阅相关内容。

（133）5963

中放大系数双三极管。

◎ **特性**

敷氧化物旁热式阴极：	串联	并联
	12.6V/0.15A	6.3V/0.3A，交流或直流
极间电容：	1 单元	2 单元

1 单元 栅极—屏极 G-P	1.5pF	1.5pF
输入 G-（H+K）	1.9pF	1.9pF
输出 P-（H+K）	0.5pF	0.35pF
1 单元 G—2 单元 G		0.1pF（最大）

管壳：T-6½，玻璃

管基：纽扣式芯柱小型九脚

安装位置：任意

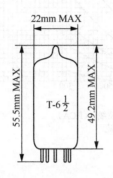

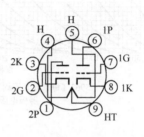

◎ **最大额定值**

屏极电压	250V
栅极电压	−100V，+0V，−200V（峰值）
屏极耗散功率	2.5W
栅极输入功率	0.5W
阴极电流	20mA（直流），100mA（峰值）
热丝—阴极间电压	±90V
管壳温度	120℃
栅极电阻	0.5MΩ（固定偏压），1MΩ（自给偏压）

◎ **典型工作特性**

A_1 类放大（每三极部分）

屏极电压	67.5V
栅极电压	0V
放大系数	21
屏极内阻	6600Ω
互导	3200μA/V
屏极电压	8.5mA

5963 为小型九脚中放大系数双三极管，两三极管间除热丝外，完全独立，长寿命，原应用于电子计算机及其他开关控制中作分频器用，可长时间在截止条件下工作。其特性与12AU7 近似，在音响电路中的应用，可参阅相关内容。

5963 的类似管有 6211。

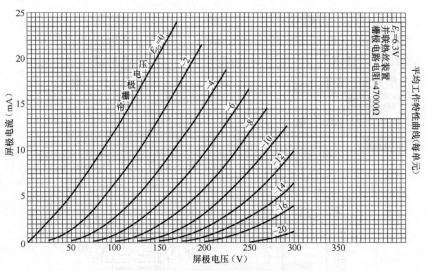

5963（每单元）平均工作特性曲线　（RCA）
屏极电压—屏极电流

（134）5965

中放大系数双三极管。

◎ **特性**

敷氧化物旁热式阴极：　　　串联　　　　　　　　　并联

　　　　　　　　　　12.6V/0.225A　　　6.3V/0.45A，交流或直流

极间电容：

栅极—屏极	3.0pF	
输入	3.8pF	
输出 1 单元*	0.5pF	
2 单元*	0.38pF	
屏极—屏极	0.5pF	

管壳：T-6½，玻璃

管基：纽扣式芯柱小型九脚

安装位置：任意

*1 单元 6、7、8 脚，2 单元 1、2、3 脚。

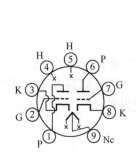

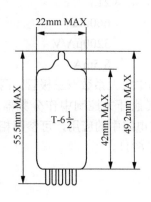

◎ 最大额定值

屏极电压	330V
栅极电压	−150V
屏极耗散功率（每屏）	2.4W
屏极耗散功率（两屏）	4.4W
阴极电流	16.5mA
热丝—阴极间电压	±200V
管壳温度	165℃
栅极电路电阻	0.1MΩ（固定偏压），0.5MΩ（自给偏压）

◎ 典型工作特性

A_1 类放大（每三极部分）

屏极电压	150V
阴极电阻	220Ω
屏极电流	8.2mA
屏极内阻（近似）	7520Ω
互导	6500μA/V
放大系数	47
栅极电压（I_p=150μA）	−5.5V

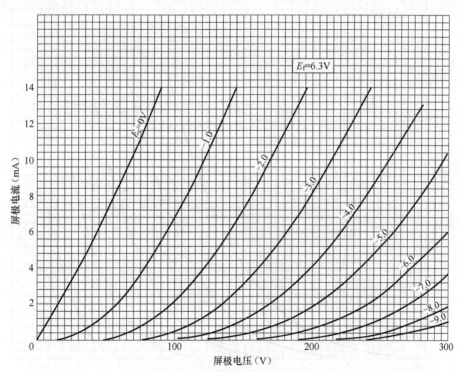

5965（每单元）平均屏极特性曲线（Sylvania）
屏极电压—屏极电流

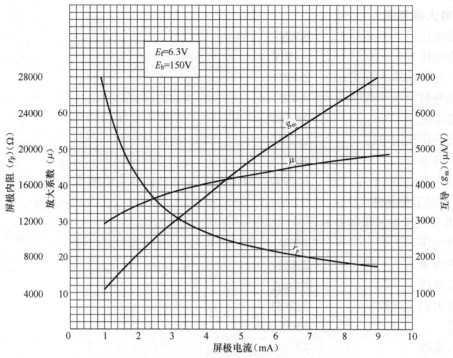

5965（每单元）平均转移特性曲线（Sylvania）
屏极电流—互导、屏极内阻、放大系数

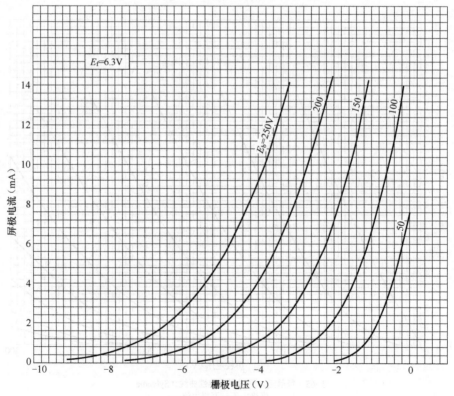

5965（每单元）平均特性曲线（Sylvania）
栅极电压—屏极电流

5965 为小型九脚中放大系数双三极管，原用于高速数字电子计算机中，具有高零偏压屏极电流、锐截止特性及阴极可分开连接特性，两三极管间除热丝外，完全独立。有断续工作可靠的热丝—阴极结构。在音响电路中，小信号放大时的失真很小。

5965 的类似管有 6829、7062、E180CC。

（135）6080　6080WA　6080WB

功率双三极管。

◎ **特性**

敷氧化物旁热式阴极：6.3V/2.5A，交流或直流

极间电容：

栅极—屏极	8pF
栅极—阴极及热丝	6pF
屏极—阴极及热丝	2.2pF
阴极—热丝	1 单元 6.5pF，2 单元 6pF
1 单元栅极—2 单元栅极	0.5pF
1 单元屏极—2 单元屏极	2pF

安装位置：任意

管壳：T-12，玻璃

管基：肥大八脚式（8 脚）

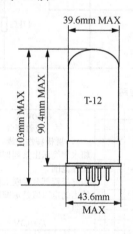
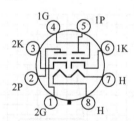

◎ **最大额定值**

屏极电压	250V
屏极电流	125mA
屏极耗散功率	13W
热丝—阴极间电压	300V
冲击加速度	450g（6080WA，6080WB）
振动（垂直加速度）	2.5g（6080WA，6080WB）
高度	60000 英尺（6080WA，6080WB）
管壳温度	200℃（6080），230℃（6080WA），300℃（6080WB）

栅极电路电阻　　　　　　　1MΩ（自给偏压），0.1MΩ（固定偏压）

◎ **典型工作特性**

A₁ 类放大（每三极部分）

屏极供给电压	135V
阴极偏压电阻	250Ω
放大系数	2
屏极内阻（近似）	280Ω
互导	7000μA/V
屏极电流	125mA

◎ **参考电路**

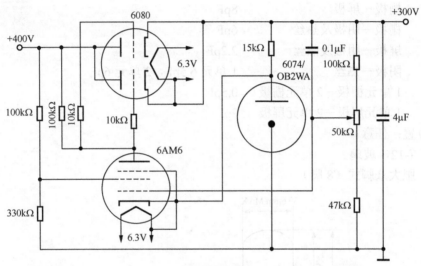

6080 稳压电路

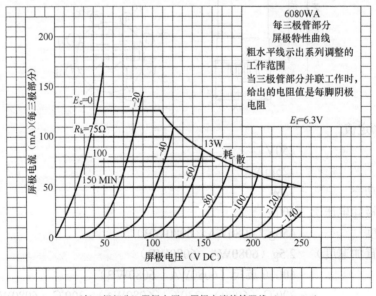

6080（每三极部分）屏极电压—屏极电流特性阻线（Tung-Sol）

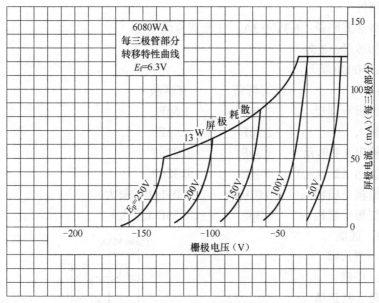

6080（每三极部分）栅极电压—屏极电流特性阻线（Tung-Sol）

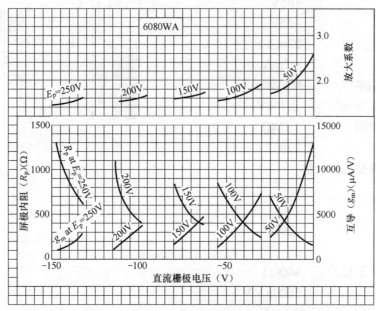

6080 栅极电压—屏极内阻、互导、放大系数特性曲线（Tung-Sol）

6080 为瓶形肥大管基八脚低放大系数功率双三极管。6080 是 6AS7G 的高品质管，6080WA 及 6080WB 是 6080 的坚牢型，是低电压、大电流、低内阻管，原用作直流电源调整、伺服缓冲及升压管，适用于要求高屏极电流、低屏极电压的场合。参阅 6AS7G 有关内容。

（136）6111　6111WA　6112　6112WA

6111 是超小型中放大系数双三极管，6112 是超小型高放大系数双三极管。

◎ **6111 特性**

敷氧化物旁热式阴极：6.3V/0.3A，交流或直流

最大振动加速度：2.5g

最大高度：60000 英尺

极间电容：　　　　　没有屏蔽　　　有屏蔽

　　栅极—屏极　　　1.4pF　　　　1.5pF

　　输入　　　　　　2.1pF　　　　1.9pF

　　输出（1 单元）　1.3pF　　　　0.28pF

　　输出（2 单元）　1.4pF　　　　0.32pF

　　栅极—栅极　　　0.010pF　　　0.011pF（最大）

　　屏极—屏极　　　0.3pF　　　　0.5pF（最大）

管壳：T-3，玻璃

管基：超小型八脚

安装位置：任意

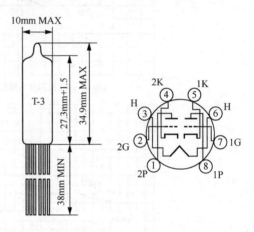

◎ **6111 最大额定值**

屏极电压	165V
栅极电压	−55V
屏极电流	22mA
栅极电流	5.5mA
屏极耗散功率	0.95W
热丝—阴极间电压	±200V
栅极电路电阻	1.1MΩ
管壳温度	220℃

◎ **6111 典型工作特性**

A_1 类放大

屏极电压	100V
阴极电阻	220Ω
放大系数	20
屏极内阻（近似）	4000Ω
互导	5000μA/V
屏极电流	8.5mA
栅极电压（I_p=10μA）	−9V

◎ **6111 阻容耦合放大数据（每单元）**

R_L	R_{gf}	低阻抗驱动（200Ω左右）								
		E_{bb}=90V			E_{bb}=150V			E_{bb}=225V		
		R_k	E_o	增益	R_k	E_o	增益	R_k	E_o	增益
0.10	0.10	2400	8.4	13	2100	16	14	1900	25	15
0.10	0.24	3100	12	14	2800	22	15	2600	34	16
0.24	0.24	6200	10	14	5600	19	15	5200	30	16

| | | \multicolumn{3}{c}{低阻抗驱动（200Ω左右）} | | | | | | | | |

		$E_{bb}=90V$			$E_{bb}=150V$			$E_{bb}=225V$		
R_L	R_{gf}	R_k	E_o	增益	R_k	E_o	增益	R_k	E_o	增益
0.24	0.51	7800	13	14	7200	25	15	7000	38	15
0.51	0.51	14000	11	13	13000	21	14	12000	32	15
0.51	1.0	19000	14	13	17000	26	14	16000	40	15

高阻抗驱动（100kΩ左右）

		$E_{bb}=90V$			$E_{bb}=150V$			$E_{bb}=225V$		
R_L	R_{gf}	R_k	E_o	增益	R_k	E_o	增益	R_k	E_o	增益
0.10	0.10	3200	11	13	2500	21	14	2100	32	15
0.10	0.24	4200	15	14	3400	28	15	3000	43	15
0.24	0.24	8400	13	13	6800	24	14	6000	36	15
0.24	0.51	10000	16	13	8700	29	15	7800	45	15
0.51	0.51	17000	13	13	15000	25	14	13000	38	15
0.51	1.0	21000	17	13	19000	30	14	17000	47	15

* E_o 最大 rms 输出电压，R_k 单位 Ω，R_L、R_{gf} 单位 MΩ

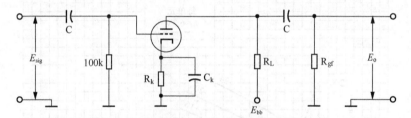

6111 阻容耦合放大电路（Tung-Sol）

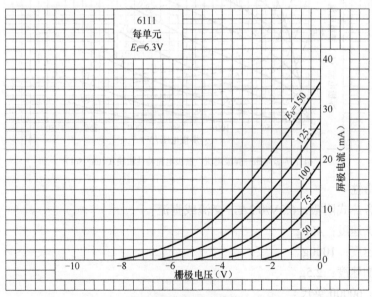

6111 特性曲线（Tung-Sol）
栅极电压—屏极电流

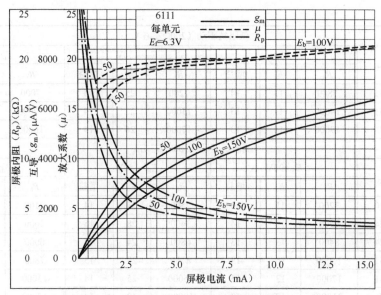

6111 屏极电流—屏极内阻、互导、放大系数特性曲线（Tung-Sol）

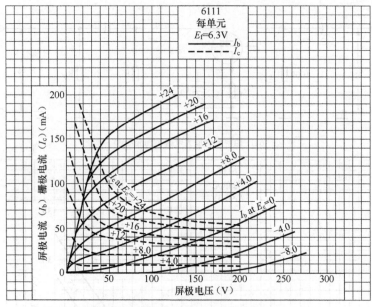

6111 屏极电压—屏极电流、栅极电流特性曲线（Tung-Sol）

◎ **6112 特性**

敷氧化物旁热式阴极：6.3V/0.2A，交流或直流

最大冲击加速度：450g

最大匀加速度：1000g

最大振动加速度：2.5g

最大高度：60000 英尺

最大管壳温度：220℃

0

0

0

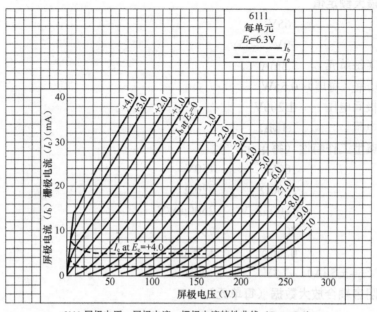

6111 屏极电压—屏极电流、栅极电流特性曲线（Tung-Sol）

极间电容：	没有屏蔽	有屏蔽
栅极—屏极（每单元）	1.0pF	1.0pF
输入（每单元）	1.9pF	1.7pF
输出（1 单元，8、7、5 脚）	1.5pF	0.23pF
输出（2 单元，1、2、4 脚）	1.5pF	0.28pF
栅极—栅极	0.011pF	0.014pF
屏极—屏极	0.60pF	0.80pF

管壳：T-3，玻璃

管基：超小型八脚

安装位置：任意

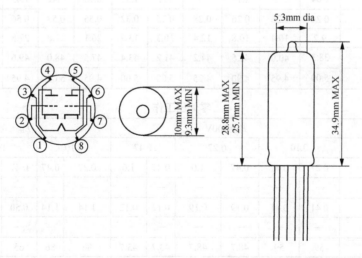

◎ **6112 最大额定值**

屏极电压	165V
栅极电压	+0V，−55V
屏极电流（每单元）	3.3mA
屏极耗散功率（每屏）	0.55W
热丝—阴极间电压	±200V
栅极电路电阻	1.1MΩ

◎ **6112 典型工作特性（每单元）**

屏极电压	100V	150V
阴极电阻	1500Ω	820Ω
互导	1800μA/V	2500μA/V
放大系数	70	70
屏极电流	0.8mA	1.75mA
栅极电压（$I_g=\pm5\mu A$）	−2.8V	−3.7V

◎ **6112 阻容耦合放大数据（每单元）**

自给偏压工作

	E_{bb}=100V						E_{bb}=200V					
R_b(MΩ)	0.10		0.27		0.47		0.10		0.27		0.47	
R_{cf}(MΩ)	0.27	0.47	0.47	1.0	0.47	1.0	0.27	0.47	0.47	1.0	0.47	1.0
R_k(Ω)	2200	2200	4700	4700	6800	8200	1200	1500	3300	3900	4700	5600
I_b(mA)	0.375	0.37	0.175	0.175	0.11	0.105	0.92	0.845	0.385	0.365	0.25	0.235
E_c(V)	0.825	0.813	0.822	0.822	0.75	0.862	1.10	1.27	1.27	1.42	1.17	1.31
E_b(V)	61.7	62.2	52	52	47.5	49.8	106.9	114.2	94.7	100.1	81.8	88.2
E_{sig}(V,rms)	0.1	0.1	0.1	0.1	0.1	0.1	0.1	0.1	0.1	0.1	0.1	0.1
E_{out}(V,rms)	3.9	4.05	4.20	4.5	4.15	4.42	4.80	4.80	4.95	5.1	4.95	5.15
增益	39.0	40.5	42.0	45.0	41.5	44.2	48.0	48.0	49.5	51.0	49.5	51.5
% 失真	2.04	2.2	2.15	1.8	2.2	1.95	0.90	1.42	1.43	1.46	1.50	1.58
E_{sig}^*(V,rms)	0.24	0.26	0.26	0.28	0.25	0.32	0.55	0.58	0.56	0.66	0.52	0.67
E_{out}(V,rms)	9.2	10.4	10.8	12.4	10.3	13.9	26.1	27.8	27.8	33.0	25.3	33.9
增益	38.3	40.0	41.5	44.2	41.2	43.4	47.5	48.0	49.6	50.0	48.6	50.5
% 失真	5.00	4.95	4.90	4.25	5.00	5.00	4.95	5.00	4.95	5.00	5.0	5.0

零偏压工作

	E_{bb}=100V						E_{bb}=200V					
R_b(MΩ)	0.10		0.27		0.47		0.10		0.27		0.47	
R_{cf}(MΩ)	0.27	0.47	0.47	1.0	0.47	1.0	0.27	0.47	0.47	1.0	0.47	1.0
R_k(Ω)	—	—	—	—	—	—	—	—	—	—	—	—
I_b(mA)	0.41	0.41	0.19	0.19	0.12	0.12	1.14	1.14	0.50	0.50	0.31	0.31
E_c(V)	—	—	—	—	—	—	—	—	—	—	—	—
E_b(V)	59	59	48.7	48.7	43.7	43.7	86	86	65	65	54	54

续表

E_{sig}(V,rms)	$E_{bb}=100V$						$E_{bb}=200V$					
E_{sig}(V,rms)	0.1	0.1	0.1	0.1	0.1	0.1	0.1	0.1	0.1	0.1	0.1	0.1
E_{out}(V,rms)	4.0	4.2	4.4	4.5	4.28	4.6	5.0	5.35	5.5	5.75	5.3	5.65
增益	40.0	42.0	44.0	45.0	42.8	46.0	50.0	53.5	55.0	57.5	53.0	56.5
%失真	2.2	2.0	2.2	1.9	2.35	1.95	1.6	1.6	1.6	1.6	1.7	1.6
E_{sig}^{*}(V,rms)	0.23	0.25	0.25	0.31	0.23	0.30	0.54	0.58	0.56	0.65	0.51	0.65
E_{out}(V,rms)	8.6	9.45	10.4	12.8	9.3	12.9	25.2	28.0	27.8	33.3	24.9	33.0
增益	37.4	37.8	41.6	41.3	40.4	43.0	46.7	48.2	49.7	51.2	48.8	50.8
%失真	5.0	5.0	5.0	4.9	5.0	5.0	5.0	5.0	5.0	5.0	5.0	5.0

* 最大信号时谐波失真 5%，或 1/8μA 栅极电流。

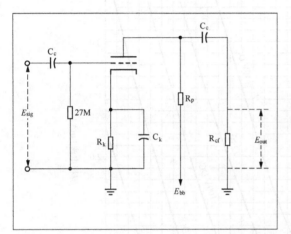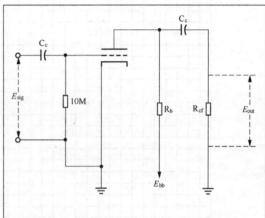

6112 阻容耦合放大电路（Sylvania）
左：自给偏压，右：零偏压
C_c 在可能范围内应取较大值　C_k 应取计算值或稍大

　　6111（6111A，6111WA）为中放大系数双三极八脚超小型管，两三极管间除热丝外，完全独立，适用于低频电压放大及高频振荡场合。该管屏极耗散功率较小，屏极电压又低，所以在音响设备中，只能使用在动态范围不大的前级小信号放大场合。"国都" Quad 前级放大器 QC 24 中就使用了 6111。6111 的类似管有 6H16Б（苏联）、6N16B（中国）。

　　6112（6112A，6112WA）为高放大系数双三极八脚超小型管，两三极管间除热丝外，完全独立，适用于低频电压放大场合。该管由于耗散功率小、屏极电压低，同样只适于使用在小信号的前级放大场合。

　　6112 的类似管有 6H17Б（苏联）、6N17B（中国）。

平均特性曲线

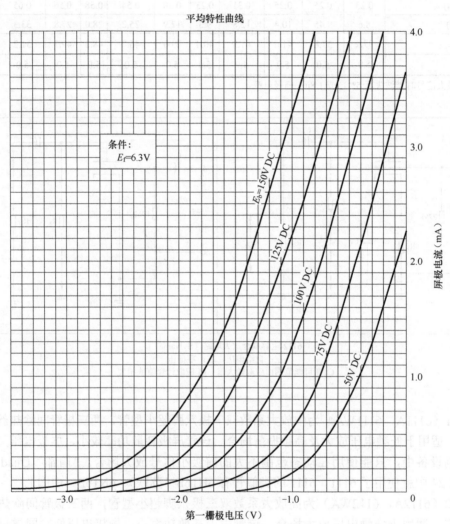

6112WA 第一栅极电压—屏极电流特性曲线（Raytheon）

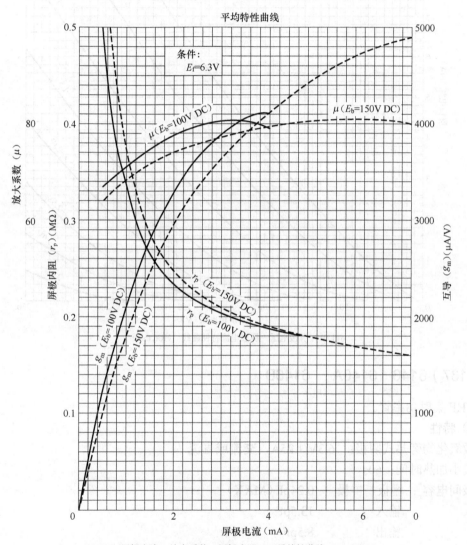

6112WA 屏极电流—放大系数、屏极内阻、互导特性曲线（Raytheon）

平均屏极特性曲线

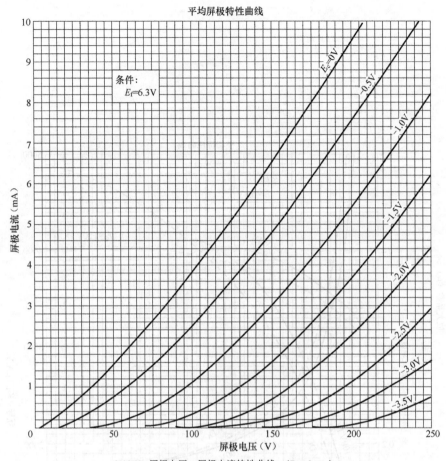

6112WA 屏极电压—屏极电流特性曲线　（Raytheon）

（137）6146　6146A　　6146B

VHF 集射功率管。

◎ 特性

敷氧化物旁热式阴极：　6.3V/1.25A，交流或直流

最小加热时间：60s

极间电容[*]：栅极—屏极　　0.24pF（MAX）

　　　　　　　输入　　　　13.5pF

　　　　　　　输出　　　　8.5pF

最大管壳温度：220℃

互导：7000μA/V

放大系数（g_1-g_2）：4.5

管壳：T-12，玻璃

管基：金属腰八脚式（8 脚），有屏帽

安装位置：任意

* 无外屏蔽。

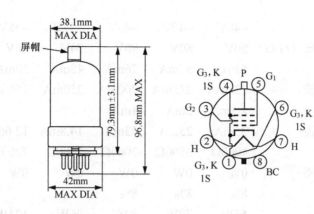

◎ **最大额定值**

	6146	6146A	6146B
最大屏极电压	600V（MAX）	600V	600V
最大帘栅电压	250V（MAX）	250V	250V
最大信号屏极输入功率	60W	60W	90W
最大屏极耗散功率	20W（MAX）	20W	27W
最大帘栅耗散功率	3W	3W	3W
最大屏极电流	90mA	125mA	125mA
最大热丝—阴极间电压	135V（MAX）	135V	135V
最大栅极电路电阻	0.1MΩ（固定偏压），0.5MΩ（自给偏压）		

◎ **典型工作特性**

AB_1 类推挽放大（三极接法，两管值）

最大屏极电压	400V
最大屏极电流	90mA
最大信号屏极输入功率	35W
最大屏极耗散功率	20W

屏极电压	250V	400V
栅极电压	−50V	−100V
峰值声频输入电压（G-G）	100V	200V
零信号屏极电流	110mA	80mA
最大信号屏极电流	144mA	136mA
负载阻抗（P-P）	5000Ω	8000Ω
最大信号驱动功率	0W	0W
总谐波失真	5%	4.6%
输出功率	8W	19W

AB_1 类推挽放大（两管值）

				6146B		
屏极电压	400V	500V	600V	600V	750V
帘栅电压	190V	185V	180V	200V	200V

栅极电压	–40V	–40V	–45V	–47V	–48V
峰值声频输入电压（G-G）	80V	80V	90V	94V	96V
零信号屏极电流	63mA	57mA	26mA	48mA	50mA
最大信号屏极电流	228mA	215mA	200mA	250mA	250mA
零信号帘栅电流	2.5mA	2mA	1mA		
最大信号帘栅电流	25mA	25mA	23mA	14.8mA	12.6mA
负载阻抗（P-P）	4000Ω	5500Ω	7000Ω	5600Ω	7200Ω
最大信号驱动功率	0W	0W	0W	0W	0W
总谐波失真	8%	8%	8%		
输出功率	55W	70W	82W	96W	124W

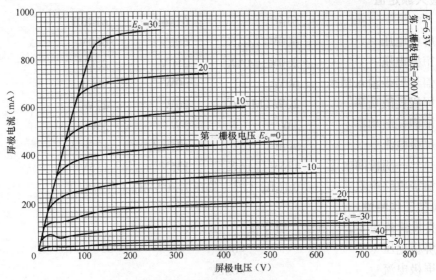

6146A 屏极电压—屏极电流特性曲线（RCA）

6146/A 为高效率大功率超高频集射功率管，带屏帽 GT 管。该管为发射用管，可用于射频功率放大、振荡（60～175MHz）或声频功率放大、调制。在音响电路中，适用于 50～70W 的 AB_1 类推挽功率放大，它的栅极电阻最大不能超过 100kΩ（固定偏压，AB_1 类放大）。

6146/A/B 的等效管有 2B46、QE05/40、FU46（中国）。

6146/A/B 的类似管有 6883/B（除热丝 12.6V/0.625A 外，特性同 6146）、7984（12 脚紧密电子管）。

（138）6189　12AU7WA

中放大系数双三极管。

◎ 特性

敷氧化物旁热式阴极：	串联	并联
	12.6V/0.15A	6.3V/0.3A，交流或直流
极间电容：	有屏蔽 [A]	没有屏蔽
1 单元 栅极—屏极 G-P	1.5pF	1.5pF

输入 G-（H+K）	1.8pF	1.6pF
输出 P-（H+K）	2.0pF	0.4pF
2 单元栅极—屏极 G-P	1.5pF	1.5pF
输入 G-（H+K）	1.8pF	1.6pF
输出 P-（H+K）	2.0pF	0.32pF

管壳：T-6½，玻璃

管基：纽扣式芯柱小型九脚

安装位置：任意

 屏蔽连接到阴极。

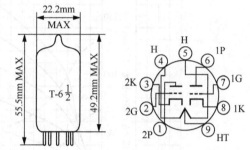

◎ **最大额定值**

屏极电压	330V
屏极耗散功率	3W
阴极电流	22mA
热丝—阴极间电压	200V
管壳温度	165℃
栅极电阻	1MΩ

◎ **典型工作特性**

A_1 类放大（每三极部分）

屏极电压	100V	250V
栅极电压	0V	−8.5V
屏极电流	11.8mA	10.5mA
屏极内阻（近似）	6.5kΩ	7.7kΩ
互导	3100μA/V	2200μA/V
放大系数	20	17
栅极电压（I_p=10μA）	—	−24V

◎ **阻容耦合放大数据（每单元）**

R_p (MΩ)	R_s (MΩ)	R_{g_1} (MΩ)	E_{bb}=90V			E_{bb}=180V			E_{bb}=300V		
			R_k	增益	E_o	R_k	增益	E_o	R_k	增益	E_o
0.10	0.10	0.10	3300	14	13	2200	14	26	1800	14	40
0.10	0.24	0.10	3600	14	16	2700	15	33	2200	15	51
0.24	0.24	0.10	7500	14	16	5100	15	30	4300	15	44
0.24	0.51	0.10	9100	14	19	6800	15	39	5100	15	54
0.51	0.51	0.10	13000	14	16	9100	15	30	6800	16	40
0.51	1.0	0.10	15000	14	19	10000	16	32	7500	16	45
0.24	0.24	10	0	15	13	0	16	33	0	17	46
0.24	0.51	10	0	16	17	0	17	38	0	18	62
0.51	0.51	10	0	16	14	0	18	32	0	18	53
0.51	1.0	10	0	17	18	0	18	41	0	19	68

GAIN 增益　E_o=2Vrms 时　E_o 为 rms，总谐波失真 5%　零偏压数据可忽略发生阻抗

6189 阻容耦合放大数据（Tung-Sol）

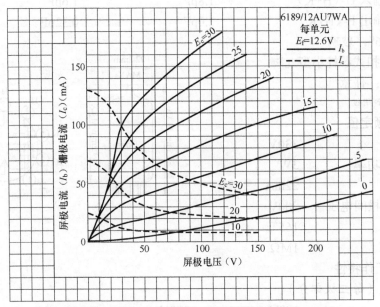

6189（每单元）屏极电压—屏极电流、栅极电流特性曲线（Tung-Sol）

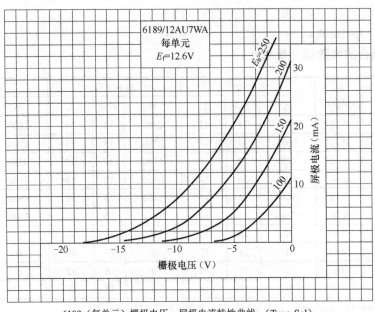

6189（每单元）栅极电压—屏极电流特性曲线 （Tung-Sol）

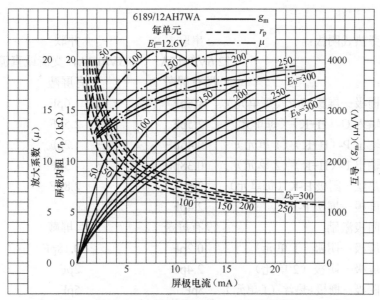

6189（每单元）屏极电流—放大系数、屏极内阻、互导特性曲线 （Tung-Sol）

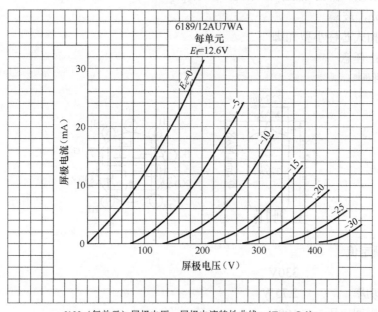

6189（每单元）屏极电压—屏极电流特性曲线 （Tung-Sol）

6189 为小型九脚高品质中放大系数双三极管，两三极管间除热丝外，完全独立，工业和军用设备中用于振荡、多谐振荡、阻容耦合放大等场合，耐猛烈冲击和振动。特性与 12AU7 相同，可参阅 12AU7 有关内容。

6189 的等效管有 12AU7WA、E82CC、ECC802S（德国，Telefunken，通信用特选管）。

（139）6201

高放大系数双三极管。

◎ **特性**

敷氧化物旁热式阴极：	串联	并联
	12.6V/0.15A	6.3V/0.3A，交流或直流

极间电容：	没有屏蔽	有屏蔽 [A]
栅极—屏极 G-P（每单元）	1.6pF	1.6pF
输入 G-(H+K)（每单元）	2.5pF	2.5pF
输出 P-(H+K)（1 单元）	0.45pF	1.2pF
输出 P-(H+K)（2 单元）	0.38pF	1.3pF
热丝—阴极 H-K（每单元）	2.8pF	2.8pF
屏极—屏极 P-P	2.4pF	
阴极激励	没有屏蔽	有屏蔽
屏极—阴极（1 单元）	0.2pF	0.18pF
屏极—阴极（2 单元）	2.4pF	2pF
阴极—栅极+热丝（1 单元）	5pF	5pF
屏极—栅极+热丝（1 单元）	1.9pF	2.7pF
屏极—栅极+热丝（2 单元）	1.8pF	2.7pF

管壳：T-6½，玻璃

管基：纽扣式芯柱小型九脚

安装位置：任意

[A] 屏蔽连接到阴极。

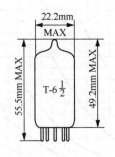
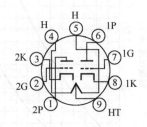

◎ **最大额定值**

屏极电压	330V
屏极耗散功率	2.75W
热丝—阴极间电压	100V
栅极电压	0～−55V
管壳温度	180℃
栅极电阻	0.25MΩ（固定偏压），1MΩ（自给偏压）

◎ **典型工作特性**

A_1 类放大（每三极部分）

屏极电压	100V	250V
阴极电阻	270Ω	200Ω

屏极电流	3.3mA	10mA
屏极内阻	14300Ω	10900Ω
互导	4000μA/V	5500μA/V
放大系数	57	60
栅极电压（I_p=10μA）	−5V	−12V

◎ **阻容耦合放大数据**

阻容耦合放大工作数据（每单元）

屏极供电电压	90			180			300			V
屏极电阻	0.1	0.24	0.51	0.1	0.24	0.51	0.1	0.24	0.51	V
下级栅极电阻	0.24	0.51	1	0.24	0.51	1	0.24	0.51	1	MΩ
阴极电阻	2400	5300	11000	1400	3600	7100	1200	2900	6400	Ω
峰值输出电压	13	15	16	28	31	33	47	52	55	V
电压增益▲	27	28	28	33	33	32	33	34	34	

▲ 2Vrms 输出时。

6201 阻容耦合放大数据（RCA）

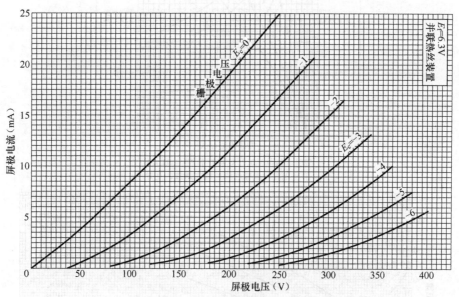

6201（每单元）平均屏极特性曲线（RCA）
屏极电压—屏极电流

6201为小型九脚高品质高放大系数双三极管，两三极管间除热丝外，完全独立，原应用于300Hz VHF 栅极接地放大、振荡、混频等用途，最高工作频率 300Hz，有可靠的寿命及可靠性，多应用在移动及航空设备中，高机械强度，热丝阴极构造耐高频率断续工作。特性与 12AT7相同，可参阅 12AT7 有关内容。

6201 的等效管有 E81CC、A2900（英国，GEC）、ECC801S（德国，Telefunken，通信用特选管）。

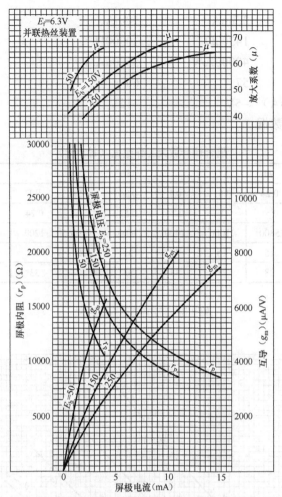

6201（每单元）平均特性曲线 （RCA）
屏极电流—屏极内阻、放大系数、互导

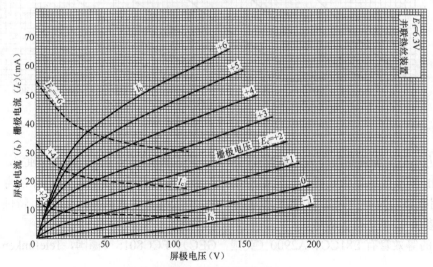

6201（每单元）平均屏极特性曲线 （RCA）
屏极电压—屏极电流、栅极电流

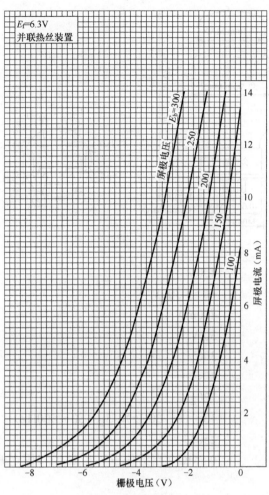

6201（每单元）平均特性曲线 （RCA）
栅极电压—屏极电流

（140）6336A　6336B

功率双三极管。

◎ **特性**

敷氧化物旁热式阴极：6.3V/5A，交流或直流

极间电容：

栅极—屏极（每单元）	21.8pF
栅极—阴极（每单元）	16.7pF
屏极—阴极（每单元）	3.8pF
热丝—阴极（每单元）	15pF
1 单元屏极—2 单元屏极	0.6pF

安装位置：任意，管基向上，或第 1 第 4 脚在同一垂直面时也可水平安装

管壳：ST-16，玻璃

管基：肥大八脚式（8 脚）

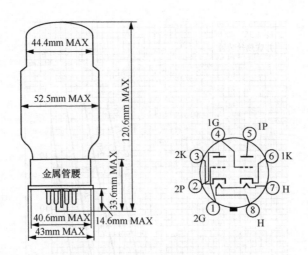

◎ **最大额定值**

屏极电压	400V
栅极电压	+0～−300V
屏极电流	400mA
屏极耗散功率	30W
热丝—阴极间电压	300V
阴极加热时间	30s
冲击加速度	720g
振动	10g（0～50Hz），5g（50～500Hz）
管壳温度	250℃
栅极电路电阻	0.5MΩ（自给偏压），0.2MΩ（固定偏压）

◎ **典型工作特性**

A_1 类放大（每三极部分）

屏极供给电压	190V
阴极偏压电阻	200Ω
放大系数	2.7
屏极内阻（近似）	200Ω
互导	13500μA/V
屏极电流	125mA

◎ **参考电路**

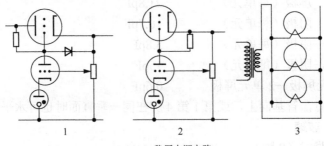

6336A/B 稳压电源电路

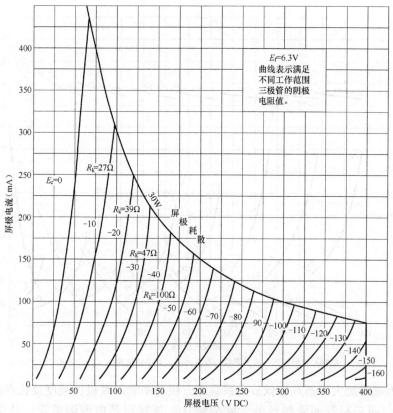

6336A/B（每单元）屏极特性曲线 （Tung-Sol）
屏极电压—屏极电流

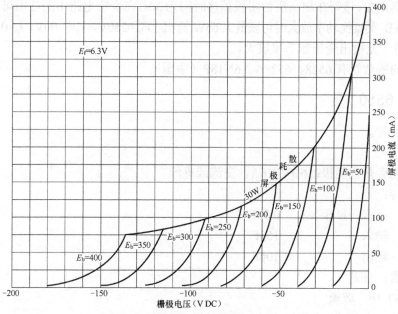

6336A/B（每单元）转移特性曲线（Tung-Sol）
栅极电压—屏极电流

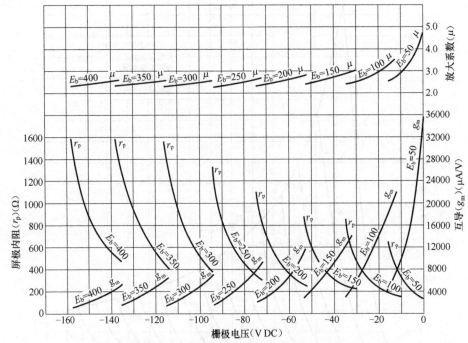

6336A 栅极电压—放大系数、屏极内阻、互导特性曲线（Tung-Sol）

　　6336A 为瓶形肥大管基八脚低放大系数双三极功率管，高机械强度及长寿命、大电流、宽电压范围，两三极管间除热丝外，完全独立。该管原是电源调整管，是电流和功耗比 6AS7G/6080 更大的同类管，可取代两只或 3 只并联 6080WB 或 6AS7G 的工作。为避免出现阴极涂层剥离现象，该管在加高压前阴极预热时间为 30s。在音响电路中的使用可参考 6AS7G/6080，用于 AB_1 类推挽功率放大时可获最大 65W 输出 [V_{bb}=250V，V_g=−90V，I_p=0.96A，$R_{L(p-p)}$=600Ω]，适用于无输出变压器功率放大。

　　6336A 的等效管有 6528、6528A、6N18P（中国）。

（141）6550

功率集射管。

◎ **特性**

敷氧化物旁热式阴极：6.3V/1.6A，交流或直流

极间电容：

栅极—屏极	0.8pF
输入	15pF
输出	10pF

安装位置：任意

管壳：ST-16，玻璃

管基：肥大八脚式（7 脚）

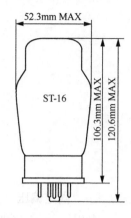

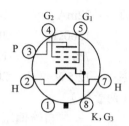

◎ **最大额定值**

屏极电压	600V
帘栅电压	
集射接法	440V
三极及超线性接法	500V
栅极电压	+0～−300V
屏极耗散功率	42W
帘栅耗散功率	6W
阴极电流	190mA
热丝—阴极间电压	300V
管壳温度	250℃
栅极电路电阻	0.05MΩ（自给偏压），0.25MΩ（固定偏压）

◎ **平均特性**

屏极电压	250V
帘栅电压	250V
栅极电压	−14V
屏极电流	140mA
帘栅电流	12mA
互导	11000μA/V
屏极内阻（近似）	15000Ω
三极接法放大系数	8
栅极电压（I_p=1mA）	−40V

◎ **典型工作特性**

A_1类单端放大

屏极电压	250V	400V
帘栅电压	250V	225V
栅极电压	−14V	−16.5V

峰值信号电压	14V	16.5V
零信号屏极电流	140mA	87mA
最大信号屏极电流	150mA	105mA
零信号帘栅电流	12mA	4mA
最大信号帘栅电流	22mA	14mA
负载阻抗	1500Ω	3000Ω
总谐波失真	7%	13.5%
最大信号输出功率	12.5W	20W

AB_1 类推挽放大（两管值）

	自给偏压		固定偏压	
屏极电压	400V	400V	450V	600V
帘栅电压	310V	270V	310V	300V
栅极电压	—	−23V	−29.5V	−32.5V
阴极电阻	140Ω	—	—	—
峰值信号电压（G-G）	43V	46V	58V	65V
零信号屏极电流	170mA	170mA	150mA	100mA
最大信号屏极电流	185mA	275mA	295mA	270mA
零信号帘栅电流	10mA	9mA	9mA	5mA
最大信号帘栅电流	25mA	35mA	38mA	33mA
负载阻抗（P-P）	5000Ω	3500Ω	3500Ω	5000Ω
总谐波失真	0.7%	0.6%	1.5%	3.0%
最大信号输出功率	40W	60W	77W	100W

AB_1 类推挽超线性放大（两管值）帘栅抽头于 40%

	自给偏压 A_1	固定偏压 AB_1
屏极及帘栅电压	395V	450V
栅极电压	—	−48V
阴极电阻（共用）	200Ω	—
峰值信号电压（G-G）	70V	96V
零信号屏极电流	170mA	150mA
最大信号屏极电流	174mA	265mA
零信号帘栅电流	12.5mA	12mA
最大信号帘栅电流	23mA	38mA
负载阻抗（P-P）	5600Ω	4000Ω
总谐波失真	1.5%	2.4%
最大信号输出功率	34W	70W

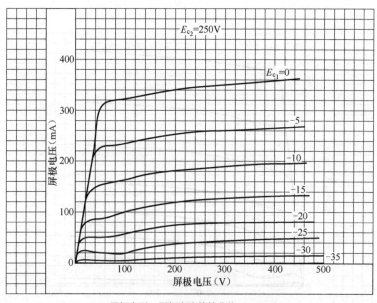

6550 屏极电压—屏极电流特性曲线（Tung-Sol）

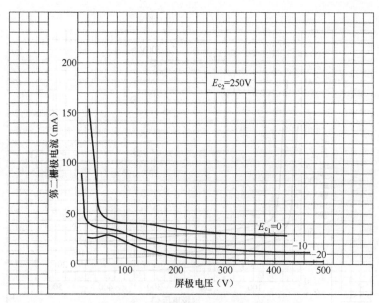

6550 屏极电压—第二栅极电流特性曲线 1（Tung-Sol）

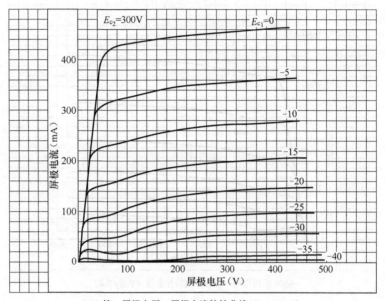

6550 第一屏极电压—屏极电流特性曲线（Tung-Sol）

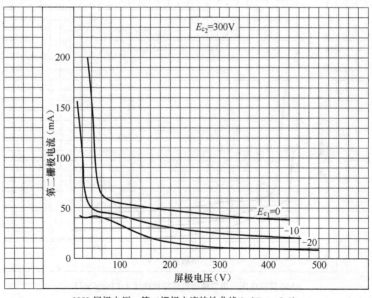

6550 屏极电压—第二栅极电流特性曲线 2（Tung-Sol）

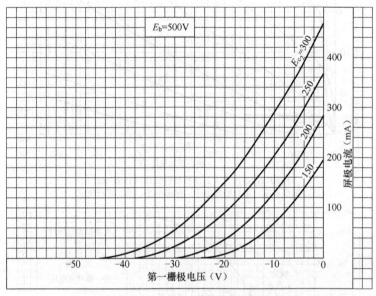

6550 第一栅极电压—屏极电流特性曲线（Tung-Sol）

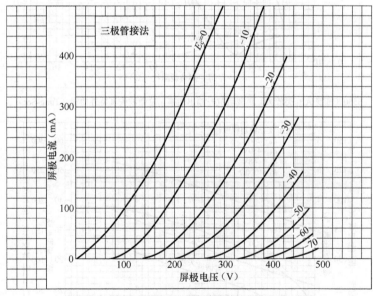

6550（三极接法）屏极电压—屏极电流特性曲线（Tung-Sol）

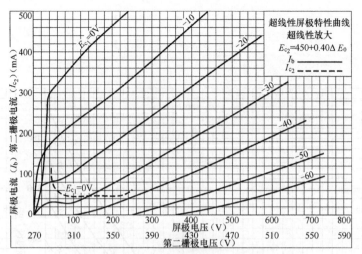

6550（超线性放大）屏极特性曲线（Tung-Sol）
屏极电压、第二栅极电压—屏极电流、第二栅极电流

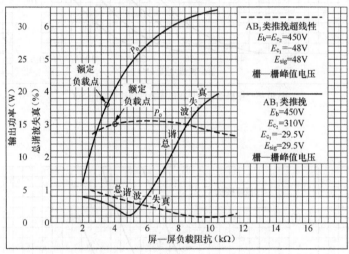

6550（推挽 AB₁类放大）负载阻抗—输出功率、总谐波失真特性曲线（Tung-Sol）

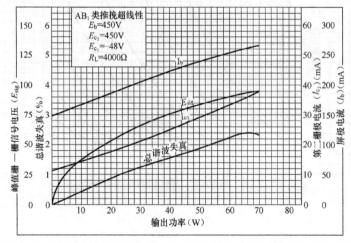

6550（推挽 AB₁类超线性放大）输出功率—栅极信号峰值电压、总谐波失真、第二栅极电流、屏极电流特性曲线（Tung-Sol）

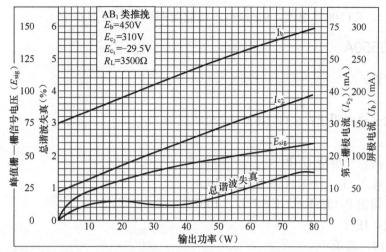

6550（推挽 AB₁ 类放大）输出功率—栅极信号峰值电压、总谐波失真、第二栅极电流、屏极电流特性曲线 （Tung-Sol）

6550 为瓶形肥大管基八脚功率集射管，1955 年 Tung-Sol 公司开发，早期最大屏极电压为 600V，最大屏极耗散功率为 35W，后改进为最大屏极电压为 660V，最大屏极耗散功率为 42W，20 世纪 70 年代初 GE 公司改进为八脚筒形管 6550A，最大屏极电压为 660V，最大屏极耗散功率为 42W，SYLVAWIA 也有生产。6550 普遍使用在大功率高保真设备中。6550 的特性与 KT88 几乎完全相同，可互换使用，但音色有所不同，KT88 稍刚，6550 稍柔。

6550 是高保真用管，适用于 AB₁ 类推挽声频功率放大，可取得 40～100W 的输出功率，用于超线性放大时，抽头位置在 40% 圈数处。6550 在自给偏压时，其栅极电阻不能大于 270kΩ，固定偏压时则不能大于 47kΩ，否则它的栅极会产生逆栅电流影响栅极偏压而使电子管屏极电流增大，工作不稳定，甚至过载红屏。6550 用于较大功率的 AB₁ 类推挽放大时，屏极电压为 400～600V，帘栅极电压不能超过 300V，屏极电压较低时声音不够清晰，一般在 450V 以上时声音将更加通透活泼。必须注意：6550 的屏极和帘栅极耗散功率在各种工作状态下，都不得超过最大额定值，特别是采用固定偏压时更须留意，屏极在最大耗散功率时，不能发红，帘栅极则绝对不允许发红，否则阴极会损伤从而缩短寿命。为了延长电子管的寿命，应降低屏极耗散功率，若降低 20% 寿命将延长一倍。6550 在推挽工作时因为互导高，很小的栅偏压变动就会使屏极电流有很大变化，造成电路不平衡，故最好每个电子管都有独立的偏压调节。6550 在工作时必须尽可能保持帘栅极电压的稳定，帘栅极电压波动将引起屏极电流的变化，造成失真增大、大信号输入时工作不稳定等后果。6550 负载阻抗不宜过大，特别是推挽工作时，负载阻抗值可取得比单端时小，以免三次谐波增大而降低音质。在设计电路时，最好采用多重负反馈技术，施加足够的反馈量，降低 6550 的屏极内阻，提高放大器的阻尼系数，改善低频性能。6550 的互导高，容易产生超高频自激，要注意合理布线，必要时设置阻尼电阻。6550 宜垂直安装，要注意有足够的通风和散热。

6550 的等效管有 6550A（美国，GE，Φ40mm 筒形 GT 管）、6550WE（俄罗斯，Sovtek 筒形 GT 管）、KT88（英国，GEC）、SV KT88（俄罗斯，Svetlana 瓶形 G 管）、SV 6550C（俄罗斯，Svetlana 筒形 GT 管）、KT88-98（中国，曙光，筒形 G 管）、KT94（中国，曙光）、KR KT88（捷克，KR，筒形 G 管）、KT88S（捷克，Tesla）、KT808S、KT90（南斯拉夫，Ei，Φ37×115mm，

耗散功率稍大）、KT100（德国，Siemens，耗散功率稍大，筒形 G 管）。

（142）6550A

功率集射管。

◎ **特性**

敷氧化物旁热式阴极：6.3V/1.6A，交流或直流

极间电容：

      栅极—屏极 G_1-P   0.8pF

      输入 G_1-（H+K+G_2+ B.P.）   15pF

      输出 P-（H+K+G_2+ B.P.）   10pF

安装位置：任意

管壳：T-14，玻璃

管基：肥大八脚式（7 脚）

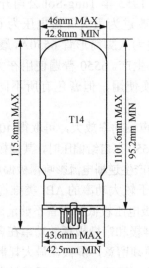
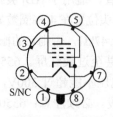

◎ **最大额定值**

	集射	三极接法
屏极电压	660V	500V
帘栅电压	440V	
栅极电压		+0～−300V
屏极耗散功率	42W	42W
帘栅耗散功率（平均）	6W	
帘栅耗散功率（峰值）	10W	
阴极电流	190mA	190V
热丝—阴极间电压	300V	300V
管壳温度	250℃	250℃
栅极电路电阻	0.05MΩ（自给偏压），0.25MΩ（固定偏压）	

◎ **平均特性**

屏极电压	250V
帘栅电压	250V
栅极电压	−14V
屏极电流	140mA
帘栅电流	12mA
互导	11000μA/V
屏极内阻（近似）	15000Ω
三极接法放大系数	8
栅极电压（I_p=1mA）	−40V

◎ **典型工作特性**

A_1 类单端放大

屏极电压	250V	400V
帘栅电压	250V	225V
栅极电压	−14V	−16.5V
峰值信号电压	14V	16.5V
零信号屏极电流	140mA	87mA
最大信号屏极电流	150mA	105mA
零信号帘栅电流	12mA	4mA
最大信号帘栅电流	22mA	14mA
负载阻抗	1500Ω	3000Ω
总谐波失真	7%	13.5%
最大信号输出功率	12.5W	20W

AB_1 类推挽放大　（两管值）

	自给偏压		固定偏压	
屏极电压	400V	400V	450V	600V
帘栅电压	310V	270V	310V	300V
栅极电压	—	−23V	−29.5V	−32.5V
阴极电阻	140Ω	—	—	—
峰值信号电压（G-G）	43V	46V	58V	65V
零信号屏极电流	170mA	170mA	150mA	100mA
最大信号屏极电流	185mA	275mA	295mA	270mA
零信号帘栅电流	10mA	9mA	9mA	5mA
最大信号帘栅电流	25mA	35mA	38mA	33mA
负载阻抗（P-P）	5000Ω	3500Ω	3500Ω	5000Ω
总谐波失真	0.7%	0.6%	1.5%	3.0%
最大信号输出功率	40W	60W	77W	100W

AB_1 类推挽超线性放大（两管值）帘栅抽头于 40%

	自给偏压 A₁	固定偏压 AB₁
屏极及帘栅电压	395V	450V
栅极电压	—	−48V
阴极电阻（共用）	200Ω	—
峰值信号电压（G-G）	70V	96V
零信号屏极电流	170mA	150mA
最大信号屏极电流	174mA	265mA
零信号帘栅电流	12.5mA	12mA
最大信号帘栅电流	23mA	38mA
负载阻抗（P-P）	5600Ω	4000Ω
总谐波失真	1.5%	2.4%
最大信号输出功率	34W	70W

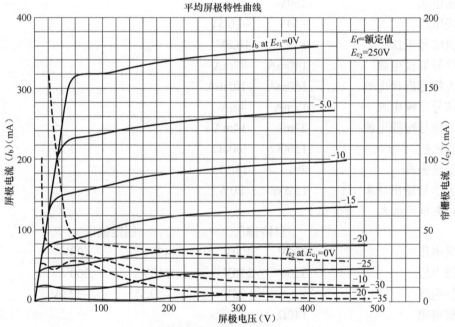

6550A 平均屏极特性曲线 1（GE）
屏极电压—屏极电流、帘栅极电流

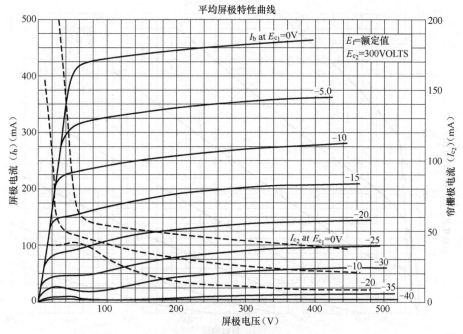

6550A 平均屏极特性曲线 2（GE）
屏极电压—屏极电流、帘栅极电流

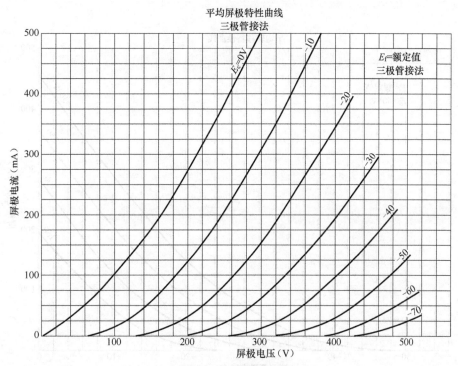

6550A（三极接法）平均屏极特性曲线（GE）
屏极电压—屏极电流

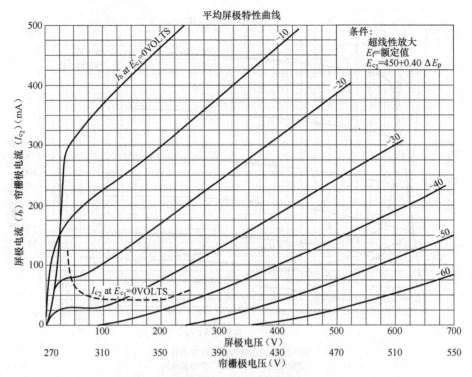

6550A（推挽超线性放大）平均屏极特性曲线（GE）
屏极、帘栅极电压—屏极、帘栅极电流

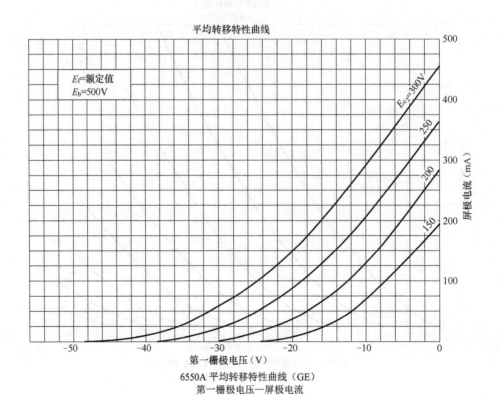

6550A 平均转移特性曲线（GE）
第一栅极电压—屏极电流

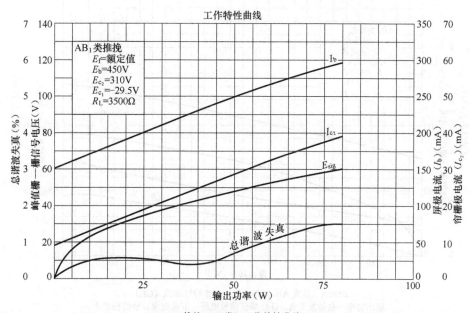

工作特性曲线

AB₁类推挽
E_f=额定值
E_b=450V
E_{c_2}=310V
E_{c_1}=−29.5V
R_L=3500Ω

6550A（推挽 AB₁类）工作特性曲线（GE）
输出功率—总谐波失真、栅极信号峰值电压、屏极电流、帘栅极电流

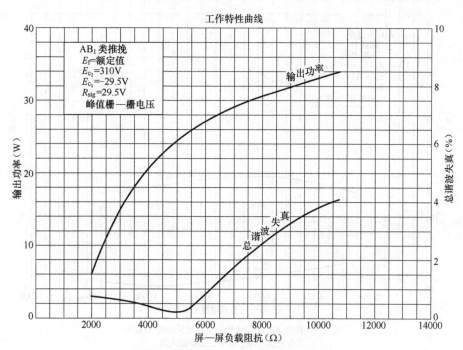

工作特性曲线

AB₁类推挽
E_f=额定值
E_{c_2}=310V
E_{c_1}=−29.5V
R_{sig}=29.5V
峰值栅—栅电压

6550A（推挽 AB₁类）工作特性曲线（GE）
负载阻抗—输出功率、总谐波失真

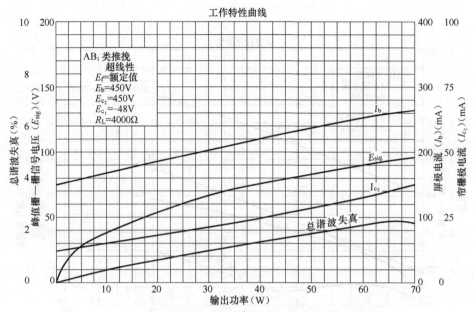

6550A（推挽 AB₁ 类超线性）工作特性曲线（GE）
输出功率—总谐波失真、G-G 峰值信号电压、屏极电流、帘栅极电流

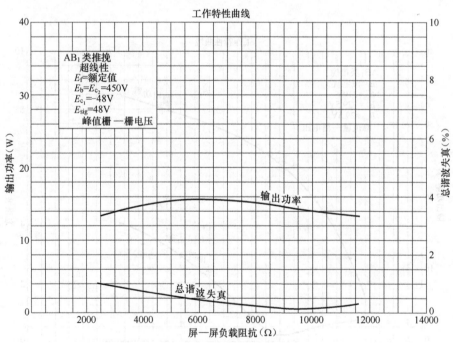

6550A（推挽 AB₁ 类超线性）工作特性曲线（GE）
负载阻抗—输出功率、总谐波失真

　　6550A 为筒形肥大管基八脚功率集射管，20 世纪 70 年代 GE 公司由 6550 改进而来，除外形外，特性与 6550 完全相同，可参阅 6550 有关内容。

（143）6922

中放大系数双三极管。

◎ **特性**

敷氧化物旁热式阴极：6.3V/0.3A，交流或直流

极间电容：

栅极—屏极	1.6pF
输入	3.9pF
输出（1 单元）	1.95pF
输出（2 单元）	1.85pF
栅极—栅极	0.006pF
屏极—屏极	0.050pF

最大冲击加速度：450g

最大振动加速度：2.5g

最大管壳温度：170℃

安装位置：任意

管壳：T-6½，玻璃

管基：纽扣式芯柱小型九脚

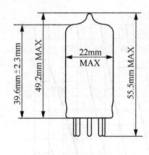 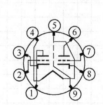

◎ **最大额定值**

屏极电压	250V
栅极电压	−50V
阴极电流	22mA
屏极耗散功率	1.65W
热丝—阴极间电压	70V
栅极电路电阻	0.5MΩ（固定偏压），1MΩ（自给偏压）

◎ **典型工作特性**

A_1 类放大（每三极部分）

屏极供给电压	100V
阴极电阻	680Ω
放大系数	33
互导	12500μA/V
屏极电流	15mA

屏极特性曲线

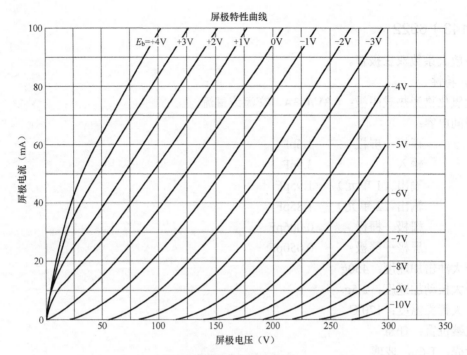

6922 屏极特性曲线（Raytheon）
屏极电压—屏极电流

转移特性曲线

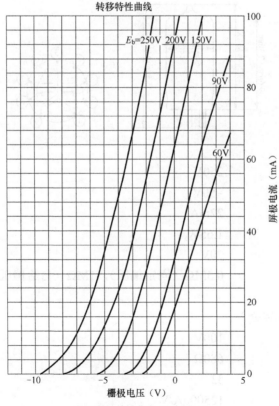

6922 转移特性曲线（Raytheon）
栅极电压—屏极电流

6922 结构

6922 为小型九脚坚牢型低噪声宽频带双三极管，其栅极到阴极间互导高，寿命大于 10000 小时，两三极管间除热丝外，完全独立。适用于低噪声宽频带射频放大、混频、倒相以及声频放大等场合。除最大屏极电压较高外，特性与 6DJ8 基本相同，可参阅 6DJ8 有关内容，但 6922 用于声频放大时，比 6DJ8 有更大的增益及较小的失真。

（144）7025

高放大系数双三极管。

◎ **特性**

敷氧化物旁热式阴极：	串联	并联
	12.6V/0.15A	6.3V/0.3A，交流或直流
极间电容：	1 单元*	2 单元*
栅极—屏极 G-P	1.7pF	1.7pF
输入 G-(H+K)	1.6pF	1.6pF
输出 P-(H+K)	0.46pF	0.34pF

管壳：T-6½，玻璃

管基：纽扣式芯柱小型九脚

安装位置：任意

*1 单元是第 6、7、8 脚，2 单元是第 1、2、3 脚。

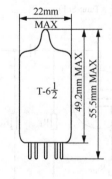

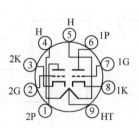

◎ **最大额定值**

屏极电压	330V
屏极耗散功率	1.2W
栅极电压	＋0V，−55V
热丝—阴极间电压	200V
栅极电阻	1MΩ

◎ **典型工作特性**

A$_1$ 类放大（每三极部分）

屏极电压	100V	250V
栅极电压	−1V	−2V
屏极电流	0.5mA	1.2mA
屏极内阻（近似）	80kΩ	62.5kΩ
互导	1250μA/V	1600μA/V
放大系数	100	100
平均等效噪声及交流声电压	1.8mV（rms）	
最大等效噪声及交流声电压	7mV（rms）	

◎ **阻容耦合放大数据**

阻容耦合放大

R_p MΩ	R_s MΩ	R_{g_1} MΩ	E_{bb}=90V			E_{bb}=180V			E_{bb}=300V		
			R_k	增益	E_o	R_k	增益	E_o	R_k	增益	E_o
0.10	0.10	0.1	1700	31	5.0	1000	40	15	760	43	30
0.10	0.24	0.1	2000	38	6.9	1100	46	20	900	50	40
0.24	0.24	0.1	3500	43	6.5	2000	54	18	1600	58	37
0.24	0.51	0.1	3900	49	8.6	2300	59	24	1800	64	47
0.51	0.51	0.1	7100	50	7.4	4300	62	19	3100	66	39
0.51	1.0	0.1	7800	53	9.1	4800	64	24	3600	69	46
0.24	0.24	10	0	37	3.9	0	53	15	0	62	32
0.24	0.51	10	0	44	5.4	0	60	19	0	67	41
0.51	0.51	10	0	44	5.0	0	61	17	0	69	35
0.51	1.0	10	0	49	6.4	0	66	21	0	71	41

GAIN 增益　　E_o=2Vrms 时　　E_o 为 rms，总谐波失真 5%　　零偏压数据可忽略发生阻抗

7025 阻容耦合放大数据（Tung-Sol）

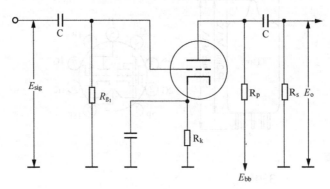

7025 阻容耦合放大电路

　　7025 为小型九脚高放大系数双三极管，两三极管间除热丝外，完全独立，低噪声及低交流声，适用于低电平高增益声频电压放大、倒相等多种用途。特性与 12AX7 相同，可参阅 12AX7 有关内容。

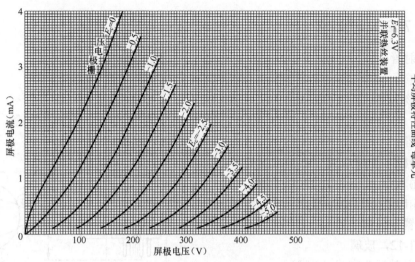

7025（每单元）平均屏极特性曲线 （RCA）
屏极电压—屏极电流

平均特性曲线 每单元

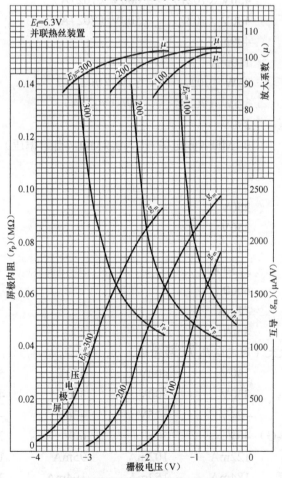

7025（每单元）平均特性曲线 （RCA）
栅极电压—屏极内阻、互导、放大系数

（145）7027　7027A

功率集射管。

◎ **特性**

敷氧化物旁热式阴极：6.3V/0.9A，交流或直流

极间电容：

栅极—屏极 G_1-P	1.5pF
输入 G_1-$(H+KG_3+G_2)$	10pF
输出 P-$(H+KG_3+G_2)$	7.5pF

安装位置：任意

管壳：T-12，玻璃

管基：薄基板八脚式（8脚）

◎ **最大额定值**

屏极电压	450V（7027）	600V（7027A）
帘栅电压	400V（7027）	500V（7027A）
阴极电流（峰值）	400mA	
阴极电流（直流）	110mA	
屏极耗散功率	25W（7027）	35W（7027A）
帘栅耗散功率	3.5W（7027）	5W（7027A）
热丝—阴极间电压	200V	
栅极电路电阻	0.1MΩ（固定偏压），0.5 MΩ（自给偏压）	

◎ **典型工作特性**

A_1 类放大

屏极电压	250V
帘栅电压	250V
栅极电压	−14V
屏极内阻（近似）	22500Ω
互导	6000μ
屏极电流	72mA
帘栅电流	5mA

AB_1 类推挽功率放大（固定偏压）（两管值）

屏极电压	330V	400V	450V	540V（7027A）
帘栅电压	330V	300V	350V	400V
栅极电压	−24V	−25V	−30V	−38V
峰值信号电压（G-G）	48V	50V	60V	76V
零信号屏极电流	122mA	102mA	95mA	100mA
最大信号屏极电流	184mA	152mA	194mA	220mA
零信号帘栅电流	5.6mA	6mA	3.4mA	5mA

（图示：T-12 管壳尺寸 39.6mm MAX，36.5mm MIN，103.1mm MAX，117.3mm MAX，41.4mm MAX；小基板 八脚管基）

最大信号帘栅电流	18.5mA	17mA	19.2mA	21.4mA
负载阻抗（P-P）	4500Ω	6600Ω	6000Ω	6500Ω
总谐波失真	1%	2%	1.5%	2%
输出功率	31.5W	34W	50W	76W

AB₁类推挽功率放大（自给偏压）（两管值）

屏极电压	400V	380V	425V（7027A）
帘栅电压	300V	380V	425V
阴极电阻	200Ω	180Ω	200Ω
峰值信号电压（G-G）	57V	68.5V	86V
零信号屏极电流	112mA	138mA	150mA
最大信号屏极电流	128mA	170mA	196mA
零信号帘栅电流	7mA	5.6mA	8mA
最大信号帘栅电流	16mA	20mA	20mA
负载阻抗（P-P）	6600Ω	4500Ω	3800Ω
总谐波失真	2%	3.5%	4%
输出功率	32W	36W	44W

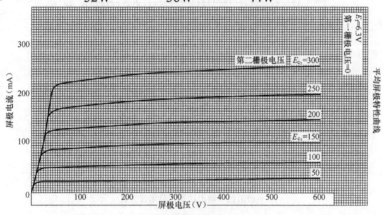

7027 平均屏极特性曲线 （RCA）
屏极电压—屏极电流

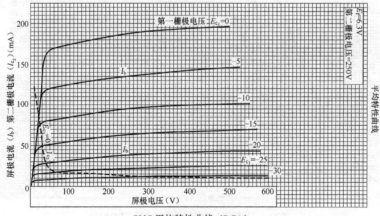

7027 平均特性曲线（RCA）
屏极电压—屏极电流、第二栅极电流

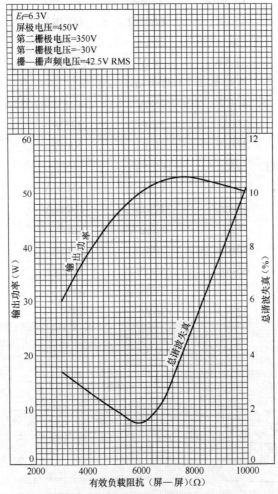

工作特性曲线 推挽AB₁类

E_f=6.3V
屏极电压=450V
第二栅极电压=350V
第一栅极电压=−30V
栅—栅声频电压=42.5V RMS

7027（推挽 AB₁类）工作特性曲线（RCA）
负载阻抗—输出功率、总谐波失真

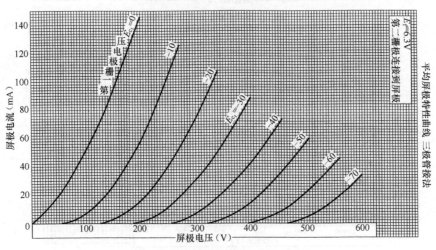

7027（三极接法）平均屏极特性曲线（RCA）
屏极电压—屏极电流

7027 为筒形大管壳八脚功率集射管，是高保真管，适用于 AB₁ 类推挽声频功率放大，可取得 32～50W 的输出功率。7027A 为 7027 的耐压及功耗升级型号，可取得 34～76W 的输出功率。

（146）7189　7189A

功率五极管。

◎ **特性**

敷氧化物旁热式阴极：6.3V/0.76A，交流或直流

最大热丝—阴极间电压：90V

极间电容：（近似）

栅极—屏极	0.5pF
输入	10.8pF
输出	6.5pF
栅极—阴极	0.25pF

安装位置：任意

管壳：T-6½，玻璃

管基：纽扣式芯柱小型九脚

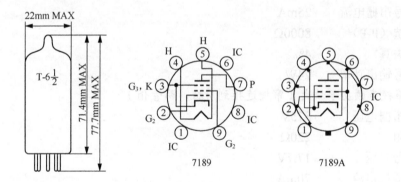

7189　　　7189A

◎ **最大额定值**

屏极电压	400V	
帘栅电压	300V（7189）	400V（7189A）
屏极、帘栅电压*	375V	
屏极耗散功率	12W（7189）	13.2W（7189A）
帘栅耗散功率	2W（7189）	2.2W（7189A）
最大信号帘栅输入	4W	
阴极电流	65mA（7189）	72mA（7189A）
栅极电路电阻	0.3MΩ（固定偏压），1MΩ（自给偏压）	
热丝—阴极间电压	±100V	

* 三极接法，帘栅连接到屏极。

◎ **典型工作特性**

A₁ 类放大

屏极电压	250V
帘栅电压	250V
栅极电压	−7.5V
G₂-G₁ 放大系数	19.5
屏极内阻（近似）	40000Ω
互导	11300μA/V
屏极电流	48mA
帘栅电流	5.5mA

AB₁ 类推挽声频功率放大（两管值）

屏极电压	400V
帘栅电压	300V
栅极电压	−15V
峰值信号电压	14.8V
零信号屏极电流	15mA
最大信号屏极电流	105mA
零信号帘栅电流	1.6mA
最大信号帘栅电流	25mA
负载阻抗（P-P）	8000Ω
总谐波失真	4%
最大信号输出功率	24W

AB₁ 类推挽声频功率放大（帘栅连接到屏极，两管值）

屏极、帘栅电压	375V
阴极电阻	220Ω
峰值信号电压	17.7V
零信号屏极电流	70mA
最大信号屏极电流	81mA
负载阻抗（P-P）	11000Ω
总谐波失真	3%
最大信号输出功率	16.5W

　　7189 为小型九脚功率五极管，应用于 20W 高保真声频功率放大设备上，超线性抽头 43%。7189A 是 7189 的帘栅电压升级型号，并且第 1 脚及第 6 脚内部有连接，可单向换用。特性与 6BQ5 相近，可参阅 6BQ5 有关内容。

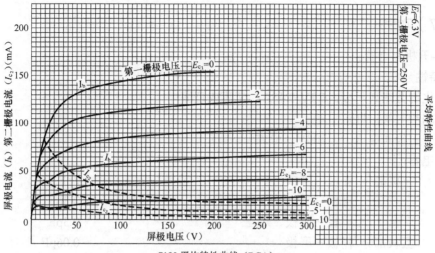

7189 平均特性曲线（RCA）
屏极电压—屏极电流、第二栅极电流

工作特性曲线

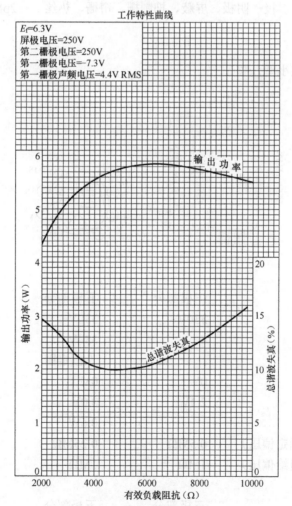

7189 工作特性曲线（RCA）
负载阻抗—输出功率、总谐波失真

（147）7199

三极-五极复合管。

◎ **特性**

敷氧化物旁热式阴极：6.3V/0.45A，交流或直流

热丝加热时间：11s

热丝—阴极间电压：±200V（最大）

极间电容：

三极部分	栅极—屏极	2pF
	栅极—阴极、热丝	2.3pF
	屏极—阴极、热丝	0.3pF
五极部分	栅极—屏极	0.06pF
	栅极—阴极、屏蔽、抑制栅、帘栅、热丝	5pF
	屏极—阴极、屏蔽、抑制栅、帘栅、热丝	2pF

安装位置：任意

管壳：T-6½，玻璃

管基：纽扣式芯柱小型九脚

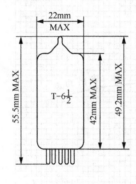
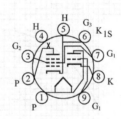

◎ **最大额定值**

	三极部分	五极部分
屏极电压	330V	330V
帘栅供电电压		330V
帘栅电压		见额定图
栅极电压	0V	0V
屏极耗散功率	2.4W	3.0V
帘栅耗散功率		0.6W
栅极电路电阻（固定偏压）	0.5MΩ	0.25MΩ
（自给偏压）	1MΩ	1MΩ

◎ **典型工作特性**

	三极部分	五极部分	
屏极电压	215V	100V	220V

帘栅电压	—	50V	130V
栅极电压	−8.5V	—	—
阴极电阻	—	1000Ω	62Ω
屏极电流	4mA	1.1mA	12.5mA
帘栅电流	—	0.35mA	3.5mA
互导	2100μA/V	1500μA/V	7000μA/V
放大系数	17	—	—
屏极内阻（近似）	0.0081MΩ	1MΩ	0.4MΩ
栅极电压（$I_p=10\mu A$）	−40V	−4V	—
平均等效噪声及交流声电压	10mVrms	—	15mVrms
最大等效噪声及交流声电压	50mVrms	—	35mVrms

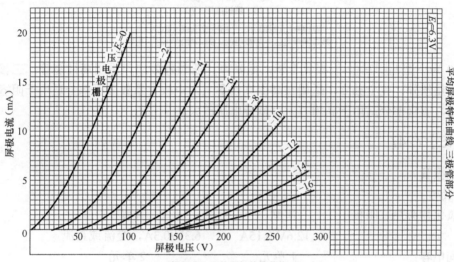

7199（三极部分）平均屏极特性曲线（RCA）
屏极电压—屏极电流

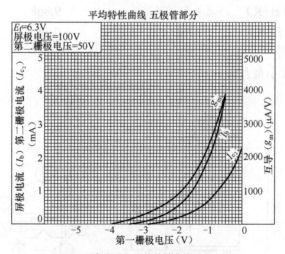

7199（五极部分）平均特性曲线（RCA）
第一栅极电压—屏极电流、第二栅极电流、互导

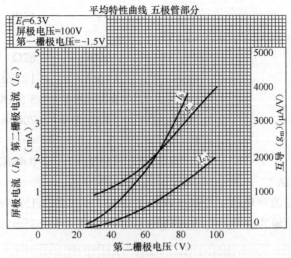

7199（五极部分）平均特性曲线（RCA）
第二栅极电压—屏极电流、第二栅极电流、互导

7199 为小型九脚三极-五极复合管，低噪声、低颤噪效应声频用高性能管，三极管与五极管间除热丝外，完全独立，适用在高保真设备上，中放大系数三极部分适用于阻容耦合放大及倒相，五极部分适用于高增益阻容耦合电压放大。

（148）7247

双三极管。

◎ 特性

敷氧化物旁热式阴极：	串联	并联
	12.6V/0.15A	6.3V/0.3A，交流或直流
极间电容：	1 单元	2 单元
栅极—屏极 G-P	1.7pF	1.4pF
输入 G-(H+K)	1.6pF	9.8pF
输出 P-(H+K)	0.37pF	0.33pF

管壳：T-6½，玻璃

管基：纽扣式芯柱小型九脚

安装位置：任意

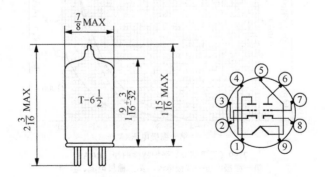

◎ **最大额定值**

	1 单元	2 单元
屏极电压	330V	330V
正栅极电压	＋0V	＋0V
负栅极电压	−55V	−55V
屏极耗散功率	1.2W	3.0W
阴极电流		22mA
热丝—阴极间电压		200V
栅极电阻（固定偏压）	1.5MΩ	0.5MΩ

◎ **典型工作特性**

A_1 类放大

	1 单元*		2 单元*	
屏极电压	100V	250V	100V	250V
栅极电压	−1V	−2V	0V	−8.5V
屏极内阻（近似）	80kΩ	62.5kΩ	6.5kΩ	7.7kΩ
互导	1250μA/V	1600μA/V	3100μA/V	2200μA/V
放大系数	100	100	20	17
屏极电流	0.5mA	1.2mA	11.8mA	10.5mA
栅极电压（I_p=10μA）				−24V
等效噪声及交流声，1 单元				1.8μVrms
等效噪声及交流声，2 单元				7.0μVrms

*1 单元：6、7、8 脚
 2 单元：1、2、3 脚

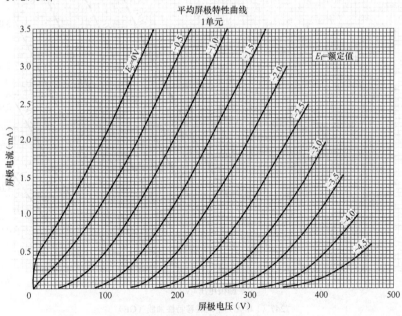

7247（1 单元）平均屏极特性曲线（GE）
屏极电压—屏极电流

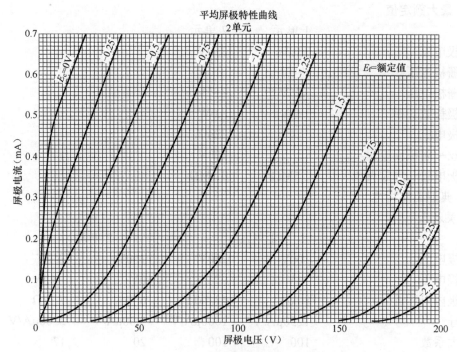

7247（2 单元）平均屏极特性曲线（GE）
屏极电压—屏极电流

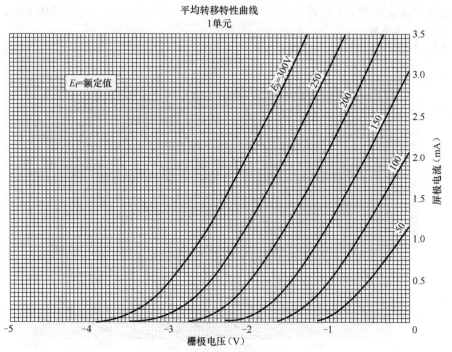

7247（1 单元）平均转移特性曲线（GE）
栅极电压—屏极电流

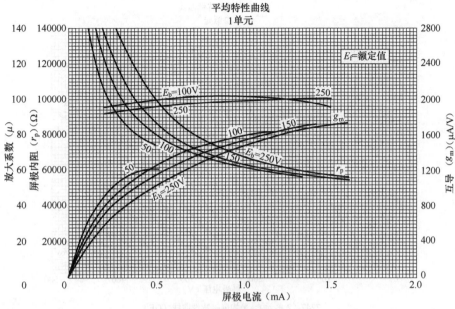

7247（1单元） 平均特性曲线（GE）
屏极电流—放大系数、屏极内阻、互导

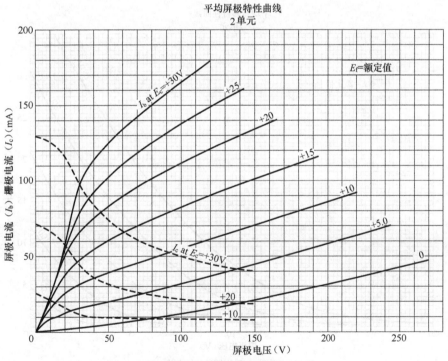

7247（2单元） 平均屏极特性曲线（GE）
屏极电压—屏极电流、栅极电流

平均屏极特性曲线
2单元

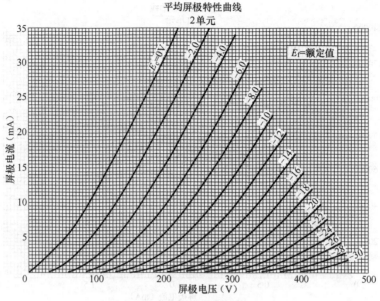

7247（2单元） 平均屏极特性曲线（GE）
屏极电压—屏极电流

平均转移特性曲线
2单元

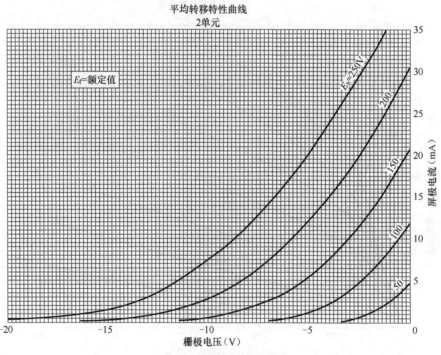

7247（2单元） 平均转移特性曲线（GE）
栅极电压—屏极电流

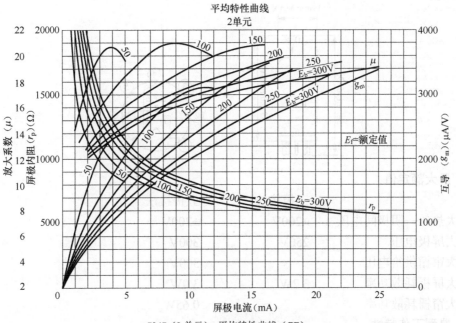

平均特性曲线
2单元

7247（2单元）平均特性曲线（GE）
屏极电流—放大系数、屏极内阻、互导

　　7247为小型九脚双三极管，适用于高保真声频放大场合。两三极管间除热丝外，完全独立，但其两个三极部分特性并不一样，1单元特性与7025相同，具有低电平、高增益、低交流声及颤噪效应等特点；2单元特性与12AU7相同，适用于阴极跟随器、倒相。

　　7247的等效管有12DW7。

（149）7543

锐截止五极管，高增益，低噪声及颤噪效应。

◎ **特性**

敷氧化物旁热式阴极：6.3V/0.3A，交流或直流

极间电容：	有屏蔽[*]	无屏蔽
栅极—屏极（G_1-P）（最大）	0.0035pF	0.0035pF
输入 G_1-（H+K+G_2+G_3+IS）	5.5pF	5.5pF
输出 P-（H+K+G_2+G_3+IS）	5.0pF	5.0pF
三极接法		
栅极—屏极 G1-（P+ G_2+G_3+IS）	2.6pF	2.6pF
输入 G1-（H+K）	3.2pF	3.2pF
输出（P+ G_2+G_3+IS）-（H+K）	8.5pF	1.2pF

安装位置：任意

管壳：T-5½

管基：纽扣式芯柱小型七脚

[*] 屏蔽连接第7脚阴极。

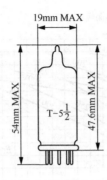

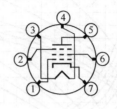

◎ **最大额定值**

	三极接法	五极接法
最大热丝—阴极间电压	±200V	±200V
最大屏极电压	250V	300V
最大帘栅供给电压		300V
最大屏极耗散功率	3.2W	3.0W
最大帘栅耗散功率		0.65W

◎ **典型工作特性**

A_1 类放大

屏极电压	100V	250V	250V
帘栅电压	100V	125V	150V
阴极电阻	150Ω	100Ω	68Ω
抑制栅电压	第 2 脚连接到第 7 脚		
互导	3.9mA/V	4.5mA/V	5.2mA/V
屏极内阻（近似）	0.5MΩ	1.5MΩ	1MΩ
屏极电流	5mA	7.6mA	10.6mA
帘栅电流	2.1mA	3.0mA	4.3mA
栅极电压（I_p=10μA）	−4.2V	−5.5V	−6.5V

A_1 类放大（三极接法）

屏极电压**	250V
阴极电阻	330Ω
屏极内阻	7500Ω
互导	4.8mA/V
屏极电流	12.2mA
放大系数	36

** 三极接法，帘栅极、抑制栅极连接到屏极。

7543 为小型七脚锐截止五极管，低噪声、低颤噪效应，平均噪声电平 1.2mV，适用于阻容耦合低频放大、高增益的小信号前置放大，既可作为五极管又可作为中放大系数（μ=36）三极管。使用时管座中心屏蔽柱建议接地。特性与 6AU6 相同，可参阅 6AU6 有关内容。

7543 的等效管有 EF94、CV2524（英国，军用）、6AU6、6AU6A（美国，热丝加热时间平均 11s，热丝可应用于串联连接）、6Ж4П（俄罗斯）、6J4（中国）、6136（美国，工业用）、

6AU6WA（美国，高可靠）。

（150）7581　7581A

功率集射管。

◎ **特性**

敷氧化物旁热式阴极：6.3V/0.9A，交流或直流

极间电容：

$$\begin{array}{ll}
\text{栅极—屏极 } G_1\text{-}P & 0.25\text{pF} \\
\text{输入 } G_1\text{-}(H+K+G_2+B.P.) & 10.0\text{pF} \\
\text{输出 } P\text{-}(H+K+G_2+B.P.) & 5.0\text{pF}
\end{array}$$

安装位置：任意

管壳：T-12，玻璃

管基：短八脚式（6 脚）

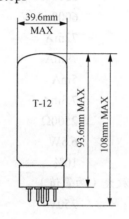

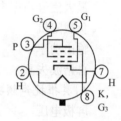

◎ **最大额定值**

屏极电压	500V
三极接法屏极电压	450V
帘栅电压	400V
屏极耗散功率	30W（7581）
	35W（7581A）
帘栅耗散功率	5W
三极接法屏极耗散功率	35W
热丝—阴极间电压	200V
栅极电路电阻	0.1MΩ（固定偏压），0.5 MΩ（自给偏压）

◎ **典型工作特性**

屏极电压	250V
帘栅电压	250V
栅极电压	−14V
屏极内阻（近似）	22500Ω
互导	6000μA/V
屏极电流	72mA
帘栅电流	5mA

A₁ 类放大特性（三极接法）

屏极电压	250V
栅极电压	−20V
峰值声频栅极电压	20V
三极接法放大系数	8
屏极内阻（近似）	1700Ω
互导	4700μA/V
零信号屏极电流	40mA

最大信号屏极电流	44mA		
负载阻抗	5000Ω		
输出功率	1.4W		
总谐波失真	5%		

A₁类放大特性

屏极电压	250V	300V	350V
帘栅电压	250V	200V	250V
栅极电压	−14V	−12.5V	−18V
峰值声频栅极电压	14V	12.5V	18V
屏极内阻	22500Ω	35000Ω	33000Ω
互导	6000μA/V	5300μA/V	5200μA/V
零信号屏极电流	72mA	48mA	54mA
最大信号屏极电流	79mA	55mA	66mA
零信号帘栅电流	5mA	2.5mA	2.5mA
最大信号帘栅电流	7.3mA	4.7mA	7.0mA
负载阻抗	2500Ω	4500Ω	4200Ω
输出功率	6.5W	6.5W	10.8W
总谐波失真	10%	11%	15%

A₁类推挽声频功率放大（两管值）

屏极电压	250V	270V
帘栅电压	250V	270V
栅极电压	−16V	−17.5V
峰值信号电压（G-G）	32V	35V
零信号屏极电流	120mA	134mA
最大信号屏极电流	140mA	155mA
零信号帘栅电流	10mA	11mA
最大信号帘栅电流	16mA	17mA
负载阻抗（P-P）	5000Ω	5000Ω
总谐波失真	2%	2%
最大信号输出功率	14.5W	17.5W

AB₁类推挽声频功率放大（两管值）

屏极电压	360V	360V	450V
帘栅电压	270V	270V	400V
栅极电压	−22.5V	−22.5V	−37V
峰值信号电压（G-G）	45V	45V	70V
零信号屏极电流	88mA	88mA	116mA
最大信号屏极电流	132mA	140mA	210mA
零信号帘栅电流	5.0mA	5.0mA	5.6mA
最大信号帘栅电流	15mA	11mA	22mA

负载阻抗（P-P）	6600Ω	3800Ω	5600Ω
总谐波失真	2%	2%	1.8%
最大信号输出功率	26.5W	18W	55W

AB_2 类推挽声频功率放大（两管值）

屏极电压	360V	360V
帘栅电压	225V	270V
栅极电压	−18V	−22.5V
峰值信号电压（G-G）	52V	72V
零信号屏极电流	78mA	88mA
最大信号屏极电流	142mA	205mA
零信号帘栅电流	3.5mA	5.0mA
最大信号帘栅电流	11mA	16mA
负载阻抗（P-P）	6000Ω	3800Ω
总谐波失真	2.0%	2.0%
最大信号输出功率	31W	47W

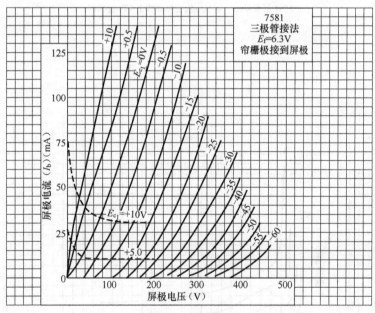

7581（三极接法）屏极电压—屏极电流特性曲线（Tung-Sol）
（帘栅极连接到屏极）

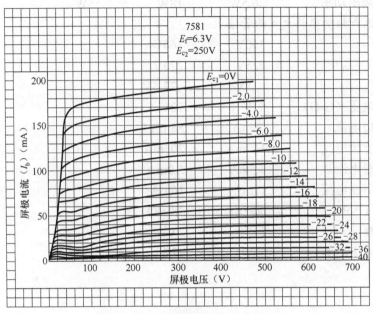

7581 屏极电压—屏极电流特性曲线 1（Tung-Sol）

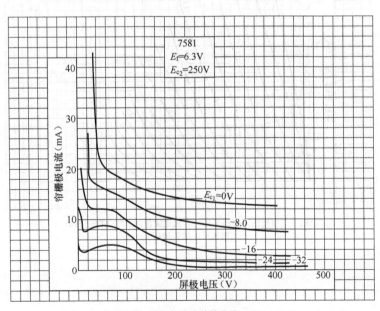

7581 屏极电压—帘栅极电流特性曲线 1（Tung-Sol）

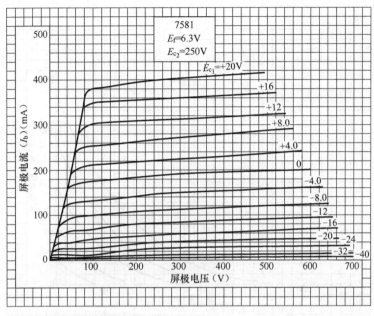

7581 屏极电压—屏极电流特性曲线 2（Tung-Sol）

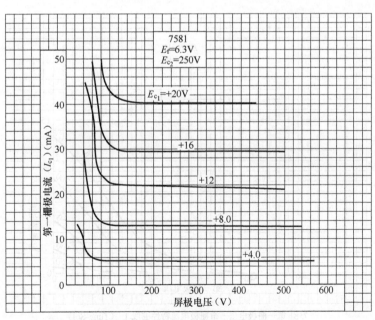

7581 屏极电压—第一栅极电流特性曲线 1 （Tung-Sol）

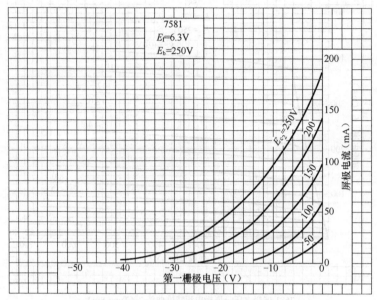

7581 第一栅极电压—屏极电流特性曲线 1 （Tung-Sol）

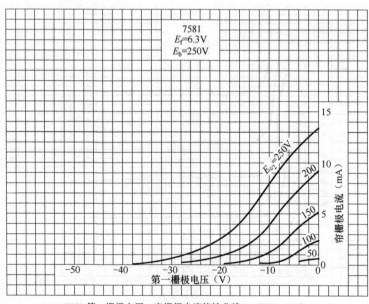

7581 第一栅极电压—帘栅极电流特性曲线 1 （Tung-Sol）

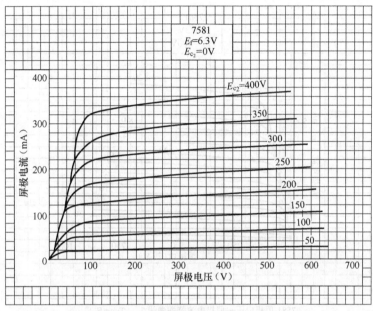

7581 屏极电压—屏极电流特性曲线 3 （Tung-Sol）

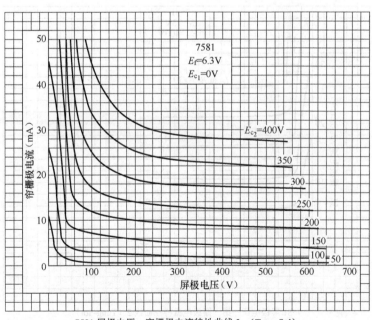

7581 屏极电压—帘栅极电流特性曲线 2 （Tung-Sol）

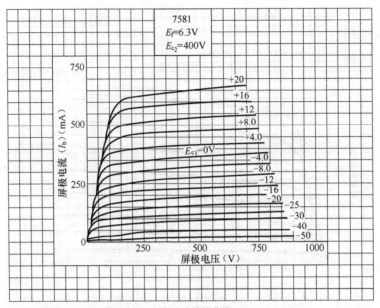

7581 屏极电压—屏极电流特性曲线 3 （Tung-Sol）

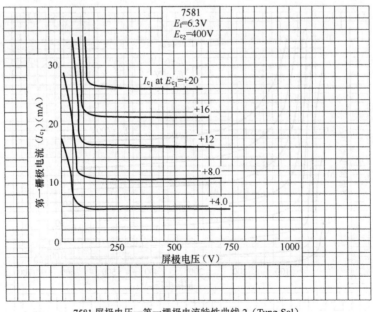

7581 屏极电压—第一栅极电流特性曲线 2（Tung-Sol）

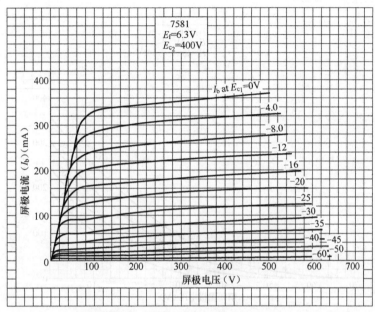

7581 屏极电压—屏极电流特性曲线 4 （Tung-Sol）

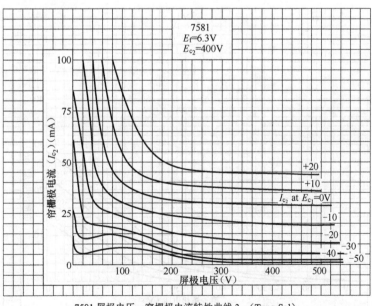

7581 屏极电压—帘栅极电流特性曲线 3 （Tung-Sol）

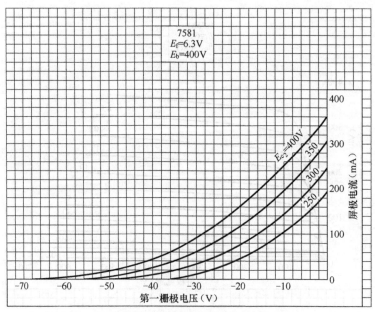

7581 第一栅极电压—屏极电流特性曲线 2 （Tung-Sol）

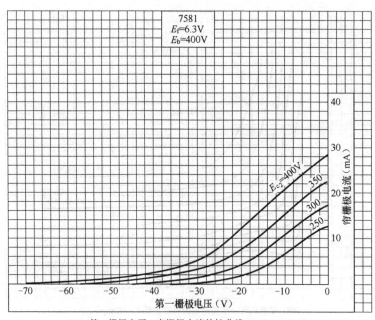

7581 第一栅极电压—帘栅极电流特性曲线 2 （Tung-Sol）

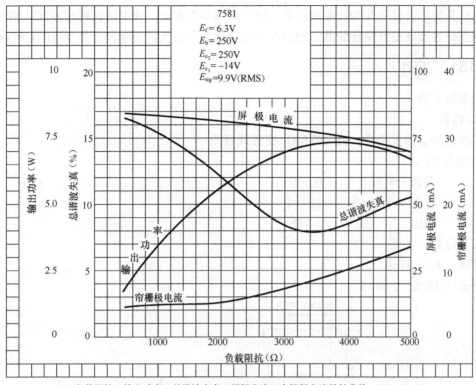

7581 负载阻抗—输出功率、总谐波失真、屏极电流、帘栅极电流特性曲线 （Tung-Sol）

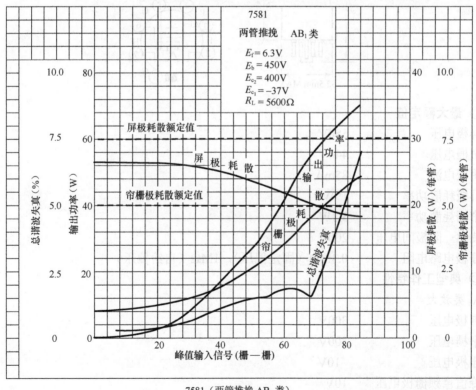

7581（两管推挽 AB_1 类）

峰值输入信号电压（G-G）—总谐波失真、输出功率、屏极耗散（每管）、帘栅极耗散（每管）特性曲线（Tung-Sol）

7581为筒形大管壳八脚功率集射管，用于声频功率放大，可直接代替 6L6GC，特点是受控零偏压特性及使用低损耗管基。7581A 屏极耗散功率较大，可单向互换 7581 及 6L6GC。

（151）7591

功率集射管。

◎ **特性**

敷氧化物旁热式阴极：6.3V/0.8A，交流或直流

极间电容：

栅极—屏极	0.6pF
输入	10.0pF
输出	6.5pF

安装位置：任意

管壳：T-9，玻璃

管基:八脚式（7 脚）

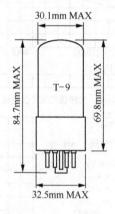 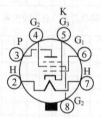

◎ **最大额定值**

屏极电压	550V
帘栅电压	440V
阴极电流	85mA
屏极耗散功率	19W
帘栅耗散功率	3.3W
热丝—阴极间电压	200V
栅极电路电阻	0.3MΩ（固定偏压），1MΩ（自给偏压）

◎ **典型工作特性**

A_1 类放大

屏极电压	300V
帘栅电压	300V
栅极电压	−10V
峰值声频栅极电压	10V
零信号屏极电流	60mA

最大信号屏极电流	75mA
零信号帘栅电流	8mA
最大信号帘栅电流	15mA
互导	10200μA/V
屏极内阻	29000Ω
三极接法放大系数	16.8
负载阻抗	3000Ω
输出功率	11W
总谐波失真	13%

AB₁类推挽声频功率放大（两管值）

屏极电压	300V	350V	400V	450V	450V	450V
帘栅电压	300V	350V	350V	350V	400V	400V
栅极电压	−12.5V	−15.5V	−16.0V	−16.5V	−21V	
共用阴极电阻						200Ω
峰值信号电压（G-G）	25V	31V	32V	33V	42V	28V
零信号屏极电流	86mA	92mA	85mA	77mA	66mA	82mA
最大信号屏极电流	116mA	130mA	143mA	153mA	144mA	94mA
零信号帘栅电流	12.6mA	13.0mA	11.0mA	9.6mA	9.4mA	11.5mA
最大信号帘栅电流	26mA	28.6mA	27.0mA	27.0mA	30.0mA	22mA
负载阻抗（P-P）	6600Ω	6600Ω	6600Ω	6600Ω	6600Ω	9000Ω
总谐波失真	2.5%	2%	1.5%	1.5%	1.5%	2%
最大信号输出功率	23W	30W	37W	43W	45W	28W

AB₁类推挽声频功率放大（超线性*，两管值）

屏极供电电压	400V	425V
栅极电压	−20.5V	
共用阴极电阻		185Ω
峰值信号电压（G-G）	41V	42V
零信号屏极电流	80mA	88mA
最大信号屏极电流	138mA	104mA
零信号帘栅电流	11.5mA	13.0mA
最大信号帘栅电流	26.4mA	17.5mA
负载阻抗（P-P）	6600Ω	6600Ω
总谐波失真	1.0%	2.0%
最大信号输出功率	32W	26W

* 帘栅抽头 40%。

平均屏极特性曲线

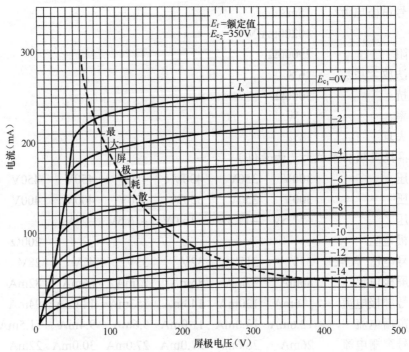

7591 平均屏极特性曲线 1（Sylvania）

平均屏极特性曲线

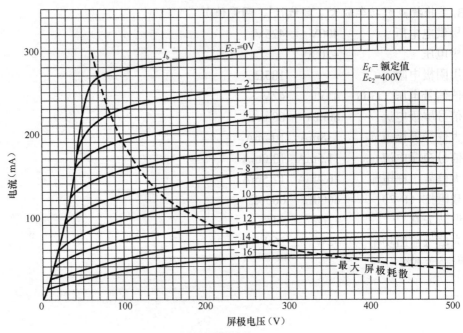

7591 平均屏极特性曲线 2（Sylvania）

平均屏极特性曲线

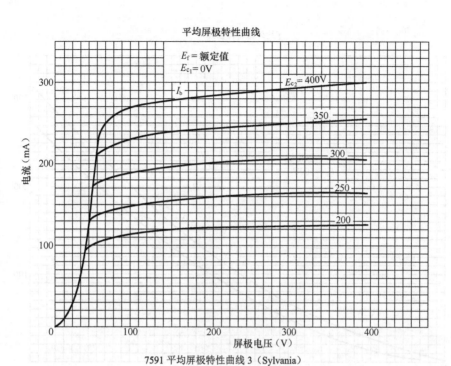

7591 平均屏极特性曲线 3（Sylvania）

平均屏极特性曲线
（三极管接法）

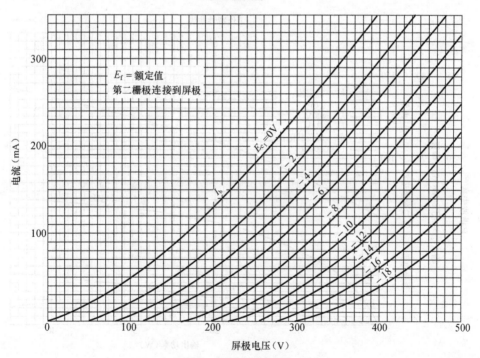

7591（三极接法）平均屏极特性曲线（Sylvania）
（第二栅极连接到屏极）

平均转移特性曲线

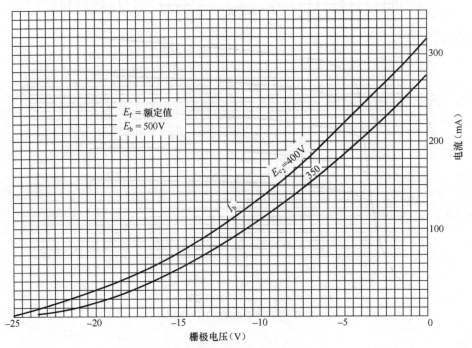

7591 平均转移特性曲线（Sylvania）

工作特性曲线

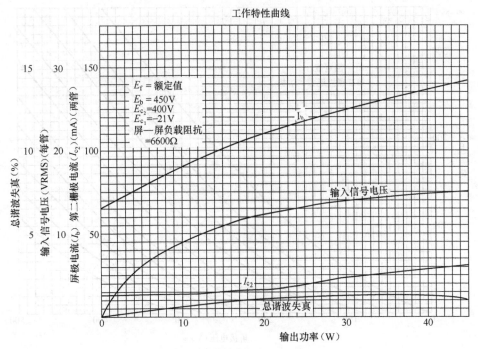

7591 工作特性曲线（Sylvania）

工作特性曲线
（超线性工作）

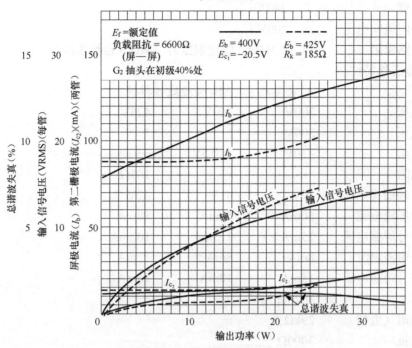

7591（超线性）工作特性曲线（Sylvania）

7591为筒形八脚功率集射管，高功率灵敏度、高效率声频功率放大，特别适用于要求高功率输出设计的场合，AB$_1$类推挽放大可获得很低失真的43W输出功率，400V超线性推挽放大可获得32W输出功率。

（152）7868

功率集射管。

◎ **特性**

敷氧化物旁热式阴极：6.3V/0.8A，交流或直流

极间电容：

栅极—屏极	0.15pF
输入	11pF
输出	4.4pF

管壳：T-9，玻璃

管基：大纽扣芯柱 VOVAR 九脚

安装位置：任意

◎ **最大额定值**

屏极电压	550V
帘栅电压	440V
阴极电流	90mA
屏极耗散功率	19W

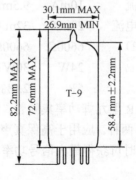

帘栅耗散功率	3.3W
管壳温度	240℃
热丝—阴极间电压	200V
栅极电路电阻	0.3MΩ（固定偏压），1MΩ（自给偏压）

◎ **典型工作特性**

	A_1 类单端	AB_1 类超线性推挽	
屏极电压	300V	400V	425V
帘栅电压	300V	*	*
栅极电压	−10V	−20.5V	—
阴极电阻			185Ω
峰值声频栅极电压	10V	41V	42V
零信号屏极电流	60mA	60mA	88mA
最大信号屏极电流	75mA	115mA	100mA
零信号帘栅电流	8mA	8mA	12mA
最大信号帘栅电流	15mA	18mA	16mA
互导	10200μA/V		
屏极内阻（近似）	29kΩ		
负载阻抗	3000Ω		
负载阻抗（P-P）	—	6600Ω	6600Ω
输出功率	11W	23W	21W
总谐波失真	13%	2.5%	3.5%

* 帘栅接输出变压器初级 50%处。

AB_1 类推挽

屏极电压	300V	350V	400V	450V	450V
帘栅电压	300V	350V	350V	400V	400V
栅极电压	−12.5V	−15.5V	−16V	−16.5V	−21V
阴极电压	—	—	—	—	170Ω
峰值声频（G-G）电压	25V	31V	32V	33V	42V
零信号屏极电流	74mA	72mA	64mA	60mA	40mA
最大信号屏极电流	116mA	130mA	135mA	142mA	145mA
零信号帘栅电流	10mA	9.5mA	8mA	7.2mA	5mA
最大信号帘栅电流	28mA	32mA	28mA	26mA	30mA
负载阻抗（P-P）	6600Ω	6600Ω	6600Ω	6600Ω	10000Ω
输出功率	24W	30W	34W	38W	44W
总谐波失真	5%	2.5%	2%	2.5%	5%

　　7868 为 NOVAR 型九脚功率集射管，特性与 7591A 相同，排气管封口有位于管底（GE）及管顶（Sylvania）两种。应用于高保真声频放大输出级，能提供低失真的较高输出功率，两管用于 AB_1 类推挽时可获得最大信号功率 44W，总谐波失真 5%。

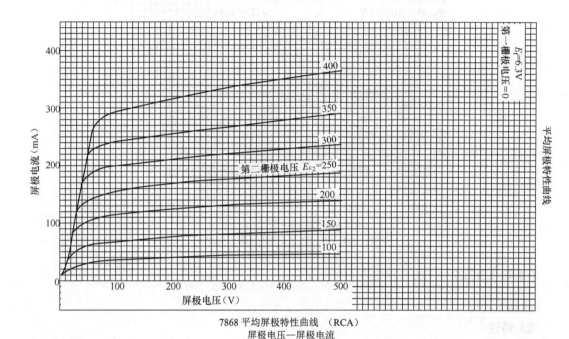

7868 平均屏极特性曲线 （RCA）
屏极电压—屏极电流

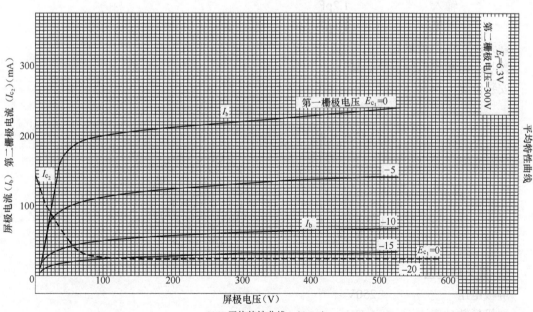

7868 平均特性曲线 （RCA）
屏极电压—屏极电流、第二栅极电流

工作特性曲线

推挽 AB₁类

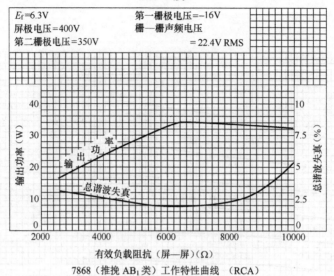

E_f=6.3V　　　　　　　第一栅极电压=−16V
屏极电压=400V　　　　　栅─栅声频电压
第二栅极电压=350V　　　　　　=22.4V RMS

7868（推挽 AB₁类）工作特性曲线　（RCA）

（153）9002

高频三极管。

◎ **特性**

敷氧化物旁热式阴极：6.3V/0.15A，交流或直流

极间电容：

　　　　栅极─屏极　　　　1.4pF
　　　　输入　　　　　　　1.2pF
　　　　输出　　　　　　　1.1pF

管壳：T-5½，玻璃

管基：纽扣式芯柱小型七脚

安装位置：任意

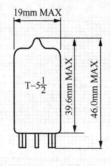
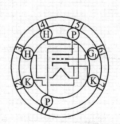

◎ **最大额定值**

屏极电压	250V
屏极耗散功率	1.6W
热丝─阴极间电压	100V

◎ 典型工作特性

A₁ 类放大

屏极电压	90V	135V	180V	250V
栅极电压	−2.5V	−3.75V	−5V	−7V
放大系数	25	25	25	25
屏极内阻（近似）	14700Ω	13200Ω	12500Ω	11400Ω
互导	1700μA/V	1900μA/V	2000μA/V	2200μA/V
屏极电流	2.5mA	3.5mA	4.5mA	6.3mA

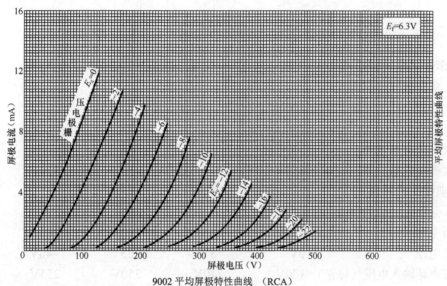

9002 平均屏极特性曲线 （RCA）
屏极电压—屏极电流

9002 为小型七脚高频三极管，原用于超高频检波、放大、振荡等用途。9002 除外形外，特性与橡实管 955 相同，应用可参考 955 有关内容。

9002 的等效管有 EC98、6C1Π（苏联）、6C1（中国）。

（154）35T

直热式功率三极发射管。

◎ 特性

敷钍钨灯丝：5V±5%/4A

放大系数：39

极间电容：　栅极—屏极　　　1.8pF（最大）

　　　　　　栅极—灯丝　　　4.1pF

　　　　　　屏极—灯丝　　　0.3pF

互导（I_p=100mA，E_p=2kV，E_g=−30V）：2850μA/V

最高工作频率：100MHz

管壳：玻璃

安装位置：垂直

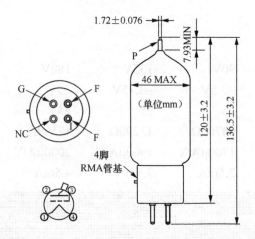

1.72±0.076

7.93MIN

P

46 MAX

（单位mm）

120±3.2

136.5±3.2

G F

NC F

F

4脚
RMA管基

◎ 声频功率放大或调制

最大额定值

最大屏极电压	2000V
最大屏极电流	150mA
最大屏极耗散功率	50W
最大栅极耗散功率	15W

◎ 典型工作特性

AB$_2$类放大（两管值）

屏极电压	600V	1000V	1500V	2000V
栅极电压	0V	−8V	−25V	−40V
峰值声频输入电压（每管）	130V	240V	250V	255V
零信号屏极电流	90mA	67mA	45mA	34mA
最大信号屏极电流	300mA	240mA	200mA	164mA
有效负载阻抗（p-p）	4250Ω	7900Ω	16200Ω	27500Ω
峰值驱动功率	18W	14W	10W	8W
标称驱动功率	9W	7W	5W	4W
最大信号屏极功率输出	95W	140W	200W	235W

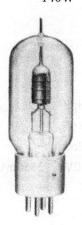

Eimac 35T

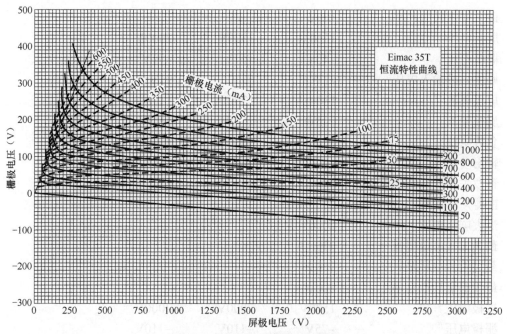

Eimac 35T 栅极电压—屏极电压特性曲线

35T 为高放大系数直热式功率三极发射管，敷钍钨灯丝，属右特性管，使用对流冷却。在发射设备上，用于声频、射频的放大、振荡及调制。用于声频大功率输出时，虽然容易激励，但工作时栅极有电流流动，使输入阻抗急剧减小且变化大，使耦合电路的设计变得复杂而困难，适合于变压器或阻抗耦合。适宜垂直安装。

35T 的等效管有 3-50A4、DET18（英国，Marconi）。

（155）212E

直热式功率三极发射管。

◎ **特性**

敷钍钨灯丝：14V/6A

放大系数：16

屏极内阻：2000Ω

互导：8000μA/V

极间电容：栅极—屏极　　　19pF（最大）

　　　　　栅极—灯丝　　　11pF

　　　　　屏极—灯丝　　　7pF

管基：大 4 脚卡口

安装位置：垂直

◎ **典型工作特性**

A 类声频放大

最大屏极电压　　　3000V

最大屏极输入　　　300W

最大屏极耗散功率	300W		
屏极电压	1250V	1500V	2000V
栅极电压 #	−40V	−57V	−95V
峰值声频输入电压	52V	63V	95V
屏极电流	180mA	170mA	130mA
屏极输入	225W	255W	260W
负载阻抗	3000Ω	5000Ω	8000Ω
输出功率	40W	50W	75W
谐波失真（二次谐波）	5%	4%	4%

B 类声频放大

最大屏极电压	2000V		
最大信号屏极电流	350mA		
最大信号屏极输入	700W		
最大屏极耗散功率	300W		
屏极电压	1500V	2000V	2000V
栅极电压 #	−75V	−110V	−110V
最大信号屏极输入	800W	1040W	1200W
峰值声频输入电压（g-g）	320V	380V	420V
零信号屏极电流	100mA	90mA	90mA
最大信号屏极电流*	530mA	520mA	600mA
屏极耗散功率*	300W**	390W**	360W**
最小栅极输入电阻	700Ω	900Ω	420Ω
有效负载阻抗（p-p）	5900Ω	8000Ω	7600Ω
最大信号驱动功率	6W	5W	12W
最大信号输出功率	500W	650W	840W

\# 到灯丝负端。

* 声频正弦波时平均值。

** 最大信号正弦波时平均值。

WE 212E

Amperex 212E

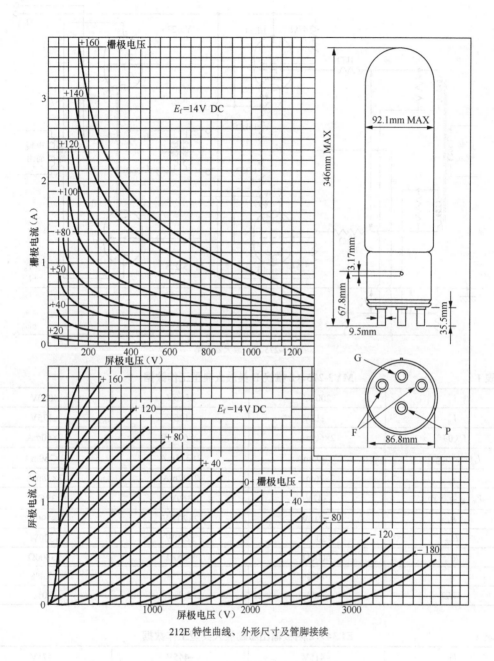

212E 特性曲线、外形尺寸及管脚接续

◎ 参考电路及特性

212E 的类似管 Mullard MY3-275 用于推挽 B 类放大的典型电路及数据,见下图及表 1、表 2。
MY3-275 的外形尺寸及管脚接续见下页图。

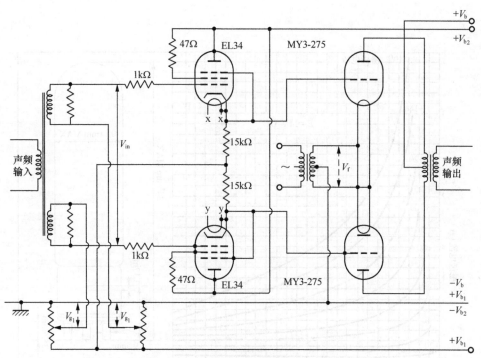

MY3-275 功率放大器电路

表1		MY3-275×2 推挽 B 类放大典型工作数据	
V_b	2000V	2500V	3000V
V_g	−112V	−145V	−175V
$I_a(0)$	2×60mA	2×60mA	2×60mA
I_a（max.sig.）	2×405mA	2×335mA	2×280mA
I_g	2×26mA	2×22mA	2×18mA
$V_{in}(g_1\text{-}g_1)$ rms	342V	369V	396V
P_a	2×210W	2×202W	2×190W
P_{out}	1200W	1270W	1300W
$R_{a\text{-}a}$	6000Ω	9400Ω	13800Ω
η	74%	75.7%	77.4%
THD	3.0%	3.0%	3.0%

表2		EL34×2 阴极输出激励放大典型工作数据	
V_{b_1}	−415V	−445V	−475V
V_{b_2}	350V	350V	350V
V_{g_1}	−165V	−200V	−235V
$I_a(0)$	2×20mA	2×20mA	2×20mA
I_a（max.sig.）	2×46mA	2×42mA	2×38mA
$V_{in}(g_1\text{-}g_1)$ rms	380V	410V	440V

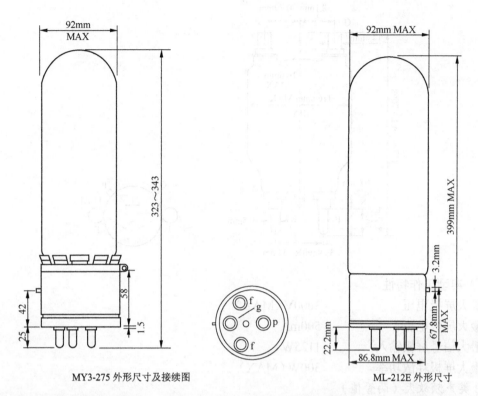

MY3-275 外形尺寸及接续图　　　　　　　ML-212E 外形尺寸

212E 为直热式三极发射管，敷钍钨灯丝，钼屏极及硬玻璃管壳，使用对流冷却。该管适用于声频功率放大或调制、射频功率放大或振荡等用途，频率 1.5MHz 时最高屏极电压为 3kV，频率 4.5MHz 时最高屏极电压为 1kV。该管用于声频大功率输出时，虽然容易激励，但工作时栅极有电流流动，使输入阻抗急剧减小且变化大，使耦合电路的设计变得复杂而困难，其栅极回路的直流电阻最大只有 3kΩ，只适合于变压器或阻抗耦合。

212E 的等效管有 ML-212E（美国，MACHLETT）、4212E（英国，STC）。

212E 的类似管有 MY3-275（英国，Mullard）。

（156）833A

直热式功率三极发射管。

◎ **特性**

敷钍钨灯丝：10V±5%/10A，交流或直流

放大系数：35

极间电容：栅极—屏极　　　　6.3pF（最大）

　　　　　栅极—灯丝　　　　12.3pF

　　　　　屏极—灯丝　　　　8.5pF

最高工作频率：30MHz

管壳：T-36，玻璃

安装位置：垂直，灯丝杆向上或向下；水平，电极平面垂直（边在上）

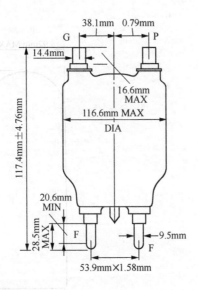

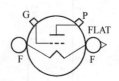

◎ **典型工作特性**

最大屏极电压	3000V（MAX）
最大屏极电流	500mA
最大信号屏极输入*	1125W
最大屏极耗散功率*	300W（MAX）

B 类声频放大（两管值）

屏极电压	3000V	3300V
栅极电压#	−70V	−80V
峰值声频输入电压（g-g）	400V	440V
零信号屏极电流	100mA	100mA
最大信号屏极电流	750mA	780mA
有效负载阻抗（p-p）	9500Ω	10500Ω
最大信号驱动功率	20W	30W
最大信号输出功率	1650W	1900W

*声频正弦波时平均值。

#交流灯丝供应。

GE 833A

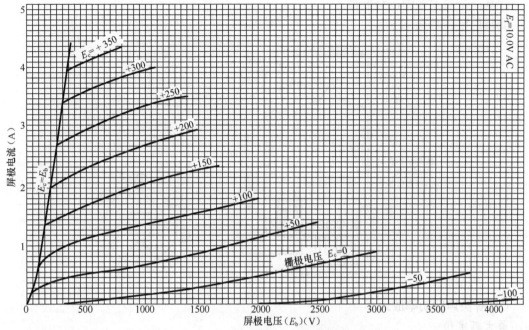

RCA 833A 屏极电压—屏极电流特性曲线

833A 为用于射频功率放大、振荡、声频功率放大及调制的直热式功率三极发射管，敷钍钨灯丝、涂锆屏极、柱状端头，具有高放大系数、高导流系数及小的内部引线电感，属右特性管，使用对流冷却。在发射设备上，用于 B 类声频放大时，具有高屏极效率、低驱动功率特性；用于声频大功率输出时，虽然容易激励，但工作时栅极有电流流动，使输入阻抗急剧减小且变化大，使耦合电路的设计变得复杂而困难，其栅极回路的直流电阻最大只有 3kΩ，只适合于变压器或阻抗耦合。适宜垂直安装。

833A 的等效管有 ES833（英国，Ediswan）、TY4-350（英国，Mullard）、FU33（中国）。

833A 的类似管有 B142（英国，Marconi，外形接续不同）。

（157）4E27/8001　4E27A/5-125B

直热式功率集射发射管。

◎ **特性**

敷钍钨灯丝：5V/7.5A，交流或直流

G_1-G_2 放大系数：5.0

极间电容：栅极—屏极　　0.08pF

　　　　　输入　　　　　10.5pF

　　　　　输出　　　　　4.7pF

互导（I_p=50mA，V_p=2500V，V_{g_2}=500V，V_{g_3}=0V）：2150μA/V

最高额定频率：75MHz

管壳：T-21，玻璃

管基：金属大七脚，有屏帽
安装位置：垂直

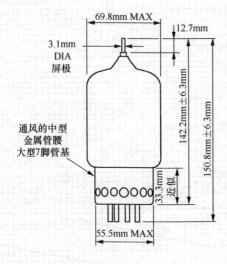

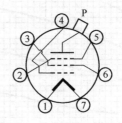

◎ A₁类声频功率放大

最大额定值

最大屏极电压	2000V
最大帘栅电压	750V
最大屏极电流	150mA
最大帘栅电流	40mA
最大屏极输入功率	75W
最大帘栅输入功率	30W
最大屏极耗散功率	75W

典型工作特性

屏极电压	500V	1000V
抑制栅电压	60V	0V
帘栅电压	500V	300V
栅极电压	−47V	−27V
屏极电流	150mA	75mA
帘栅电流	10mA	5mA
负载阻抗	2600Ω	12000Ω
输出功率	30W	34W

◎ AB₁类推挽放大

最大额定值

最大屏极电压	4000V
最大帘栅电压	750V
最大屏极电流	200mA
最大屏极耗散功率	125W

最大抑制栅耗散功率　　20W

最大帘栅耗散功率　　　20W

最大栅极耗散功率　　　5W

典型工作特性（两管值）

屏极电压	1500V	2000V	2500V
抑制栅电压	0V	0V	0V
帘栅电压	500V	500V	500V
栅极电压	−70V	−80V	−85V
零信号屏极电流	110mA	85mA	65mA
最大信号屏极电流	205mA	210mA	220mA
零信号帘栅电流	0mA	0mA	0mA
最大信号帘栅电流	15mA	13mA	8mA
负载阻抗（P-P）	13.7kΩ	18kΩ	20kΩ
最大信号激励功率	0W	0W	0W
最大信号屏极输入功率	310W	420W	550W
最大信号输出功率	200W	250W	300W

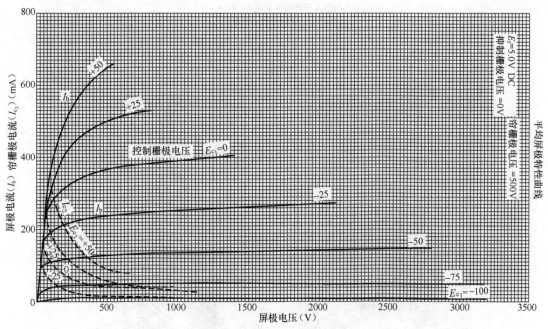

4E27A 平均特性曲线 1（RCA）
屏极电压—屏极电流、帘栅极电流

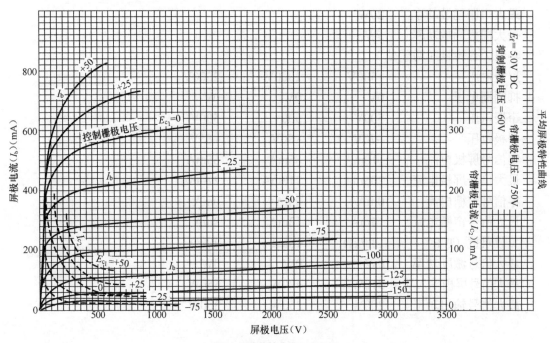

4E27A 平均特性曲线 2（RCA）
屏极电压—屏极电流、帘栅极电流

LEWIS AND KAUFMAN INC.4E27

RCA 4E27

◎ 参考电路

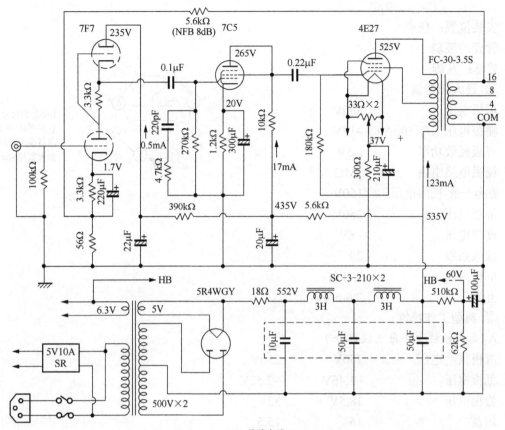

4E27 单端电路

4E27/A 为直热式发射功率集射管，钛屏，用于调制、放大、振荡等用途。激励功率非常低，中和问题简单。4E27/A 用于声频放大时，AB_1 类能得到 300W 输出，AB_2 类能得到 400W 输出。4E27/A 用于 A_1 类放大自给偏压时，栅极回路直流电阻不得大于 500kΩ；固定偏压时，不能大于 50kΩ；用于 AB_1 类放大时不能大于 250kΩ。该管适宜垂直安装。

4E27/A 的等效管有 8001、5-125B、257、257-B、HK257。

4.1.2 欧系电子管

本部分不含苏联及俄罗斯产品。

（158） B65

中放大系数双三极管。

◎ 特性

敷氧化物旁热式阴极：6.3V/0.6A，交流或直流

极间电容：

$C_{a'-g'}$	4.5pF	$C_{a''-g''}$	4.5pF
$C_{g'-k'}$	3.5pF	$C_{g''-k''}$	3.7pF

$C_{a'\text{-}k'}$ 1.5pF $C_{a''\text{-}k''}$ 1.2pF

$C_{a'\text{-}a'}$ 1pF

安装位置：任意

管壳：玻璃

管基：八脚

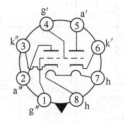

B65外形尺寸
总高度81～91mm
座高度67～77mm
最大直径34mm

◎ 最大额定值

屏极电压	300V
栅极电压（I_p=10μA）	−17V
屏极耗散功率	2.5W
栅极电路电阻	1MΩ
热丝—阴极间电压	150V
屏极电压	250V
栅极电压	−8V
放大系数	20
屏极内阻	7.7kΩ
互导	2.6mA/V

◎ 典型工作特性

A₁类声频放大（每三极部分）

屏极供给电压	250V	250V
栅极电压	−1.46V	−2.52V
输出电压	18.5V	32V
增益	16	15.5
屏极电流	12mA	15mA
阴极电阻	220Ω	440Ω
屏极电阻	22kΩ	22kΩ
谐波失真	1%	2%

Marconi B65

B65 局部（Marconi）

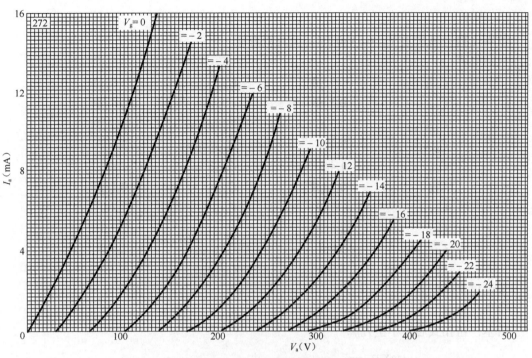

B65 屏极电压—屏极电流特性曲线 （Marconi）

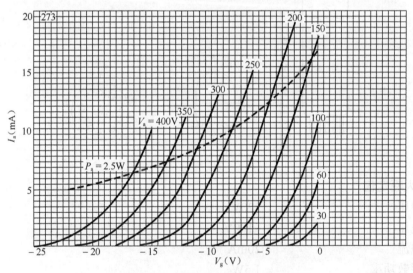

B65 栅极电压—屏极电流特性曲线 （Marconi）

　　B65 为筒形八脚中放大系数双三极管，两三极管间除热丝外，完全独立，适用于倒相、激励、阻容耦合放大等用途。可参阅美系 6SN7GT 相关内容。

　　B65 的等效管有 6SN7GT、6H8C（苏联）、6N8P（中国）。

　　B65 的类似管有 B36（热丝 12.6V/0.3A）、12SN7GT（热丝 12.6V/0.3A）。

（159）CCa

双三极管，高互导，低噪声。

◎ **特性**

敷氧化物旁热式阴极：6.3V/0.3A，交流或直流

极间电容：

$C_{a-(k+s+f)}$	1.75pF	$C_{a'-(k'+s+f)}$	1.65pF
$C_{a-(k+f)}$	0.5 pF	$C_{a'-(k'+f)}$	0.4 pF
$C_{g-(k+s+f)}$	3.3 pF	$C_{g'-(k'+s+f)}$	3.3 pF
$C_{g-(k+f)}$	3.3pF	$C_{g'-(k'+f)}$	3.3pF
C_{a-g}	1.4pF	$C_{a'-g'}$	1.4pF
C_{a-k}	0.18pF	$C_{a'-k}$	0.18pF
C_{a-s}	1.3pF	$C_{a'-s}$	1.3pF
C_{k-f}	2.6pF	$C_{k'-f}$	2.7pF
$C_{f-(g+f+s)}$	3.0pF	$C_{f-(g'+f'+s)}$	2.9pF
$C_{k-(g+f+s)}$	6.0pF	$C_{k'-(g'+f'+s)}$	6.0pF

安装位置：任意

管壳：玻璃

管基：纽扣式芯柱小型九脚

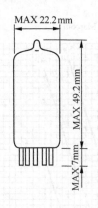
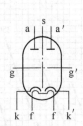

◎ **最大额定值**

屏极电压	220V
栅极电压	−100V
阴极电流	20mA
屏极耗散功率	1.5W
栅极电路电阻	1MΩ
热丝—阴极间电压	+150V，−100V
管壳温度	170℃

◎ **典型工作特性**

A₁类放大（每三极部分）

屏极供给电压	90V	100V
阴极电阻	120Ω	680Ω
放大系数		33

互导	11500μA/V	12500μA/V
屏极电流	12mA	15mA
等效噪声电阻（45MHz）		300Ω

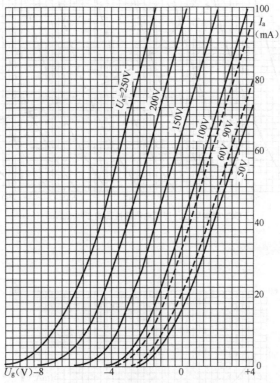

CCa 栅极电压—屏极电流特性曲线（Valvo）

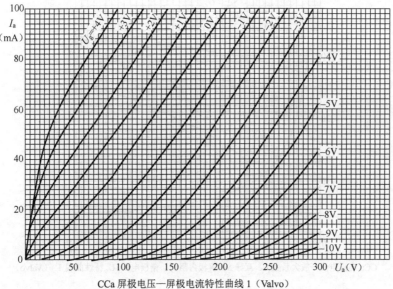

CCa 屏极电压—屏极电流特性曲线 1（Valvo）

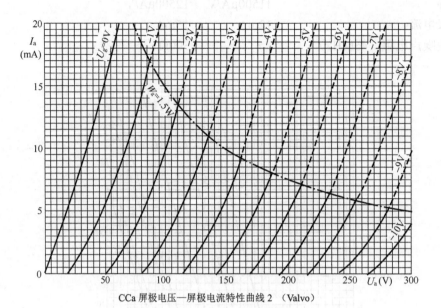

CCa 屏极电压—屏极电流特性曲线 2 （Valvo）

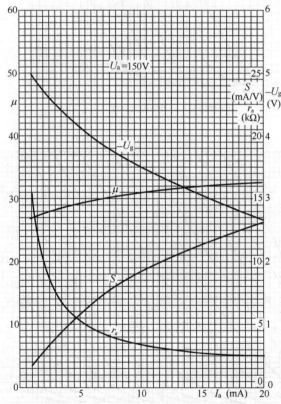

CCa 屏极电流—放大系数 μ、互导 S、屏极内阻 r_a、栅极电压-U_g 特性曲线 1 （Valvo）

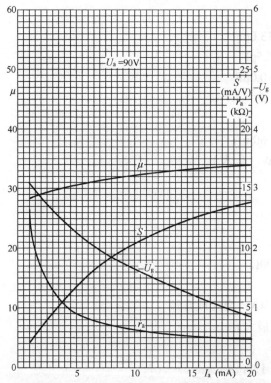

CCa 屏极电流—放大系数 μ、互导 S、屏极内阻 r_a、栅极电压–U_g 特性曲线 2 （Valvo）

CCa 为通信用高互导、低等效噪声电阻、低颤噪效应框架栅极多用途小型九脚双三极管，两三极管间除热丝外，完全独立，寿命 10000 小时。在音响电路中，适用于前置阻容耦合放大及级联放大。使用时管座中心屏蔽柱必须接地。可参阅美系 6922 及 6DJ8 相关内容。

CCa 的等效管有 E88CC。

（160）DA30　DA60

直热式功率三极管。

◎ **特性**

1. a
2. g
3. f
4. f

DA30外形尺寸
66mm×160mm
DA60外形尺寸
78mm×205mm

Osram DA30

DA30
敷氧化物灯丝：4V/2A，交流或直流

极间电容：

$C_{g\text{-}a}$ 13.0pF

$C_{a\text{-}f}$ 6.5pF

$C_{g\text{-}f}$ 10.0pF

屏极电压：400V（最大）

栅极电压：−134V

屏极电流（平均）：60mA

屏极耗散功率：30W（最大）

放大系数：3.5

屏极内阻：910Ω

互导：3850μA/V

负载阻抗：6000Ω

自给偏压电阻：2300Ω

DA60

敷氧化物灯丝：6V/4A，交流或直流

屏极电压：500V（最大）

栅极电压：−135V

屏极电流（平均）：120mA

屏极耗散功率：60W（最大）

自给偏压电阻：1150Ω

互导：3000μA/V

屏极内阻：835Ω

负载阻抗：3000Ω

放大系数：3.5

◎ 参考电路

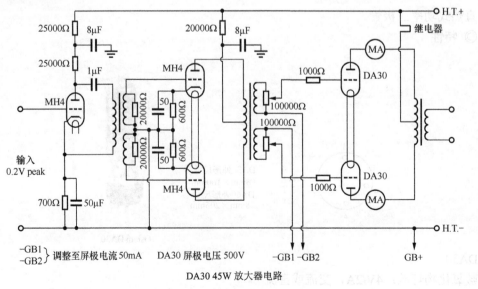

DA30 45W 放大器电路

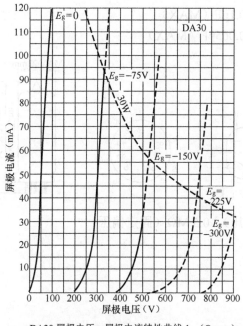

DA30 屏极电压—屏极电流特性曲线 1 （Osram）

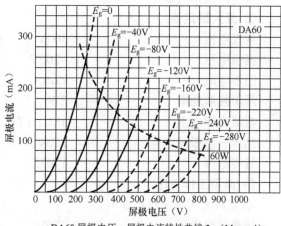

DA60 屏极电压—屏极电流特性曲线 2 （Marconi）

DA30 为英国 GEC 开发的直热式低内阻功率三极管，茄形管壳，管基为欧式四脚。适用于 A 类及 AB_1 类推挽功率放大，输出功率 A 类 20W，AB_1 类 44～60W。DA60 为耗散功率更大的类似管。

（161）E80CC

中放大系数双三极管。

◎ 特性

敷氧化物旁热式阴极：	并联	串联
	6.3V/0.6A	12.6V/0.3A，交流或直流
极间电容：	外部屏蔽	没有屏蔽
$C_{a\text{-}(k+f)}$	3.5pF	0.45pF
$C_{g\text{-}(k+f)}$	2.6 pF	2.4 pF
$C_{a\text{-}g}$	3.0 pF	3.1 pF
$C_{g\text{-}f}$	0.23pF（MAX）	0.23pF（MAX）
$C_{k\text{-}f}$	4.8pF	4.8pF
$C_{a'\text{-}(k'+f)}$	3.0pF	0.55pF
$C_{g'\text{-}(k'+f)}$	2.6pF	2.4pF
$C_{a'\text{-}g'}$	3.0pF	3.0pF
$C_{g'\text{-}f}$	0.23pF（MAX）	0.23pF（MAX）
$C_{k'\text{-}f}$	4.8pF	4.8pF
$C_{a\text{-}a'}$	1.3pF	1.45pF
$C_{g\text{-}g'}$	0.013pF（MAX）	0.013pF（MAX）

$C_{\text{a-g}'}$	0.1pF（MAX）	0.1pF（MAX）
$C_{\text{g-a}'}$	0.065pF（MAX）	0.065pF（MAX）

安装位置：任意

管壳：玻璃

管基：纽扣式芯柱小型九脚

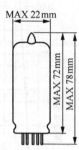

◎ **最大额定值**

屏极电压	300V
栅极电压	−200V
阴极电流	12mA
屏极耗散功率	2W
栅极电路电阻	1MΩ（自给偏压），0.5 MΩ（固定偏压）
热丝—阴极间电压	120V
管壳温度	170℃

◎ **典型工作特性**

A_1 类放大（每三极部分）

屏极供给电压	250V
阴极电阻	920Ω
放大系数	27
互导	2700μA/V
屏极内阻	10kΩ
屏极电流	6mA
等效噪声电压（R_g=0.5MΩ）	75μVrms

◎ **阻容耦合放大数据**

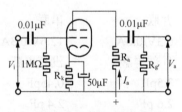

R_a=47kΩ；R_k=1.2kΩ；R_g'=0.15MΩ

V_b(V)	I_a(mA)	$\dfrac{V_a}{V_i}$	V_a(V_{eff})	d_{tot}(%)
200	1.86	18.5	20	3.3
250	2.45	18.5	30	3.6
300	3.15	18.5	40	4.0
350	3.80	18.5	50	4.1
400	4.40	18.5	60	4.2

R_a=100kΩ； R_k=2.2kΩ； R_g'=0.33MΩ

V_b(V)	I_a(mA)	$\dfrac{V_a}{V_i}$	V_a(V_{eff})	d_{tot}(%)
200	1.00	20	22	3.1
250	1.30	20	32	3.4
300	1.65	20	42	3.5
350	1.95	20	52	3.6
400	2.30	20	63	3.7

R_a=220kΩ； R_k=3.9kΩ； R_g'=0.68MΩ

V_b(V)	I_a(mA)	$\dfrac{V_a}{V_i}$	V_a(V_{eff})	d_{tot}(%)
200	0.52	21	19	2.3
250	0.67	21	29	2.6
300	0.83	21	38	3.0
350	0.99	21	47	3.1
400	1.15	21	58	3.2

E80CC 阻容耦合放大数据（Philips）

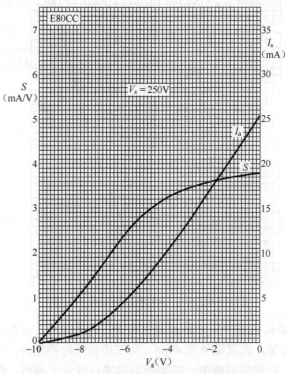

E80CC 栅极电压—互导 S、屏极电流 I_a 特性曲线（Philips）

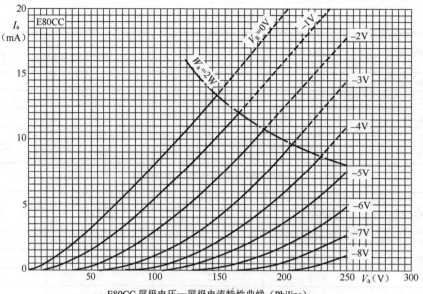

E80CC 屏极电压—屏极电流特性曲线（Philips）

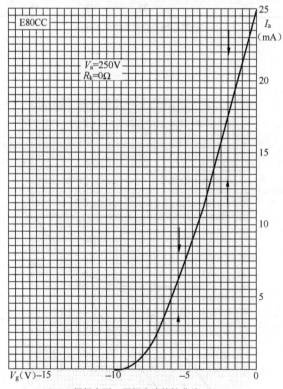

E80CC 栅极电压—屏极电流特性曲线（Philips）

　　E80CC 为小型九脚高品质中放大系数双三极管，为低噪声、长寿命管（10000 小时），耐冲击和振动，Philips 开发，美国编号为 6085，两三极管间除热丝外，完全独立。该管原用于声频放大及直流放大，在音响电路中，适用于阻容耦合放大、倒相、激励放大。使用时管座中心屏蔽柱建议接地。

E80CC 的等效管有 6085。

（162）E80CF

三极-五极复合管。

◎ **特性**

敷氧化物旁热式阴极：6.3V/0.33A，交流或直流

极间电容：（五极部分）

$C_{g_1-(g_2+g_3+k+f+s)}$ 5.6pF

$C_{a-(g_2+g_3+k+f+s)}$ 3.4 pF

C_{a-g_1} 0.16pF（MAX）

C_{g_1-f} 0.16pF（MAX）

（三极部分）

$C_{g-(k_T+k_p+g_3+f+s)}$ 2.5pF

$C_{a-(k_T+k_p+g_3+f+s)}$ 1.5pF

C_{a-g} 1.5pF

C_{g-f} 0.22pF（MAX）

（五极—三极）

$C_{a_P-a_T}$ 0.07pF（MAX）

$C_{a_P-g_T}$ 0.02pF（MAX）

$C_{g_1-a_T}$ 0.16pF（MAX）

安装位置：任意

管壳：玻璃

管基：纽扣式芯柱小型九脚

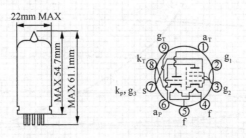

◎ **最大额定值**

	五极部分	三极部分
屏极电压	275V	275V
帘栅电压	200V	—
栅极电压	−100V	−100V
阴极电流	18mA	18mA
屏极耗散功率	2.15W	1.75W
帘栅耗散功率	0.7W	—
栅极电路电阻	0.5MΩ（固定偏压），	0.5MΩ（固定偏压）

热丝—阴极间电压	100V	100V
管壳温度	170℃	

◎ **典型工作特性**

A₁类放大（五极部分）

屏极电压	170V
帘栅电压	170V
阴极电阻	155Ω
g_2-g_1放大系数	40
互导	6200μA/V
屏极内阻	400kΩ
屏极电流	10mA
帘栅电流	2.8mA

（三极部分）

屏极电压	100V
阴极电阻	120Ω
放大系数	18
互导	5000μA/V
屏极内阻	10kΩ
屏极电流	14mA

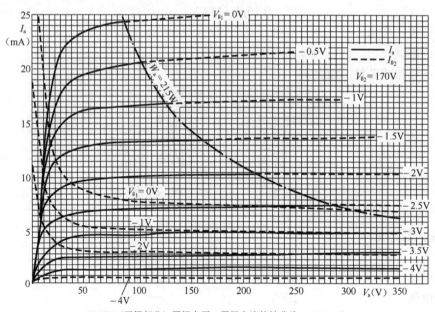

E80CF（五极部分）屏极电压—屏极电流特性曲线　（Philips）

　　E80CF 为小型九脚高品质、长寿命三极-五极复合管，三极部分与五极部分除热丝外，完全独立，五极部分用于混频、射频、声频放大等用途，三极部分用于 300MHz 以下振荡用途。使用时管座中心屏蔽柱建议接地。可参阅美系 6BL8 相关内容。

　　E80CF 的等效管有 7643。

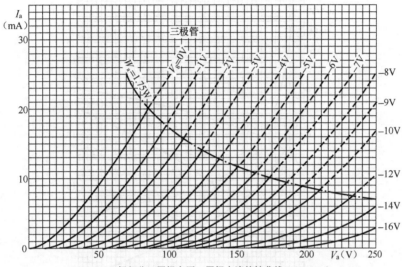

E80CF（三极部分）屏极电压—屏极电流特性曲线 （Philips）

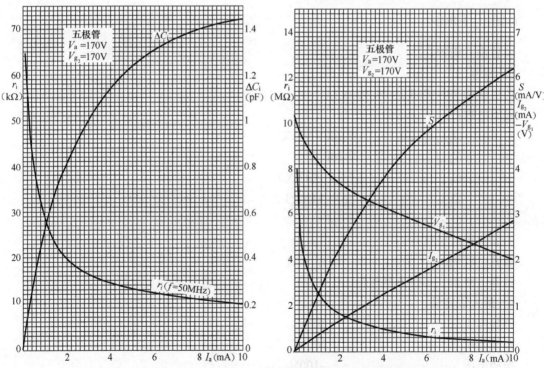

左：E80CF（五极部分）屏极电流—屏极内阻 r_i、输入电容 ΔC_i 特性曲线（Philips）

右：E80CF（五极部分）屏极电流—屏极内阻 r_i、互导 S、栅偏压-V_{g_1} 特性曲线（Philips）

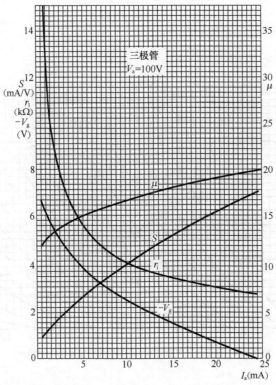

E80CF（三极部分）屏极电流—互导 S、屏极内阻 r_i、放大系数 μ、栅偏压 $-V_g$ 特性曲线 （Philips）

（163）E80F

锐截止五极管。

◎ **特性**

敷氧化物旁热式阴极：6.3V/0.3A，交流或直流

极间电容：

$C_{g_1-(g_2+g_3+k+f)}$	5.0pF（MAX）
$C_{a-(g_2+g_3+k+f)}$	7.3pF
C_{a-g_1}	25pF（MAX）
C_{g_1-f}	2pF（MAX）
C_{k-f}	3.7pF

安装位置：任意

管壳：玻璃

管基：纽扣式芯柱小型九脚

◎ **最大额定值**

屏极电压	300V
帘栅电压	200V
栅极电压	−100V
阴极电流	9mA

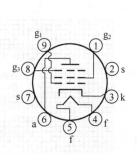

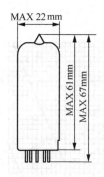

屏极耗散功率	1.3W
帘栅耗散功率	0.4W
栅极电路电阻	1MΩ（自给偏压），0.5MΩ（固定偏压）
热丝—阴极间电压	+120V，−60V
管壳温度	170℃

◎ 典型工作特征

A_1 类放大

屏极电压	250V
帘栅电压	100V
阴极电阻	550Ω
g_2-g_1 放大系数	25
互导	1850μA/V
屏极内阻	1.5MΩ
屏极电流	3mA
帘栅电流	0.65mA
等效噪声电阻（0～10kHz）	40kΩ（MAX）

◎ 阻容耦合放大数据

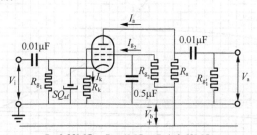

R_a=0.22MΩ；R_{g_1}=1MΩ；$R_{g_1}{}'$=0.68MΩ.

$V_b(V)$	$R_{g_2}(MΩ)$	$R_k(kΩ)$	$I_a(mA)$	$I_{g_2}(mA)$	V_a/V_i	$V_a(V_{eff})$	$d_{tot}(\%)$
100	1.0	3.3	0.29	0.07	120	8	1.7
200	1.2	1.8	0.61	0.13	165	20	1.6
250	1.2	1.5	0.80	0.17	175	25	1.4
300	1.2	1.2	0.98	0.20	190	30	1.1
400	1.2	1.0	1.37	0.28	200	40	0.9

E80F 阻容耦合放大数据（Philips）

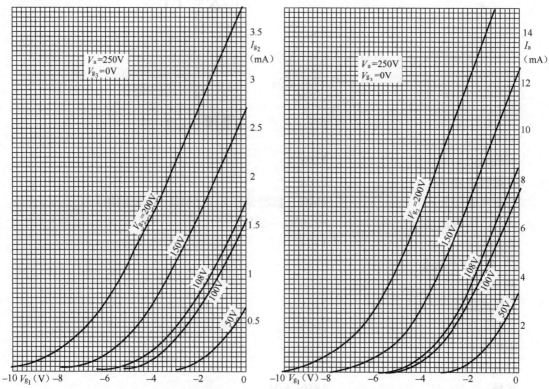

左：E80F 栅极电压—帘栅极电流特性曲线 （Philips）

右：E80F 栅极电压—屏极电流特性曲线 （Philips）

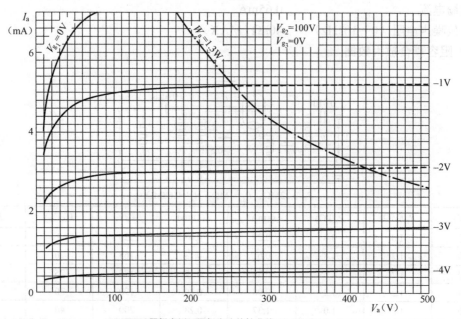

E80F 屏极电压—屏极电流特性曲线 1 （Philips）

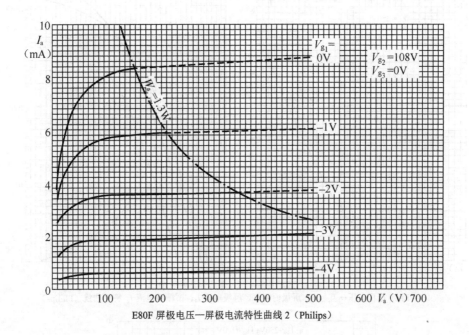

E80F 屏极电压—屏极电流特性曲线 2（Philips）

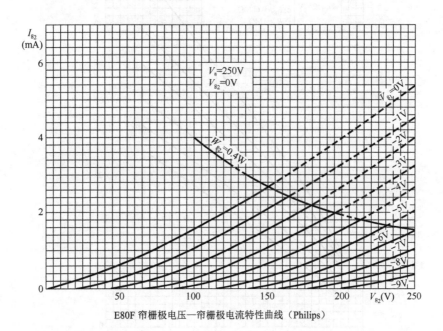

E80F 帘栅极电压—帘栅极电流特性曲线（Philips）

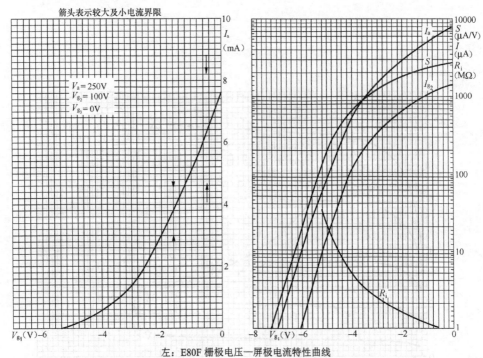

左：E80F 栅极电压—屏极电流特性曲线

右：E80F 栅极电压—互导 S、屏极内阻 R_i、屏极电流 I_a、帘栅极电流 I_{g_2} 特性曲线（Philips）

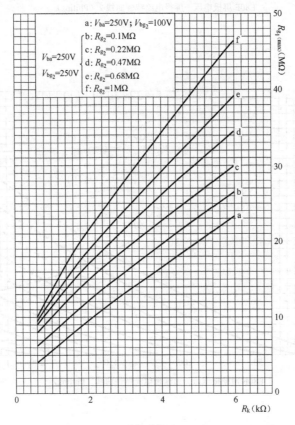

E80F 特性曲线（Philips）

E80F 为小型九脚高品质、长寿命（10000 小时）锐截止五极管。可参阅 EF86 相关内容。
使用时管座中心屏蔽柱建议接地。

（164）E82CC

中放大系数双三极管，多用途。

◎ **特性**

敷氧化物旁热式阴极：　　　　并联　　　　　　　　串联

　　　　　　　　　　　　　　6.3V/0.3A　　　12.6V/0.15A，交流或直流

极间电容：　　　　　　　　　1 单元　　　　　　　2 单元

$C_{a-(k+f)}$　　　　　　　0.5pF　　　　　　　0.4pF

$C_{a'-(k'+f)}$　　　　　　0.4pF

$C_{g-(k+f)}$　　　　　　　1.6pF　　　　　　　1.6pF

C_{a-g}　　　　　　　　　1.5pF　　　　　　　1.5pF

安装位置：任意

管壳：玻璃

管基：纽扣式芯柱小型九脚

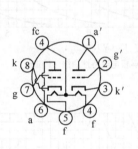
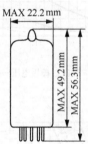

◎ **最大额定值**

屏极电压	330V
栅极电压	−55V，+0V
阴极电流	22mA
屏极耗散功率	3W
栅极电路电阻	1MΩ（自给偏压），0.5MΩ（固定偏压）
热丝—阴极间电压	100V
管壳温度	165℃

◎ **典型工作特性**

A_1 类放大

屏极电压	100V	250V
阴极电阻	—	800Ω
栅极电压	0V	—
放大系数	19.5	17
互导	3100μA/V	2200μA/V

屏极内阻	6250Ω	7700Ω
屏极电流	11.8mA	10.5mA
栅极电压（I_p=10μA）	−22V	

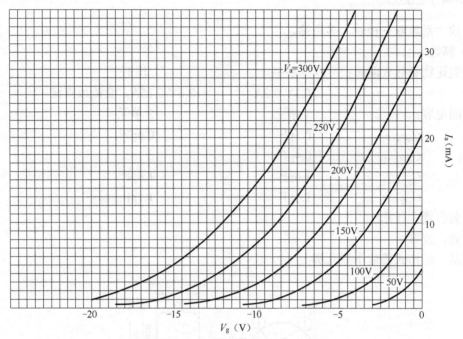

E82CC 栅极电压—屏极电流特性曲线（Philips）

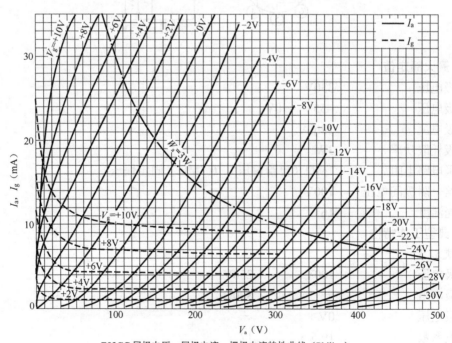

E82CC 屏极电压—屏极电流、栅极电流特性曲线（Philips）

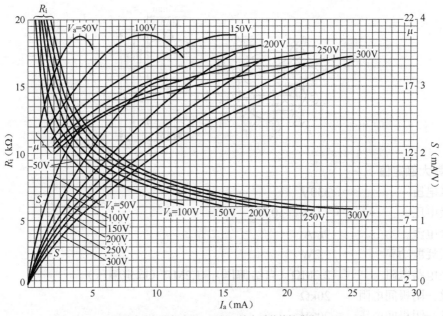

E82CC 屏极电流—屏极内阻、互导、放大系数特性曲线（Philips）

　　E82CC 为小型九脚高品质中放大系数双三极管，长寿命（10000 小时），两三极管间除热丝外，完全独立，用于放大、振荡、多谐振荡、间歇振荡等用途。使用时管座中心屏蔽柱建议接地。可参阅美系 12AU7 相关内容。

　　E82CC 的等效管有 6189、ECC802S（德国，Telefunken，通信用特选管）、12AU7WA、M8136（英国，Mullard）。

（165）E83CC

高放大系数双三极管，低颤噪效应。

◎ **特性**

敷氧化物旁热式阴极：　　　　并联　　　　　　　串联

　　　　　　　　　　　　　6.3V/0.3A　　　12.6V/0.15A，交流或直流

极间电容：　　　　　　　1 单元　　　　　2 单元

C_ε	1.6pF	1.6pF
C_α	0.46pF	0.34pF
$C_{1/a}$	1.7pF	1.7pF
$C_{1/h}$	0.15pF	0.15pF
$C_{aI/aII}$	<0.6pF	
$C_{aII/1I}$	<0.06pF	
$C_{aI/1II}$	<0.06pF	
$C_{1I/1II}$	<0.01pF	

安装位置：任意

管壳：玻璃

管基：纽扣式芯柱小型九脚

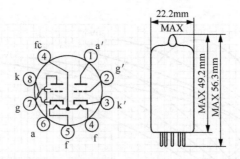

◎ **最大额定值**

屏极电压	330V
栅极电压	−55V，+0.5V
阴极电流	9mA
屏极耗散功率	1.2W
栅极电路电阻	2.2MΩ（自给偏压），1.2MΩ（固定偏压）
热丝—阴极间电阻	20kΩ
热丝—阴极间电压	200V
管壳温度	170℃

◎ **A₁ 类放大特性**

屏极电压	100V	250V
阴极电阻	2kΩ	1.6kΩ
栅极电压	0V	—
放大系数	100	100
互导	1250μA/V	1600μA/V
屏极内阻	80kΩ	62.5kΩ
屏极电流	0.5mA	1.25mA
栅极电压（I_p=10μA）	−22V	

◎ **阻容耦合放大数据**

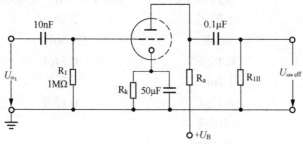

U_B（V）	R_a（kΩ）	R_{1II}(kΩ)	R_k(kΩ)	$U_{\omega a\,eff}$(V)	V(fach)	k(%)	I_a(mA)
200	47	150	1.5	18	34	8.5	0.86
250	47	150	1.2	23	37.5	7	1.18

U_B（V）	R_a（kΩ）	R_{1II}(kΩ)	R_k(kΩ)	$U_{\omega a\ eff}$(V)	V(fach)	k(%)	I_a(mA)
300	47	150	1	26	40	5	1.55
350	47	150	0.82	33	42.5	4.4	1.98
400	47	150	0.68	37	44	3.6	2.45
200	100	330	1.8	20	50	4.8	0.65
250	100	330	1.5	26	54.5	3.9	0.86
300	100	330	1.2	30	57	2.7	1.11
350	100	330	1	36	61	2.2	1.4
400	100	330	0.82	38	63	1.7	1.72
200	220	680	3.3	24	56	4.6	0.36
250	220	680	2.7	28	66.5	3.4	0.48
300	220	680	2.2	26	72	2.6	0.63
350	220	680	1.5	37	75.5	1.6	0.85
400	220	680	1.2	38	76.5	1.1	1.02

E83CC 阻容耦合放大数据（Lorenz）

◎ 倒相电路数据

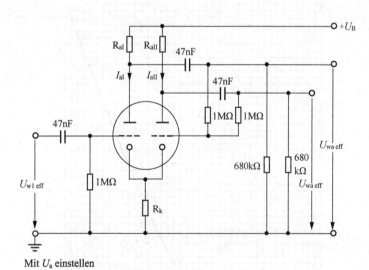

Mit U_a einstellen

$I_{aI}+I_{aII}$=1 mA U_b=250V

$I_{aI}+I_{aII}$=1.2 mA U_b=350V

U_B（V）	U_a（V）	$I_{aI}+I_{aII}$(mA)	R_k(kΩ)	$R_{aI}=R_{aII}$(kΩ)	$U_{\omega a\ eff}$(V)	V(fach)	k(%)
250	ca.65	1	68	100	20	25	1.8
250	ca.65	1	68	100	7	25	0.6
350	ca.90	1.2	82	150	35	27	1.8
350	ca.90	1.2	82	150	10	27	0.5

E83CC 自动平衡倒相数据（Lorenz）

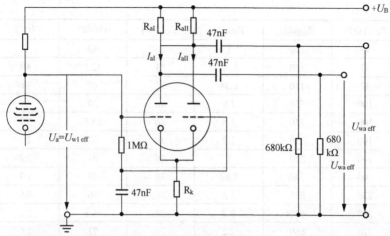

U_B（V）	$I_{aI}+I_{aII}$(mA)	R_k(kΩ)	$R_{aI}+R_{aII}$(kΩ)	$U_{\omega a\ eff}$(V)	V(fach)	k(%)
250	1.08	1.2	200	35	58	5.5
250	1.08	1.2	200	7	58	1.1
350	1.7	0.82	200	45	62	3.5
350	1.7	0.82	200	9	62	0.7

E83CC 长尾对倒相数据（Lorenz）

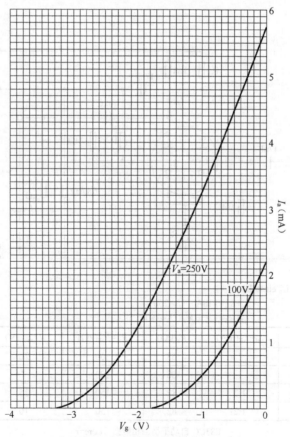

E83CC 栅极电压—屏极电流特性曲线（Lorenz）

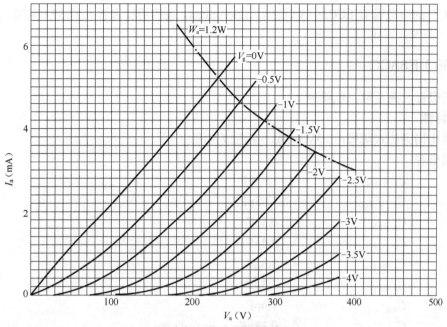

E83CC 屏极电压—屏极电流特性曲线（Lorenz）

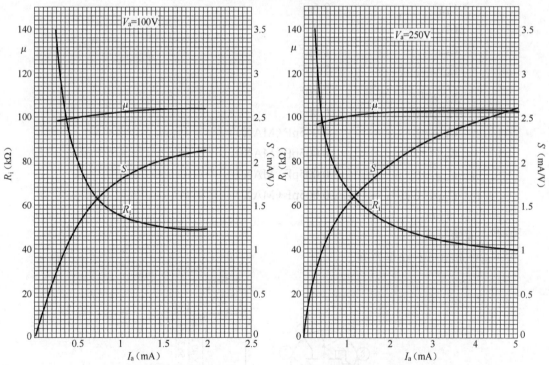

左：E83CC 屏极电流—屏极内阻 R_i、互导 S、放大系数 μ 特性曲线（Lorenz）（V_a=100V）
右：E83CC 屏极电流—屏极内阻 R_i、互导 S、放大系数 μ 特性曲线（Lorenz）（V_a=250V）

　　E83CC 为小型九脚高品质高放大系数双三极管，长寿命（10000 小时），低界面电阻，低颤噪效应，两三极管间除热丝外，完全独立。使用时管座中心屏蔽柱建议接地。可参阅美系 12AX7 相关内容。

E83CC 的等效管有 ECC803S（德国，Telefunken，通信用优选管）、6057（英国，Brimar）、CV4004（英国，军用）。

（166）E88CC

双三极管，高互导，低噪声。

◎ 特性

敷氧化物旁热式阴极：6.3V/0.3A，交流或直流

极间电容：

$C_{a-(k+f+s)}$	1.75pF
$C_{a'-(k'+f+s)}$	1.65pF
$C_{a-(k+f)}$	0.5pF
$C_{a'-(k'+f)}$	0.4pF
$C_{g-(k+f+s)}$	3.3pF
$C_{g-(k+f)}$	3.3pF
C_{a-g}	1.4pF
C_{a-k}	0.18pF
C_{k-f}	2.6pF
$C_{k'-f}$	2.7pF
C_{a-s}	1.3pF
$C_{a-(g+f+s)}$	3.0pF
$C_{a'-(g'+f+s)}$	2.9pF
$C_{k-(g+f+s)}$	6.0pF
$C_{a-a'}$	0.045pF（MAX）
$C_{g-g'}$	0.005pF（MAX）
$C_{a-g'}$，$C_{a'-g}$	0.005pF（MAX）
$C_{g-k'}$，$C_{g'-k}$	0.005pF（MAX）

安装位置：任意

管壳：玻璃

管基：纽扣式芯柱小型九脚

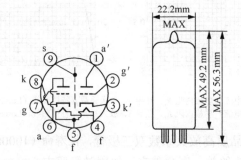

◎ 最大额定值

屏极电压   220V

栅极电压	−100V
阴极电流	20mA
屏极耗散功率	1.5W
栅极电路电阻	1MΩ
热丝—阴极间电压	+150V，−100V
管壳温度	170℃

◎ **典型工作特性（每单元）**

屏极电压	100V
阴极电阻	680Ω
放大系数	33
互导	12500μA/V
屏极电流	15mA
等效噪声电阻（45MHz）	300Ω

A_1 类输出特性

屏极电压	220V	
负载电阻	20kΩ	
栅极电压	−6.5V	
输入电压	0Vrms	1.5Vrms	4.5Vrms
屏极电流	6.5mA	9.2mA
输出功率	0.05W	0.5W
总谐波失真		7%

B 类输出特性（两管值）

屏极电压	200V	
负载电阻（P-P）	22kΩ	
栅极电压	−6V	
输入电压	0Vrms	0.9Vrms	4Vrms
屏极电流	2×5mA	2×9mA
输出功率	0.05W	1.2W
总谐波失真		3%

E88CC 为小型九脚高品质高互导、低噪声双三极管，在射频及声频电路中用于栅地—阴地放大、混频、倒相等用途，或计算机中用作多谐振荡器及阴极跟随器。长寿命（10000 小时）、低界面电阻、耐冲击及振动，两三极管间除热丝外，完全独立。使用时管座中心屏蔽柱必须接地。可参阅美系 6922 及 6DJ8 相关内容。

E88CC 的等效管有 6922、CV2492（英国，军用）、CV2493、CCa（德国，通信用）。

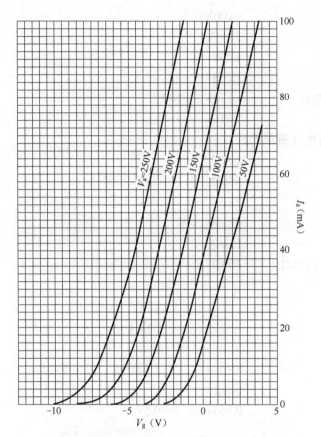

E88CC 栅极电压—屏极电流特性曲线 （Philips）

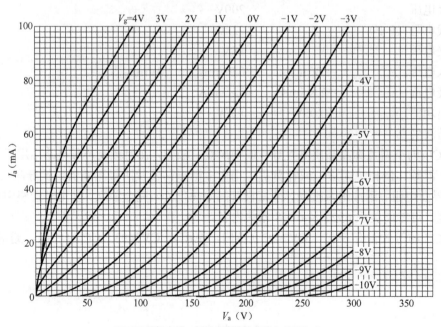

E88CC 屏极电压—屏极电流特性曲线 1（Philips）

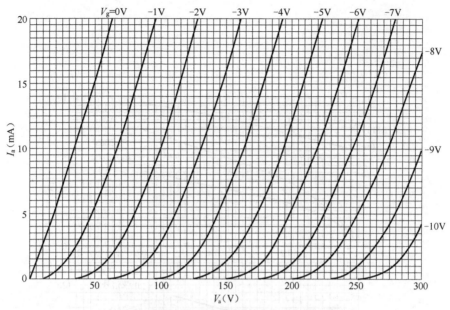

E88CC 屏极电压—屏极电流特性曲线 2（Philips）

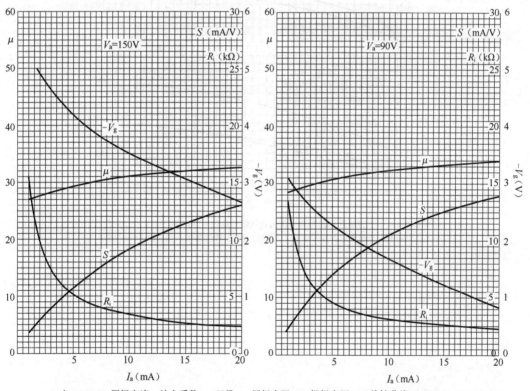

左：E88CC 屏极电流—放大系数 μ、互导 S、屏极内阻 R_i、栅极电压—V_g 特性曲线（Philips）（V_a=150V）

右：E88CC 屏极电流—放大系数 μ、互导 S、屏极内阻 R_i、栅极电压—V_g 特性曲线（Philips）（V_a=90V）

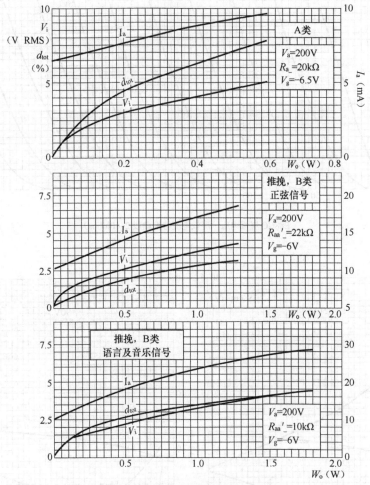

E88CC 输出功率—屏极电流特性曲线 （Philips）
（自上向下：1. A 类；2. B 类推挽，正弦信号；3. B 类推挽，语言及音乐信号）

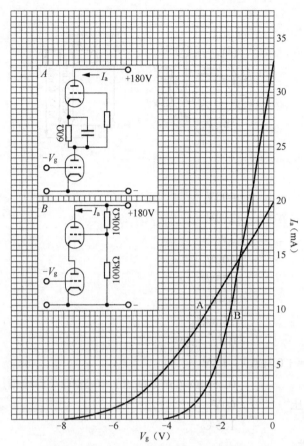

E88CC 栅极电压—屏极电流特性曲线 （Philips）

（167）E180F

高互导锐截止五极管。

◎ **特性**

敷氧化物旁热式阴极： 6.3V/0.3A，交流或直流

极间电容：

C_a	3pF
C_{g_1}	7.5pF
C_{g_1}（I_k=16.3mA）	11.1pF
$C_{a\text{-}g_1}$	＜0.03pF
$C_{a\text{-}k}$	＜0.1pF
$C_{g_1\text{-}f}$	＜0.1pF

安装位置：任意

管壳：玻璃

管基：纽扣式芯柱小型九脚

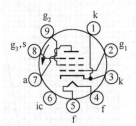

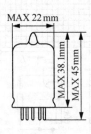

◎ **最大额定值**

屏极供给电压	400V
屏极电压	210V
屏极耗散功率	3W
帘栅供给电压	400V
帘栅电压	175V
帘栅耗散功率	0.9W
阴极电流	25mA
栅极电压	0V，−50V
抑制栅电压（$I_{g_3}=+0.3\mu A$）	−1.3V
栅极电路电阻	0.25MΩ（固定偏压），0.5MΩ（自给偏压）
热丝—阴极间电压	60V
管壳温度	155℃

◎ **典型工作特性**

屏极电压	190V	180V
抑制栅电压	0V	0V
帘栅电压	160V	150V
阴极电阻	630Ω	100Ω
屏极电流	13mA	11.5mA
帘栅电流	3.3mA	2.9mA
负栅极电流（R_g=0.1MΩ）	0.5μA（最大）	—
互导	16.5mA/V	15.9mA/V
g_2-g_1放大系数	50	—
屏极内阻	90kΩ*	—
等效噪声电阻	460Ω**	—
栅极交流声（R_g=0.5MΩ）	100μV	—
阴极加热时间	<18s	

* 45kΩ 最小。

** 650Ω 最大。

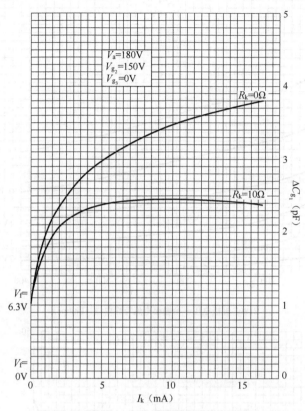

E180F 阴极电流—热丝电容特性曲线（Philips）

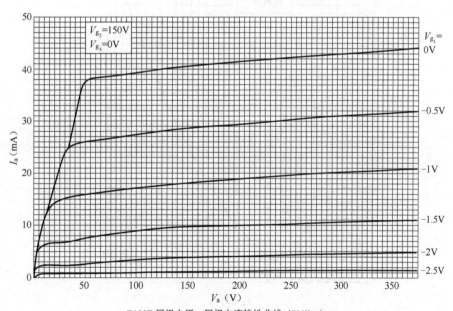

E180F 屏极电压—屏极电流特性曲线（Philips）

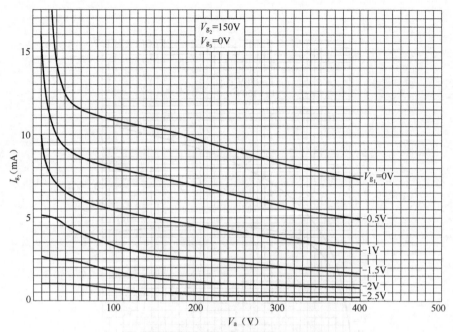

E180F 屏极电压—帘栅极电流特性曲线（Philips）

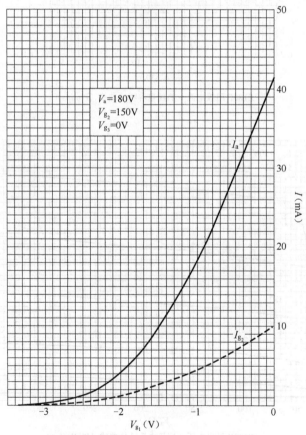

E180F 栅极电压—屏极、帘栅极电流特性曲线（Philips）

E180F 为小型九脚框架栅极高互导锐截止五极管,高可靠、耐冲击、耐振动、长寿命(10000 小时),工业及军用。该管原用于宽频带放大,在音响电路中,可用于小信号前级放大和激励放大,大电流特性好,可工作于较大电流,屏极电阻取较小值时,仍有高增益和较高输出电压。把帘栅极和抑制栅极连接到屏极接成三极管时,μ=50。自激是使用时必须要注意的问题,栅极可串入 1kΩ 阻尼电阻。大屏极电流工作要注意屏极实际电压要高于帘栅极电压。高互导管配对较困难。使用时管座中心屏蔽柱必须接地。

E180F 的等效管有 6688/A (美国)、6Ж9П(苏联)、6J9(中国)。

(168) E182CC

中放大系数双三极管。

◎ **特性**

敷氧化物旁热式阴极:

	并联	串联
	6.3V/0.64A	12.6V/0.32A,交流或直流

极间电容:

$C_{a\text{-}(k+f+s)}$	1.1pF
$C_{a'\text{-}(k'+f+s)}$	1.0pF
$C_{g\text{-}(k+f)}$	6.0pF
$C_{a\text{-}g}$	4.0pF
$C_{a'\text{-}g'}$	4.1pF
$C_{k\text{-}f}$	4.0pF
$C_{a\text{-}a'}$	0.8pF(MAX)
$C_{g\text{-}g'}$	0.15pF
$C_{a\text{-}g'}$	0.1pF

安装位置:任意

管壳:玻璃

管基:纽扣式芯柱小型九脚

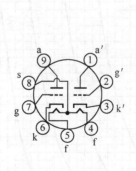

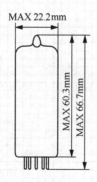

◎ **最大额定值**

屏极电压	300V
栅极电压	−100V,+1V
阴极电流	60mA

屏极耗散功率	4.5W
栅极电路电阻	1MΩ（自给偏压），0.5MΩ（固定偏压）
热丝—阴极间电压	200V
管壳温度	160℃

◎ **典型工作特性（每单元）**

屏极电压	120V
栅极电压	−2V
放大系数	24
互导	15000μA/V
屏极电流	36mA

　　E182CC 为小型九脚高品质双三极管，长寿命（10000 小时），低界面电阻，两三极管间除热丝外，完全独立，原应用于计算机电路。在音响电路中，适用于倒相、阴极输出及较大信号激励放大。使用时管座中心屏蔽柱必须接地。特性近似 5687，可参阅美系 5687 相关内容。

　　E182CC 的等效管有 7119。

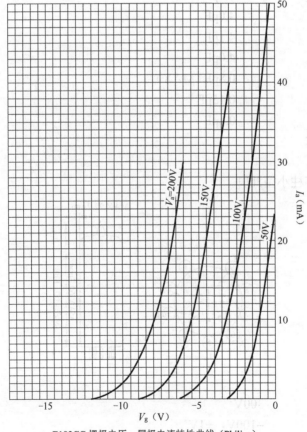

E182CC 栅极电压—屏极电流特性曲线（Philips）

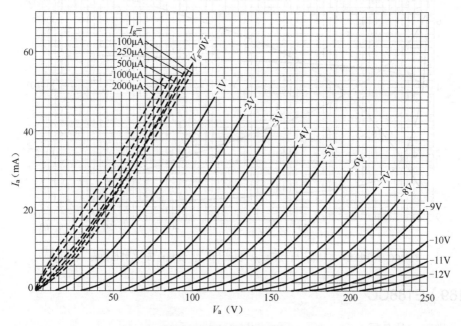

E182CC 屏极电压—屏极电流特性曲线 1（Philips）

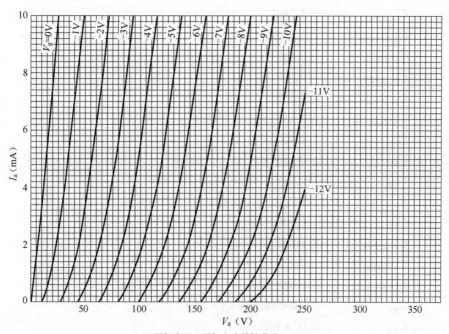

E182CC 屏极电压—屏极电流特性曲线 2（Philips）

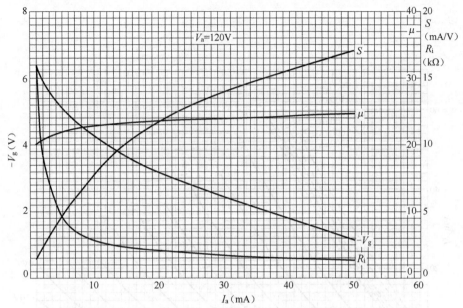

E182CC 屏极电流—互导 S、放大系数 μ、屏极内阻 R_i、栅极电压 $-V_g$ 特性曲线 （Philips）

（169）E188CC

双三极管，高互导。

◎ 特性

敷氧化物旁热式阴极：6.3V/0.335A，交流或直流

极间电容：

$C_{a-(k+f+s)}$	1.75pF
$C_{a'-(k'+f+s)}$	1.65pF
$C_{a-(k+f)}$	0.5pF
$C_{a'-(k'+f)}$	0.4pF
$C_{g-(k+f+s)}$	3.3pF
$C_{g-(k+f)}$	3.3pF
C_{a-g}	1.4pF
C_{a-k}	0.18pF
C_{k-f}	2.6pF
$C_{k'-f}$	2.7pF
C_{a-s}	1.3pF
$C_{a-(g+f+s)}$	3.0pF
$C_{a'-(g+f+s)}$	2.9pF
$C_{k-(g+f+s)}$	6.0pF
$C_{a-a'}$	0.045pF（MAX）
$C_{g-g'}$	0.005pF
$C_{a-g'}$	0.005pF

$$C_{g\text{-}a'} \qquad 0.005\text{pF}$$
$$C_{g\text{-}k'} \qquad 0.005\text{pF}$$
$$C_{k\text{-}g'} \qquad 0.005\text{pF}$$

安装位置：任意

管壳：玻璃

管基：纽扣式芯柱小型九脚

MAX 22mm

MAX 49.2mm

MAX 55.5mm

◎ **最大额定值**

屏极电压	250V
栅极电压	−110V
阴极电流	22mA
屏极耗散功率	1.65W
栅极电路电阻	1MΩ（自给偏压），0.5MΩ（固定偏压）
热丝—阴极间电压	+150V，−100V
管壳温度	165℃

◎ **典型工作特性（每单元）**

屏极电压	100V
阴极电阻	680Ω
放大系数	33
互导	12500μA/V
屏极电流	15mA
等效噪声电阻（45MHz）	250Ω
噪声系数（200MHz）	4.6dB
交流声电压（最大）	50μVrms

A_1 类输出特性

屏极电压	220V		
负载电阻		20kΩ	
栅极电压	−6.8V		
输入电压	0Vrms	1.5Vrms	4.5Vrms
屏极电流	6.5mA		9.2mA
输出功率		0.05W	0.5W
总谐波失真			7%

B 类输出特性（两管值）

屏极电压	200V			200V		
负载电阻（P-P）	22kΩ			10kΩ		
栅极电压	−6V			−6V		
输入电压	0Vrms	0.9Vrms	4Vrms	0Vrms	0.9Vrms	4Vrms
屏极电流	2×5mA		2×9mA	2×5mA		2×13.5mA
输出功率	0.05W		1.2W	0.05W		1.5W
总谐波失真		3%			4%	

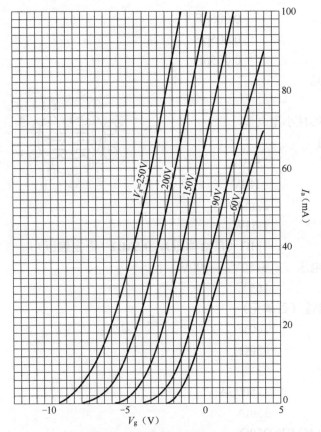

E188CC 栅极电压—屏极电流特性曲线 1（Philips）

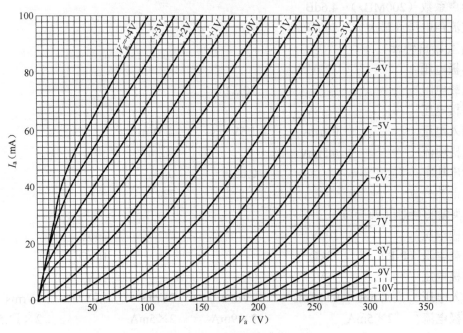

E188CC 屏极电压—屏极电流特性曲线 1（Philips）

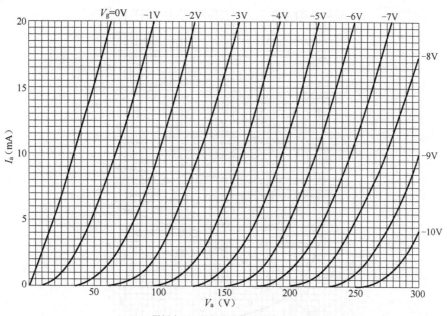

E188CC 屏极电压—屏极电流特性曲线 2（Philips）

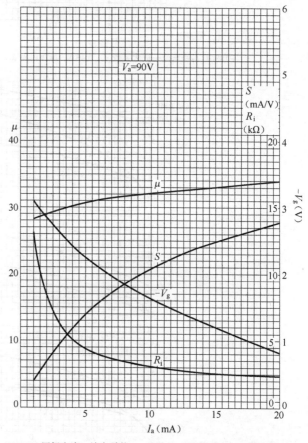

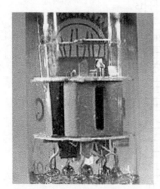

E188CC 局部（Valvo）

E188CC 屏极电流—放大系数 μ、互导 S、屏极内阻 R_i、栅极电压 $-V_g$
特性曲线（Philips）

581

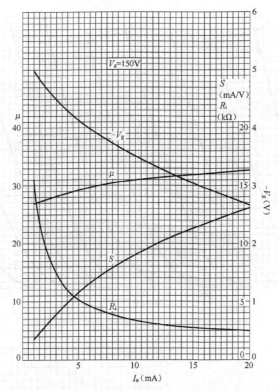

E188CC 屏极电流—放大系数 μ、互导 S、屏极内阻 R_i、栅极电压 $-V_g$ 特性曲线（Philips）

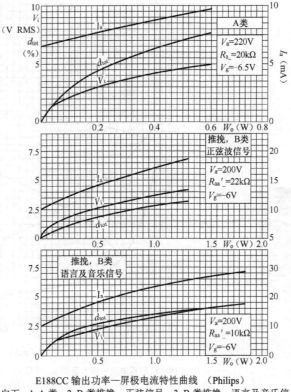

E188CC 输出功率—屏极电流特性曲线 （Philips）
（自上向下：1. A 类；2. B 类推挽，正弦信号；3. B 类推挽，语言及音乐信号）

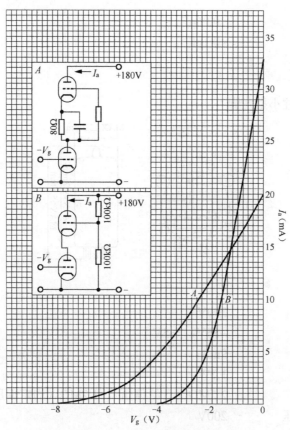

E188CC 栅极电压—屏极电流特性曲线 2（Philips）

E188CC 为小型九脚高品质双三极管，两三极管间除热丝外，完全独立，在射频及声频电路中用于栅地—阴地放大、阴极跟随器，长寿命（10000 小时）、低界面电阻。使用时管座中心屏蔽柱必须接地。特性近似美系 6922 及 6DJ8，可参阅相关内容。

E188CC 的等效管有 7308。

（170）E283CC

双三极管。

◎ **特性**

敷氧化物旁热式阴极：6.3V/0.33A，交流或直流

极间电容：

$C_g = C_{g'}$	2.0pF
$C_a = C_{a'}$	2.0pF
$C_{a\text{-}g} = C_{a'\text{-}g'}$	1.2pF
$C_{g\text{-}f}$	< 0.01pF
$C_{g'\text{-}f}$	<0.02pF
$C_{g\text{-}g'}$	<0.01pF
$C_{a\text{-}a'}$	<0.1pF

$C_{a\text{-}g'}$ <0.06pF

$C_{a'\text{-}g}$ <0.1pF

安装位置：任意

管壳：玻璃

管基：纽扣式芯柱小型九脚

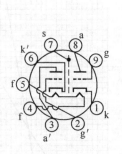
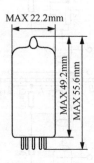

◎ **最大额定值**

屏极电压	300V
栅极电压	−55V，＋5V
阴极电流	9mA
屏极耗散功率	1.2W
栅极电路电阻	2.2MΩ（自给偏压），1.2MΩ（固定偏压）
热丝—阴极间电压	200V
管壳温度	170℃
热丝—阴极间电阻	135kΩ

◎ **典型工作特性（每单元）**

屏极电压	100V	250V
阴极电阻	2kΩ	1.6kΩ
放大系数	100	100
互导	1250μA/V	1600μA/V
屏极电流	0.5mA	1.25mA
屏极内阻	80kΩ	62.5kΩ
交流声电压（单元1）	5μVrms	
（单元2）	15μVrms	

◎ **阻容耦合放大数据（Philips）**

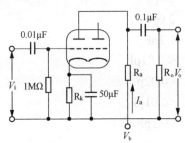

$V_b(V)$	$R_a(k\Omega)$	$R_k(\Omega)$	$R_o(k\Omega)$	$I_a(mA)$	$V_o{}^{1)}$(V,RMS)	$\dfrac{V_o}{V_i}$	$d_{tot}{}^{2)}$(%)
200	47	1500	150	0.86	18	34	8.5
250	47	1200	150	1.18	23	37.5	7.0
300	47	1000	150	1.55	26	40	5.0
350	47	820	150	1.98	33	42.5	4.4
400	47	680	150	2.45	37	44	3.6
200	100	1800	330	0.65	20	50	4.8
250	100	1500	330	0.86	26	54.5	3.9
300	100	1200	330	1.11	30	57	2.7
350	100	1000	330	1.40	36	61	2.2
400	100	820	330	1.72	38	63	1.7
200	220	3300	680	0.36	24	56	4.6
250	220	2700	680	0.48	28	66.5	3.4
300	220	2200	680	0.63	36	72	2.6
350	220	1500	680	0.85	37	75.5	1.6
400	220	1200	680	1.02	38	76.5	1.1

E283CC 阻容耦合放大数据

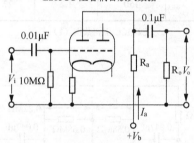

输入源电阻=100Ω

$V_b(V)$	$R_a(k\Omega)$	$R_o(k\Omega)$	$I_a(mA)$	$V_o{}^{1)}$(V,RMS)	$\dfrac{V_o}{V_i}$	$d_{tot}{}^{2)}$(%)
200	47	150	1.02	18	37	5.6
250	47	150	1.45	23	39	4.2
300	47	150	2.02	26	41	2.9
350	47	150	2.50	33	44	2.7
400	47	150	3.10	37	45	2.5
200	100	330	0.70	20	50	3.9
250	100	330	1.00	26	51	2.6
300	100	330	1.29	30	54	2.0
350	100	330	1.62	36	56	1.8
400	100	330	1.95	38	58	1.6
200	220	680	0.39	24	58	4.6
250	220	680	0.56	28	62	2.7
300	220	680	0.74	36	66	2.2
350	220	680	0.88	37	67	1.7
400	220	680	1.09	38	68	1.4

E283CC 零偏压阻容耦合放大数据

◎ 倒相数据（PHILIPS）

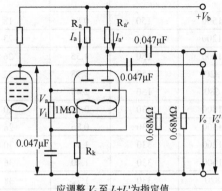

应调整 V_a 至 I_a+I_a' 为指定值

V_b(V)	V_a(V)	R_k(kΩ)	R_a; R_a'(kΩ)	I_a+I_a'(mA)	$\dfrac{V_o}{V_i}$	$V_o^{1)}$(V,RMS)	$d_{tot}^{2)}$(%)
250	65	68	100	1.0	25	20 7	1.8 0.6
350	90	82	150	1.2	27	35 10	1.8 0.5

E283CC 倒相数据（1）

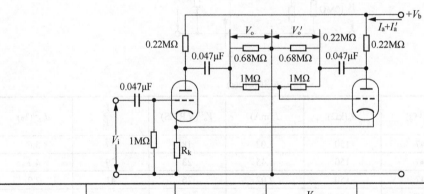

V_b(V)	R_k(Ω)	I_a+I_a'(mA)	$\dfrac{V_o}{V_i}$	$V_o^{1)}$(V,RMS)	$d_{tot}^{2)}$(%)
250	1200	1.08	58	35 7	5.5 1.1
350	820	1.7	62	45 9	3.5 0.7

1) 输出电压在栅极电流起始点。

2) 此失真与输出电压约成比例。

E283CC 倒相数据（2）

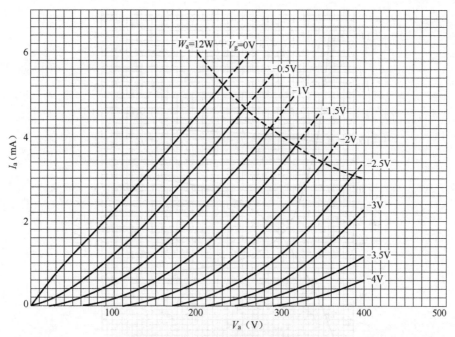

E283CC 屏极电压—屏极电流特性曲线（Philips）

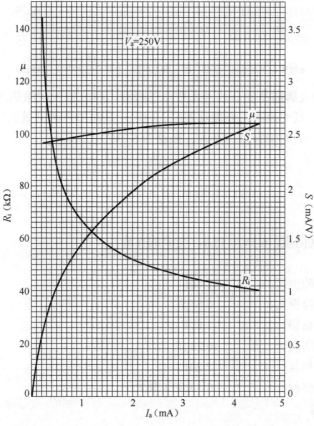

E283CC 屏极电流—屏极内阻、放大系数、互导特性曲线 1（Philips）

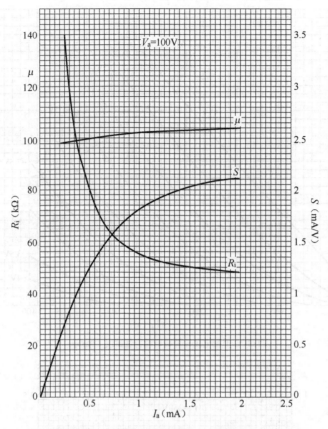

E283CC 屏极电流—屏极内阻、放大系数、互导特性曲线 2（Philips）

E283CC 为小型九脚高品质高放大系数双三极管，两三极管间除热丝外，完全独立。长寿命（10000 小时）、低交流声、低颤噪效应、应用于高品质声频测量放大、倒相级。特性与美国 12AX7A 相同，只有管脚接续不同，热丝为 6.3V/0.33A。

（171）EC92

高频三极管。

◎ **特性**

敷氧化物旁热式阴极：6.3V/0.15A，交流或直流

极间电容：

栅极—除屏极外	2.6pF
屏极—除栅极外	0.55pF
屏极—栅极	1.6pF
屏极—阴极	0.24pF
阴极—热丝	2.2pF
栅极—热丝	0.15pF（最大）

安装位置：任意

管壳：玻璃

管基：小型七脚

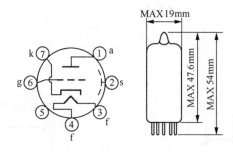

◎ **最大额定值**

屏极电压	300V
屏极耗散功率	2.5W
阴极电流	15mA
栅极电压	−50V
栅极电路电阻	1MΩ
热丝—阴极间电压	100V
热丝—阴极间电阻	20kΩ

◎ **A_1 类声频放大特性**

屏极电压	100V	170V	200V	250V
栅极电压	−1.0V	−1.0V	−1.0V	−2.0V
屏极电流	3.0mA	8.5mA	11.5mA	10mA
互导	3.75mA/V	5.9mA/V	6.7mA/A	5.5mA
放大系数	62	66	70	60
屏极内阻	16.5kΩ	11kΩ	10.5kΩ	11kΩ

EC92 为小型七脚高放大系数高频三极管。该管为低电容、高屏极电流互导比，原用于高频振荡、混频及放大，最高工作频率 500MHz。在音响电路中，适用于倒相以及阴极激励放大、阻容耦合放大。使用时管座中心屏蔽柱建议接地。其特性与半只 ECC81/12AT7 相同，可参照。

EC92 的等效管有 6AB4、6664（美国，工业用）。

EC92 的类似管有 UC92（热丝 9.5V/0.1A）。

（172）ECC33

双三极管。

◎ **特性**

敷氧化物旁热式阴极：6.3V/0.4A，交流或直流

极间电容：

$C_{a'-a''}$	0.75pF
C_{a-g}（每单元）	2.5pF
C_{g-k}（每单元）	3.5pF

$C_{a'\text{-}k'}$	1.2pF
$C_{a''\text{-}k''}$	1.5pF

安装位置：任意

管壳：玻璃

管基：八脚式

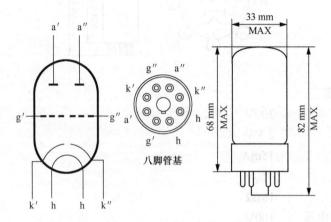

八脚管基

◎ **最大额定值**

屏极供电电压	550V
屏极电压	300V
栅极电压	−110V
阴极电流	20mA
屏极耗散功率	2.5W
栅极电路电阻	1.5 MΩ
热丝—阴极间电压	100V
热丝—阴极间电阻	20kΩ

◎ **典型工作特性（每单元）**

屏极电压	250V
栅极电压	−4V
放大系数	35
互导	3600μA/V
屏极内阻	9.7kΩ
屏极电流	9mA

◎ **阻容耦合放大数据**

RC 耦合声频放大工作数据

V_b(V)	R_a(kΩ)	I_a(mA)	R_k(kΩ)	$\dfrac{V_{out}}{V_{in}}$	*V_{out}($V_{r.m.s.}$)	D_{tot}(%)	**R_{g_1}(kΩ)
400	47	4.0	1.2	25.5	74	6.1	150
350	47	3.5	1.2	25	62.5	5.9	150
300	47	3.0	1.2	25	50	5.6	150
250	47	2.5	1.2	25	41	5.6	150
200	47	2.0	1.2	24.5	30.5	5.3	150
400	100	2.05	2.2	28	78.5	5.7	330
350	100	1.8	2.2	27.5	66.5	5.6	330
300	100	1.55	2.2	27	54.5	5.6	330
250	100	1.3	2.2	27	43	5.4	330
200	100	1.05	2.2	26.5	32	5.2	330
400	220	1.1	3.9	28	74.5	5.1	680
350	220	0.98	3.9	28	63	5.0	680
300	220	0.83	3.9	28	51	5.0	680
250	220	0.7	3.9	27.5	41	4.8	680
200	220	0.53	3.9	27	30.5	4.8	680

* 无栅极电流时的输出电压。　　** 次级电子管栅极电阻。

ECC33 阻容耦合放大数据（Mullard）

ECC33 为八脚高互导低阻抗双三极管，Mullard 生产，两三极管间除热丝外，完全独立，原应用于双稳态多谐振荡及计算机电路中。特性近似美系 6SN7GT，可参阅相关内容。

（173）ECC35

高放大系数双三极管。

◎ 特性

敷氧化物旁热式阴极：6.3V/0.4A，交流或直流

极间电容：

$C_{a'-a''}$	0.75pF
$C_{a'-g'}$	2.5pF
$C_{in'}$	3.0pF
$C_{out'}$	1.0pF
$C_{a''-g''}$	3.0pF
$C_{in''}$	3.0pF
$C_{out''}$	1.3pF

安装位置：任意

管壳：玻璃

管基：八脚式

◎ 最大额定值

屏极供电电压　　550V

屏极电压	300V
阴极电流	8mA
屏极耗散功率	1.5W

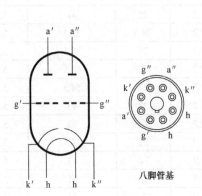

八脚管基

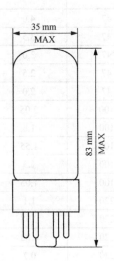

栅极电路电阻	1.5MΩ
热丝—阴极间电压	90V

◎ **典型工作特性（每单元）**

屏极电压	250V
栅极电压	−2.5V
放大系数	68
互导	2000μA/V
屏极内阻	34kΩ
屏极电流	2.3mA

◎ **阻容耦合放大数据**

RC 耦合声频放大工作数据

V_b (V)	R_a (kΩ)	I_a (mA)	R_k (kΩ)	$\dfrac{V_{out}}{V_{in}}$	V_{out}* ($V_{r.m.s.}$)	V_{out}† ($V_{r.m.s.}$)	D_{tot} (%)	R_{g_1}‡ (kΩ)
400	100	1.3	2.7	40.5	37.5	66.2	10	330
350	100	1.1	2.7	40.5	32.2	57.0	10	330
300	100	1.0	2.7	40	28.0	48.7	10	330
250	100	0.8	2.7	40	23.3	41.1	10	330
200	100	0.65	2.7	39.5	18.7	28.5	8	330
400	220	0.73	4.7	46	44	80	10	680
350	220	0.63	4.7	45.5	38	69.3	10	680
300	220	0.53	4.7	45.5	32.5	59	10	680
250	220	0.45	4.7	45	27	43	8.5	680
200	220	0.38	4.7	45	21.5	33.6	8.2	680

* D_{tot}=5%　† D_{tot}=10%或开始有栅极电流　‡ 下级栅极电阻

ECC35 阻容放大数据（Mullard）

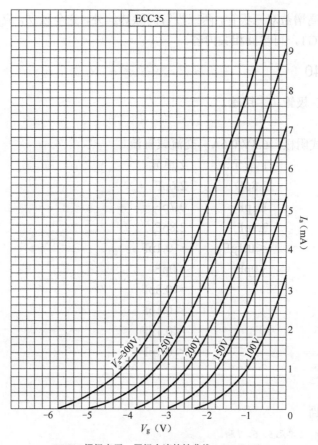

ECC35 栅极电压—屏极电流特性曲线 （Mullard）

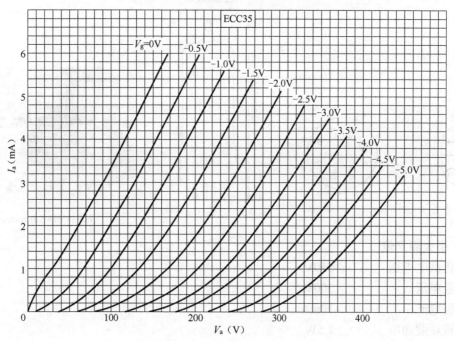

ECC35 屏极电压—屏极电流特性曲线（Mullard）

ECC35 为八脚高增益双三极管，两三极管间除热丝外，完全独立，应用于声频电压放大。特性近似美系 6SL7GT，可参阅相关内容。

（174）ECC40

中放大系数双三极管，多用途。

◎ 特性

敷氧化物旁热式阴极：6.3V/0.6A，交流或直流

极间电容：

	1 单元*	2 单元*
C_g	2.8pF	2.6pF
C_a	1.1pF	0.7pF
C_{a-g}	2.7pF	2.8pF
C_{g-f}	<0.1pF	<0.1pF
C_{k-f}	3.0pF	3.0pF
$C_{a-a'}$		<0.8pF
$C_{g-g'}$		<0.1pF
$C_{a-g'}$		<0.1pF
$C_{a'-g}$		<0.1pF

安装位置：任意

管壳：玻璃

管基：里姆八脚

*1单元2、3、4脚，2单元5、6、7脚。

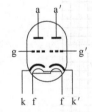

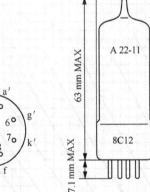

EC440局部（Siemens）

◎ 最大额定值

屏极供电电压	550V
屏极电压	300V
阴极电流	10mA
屏极耗散功率	1.5W
栅极电路电阻	1MΩ

| 热丝—阴极间电阻 | 0.15MΩ |
| 热丝—阴极间电压 | +175V，−100V |

◎ **典型工作特性** （每单元）

屏极电压	250V
阴极电阻	920Ω
放大系数	32
互导	2900μA/V
屏极内阻	11kΩ
屏极电流	6mA

◎ **声频放大示例**

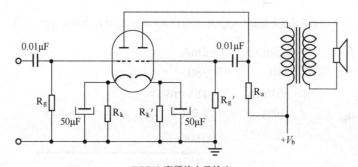

ECC40 声频放大及输出

电源电压 V_b	250V	250V
屏极电阻 R_a	0.1MΩ	0.22MΩ
阴极电阻 R_k	2.2kΩ	2.2kΩ
栅极电阻 R_g	1MΩ	1MΩ
下级栅极电阻 R_g'	0.33MΩ	0.68MΩ
屏极电流 I_a	1.4mA	0.9mA
输出电压 V_o	30Vrms	18Vrms
增益 V_o/V_i	24	25
总谐波失真 d_{tot}	2.2%	1.4%

A 类输出

电源电压 V_b	250V	
阴极电阻 R_k	920Ω	
屏极电流 I_a	6mA	
输入电压 V_i	3.9Vrms	
负载阻抗	15kΩ	
输出功率 W_o	280mW	
电源电压 V_b	250V	250V
屏极电阻 R_a	0.22MΩ	0.22MΩ
屏极电阻 R_a'	0.1MΩ	0.22MΩ

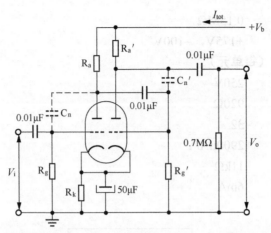

ECC40 两级声频放大（R_g=R_g'=1MΩ，R_k=1kΩ，C_n 及 C_n'是中和电容）

屏极总电流 I_{tot}	2.5mA	2mA
增益 V_o/V_i	740	780
输出电压 V_o	30Vrms	18Vrms
总谐波失真 d_{tot}	1.9%	1.2%

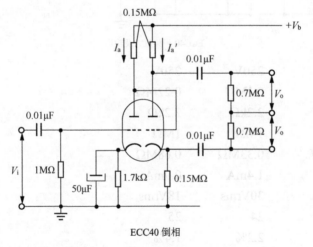

ECC40 倒相

电源电压 V_b	250V	250V
屏极电流 I_a	1.12mA	1.57mA
屏极电流 I_a'	0.55mA	0.78mA
增益 V_o/V_i	27	27
输出电压 V_o	18Vrms	30Vrms
总谐波失真 d_{tot}	1.0%	1.0%

ECC40 为里姆型（Rimlock，B8A）八脚中放大系数多用途双三极管，两三极管间除热丝外，完全独立，PHILIPS 开发。该管适用于声频放大、倒相、振荡、频率变换、间歇振荡、触发器等用途。

ECC40 的类似管有 6H1Π（苏联，小型九脚管）、6N1（中国，小型九脚管）。

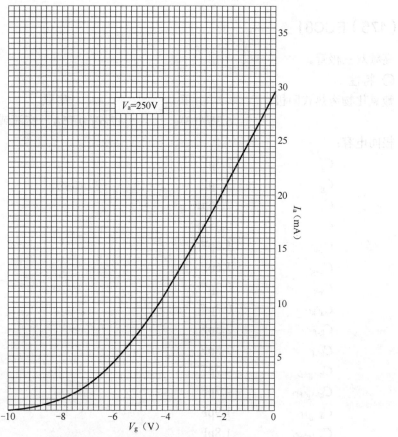

ECC40 栅极电压—屏极电流特性曲线 （Mullard）

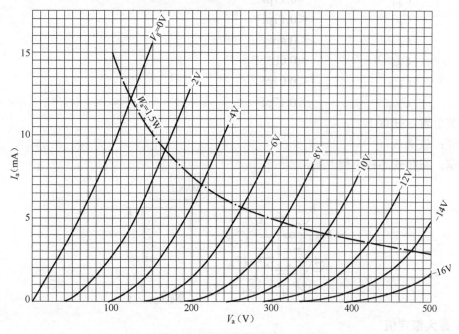

ECC40 屏极电压—屏极电流特性曲线 （Mullard）

（175）ECC81

高频双三极管。

◎ **特性**

敷氧化物旁热式阴极：　　　　并联　　　　　　　　串联

　　　　　　　　　　　　　6.3V/0.3A　　　12.6V/0.15A，交流或直流

极间电容：

C_g	2.3pF
$C_{g'}$	2.3pF
C_a	0.45pF
$C_{a'}$	0.35pF
$C_{a\text{-}g}$	1.6pF
$C_{a'\text{-}g'}$	1.6pF
$C_{a\text{-}k}$	0.2pF
$C_{a'\text{-}k'}$	0.2pF
$C_{k\text{-}f}$	2.5pF
$C_{k'\text{-}f}$	2.5pF
$C_{k\text{-}(g+f)}$	4.7pF
$C_{k'\text{-}(g'+f)}$	4.7pF
$C_{a\text{-}(g+f)}$	1.9pF
$C_{a'\text{-}(g'+f)}$	1.8pF
$C_{g\text{-}f}$	＜0.17pF
$C_{g'\text{-}f}$	＜0.17pF
$C_{a\text{-}a'}$	＜0.4pF
$C_{g\text{-}g'}$	＜0.005pF
$C_{a\text{-}g'}$	＜0.07pF
$C_{a'\text{-}g}$	＜0.17pF

安装位置：任意

管壳：玻璃

管基：纽扣式芯柱小型九脚

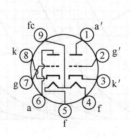
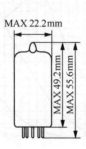

◎ **最大额定值**

屏极供电电压　　　　　　　550V

屏极电压	300V			
栅极电压	−50V			
阴极电流	15mA			
屏极耗散功率	2.5W			
栅极电路电阻	1MΩ			
热丝—阴极间电阻	20kΩ			
热丝—阴极间电压	90V			

◎ 典型工作特性（每单元）

屏极电压	100V	170V	200V	250V
栅极电压	−1V	−1V	−1V	−2V
放大系数	62	66	70	60
互导	3.75mA/V	5.9mA/V	6.7mA/V	5.5mA/V
屏极内阻	16.5kΩ	11kΩ	10.5kΩ	11kΩ
屏极电流	3mA	8.5mA	11.5mA	10mA

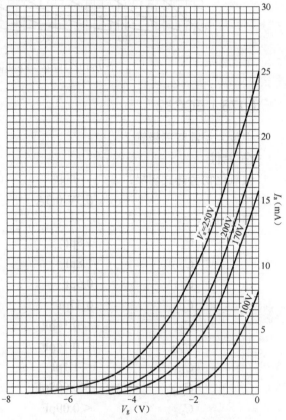

ECC81 局部（Valvo）　　　　　ECC81 栅极电压—屏极电流特性曲线（Philips）

　　ECC81 为小型九脚高频双三极管，不对称的半边屏为单边支柱及翼，两三极管间除热丝外，完全独立，原应用于电视接收机的振荡、混频或放大。在音响电路中，该管适用于倒相、阴极激励放大、阻容耦合放大。使用时管座中心屏蔽柱建议接地。特性与美系 12AT7 相同，可参阅 12ATT 相关内容。

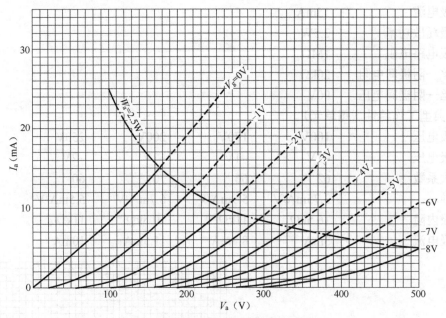

ECC81 屏极电压—屏极电流特性曲线（Philips）

（176）ECC82

中放大系数双三极管。

◎ **特性**

敷氧化物旁热式阴极：　　　　并联　　　　　　　　串联

　　　　　　　　　　　　　　6.3V/0.3A　　　　　12.6V/0.15A，交流或直流

极间电容：

C_g	1.8pF
$C_{g'}$	1.8pF
C_a	0.5pF
$C_{a'}$	0.37pF
C_{g-f}	$<$0.14pF
$C_{g'-f}$	$<$0.14pF
$C_{a-a'}$	$<$1.1pF
$C_{g-g'}$	$<$0.008pF
$C_{a-g'}$	$<$0.09pF
$C_{a'-g}$	$<$0.05pF

安装位置：任意

管壳：玻璃

管基：纽扣式芯柱小型九脚

◎ **最大额定值**

屏极供电电压	550V
屏极电压	300V
栅极电压	−100V
阴极电流	20mA
屏极耗散功率	2.75W
栅极电路电阻	1MΩ
热丝—阴极间电阻	20kΩ
热丝—阴极间电阻*	150kΩ
热丝—阴极间电压	180V

* 倒相时。

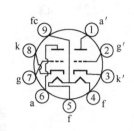
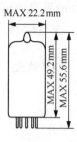

◎ **典型工作特性（每单元）**

屏极电压	100V	250V
栅极电压	0V	−8.5V
放大系数	19.5	17
互导	3.1mA/V	2.2mA/V
屏极内阻	6.25kΩ	7.7kΩ
屏极电流	11.8mA	10.5mA

◎ **阻容耦合放大数据（Philips）**

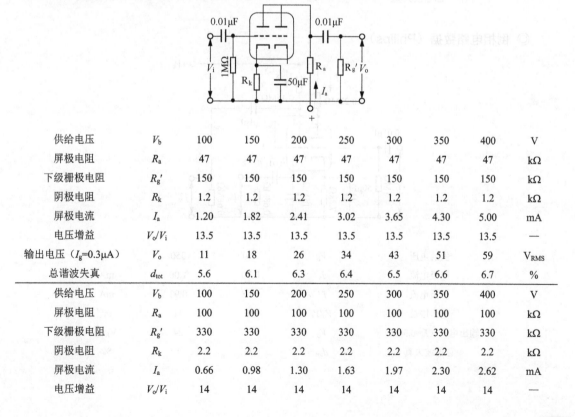

供给电压	V_b	100	150	200	250	300	350	400	V
屏极电阻	R_a	47	47	47	47	47	47	47	kΩ
下级栅极电阻	R_g'	150	150	150	150	150	150	150	kΩ
阴极电阻	R_k	1.2	1.2	1.2	1.2	1.2	1.2	1.2	kΩ
屏极电流	I_a	1.20	1.82	2.41	3.02	3.65	4.30	5.00	mA
电压增益	V_o/V_i	13.5	13.5	13.5	13.5	13.5	13.5	13.5	—
输出电压（I_g=0.3μA）	V_o	11	18	26	34	43	51	59	V_{RMS}
总谐波失真	d_{tot}	5.6	6.1	6.3	6.4	6.5	6.6	6.7	%
供给电压	V_b	100	150	200	250	300	350	400	V
屏极电阻	R_a	100	100	100	100	100	100	100	kΩ
下级栅极电阻	R_g'	330	330	330	330	330	330	330	kΩ
阴极电阻	R_k	2.2	2.2	2.2	2.2	2.2	2.2	2.2	kΩ
屏极电流	I_a	0.66	0.98	1.30	1.63	1.97	2.30	2.62	mA
电压增益	V_o/V_i	14	14	14	14	14	14	14	—

| 输出电压（I_g=0.3μA） | V_o | 10 | 17 | 25 | 32 | 41 | 49 | 57 | V_{RMS} |
| 总谐波失真 | d_{tot} | 4.8 | 5.6 | 5.8 | 5.9 | 6.0 | 6.1 | 6.2 | % |

二级放大

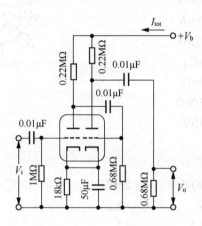

电源电压	V_b	250	350	V
总电流	I_{tot}	1.66	2.33	mA
电压增益	V_o/V_i	178	178	—
输出电压（I_g=0.3μA）	V_o	15	25	V_{RMS}
总谐波失真	d_{tot}	2	2	%

◎ 倒相电路数据（Philips）

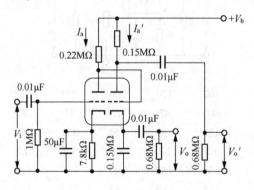

供给电压	V_b	250	350	V
屏极电流	I_a	0.70	1.00	mA
屏极电流	I_a'	0.68	0.93	mA
电压增益	V_o/V_i	11	11	—
输出电压（I_g=0.3μA）	V_o	15	24	V_{RMS}
总谐波失真	d_{tot}	1	1	%

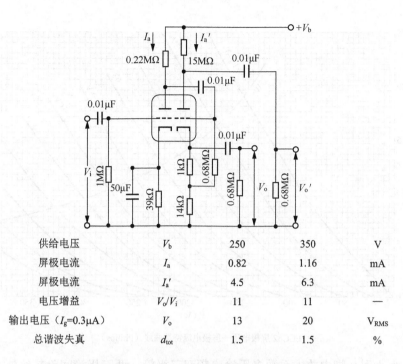

供给电压	V_b	250	350	V
屏极电流	I_a	0.82	1.16	mA
屏极电流	I_a'	4.5	6.3	mA
电压增益	V_o/V_i	11	11	—
输出电压（I_g=0.3μA）	V_o	13	20	V_{RMS}
总谐波失真	d_{tot}	1.5	1.5	%

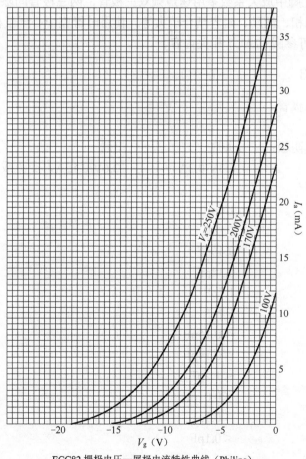

ECC82 栅极电压—屏极电流特性曲线（Philips）

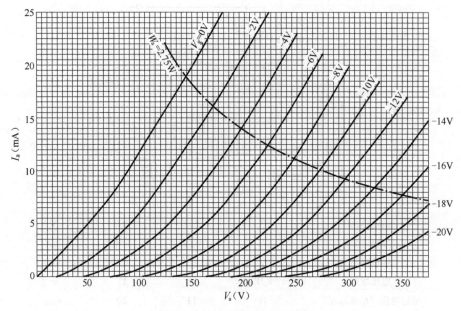

ECC82 屏极电压—屏极电流特性曲线（Philips）

ECC82 为小型九脚中放大系数多用途声频双三极管，两三极管间除热丝外，完全独立，适用于声频放大、倒相、激励、阻容耦合放大等。使用时管座中心屏蔽柱建议接地。特性与美系 12AU7 相同，可参阅 12AU7 相关内容。

（177）ECC83

高放大系数双三极管。

◎ 特性

敷氧化物旁热式阴极：　　并联　　　　　　串联

　　　　　　　　　　　　6.3V/0.3A　　　12.6V/0.15A，交流或直流

极间电容：

C_g	1.6pF
$C_{g'}$	1.8pF
C_a	0.46pF
$C_{a'}$	0.34pF
C_{a-g}	1.7pF
$C_{a'-g'}$	1.7pF
C_{g-f}	<0.15pF
$C_{g'-f}$	<0.14pF
$C_{a-a'}$	<1.2pF
$C_{g-g'}$	<0.01pF
$C_{a-g'}$	<0.1pF
$C_{a'-g}$	<0.1pF

安装位置：任意

管壳：玻璃

管基：纽扣式芯柱小型九脚

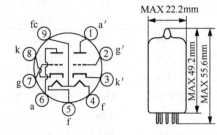

MAX 22.2mm

MAX 49.2mm

MAX 55.6mm

◎ 最大额定值

屏极供电电压	550V
屏极电压	300V
栅极电压	−50V
阴极电流	8mA
屏极耗散功率	1.0W
栅极电路电阻	2MΩ
热丝—阴极间电阻	20kΩ
热丝—阴极间电阻*	150kΩ
热丝—阴极间电压	180V

* 倒相时。

◎ 典型工作特性（每单元）

屏极电压	100V	250V
栅极电压	−1.0V	−2.0V
放大系数	100	100
互导	1.25mA/V	1.6mA/V
屏极内阻	80kΩ	62.5kΩ
屏极电流	0.5mA	1.2mA

◎ 阻容耦合放大数据（Philips）

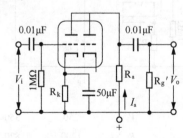

供给电压	V_b	200	250	300	350	400	V
屏极电阻	R_a	47	47	47	47	47	kΩ
下级栅极电阻	R_g'	150	150	150	150	150	kΩ
阴极电阻	R_k	1500	1200	1000	820	680	Ω

屏极电流	I_a	0.86	1.18	1.55	1.98	2.45	mA
电压增益	V_o/V_i	34	37.5	40	42.5	44	—
输出电压（$I_g=0.3\mu A$）	V_o	18	23	26	33	37	V_{RMS}
总谐波失真	d_{tot}	8.5	7.0	5.0	4.4	3.6	%
供给电压	V_b	200	250	300	350	400	V
屏极电阻	R_a	100	100	100	100	100	kΩ
下级栅极电阻	R_g'	330	330	330	330	330	kΩ
阴极电阻	R_k	1800	1500	1200	1000	820	Ω
屏极电流	I_a	0.65	0.86	1.11	1.40	1.72	mA
电压增益	V_o/V_i	50	54.5	57	61	63	—
输出电压（$I_g=0.3\mu A$）	V_o	20	26	30	36	38	V_{RMS}
总谐波失真	d_{tot}	4.8	3.9	2.7	2.2	1.7	%
供给电压	V_b	200	250	300	350	400	V
屏极电阻	R_a	220	220	220	220	220	kΩ
下级栅极电阻	R_g'	680	680	680	680	680	kΩ
阴极电阻	R_k	3.3	2.7	2.2	1.5	1.2	kΩ
屏极电流	I_a	0.36	0.48	0.63	0.85	1.02	mA
电压增益	V_o/V_i	56	66.5	72	75.5	76.5	—
输出电压（$I_g=0.3\mu A$）	V_o	24	28	36	37	38	V_{RMS}
总谐波失真	d_{tot}	4.6	3.4	2.6	1.6	1.1	%

◎ 倒相电路数据（Philips）

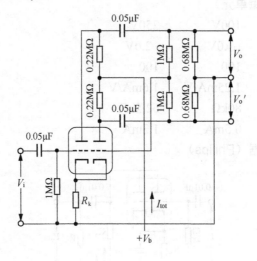

供给电压	V_b	250	350	V
阴极电阻	R_k	1200	820	Ω
总谐波失真	I_{tot}	1.08	1.70	mA
电压增益	V_o/V_i	58	62	—
输出电压（$I_g=0.3\mu A$）	V_o	35	45	V_{RMS}
总谐波失真	d_{tot}	5.5	3.5	%

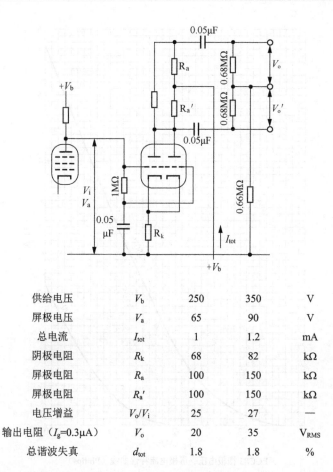

供给电压	V_b	250	350	V
屏极电压	V_a	65	90	V
总电流	I_{tot}	1	1.2	mA
阴极电阻	R_k	68	82	kΩ
屏极电阻	R_a	100	150	kΩ
屏极电阻	R_a'	100	150	kΩ
电压增益	V_o/V_i	25	27	—
输出电阻（I_g=0.3μA）	V_o	20	35	V_{RMS}
总谐波失真	d_{tot}	1.8	1.8	%

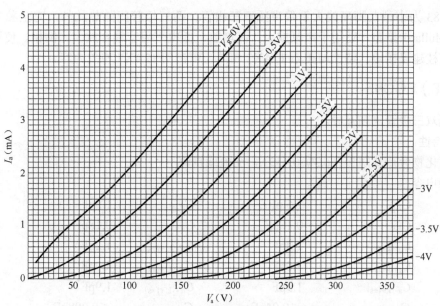

ECC83 屏极电压—屏极电流特性曲线（Philips）

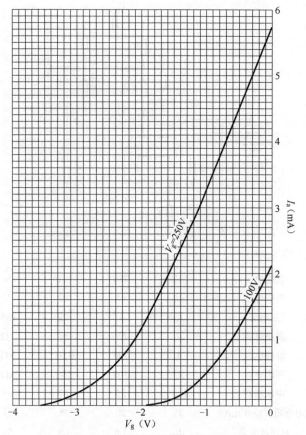

ECC83 栅极电压—屏极电流特性曲线（Philips）

ECC83 为小型九脚高放大系数声频双三极管，两三极管间除热丝外，完全独立。1953年英国 Mullard 推出，适用于声频放大、高增益、低电平阻容耦合放大、倒相。使用时管座中心屏蔽柱建议接地。特性与美系 12AX7 相同，可参阅 12AX7 相关内容。

（178）ECC85

高频双三极管，高互导。

◎ 特性

敷氧化物旁热式阴极：6.3V/0.435A，交流或直流

极间电容：

$C_{a\text{-}g}$	1.5 pF	$C_{a'\text{-}g'}$	1.5pF
$C_{a\text{-}k}$	0.18pF	$C_{a'k'}$	0.18pF
$C_{a\text{-}(k+f+s)}$	1.2pF	$C_{a'\text{-}(k'+f+s)}$	1.2pF
$C_{g\text{-}(k+f+s)}$	3.0pF	$C_{g'\text{-}(k'+f+s)}$	3.0pF
$C_{a\text{-}(k+f+s)}$	1.9pF[*]	$C_{a'\text{-}(k'+f+s)}$	1.9pF[*]
$C_{a\text{-}a'}$	<0.04pF	$C_{a\text{-}k'}$	<0.008pF
$C_{g\text{-}g'}$	<0.003pF	$C_{g\text{-}k'}$	<0.003pF
$C_{a\text{-}g'}$	<0.008pF	$C_{a'\text{-}k}$	<0.008pF

$$C_{a\text{-}a'} \qquad\qquad <0.008\text{pF}^*$$

安装位置：任意

管壳：玻璃

管基：纽扣式芯柱小型九脚

* 外有屏蔽罩（Φ22.5mm）。

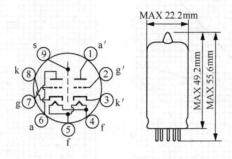

◎ **最大额定值**

屏极供电电压	550V
屏极电压	300V
栅极电压	−100V
阴极电流	15mA
屏极耗散功率	2.5W
屏极耗散功率（两单元）	4.5W
栅极电路电阻	1MΩ
热丝—阴极间电阻	20kΩ
热丝—阴极间电压	90V

◎ **典型工作特性（每单元）**

屏极电压	250V
栅极电压	−2.7V
屏极电流	10mA
互导	6.1mA/V
放大系数	55

ECC85 为小型九脚高频双三极管，两三极管间除热丝外，完全独立。荷兰 Philips 开发，适用于射频及声频放大、振荡、混频等用途。特性与 12AT7/ECC81 类似。在音响电路中，适用于前置阻容耦合放大及倒相，可获得每级 30～33 倍的电压增益（R_p=100～240kΩ）。使用时管座中心屏蔽柱建议接地。

ECC85 的等效管有 6AQ8、B719（英国）、6L12（法国，MAZDA）。

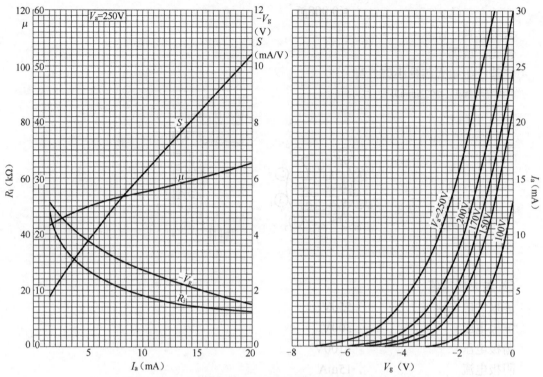

左：ECC85 屏极电流—放大系数、互导、屏极内阻、栅极电压-V_g特性曲线（Philips）

右：ECC85 栅极电压—屏极电流特性曲线（Philips）

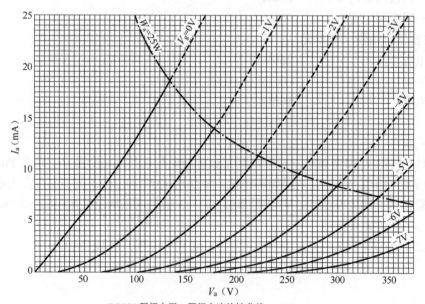

ECC85 屏极电压—屏极电流特性曲线 （Philips）

（179）ECC88

双三极管，高互导、低噪声、多用途。

◎ **特性**

敷氧化物旁热式阴极：6.3V/0.365A，交流或直流

极间电容*	没有屏蔽	有屏蔽		没有屏蔽	有屏蔽
$C_{a\text{-}g}$	1.4pF	1.4pF	$C_{a'\text{-}g'}$	1.4pF	1.4pF
$C_{g\text{-}(k+f+s)}$	3.3pF	3.3pF	$C_{k'\text{-}(g'+f+s)}$	6.0pF	6.0pF
$C_{a\text{-}(k+f+s)}$	1.8pF	2.5pF	$C_{a'\text{-}(g'+f+s)}$	2.8pF	3.7pF
$C_{g\text{-}f}$	0.13pF	0.13pF	$C_{k'\text{-}f}$	2.7pF	2.7pF
$C_{a\text{-}a'}$	<0.045pF	<0.015pF	$C_{a'\text{-}k'}$	0.18pF	0.16pF
$C_{g\text{-}a'}$	<0.005pF	<0.005pF			

安装位置：任意

管壳：玻璃

管基：纽扣式芯柱小型九脚

* agk（1单位）应用在阴极接地的输入部分，a'g'k'（2单位）应用在栅极接地的输出部分。

◎ **最大额定值**

屏极供给电压	550V
屏极电压	130V
栅极电压	−50V
阴极电流	25mA

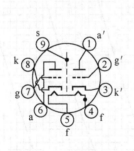
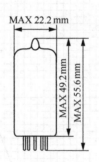

屏极耗散功率	1.8W
栅极电路电阻	1MΩ
热丝—阴极间电压	50V
热丝—阴极间电压	150V
热丝—阴极间电阻	20kΩ

◎ **典型工作特性（每单元）**

屏极电压	90V
栅极电压	−1.3V
放大系数	33
互导	12500μA/V

屏极电流   15mA

等效噪声电阻（45MHz）   300Ω

  ECC88 为小型九脚高互导、低噪声双三极管，框架栅极，两三极管间除热丝外，完全独立，1956 年荷兰 Philips 开发。该管原用于级联电路，在电视接收机、VHF 无线电接收机调谐器中用于射频放大和混频，在级联电路中 1 单元用于阴极接地的输入级，2 单元用于栅极接地的输出级。ECC88 虽非为声频而设计的，但由于其高互导、低屏极内阻、低噪声、好的线性等特点，在音响电路中适用于前置阻容耦合放大及级联放大。使用时管座中心屏蔽柱必须接地。可参阅美系 6DJ8 相关内容。

ECC88 局部（Amperex BB）

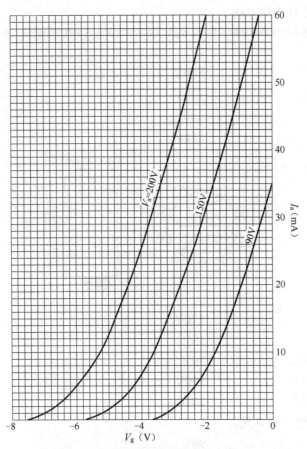

ECC88 栅极电压—屏极电流特性曲线（Philips）

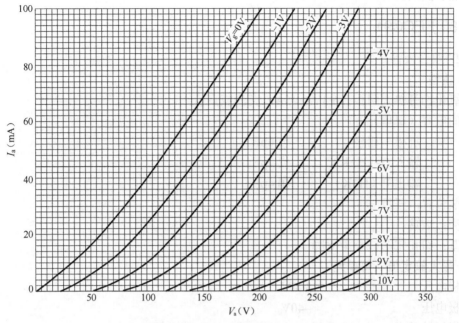

ECC88 屏极电压—屏极电流特性曲线 1（Philips）

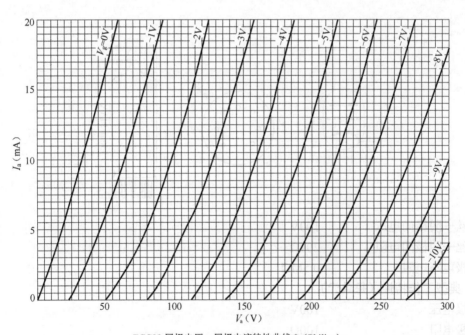

ECC88 屏极电压—屏极电流特性曲线 2（Philips）

ECC88 的等效管有 6DJ8、6922/E88CC（长寿命坚牢型）、CV2492（英国，军用）、CCa（德国，通信用）、6DJ8EG（南斯拉夫，Ei）。

ECC88 的类似管有 6R-HH1（日本）、6H23П（苏联）、6N11（中国）、6H23П-EB（苏联，长寿命坚牢型）、7308/E188CC（长寿命坚牢型，10000 小时，低颤噪效应声频设备用）、7DJ8

（热丝 7.2V/0.3A）。

（180）ECC91

VHF 双三极管。

◎ **特性**

敷氧化物旁热式阴极：6.3V/0.45A，交流或直流

极间电容（每单元）：

屏极—栅极	1.6pF
输入 G-(H+K)	2.2pF
输出 P-(H+K)	0.4pF

安装位置：任意

管壳：玻璃

管基：纽扣式芯柱小型七脚

◎ **最大额定值（每单元）**

屏极电压	300V
栅极电压	−40V
屏极耗散功率	1.5W
阴极电流	25mA

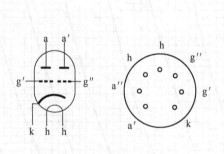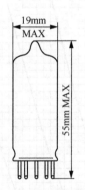

热丝—阴极间电压	100V
热丝—阴极间电阻	20kΩ
栅极电路电阻	0.5MΩ

◎ **典型工作特性（每单元）**

屏极电压	100V
阴极电阻	100Ω
放大系数	38
互导	5300μA/V
屏极内阻	7100Ω
屏极电流	8.5mA

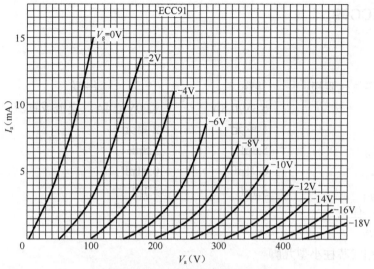

ECC91 屏极电压—屏极电流特性曲线（Mullard）

　　ECC91 为小型七脚双三极管，两三极部分共用同一阴极，原用于射频功率放大、振荡等用途，C 类推挽放大 80MHz 可输出 3.5W 功率，最高工作频率 600MHz。也可用于声频放大，使用时注意该管是共用阴极，但两三极部分间有完善的隔离。使用时管座中心屏蔽柱建议接地。可参阅美系 6J6 相关内容。

　　ECC91 的等效管有 6J6、6J6A（美国，6J6 改进型，热丝加热时间平均 11s）、ECC91、CV858（英国，军用）、M8081（英国，Mullard）、6CC31（捷克）、6H15Π（苏联）、6N15（中国）、6J6W（美国，特殊用途）、6J6WA/6101（美国，特殊用途，高可靠）、5964（美国，长寿命工业用）。

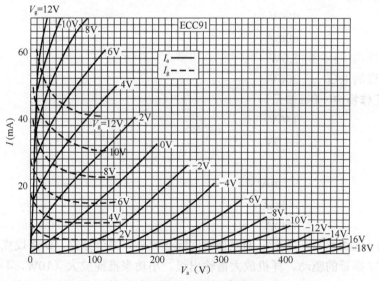

ECC91 屏极电压—屏极电流、栅极电流特性曲线（Mullard）

（181）ECC99

双三极管。

◎ **特性**

敷氧化物旁热式阴极：　　　并联　　　　　　　　　　串联

　　　　　　　　　　　　　6.3V/0.8A　　　　　　　12.0V/0.4A，交流或直流

极间电容：　　　　　　　　1 单元　　　　　　　　2 单元

　　　C_{g-k}　　　　　　　5.8pF　　　　　　　　5.8pF

　　　C_a　　　　　　　　0.91pF　　　　　　　0.81pF

　　　C_{g-a}　　　　　　5.1pF　　　　　　　　5.1pF

安装位置：任意

管壳：玻璃

管基：纽扣式芯柱小型九脚

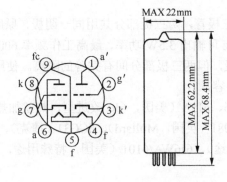

◎ **最大额定值**

屏极电压	400V
阴极电流	60mA
屏极耗散功率	5.0W
热丝—阴极间电压	200V

◎ **典型工作特性** （每单元）

屏极电压	150V
栅极电压	−4.0V
放大系数	22
互导	9.5mA/V
屏极内阻	2.3kΩ
屏极电流	18mA

ECC99 为小型九脚双三极管，两三极管间除热丝外，完全独立，斯洛伐克 JJ 生产，可用于直热式三极功率管的驱动、耳机放大器输出级、小功率推挽放大（10W，4×ECC99）等场合，与 5687、E182CC、6840、6BL7 等类似。使用时管座中心屏蔽柱建议接地。

转移特性曲线

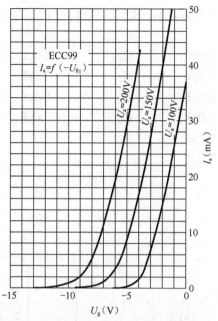

ECC99 转移特性曲线（JJ）栅极电压—屏极电流

屏极特性曲线

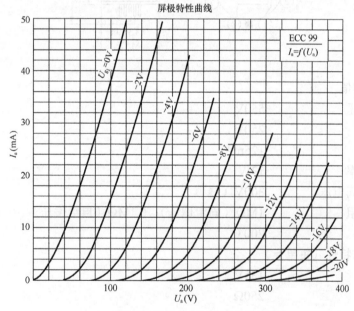

ECC99 屏极特性曲线（JJ）屏极电压—屏极电流

（182）ECC230

低放大系数功率双三极管。

◎ **特性**

敷氧化物旁热式阴极：6.3V/2.5A，交流或直流

极间电容：

$C_{a\text{-}g}$	8.6pF	$C_{a'\text{-}g'}$	8.6pF
C_a	2.5pF	$C_{a'}$	2.5pF
C_g	5.5pF	$C_{g'}$	5.5pF
$C_{k\text{-}f}$	7.0pF	$C_{k'\text{-}f}$	7.0pF
$C_{a\text{-}a'}$	2.2pF		
$C_{g\text{-}g'}$	0.5pF		

安装位置：任意

管壳：玻璃

管基：肥大八脚式

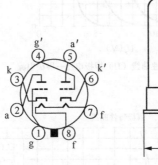
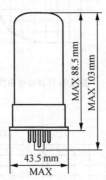

◎ **最大额定值**

屏极供给电压	550V
屏极电压	250V
阴极电流	125mA
屏极耗散功率	13W
热丝—阴极间电压	300V（峰值）
栅极电路电阻	1MΩ（固定偏压），0.1MΩ（自给偏压）
玻壳温度	200℃

◎ **典型工作特性**（每单元）

屏极电压	135V
阴极电阻	250Ω
放大系数	2
互导	7.0mA/V
屏极内阻	300Ω
屏极电流	125mA
栅极电流（R_g=1MΩ）	4µA

ECC230 为八脚低放大系数功率双三极管，原用于稳压调整管及伺服用缓冲。可参阅美系 6080 相关内容。

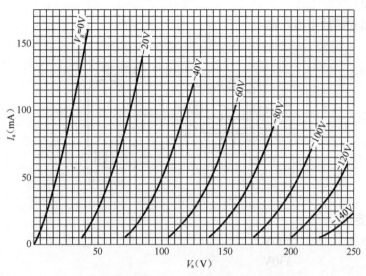

ECC230 屏极电压—屏极电流特性曲线（Philips）

ECC230 的等效管有 6080（美国，特殊用途，坚牢型，肥大管基 GT 管）、6AS7G、6AS7GA（美国，外形尺寸较小，肥大管基 GT 管）、A1834（英国，GEC，$\Phi 50\times107mm$ G 管）、6520（美国，工业用，$\Phi 52\times116mm$ G 管）、6AS7GYB、6080WB（美国，高可靠，肥大管基 GT 管）、6H5C（苏联，G 管）、6N5P（中国，G 管）、6H13C（苏联，G 管）、6N13P（中国，G 管）。

（183）ECC801S

高频双三极管。

◎ 特性

敷氧化物旁热式阴极：	并联	串联
	6.3V/0.3A	12.6V/0.15A，交流或直流
极间电容：	I 单元	II 单元
C_e	2.5pF	2.5pF
C_a	0.45pF	0.38pF
$C_{a\text{-}k}$	0.2pF	0.24pF
$C_{g\text{-}a}$	1.6pF	1.6pF
$C_{f\text{-}k}$	2.8pF	2.8pF
$C_{a_I\text{-}a_{II}}$	0.24pF	
$C_{g_I\text{-}g_{II}}$	<0.005pF	

最大振动加速度：2.5g

最大冲击加速度：500g

平均寿命：10000 小时

安装位置：任意

管壳：玻璃

管基：纽扣式芯柱小型九脚

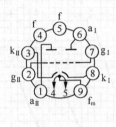

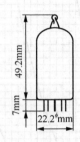

◎ **最大额定值**

屏极供给电压	600V
屏极电压	330V
栅极电压	−55V
阴极电流	18mA
屏极耗散功率	2.8W
热丝—阴极间电压	100V
栅极电路电阻	1MΩ（自给偏压），0.25 MΩ（固定偏压）
管壳温度	200℃

◎ **典型工作特性（每单元）**

屏极电压	250V
阴极电阻	200Ω
放大系数	60
互导	5.5mA/V
屏极内阻	11kΩ
屏极电流	10mA
栅极电压（I_p=10μA）	−12V

◎ **阻容耦合放大数据（Telefunken）**

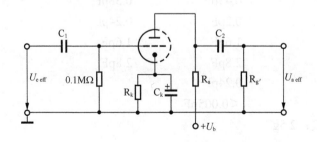

低阻抗信号源的电压电平，R_i=200Ω

R_a kΩ	R_g' MΩ	U_b=90V			U_b=180V			U_b=300V		
		R_k kΩ	$U_{a\,eff}$ V	V	R_k kΩ	$U_{a\,eff}$ V	V	R_k kΩ	$U_{a\,eff}$ V	V
100	0.1	1.6	5.3	26	1.1	12	31	1.0	22	32
100	0.24	1.8	7.8	29	1.4	17	33	1.2	30	33
240	0.24	3.8	7.2	28	2.8	16	32	2.3	28	34
240	0.51	4.2	9.4	30	3.3	20	33	2.3	35	33
510	0.51	8.0	8.3	28	5.6	18	31	4.9	31	33
510	1.0	9.6	10	29	6.7	23	32	6.0	38	33

高阻抗信号源的电压电平，R_i=100kΩ

R_a kΩ	R_g' MΩ	R_k kΩ	$U_{a\,eff}$ V	V	R_k kΩ	$U_{a\,eff}$ V	V	R_k kΩ	$U_{a\,eff}$ V	V
100	0.1	2.0	9.9	25	1.2	17	31	0.9	35	33
100	0.24	2.4	13	27	1.4	28	33	1.2	47	33
240	0.24	4.7	12	27	2.9	25	32	2.3	42	34
240	0.51	5.3	15	28	3.6	31	33	2.9	52	34
510	0.51	9.3	13	27	6.0	27	31	5.0	45	33
510	1.0	11.0	16	28	7.1	33	32	6.4	55	34

ECC801S 阻容耦合放大数据（Telefunken）

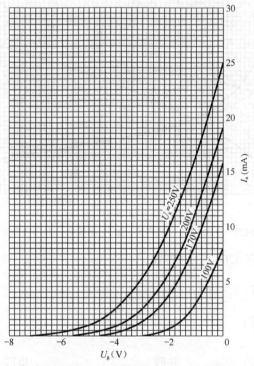

ECC801S 栅极电压—屏极电流特性曲线（Telefunken）

　　ECC801S 为小型九脚高频双三极管，高可靠、长寿命、耐振动冲击、低公差，两三极管间除热丝外，完全独立。Telefunken（德律风根）公司于 1951 年起开始设计 800 系列电子管，它们有优异的阴极及结构、更低的噪声，是优秀的声频电子管，适用于专业录音设备等。ECC801S、ECC802S、ECC803S、EF800、EF804S、EF806S 等的特性与 ECC81、ECC82、ECC83、EF80、EF86 等相同。可参阅 ECC81/12AT7 相关内容。使用时管座中心屏蔽柱建议接地。

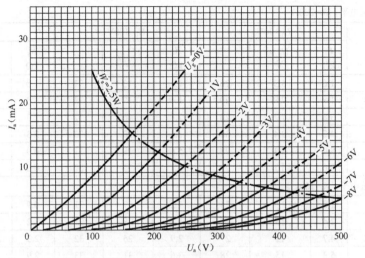

ECC801S 屏极电压—屏流电流特性曲线（Telefunken）

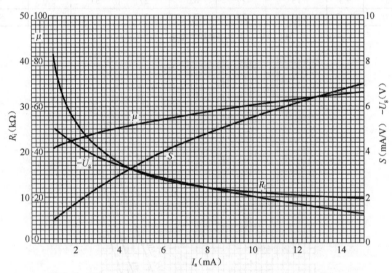

ECC801S 屏极电流—放大系数、屏极内阻、互导、栅极电压-U_g特性曲线（Telefunken）

ECC801S 的等效管有 6201、12AT7W。

（184）ECC802S

中放大系数双三极管。

◎ 特性

敷氧化物旁热式阴极：　　　　　　并联　　　　　　　　　　串联

　　　　　　　　　　　　　6.3V/0.3A　　　12.6V/0.15A，交流或直流

极间电容：	Ⅰ单元	Ⅱ单元
C_e	1.6pF	1.6pF
C_a	0.5pF	0.4pF
$C_{g\text{-}a}$	1.5pF	1.5pF

最大振动加速度：2.5g

最大冲击加速度：500g

平均寿命：10000 小时

安装位置：任意

管壳：玻璃

管基：纽扣式芯柱小型九脚

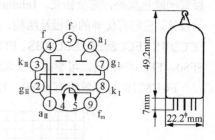

◎ **最大额定值**

屏极供给电压	600V
屏极电压	330V
栅极电压	−55V，+0V
阴极电流	22mA
屏极耗散功率	3W
热丝—阴极间电压	100V
栅极电路电阻	1MΩ（自给偏压），0.5MΩ（固定偏压）
管壳温度	165℃

◎ **典型工作特性（每单元）**

屏极电压	250V
阴极电阻	800Ω
放大系数	17
互导	2.2mA/V
屏极内阻	7.7kΩ
屏极电流	10.5mA
栅极电压（I_p=10μA）	−22V

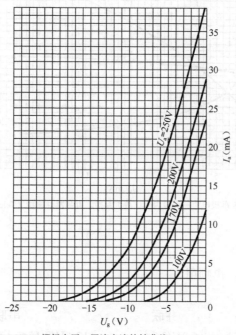

ECC802S 栅极电压—屏流电流特性曲线 （Telefunken）

　　ECC802S 为小型九脚中放大系数双三极管，高可靠、长寿命、耐振动冲击、低公差，两三极管间除热丝外，完全独立。Telefunken（德律风根）公司于 1951 年起开始进行 800 系列电子管的设计，它们有优异的阴极及结构、更低的噪声，是优秀的声频电子管，适用于专业录音设备等。ECC801S、ECC802S、ECC803S、EF800、EF804S、EF806S 等的特性与 ECC81、ECC82、ECC83、EF80、EF86 等相同。可参阅 ECC82/12AU7 相关内容。使用时管座中心屏蔽柱建议接地。

　　ECC802S 的等效管有 6189、12AU7WA。

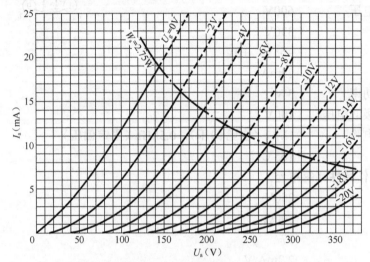

ECC802S 屏极电压—屏流电流特性曲线　（Telefunken）

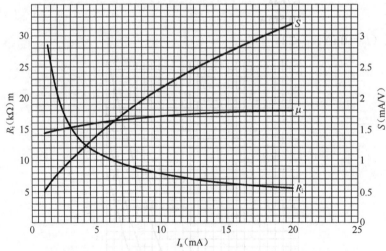

ECC802S 屏极电流—屏极内阻、放大系数、互导特性曲线（Telefunken）

（185）ECC803S

高放大系数双三极管，声频用。

◎ **特性**

敷氧化物旁热式阴极：　　　　　并联　　　　　　　　串联

　　　　　　　　　　　　　　6.3V/0.3A　　　　12.6V/0.15A，交流或直流

极间电容：	I 单元	II 单元
C_e	1.6pF	1.6pF
C_a	0.46pF	0.37pF
$C_{g\text{-}a}$	1.7pF	1.7pF
$C_{g\text{-}f}$	＜0.15pF	＜0.15pF
$C_{a_I\text{-}a_{II}}$		＜0.6pF
$C_{a_{II}\text{-}g_I}$		＜0.06pF
$C_{a_I\text{-}g_{II}}$		＜0.06pF
$C_{g_I\text{-}g_{II}}$		＜0.01pF

最大振动加速度：2.5g

最大冲击加速度：500g

平均寿命：10000 小时

安装位置：任意

管壳：玻璃

管基：纽扣式芯柱小型九脚

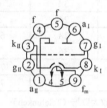

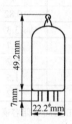

◎ **最大额定值**

屏极供给电压	600V
屏极电压	330V
栅极电压	−55V，+0.5V
阴极电流	22mA
屏极耗散功率	1.2W
热丝—阴极间电压	200V
热丝—阴极间电阻	20kΩ
栅极电路电阻	2.2MΩ（自给偏压），1.2MΩ（固定偏压）
管壳温度	170℃

◎ **典型工作特性（每单元）**

屏极电压	100V	250V
阴极电阻	2kΩ	1.6kΩ
放大系数	100	100
互导	1.25mA/V	1.6mA/V
屏极内阻	80kΩ	62.5kΩ
屏极电流	0.5mA	1.25mA
栅极电压（I_p=20μA）		≤−4V

栅极电压（I_g=+0.3μA）　　　　　　　≤-1V

◎ 阻容耦合放大数据（Telefunken）

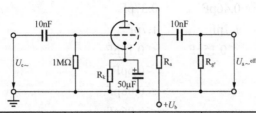

U_b(V)	R_a(kΩ)	R_g'(kΩ)	R_k(kΩ)	$U_{a\text{-}eff}$(V)	V(fach)	k(%)	I_a(mA)
200	47	150	1.5	18	34	8.5	0.86
250	47	150	1.2	23	37.5	7	1.18
300	47	150	1	26	40	5	1.55
350	47	150	0.82	33	42.5	4.4	1.98
400	47	150	0.68	37	44	3.6	2.45
200	100	330	1.8	20	50	4.8	0.65
250	100	330	1.5	26	54.5	3.9	0.86
300	100	330	1.2	30	57	2.7	1.11
350	100	330	1	36	61	2.2	1.4
400	100	330	0.82	38	63	1.7	1.72
200	220	680	3.3	24	56	4.6	0.36
250	220	680	2.7	28	66.5	3.4	0.48
300	220	680	2.2	36	72	2.6	0.63
350	220	680	1.5	37	75.5	1.6	0.85
400	220	680	1.2	38	76.5	1.1	1.02

ECC803S 阻容耦合放大数据（Telefunken）

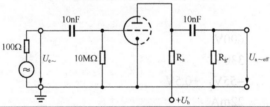

U_b(V)	R_a(kΩ)	R_g'(kΩ)	$U_{a\text{-}eff}$(V)	V(fach)	k(%)	I_a(mA)
200	47	150	18	37	5.6	1.02
250	47	150	23	39	4.2	1.45
300	47	150	26	41	2.9	2.02
350	47	150	33	44	2.7	2.5
400	47	150	37	45	2.5	3.1
200	100	330	20	50	3.9	0.7
250	100	330	26	51	2.6	1
300	100	330	30	54	2	1.29
350	100	330	36	56	1.8	1.62
400	100	330	38	58	1.6	1.95
200	220	680	24	58	4.6	0.39
250	220	680	28	62	2.7	0.56
300	220	680	36	66	2.2	0.74
350	220	680	37	67	1.7	0.88
400	220	680	38	68	1.4	1.09

ECC803S 阻容耦合放大数据（Telefunken）

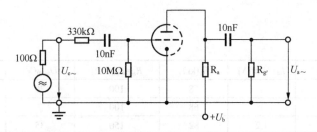

U_b (V)	R_a (kΩ)	R_g' (kΩ)	V (fach)	I_a (mA)	k bei $U_{a\text{-eff}}$		
					2V	4V	6V
100	47	150	25	0.35	1.7	2.1	6
150	47	150	33	0.84	2.5	4.6	5.2
200	47	150	34	1.4	2.4	4.7	5.6
250	47	150	36	1.95	2.3	4.6	5.6
300	47	150	38	2.52	2.2	4.5	5.5
350	47	150	40	3.19	2.2	4.2	5.5
400	47	150	41	3.8	2.1	4.2	5.4
100	100	330	34	0.24	1.6	2.3	2.5
150	100	330	43	0.56	1.9	3.0	4.7
200	100	330	46	0.88	1.9	3.8	5.1
250	100	330	48	1.23	1.8	3.8	5.1
300	100	330	50	1.58	1.8	3.6	5.0
350	100	330	51	1.92	1.8	3.6	4.9
400	100	330	52	2.29	1.7	3.5	4.8
100	220	680	42	0.14	1.6	2.5	3.2
150	220	680	51	0.32	1.7	3.0	4.4
200	220	680	54	0.49	1.7	3.0	4.4
250	220	680	57	0.67	1.6	2.9	4.4
300	220	680	58	0.85	1.6	2.9	4.4
350	220	680	59	1.05	1.6	2.8	4.3
400	220	680	60	1.23	1.6	2.7	4.2

ECC803S 零偏压阻容耦合放大数据（Telefunken）

◎ 倒相电路数据（Telefunken）

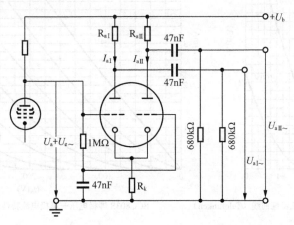

调整 U_a 至

$I_{aI}+I_{aII}$=1mA 约 U_b=250V

$I_{aI}+I_{aII}$=1.2mA 约 U_b=350V

U_b(V)	U_a(V)	$I_{aI}+I_{aII}$(mA)	R_k(kΩ)	$R_{aI}=R_{aII}$(kΩ)	$U_{a\text{-eff}}$(V)	V	k(%)
250	ca.65	1	68	100	20	25	1.8
250	ca.65	1	68	100	7	25	0.6
350	ca.90	1.2	82	150	35	27	1.8
350	ca.90	1.2	82	150	10	27	0.5

ECC803S 长尾对倒相数据（Telefunken）

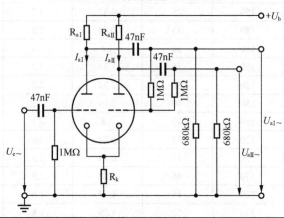

U_b(V)	$I_{aI}+I_{aII}$(mA)	R_k(kΩ)	$R_{aI}=R_{aII}$(kΩ)	$U_{a\text{-eff}}$(V)	V	k(%)
250	1.08	1.2	200	35	58	5.5
250	1.08	1.2	200	7	58	1.1
350	1.7	0.82	200	45	62	3.5
350	1.7	0.82	200	9	62	0.7

ECC803S 自动平衡倒相数据（Telefunken）

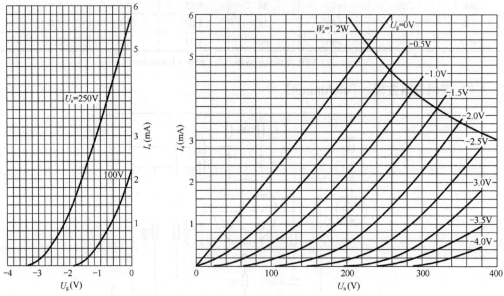

ECC803S 栅极电压—屏极电流特性曲线（Telefunken）　　　　ECC803S 屏极电压—屏极电流特性曲线（Telefunken）

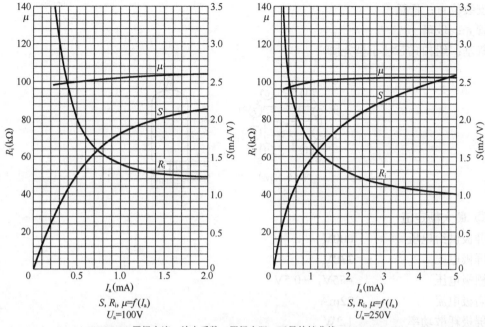

ECC803S 屏极电流—放大系数、屏极内阻、互导特性曲线 （Telefunken）

ECC803S 为小型九脚声频双三极管，高可靠、长寿命、耐振动冲击、低公差，两三极管间除热丝外，完全独立。Telefunken（德律风根）公司于 1951 年起开始进行 800 系列电子管的设计，它们有优异的阴极及结构、更低的噪声，是优秀的声频电子管，适用于专业录音设备等。ECC801S、ECC802S、ECC803S、EF800、EF804S、EF806S 等的特性与 ECC81、ECC82、ECC83、EF80、EF86 等相同。可参阅 ECC83/12AX7 相关内容。使用时管座中心屏蔽柱建议接地。

ECC803S 的等效管有 6057。

（186）ECC808

声频双三极管。

◎ **特性**

敷氧化物旁热式阴极：6.3V/0.34A，交流或直流

极间电容：

	I 单元	II 单元
C_e	2.2pF	2.2pF
C_a	1.5pF	1.5pF
C_{g-a}	1.5pF	1.5pF
C_{g-f}	<0.006pF	<0.006pF
$C_{a_I-a_{II}}$		<0.05pF
$C_{a_{II}-g_I}$		<0.025pF
$C_{a_I-g_{II}}$		<0.008pF
$C_{g_I-g_{II}}$		<0.008pF

安装位置：任意
管壳：玻璃
管基：纽扣式芯柱小型九脚

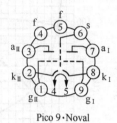
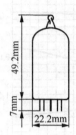

Pico 9·Noval

◎ **最大额定值**

屏极供给电压	600V
屏极电压	330V
栅极电压	−55V，+0.5V
阴极电流	22mA
屏极耗散功率	1.2W
热丝—阴极间电压	200V
热丝—阴极间电阻	20kΩ
栅极电路电阻	2.2MΩ（自给偏压），1.2MΩ（固定偏压）
管壳温度	170℃

◎ **典型工作特性 （每单元）**

屏极电压	250V
栅极电压	−1.9V
互导	1.6mA/V
屏极电流	1.2mA
放大系数	100

◎ **声频放大**

电源电压	250V	250V
屏极电阻	220kΩ	220kΩ
次级栅极电阻*	1MΩ	0.68MΩ
栅极电阻	10MΩ	1MΩ
阴极电阻**	—	1.7kΩ
屏极电流	0.66mA	0.56mA
输入电压	69mVrms	145mVrms
输出电压	5Vrms	10Vrms
电压增益	72	69
总谐波失真	2.5%	0.56%

*   功率级栅极电阻。   ** 阴极旁路电容器 50μF。

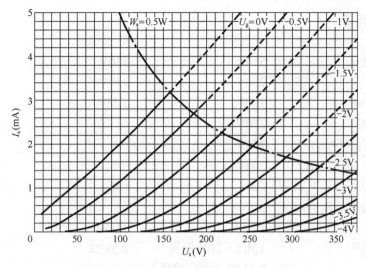

ECC808 屏极电压—屏极电流特性曲线（Telefunken）

ECC808 为小型九脚声频双三极管，低颤噪效应、低交流声、低等效噪声电压（45～15000Hz，2μV）的低噪声管，两三极管间除热丝外，完全独立。特性与 ECC83、12AX7 基本相同，可参阅相关内容。使用时管座中心屏蔽柱建议接地。

（187）ECF80

三极-五极复合管。

◎ **特性**

敷氧化物旁热式阴极： 6.3V/0.43A，交流或直流

极间电容：	五极部分（管脚）	三极部分（管脚）
C_g	5.2pF（2/3+4+5+7）	2.5pF（9/4+5+7+8）
C_a	3.4pF（6/3+4+5+7）	1.8pF（1/4+5+7+8）
C_{a-g}	＜0.05pF（6/2）	1.5pF（1/9）
C_{ap-a_T}		＜0.07pF（6/1）
C_{ap-g_T}		＜0.02pF（6/9）
C_{gp-a_T}		＜0.16pF（2/1）

安装位置：任意

管壳：玻璃

管基：纽扣式芯柱小型九脚

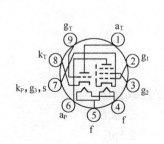

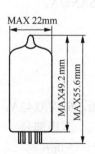

◎ **最大额定值**

	五极部分	三极部分
屏极供给电压	550V	550V
屏极电压	250V	250V
屏极耗散功率	1.7W	1.5W
帘栅供给电压	550V	—
帘栅电压（I_k=14mA）	175V	—
帘栅电压（I_k≤10mA）	200V	—
帘栅耗散功率（P_p＞1.2W）	0.5W	—
帘栅耗散功率（P_p＜1.2W）	0.75W	—
阴极电流	14mA	14mA
栅极电路电阻	1MΩ（自给偏压）	0.5MΩ
	0.5MΩ（固定偏压）	
栅极电压（I_g=+0.3μA）	1.3V	1.3V
热丝—阴极间电压	100V	100V

◎ **典型工作特性**

	五极部分	三极部分
屏极电压	170V	100V
帘栅电压	170V	—
栅极电压	−2V	−2V
屏极电流	10mA	14mA
帘栅电流	2.8mA	
互导	6.2mA/V	5mA/V
放大系数（g_2-g_1）	47	20
屏极内阻	0.4MΩ	4kΩ

ECF80 为小型九脚三极-五极复合管，三极部分与五极部分除热丝外，完全独立，原应用于电视接收机的频率变换等用途。在音响电路中，三极部分适用于剖相式倒相及阻容耦合放大，五极部分适用于高增益阻容耦合放大。使用时管座中心屏蔽柱建议接地。可参阅 6BL8、F80CF 相关内容。

ECF80 的等效管有 6BL8、6C16、CV5215、6Φ1Π（俄罗斯）、6F1（中国）、7643/F80CF（长寿命坚牢型）。

ECF80 的类似管有 6AN8/A。

（188）ECF82

三极-五极复合管。

◎ **特性**

敷氧化物旁热式阴极：6.3V/0.45A，交流或直流

极间电容：	五极部分	三极部分
C_g	5.0pF	2.5pF

C_a	2.6pF	0.35pF
$C_{g\text{-}a}$	0.01pF	1.8pF
$C_{f\text{-}k}$	2.6pF	2.5pF
$C_{a_T\text{-}a_P}$	$\leqslant$0.07pF	

安装位置：任意

管壳：玻璃

管基：纽扣式芯柱小型九脚

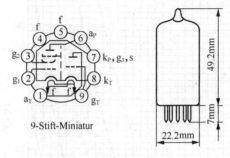

9-Stift-Miniatur

◎ **最大额定值**

	三极部分	五极部分
屏极供给电压	550V	550V
屏极电压	300V	300V
帘栅供给电压	—	550V
帘栅电压	—	300V
栅极电压（$I_g \leqslant 0.3\mu A$）	−1.3V	−1.3V
阴极电流	20mA	20mA
屏极耗散功率	1.5W	2.8W
帘栅耗散功率	—	0.5W
热丝—阴极间电压		−220V，+90V
热丝—阴极间电阻	20kΩ	20kΩ
栅极电路电阻	1MΩ	1MΩ

◎ **典型工作特性**

	五极部分	三极部分
屏极电压	170V	150V
帘栅电压	110V	—
栅极电压	−0.9V	−2V
屏极电流	10mA	11mA
帘栅电流	3.5mA	
互导	5.5mA/V	5.8mA/V
放大系数（g_2-g_1）	32	35
屏极内阻	0.4MΩ	6kΩ
栅极电压（I_a=10μA）	−10V	

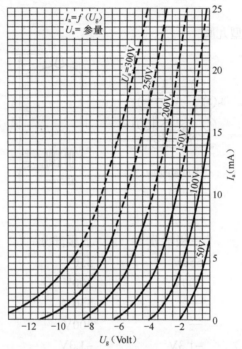

ECF82（三极部分）栅极电压—屏极电流特性曲线（WF）

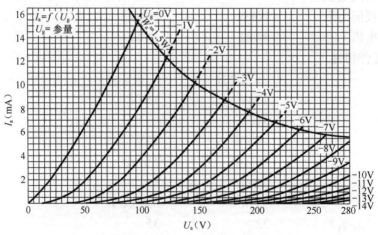

ECF82（三极部分）屏极电压—屏极电流特性曲线（WF）

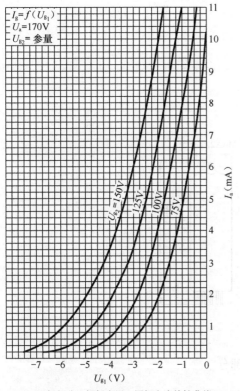

ECF82（五极部分）栅极电压—屏极电流特性曲线（WF）

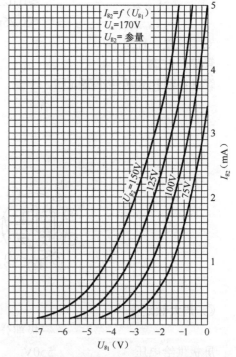

ECF82（五极部分）栅极电压—帘栅极电流特性曲线（WF）

　　ECF82 为小型九脚三极-五极复合管，三极部分与五极部分除热丝外，完全独立，原应用于电视接收机中调谐器 VHF 混频、振荡等用途。在音响电路中，五极部分适用于高增益阻容耦合放大，可获得 145 倍左右的电压增益（R_p=100kΩ），三极部分适用于剖相式倒相及阻容耦合放大，可获得 24～26 倍的电压增益（R_p=47～100kΩ）。使用时管座中心屏蔽柱建议接地。可参阅美系 6U8A 相关内容。

　　ECF82 的等效管有 6U8A、6U8（美国，热丝不宜串联使用）、6F2（中国）、1252（美国，工业用）、6678（美国，特殊用途）、7731（美国，工业用）。

　　ECF82 热丝不同的等效管有 PCF82（热丝 9.5V/0.3A）、9U8A。

（189）ECL82

三极-功率五极复合管。

◎ 特性

敷氧化物旁热式阴极：6.3V/0.78A，交流或直流

极间电容：　　　　　　五极部分　　　三极部分

	五极部分	三极部分
C_a	8.0pF	4.3pF
C_g	9.3pF	2.7pF
C_{a-g}	0.1pF（MAX）	4.4pF
C_{g-f}	0.3pF（MAX）	0.1pF（MAX）
$C_{a_T-g_P}$	≤0.02pF	

$$C_{g_T-a_P} \qquad\qquad \leqslant 0.02pF$$
$$C_{g_T-g_P} \qquad\qquad \leqslant 0.025pF$$
$$C_{a_T-a_P} \qquad\qquad \leqslant 0.25pF$$

安装位置：任意

管壳：玻璃

管基：纽扣式芯柱小型九脚

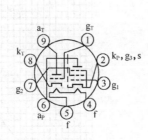

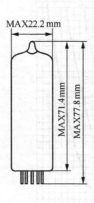

◎ **最大额定值**

	三极部分	五极部分
屏极供给电压	550V	550V
屏极电压	300V	300V
帘栅供给电压	—	550V
帘栅电压	—	300V
阴极电流	15mA	50mA
屏极耗散功率	1.0W	7W
帘栅耗散功率	—	2W
热丝—阴极间电压	100V	150V
栅极电路电阻	1MΩ	1MΩ
	3MΩ	2MΩ

◎ **典型工作特性**

五极部分

屏极电压	100V	170V	200V	200V
帘栅电压	100V	170V	170V	200V
栅极电压	−6V	−11.5V	−12.5V	−16V
屏极电流	26mA	41mA	35mA	35mA
帘栅电流	5.0mA	8.0mA	6.5mA	7.0mA
互导	6.8mA/V	7.5mA/V	6.8mA/V	6.4mA/V
放大系数（g_2-g_1)	10	9.5	9.5	9.5
屏极内阻	15kΩ	16kΩ	20.5kΩ	20kΩ
负载阻抗	3.9 kΩ	3.9kΩ	5.6kΩ	5.6kΩ

输出功率（*THD*=10%）	1.05W		3.3W		3.4W		3.5W
输入电压（*THD*=10%）	3.8Vrms		6.0Vrms		5.8Vrms		6.6Vrms
输入电压（P_o=50mW）	0.65Vrms		0.59Vrms		0.56Vrms		0.6Vrms

五极部分 AB 类推挽放大

屏极供电电压	200V			250V		
帘栅供电电压	200V			200V		
阴极电阻	170Ω			220Ω		
负载阻抗（P-P）	4.5kΩ			10kΩ		
栅极驱动电压	0Vrms	14.2Vrms		0Vrms	12.5Vrms
屏极电流*	35mA	42.5mA		28mA	31mA
帘栅电流*	8mA	16.5mA		5.8mA	13mA
输出功率	0W	9.3W		0W	10.5W
总谐波失真	—	6.3%		—	4.8%

*单管数值.

三极部分

屏极电压	100V
栅极电压	0V
屏极电流	3.5mA
互导	2.5mA/V
放大系数	70

三极部分阻容耦合放大（阴极偏压）

信号源阻抗	220kΩ	
栅极电阻	3MΩ	
次级栅极电阻	0.68MΩ	
电源电压	200V	170V
阴极电阻	2.2kΩ	2.7kΩ
屏极电阻	220kΩ	220kΩ
屏极电流	0.52mA	0.43mA
电压增益	52	51
输出电压（MAX）	26Vrms	25Vrms
总谐波失真	1.6%	2.3%

三极部分阻容耦合放大（零偏压）

信号源阻抗	220kΩ			
栅极电阻	22MΩ			
次级栅极电阻	0.68MΩ			
电源电压	200V	200V	170V	170V
阴极电阻	0Ω	0Ω	0Ω	0Ω
屏极电阻	100kΩ	220kΩ	100kΩ	220kΩ
屏极电流	1.05mA	0.61mA	0.86mA	0.5mA

电压增益	50	55	49	53
输出电压（MAX）	24Vrms	25Vrms	19Vrms	20Vrms
总谐波失真	1.5	1.4%	1.4%	1.4%

ECL82 为小型九脚三极-五极功率复合管，三极部分与五极部分除热丝外，完全独立，三极部分用于时基振荡、声频放大等用途，五极部分用于垂直输出、声频输出等用途。可参阅美系 6BM8 相关内容。

ECL82 的等效管有 6BM8、6Φ3П（苏联）。

ECL82 热丝不同的等效管有 PCL82（热丝 16V/0.3A）。

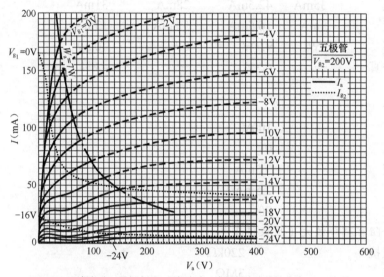

ECL82（五极部分）屏极电压—屏极电流、帘栅极电流特性曲线（Philips）

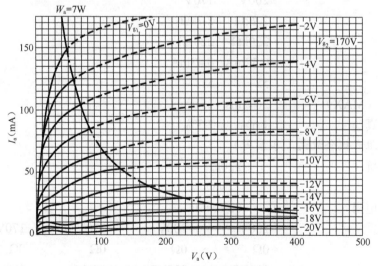

ECL82（五极部分）屏极电压—屏极电流特性曲线　（Philips）

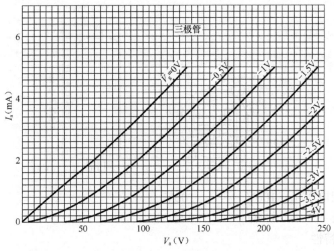

ECL82（三极部分）屏极电压—屏极电流特性曲线 （Philips）

（190）ECL86

三极-功率五极复合管。

◎ **特性**

敷氧化物旁热式阴极：6.3V/0.7A，交流或直流

极间电容：

	五极部分	三极部分
C_a	—	2.5pF
C_g	10.0pF	2.3pF
$C_{a\text{-}g}$	0.4pF（MAX）	1.4pF
$C_{g\text{-}f}$	0.24pF（MAX）	0.006pF（MAX）
$C_{a_T\text{-}g_P}$	≤ 0.2pF	
$C_{g_T\text{-}a_P}$	≤ 0.006pF	
$C_{g_T\text{-}g_P}$	≤ 0.02pF	
$C_{a_T\text{-}a_P}$	≤ 0.15pF	

安装位置：任意

管壳：玻璃

管基：纽扣式芯柱小型九脚

◎ **最大额定值**

	三极部分	五极部分
屏极供给电压	550V	550V
屏极电压	300V	300V
帘栅供给电压	—	550V
帘栅电压	—	300V
阴极电流	4mA	55mA
屏极耗散功率	0.5W	9W
帘栅耗散功率	—	1.8W

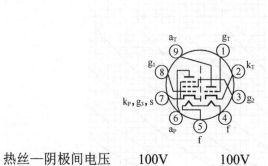
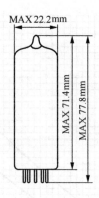

热丝—阴极间电压	100V	100V
栅极电路电阻	1MΩ	0.5MΩ

◎ **典型工作特性**

	三极部分	五极部分
屏极电压	250V	250V
帘栅电压	—	250V
栅极电压	−1.9V	−7V
屏极电流	1.2mA	36mA
帘栅电流	—	6mA
互导	1.6mA/V	10mA/V
屏极内阻		48kΩ
放大系数	100	21
栅极电压（I_g=0.3μA）	＜1.3V	＜1.3V

A 类单端放大

屏极电压	250V			250V		
帘栅电压	250V			250V		
阴极电阻	170Ω			270Ω		
负载阻抗	7kΩ			10kΩ		
栅极驱动电压	0V	0.3V	3.2V	0V	0.28V	2.7Vrms
屏极电流	36mA		37mA	26mA		27mA
帘栅电流	6mA		10.2mA	4.4mA		8mA
输出功率	—	0.05W	4W	—	0.05W	2.8W
总谐波失真	—	0.95%	10%	—	1.1%	10%

AB 类推挽放大（两管值）

电源电压	250V			300V	
阴极电阻	90Ω			130Ω	
负载阻抗（P-P）	8.2kΩ			9.1kΩ	
栅极驱动电压	0V	0.24V	5.5V	0V	0.26V	8.4Vrms
屏极电流	65mA		71mA	62mA		73mA
帘栅电流	11.2mA		17.8mA	11mA		22mA

| 输出功率 | — | 0.05W | 10W | — | 0.05W | 13.6W |
| 总谐波失真 | | <0.4% | 10% | — | <0.4% | 4% |

◎ 阻容耦合放大数据（三极部分）

R_a=220kΩ，R_g=10MΩ，R_k=0Ω，R_s=47kΩ

V_b(V)	R_g'(MΩ)	I_a(mA)	V_o(V_{eff})	V_o/V_i	d_{tot}(%)
200	0.68	0.42	3.2	66	0.6
250	0.68	0.6	3.2	70	0.4
250	10	0.6	5	75	0.4
300	10	0.8	9	80	0.4

R_a=220kΩ

V_b(V)	R_g'(MΩ)	R_k(Ω)	I_a(mA)	V_o(V_{eff})	V_o/V_i	d_{tot}(%)
200	0.68	2600	0.42	3.2	66	0.6
250	0.68	1750	0.6	3.2	70	0.4
250	10	1750	0.6	5	75	0.4
300	10	1200	0.8	9	80	0.4

ECL86（三极部分）阻容耦合放大数据（Philips）

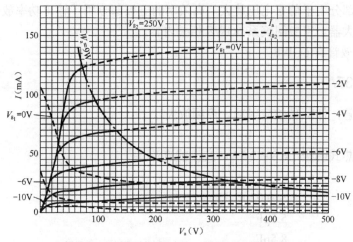

ECL86（五极部分）屏极电压—屏极电流、帘栅极电流特性曲线1（Philips）

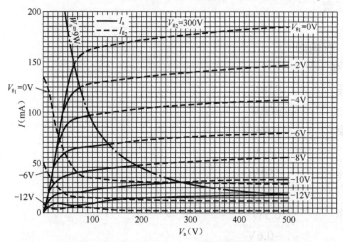

ECL86（五极部分）屏极电压—屏极电流、帘栅极电流特性曲线2（Philips）

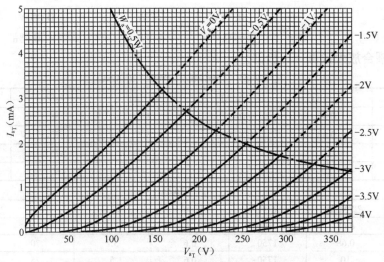

ECL86（三极部分）屏极电压—屏极电流特性曲线（Philips）

ECL86 为小型九脚三极-五极功率复合管，三极部分与五极部分除热丝外，完全独立。高放大系数的三极部分用于前置电压放大，高效率的五极部分用于输出功率放大，单管即可组成一个声道的放大器。可参阅美系 6GW8 相关内容。

ECL86 的等效管有 6GW8。

（191）EF37A

锐截止五极管，低颤噪效应射频、声频放大。

◎ 特性

敷氧化物旁热式阴极：6.3V/0.2A，交流或直流

极间电容：

C_{a-g}	＜0.02pF
C_{in}	5.5pF
C_{out}	8.5pF

安装位置：任意

管壳：玻璃

管基：八脚，有栅帽

◎ 最大额定值

屏极供给电压	550V
屏极电压	300V
屏极耗散功率	1.0W
阴极电流	6mA
帘栅供给电压	550V
帘栅电压	125V
帘栅耗散功率	0.3W
栅极电压	−0.6V

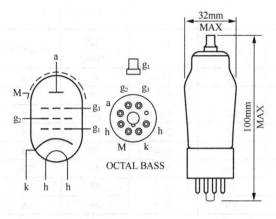

Mullard EF37A

栅极电路电阻	3MΩ（自给偏压），1MΩ（固定偏压）
热丝—阴极间电压	100V
热丝—阴极间电阻	20kΩ

◎ **典型工作特性**

屏极电压	100V	200V	250V
帘栅电压	100V	100V	100V
栅极电压	−2V	−2V	−2V
屏极电流	3mA	3mA	3mA
帘栅电流	0.8mA	0.8mA	0.8mA
放大系数	1800	3600	4500
互导	1.8mA/V	1.8mA/V	1.8mA/V
屏极内阻	1.0MΩ	2.1MΩ	2.5MΩ

三极接法（帘栅连接到屏极）

屏极电压	150V
栅极电压	−3V
屏极电流	6mA
放大系数	28
互导	2.8mA/V
屏极内阻	10000Ω

◎ **阻容耦合放大数据**

V_b(V)	R_a(kΩ)	I_a(mA)	R_k(kΩ)	$\dfrac{V_{out}}{V_{in}}$	V_{out}^* ($V_{r.m.s.}$)	D_{tot}^*(%)	$R_{g_1}^{**}$ (kΩ)
400	47	4.6	1.2	18.4	67	4.5	150
350	47	4.0	1.2	18.2	57	4.4	150
300	47	3.4	1.2	18.0	48	4.3	150
250	47	2.8	1.2	17.7	38	4.2	150
200	47	2.3	1.2	17.5	29	4.0	150
400	100	2.4	2.2	20.1	66	3.9	330
350	100	2.1	2.2	20.0	57	3.9	330

$V_b(V)$	$R_a(k\Omega)$	$I_a(mA)$	$R_k(k\Omega)$	$\dfrac{V_{out}}{V_{in}}$	V_{out}^* ($V_{r.m.s.}$)	$D_{tot}^*(\%)$	$R_{g_1}^{**}$ ($k\Omega$)
300	100	1.8	2.2	19.9	48	3.8	330
250	100	1.5	2.2	19.7	38	3.7	330
200	100	1.2	2.2	19.5	28	3.5	330
400	220	1.2	3.9	20.6	61	3.4	680
350	220	1.0	3.9	20.4	52	3.3	680
300	220	0.9	3.9	20.3	44	3.3	680
250	220	0.8	3.9	20.2	35	3.2	680
200	220	0.6	3.9	20.0	26	3.0	680

* *THD* 5%，** R_{g_1} 次级栅极电阻。

EF37A 阻容耦合放大数据（Mullard）

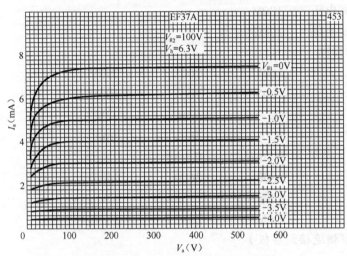

EF37A 屏极电压—屏极电流特性曲线（Mullard）

EF37A 为八脚带栅帽锐截止五极管，低颤噪效应、高增益射频或声频放大，在音响电路中用于前置放大。特性与 EF36 相同。

（192）EF80

锐截止五极管。

◎ **特性**

敷氧化物旁热式阴极：6.3V/0.3A，交流或直流

极间电容：

C_{g_1}	7.5pF
C_a	3.3pF
C_{a-g_1}	＜0.007pF
C_{a-k}	＜0.012pF
C_{g_2}	5.4pF
$C_{g_1-g_2}$	2.6pF

$C_{g_1\text{-}f}$ <0.15pF

$C_{k\text{-}f}$ 5.0pF

安装位置：任意

管壳：玻璃

管基：纽扣式芯柱小型九脚

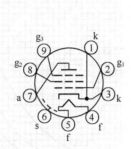

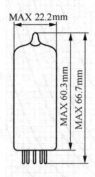

◎ **最大额定值**

屏极供给电压	550V
屏极电压	300V
屏极耗散功率	2.5W
帘栅供给电压	550V
帘栅电压	300V
帘栅耗散功率	0.7W
阴极电流	15mA
栅极电压（I_{g_1}=+0.3μA）	1.3V
栅极电路电阻	1MΩ
热丝—阴极间电压	150V
热丝—阴极间电阻	20kΩ

◎ **典型工作特性**

屏极电压	170V	200V	250V
抑制栅电压	0V	0V	0V
帘栅电压	170V	200V	250V
栅极电压	–2V	–2.55V	–3.5V
屏极电流	10mA	10mA	10mA
帘栅电流	2.5mA	2.6mA	2.8mA
互导	7.4mA/V	7.1mA/V	6.8mA/V
屏极内阻	0.5MΩ	0.55MΩ	0.65MΩ
g_2-g_1放大系数	50	50	50
等效噪声电阻	1000Ω	1100Ω	1200Ω
栅极输入阻抗(50MHz[*])	10kΩ	12kΩ	15kΩ

[*]1 脚连接 3 脚。

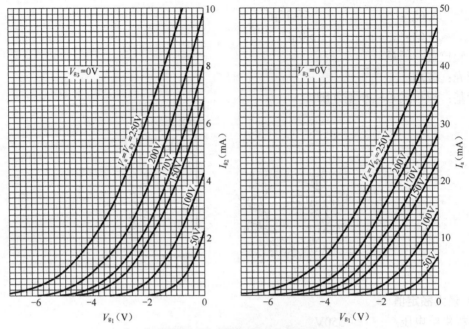

左：EF80 栅极电压—帘栅极电流特性曲线（Philips）
右：EF80 栅极电压—屏极电流特性曲线（Philips）

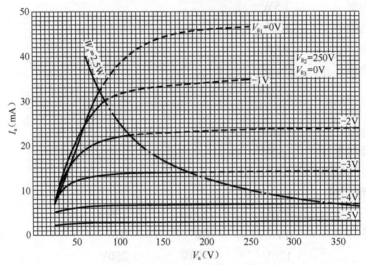

EF80 屏极电压—屏极电流特性曲线 1（Philips）

　　EF80 为小型九脚锐截止五极管，是荷兰 Philips 于 1950 年开发的宽频带电压放大管，美国等效型号是 6BX6。该管为低等效噪声电阻、低电压特性好的多用途五极管，互导较高、屏极电流较大、跨路电容很小、屏蔽完善，原用于电视接收机中宽频带高频放大、中频放大、变频、视频放大、同步分离等多种用途，曾是用量很大的管型。在音响电路中，适用于高增益的小信号阻容耦合放大，有不错的声音表现，把帘栅极和抑制栅极连接到屏极，可作为三极管使用，$\mu=50$。使用时管座中心屏蔽柱必须接地。

　　EF80 的等效管有 6BX6（美国）、CV1736（英国，军用）、64SPT、Z152（英国）、Z719（英国，GEC）、EF800（德国，Telefunken，特选管）。

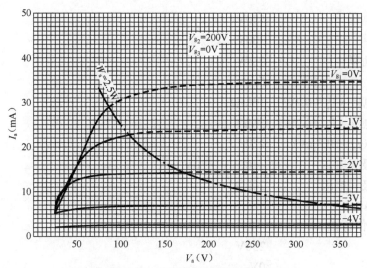

EF80 屏极电压—屏极电流特性曲线 2（Philips）

EF80 的类似管有 6BW7、8D6。

EF80 热丝不同的等效管 UF80（热丝 19V/0.1A）。

（193）EF86

锐截止五极管。

◎ **特性**

敷氧化物旁热式阴极：6.3V/0.2A，交流或直流

C_{g_1}	3.8pF
C_a	5.3pF
$C_{a\text{-}g_1}$	＜0.05pF
$C_{g_1\text{-}f}$	＜0.0025pF

安装位置：任意

管壳：玻璃

管基：纽扣式芯柱小型九脚

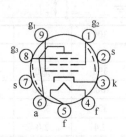
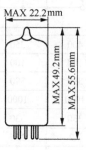

◎ **最大额定值**

屏极供给电压	550V
屏极电压	300V
屏极耗散功率	1.0W

帘栅供给电压	550V
帘栅电压	200V
帘栅耗散功率	0.2W
阴极电流	6mA
栅极电路电阻（$P_p < 0.2W$）	10MΩ
栅极电路电阻（$P_p > 0.2W$）	3MΩ
栅极电压（$I_{g_1} = +0.3\mu A$）	1.3V
热丝—阴极间电压	−100V，+50V
热丝—阴极间电阻*	20kΩ

* 倒相时 150kΩ。

◎ **典型工作特性**

屏极电压	250V
抑制栅电压	0V
帘栅电压	140V
栅极电压	−2V
屏极电流	3mA
帘栅电流	0.6mA
互导	2.0mA/V
g_2-g_1 放大系数	38
屏极内阻	2.5MΩ
等效噪声电平	2μV

◎ **阻容耦合放大数据**

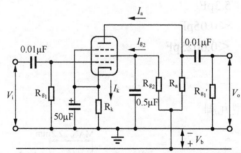

供给电压	V_b	400	350	300	250	200	150	V
屏极电阻	R_a	100	100	100	100	100	100	kΩ
第二栅极电阻	R_{g_2}	390	390	390	390	390	390	kΩ
阴极电阻	R_k	1000	1000	1000	1000	1000	1000	Ω
栅极电阻 下级	R_{g_1}'	330	330	330	330	330	330	kΩ
阴极电流	I_k	3.2	2.75	2.4	2.0	1.55	1.05	mA
电压增益 [1]	V_o/V_i	140	134	129	123	117	110	—
输出电压	V_o	85	74	62	50	38	27	V_{RMS}
总谐波失真	d_{tot}	5	5	5	5	5	5	%

[1] 小输入电压测量。

EF86 阻容耦合放大数据（Philips）

工作特性数据

供给电压	V_b	400	350	300	250	200	150	V
屏极电阻	R_a	220	220	220	220	220	220	kΩ
第二栅极电阻	R_{g_2}	1	1	1	1	1	1	MΩ
阴极电阻	R_k	2200	2200	2200	2200	2200	2200	Ω
栅极电阻 下级	R_{g_1}'	680	680	680	680	680	680	kΩ
阴极电流	I_a	1.45	1.3	1.1	0.9	0.75	0.5	mA
电压增益[1]	V_o/V_i	210	205	194	185	173	147	—
输出电压	V_o	72	62	53	44	35	22	V_{RMS}
总谐波失真	d_{tot}	5	5	5	5	5	5	%

三极管接法声频放大（g_2连接到屏极，g_3连接到阴极）

供给电压	V_b	400	350	300	250	200	V
屏极电阻	R_a	47	47	47	47	47	kΩ
阴极电阻	R_k	1200	1200	1200	1200	1200	Ω
栅极电阻 下级	R_{g_1}'	150	150	150	150	150	kΩ
屏极电流	I_a	3.6	3.15	2.7	2.25	1.8	mA
电压增益	V_o/V_i	26	25	25	25	24	—
输出电压（$I_g=0.3\mu A$)	V_o	68	58	46	36	24	V_{RMS}
总谐波失真	d_{tot}	5	5	5	5	5	%
供给电压	V_b	400	350	300	250	200	V
屏极电阻	R_a	100	100	100	100	100	kΩ
阴极电阻	R_k	2200	2200	2200	2200	2200	Ω
栅极电阻 下级	R_{g_1}'	330	330	330	330	330	kΩ
屏极电流	I_a	2.0	1.8	1.5	1.25	1.0	mA
电压增益	V_o/V_i	28	28	27.5	27.5	27	—
输出电压（$I_g=0.3\mu A$)	V_o	75	63	51	42	30	V_{RMS}
总谐波失真	d_{tot}	5	5	5	5	5	%
供给电压	V_b	400	350	300	250	200	V
屏极电阻	R_a	220	220	220	220	220	kΩ
阴极电阻	R_k	3900	3900	3900	3900	3900	Ω
栅极电阻 下级	R_{g_1}'	680	680	680	680	680	kΩ
屏极电流	I_a	1.1	0.95	0.8	0.7	0.55	mA
电压增益	V_o/V_i	29	29	29	28	28	—
输出电压（$I_g=0.3\mu A$)	V_o	71	60	52	42	30	V_{RMS}
总谐波失真	d_{tot}	5	5	5	5	5	%

[1] 按标准小的输入电压状态。

EF86 阻容耦合放大数据（Philips）（续）

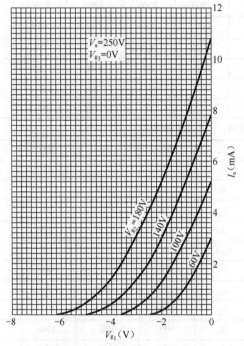

EF86 栅极电压—屏极电流特性曲线（Philips）

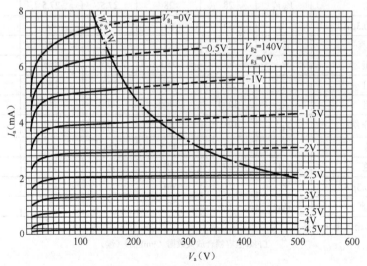

EF86 屏极电压—屏极电流特性曲线（Philips）

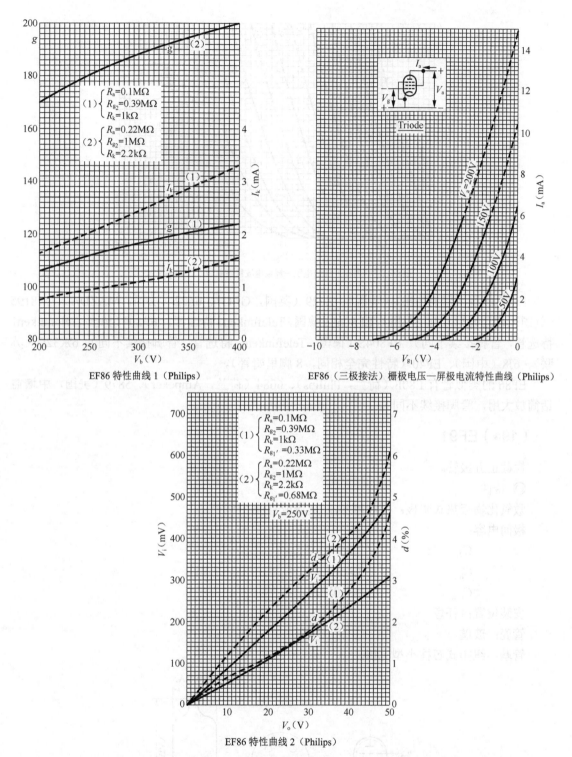

EF86 特性曲线 1（Philips）

EF86（三极接法）栅极电压—屏极电流特性曲线（Philips）

EF86 特性曲线 2（Philips）

  EF86 为小型九脚声频用低噪声、高增益锐截止五极管，美国等效型号是 6267。该管适用于低噪声、高增益的小信号前置放大，颤噪效应很小，具有高的机械和电气稳定性，可获得 95～125 倍的电压增益（R_p=100kΩ）。使用时管座中心屏蔽柱建议接地。

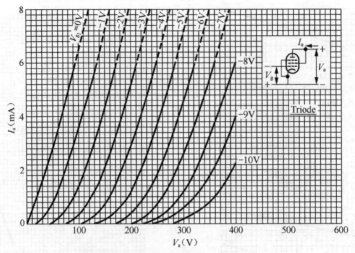

EF86（三极接法）屏极电压—屏极电流特性曲线 （Philips）

EF86 的等效管有 6267（美国）、Z729（英国，GEC）、6F22（法国，MAZDA）、M8195（英国）、CV2901（英国，军用）、EF806S（德国，Telefunken，特选管）、EF804（德国，Telefunken，特选管，管脚接续不同）、EF804S（德国，Telefunken，特选管，管脚接续不同）、6Ж32П（苏联）、6J8（中国）、EF40（特性完全相同，8 脚里姆管）。

EF86 的类似管有 E80F（荷兰，Philips）、6084（荷兰，Ampexer）、5879（美国，中增益话筒放大用，管脚接续不同）。

（194）EF91

锐截止五极管。

◎ **特性**

敷氧化物旁热式阴极：6.3V/0.3A，交流或直流

极间电容：

C_{g_1}	7.3pF
C_a	3.4pF
$C_{a\text{-}g_1}$	$<$0.01pF

安装位置：任意

管壳：玻璃

管基：纽扣式芯柱小型七脚

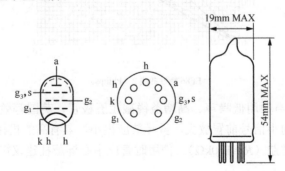

◎ 最大额定值

屏极供给电压	550V
屏极电压	300V
屏极耗散功率	2.5W
帘栅供给电压	550V
帘栅电压	300V
帘栅耗散功率	0.65W
阴极电流	15mA
栅极电压（I_{g_1}＝＋0.3μA）	−1.3V
抑制栅电压（I_{g_3}＝＋0.3μA）	−1.3
栅极电路电阻	1MΩ
热丝—阴极间电压	150V

◎ 典型工作特性

屏极电压	250V
抑制栅电压	0V
帘栅电压	250V
栅极电压	−2V
屏极电流	10mA
帘栅电流	2.55mA
互导	7.65mA/V
g_2-g_1 放大系数	70
等效噪声电阻	1200Ω

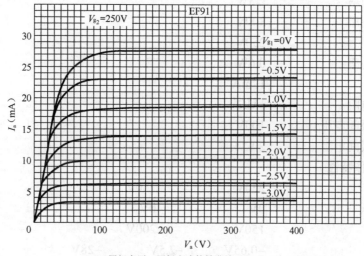

EF91 屏级电压—屏极电流特性曲线（Mullard）

EF91 为小型七脚高互导锐截止五极管，原用于射频放大。在音响电路中，适用于高增益的小信号前置放大，也可作为五极管或高放大系数（μ=70）三极管使用。使用时管座中心屏蔽柱建议接地。

（195）EF92

遥截止五极管。

◎ **特性**

敷氧化物旁热式阴极：6.3V/0.2A，交流或直流

极间电容：

C_{g_1}	4.5pF
C_a	6.5pF
$C_{a\text{-}g_1}$	＜0.007pF

安装位置：任意

管壳：玻璃

管基：纽扣式芯柱小型七脚

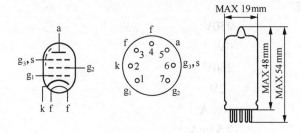

◎ **最大额定值**

屏极供给电压	300V
屏极电压	250V
屏极耗散功率	2.5W
帘栅供给电压	300V
帘栅电压	250V
帘栅耗散功率	0.6W
阴极电流	12mA
栅极电路电阻	1MΩ
热丝—阴极间电压	100V
热丝—阴极间电阻	20kΩ

◎ **典型工作特性**

屏极电压	250V	250V	
抑制栅电压	0V	0V	
帘栅电压	150V	200V	
栅极电压	−0.65V	−2.5V	−28V
屏极电流	8mA	8mA	—
帘栅电流	2.0mA	2.1mA	—
互导	2.5mA/V	2.5mA/V	0.005mA/V
g_2-g_1 放大系数	30	30	

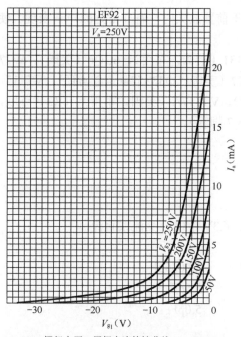

EF92 栅级电压—屏极电流特性曲线（Mullard）

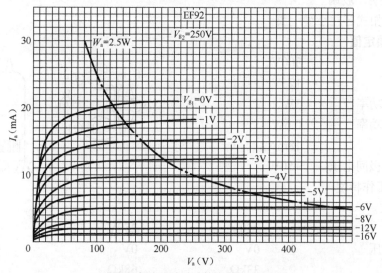

EF92 屏级电压—屏极电流特性曲线（Mullard）

    EF92 为小型七脚遥截止五极管，美国等效型号是 6CQ6。该管原用于收音机的中频放大，引入自动增益控制（AGC），互导随栅负压增大而减小，用于射频放大时可至 160MHz。一般认为遥截止五极管不适用于声频电压放大，但大量实验证明，遥截止五极管（或接成三极管）不但可应用于小信号声频电压放大，而且还有较好的泛音表现。

    根据 EF92 特性，该管在栅极偏压小于–2.5V 时，其特性与普通五极管并无不同，完全适用于小信号声频电压放大，只有在栅极偏压大于–2.5V 时，才会出现遥截止特性，随着偏压升高互导变小，至–28V 时接近截止，增益最小。遥截止五极管 EF92 的三极接法是把帘栅极和抑制栅极接到屏极，这时 $\mu=30$。遥截止管用于声频放大时，电源电压必须稳定，以免工作点偏离。Ediswan EF92 用于前置放大时，有非常好的声音表现。使用时管座中心屏蔽柱建议接地。

EF92 的等效管有 CV131（英国，军用）、6CQ6（美国）、W77（英国，GEC）。

EF92 的类似管有 6SK7（美国，$\Phi33\times52$mm 金属管）、VT117（美国，军用）、6SK7GT（美国，$\Phi30\times70$mm GT 管）、VT117A（美国，军用）、6K3（苏联，金属管）、6K3P（中国，GT 管）、6BD6（美国，小 7 脚管）。

（196）EF93

遥截止五极管。

◎ **特性**

敷氧化物旁热式阴极：6.3V/0.3A，交流或直流

极间电容：

栅极—屏极	0.0035pF
输入	5.5pF
输出	5.0pF

安装位置：任意

管壳：T-5½，玻璃

管基：纽扣式芯柱小型七脚

◎ **最大额定值**

屏极电压	300V
帘栅电压	125V
屏极耗散功率	3W
帘栅耗散功率	0.6W
阴极电流	18mA
热丝—阴极间电压	±50V

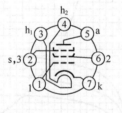
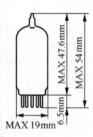

◎ **典型工作特性**

A_1 类放大

屏极电压	250V		250V
抑制栅电压	0V		0V
帘栅电阻	33kΩ		68kΩ
栅极电压	−1V	−13.5V	−1.5V
屏极电流	11.5mA	3.8mA	6.5mA
帘栅电流	4.4mA	1.5mA	2.3mA
屏极内阻（近似）	1.5MΩ		＞1.5MΩ
互导	4400μA/V	440μA/V	3700μA/V

◎ 阻容耦合放大数据

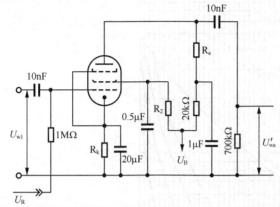

$U_B=250V$
$V_o=U'_{\omega a}/U_{\omega l}$
W=Regelverhältnis
Von $U_R=0$
auf $U_R=-12V$
K_W=非线性失真系数
be1 $U_R=-12V$

R_a (kΩ)	R_2 (kΩ)	R_k (Ω)	V' (Veff)	V_o	K (%)	W -	K_W (%)
50	110	200	5	70	1.5	7.0 : 1	2.5
			7.5	70	2.2	7.1 : 1	3.3
			10	70	2.8	7.2 : 1	4.8
100	250	250	5	86	2.1	6.8 : 1	3.0
			7.5	88	2.3	6.9 : 1	3.1
			10	86	2.6	6.8 : 1	5.4

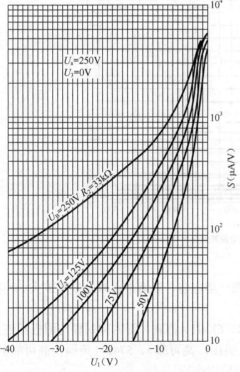

EF93 栅极电压—互导特性曲线（Lorenz）

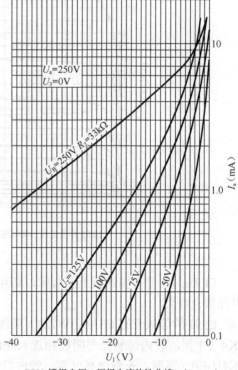

EF93 栅极电压—屏极电流特性曲线 （Lorenz）

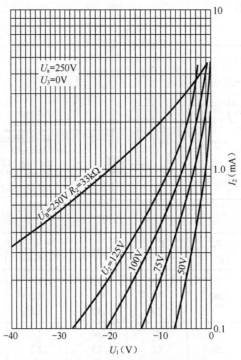

EF93 栅极电压—帘栅极电流特性曲线（Lorenz）

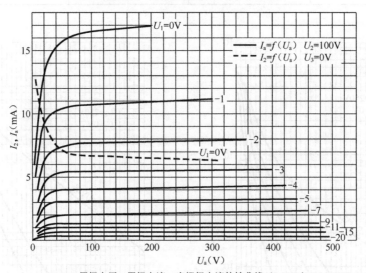

EF93 屏极电压—屏极电流、帘栅极电流特性曲线（Lorenz）

　　EF93 为小型七脚遥截止五极管，高互导、低栅—屏电容，应用于射频及中频放大、声频阻容耦合放大。

　　EF93 的等效管有 6BA6、W727（英国，GEC）、6K4Π（苏联，管内抑制栅与阴极相连）、6K4（中国，管内抑制栅与阴极相连）、6BA6W（美国，高可靠）、5749（美国，高可靠）、6K4Π-EB（苏联，长寿命高可靠，管内抑制栅与阴极相连）。

（197）EF94

锐截止五极管。

◎ **特性**

敷氧化物旁热式阴极：6.3V/0.3A，交流或直流

极间电容：　C_{g_1}　　　　5.5pF（最大）

　　　　　　C_a　　　　　5pF（最大）

　　　　　　$C_{a\text{-}g_1}$　　　　$<$0.0035pF（最大）

安装位置：任意

管壳：玻璃

管基：纽扣式芯柱小型七脚

◎ **最大额定值**

	五极接法	三极接法
屏极电压	300V	250V
帘栅电压	150V	—
屏极耗散功率	3W	3.2W
帘栅耗散功率	0.65W	—
热丝—阴极间电压	±180V	±180V

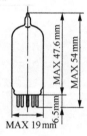

◎ **典型工作特性**

五极接法 A_1 类放大

屏极电压	100V	250V	250V
帘栅电压	100V	125V	150V
阴极电阻	150Ω	100Ω	68Ω
屏极内阻（近似）	0.5MΩ	1.5MΩ	1MΩ
互导	3900μA/V	4500μA/V	5200μA/V
栅极电压（I_p=10μA）	−4.2V	−5.5V	−6.5V
屏极电流	5.2mA	7.6mA	10.8mA
帘栅电流	2.1mA	3mA	4.3mA

三极接法 A_1 类放大（帘栅极、抑制栅极连接屏极）

屏极电压	250V
阴极电阻	330Ω
放大系数	36
屏极内阻	7.5kΩ
互导	4800μA/V
屏极电流	12.2mA

◎ 阻容耦合放大数据

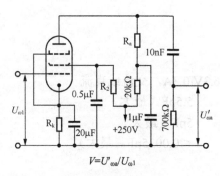

$$V=U'_{\omega a}/U_{\omega 1}$$

$$U'_{\omega a}=10Veff$$

R_a （kΩ）	R_2 （kΩ）	R_k （Ω）	R_L （MΩ）	V （fach）	k （%）
75	140	600	0.7	118	1.8
100	225	800	0.7	155	2.5
200	490	1400	0.7	187	3.7

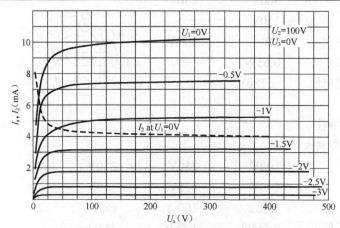

EF94 屏极电压—屏极电流、帘栅极电流特性曲线 1（Lorenz）

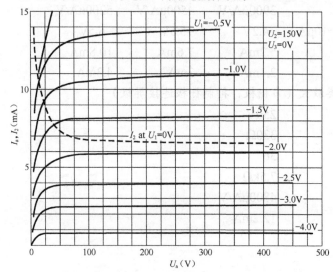

EF94 屏极电压—屏极电流、帘栅极电流特性曲线 2（Lorenz）

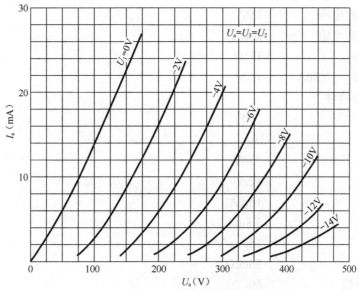

EF94（三极接法）屏极电压—屏极电流特性曲线（Lorenz）

EF94 为小型七脚锐截止五极管，该管可用于射频、中频、声频放大等用途。在音响电路中，适用于高增益的小信号前置放大，可作为五极管或中放大系数（$\mu=36$）三极管使用。使用时管座中心屏蔽柱建议接地。可参阅美系 6AU6 相关内容。

EF94 的等效管有 CV2524（英国，军用）、6AU6、6Ж4П（苏联）、6J4（中国）。

（198）EF184

锐截止五极管，高互导、低跨路电容框架栅极。

◎ **特性**

敷氧化物旁热式阴极：6.3V/0.3A，交流或直流

C_a	3.0pF
C_{g_1}	10.0pF
C_{a-g_1}	＜0.005pF
$C_{g_1-g_2}$	2.8pF

安装位置：任意

管壳：玻璃

管基：纽扣式芯柱小型九脚

◎ **最大额定值**

屏极供给电压	550V
屏极电压	250V
屏极耗散功率	2.5W
帘栅供给电压	550V
帘栅电压	250V
帘栅耗散功率	0.9W
阴极电流	25mA

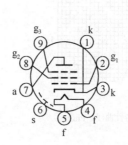

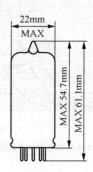

热丝—阴极间电压	150V
热丝—阴极间电阻	20kΩ
栅极电路电阻	1MΩ
栅极电压（I_{g_1}=+0.3μA）	1.3V

◎ 典型工作特性

屏极电压	200V
抑制栅电压	0V
帘栅电压	200V
栅极电压	−2.5V
屏极电流	10mA
帘栅电流	3.8mA
互导	15mA/V
屏极内阻	350kΩ
g_2-g_1 放大系数	60
栅极输入电阻（40MHz）	11kΩ
等效噪声电阻（40MHz）	330Ω

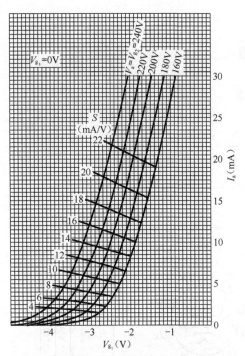

EF184 栅极电压—屏极电流特性曲线（Philips）

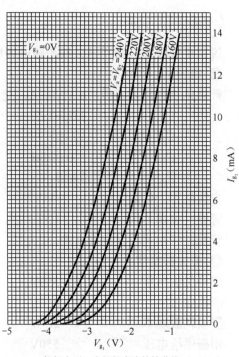

EF184 栅极电压—帘栅极电流特性曲线（Philips）

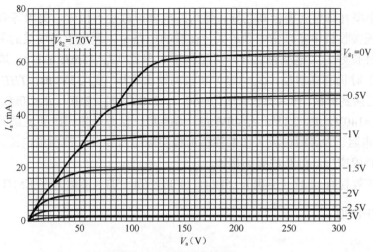

EF184 屏极电压—屏极电流特性曲线 1（Philips）

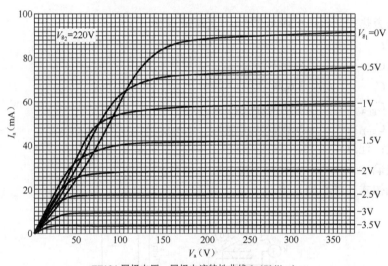

EF184 屏极电压—屏极电流特性曲线 2（Philips）

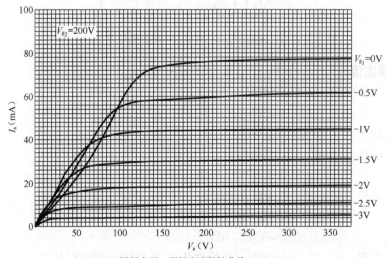

EF184 屏极电压—屏极电流特性曲线 3（Philips）

　　EF184 为小型九脚框架栅极高互导、低跨路电容锐截止五极管，美国等效型号是 6EJ7。该管原用于电视接收机中宽频带中频放大，在音响电路中，适用于高增益的阻容耦合放大和激励放大，线性良好、大电流特性好，可工作于大电流（I_p=15mA 左右），屏极电阻取较小值（R_p≤10kΩ）时仍有高增益（G_V=125）和较高输出电压（e_o=35Vrms，THD<5%）。把帘栅极和抑制栅极连接到屏极，作为三极管时，μ=60，r_p=2.4kΩ，V_{bb}=250V，R_p=20kΩ/3W，R_k=365Ω，I_p=5.75mA，V_p=140V，V_k=2.1V，e_o=40Vrms，G_V=47。自激是使用时要注意的问题，栅极可串入 1kΩ 阻尼电阻。大屏极电流工作要注意屏极实际电压要高于帘栅极电压，高互导管配对较困难。使用时管座中心屏蔽柱必须接地。

　　EF184 的等效管有 6EJ7（美国）、6F24、6F30、6Ж15П（苏联）、6Ж51П（苏联）。

（199）EF800

锐截止五极管。

◎ **特性**

敷氧化物旁热式阴极：6.3V/0.275A，交流或直流

极间电容：

C_e	8.1pF
C_a	3.6pF
$C_{g_1\text{-}a}$	≤0.007pF
$C_{g_1\text{-}f}$	≤0.07pF

安装位置：任意

管壳：玻璃

管基：纽扣式芯柱小型九脚

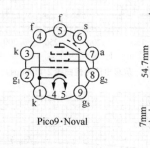

Pico9·Noval

◎ **最大额定值**

屏极供给电压	550V
屏极电压	250V
屏极耗散功率	1.7W
帘栅供给电压	550V
帘栅电压	250V
帘栅耗散功率	0.45W
阴极电流	12.5mA
栅极电压	−30V，+0V
栅极电路电阻	1MΩ（自给偏压），0.5MΩ（固定偏压）

热丝—阴极间电压	+100V，-60V
热丝—阴极间电阻	20kΩ
管壳温度	170℃

◎ **典型工作特性**

屏极电压	170V
抑制栅电压	0V
帘栅电压	170V
阴极电阻	160Ω
屏极电流	10mA
帘栅电流	2.5mA
互导	7.5mA/V
屏极内阻	400kΩ
等效噪声电阻（高频）	1kΩ
栅极输入电阻*（100MHz）	3kΩ

* 1 脚连接 3 脚。

EF800 为小型九脚射频、中频五极管。Telefunken（德律风根）公司于 1951 年起开始进行 800 系列电子管的设计，它们有优异的阴极及结构、更低的噪声，是优秀的声频电子管，适用于专业录音设备等。ECC801S、ECC802S、ECC803S、EF800、EF804S、EF806S 等的特性与 ECC81、ECC82、ECC83、EF80、EF86 等相同。使用时管座中心屏蔽柱必须接地。可参阅 EF80 相关内容。

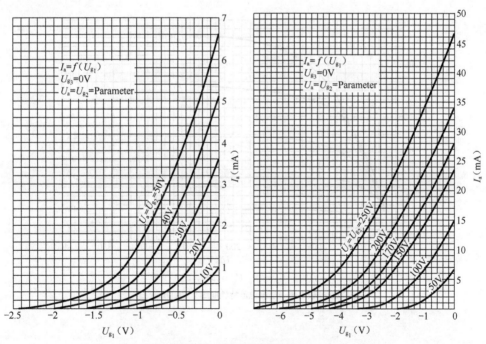

左：EF800 栅极电压—屏极电流特性曲线 1（Telefunken）

右：EF800 栅极电压—屏极电流特性曲线 2（Telefunken）

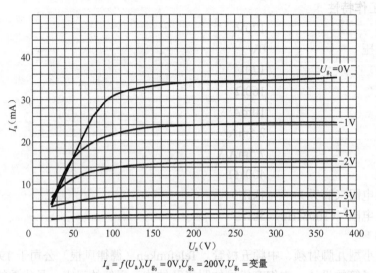

$I_a = f(U_a), U_{g_3} = 0V, U_{g_2} = 200V, U_{g_1} = 变量$

EF800 屏极电压—屏极电流特性曲线 1（Telefunken）

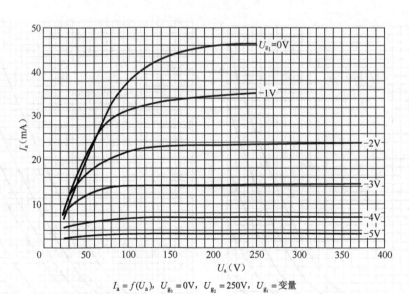

$I_a = f(U_a)$, $U_{g_3} = 0V$, $U_{g_2} = 250V$, $U_{g_1} = 变量$

EF800 屏极电压—屏极电流特性曲线 2（Telefunken）

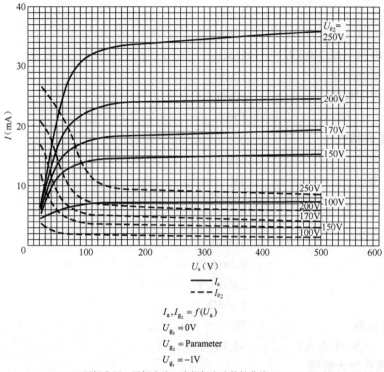

$$I_a, I_{g_2} = f(U_a)$$
$$U_{g_3} = 0V$$
$$U_{g_2} = Parameter$$
$$U_{g_1} = -1V$$

EF800 屏极电压—屏极电流、帘栅极电流特性曲线（Telefunken）

（200）EF806S　EF804S

锐截止五极管。

EF806S

◎ **特性**

敷氧化物旁热式阴极：6.3V/0.2A，交流或直流

$$C_{g_1} \qquad 4.0pF$$
$$C_a \qquad 5.5pF$$
$$C_{a\text{-}g_1} \qquad <0.05pF$$
$$C_{g_1\text{-}f} \qquad <0.0025pF$$

安装位置：任意

管壳：玻璃

管基：纽扣式芯柱小型九脚

◎ **最大额定值**

屏极供给电压	550V
屏极电压	300V
屏极耗散功率	1.0W
帘栅供给电压	550V
帘栅电压	200V
帘栅耗散功率	0.2W

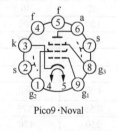

Pico9·Noval

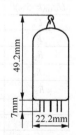

EF806S

阴极电流	6mA
栅极电路电阻（$W_a < 0.2W$）	10MΩ
栅极电路电阻（$W_a > 0.2W$）	3MΩ
热丝—阴极间电压	100V
热丝—阴极间电阻	20kΩ
管壳温度	170℃

◎ 典型工作特性

屏极电压	250V
抑制栅电压	0V
帘栅电压	140V
阴极电阻	500Ω
屏极电流	3.2mA
帘栅电流	0.6mA
互导	2.0mA/V
屏极内阻	2.5MΩ
g_2-g_1 放大系数	38
栅极电压（$I_g \leqslant +0.3\mu A$）	−1.3V

◎ 阻容耦合放大数据

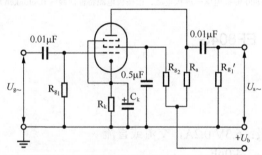

U_b	100	200	250	300	350	400	V
R_a	100	100	100	100	100	100	kΩ
R_{g_2}	470	390	390	390	390	390	kΩ
R_k	1.5	1	1	1	1	1	kΩ
R_{g_1}'	330	330	330	330	330	330	kΩ
I_k	1	1.65	2.05	2.45	2.85	3.3	mA
V	95	106	112	116	120	124	fach
$U_{a\sim eff}(k=5\%)^{1)}$	22	40	50	64	75	87	V
U_b	100	200	250	300	350	400	V
R_a	220	220	220	220	220	220	kΩ
R_{g_2}	1	1	1	1	1	1	MΩ
R_k	2.7	2.2	2.2	2.2	2.2	2.2	kΩ
R_{g_1}'	680	680	680	680	680	680	kΩ
I_k	0.55	0.75	0.9	1.1	1.4	1.55	mA
V	150	170	180	188	196	200	fach
$U_{a\sim eff}(k=5\%)^{1)}$	24.5	36	46	54	63	73	V

EF806S 阻容耦合放大数据（Telefunken）

三极管接法（g₂及g₃连接到屏极）

U_b	200	250	300	350	400	V
R_a	47	47	47	47	47	kΩ
R_k	1.2	1.2	1.2	1.2	1.2	kΩ
R_{g_1}'	150	150	150	150	150	kΩ
I_{a+g_2}	1.85	2.3	2.7	3.2	3.7	mA
V	23.5	23.5	24	24.5	24.5	fach
$U_{a\text{~eff}}^{1}$	22	32	43	53	64	V
$K^{2)}$	3.1	3.5	3.8	4	4.5	%
U_b	200	250	300	350	400	V
R_a	100	100	100	100	100	kΩ
R_k	2.2	2.2	2.2	2.2	2.2	kΩ
R_{g_1}'	330	330	330	330	330	kΩ
I_{a+g_2}	1	1.25	1.5	1.7	2	MA
V	27.5	28	28.5	28.5	28.5	fach
$U_{a\text{~eff}}^{1)}$	27.5	39	50	62	73	V
k^2	3.3	3.7	3.8	4	4	%

[1] 失真 k 与输出电压 $U_{a\text{~}}$ 几乎成比例。

[2] 栅极电流起始点。

EF806S 阻容耦合放大数据（Telefunken）（续）

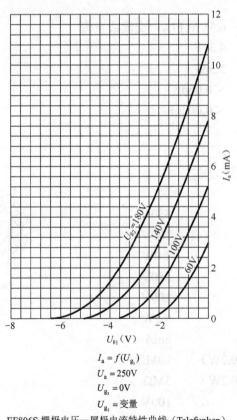

$$I_a = f(U_{g_1})$$
$$U_a = 250V$$
$$U_{g_3} = 0V$$
$$U_{g_2} = 变量$$

EF806S 栅极电压—屏极电流特性曲线（Telefunken）

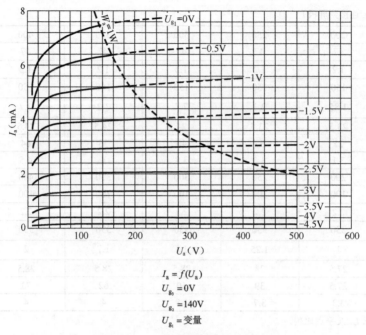

$I_a = f(U_a)$

$U_{g_3} = 0V$

$U_{g_2} = 140V$

$U_{g_1} = 变量$

EF806S 屏极电压—屏极电流特性曲线（Telefunken）

EF804S

◎ 特性

敷氧化物旁热式阴极：6.3V/0.17A，交流或直流

C_{g_1}	4.3pF
C_a	5.5pF
$C_{a\text{-}g_1}$	＜0.06pF
$C_{g_1\text{-}f}$	＜0.002pF

安装位置：任意

管壳：玻璃

管基：纽扣式芯柱小型九脚

◎ 最大额定值

屏极供给电压	550V
屏极电压	300V
屏极耗散功率	1.0W
帘栅供给电压	550V
帘栅电压	200V
帘栅耗散功率	0.2W
阴极电流	6mA
栅极电路电阻（W_a＜0.2W）	10MΩ
栅极电路电阻（W_a＞0.2W）	3MΩ
热丝—阴极间电压	100V
热丝—阴极间电阻	20kΩ

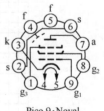

Pico 9·Noval

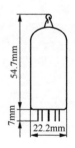

EF804S

管壳温度 　　　　　　　　170℃

◎ **典型工作特性**

屏极电压 　　　　　　　　250V

抑制栅电压 　　　　　　　0V

帘栅电压 　　　　　　　　140V

阴极电阻 　　　　　　　　500Ω

屏极电流 　　　　　　　　3.2mA

帘栅电流 　　　　　　　　0.6mA

互导 　　　　　　　　　　2.0mA/V

屏极内阻 　　　　　　　　2MΩ

g_2-g_1 放大系数 　　　　　38

栅极电压（$I_g \leqslant +0.3\mu A$）　　　−1.3V

◎ **阻容耦合放大数据**

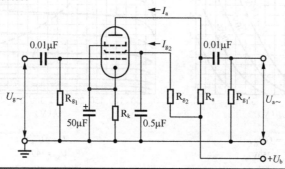

	U_b	250	250	250	100	100	100	V
	R_a	0.3	0.2	0.2	0.3	0.2	0.2	MΩ
	R_{g_2}	1.5	1.0	1.2	1.2	1.0	1.2	MΩ
	R_{g_1}	1	1	10	1	1	10	MΩ
	R_{g_1}'	1	1	0.7	1	1	0.7	MΩ
	R_k	2.0	1.5	0	5.0	3.0	0	kΩ
	I_a	0.61	0.87	0.9	0.21	0.29	0.3	mA
	I_{g_2}	0.11	0.16	0.17	0.045	0.055	0.06	mA
	V	210	175	190	125	120	120	fach
k für $U_{a\text{-eff}}$=4V		0.6	0.5	<1	1.1	1.1	1.2	%
k　　=8V		0.9	0.7	<1	1.7	1.6	1.8	%
k　　=12V		1.2	1.0	<1	2.6	2.5	3.0	%

阻容耦合声频放 三极管接法（g_2 连接到屏极）

	U_b	250	250	100	100	V
	R_a	0.2	0.1	0.2	0.1	MΩ
	R_{g_1}	1	1	1	1	MΩ
	R_{g_1}'	1	1	1	1	MΩ
	R_k	1.5	1.2	4.5	2.5	kΩ

EF804S 阻容耦合放大数据（Telefunken）

续表

$I_a+I_{g_2}$	0.85	1.5	0.28	0.48	mA
V	31	29	27	26	fach
k für $U_{a\text{-eff}}$=4V	0.6	0.6	1.0	1.0	%
k =8V	0.8	0.7	1.5	1.7	%
k =12V	1.1	1.0	1.8	2.2	%

EF804S 阻容耦合放大数据（Telefunken）（续）

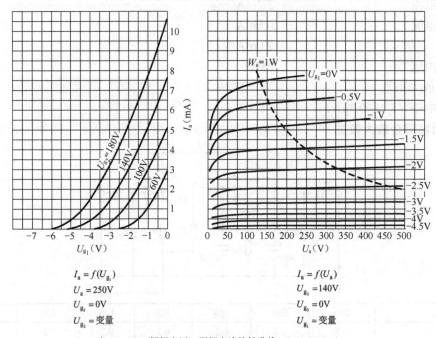

$I_a = f(U_{g_1})$ 　　　　　　　$I_a = f(U_a)$
$U_a = 250V$ 　　　　　　　　$U_{g_2} = 140V$
$U_{g_3} = 0V$ 　　　　　　　　$U_{g_3} = 0V$
$U_{g_2} = 变量$ 　　　　　　　$U_{g_1} = 变量$

左：EF804S 栅极电压—屏极电流特性曲线　（Telefunken）
右：EF804S 屏极电压—屏极电流特性曲线　（Telefunken）

　　EF806S 为小型九脚声频五极管，高可靠、长寿命、耐振动冲击、低公差。Telefunken（德律风根）公司于 1951 年起开始进行 800 系列电子管的设计，它们有优异的阴极及结构、更低的噪声，是优秀的声频电子管，适用于专业录音设备等。ECC801S、ECC802S、ECC803S、EF800、EF804S、EF806S 等的特性与 ECC81、ECC82、ECC83、EF80、EF86 等相同。使用时管座中心屏蔽柱建议接地。可参阅 EF86 相关内容。

　　EF804S 与 EF806S 特性基本相同，但采用不同的管脚布局方式，可获得较少的接线交叉。

管脚编号	①	②	③	④⑤	⑥	⑦	⑧	⑨
EF86、EF806S 6267、E80F	帘栅极	屏蔽	阴极	热丝	屏极	屏蔽	抑制栅	控制栅
EF804、EF804S	抑制栅	屏蔽	阴极	热丝	屏蔽	屏极	帘栅极	控制栅

　　EF806S 的等效管有 6267。

（201）EL34

功率五极管。

◎ **特性**

敷氧化物旁热式阴极：6.3V/1.5A，交流或直流

C_{g_1}	15.2pF
C_a	8.4 pF
$C_{a\text{-}g_1}$	＜1.1pF
$C_{g_1\text{-}f}$	＜1.0pF
$C_{k\text{-}f}$	10pF

安装位置：任意

管壳：玻璃

管基：八脚

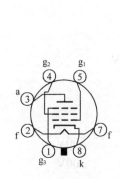

◎ **最大额定值**

屏极供给电压	2000V
屏极电压	800V
屏极耗散功率（V_i=0V）	25W
屏极耗散功率（V_i＞0V）	27.5W
帘栅供给电压	800V
帘栅电压	425V
帘栅耗散功率	8W
阴极电流	150mA
栅极电压（I_g=+0.3μA）	−1.3V
栅极电路电阻（A、AB 类）	0.7MΩ
栅极电路电阻（B 类）	0.5MΩ
热丝—阴极间电压	100V
热丝—阴极间电阻	20kΩ

三极接法

屏极电压	600V
屏极+帘栅耗散功率（500V）	30W
屏极+帘栅耗散功率（600V）	15W

◎ **典型工作特性**

屏极电压	250V

抑制栅电压	0V		
帘栅电压	250V		
栅极电压	−12.2V		
屏极电流	100mA		
帘栅电流	15mA		
互导	11mA/V		
屏极内阻	15kΩ		
g_2-g_1放大系数	11		
栅极电压（I_g=+0.3μA）	−1.3V		

三极接法（帘栅连接屏极）

屏极电压	250V
屏极电流	70mA
栅极电压	−15.5V
互导	11.5mA/V
屏极内阻	910Ω
放大系数	10.5

A类单端放大

屏极电压	250V	300V	
帘栅电压	250V	300V	
抑制栅电压	0V	0V	
阴极电阻	106Ω	190Ω	
负载阻抗	2.0kΩ	3.5kΩ	
屏极电流	100mA	83mA	9mA
输入电压（P_o=50mW）	500mVrms	450mVrms	
输入电压	8Vrms	8.2Vrms	
输出功率	11W	11W	
总谐波失真	10%	10%	

负载分配推挽放大（帘栅极抽头20%初级绕组）（两管值）

电源电压	450V
帘栅电阻（每管）	1kΩ
阴极电阻（每管）	500Ω
负载阻抗（P-P）	7kΩ
零信号屏极电流	110mA
零信号帘栅电流	18mA
输入信号（G-G）	55.2Vrms
输出功率	40W
总谐波失真	4.5%
最大信号屏极电流	148mA
最大信号帘栅电流	18mA

负载分配推挽放大（帘栅极抽头 43%初级绕组）（两管值）

电源电压	430V	430V
帘栅电阻（每管）	1kΩ	1kΩ
阴极电阻（每管）	470Ω	470Ω
负载阻抗（P-P）	6.0kΩ	6.0kΩ
零信号屏极电流	125mA	125mA
零信号帘栅电流	20mA	20mA
输入信号（G-G）	35Vrms	50Vrms
输出功率	20W	34W
总谐波失真	0.35%	2.5%
最大信号屏极电流	130mA	140mA
最大信号帘栅电流	20.4mA	28mA

B 类推挽放大（固定偏压）（两管值）

电源电压	375V	400V
抑制栅电压	0V	0V
帘栅电阻（每管）	600Ω	800Ω
栅极电压	−33V	−36V
负载阻抗（P-P）	3.5kΩ	3.5kΩ
零信号屏极电流	60mA	60mA
零信号帘栅电流	9.4mA	9.0mA
输入信号（G-G）	46.7Vrms	50Vrms
输出功率	48W	54W
总谐波失真	2.8%	1.6%
最大信号屏极电流	215mA	221mA
最大信号帘栅电流	47mAΩ	46mA

AB 类推挽放大（自给偏压）（两管值）

电源电压	375V	450V
抑制栅电压	0V	0V
帘栅电阻（每管）	0.47kΩ	1kΩ
阴极电阻（每管）	260Ω	465Ω
负载阻抗（P-P）	3.5kΩ	6.5kΩ
零信号屏极电流	150mA	160mA
零信号帘栅电流	25mA	20mA
输入信号（G-G）	40Vrms	54Vrms
输出功率	35W	40W
总谐波失真	1.7%	5.1%
最大信号屏极电流	188mA	143mA
最大信号帘栅电流	39mAΩ	44mA

三极接法推挽放大（帘栅接屏极，抑制栅接阴极）（两管值）

电源电压	430V	430V
屏极电源	400V	400V
抑制栅电压	0V	0V
阴极电阻（每管）	440Ω	440Ω
负载阻抗（P-P）	5.0kΩ	10kΩ
零信号屏极电流	140mA	140mA
输入信号	48Vrms	48Vrms
输出功率	17W	14W
总谐波失真	1.8%	0.4%
最大信号屏极电流	150mA	146mA

Miniwatt EL34（左：早期铁座）

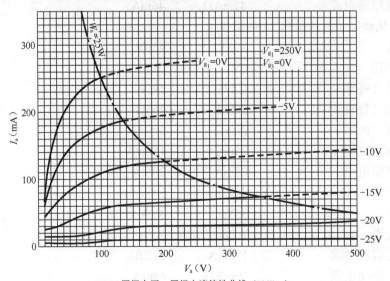

EL34 屏极电压—屏极电流特性曲线（Philips）

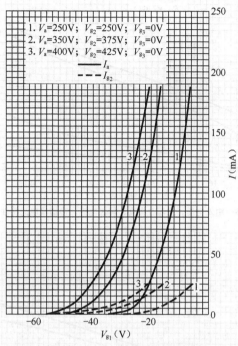

EL34 栅极电压—屏极电流、帘栅极电流特性曲线（Philips）

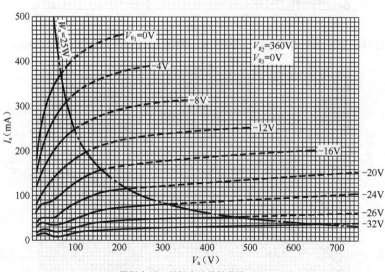

EL34 屏极电压—屏极电流特性曲线（Philips）

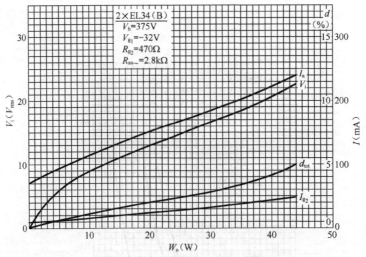

EL34×2 输出功率—输入电压、总谐波失真、屏极电流、帘栅极电流特性曲线 1（Philips）

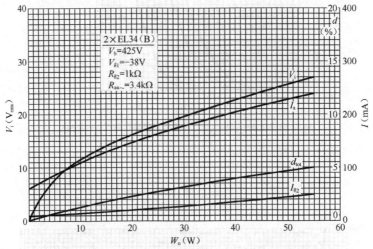

EL34×2 输出功率—输入电压、总谐波失真、屏极电流、帘栅极电流特性曲线 2（Philips）

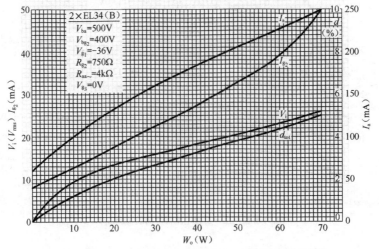

EL34×2 输出功率—输入电压、总谐波失真、屏极电流、帘栅极电流特性曲线 3（Philips）

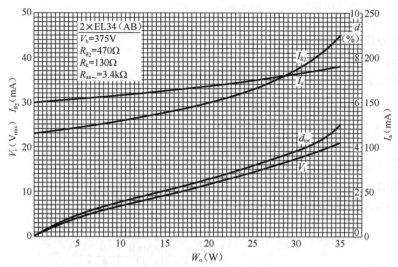

EL34×2 输出功率—输入电压、总谐波失真、屏极电流、帘栅极电流特性曲线 4（Philips）

　　EL34 为 1954 年 Philips 开发的声频用高效率、高功率灵敏度八脚五极功率电子管，美国同类管是 6CA7。EL34 是欧洲系著名功率管，声音清丽，功率较大而体积较小，使用非常普遍，早期 EL34 为金属底座，俗称铁座。6CA7 的特性与 EL34 相同，可以直接替换，但 Sylvania、Ei、EH 的 6CA7 为集射管结构，声底较 EL34 为厚，通常 6CA7 管壳较粗（Φ38× 98mm），EL34 管壳较细（Φ33×98mm）。

　　EL34 适用于 AB$_1$ 类推挽声频功率放大，可取得输出功率 30～40W，B 类放大可达 100W，用来超线性放大时，其超线性抽头位置在 43%圈数处。EL34 在 A$_1$ 和 AB$_1$ 类放大时，栅极电阻不能大于 680kΩ，AB$_2$ 类和 B 类放大时则不能大于 470kΩ。EL34 的互导高，在推挽工作时，最好每个电子管都设有独立的偏压调节，因为高互导电子管很小的偏压变化就会引起很大的屏极电流变化，造成电路工作不平衡。EL34 在推挽放大时，若栅极连线较长，容易产生自激，必要时可在栅极串进阻尼电阻。电源电压较高时，帘栅极宜串接一数百欧姆电阻。EL34 的负载阻抗不宜过大，特别是推挽工作时，负载阻抗值可取得比单端时小，否则 3 次谐波会增多从而影响音质。EL34 的屏极电压不建议高于 400V，以免缩短电子管的工作寿命。EL34 的装置位置可任意，但必须有良好的通风。

　　EL34 在三极管接法时，屏极内阻约 1.1kΩ，单端输出功率可达 6W，这时负载阻抗 3kΩ，阴极电阻 370Ω，阴极电压 26V，屏—阴间电压 375V，屏极电流 70mA，输入信号电压 18.9Vrms，总谐波失真 8%，为取得好的性能，必须采用漏感小的大型输出变压器。

　　EL34 的等效管有 6CA7（美国，GE，Φ38mm GT 管）、CV1741（英国，军用）、CV1471、7D11、12E13、EL34WXT（俄罗斯，Sovtek，Φ32mm，细壳长底座改良型）、EL34EH（俄罗斯，EH，Φ32mm）、6CA7EH（俄罗斯，EH，Φ37mm 粗壳，集射结构）、E34L（斯洛伐克，JJ，Φ33mm GT 管，栅偏压稍高）、EL34B（中国，曙光，Φ33mm 棕色底座，耐用型，第 1 脚为空脚）、KT77（英国，GEC，集射结构，EL34 的大功率替代管）。

（202）EL84

功率五极管。

◎ **特性**

敷氧化物旁热式阴极：6.3V/0.76A，交流或直流

极间电容：

$C_{a(g_1)}$	6.5pF
$C_{g_1(a)}$	10.8pF
$C_{a\text{-}g_1}$	≤0.5pF
$C_{g_1\text{-}f}$	≤0.25pF

安装位置：任意

管壳：玻璃

管基：纽扣式芯柱小型九脚

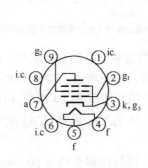

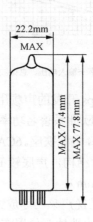

◎ **最大额定值**

屏极供给电压	550V
屏极电压	300V
屏极耗散功率	12W
帘栅供给电压	550V
帘栅电压	300V
帘栅耗散功率	2W
阴极电流	65mA
栅极电压	−100V
栅极电路电阻	1MΩ（自给偏压），0.3 MΩ（固定偏压）
热丝—阴极间电压	100V

◎ **A类工作特性**

屏极电压	250V
帘栅电压	250V
屏极电流	48mA
帘栅电流	5.5mA
栅极电压	−7.3V
互导	11.3 mA/V
内阻	38kΩ

g_2-g_1 放大系数　　19

1.

屏极电压				250V		
帘栅电压				250V		
栅极电压				−7.3V		
阴极电阻				135Ω		
负载阻抗				5.2kΩ		
驱动电压	0	0.3	3.4	4.3	4.7*	Vrms
屏极电流	48	—	—	49.5	49.2	mA
帘栅电流	5.5	—	—	10.8	11.6	mA
互导	11.3mA/V					
g_2-g_1 放大系数	19					
屏极内阻	38kΩ					
输出功率	0	0.05	4.5	5.7	6	W
总谐波失真			6.8	10		%
二次谐波			3.0	2.0		%
三次谐波			5.8	9.5		%

2.

屏极电压				250V		
帘栅电压				250V		
栅极电压				−7.3V		
阴极电阻				135Ω		
负载阻抗				4.5kΩ		
驱动电压	0	0.3	3.4	4.3	4.7*	Vrms
屏极电流	48	—	—	50.6	50.5	mA
帘栅电流	5.5	—	—	10.0	11.0	mA
互导	11.3mA/V					
g_2-g_1 放大系数	19					
屏极内阻	38kΩ					
输出功率	0	0.05	4.5	5.7	6	W
总谐波失真			7.5	10		%
二次谐波			5.7	5.0		%
三次谐波			4.5	8.0		%

3.

屏极电压	250V
帘栅电压	250V
栅极电压	−8.4V
阴极电阻	210Ω
负载阻抗	7kΩ

驱动电压	0	0.3	3.5	5.5*	Vrms
屏极电流	36	—	36.8	36	mA
帘栅电流	4.1	—	8.5	14.6	mA
互导	10mA/V				
g_2-g_1 放大系数	19				
屏极内阻	40kΩ				
输出功率	0	0.05	4.2	5.6	W
总谐波失真			10		%
二次谐波			1.7		%
三次谐波			8.7		%

4.

屏极电压	250V
帘栅电压	210V
栅极电压	−6.4V
阴极电阻	160Ω
负载阻抗	7kΩ

驱动电压	0	0.3	3.4	3.8*	Vrms
屏极电流	36	—	36.6	36.5	mA
帘栅电流	4.1	—	8.5	14.6	mA
互导	10.4mA/V				
g_2-g_1 放大系数	19				
屏极内阻	40kΩ				
输出功率	0	0.05	4.3	4.7	W
总谐波失真			10		%
二次谐波			1.8		%
三次谐波			9.3		%

* I_{g_1}=+0.3μA。

◎ B 类推挽工作特性（两管值）

屏极电压	250V		300V		
帘栅电压	250V		300V		
栅极电压	−11.6V		−14.7V		
负载阻抗	8kΩ		8kΩ		
驱动电压	0	8	0	10	Vrms
屏极电流	20	75	15	92	mA
帘栅电流	2.2	15	1.6	22	mA
输出功率	0	11	0	17	W
总谐波失真	—	3	—	4	%

◎ AB 类推挽工作特性（两管值）

屏极电压	250V	300V

帘栅电压	250V		300V	
共用阴极电阻	130Ω		130Ω	
负载阻抗	8kΩ		8kΩ	
驱动电压	0	8	0	10	Vrms
屏极电流	62	75	72	92	mA
帘栅电流	7	15	8	22	mA
输出功率	0	11	0	17	W
总谐波失真	—	3	—	4	%

◎ 三极接法工作特性（帘栅连接屏极）

屏极电压	250V
屏极电流	34mA
栅极电压	−9V
互导	10mA/V
内阻	2.0kΩ
放大系数	19.5

A 类单端

屏极电压		250V		
阴极电阻		270Ω		
负载阻抗		3.5kΩ		
驱动电压	0	1.0	6.7	Vrms
屏极电流	34	—	36	mA
输出功率	0	0.05	1.95	W
总谐波失真	—	—	9	%

AB 类推挽（两管值）

屏极电压	250V		300V	
共用阴极电阻	270Ω		270Ω	
负载阻抗	10kΩ		10kΩ	
驱动电压	0	8.3	0	10	Vrms
屏极电流	40	43.4	48	52	mA
输出功率	0	3.4	0	5.2	W
总谐波失真	—	2.5	—	2.5	%
50mW 驱动电压		0.95		0.9	Vrms

　　EL84 为声频用小型九脚高功率灵敏度五极输出管，美国编号是 6BQ5，该管适用于高保真声频放大输出级（AB₁ 类推挽 12W 或 17W，超线性推挽 10W，超线性抽头 43%），常见于早期高保真设备中，它的栅极电阻最大不能超过 1MΩ（自给偏压）或 300kΩ（固定偏压）。6BQ5/EL84 有优良的电气特性和优秀的谐波表现，声音柔和圆润。由于是小型管易过热，使用时要注意有良好通风。某些欧洲 EL84 的第 1 脚与第 2 脚在管内相连，如 RFT，但接续图注为空脚，使用时须予注意。

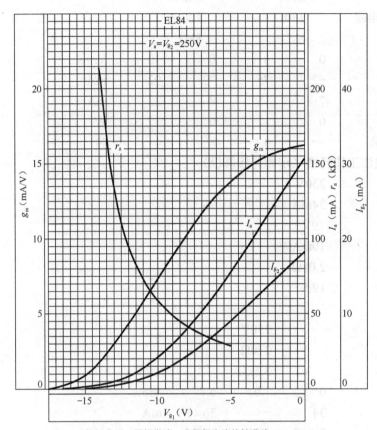

EL84 栅极电压—屏极电流、帘栅极电流特性曲线（Mullard）

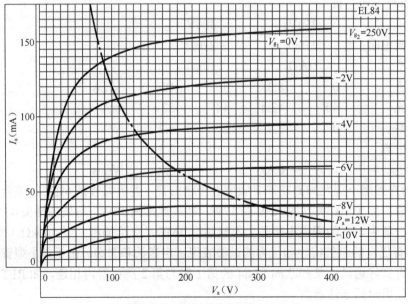

EL84 屏极电压—屏极电流特性曲线（Mullard）

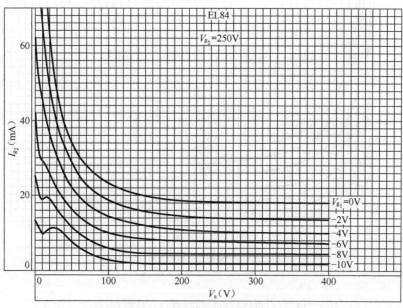

EL84 屏极电压—帘栅极电流特性曲线（Mullard）

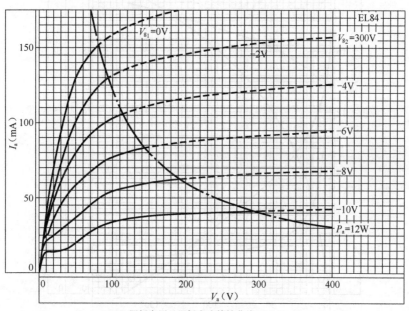

EL84 屏极电压—屏极电流特性曲线（Mullard）

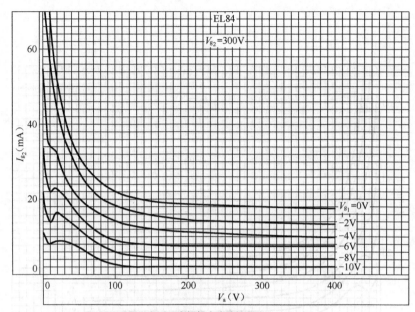

EL84 屏极电压—帘栅极电流特性曲线（Mullard）

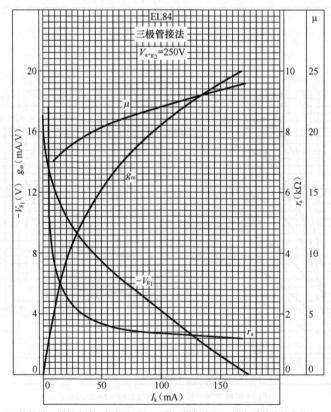

EL84（三极接法）阴极电流—栅极电压、互导、屏极内阻、放大系数特性曲线（Mullard）

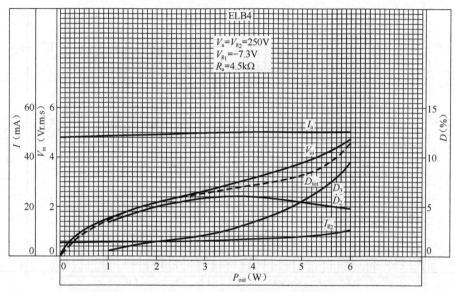

EL84（单端放大）输出功率—电流、输入电压、总谐波失真特性曲线（Mullard）

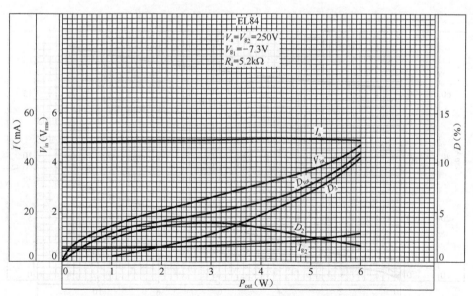

EL84（单端放大）输出功率—电流、输入电压、总谐波失真特性曲线（Mullard）

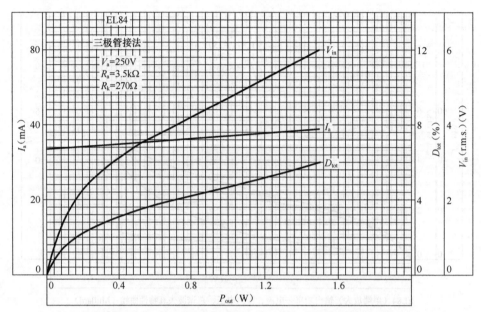

EL84（三极接法单端放大）输出功率—屏极电流、输入电压、总谐波失真特性曲线（Mullard）

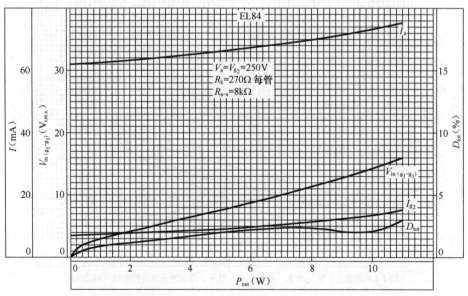

EL84（推挽放大）输出功率—电流、输入电压、总谐波失真特性曲线（Mullard）

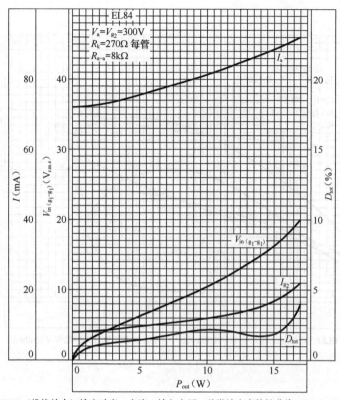

EL84（推挽放大）输出功率—电流、输入电压、总谐波失真特性曲线（Mullard）

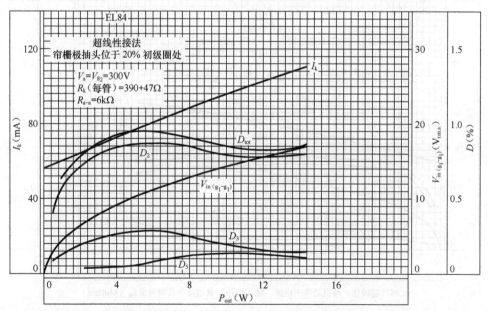

EL84（超线性）输出功率—电流、输入电压、总谐波失真特性曲线（Mullard）

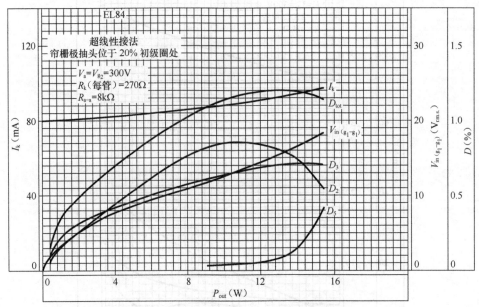

EL84（超线性）输出功率—电流、输入电压、总谐波失真特性曲线（Mullard）

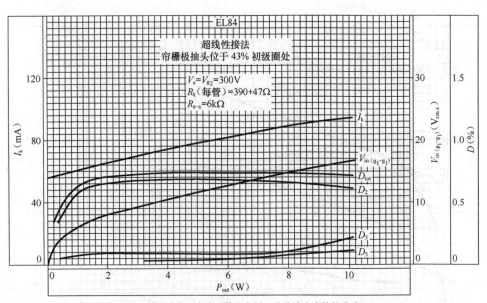

EL84（超线性）输出功率—电流、输入电压、总谐波失真特性曲线（Mullard）

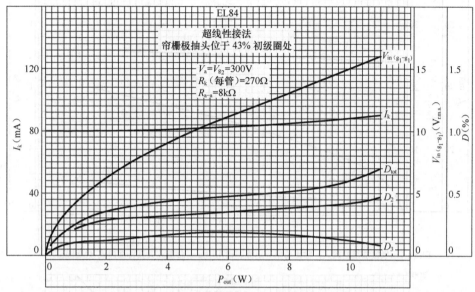

EL84（超线性）输出功率—电流、输入电压、总谐波失真特性曲线（Mullard）

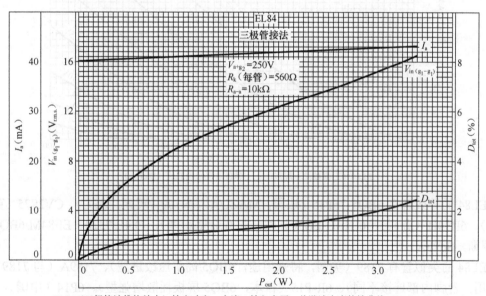

EL84（三极接法推挽放大）输出功率—电流、输入电压、总谐波失真特性曲线（Mullard）

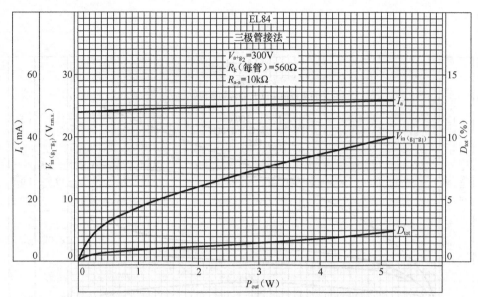

EL84（三极接法推挽放大）输出功率—电流、输入电压、总谐波失真特性曲线（Mullard）

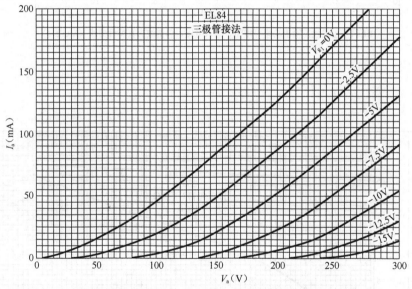

EL84（三极接法）屏极电压—屏极电流特性曲线（Mullard）

EL84 的等效管有 6BQ5、6P15（法国，MAZDA）、N709（英国，GEC）、CV2975（英国，军用）、6П14П（苏联）、6П14П-EB（苏联，长寿命坚牢型）、E84L/7320、EL84M/6BQ5WA（俄罗斯，Sovtek）。

EL84 的类似管有 7189（美国，特殊用途，6BQ5 高耐压改进型）、7189A（与 7189 单向可换用，管脚内部连接不同）、6R-P15（日本，6BQ5 屏极耗散增强型）、6P14（中国）。

（203）EL86

功率五极管。

◎ **特性**

敷氧化物旁热式阴极：6.3V/0.76A，交流或直流

极间电容：

C_{g_1}	12.0pF
C_a	6.0pF
$C_{a\text{-}g_1}$	≤0.6pF

安装位置：任意

管壳：玻璃

管基：纽扣式芯柱小型九脚

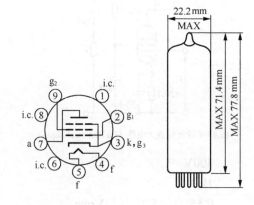

◎ **最大额定值**

屏极电压	250V
屏极耗散功率	12W
帘栅电压	200V
帘栅耗散功率	1.75W
阴极电流	100mA
栅极电路电阻	1MΩ（自给偏压）
热丝—阴极间电压	300V
热丝—阴极间电阻	20kΩ

◎ **A类放大特性**

屏极电压	170V
帘栅电压	170V
阴极电阻	140Ω
栅极电压	−12.5V
屏极电流	70mA
零信号帘栅电流	5mA
最大信号帘栅电流	20mA
屏极内阻	23kΩ
互导	10mA/V
负载阻抗	2.4kΩ

驱动电压	7V
输出功率	5.6W
总谐波失真	10％

◎ 参考电路

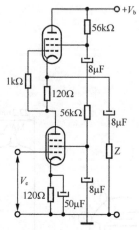

EL86 单端推挽放大电路（La Radiotechnique）

屏极电压 V_b		300V		
负载阻抗 Z		1kΩ		
驱动电压 V_i	0	0.55	5.7	Vrms
屏极电流 I_b	69		67	mA
输出功率 P_s	0	0.05	4.8	W
总谐波失真 D			9.3	％

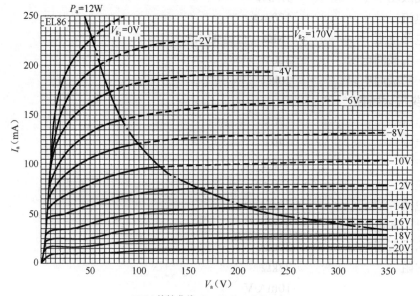

EL86 特性曲线（La Radiotechnique）

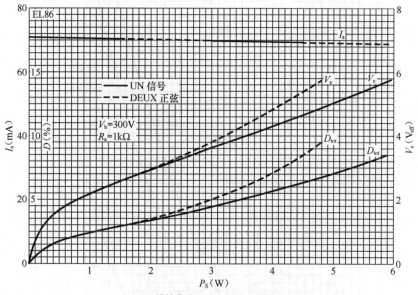

EL86 特性曲线（La Radiotechnique）

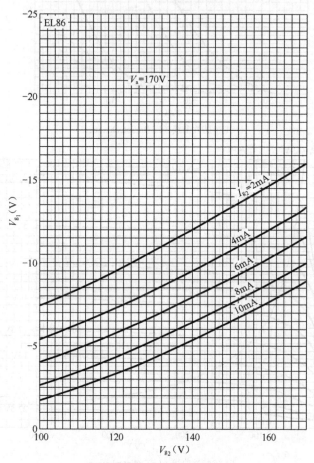

EL86 特性曲线（La Radiotechnique）

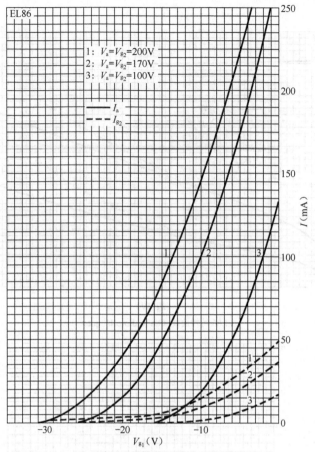

EL86 特性曲线（La Radiotechnique）

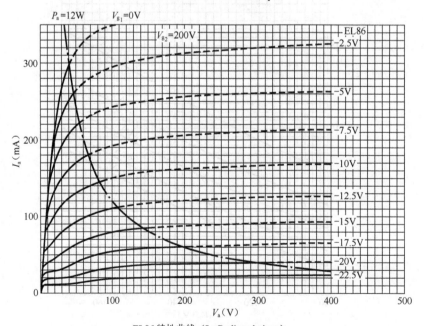

EL86 特性曲线（La Radiotechnique）

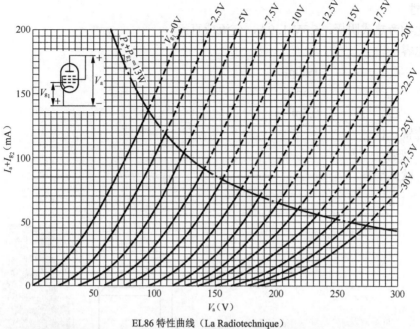

EL86 特性曲线（La Radiotechnique）

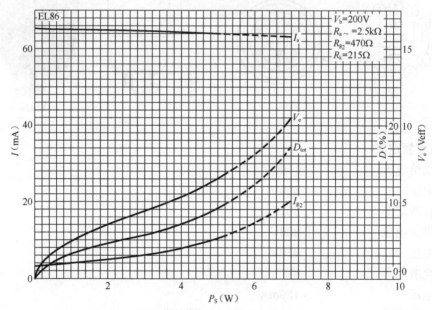

EL86 特性曲线（La Radiotechnique）

　　EL86 为小型九脚高性能功率五极管，美国编号是 6CW5。该管适用于无线电、电视接收机及高保真放大器中声频输出放大，工作电压较低，可用于 OTL 单端推挽输出放大、电视机垂直偏转输出。由于是小型管易过热，使用时要注意有良好通风。

　　EL86 的等效管有 6CW5、6П18П（苏联）、6П33П（苏联）。

（204）EL156

功率五极管。

◎ **特性**

敷氧化物旁热式阴极：6.3V/1.9A，交流或直流

极间电容：

C_e	19.0pF
C_a	7.5pF
C_{g-a}	0.5pF

安装位置：任意

管壳：玻璃

管基：欧式十脚

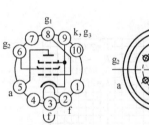
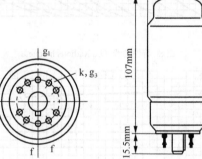

Tel.EL156

◎ **最大额定值**

屏极供给电压	1600V
屏极电压	800V
屏极耗散功率	50W
帘栅供给电压	800V
帘栅电压	450V
帘栅耗散功率	8W
阴极电流	180mA
栅极电路电阻	100kΩ
热丝—阴极间电压	50V
热丝—阴极间电阻	1kΩ
管壳温度	240℃

◎ **典型工作特性**

屏极电压	440V
帘栅电压	350V
阴极电阻	150Ω

屏极电流	100mA	
帘栅电流	16mA	
互导	11mA/V	
g_2-g_1 放大系数	15	
屏极内阻	20kΩ	
A 类单端放大（1）		
屏极电压	350V	
帘栅电压	250V	
阴极电阻	60Ω	
屏极电流	120mA	
屏极电流	116mA	
帘栅电流	15mA	
帘栅电流	24mA	
负载阻抗	4kΩ	
驱动电压（eff）	6V	
输出功率	15W	
总谐波失真	8%	
A 类单端放大（2）		
屏极电压	450V	
帘栅电压	280V	
阴极电阻	90Ω	
屏极电流	112mA	
屏极电流	108mA	
帘栅电流	17mA	
帘栅电流	25mA	
负载阻抗	3.8kΩ	
驱动电压（eff）	8.5V	
输出功率	24W	
总谐波失真	7.5%	
AB 类推挽放大（1）		
屏极电压	600V	600V
帘栅电压*	300V	350V
阴极电阻	160Ω	200Ω
屏极电流	80mA	80mA
屏极电流	95mA	100mA
帘栅电流	10mA	10.5mA
帘栅电流	18mA	24mA
驱动电压（eff）	13.5V	18.5V
负载阻抗	8.5kΩ	7.6kΩ

输出功率	65W	80W
总谐波失真	4%	4%

* 串入100Ω电阻。

AB 类推挽放大（2）

屏极电压	800V	800V
帘栅电压*	300V	350V
栅极电压	−20V	−24V
屏极电流	45mA	45mA
屏极电流	100mA	120mA
帘栅电流	4.5mA	5mA
帘栅电流	20mA	25mA
驱动电压（eff）	15V	18V
负载阻抗	11kΩ	9.5kΩ
输出功率	105W	135W
总谐波失真	5%	6%

* 串入100Ω电阻。

EL156 为 1968 年 Telefunken 开发的欧式非对称十脚五极功率管。该管是高功率灵敏度、大耗散功率的声频输出管，适用于 A 类单端及 AB₁ 类推挽放大，它的栅极电阻最大不能超过 100kΩ，使用时要注意有良好的通风。该管开发年代较迟，未及推广，存世量较少，中国曙光厂仿制的 EL156 采用通用八脚管基。

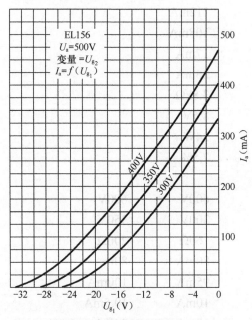

EL156 栅极电压—屏极电流特性曲线（Telefunken）

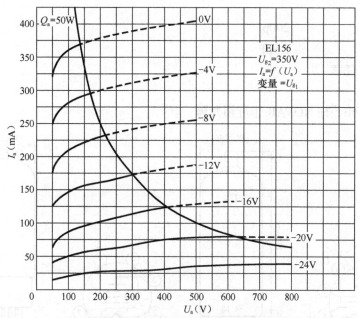

EL156 屏极电压—屏极电流特性曲线（Telefunken）

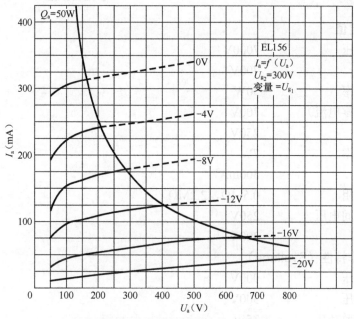

EL156 屏极电压—屏极电流特性曲线（Telefunken）

（205）EL509

功率集射管。

◎ **特性**

敷氧化物旁热式阴极：6.3V/2A，交流或直流

极间电容：

$C_{g_1\text{-}f}$ 200pF

$C_{g\text{-}a}$ 2.5pF

安装位置：任意

管壳：玻璃

管基：大纽扣芯柱 NOVAR 带屏帽九脚

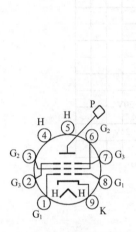

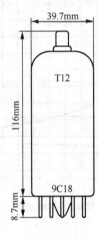
Svetlana/JJ EL509

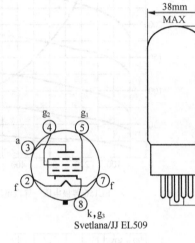

◎ **最大额定值**

屏极峰值电压	7000V
屏极电压	700V
屏极耗散功率	30W
帘栅电压（零电流）	700V
帘栅电压	250V
帘栅耗散功率	7W
阴极电流	500mA
栅极电路电阻	0.5MΩ，2.2MΩ
热丝—阴极间电压	250V
管壳温度	300℃

◎ **典型工作特性（Svetlana）**

最大屏极电压	900V
最大帘栅电压	300V
最大屏极耗散功率	35W
最大帘栅耗散功率	7W
最大阴极电流	500mA
屏极电压	500V
帘栅电压	280V
屏极电流	70～100mA

栅极电压	−82V
互导	18mA/V
屏极内阻	8000Ω
负载阻抗	1650Ω
输出功率	14W
总谐波失真	0.9%

◎ **典型工作特性（JJ）**

最大屏极电压	700V
最大帘栅电压	700V
最大帘栅耗散功率	9W
最大阴极电流	500mA
最大热丝—阴极间电压	150V
最大屏极+帘栅耗散功率	42W
屏极电压	160V
帘栅电压	160V
屏极电流	200mA
帘栅电流	10mA
栅极电压	−30V

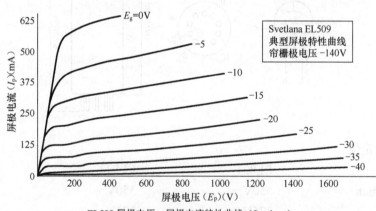

EL509 屏极电压—屏极电流特性曲线（Svetlana）

EL509 为 NOVAR 带屏帽九脚小型高性能集射功率管，美国编号为 6KG6。该管原为电子管彩色电视机中的水平（行）扫描输出管，亦可用于 A 类、AB 类、B 类声频放大，以及 C 类射频功率放大。在音响电路中，其低工作电压、大电流、低内阻特性，使它适用于 SEPP 单端推挽输出放大。

俄罗斯 Svetlana 和斯洛伐克 JJ 曾生产无屏帽 8 脚 GT 型 EL509-2（JJ 标 EL509，外形尺寸 Φ38×105mm），德国公司用以制造高性能声频功率放大器。

EL509 的等效管有 6KG6、6Π45C（苏联）。

EL509 热丝电压不同可串联供电的同类管有 40KG6/PL519（热丝 40V/300mA）、PL509

（热丝 40V/300mA）。

（206）EL821　EL822

视频输出五极管。

◎ **特性**

敷氧化物旁热式阴极：6.3V/0.75A，交流或直流

极间电容：

输入	14pF
输出	5.0pF
屏极—栅极	<250mpF
阴极—热丝	7pF

安装位置：任意

管壳：玻璃

管基：小型九脚

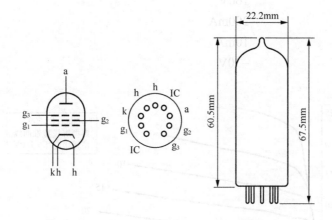

◎ **最大额定值**

	EL821	EL822
屏极供给电压	550V	550V
屏极电压	275V	275V
屏极耗散功率	12W	12W
帘栅供给电压	550V	550V
帘栅电压	275V	275V
帘栅耗散功率	2.5W	2.5W
阴极电流	60mA	60mA
栅极电压	−50V	
栅极电路电阻	220kΩ（自给偏压）	100kΩ
	100kΩ（固定偏压）	
热丝—阴极间电压	90V	90V

	EL821		EL822	
管壳温度	250℃		220℃	

◎ A₁ 类放大特性

	EL821		EL822	
屏极电压	250V	250V	250V	250V
抑制栅电压	0V	0V	0V	0V
栅极电压	−2.5V	−4.5V	−5.0V	−7.0V
屏极电流	40mA	40mA	37.5mA	42.5mA
帘栅电流	6.5mA	6.0mA	4.8mA	4.8mA
互导	13mA/V	11mA/V	12.2mA/V	12.5mA/V
屏极内阻	60kΩ	50kΩ	90kΩ	90kΩ
放大系数（g_2-g_1）	26	26	23	23

EL821 为小型九脚高互导视频输出五极管。该管是适用于视频及其他功率放大的射频五极管，具有高屏极耗散及电流额定值，适于低阻抗及高固有电容的工作负载，特别适合在高分辨率电视机中用于视频输出。

EL821 的等效管有 6CH6、7D10、EL821。

EL821 的类似管有 EL822（座高度 71.5mm）。

（207）EZ80

高真空旁热式全波整流管。

◎ **特性**

敷氧化物旁热式阴极：6.3V/0.6A，交流

安装位置：任意

管壳：玻璃

管基：纽扣式芯柱小型九脚

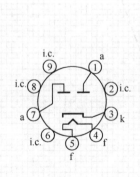
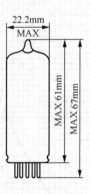

◎ **最大额定值**

峰值反向屏极电压	980V
屏极峰值电流（每屏）	270mA
屏极热开关瞬态电流	900mA
直流输出电流	90mA

| 输入滤波电容器 | 50μF |
| 热丝—阴极间电压 | 500V |

◎ **典型工作特性**

全波整流—电容器输入滤波

交流屏极供给电压（rms）	2×250V	2×275V	2×300V	2×350V
屏极电源有效电阻（每屏）	125Ω	175Ω	215Ω	300Ω
直流输出电流	90mA	90mA	90mA	90mA
直流输出电压（滤波输入）	260V	285V	310V	360V
输入滤波电容	50μF	50μF	50μF	50μF

EZ80 为小型九脚高真空旁热式全波整流管，适用于最大电流 90mA 内的电源整流，电容输入滤波的输入电容器电容量不得大于 50μF。装置位置可任意，但工作时必须有良好的通风。

EZ80 的等效管有 6V4、CV1535（英国，军用）。

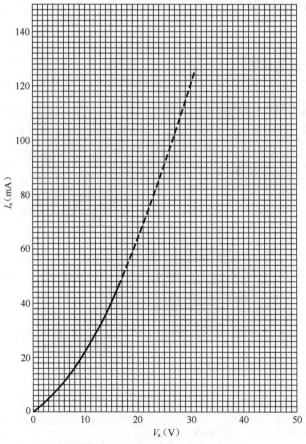

EZ80 屏极电压—屏极电流特性曲线（Philips）

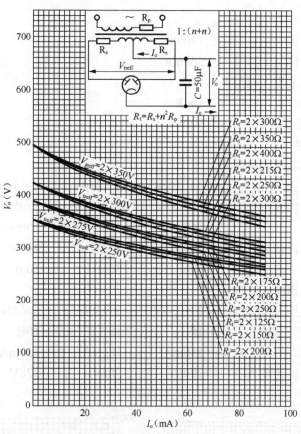

EZ80 整流输出电压—输出电流特性曲线（Philips）

（208）EZ81

高真空旁热式全波整流管。

◎ **特性**

敷氧化物旁热式阴极：6.3V/1A，交流

安装位置：任意

管壳：玻璃

管基：纽扣式芯柱小型九脚

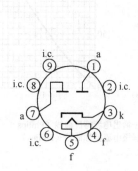

◎ **最大额定值**

峰值反向屏极电压	1300V
屏极峰值电流（每屏）	500mA
热开关瞬间屏极电流（每屏）	1.8A
输入滤波电容器	50μF
热丝-阴极间电压	500V

◎ **典型工作特性**

全波整流—电容器输入滤波

交流屏极供给电压（rms）	2×250V	2×350V	2×450V
屏极电源有效电阻（每屏）	150Ω	230Ω	310Ω
直流输出电流	160mA	150mA	100mA
直流输出电压（滤波输入）	245V	352V	497V
输入滤波电容	50μF	50μF	50μF

全波整流—扼流圈输入滤波

交流屏极供给电压（rms）	2×250V	2×350V	2×450V
滤波输入扼流圈	10H	10H	10H
直流输出电流	180mA	180mA	150mA
直流输出电压（滤波输入）	199V	288V	378V

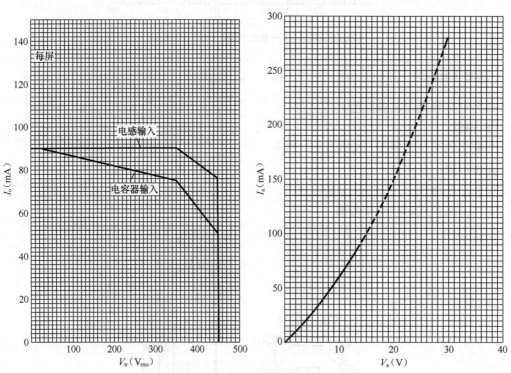

左：EZ81 整流供给电压—输出电流特性曲线（Philips）
右：EZ81 屏极电压—屏极电流特性曲线（Philips）

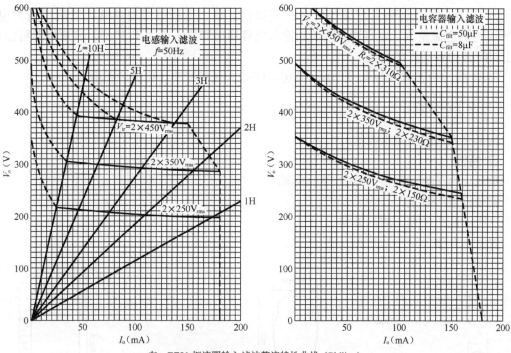

左：EZ81 扼流圈输入滤波整流特性曲线（Philips）
右：EZ81 电容器输入滤波整流特性曲线（Philips）

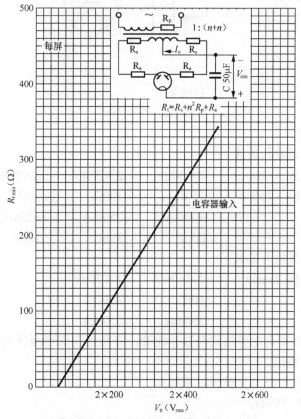

EZ81 整流供电电压—电源有效电阻特性曲线（Philips）

EZ81 为小型九脚高真空旁热式全波整流管。该小型高性能整流管，适用于最大电流 150mA 内的电源整流，电容输入滤波的输入电容器电容量不得大于 50μF。装置位置可任意，但工作时必须有良好的通风。

EZ81 的等效管有 6CA4、U709（英国，GEC）、CV5072（英国，军用）。

（209）GZ32

高真空旁热式全波整流管。

◎ **特性**

敷氧化物旁热式阴极：5V/2.3A，交流

安装位置：垂直

管壳：瓶形玻璃，筒形玻璃

管基：八脚

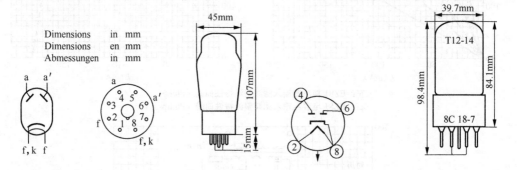

Dimensions in mm
Dimensions en mm
Abmessungen in mm

◎ **最大额定值**

峰值反向屏极电压	1400V
整流电流	300mA

◎ **典型工作特性**

全波整流—电容器输入滤波

交流屏极供给电压（rms）	2×300V	2×350V	2×500V
屏极电源有效电阻（每屏）	150Ω	100Ω	50Ω
直流输出电流	300mA	250mA	125mA
输入滤波电容	60μF	32μF	16μF

全波整流—扼流圈输入滤波

交流屏极供给电压（rms）	2×400V	2×500V
滤波输入扼流圈	10H	10H
直流输出电流	300mA	250mA

GZ32 为瓶形八脚高真空旁热式全波整流管，有瓶形和筒形两种玻壳外形，适用于较大电流（250mA）电源整流。

GZ32 的等效管有 CV593（英国，军用）。

GZ32 的类似管有 5V4G。

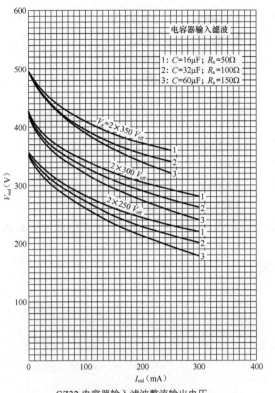

GZ32 电容器输入滤波整流输出电压—
输出电流特性曲线（MAZDA）

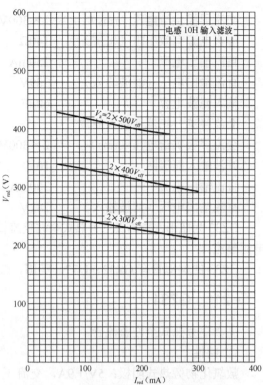

GZ32 扼流圈输入滤波整流输出电压—
输出电流特性曲线（MAZDA）

（210）GZ33

高真空旁热式全波整流管。

◎ **特性**

敷氧化物旁热式阴极：5V/3A，交流

安装位置：垂直

管壳：瓶形玻璃

管基：八脚

◎ **最大额定值**

峰值反向屏极电压	1400V
屏极峰值电流（每屏）	750mA
热开关瞬间屏极电流（每屏）	2.5A

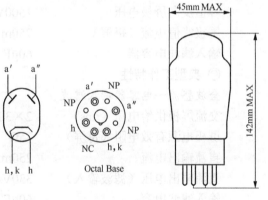

Octal Base

◎ **典型工作特性**

全波整流—电容器输入滤波

交流屏极供给电压（rms）	2×300V	2×400V	2×500V
屏极电源有效电阻（每屏）	140Ω	200Ω	250Ω
直流输出电流	250mA	250mA	250mA
直流输出电压（滤波输入）	271V	375V	479V
输入滤波电容	8μF	8μF	8μF

交流屏极供给电压（rms）	2×300V	2×400V	2×500V
屏极电源有效电阻（每屏）	140Ω	200Ω	250Ω
直流输出电流	250mA	250mA	250mA
直流输出电压（滤波输入）	289V	388V	493V
输入滤波电容	60μF	60μF	60μF
全波整流—扼流圈输入滤波			
交流屏极供给电压（rms）	2×300V	2×400V	2×500V
滤波输入扼流圈	10H	10H	10H
直流输出电流	300mA	300mA	300mA
直流输出电压（滤波输入）	242V	332V	421V

GZ33 为瓶形八脚高真空旁热式全波整流管，英国 Mullard 生产，适用于较大电流（250mA）电源整流。

GZ33 的类似管有 GZ32、U77（英国，GEC）。

（211）GZ34

高真空旁热式全波整流管。

◎ **特性**

敷氧化物旁热式阴极：5V/1.9A，交流

安装位置：垂直

管壳：筒形玻璃

管基：八脚

◎ **最大额定值**

峰值反向屏极电压	1500V
屏极峰值电流（每屏）	750mA
输入滤波电容器	60μF

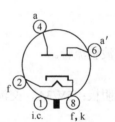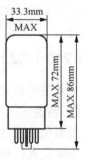

◎ **典型工作特性**

全波整流—电容器输入滤波

交流屏极供给电压（rms）	2×300V	2×350V	2×400V
屏极电源有效电阻（每屏）	75Ω	100Ω	125Ω
直流输出电流	250mA	250mA	250mA
直流输出电压（滤波输入）	330V	380V	430V
输入滤波电容	60μF	60μF	60μF
交流屏极供给电压（rms）	2×450V	2×500V	2×550V
屏极电源有效电阻（每屏）	150Ω	175Ω	200Ω
直流输出电流	250mA	200mA	160mA
直流输出电压（滤波输入）	480V	560V	640V
输入滤波电容	60μF	60μF	60μF
全波整流—扼流圈输入滤波			
交流屏极供给电压（rms）	2×300V	2×350V	2×400V

滤波输入扼流圈	10H	10H	10H
直流输出电流	250mA	250mA	250mA
直流输出电压（滤波输入）	250V	290V	330V
交流屏极供给电压（rms）	2×450V	2×500V	2×550V
滤波输入扼流圈	10H	10H	10H
直流输出电流	250mA	250mA	225mA
直流输出电压（滤波输入）	375V	420V	465V

GZ34 为筒形八脚高真空旁热式全波整流管。该小型高性能整流管，适用于较大电流（250mA）电源整流，电容输入滤波的输入电容器电容量不得大于 60μF。适宜垂直安装，工作时必须有良好的通风。

GZ34 的等效管有 5AR4、CV1377（英国，军用）、GZ34S（斯洛伐克，J/J）。

GZ34 的类似管有 GZ32、GZ33（英国，Mullard，G 管）、GZ37（英国，Mullard，G 管）。

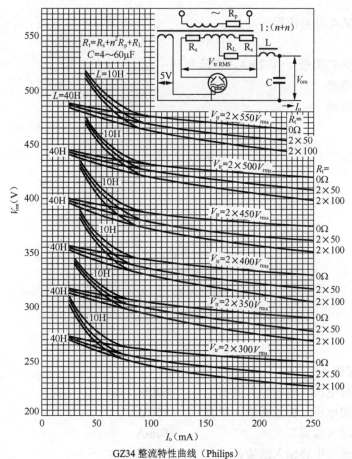

GZ34 整流特性曲线（Philips）

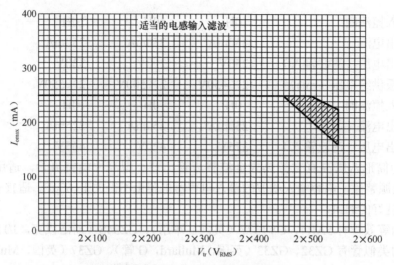

GZ34 整流供电电压—输出电流特性曲线（Philips）

（212）GZ37

高真空旁热式全波整流管。

◎ **特性**

敷氧化物旁热式阴极：5V/2.8A，交流

安装位置：垂直

管壳：瓶形玻璃

管基：八脚

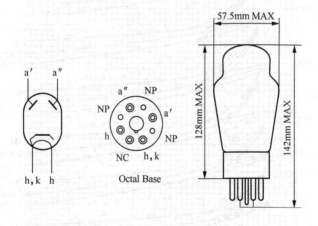

Octal Base

◎ **最大额定值**

峰值反向屏极电压（电容输入滤波）	1600V
峰值反向屏极电压（扼流圈输入滤波）	1850V
屏极峰值电流（每屏）	750mA
整流输出电流（电容输入滤波）	250mA
整流输出电流（扼流圈输入滤波）	350mA

◎ **典型工作特性**

全波整流—电容器输入滤波

交流屏极供给电压（rms）	2×300V	2×400V	2×500V
屏极电源有效电阻（每屏）	75Ω	75Ω	75Ω
直流输出电流	250mA	250mA	250mA
直流输出电压（滤波输入）	238V	358V	486V
输入滤波电容	4μF	4μF	4μF

全波整流—扼流圈输入滤波

交流屏极供给电压（rms）	2×300V	2×400V	2×500V
滤波输入扼流圈	10H	10H	10H
扼流圈电阻	100Ω	100Ω	100Ω
直流输出电流	350mA	350mA	350mA
直流输出电压（滤波输入）	207V	298V	381V

GZ37 为瓶形八脚高真空旁热式全波整流管，英国 Mullard 生产，适用于较大电流（250mA）电源整流。

（213）KT66

功率集射管。

◎ **特性**

敷氧化物旁热式阴极：6.3V/1.3A，交流或直流

极间电容：

$C_{g_1\text{-all}}$	14.5pF
$C_{a\text{-all}}$	10.0pF
$C_{a\text{-}g_1}$	1.1pF

管壳：玻璃

管基：八脚

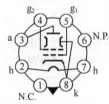

外形尺寸：全高度 135mm（MAX），管座高度 121mm（MAX），直径 53mm（MAX）

◎ **最大额定值**

屏极电压	500V
屏极耗散功率	25W
帘栅电压	500V
帘栅耗散功率	3.5W
屏极+帘栅耗散功率[*]	27W

栅极电压   −200V

阴极电流   200mA

栅极电路电阻（$P_a+P_{g_2}$≤27W） 1MΩ（自给偏压），250kΩ（固定偏压）

栅极电路电阻（$P_a+P_{g_2}$>27W） 500kΩ（自给偏压），100kΩ（固定偏压）

热丝—阴极间电压   150V

玻壳温度   250℃

* 三极接法或超线性工作。

◎ **特性参数**

四极接法

屏极电压	250V
帘栅电压	250V
栅极电压	−15V
互导	7mA/V
屏极内阻	22.5kΩ

三极接法

屏极电压	250V
栅极电压	−15V
互导	7.3mA/V
屏极内阻	1.3kΩ

◎ **典型工作特性**

三极接法 A 类单端放大

屏极，帘栅供给电压	270V	440V
屏极，帘栅电压	250V	400V
栅极电压	−20V	−38V
输入电压（峰值）	20V	38V
阴极电阻	330Ω	600Ω
屏极+帘栅电流	60mA	63mA
屏极+帘栅输入功率	15W	25W
负载阻抗	2.75kΩ	4.5kΩ
输出功率	2.2W	5.8W
总谐波失真	6%	7%

三极接法 AB_1 类推挽放大

屏极，帘栅供给电压	270V	440V
屏极，帘栅电压	250V	400V
栅极电压	−19V	−38V
输入电压（G-G，峰值）	38V	76V
阴极电阻	2×345Ω	2×615Ω
屏极+帘栅电流	2×55mA	2×62mA
屏极+帘栅输入功率	2×14W	2×25W

负载阻抗（P-P）	2.5kΩ	4.0kΩ
输出功率	4.5W	14.5W
总谐波失真	2%	3.5%
互调失真[†]	3%	3%

† 两个输入信号 50Hz 及 6000Hz，幅度比 4:1。

AB₁ 类推挽放大

屏极供给电压（零信号）	450V
屏极供给电压（最大信号）	425V
屏极电压（零信号）	415V
屏极电压（最大信号）	390V
帘栅电压（零信号）	300V
帘栅电压（最大信号）	275V
栅极电压（近似）	−27V
输入电压（G-G，峰值）	70V
阴极电阻	2×500Ω
屏极电流（零信号）	2×52mA
屏极电流（最大信号）	2×62mA
帘栅电流（零信号）	2×2.5mA
帘栅电流（最大信号）	2×9mA
屏极输入功率（零信号）	2×21W
屏极输入功率（最大信号）	2×9W
帘栅输入功率（零信号）	2×0.75W
帘栅输入功率（最大信号）	2×2.5W
负载阻抗（P-P）	8.0kΩ
输出功率	30W
总谐波失真	6%

AB₁ 类推挽超线性放大　（帘栅抽头 40%）

屏极供给电压（零信号）	450V	
屏极，帘栅电压（零信号）	425V	525V
屏极，帘栅电压（最大信号）	400V	500V
屏极+帘栅电流（零信号）	2×62.5mA	2×35mA
屏极+帘栅电流（最大信号）	2×72.5mA	2×80mA
屏极+帘栅输入功率（零信号）	2×26.5W	2×18W
屏极+帘栅输入功率（最大信号）	2×13.0W	2×15W
阴极电阻	2×560Ω	
栅极电压（近似）	−35V	−67V
负载阻抗（P-P）	7.0kΩ	8.0kΩ
输入电压（G-G，峰值）		127V
输出功率	32W	50W

总谐波失真	2%	3%
互调失真[†]	4%	15%

[†] 两个输入信号 50Hz 及 6000Hz，幅度比 4∶1。

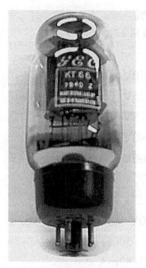

GEC KT66

◎ 参考电路

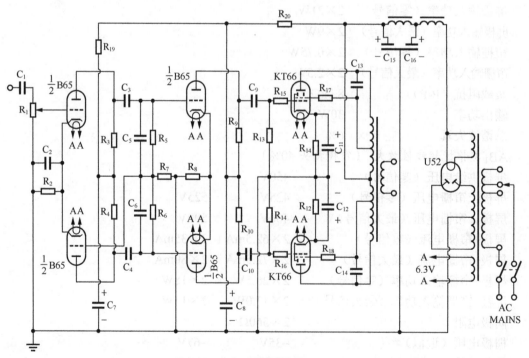

30W 超线性放大器

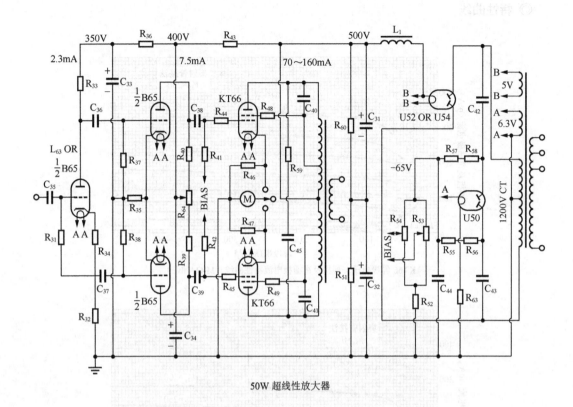

50W 超线性放大器

元件表

元件	属性	元件	属性	元件	属性	元件	属性
R_1	500kΩ	R_{24}, R_{25}, R_{31}	1MΩ	R_{55}, R_{56}	220kΩ/1W	C_{13}, C_{14}	2000pF/500V
R_2	750Ω	R_{32}, R_{33}	33kΩ/0.5W	R_{57}, R_{58}	220kΩ/1W	C_{15}, C_{16}	8μF/450V
R_3, R_4	33kΩ/1W	R_{34}	1.5kΩ	R_{59}	220kΩ/1W	C_{21}	0.01μF/350V
R_5, R_6	270kΩ±5%	R_{35}	1kΩ	R_{60}	330Ω5W 线绕	C_{22}, C_{23}	50μF/12V
R_7	270kΩ	R_{36}	22kΩ/0.5W	R_{61}	6.6kΩ/0.5W	C_{31}, C_{32}	160μF/450V
R_8	750Ω	R_{37}, R_{38}	1MΩ	R_{62}	15kΩ/0.5W	C_{33}, C_{34}	8μF/450V
R_9, R_{10}	33kΩ/1W	R_{39}, R_{40}	47kΩ/1W	R_{63}	0.65Ω/5W	C_{35}	0.01μF/350V
R_{11}, R_{12}	560Ω/5W	R_{41}, R_{42}	150kΩ	R_{64}	20kΩ	C_{36}, C_{37}	0.01μF/500V
R_{13}, R_{14}	270kΩ	R_{43}	10kΩ/1W	C_1	0.01μF/350V	C_{38}, C_{39}	0.05μF/750V
R_{15}, R_{16}	10kΩ	R_{44}, R_{45}	10kΩ	C_2	50μF/12V	C_{40}, C_{41}	0.001μF/300V 交流
R_{17}, R_{18}	220Ω	R_{46}, R_{47}	10Ω 测量分流	C_3, C_4	0.1μF/500V	C_{42}, C_{43}	0.025μF/600V 交流
R_{19}	10kΩ/0.5W	R_{48}, R_{49}	100Ω	C_5, C_6	100pF/250V	C_{44}	4μF/200V
R_{20}	5.6kΩ/1W	R_{50}, R_{51}	100kΩ/1W	C_7, C_8	8μF/450V	C_{45}	0.001μF/440V 交流
R_{21}	500kΩ	R_{52}	22kΩ/1W	C_9, C_{10}	0.02μF/500V		
R_{22}, R_{23}	750Ω	R_{53}, R_{54}	20kΩ 线绕	C_{11}, C_{12}	50μF/50V		

◎ 特性曲线

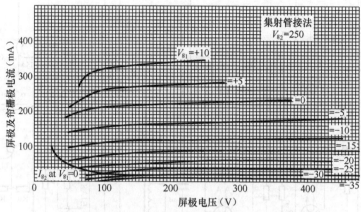

KT66 屏极电压—屏极及帘栅极电流特性曲线（M-O Valve）

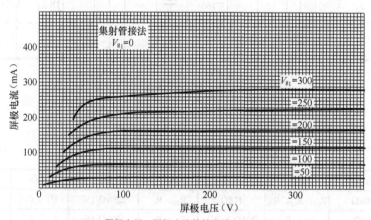

KT66 屏极电压—屏极电流特性曲线（M-O Valve）

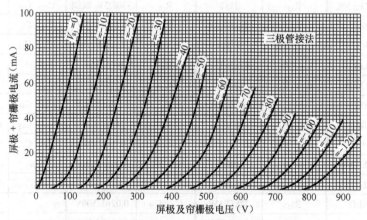

KT66（三极接法）屏极及帘栅极电压—屏极及帘栅极电流特性曲线（M-O Valve）

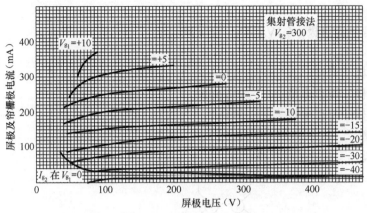

KT66 屏极电压—屏极电流、帘栅极电流特性曲线（M-O Valve）

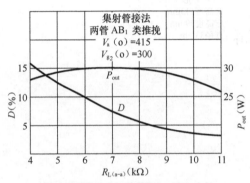

KT66（推挽放大）负载阻抗—输出功率、
总谐波失真特性曲线（M-O Valve）

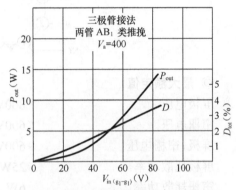

KT66（三极接法）（AB₁类推挽放大）输入电压—
输出功率、总谐波失真特性曲线（M-O Valve）

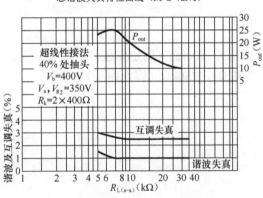

KT66（超线性放大）负载阻抗—输出功率、
总谐波失真特性曲线（M-O Valve）

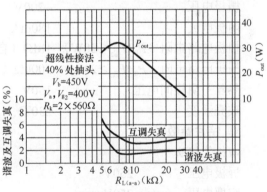

KT66（超线性放大）负载阻抗—输出功率、
总谐波失真特性曲线（M-O Valve）

　　KT66 为瓶形八脚高效率功率集射管，最大屏极耗散功率 30W，适用于声频放大功率输出级。特性与美系 6L6GC 类似，可参阅相关内容。

　　KT66 的等效管有 CV1075（英国，军用）、CV321。

（214）KT77

功率集射管。

◎ 特性

敷氧化物旁热式阴极：6.3V/1.4A，交流或直流

极间电容：

栅极—屏极	1.0pF
栅极—所有电极	16.5pF
屏极—所有电极	9.0pF

管壳：玻璃

管基：八脚

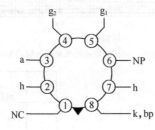

KT77外形尺寸：
全高度113mm
座高度99mm
直径33mm

◎ 最大额定值

屏极电压	800V
帘栅电压	600V
屏极+帘栅电压	600V
屏极耗散功率	25W
帘栅耗散功率	6W
屏极+帘栅耗散功率	28W
栅极电压	−200V
阴极电流	180mA
栅极电路电阻（$P_a+P_{g_2}\leqslant 28W$）	1MΩ（自给偏压），500kΩ（固定偏压）
栅极电路电阻（$P_a+P_{g_2}>28W$）	500kΩ（自给偏压），250kΩ（固定偏压）
热丝—阴极间电压	150V
玻壳温度	230℃

◎ 特性参数

四极管接法

屏极电压	250V
帘栅电压	250V
屏极电流	110mA
帘栅电流	10mA
互导	10.5mA/V
屏极内阻	23kΩ
内部放大系数	11.5

三极接法

屏极电压	250V

屏极电流	120mA
互导	11mA/V
屏极内阻	1050Ω
放大系数	11.5

◎ 典型工作特性

AB₁类推挽超线性放大（帘栅抽头 43%，阴极偏压）

电源电压	430V
屏极，帘栅电压	390V
帘栅电阻	2×22Ω
阴极电阻	2×470Ω
负载阻抗（P-P）	6.0kΩ
屏极+帘栅电流（零信号）	2×66mA
屏极+帘栅电流（最大信号）	2×80mA
屏极+帘栅输入功率（零信号）	2×26W
屏极+帘栅输入功率（最大信号）	2×14W
栅极电压（近似）	−31V
输入电压（G-G，峰值）	69V
输出功率	34W
总谐波失真	2.5%

AB₁类推挽超线性放大（帘栅抽头 43%，固定偏压）

电源电压	600V	500V	400V
屏极，帘栅电压	594V	493V	391V
帘栅电阻	2×22Ω	2×22Ω	2×22Ω
负载阻抗（P-P）	9.0kΩ	5.5kΩ	4.5kΩ
屏极+帘栅电流（零信号）	2×47mA	2×57mA	2×70mA
屏极+帘栅电流（最大信号）	2×109mA	2×126mA	2×121mA
屏极+帘栅输入功率（零信号）	2×28W	2×28W	2×27.5W
屏极+帘栅输入功率（最大信号）	2×28W	2×28W	2×24W
栅极电压（近似）	−56V	−43V	−31V
输入电压（G-G，峰值）	94V	82V	61V
输出功率	72W	67W	45W
总谐波失真	1.5%	1.0%	0.8%

三极接法 AB₁类推挽放大（阴极偏压）

屏极，帘栅供给电压	430V
屏极，帘栅电压	396V
帘栅电阻	2×22Ω
阴极电阻	2×440Ω
负载阻抗（P-P）	5kΩ
屏极+帘栅电流（零信号）	2×69mA

屏极+帘栅电流（最大信号）	2×75mA
屏极+帘栅输入功率（零信号）	2×27W
屏极+帘栅输入功率（最大信号）	2×20W
栅极电压（近似）	−30V
输入电压（G-G，峰值）	66V
输出功率	18W
总谐波失真	1.2%

Gold Lion KT77

◎ 参考电路

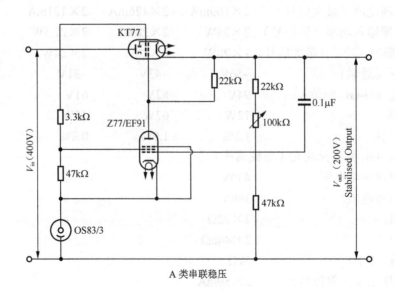

A 类串联稳压

◎ 特性曲线

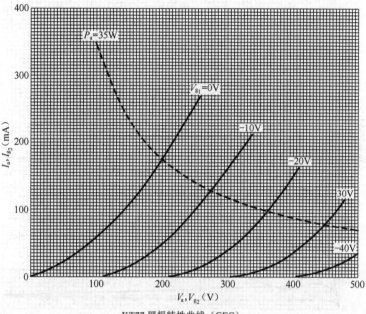

KT77 屏极特性曲线（GEC）

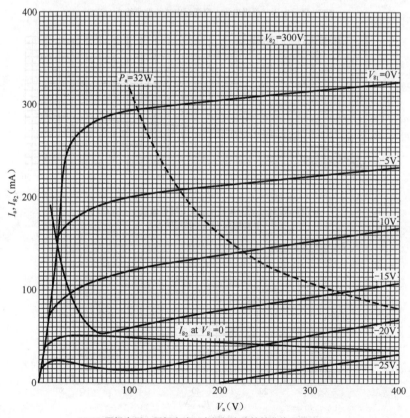

KT77 屏极电压—屏极电流、帘栅极电流特性曲线 1（GEC）

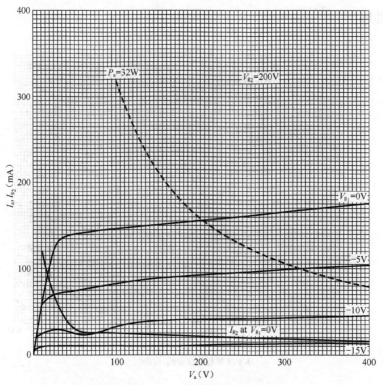

KT77 屏极电压—屏极电流、帘栅极电流特性曲线 2（GEC）

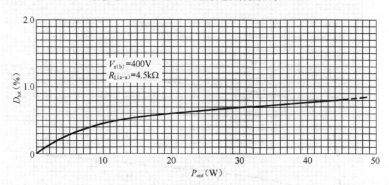

KT77（超线性 AB₁ 类推挽放大）特性曲线 1（GEC）
（帘栅抽头 43%，固定偏压）

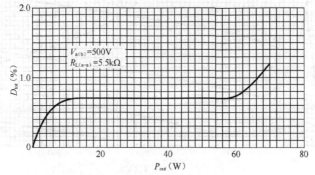

KT77（超线性 AB₁ 类推挽放大）特性曲线 2（GEC）
（帘栅抽头 43%，固定偏压）

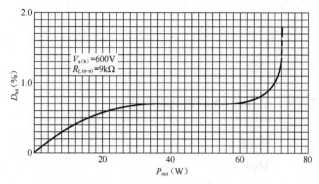

KT77（超线性 AB$_1$ 类推挽放大）特性曲线 3（GEC）
（帘栅抽头 43%）

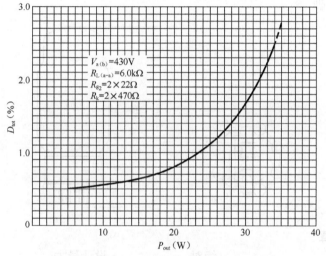

KT77（超线性 AB$_1$ 类推挽放大）特性曲线 4（GEC）
（帘栅抽头 43%）

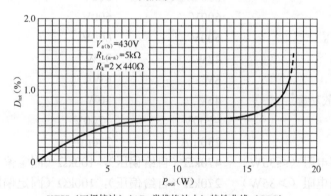

KT77（三极接法）（AB$_1$ 类推挽放大）特性曲线（GEC）

　　KT77 为八脚功率集射管，屏极耗散功率 32W，适用于声频放大功率输出级，两管 AB$_1$ 类推挽输出 70W，也可用于串联稳压电源。KT77 不超过最大额定值时的平均寿命（大约 5000 小时）。只要减小 P_{a+g_2}=25W 绝对额定值，可延长寿命到 10000 小时。特性与 EL34 类似，可参阅相关内容。

（215）KT88

功率集射管。

◎ 特性

敷氧化物旁热式阴极：6.3V/1.6A，交流或直流

极间电容：

$C_{g_1\text{-}a}$	1.2pF
C_{in}	16pF
C_{out}	12pF

管壳：玻璃

管基：肥大八脚

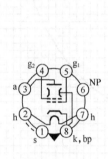

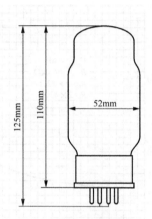

◎ 最大额定值

	绝对	设计最大
屏极电压	800V	800V
帘栅电压	600V	600V
屏极+帘栅电压	600V	600V
屏极耗散功率	42W	35W
帘栅耗散功率	8W	6W
屏极+帘栅耗散功率*	46W	40W
栅极电压	−200V	−200V
阴极电流	230mA	230mA
栅极—阴极间电阻（≤35W）	470kΩ（自给偏压），100kΩ（固定偏压）	
栅极—阴极间电阻（＞35W）	270kΩ（自给偏压），100kΩ（固定偏压）	
热丝—阴极间电压	250V	200V
管壳温度	250℃	250℃

* 三极接法。

◎ 特性参数

四极管接法

屏极电压	250V

帘栅电压	250V
屏极电流	140mA
帘栅电流	3mA
栅极电压	−15V
互导	11.5mA/V
屏极内阻	12kΩ
内部放大系数	8

三极接法

屏极电压	250V
屏极电流	143mA
栅极电压	−15V
互导	12mA/V
屏极内阻	670Ω
放大系数	8

◎ 典型工作特性

AB$_1$ 类推挽放大（阴极偏压）

电源电压	560V
屏极电压	521V
帘栅电压	300V
阴极电阻	2×460Ω
屏极电流（零信号）	2×64mA
屏极电流（最大信号）	2×73mA
帘栅电流（零信号）	2×1.7mA
帘栅电流（最大信号）	2×9mA
栅极电压（近似）	−30V
输入电压（G-G，峰值）	60V
负载阻抗（P-P）	9.0kΩ
输出功率	50W
总谐波失真	3%
互调失真†	11%
屏极输入功率（零信号）	2×33W
屏极输入功率（最大信号）	2×12W
帘栅输入功率（零信号）	2×0.5W
帘栅输入功率（最大信号）	2×2.7W

† 两个输入信号 50Hz 及 6000Hz，幅度比 4∶1。

AB$_1$ 类推挽放大 （固定偏压）

电源电压	560V
屏极电压	552V
帘栅电压	300V

屏极电流（零信号）	2×60mA
屏极电流（最大信号）	2×145mA
帘栅电流（零信号）	2×1.7mA
帘栅电流（最大信号）	2×15mA
栅极电压（近似）	−34V
输入电压（G-G，峰值）	67V
负载阻抗（P-P）	4.5kΩ
输出功率	100W
总谐波失真	2.5%
互调失真[†]	10%
屏极输入功率（零信号）	2×33W
屏极输入功率（最大信号）	2×28W
帘栅输入功率（零信号）	2×0.5W
帘栅输入功率（最大信号）	2×4.5W

[†] 两个输入信号 50Hz 及 6000Hz，幅度比 4:1。

AB$_1$ 类推挽超线性放大（帘栅抽头 43%，阴极偏压）

电源电压	500V	375V
屏极，帘栅电压	436V	328V
阴极电阻	2×600Ω	2×400Ω
屏极+帘栅电流（零信号）	2×87mA	2×87mA
屏极+帘栅电流（最大信号）	2×99mA	2×96mA
栅极电压（近似）	−52V	−35V
输入电压（G-G，峰值）	69V	
负载阻抗（P-P）	6.0kΩ	5.0kΩ
输出功率	50W	30W
总谐波失真	1.5%	1%
互调失真[†]	4%	3%
屏极+帘栅输入功率（零信号）	2×38W	2×28.5W
屏极+帘栅输入功率（最大信号）	2×17W	2×16W

[†] 两个输入信号 50Hz 及 6000Hz，幅度比 4:1。

AB$_1$ 类推挽超线性放大（帘栅抽头 43%，固定偏压）

电源电压	560V	460V
屏极，帘栅电压	553V	453V
屏极+帘栅电流（零信号）	2×50mA	2×50mA
屏极+帘栅电流（最大信号）	2×157mA	2×140mA
栅极电压（近似）	−75V	−59V
输入电压（G-G，峰值）	140V	114V
负载阻抗（P-P）	4.5kΩ	4.0kΩ
输出功率	100W	70W

总谐波失真	2%	2%
互调失真[†]	11%	10%
屏极+帘栅输入功率（零信号）	2×27.5W	2×22.5W
屏极+帘栅输入功率（最大信号）	2×33W	2×27W

[†] 两个输入信号 50Hz 及 6000Hz，幅度比 4:1。

三极接法 AB_1 类推挽放大（阴极偏压）

屏极，帘栅供给电压	400V	485V
屏极，帘栅电压	349V	422V
阴极电阻	2×525Ω	2×525Ω
屏极+帘栅电流（零信号）	2×76mA	2×94mA
屏极+帘栅电流（最大信号）	2×80mA	2×101mA
栅极电压（近似）	−40V	−50V
输入电压（G-G，峰值）	78V	114V
负载阻抗（P-P）	4kΩ	4kΩ
输出功率	17W	31W
总谐波失真	1.5%	1.5%
互调失真[†]	5.6%	5.6%
屏极+帘栅输入功率（零信号）	2×26.5W	2×40W
屏极+帘栅输入功率（最大信号）	2×19W	2×27W

[†] 两个输入信号 50Hz 及 6000Hz，幅度比 4:1。

GEC KT88

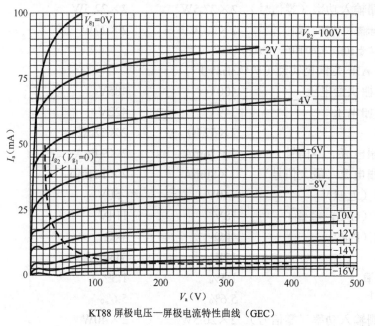

KT88 屏极电压—屏极电流特性曲线（GEC）

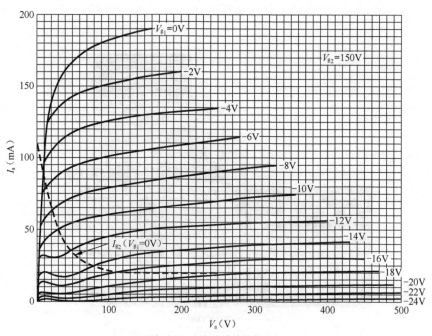

KT88 屏极电压—屏极电流特性曲线（GEC）

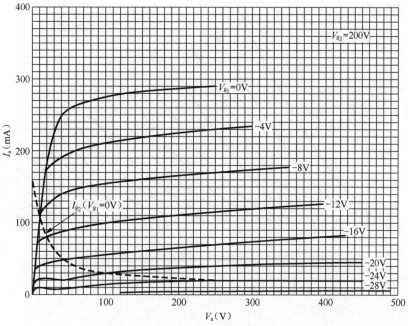

KT88 屏极电压—屏极电流特性曲线（GEC）

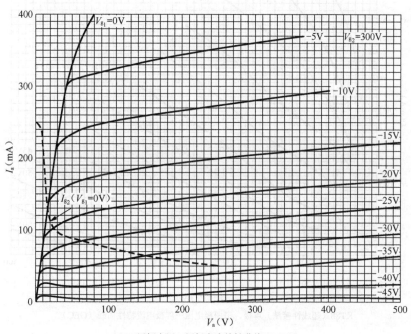

KT88 屏极电压—屏极电流特性曲线（GEC）

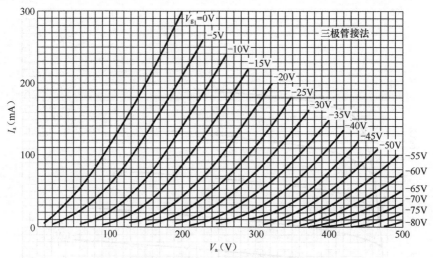

KT88（三极接法）屏极电压—屏极电流特性曲线（GEC）

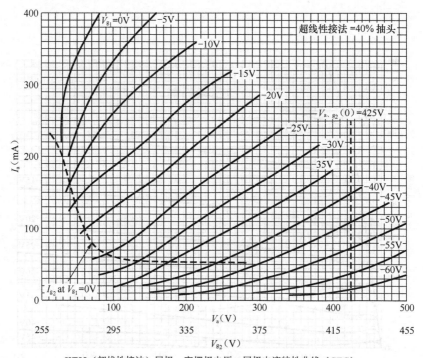

KT88（超线性接法）屏极、帘栅极电压—屏极电流特性曲线（GEC）

◎ 超线性抽头特性曲线

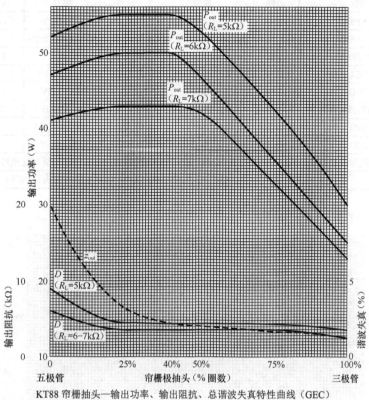

KT88 帘栅抽头—输出功率、输出阻抗、总谐波失真特性曲线（GEC）

◎ 参考电路及特性曲线

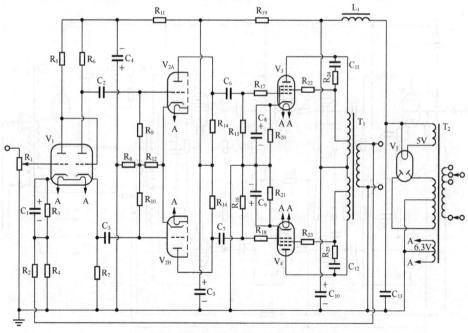

KT88 超线性 30W 放大器电路（GEC）

元件表

元件	属性	元件	属性	元件	属性	元件	属性
V_1	B65/6SN7	R_5	$100k\Omega$	R_{19}	$4.7k\Omega/1W$	C_6、C_7	$0.05\ 50\mu F$
V_2	B65/6SN7	R_6、R_7	$15k\Omega/0.5W\pm5\%$ 配对	R_{20}、R_{21}	$400\Omega/5W\pm5\%$	C_8、C_9	$50\ 50\mu F/50V$
V_3、V_4	KT88	R_8	$4.7k\Omega$	R_{22}、R_{23}	$270\Omega/0.5W$	C_{10}	$850\mu F/500V$
V_5	U54	R_9、R_{10}	$470k\Omega\pm10\%$	R_{24}、R_{25}**	$470\Omega\sim1500\Omega$	C_{11}、C_{12}**	$1000pF$
R_1	$1M\Omega$	R_{11}、R_{12}	$1k\Omega$	C_1	$50\mu F/12V$	C_{13}	$850\mu F/500V$
R_2*	225Ω，扬声器音圈阻抗	R_{13}、R_{14}	$33k\Omega/1W\pm10\%$	C_2、C_3	$0.05\ 50\mu F$	L_1	$10H/200mA$
R_3	$1k\Omega$	R_{15}、R_{16}	$220k\Omega$	C_4	$850\mu F/350V$		
R_4	22Ω	R_{17}、R_{18}	$10k\Omega$	C_5	$850\mu F/450V$		
T_1	35W，超线性输出变压器，$6k\Omega$，初级电感$\geq50H$，初、次级间漏感$\leq10mH$，1/2初级与超线性抽头间漏感$\leq10mH$						
T_2	电源变压器，次级375V～0～375V/200mA，6.3V/5A 中心抽头，5V/3A						

* 14dB 负反馈。

** R_{24}、R_{25} 及 C_{11}、C_{12} 的值视输出变压器而定。

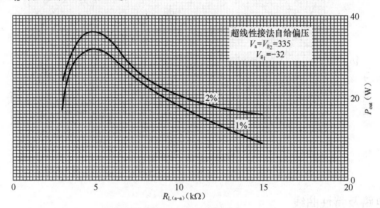

KT88 超线性 30W 放大器特性曲线（GEC）

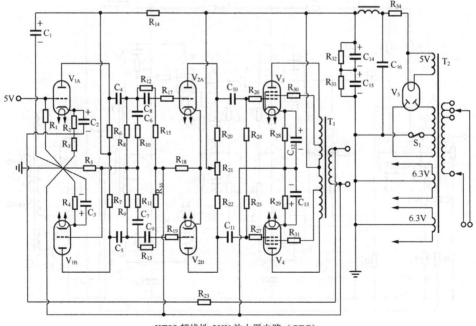

KT88 超线性 50W 放大器电路（GEC）

元件表

元件	属性	元件	属性	元件	属性	元件	属性
V_1	B339/12AX7	R_6、R_7	220kΩ±5% 配对	R_{20}	4.7kΩ	C_6、C_7	470pF
V_2	B329/12AU7	R_8、R_9	1MΩ	R_{21}	33kΩ/2W	C_8、C_9	0.005μF
V_3、V_4	4 KT88	R_{10}、R_{11}	10kΩ	R_{22}	25kΩ/4W	C_{10}、C_{11}	0.47μF
V_5	U52/5U4G	R_{12}、R_{13}	4.7MΩ	R_{23}	33kΩ/2W	C_{12}、C_{13}	50μF/100V
R_1	1MΩ	R_{14}	100kΩ	R_{24}、R_{25}	220kΩ	C_{14}、C_{15}	24μF/350V
R_2	3.3kΩ	R_{15}、R_{16}	470kΩ	R_{26}	10kΩ	C_{16}	4μF/750V
R_3	100Ω	R_{17}	10kΩ	C_1	8μF/500V	C_{17}	8μF/500V
R_4	3.3kΩ	R_{18}	680kΩ	C_2、C_3	50μF/12V	L_1	5H/250mA
R_5	1MΩ	R_{19}	10kΩ	C_4、C_5	0.25μF	F_1	1A 保险丝
T_1	50W，超线性输出变压器，5kΩ，初级电感≥30H，初、次级间漏感≤10mH，1/2 初级与超线性抽头间漏感≤10mH						
T_2	电源变压器，次级 500V～0～500V/200mA，6.3V/1~2A 中心抽头，5V/3A						

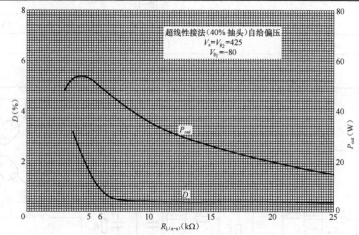

KT88 超线性 50W 放大器特性曲线（GEC）

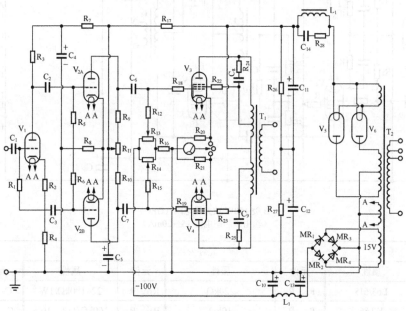

KT88 超线性 100W 放大器电路（GEC）

元件表

元件	属性	元件	属性	元件	属性	元件	属性
V_1	L63/6J5	R_8	1kΩ	R_{18}、R_{19}	5.6kΩ	C_5	8μF/450V
V_2	B65/6SN7	R_9	33kΩ/1W±10%	R_{20}、R_{21}	表头分流	C_6、C_7	0.1μF
V_3、V_4	KT88	R_{10}	10kΩ	R_{22}、R_{23}	270Ω/0.5W	C_8、C_9	1000pF
V_5、V_6	U19/GXU50	R_{11}	33kΩ/1W±10%	R_{24}、R_{25}	470Ω～1500Ω	C_{10}	8μF/250V
R_1	1MΩ	R_{12}	100kΩ/0.5W ±10%	R_{26}、R_{27}	100kΩ/1W±10%	C_{11}、C_{12}	160μF/450V
R_2	1.5kΩ	R_{13}、R_{14}	20kΩ，线绕预调	R_{28}	10kΩ/0.5W	C_{13}	8μF/250V
R_3、R_4	33kΩ/1W±5% 配对	R_{15}	100kΩ/0.5W±10%	C_1	0.01μF	C_{14}	0.01μF/750V
R_5、R_6	470kΩ/±10%	R_{16}	10kΩ/1W±10%	C_2、C_3	0.05μF	L_1	5H/325mA
R_7	33kΩ/1W	R_{17}	4.7kΩ	C_4	8μF/350V		
T_1	50W，超线性输出变压器，5kΩ，初级电感≥30H，初、次级间漏感≤10mH，1/2初级与超线性抽头间漏感≤10mH						
T_2	电源变压器，次级500V～0～500V/200mA，6.3V/1～2A中心抽头，5V/3A						
S_1	1刀3位						
MR1、MR2、MR3、MR4	75V/10mA						

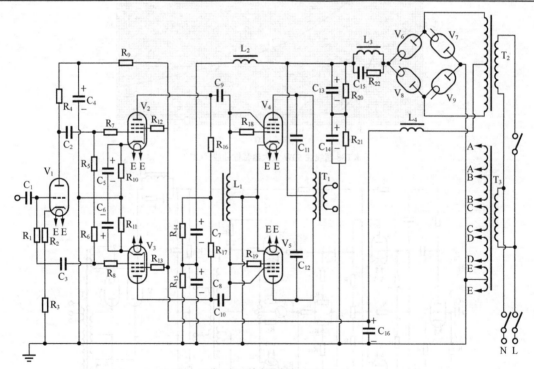

B类150W放大器电路（GEC）
（输出级静态电流15～20mA）

元件表

元件	属性	元件	属性	元件	属性	元件	属性
V_1	L63/6J5	R_6、R_6	220kΩ	R_{18}、R_{19}	22~100kΩ/1W	C_7、C_8	32μF
V_2、V_3	KT66	R_7、R_8	10kΩ	R_{20}、R_{21}	100kΩ/1W±10%	C_9、C_{10}	0.5μF

元件表							
元件	属性	元件	属性	元件	属性	元件	属性
V_4、V_5	KT88	R_9	22kΩ/1W	R_{22}	10kΩ	C_{11}、C_{12}	0.01μF
V_6、V_7、V_8、V_9	U52、U54、GU50或GXU50	R_{10}、R_{11}	600kΩ/3W±5% 线绕	C_1	0.01μF	C_{13}、C_{14}	160μF
R_1	470kΩ	R_{12}、R_{13}	220kΩ	C_2、C_3	0.05μF	C_{15}	0.01μF
R_2	1kΩ	R_{14}、R_{15}	100kΩ/1W±10% 线绕	C_4	8μF	C_{16}	160μF
R_3、R_4	33kΩ/1W±5% 配对	R_{16}、R_{17}	5kΩ/20W±5%线绕	C_5、C_6	25μF		

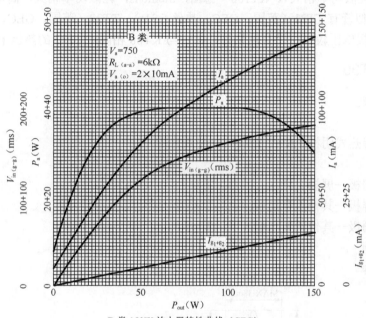

B 类 150W 放大器特性曲线（GEC）

　　KT88 为八脚肥大管基筒形 G 型功率集射管，1957 年英国 GEC 公司开发的声频用高功率灵敏度、低失真度、大功率集射电子管。

　　KT88 是高保真用管，适用于 AB$_1$ 类推挽声频功率放大，可取得 40～100W 输出功率，用于超线性放大时，抽头位置在 40%圈数处。KT88 在自给偏压时，其栅极电阻不能大于 270kΩ，固定偏压时则不能大于 47kΩ，否则它的栅极会产生逆栅电流影响栅极偏压从而使电子管屏极电流增大，工作不稳定，甚至过载红屏。KT88 用于较大功率的 AB$_1$ 类推挽放大时，屏极电压在 400～600V，帘栅极电压不能超过 300V，屏极电压较低时声音不够清晰，一般在 450V 以上时声音将更加通透活泼。必须注意：KT88 的屏极和帘栅极耗散功率在各种工作状态下，都不得超过最大额定值，特别是采用固定偏压时更须留意，屏极在最大耗散功率时，不能发红，帘栅极则绝对不允许发红，否则阴极损伤缩短寿命。为了延长电子管的寿命，应降低屏极耗散功率，若降低 20%寿命将延长一倍。KT88 在推挽工作时因为互导高，很小的栅偏压变动就会使屏极电流发生很大变化，造成电路不平衡，所以最好每个电子管都有独立的偏压调节。KT88 在工作时，必须尽可能保持帘栅极电压的稳定，帘栅极电压波动将引起屏极电流的变化，进而造成失真增大，大信号输入时工作不稳定。KT88 负载阻抗不宜过大，特别是推挽工作时，负载阻抗值可取得比单端时小，以免 3 次谐波增大从而降低音质。在设计电路时，最好采用多重负反馈技术，施加足够的反馈量，降低 KT88 的屏极内阻，提高放大器的阻尼系数，改善低频性能。KT88 的互导高，容易产生超高频自激，要注意合理布线，必要时设置阻尼电阻。KT88 宜垂直安装，要注意有足够的通风和散热。

KT88 的等效管有 6550（美国，Tung-Sol，瓶形 G 管）、6550A（美国，GE，筒形 GT 管）、6550WE（俄罗斯，Sovtek，筒形 GT 管）、SV KT88（俄罗斯，Svetlana，瓶形 G 管）、SV 6550C（俄罗斯，Svetlana，筒形 GT 管）、KT88-98（中国，曙光，筒形 G 管）、KT94（中国，曙光）、KR KT88（捷克，KR，筒形 G 管）、KT88S（捷克，Tesla）、KT808S、KT90（南斯拉夫，Ei，$\Phi37\times115$mm，耗散功率稍大）、KT100（德国，Siemens，耗散功率稍大，筒形 G 管）。

KT88 的类似管有 TT21（英国，GEC，热丝 6.3V）、TT22（英国，GEC，热丝 12.6V）。TT21 除最大屏极电压较高、带有屏帽外，特性与 KT88 相同。TT22 的热丝电压不同。

（216）KT90

功率集射管。

◎ 特性

敷氧化物旁热式阴极：6.3V/1.6A，交流或直流

极间电容：

栅极—屏极	1.8pF
屏极—其他所有电极	29pF
栅极—其他所有电极	10pF

管壳：玻璃

管基：八脚

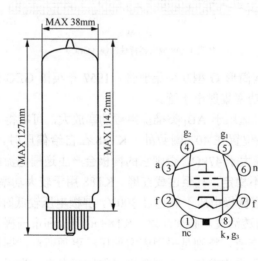

◎ 最大额定值

	集射接法	三极接法
屏极电压	750V	600V
帘栅电压	650V	
屏极耗散功率	50W	50W

帘栅耗散功率	8W	
屏极+帘栅耗散功率	54W	
栅极电压	−200V	−200V
阴极电流	230mA	230mA
热丝—阴极间电压	300V	300V

◎ 平均特性

集射接法

屏极电压	250V	400V
帘栅电压	250V	300V
栅极电压	−14V	−27V
屏极电流	145mA	90mA
帘栅电流	8mA	4.7mA
栅极电压（I_p=1mA）	−36V	−42V
互导	14mA/V	8.8mA/V
屏极内阻	11kΩ	25kΩ

三极接法

屏极电压	250V
栅极电压	−14V
屏极电流	153mA
互导	15mA/V
屏极内阻	650Ω
放大系数	9

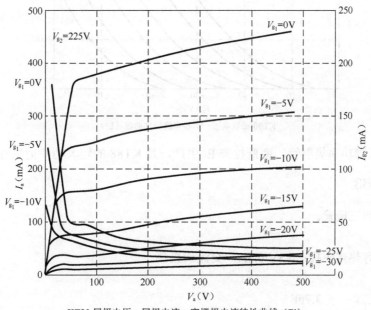

KT90 屏极电压—屏极电流、帘栅极电流特性曲线（Ei）

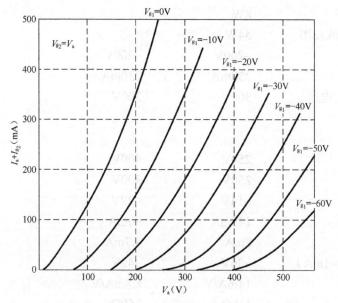

KT90（三极接法）屏极电压—屏极电流+帘栅极电流特性曲线（Ei）

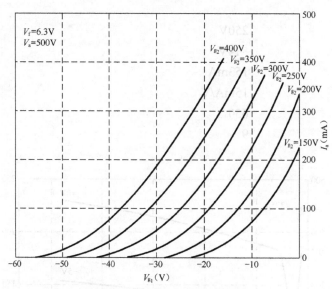

KT90 栅极电压—屏极电流特性曲线（Ei）

KT90 为八脚功率集射管，南斯拉夫 Ei 生产，是 KT88 的较大功率衍生管。

（217）L63

中放大系数三极管。

◎ 特性

敷氧化物旁热式阴极：6.3V/0.3A，交流或直流

极间电容：

C_{g-k}	3.7pF
C_{a-k}	2.1pF

C_{g-a}　　　4.2pF

安装位置：任意

管壳：玻璃

管基：八脚

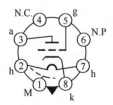

L63 外形尺寸
总高度 88～98mm
座高度 74～88mm
最大直径 34mm

◎ **最大额定值**

屏极电压	250V
屏极耗散功率	2.5W
屏极电压	250V
栅极电压	−8V
放大系数	20
屏极内阻	7.7kΩ
互导	2.6mA/V

◎ **A_1 类声频放大特性（每三极部分）**

屏极供给电压	250V	250V
栅极电压	−1.9V	−1.9V
输出电压	35V	55V
增益	16	16
屏极电流	3.2mA	3.2mA
阴极电阻	600Ω	600Ω
屏极电阻	50kΩ	50kΩ
谐波失真	2%	5%

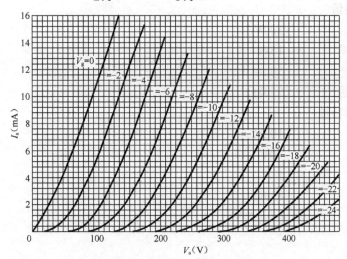

L63 屏极电压—屏极电流特性曲线（Marconi）

L63 为筒形玻壳八脚三极管，管基有金属箍及胶木两种，玻壳有筒形及瓶形两种，有的有涂层，适用于低频放大及低阻抗跟随或振荡，特性与半只 B65 相同。

L63 的等效管有 6J5G、6J5GT、6C2C（苏联）、6C2P（中国）。

（218）PX4

直热式功率三极管。

◎ 特性

敷氧化物灯丝：4V/1A，交流或直流

极间电容：

栅极—屏极	13.3pF
屏极—灯丝	5.8pF
栅极—灯丝	9.3pF

管壳：玻璃

管基：欧式四脚

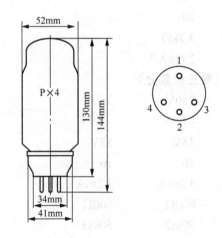

◎ 最大额定值

屏极电压	300V
屏极耗散功率	15W
屏极电流	50mA
栅极电路电阻	250kΩ

◎ 典型工作特性

屏极电压	100V
栅极电压	−0V
放大系数	5
屏极内阻	830Ω
互导	6.0mA/V

A 类单端放大

屏极电压	300V	250V	200V
屏极电流	50mA	60mA	30mA
偏压电阻	1000Ω	600Ω	1000Ω
负载阻抗	3500Ω	2500Ω	3500Ω
输出功率	4.5W	3.2W	1.6W
谐波失真	4%	4%	5%
输入信号	49V	36V	30V

两管推挽放大

屏极电压	300V	250V
屏极电流	100mA	116mA
偏压电阻（每管）	1000Ω	650Ω
偏压（近似）	−50V	−38V
负载阻抗	4000Ω	5000Ω
输出功率	13.5W	9W
谐波失真	2.5%	2%
输入信号	110V	80V

◎ 参考电路

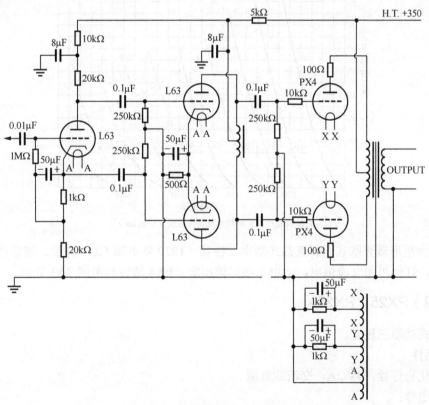

AB₁ 类推挽放大电路（Marconi）

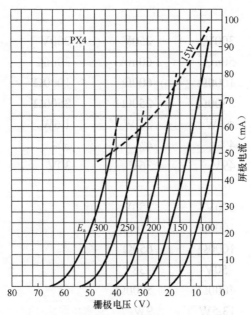

PX4 栅极电压—屏极电流特性曲线（Marconi）

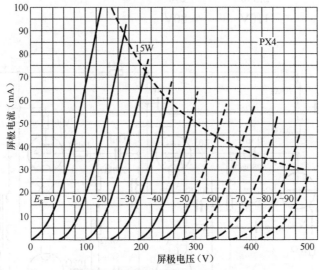

PX4 屏极电压—屏极电流特性曲线（Marconi）

　　PX4 为瓶形玻壳欧式四脚直热式功率三极管，1929 年英国 GEC 开发。该管适用于声频功率放大，灯丝可用交流供电，适用于功率输出级。PX4 特性与美国 2A3 近似。

（219）PX25　PX25A

直热式功率三极管。

◎ 特性

敷氧化物灯丝：4V/2A，交流或直流

极间电容：

栅极—屏极　　　　　14.8pF

屏极—灯丝	8.3pF
栅极—灯丝	11.4pF

管壳：玻璃

管基：欧式四脚

PX25外形尺寸：
160mm×66mm

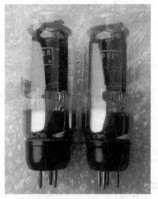

Marconi PX25

◎ **典型工作特性**

PX25

	最大			
屏极电压	400V	350V	300V	
栅极电压	−31V	−26V	−21V	
屏极电流（近似）	62.5mA	57mA	44mA	
屏极耗散功率	25W	20W	13W	
放大系数	9.5			
屏极内阻	1265Ω			
互导	8.0mA/V	……	……	标准 7.5mA/V（V_p=100V，V_g=0）
偏压电阻	530Ω			
负载阻抗	3200Ω			

交流灯丝加热

PX25A

	最大			
屏极电压	400V	350V	300V	
栅极电压	−100V	−85V	−75V	
屏极电流（近似）	62.5mA	60mA	50mA	
屏极耗散功率	25W	21W	15W	
放大系数	3.2	……	……	4（标准 V_p=100V，V_g=0）[*]
屏极内阻	860Ω	……	……	580Ω（标准 V_p=100V，V_g=0）[*]
互导	3.7mA/V	……	……	6.9mA/V（标准 V_p=100V，V_g=0）[*]
偏压电阻	1600Ω			
负载阻抗	4500Ω（单端）		2800Ω（屏到屏）	

交流灯丝加热

* 推挽。

◎ 参考电路及特性曲线

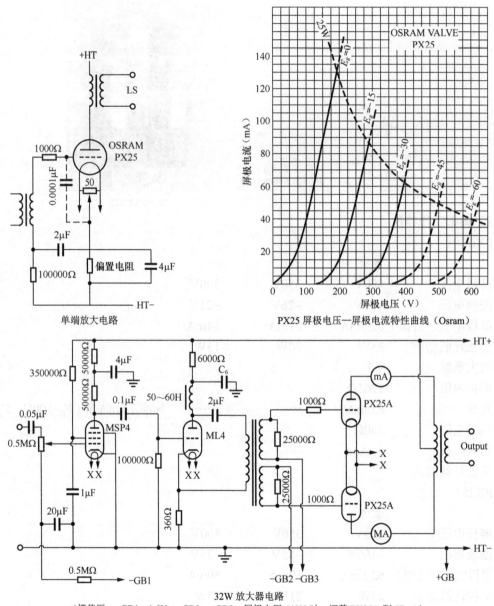

单端放大电路

PX25 屏极电压—屏极电流特性曲线（Osram）

32W 放大器电路

（栅偏压：−GB1　1.5V；−GB2、−GB3　屏极电压 440V 时，调整 PX25A 到 57mA）

　　PX25 为茄形玻壳欧式四脚直热式低内阻功率三极管，英国 GEC 开发，茄形玻壳。该管适用于低频功率放大，灯丝可用交流供电，原用于家用收音机及小功率放大器以及调制放大器中，A 类单端输出功率 5W。PX25 特性与美国 300B 相近，号称欧洲 300B。

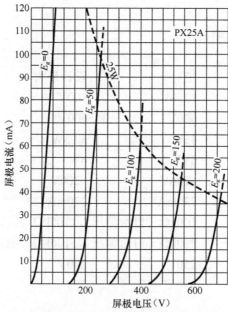

PX25A 屏极电压—屏极电流特性曲线（Osram）

（220）TT21　TT22

功率集射管。

◎ **特性**

敷氧化物旁热式阴极：　　TT21　　　　　　　　　　TT22
　　　　　　　　　　　6.3V/1.6A　　　　　12.6V/0.8A，交流或直流

极间电容：

$C_{g_1\text{-}a}$	13pF
$C_{a\text{-}f}$	6.5pF
$C_{g_1\text{-}f}$、$C_{g_1\text{-all less a}}$	10pF

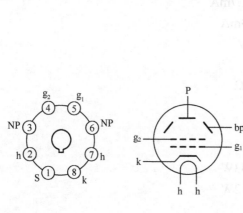

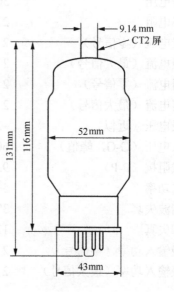

管壳：玻璃

管基：肥大八脚，带屏帽

◎ **最大额定值**

	绝对	设计最大
屏极电压	1250V	800V
帘栅电压	600V	600V
屏极耗散功率	45W	37.5W
帘栅耗散功率	6W	6W
栅极电压	−200V	−200V
阴极电流	230mA	230mA
栅极—阴极间电阻	100kΩ（自给偏压），100kΩ（固定偏压）	
	220kΩ（自给偏压），100kΩ（固定偏压）	
热丝—阴极间电压	250V	200V
管壳温度	250℃	250℃

◎ **特性参数**

屏极电压	250V
帘栅电压	250V
屏极电流	140mA
互导	11mA/V
屏极内阻	12kΩ
内部放大系数	8

◎ **典型工作特性**

AB$_1$ 类推挽放大（阴极偏压）

电源电压	560V
屏极，帘栅电压	521V
帘栅电压	300V
阴极电阻	2×460Ω
屏极电流（零信号）	2×64mA
屏极电流（最大信号）	2×73mA
帘栅电流（零信号）	2×1.7mA
帘栅电流（最大信号）	2×9mA
栅极电压（近似）	−30V
输入电压（G-G，峰值）	60V
负载阻抗（P-P）	9.0kΩ
输出功率	50W
总谐波失真	3%
互调失真[†]	11%
屏极输入功率（零信号）	2×33W
屏极输入功率（最大信号）	2×12W

帘栅输入功率（零信号）	2×0.5W
帘栅输入功率（最大信号）	2×2.7W

† 两个输入信号 50Hz 及 6000Hz，幅度比 4∶1。

AB₁ 类推挽放大（固定偏压）

电源电压	560V
屏极，帘栅电压	552V
帘栅电压	300V
屏极电流（零信号）	2×60mA
屏极电流（最大信号）	2×145mA
帘栅电流（零信号）	2×1.7mA
帘栅电流（最大信号）	2×15mA
栅极电压（近似）	−34V
输入电压（G-G，峰值）	67V
负载阻抗（P-P）	4.5kΩ
输出功率	100W
总谐波失真	2.5%
互调失真†	10%
屏极输入功率（零信号）	2×33W
屏极输入功率（最大信号）	2×28W
帘栅输入功率（零信号）	2×0.5W
帘栅输入功率（最大信号）	2×4.5W

† 两个输入信号 50Hz 及 6000Hz，幅度比 4∶1。

GEC TT21

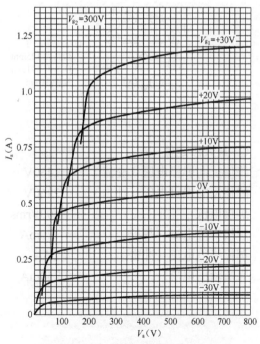

KT88 屏极电压—屏极电流特性曲线（Marconi）

TT21/TT22 为带屏帽八脚肥大管基筒形 G 型功率集射管，除最大屏极电压较高及带有屏帽外，特性与 KT88 相同，TT21 热丝 6.3V，TT22 热丝 12.6V，用于射频功率放大、声频放大、调制等。在音响电路中，用于 AB_1 类推挽声频功率放大，可取得 40～100W 输出功率，用于超线性放大时，抽头位置在 40%圈数处。TT21/TT22 宜垂直安装，要注意有足够的通风和散热。

TT21 的类似管有 KT88（英国，GEC，热丝 6.3V）。

（221）U52

高真空直热式双二极整流管。

◎ 特性

敷氧化物灯丝：5V/2.25A，交流或直流

安装位置：垂直，或 1 及 4 管脚成垂直时也可水平安装

管壳：玻璃

管基：八脚

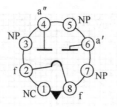

U52 外形尺寸：
全高度 135mm
座高度 121mm
直径 51mm

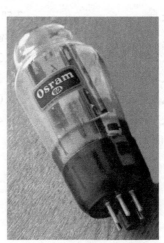

Osram U52

◎ 最大额定值

峰值反向屏极电压（交流）	1430V
峰值反向屏极电压（冲击）	2960V
屏极电压	500Vrms
屏极峰值电流（每屏）	770mA
屏极峰值电流（冲击）	2.5A
直流输出电流	250mA

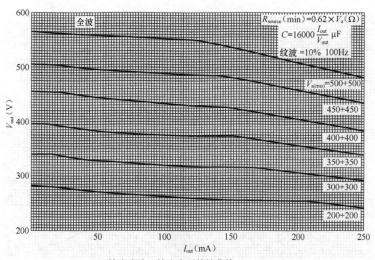

U52 输出电流—输出电压特性曲线（Marconi）

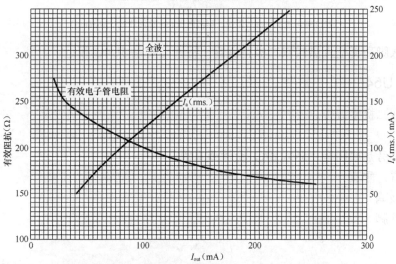

U52 输出电流—有效阻抗、屏极电流 rms 特性曲线（Marconi）

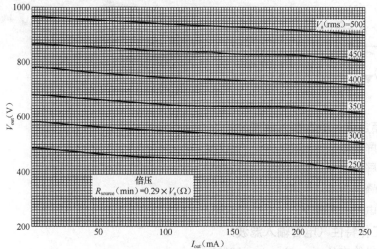

U52 输出电流—输出电压特性曲线（Marconi）

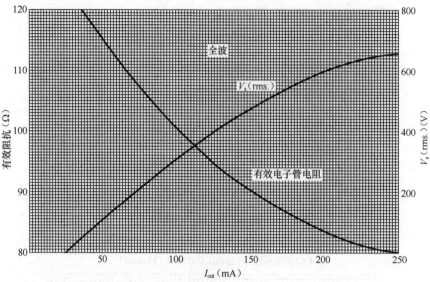

U52 输出电流—有效阻抗、屏极电压 rms 特性曲线（Marconi）

U52 为八脚高真空直热式双二极整流管，特性与美系 5U4G 相近。

（222）U54

高真空双二极整流管。

◎ **特性**

敷氧化物旁热式阴极：5V/2.8A，交流或直流

安装位置：垂直

管壳：玻璃

管基：八脚

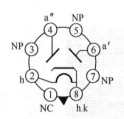

U54 外形尺寸：
全高度 135mm
座高度 120mm
直径 51mm

GEC U54

◎ **最大额定值（电容输入滤波）**

峰值反向屏极电压（I_o=0）	1600V
峰值反向屏极电压（I_o=最大）	1250V
瞬时屏极峰值电流（每屏）	1.5A
直流输出电流（每屏）	250mA

◎ **典型工作特性（电容输入滤波）**

交流屏极供给电压（rms）　　　500V

直流输出电流	250mA
输入滤波电容器	4μF
屏极电源有效阻抗	75Ω（最小）

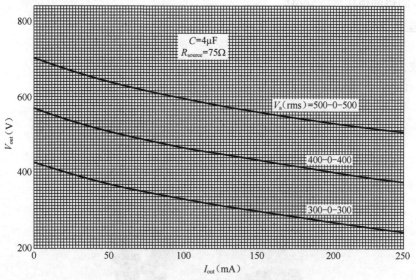

U54 输出电流—输出电压特性曲线（Marconi）

U54 为八脚高真空旁热式双二极整流管，特性与 GZ34/5AR4 相近。

（223）12E1

功率集射管。

◎ **特性**

敷氧化物旁热式阴极：6.3V/1.6A

极间电容：栅极—屏极	0.85pF
输入	23pF
输出	8.0pF

管壳：玻璃

管基：八脚

12E1 外形尺寸：
全长度 133mm
座长度 146mm
管壳直径 54mm

◎ **最大额定值**

屏极电压	800V
帘栅电压	300V
栅极电压	−100V

屏极耗散功率	35W
帘栅耗散功率	5W
阴极电流	300mA
热丝—阴极间电压	300V

◎ **典型工作特性**

互导	14mA/V*
g_1-g_2 放大系数	5.3*

* V_p=V_{g_2}=150V，I_p=200mA。

STC 12E1

◎ **参考电路**

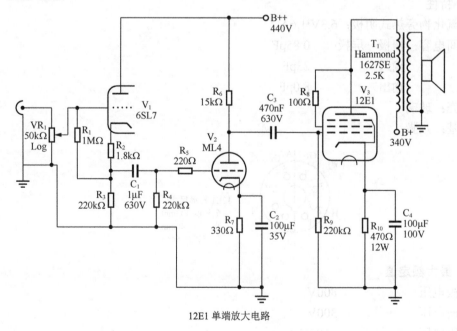

12E1 单端放大电路

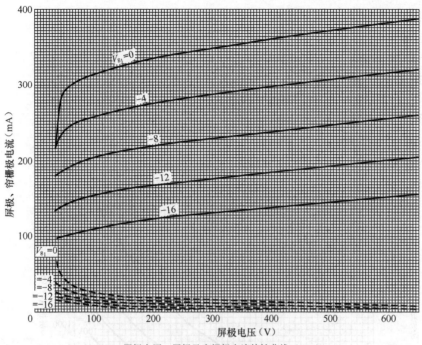

12E1 屏极电压—屏极及帘栅极电流特性曲线（AEI）
（——屏极电流，-----帘栅极电流）

　　12E1 为八脚旁热式集射功率管，在稳压电源中用作串联或并联调整管，在音响电路中可用于功率输出放大。

　　12E1 的等效管有 CV345。

（224）13E1

功率集射管，低阻抗。

◎ **特性**

敷氧化物旁热式阴极：	串联	并联
	26V/1.3A	13V/2.6A

极间电容：栅极—屏极	1.3pF
输入	56pF
输出	20.4pF

管壳：玻璃

管基：B7A 七脚

13E1 管脚连续：
1 H，2 HT，3 G_1，4 K，
5 G_2，6 P，7 H
13E1 外形尺寸：
全长度 166mm
座长度 157mm
管壳直径 65mm

◎ **最大额定值**

屏极电压	800V
帘栅电压	300V
栅极电压	−100V
屏极耗散功率	90W
帘栅耗散功率	10W
屏极+帘栅耗散功率	95W

栅极耗散功率   1W

阴极电流   800mA

热丝—阴极间电压   300V

◎ **典型工作特性**

互导（三极接法）   35mA/V*

放大系数（三极接法） 4.5*

屏极内阻（三极接法） 130Ω*

* V_p=150V，I_p=500mA。

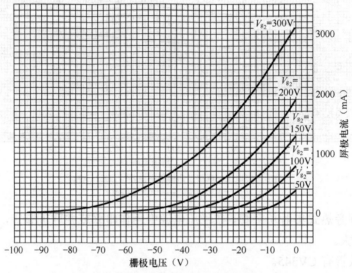

13E1 栅极电压—屏极电流特性曲线（AEI）
（V_p=600V，V_{g_2}=300V）

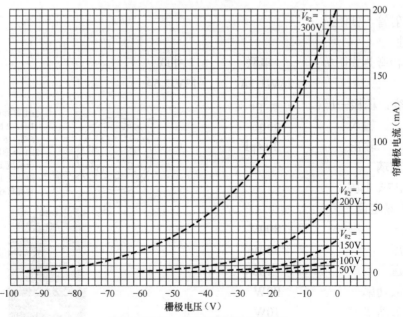

13E1 栅极电压—帘栅电流特性曲线（AEI）
（V_p=600V，V_{g_2}=300V）

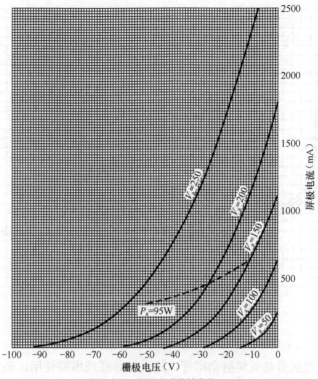

13E1 栅极电压—屏极电流特性曲线（AEI）

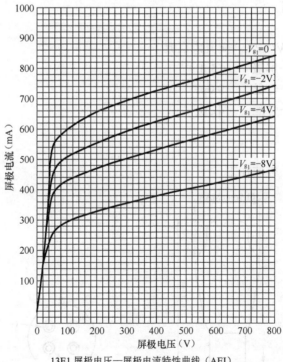

13E1 屏极电压—屏极电流特性曲线（AEI）
（V_{g_2}=100V）

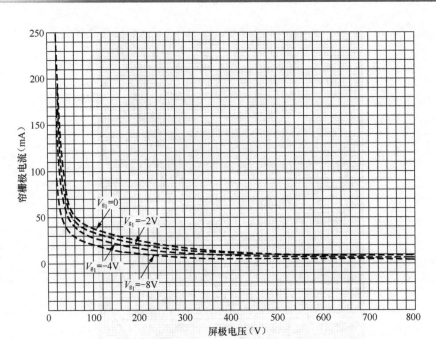

13E1 屏极电压—帘栅极电流特性曲线（AEI）
（V_{g_2}=100V）

13E1 为七脚低阻抗旁热式集射功率管，热丝可并联或串联使用，该管原用于直流控制。

（225）4300A

直热式功率三极管。

◎ **特性**

敷氧化物灯丝：5V/1.2A，交流或直流

极间电容：栅极—屏极　　15pF

　　　　　栅极—灯丝　　9.0pF

　　　　　屏极—灯丝　　4.3pF

管壳：玻璃

管基：四脚卡口

安装位置：垂直，管座在下

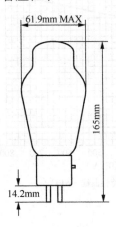
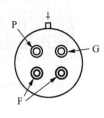

◎ **最大额定值**

屏极电压	450V
屏极耗散功率	40W
屏极电流（固定偏压）	70mA
屏极电流（自给偏压）	100mA

◎ **典型工作特性**

屏极电压	300V
栅极电压	−61.5V
放大系数	3.9
屏极内阻	720Ω
互导	5.4mA/V

◎ **典型工作条件及特性曲线**

典型工作数据

屏极电压/ V	栅极偏压/ V	屏极电流/ mA	负载阻抗/Ω	输出功率/ W	二次谐波/ dB
200	−42	30	2000	3.0	20
200	−39	40	2500	2.6	26
200	−37	50	2500	2.5	30
250	−55	30	2000	4.9	18
250	−55	30	4500	3.2	27
250	−52	40	3000	4.0	26
250	−50	50	2500	4.4	26
250	−48	60	2000	4.7	26
250	−48	60	2700	4.1	30
250	−45	80	1500	5.0	26
300	−65	40	2500	6.7	20
300	−63	50	2000	7.2	21
300	−63	50	3000	6.1	26
300	−61	60	2400	6.6	26
300	−61	60	3400	5.6	30
300	−58	80	1700	7.5	26
350	−76	50	3600	7.8	26
350	−76	50	5000	6.2	30
350	−74	60	2000	10.2	21
350	−74	60	3000	8.3	26
350	−74	60	4000	7.0	30
350	−71	80	2200	9.6	26
400	−91	40	5000	8.4	26
400	−89	50	3000	11.5	21
400	−89	50	4000	9.4	25

屏极电压/ V	栅极偏压/ V	屏极电流/ mA	负载阻抗/Ω	输出功率/ W	二次谐波/ dB
400	−87	60	3500	10.5	26
400	−87	60	5000	8.3	30
400	−84	80	2500	12.5	25
450*	−104	40	6000	9.5	26
450*	−102	50	5000	10.7	27
450*	−102	50	6500	9.0	30
450*	−100	60	4000	12.5	26
450*	−100	60	5500	10.1	30
450*	−97	80	2000	17.8	21
450*	−97	80	3000	14.6	26
450*	−97	80	4500	11.5	31

*最大工作状态。

4300A 典型工作条件（STC）

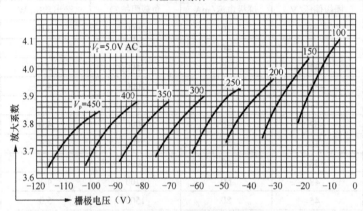

4300A 栅极电压—放大系数特性曲线（STC）

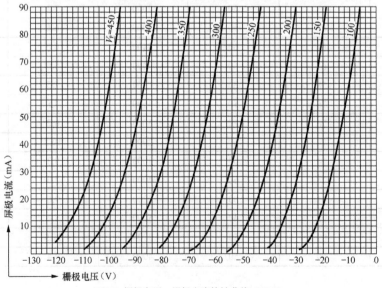

4300A 栅极电压—屏极电流特性曲线（STC）

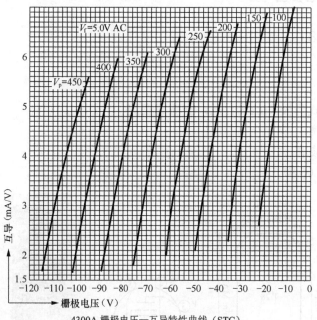

4300A 栅极电压—互导特性曲线（STC）

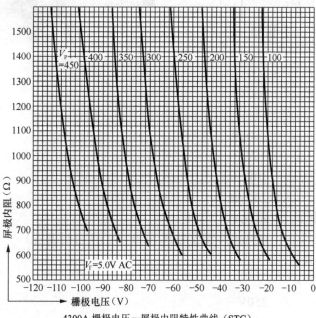

4300A 栅极电压—屏极内阻特性曲线（STC）

4300A 为瓶形四脚直热式功率三极管，英国 STC 开发，适用于 A 类声频功率放大。4300A 在自给偏压时，其栅极电阻不能大于 250kΩ，固定偏压时则不能大于 50kΩ，否则其栅极会产生逆栅电流影响栅极偏压从而使电子管工作不稳定。特性与美国 300B 基本相同，可参阅相关内容。

4.1.3　日系电子管

（226）6B-G8

功率集射管。

◎ **特性**

敷氧化物旁热式阴极：6.3V/1.5A，交流或直流

安装位置：任意

管壳：T-28，玻璃

管基：八脚式（6 脚）

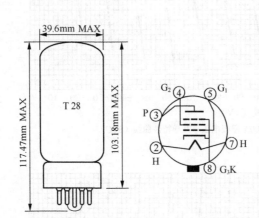

◎ **最大额定值**

屏极电压	800V
帘栅电压	440V
栅极电压	−100V
屏极耗散功率	35W
帘栅输入功率	10W
阴极电流	200mA
热丝—阴极间电压	±100V
栅极电路电阻	0.5MΩ（固定偏压），0.7MΩ（自给偏压）

◎ **典型工作特性**

A_1 类放大（单管）

屏极电压	250V
帘栅电压	250V
栅极电压	−8V
阴极电阻	57Ω
互导	20mA/V
屏极内阻（近似）	15kΩ

g_2-g_1 放大系数	15			
负载阻抗	1600Ω			
输入信号	0Vrms	3.2Vrms	4.65Vrms	5.6Vrms
屏极电流	140mA	145mA	149mA	151mA
帘栅电流	12mA	16mA	21.5mA	28mA
输出功率	—	6W	11W	15W
总谐波失真	—	5.8%	8.1%	9.5%

AB$_1$ 类放大（自给偏压，两管）

屏极电压	320V			
帘栅电压	320V			
阴极电阻（共用）	60Ω			
负载阻抗（P-P）	2500Ω			
输入信号	0Vrms	5Vrms	8.2Vrms	11Vrms
屏极电流	214mA	220mA	230mA	242mA
帘栅电流	16mA	22mA	33mA	50mA
输出功率	—	15W	30W	40W
总谐波失真	—	1.2%	2.9%	5%

AB$_1$ 类放大（固定偏压，两管）

屏极电压	300V	400V	500V	600V	700V
帘栅电压	300V	300V	310V	320V	320V
栅极电压	−16.5V	−17V	−18V	−19V	−20V
输入信号	11.5Vrms	11.9Vrms	12.6Vrms	13.3Vrms	14Vrms
屏极电流（零信号）	120mA	110mA	110mA	110mA	90mA
屏极电流（最大信号）	255mA	250mA	265mA	285mA	275mA
帘栅电流（零信号）	7mA	6mA	4mA	4mA	2mA
帘栅电流（最大信号）	51mA	40mA	45mA	46mA	42mA
负载阻抗（P-P）	2500Ω	3500Ω	4500Ω	5000Ω	6000Ω
输出功率	40W	60W	80W	110W	130W
总谐波失真	5%	4.2%	3.6%	3.6%	3.2%

三极接法 A$_1$ 类放大（单管）

屏极电压	350V	
阴极电阻	160Ω	
负载阻抗	2000Ω	
输入信号	0Vrms	9.2Vrms	12.2Vrms
屏极电流	103mA	109mA	
输出功率	—	4.5W	7.5W
总谐波失真	—	5.7%	8%

三极接法 AB$_1$ 类放大

屏极电压	380V

阴极电阻	100Ω		
负载阻抗（P-P）	3500Ω		
输入信号	0Vrms	10.4Vrms	14.3Vrms
屏极电流	188mA		204mA
输出功率	—	10W	18.5W
总谐波失真	—	1%	2.5%

6B-G8 为八脚 GT 型声频用高功率灵敏度集射功率管，高保真用管，日本东芝公司开发，特点是输出功率大、互导高、增益大、失真小，适用于 A 类单端及 AB₁ 类推挽功率放大。该管工作时温度较高，必须注意有良好的通风和散热。

（227）6R-HH2

高频双三极管，高互导、低极间电容。

◎ **特性**

敷氧化物旁热式阴极：6.3V/0.4A，交流或直流

最大热丝—阴极间电压：90V

极间电容：	1 单元	2 单元
栅极—屏极	1.2pF	1.2pF
输入（阴极接地）	3.3pF	—
（栅极接地）	—	5.6pF
输出（阴极接地）	1.3pF	—
（栅极接地）	—	2.4pF
屏极—阴极	0.15pF	0.15pF
热丝—阴极	2.5pF	2.5pF
两屏极间	<0.01pF	
2 屏极—1 屏极+1 栅极	<0.03pF	

安装位置：任意

管壳：T-6½，玻璃

管基：纽扣式芯柱小型九脚

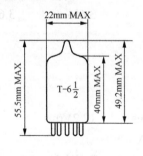
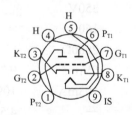

◎ **最大额定值**

屏极电压	150V
屏极耗散功率	2W

屏极电流	20mA
热丝—阴极间电压	±200V
栅极电路电阻	500kΩ

◎ **典型工作特性**

屏极电压	90V
栅极电压	−1V
屏极电流	8.5mA
互导	8.0mA/V
放大系数	36
栅极电压（I_p=10μA）	−5.5V

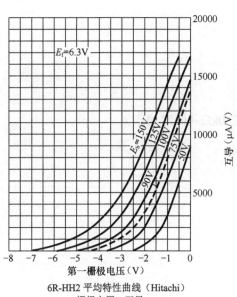

6R-HH2 平均特性曲线（Hitachi）
栅极电压—互导

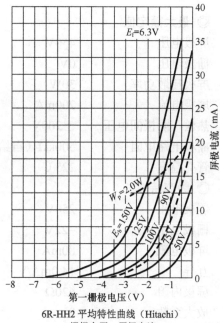

6R-HH2 平均特性曲线（Hitachi）
栅极电压—屏极电流

6R-HH2 为小型九脚中放大系数高频双三极管，日本日立公司生产，高互导、低极间电容，两三极管间除热丝外，完全独立，而且隔离，原使用于电视接收机 VHF 调谐器的级联射频放大。在音响电路中，适用于阻容耦合放大及级联放大。使用时管座中心屏蔽柱建议接地。特性与美系 6BQ7 基本相同，可参阅相关内容。

6R-HH2 的等效管有 6BQ7。

（228）50C-A10　6C-A10

低频旁热式功率三极管。

◎ **特性**

敷氧化物旁热式阴极：50C-A10　　　　　　6C-A10

　　　　　　　　　　　50V/0.175A　　6.3V/1.5A，交流或直流

安装位置：任意

管壳：T-28，玻璃

管基：平面玻璃管底 12 脚

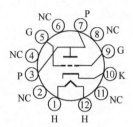

50CA10 外形尺寸
全高度 92mm
直径 39.6mm

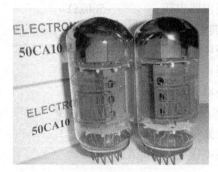

◎ **最大额定值**

屏极电压	450V
栅极电压	0V
屏极耗散功率	30W
屏极电流	200mA
热丝—阴极间电压	±200V
栅极电路电阻	500kΩ（自给偏压），250kΩ（固定偏压）
管壳温度	225℃

◎ **静态特性**

屏极电压	250V
栅极电压	−22V
屏极电流	80mA
互导	14.0mA/V
屏极内阻	620Ω
放大系数	8

◎ **典型工作特性**

A_1 类单端放大

屏极电压	250V	250V
栅极电压	−22V	—
阴极电阻	—	200Ω
输入信号电压	15.5Vrms	14Vrms
屏极电流（零信号）	80mA	90mA
屏极电流（最大信号）	95mA	95mA
负载阻抗	1500Ω	1500Ω
输出功率	6W	5.5W
总谐波失真	7.5%	7%

AB_1 类推挽放大（两管值）

屏极电压	300V	350V	400V

栅极电压	–30V	–37V	–40V
输入信号电压（G-G）	42Vrms	52Vrms	60 Vrms
屏极电流（零信号）	100mA	100mA	100mA
屏极电流（最大信号）	148mA	150mA	150mA
负载阻抗（P-P）	3200Ω	4000Ω	5000Ω
输出功率	24W	28W	34W
总谐波失真	2.5%	2.5%	2.5%

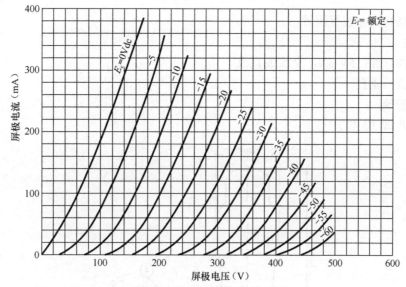

50C-A10 平均屏极特性曲线（Matsushita）

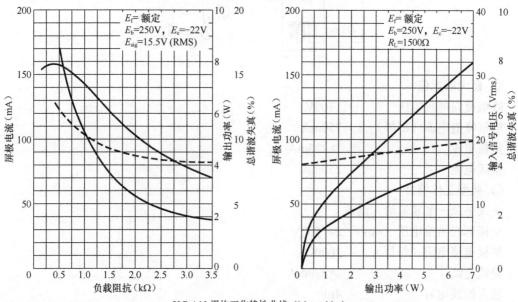

50C-A10 平均工作特性曲线（Matsushita）

50C-A10 为高保真用平面玻璃管底 12 脚（duo-decar）旁热式三极功率管，1967 年日本

NEC 开发，其结构为集射管在内部连接成的三极管。该管具有屏极耗散功率大、内阻低、互导高、线性好等特点，适用于高保真声频功率放大。50C-A10 在自给偏压时，其栅极电阻不能大于 500kΩ，固定偏压时则不能大于 250kΩ。使用时要注意有良好的通风。

50C-A10 的类似管有 6C-A10，除热丝为 6.3V/1.5A 外，其余特性完全相同。

4.1.4　俄系（苏系）电子管

（229）5Ц3С

直热式高真空全波整流管。

◎ **特性**

敷氧化物灯丝：5V/3A，交流或直流

安装位置：垂直

管壳：玻璃

管基：八脚（5 脚）

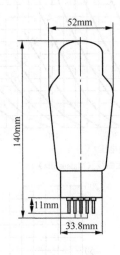
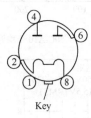

◎ **最大额定值**

峰值反向屏极电压	1700V
屏极峰值电流（每屏）	750mA
屏极电流	＞225mA
整流电流	250mA

◎ **典型工作特性**

全波整流—电容器输入滤波

交流屏极供给电压（rms）	2×500V
屏极电路电阻（每屏）	2000Ω
整流电流	＞230mA
输入滤波电容	4μF

5Ц3С 为苏联制造的瓶形八脚高真空直热式全波整流管，特性与美国 5U4G 基本相同，可参阅相关内容。

5Ц3C 的等效管有 5U4G、5Z3P（中国）。

（230）6Ж1П　6Ж1П-EB

高频锐截止五极管。

◎ **特性**

敷氧化物旁热式阴极：6.3V/0.175A，交流或直流

极间电容：输入　　　　4.3pF

　　　　　输出　　　　2.35pF

　　　　　跨路　　　　≤0.02pF

　　　　　热丝—阴极　≤4.6pF

安装位置：任意

管壳：玻璃

管基：纽扣式芯柱小型七脚

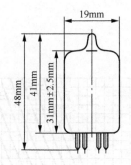
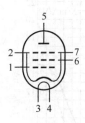

◎ **最大额定值**

屏极电压	200V
屏极耗散功率	1.8W
帘栅电压	150V
帘栅耗散功率	0.55W
阴极电流	20mA
栅极电路电阻	1MΩ
热丝—阴极间电压	120V

◎ **典型工作特性**

屏极电压	120V
帘栅电压	120V
阴极电阻	200Ω
屏极电流	7.35mA
帘栅电流	≤3.2mA
屏极内阻	0.2MΩ
互导	5.2mA/V
等效噪声电阻	1.8kΩ

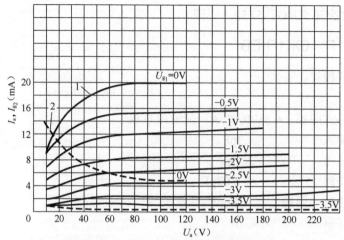

6Ж1П 屏极电压—屏极、帘栅极电流特性曲线（Soviet）
（1 屏极，2 栅极—屏极，V_{g_2}=120V）

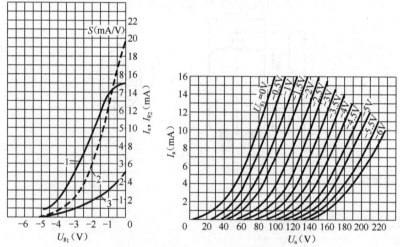

左：6Ж1П 栅极电压—屏极、帘栅极电流特性曲线（Soviet）
（1 互导，2 栅极—屏极，V_p=120V，V_{g_2}=120V）
右：6Ж1П（三极接法）屏极电压—屏极电流特性曲线（Soviet）

6Ж1П 为苏联制造的小型七脚锐截止五极管，用于电子设备中高频电压放大。特性与美国 6AK5 基本相同，可以互换，参阅相关内容。6Ж1П-EB 是长寿命管（5000 小时）。

6Ж1П 的等效管有 6J1（中国）、6AK5（美国）、EF95（欧洲）。

（231）6Ж3П

高频四极管。

◎ 特性

敷氧化物旁热式阴极：6.3V/0.325A，交流或直流

极间电容：输入　　6.2pF

　　　　　输出　　2.8pF

　　　　　跨路　　≤0.035pF

安装位置：任意

管壳：玻璃

管基：纽扣式芯柱小型七脚

◎ 最大额定值

屏极电压	330V
屏极耗散功率	2.5W
帘栅电压	165V
帘栅耗散功率	0.55W
阴极电流	6mA
栅极电路电阻	0.1MΩ
热丝—阴极间电压	100V
管壳温度	120℃

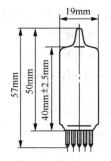
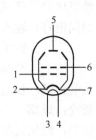

◎ 典型工作特性

屏极电压	250V
帘栅电压	150V
栅极电压（I_p=30μA）	–9V
阴极电阻	200Ω
屏极电流	7mA
帘栅电流	2mA
屏极内阻	0.75MΩ
互导	5mA/V

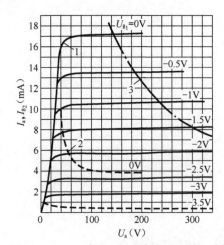
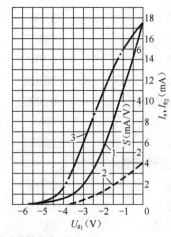

左：6Ж3П 屏极电压—屏极、帘栅电流特性曲线（Soviet）
（1 屏极，2 栅极—屏极，3 最大屏极耗散功率，V_{g2}=150V）
右：6Ж3П 栅极电压—屏极、帘栅电流特性曲线（Soviet）

6Ж3П 为苏联制造的小型七脚高频四极管，用于电子设备中高频电压放大。特性与美国 6AG5 基本相同，可以互换，参阅相关内容。

6Ж3П 的等效管有 6J3（中国）、6AG5（美国）、EF96（欧洲）。

（232）6Ж4П

高频锐截止五极管。

◎ **特性**

敷氧化物旁热式阴极：6.3V/0.3A，交流或直流

极间电容：输入　　　6.3pF

　　　　　输出　　　6.3pF

　　　　　跨路　　　≤0.0035pF

安装位置：任意

管壳：玻璃

管基：纽扣式芯柱小型七脚

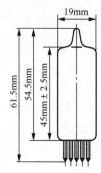
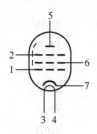

◎ **最大额定值**

屏极电压	300V
屏极耗散功率	3.5W
帘栅电压	150V
帘栅耗散功率	0.9W
阴极电流	20mA
栅极电路电阻	0.5MΩ
热丝—阴极间电压	90V
管壳温度	120℃

◎ **典型工作特性**

屏极电压	250V
帘栅电压	150V
抑制栅电压	0V
阴极电阻	68Ω
屏极电流	11mA
帘栅电流	4.5mA
屏极内阻	0.2MΩ
互导	5.9mA/V

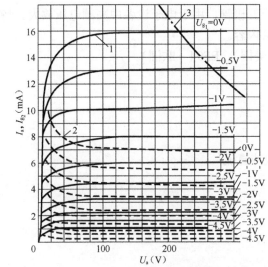

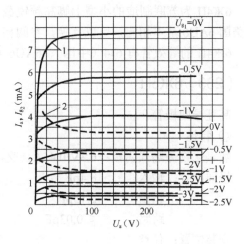

左：6Ж4П 屏极电压—屏极、帘栅电流特性曲线（Soviet）
（1 屏极，2 栅极—屏极，3 最大屏极耗散功率，V_{g_2}=150V，V_{g_3}=0V）

右：6Ж4П 屏极电压—屏极、帘栅电流特性曲线（Soviet）
（1 屏极，2 栅极—屏极，V_{g_2}=100V，V_{g_3}=0V）

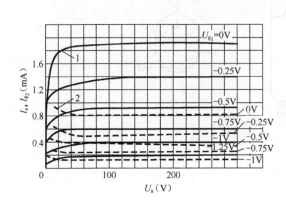

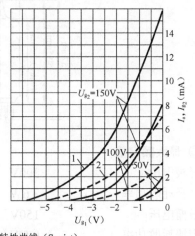

左：6Ж4П 屏极电压—屏极、帘栅电流特性曲线（Soviet）
（1 屏极，2 栅极—屏极，V_{g_2}=50V，V_{g_3}=0V）

右：6Ж4П 栅极电压—屏极、帘栅电流特性曲线（Soviet）
（1 屏极-栅极，2 栅极，V_p=250V，V_{g_3}=0V）

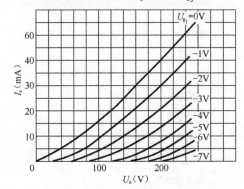

6Ж4П（三极接法）屏极电压—屏极电流特性曲线（Soviet）

6Ж4П 为苏联制造的小型七脚高频锐截止五极管，用于电子设备中高频电压放大。特性与美国 6AU6 基本相同，可以互换，参阅相关内容。

6Ж4П 的等效管有 6J4（中国）、6AU6（美国）、EF94（欧洲）。

（233）6Ж5П

高互导四极管。

◎ **特性**

敷氧化物旁热式阴极：6.3V/0.45A，交流或直流

极间电容：输入   8.4pF

     输出   2.15pF

     跨路   ≤0.03pF

安装位置：任意

管壳：玻璃

管基：纽扣式芯柱小型七脚

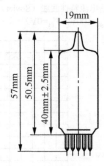
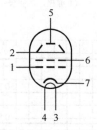

◎ **最大额定值**

屏极电压	300V
屏极耗散功率	3.6W
帘栅电压	150V
帘栅耗散功率	0.5W
阴极电流	20mA
栅极电路电阻	0.5MΩ（固定偏压），1MΩ（自给偏压）
热丝—阴极间电压	100V
阴极加热时间	25s
管壳温度	160℃

◎ **典型工作特性**

屏极电压	300V
帘栅电压	150V
阴极电阻	160Ω
屏极电流	10mA
帘栅电流	≤2.8mA

互导	9mA/V
屏极内阻	0.35MΩ

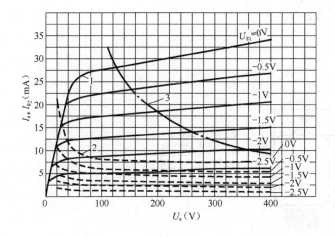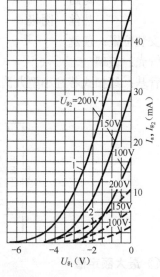

左：6Ж5П 屏极电压—屏极、帘栅电流特性曲线（Soviet）
（1 屏极，2 栅极—屏极，V_{g_2}=150V）

右：6Ж5П 栅极电压—屏极、帘栅电流特性曲线（Soviet）
（1 屏极，2 栅极，V_p=300V）

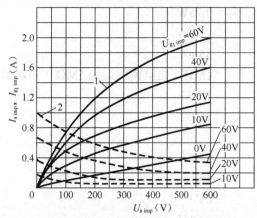

6Ж5П（三极接法）屏极电压—屏极、栅极电流特性曲线（Soviet）
（1 屏极，2 栅极—屏极，τ=2μs，f=100Hz）

　　6Ж5П 为苏联制造的小型七脚高互导四极管，用于电子设备中高频电压放大。特性与美国 6AH6 基本相同，可以互换，参阅相关内容。

　　6Ж5П 的等效管有 6J5（中国）、6AH6（美国）。

（234）6Ж9П-Е

高频锐截止五极管。

◎ **特性**

敷氧化物旁热式阴极：6.3V/0.3A，交流或直流

极间电容：输入   8.5pF

            输出   3pF

            跨路   ≤0.03pF

            热丝—阴极   ≤7pF

安装位置：任意

管壳：玻璃

管基：纽扣式芯柱小型九脚

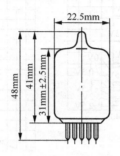
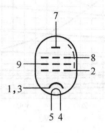

◎ **最大额定值**

屏极电压	250V
屏极耗散功率	3W
帘栅电压	160V
帘栅耗散功率	0.75W
栅极电压	−100V
阴极电流	35mA
栅极电路电阻	1MΩ（自给偏压），0.5MΩ（固定偏压）
热丝—阴极间电压	100V
管壳温度	150℃

◎ **典型工作特性**

屏极电压	150V
帘栅电压	150V
抑制栅电压	0V
栅极电压（I_p=0.5μA）	−1.1V
栅极电压（I_p=0.01mA）	−8.5V
阴极电阻	80Ω
屏极电流	15.25mA
帘栅电流	≤5mA
屏极内阻	0.15MΩ
输入电阻（60MHz）	5kΩ
互导	17.5mA/V
等效噪声电阻	0.35kΩ

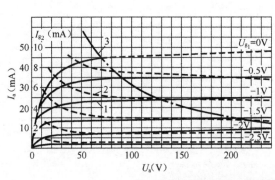

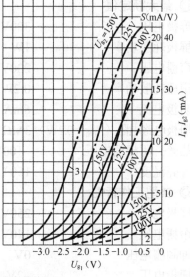

左：6Ж9П-E 屏极电压—屏极电流特性曲线（Soviet）
（1 屏极，2 栅极—屏极，V_{g_2}=150V，V_{g_3}=0V）
右：6Ж9П-E 栅极电压—屏极、帘栅电流特性曲线（Soviet）
（1 屏极—栅极，2 帘极（对帘栅极），V_{g_2}=150V，V_{g_3}=0V）

　　6Ж9П-E 为苏联制造的小型九脚锐截止框架栅五极管，高互导、长寿命（5000 小时），原用于电子设备宽频带放大输入级。在音响电路中，可作为五极管或三极管（μ=50）使用，用于小信号前级放大和激励放大。使用时管座中心屏蔽柱必须接地。特性与欧洲 E180F 基本相同，可以互换，参阅相关内容。

　　6Ж9П-E 的等效管有 6J9（中国）、6688（美国）、E180F（欧洲）。

（235）6Ж32П

锐截止五极管。

◎ 特性

敷氧化物旁热式阴极：6.3V/0.2A，交流或直流

极间电容：输入 4pF

　　　　　输出 5.5pF

　　　　　跨路≤0.05pF

安装位置：任意

管壳：玻璃

管基：纽扣式芯柱小型九脚

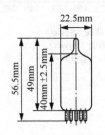

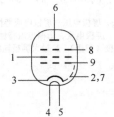

1 帘栅　2 屏蔽　3 阴极
4 热丝　5 热丝　6 屏极
7 屏蔽　8 抑制栅　9 栅极

◎ **最大额定值**

屏极电压	300V
屏极耗散功率	1W
帘栅电压	200V
帘栅耗散功率	0.2W
阴极电流	6mA
栅极电路电阻（$P_{Pm}>0.2W$）	3MΩ
热丝—阴极间电压	−100V，+50V
管壳温度	150℃

◎ **典型工作特性**

屏极电压	250V
帘栅电压	140V
抑制栅电压	0V
栅极电压	−2V
屏极电流	3mA
帘栅电流	≤0.8mA
屏极内阻	2.5MΩ
互导	2mA/V
低频噪声	≤3μV*

* V_b=250V，R_k=1kΩ，R_P=100kΩ，R_{g_2}=390kΩ。

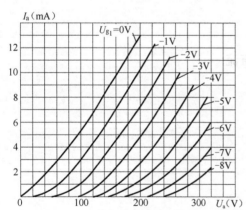

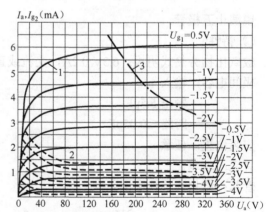

左：6Ж32П（三极接法）屏极电压—屏极电流特性曲线（Soviet）
右：6Ж32П 屏极电压—屏极电流、帘栅电流特性曲线（Soviet）
（1 屏极，2 栅极—屏极（帘栅），3 最大屏极耗散，V_{g_2}=140V）

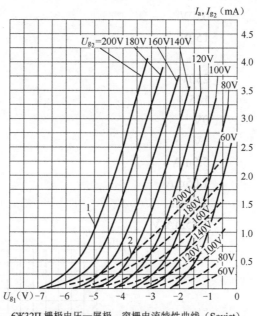

6Ж32П 栅极电压—屏极、帘栅电流特性曲线（Soviet）
（1 屏极—栅极，2 栅极（帘栅），V_p=250V）

6Ж32П 为苏联制造的小型九脚锐截止五极管，特性与欧洲 EF86 相近，可参阅相关内容。

（236）10Ж12С

高频锐截止五极管。

◎ **特性**

敷氧化物旁热式阴极：10V/0.32A，交流或直流

极间电容：输入　　 5.8pF

　　　　　输出　　 12.5pF

　　　　　跨路　　 ≤0.03pF

安装位置：任意

管壳：玻璃

管基：六脚，有栅帽

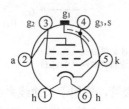

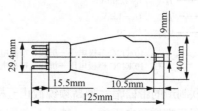

◎ **最大额定值**

屏极电压　　　　　　　　　250V

屏极耗散功率　　　　　　　1.9W

帘栅电压　　　　　　　　　180V

帘栅耗散功率	0.4W
热丝—阴极间电压	150V

◎ **典型工作特性**

屏极电压	250V
帘栅电压	135V
抑制栅电压	0V
栅极电压	3V
屏极电流	5.5mA
帘栅电流	1.05mA
屏极内阻	0.5MΩ
互导	1.85mA/V

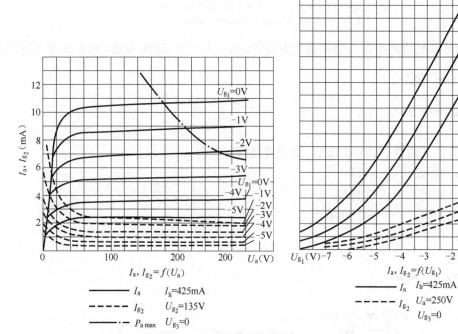

左：10Ж12С 屏极电压—屏极、帘栅电流特性曲线（Soviet）
右：10Ж12С 栅极电压—屏极、帘栅电流特性曲线（Soviet）

　　10Ж12С 为苏联制造的带栅帽六脚高频锐截止五极管，原用于长途线系统中高频电压放大。在音响设备中，适用于高增益电压放大。特性与美国 WE310 基本相同，参阅相关内容。

　　10Ж12С 的等效管有 WE310（美国）。

（237）6Н1П　6Н1П-ЕВ

中放大系数双三极管。

◎ **特性**

敷氧化物旁热式阴极：6.3V/0.6A，交流或直流

极间电容：栅极—阴极　　3.2pF

　　　　　屏极—阴极　　1.5pF

　　　　　栅极—屏极　　1.6pF

安装位置：任意

管壳：玻璃

管基：纽扣式芯柱小型九脚

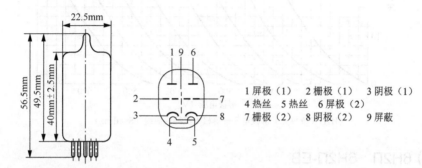

1 屏极（1）　2 栅极（1）　3 阴极（1）
4 热丝　5 热丝　6 屏极（2）
7 栅极（2）　8 阴极（2）　9 屏蔽

◎ **最大额定值**

屏极电压	300V
屏极耗散功率	2.2W
屏极电流	25mA
栅极电路电阻	1MΩ（0.5MΩ　6Н1П-EB）
热丝—阴极间电压	+100V，−250V（+120V，−250V　6Н1П-EB）
保证寿命	5000 小时（6Н1П-EB）

◎ **典型工作特性（每单元）**

屏极电压	250V
阴极电阻	600Ω
屏极电流	7.5mA
放大系数	33
互导	4700μA/V

6Н1П 为苏联开发的小型九脚中放大系数通用双三极管，结构是两边分开相向的分裂屏，两三极管间除热丝外，完全独立。6Н1П-EB 是长寿命、高可靠管。该管在音响电路中，适用于高品质声频设备中阻容耦合放大、倒相及激励放大。由于该管互导较高，较小负载仍可获高增益，每级有 20～25 倍的电压增益（R_p=47kΩ），而且大信号线性较好，宜用于倒相及驱动放大。6Н1П 的不失真（*THD*<5%）最大输入信号电压在 1.5Vrms 左右，输入信号电平较大时，宜取较小屏极电阻值，以扩大动态范围，屏极电源电压较高时，电子管线性范围大，输出电压也较大。使用时管座中心屏蔽柱建议接地。该管因无欧美等效管而在音响设备中使用较少，与声音表现无关，价格低廉，是很超值的管型。

6Н1П 的等效管有 6N1（中国）。中国制造的 6N1 屏极结构有分裂屏及封闭屏两种。

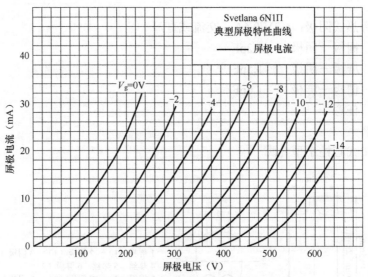

6H1П（每单元）屏极电压—屏极电流特性曲线（Svetlana）

（238）6H2П 6H2П-EB

高放大系数双三极管。

◎ **特性**

敷氧化物旁热式阴极：6.3V/0.34A，交流或直流

极间电容：栅极—阴极　　　　　2.25pF

屏极—阴极（1）　　　2.3pF

屏极—阴极（2）　　　2.5pF

栅极（1）—屏极　　　0.7pF

屏极（1）—屏极（2）　≤0.15pF

安装位置：任意

管壳：玻璃

管基：纽扣式芯柱小型九脚

◎ **最大额定值**

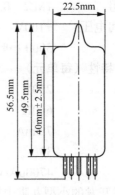

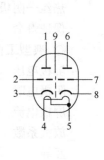

1 屏极（1）　2 栅极（1）　3 阴极（1）
4 热丝　5 热丝　6 屏极（2）
7 栅极（2）　8 阴极（2）　9 屏蔽

	6H2П	6H2П-EB
屏极电压	300V	300V
屏极耗散功率	1W	0.8W
屏极电流	10mA	10mA
栅极电路电阻	0.5MΩ	1MΩ
热丝—阴极间电压	100V	100V
管壳温度	110℃	90℃
保证寿命		4000 小时

◎ **典型工作特性（每单元）**

屏极电压　　　　　　250V

栅极电压	−1.5V
屏极电流	2.3mA
放大系数	100
互导	2250μA/V（2100μA/V　6H2Π-EB）
栅极电压（I_p=10μA）	−5.5V

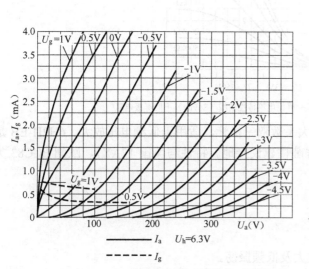

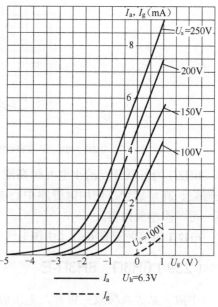

左：6H2Π（每单元）屏极电压—屏极电流、栅极电流特性曲线（Soviet）
右：6H2Π（每单元）栅极电压—屏极电流、栅极电流特性曲线（Soviet）

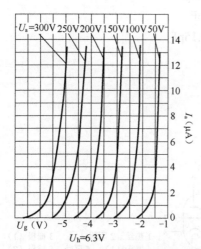

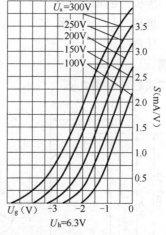

左：6H2Π（每单元）栅极电压—屏极电流特性曲线（Soviet）
右：6H2Π（每单元）栅极电压—互导特性曲线（Soviet）

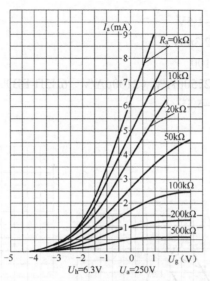

6H2Π（每单元）栅极电压—屏极电流特性曲线（Soviet）不同屏极电阻

6H2Π 为苏联开发的小型九脚高放大系数双三极管，适用于低频电压放大。6H2Π-EB 是长寿命、高可靠管。使用时管座中心屏蔽柱建议接地。特性与美国 12AX7、欧洲 ECC83 类似，可参阅相关内容。

6H2Π 的等效管有 6N2（中国）。

（239）6H3Π 6H3Π-E

中放大系数高频双三极管，电压放大及低频振荡。

◎ 特性

敷氧化物旁热式阴极：6.3V/0.35A，交流或直流

极间电容：栅极（1）—阴极   2.8pF

           栅极（1）—屏极   ≤1.6pF

           屏极—阴极   1.4pF

           屏极（1）—屏极（2）   ≤0.15pF

安装位置：任意

管壳：玻璃

管基：纽扣式芯柱小型九脚

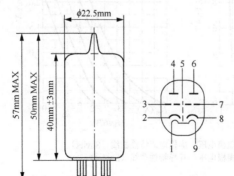

1 热丝 2 阴极（1）   3 栅极（1）
4 屏极（1） 5 屏蔽 6 屏极（2）
7 栅极（2） 8 阴极（2）   9 热丝

◎ **最大额定值**

屏极电压	300V	（160V 6H3Π-E）
屏极耗散功率	1.5W	（1.8W 6H3Π-E）
屏极电流	18mA	
栅极电路电阻	1MΩ	
热丝—阴极间电压	100V	（–100V，+150V 6H3Π-E）
管壳温度	120℃	

◎ **典型工作特性（每单元）**

屏极电压	150V	
栅极电压	–2V	
阴极电阻	240Ω	
屏极电流	8.75mA	
放大系数	36	（34 6H3Π-E）
互导	6000μA/V	（5900μA/V 6H3Π-E）
栅极电压（$I_p \leqslant 40\mu A$）	–10V	

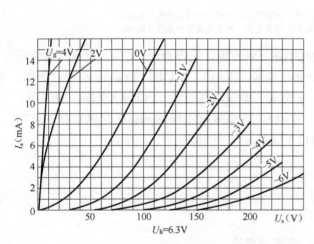

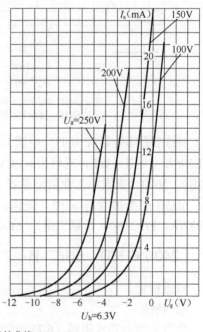

左：6H3Π（每单元）屏极电压—屏极电流特性曲线（Soviet）
右：6H3Π（每单元）栅极电压—屏极电流特性曲线（Soviet）

　　6H3Π 为苏联制造的小型九脚中放大系数高频双三极管，两三极管间除热丝外，完全独立。6H3Π-E 是长寿命管。该管原用于电视接收机 VHF 调谐器射频放大。在音响电路中，适用于阻容耦合放大及级联放大，应用时屏极电流宜大于 1mA，屏极电阻取 27～68kΩ 为宜。该管互导较高，较小负载仍可获高增益，每级有 24～27 倍的电压增益。使用时管座中心屏蔽柱建议接地。特性相同的 2C51、5670 等美国管外形较矮，尺寸为 22×38mm。类似管 6BQ7 外形尺寸为 22×49mm。

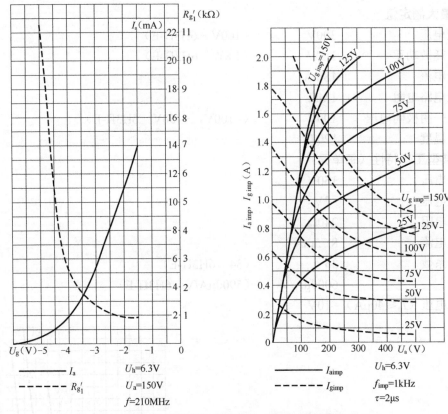

左：6H3Π（每单元）栅极电压—屏极电流、栅极电阻特性曲线（Soviet）
右：6H3Π（每单元）屏极电压—屏极电流、栅极电流特性曲线（Soviet）

　　6H3Π 的等效管有 6N3（中国）、6H3Π-E（俄罗斯，长寿命）、2C51（美国，通信用）、WE396A（美国，WE，通信用）、CV2866（英国，军用）、6CC42（捷克）、6185（美国，通信用）、5670（美国，工业用可靠管）、2C51W（美国，高可靠）、1219（美国，通信用）。

　　6H3Π 的类似管有 6385（美国，工业用）。管脚接续不同的 6H3Π 类似管有 6BZ7/A、6BQ7/A、ECC180（计算机用）、6R-HH2（日本）。

（240）6H6Π　6H6Π-И

双三极管。

◎ **特性**

敷氧化物旁热式阴极：6.3V/0.75A，交流或直流

极间电容：栅极（1）—阴极　　　　4.4pF

　　　　　栅极（1）—屏极　　　　≤3.5pF

　　　　　屏极—阴极（1）　　　　1.7pF

　　　　　屏极（1）—屏极（2）　　≤0.15pF

　　　　　屏极—阴极（2）　　　　1.85pF

　　　　　阴极—热丝　　　　　　　≤8pF

安装位置：任意

管壳：玻璃

管基：纽扣式芯柱小型九脚

◎ **最大额定值**

屏极电压	300V
栅极电压	−100V（6Н6П-И）
屏极耗散功率	4.8W
屏极耗散功率（两屏）	8W
屏极电流	45mA
栅极电路电阻	1MΩ
热丝—阴极间电压	100V（+150V，−200V　6Н6П-И）
管壳温度	200℃
保证寿命	2000 小时

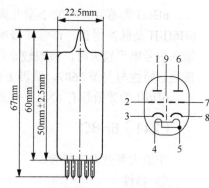

1 屏极（1）　2 栅极（1）　3 阴极（1）
4 热丝　5 热丝　6 屏极（2）
7 栅极（2）　8 阴极（2）　9 屏蔽

◎ **典型工作特性（每单元）**

屏极电压	120V
栅极电压	−2V
屏极电流	28mA
放大系数	22
互导	11.2mA/V
屏极内阻	1.8kΩ
栅极电压（$I_p \leq 150\mu A$）	−15V

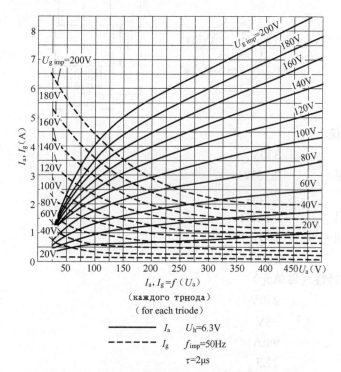

$$I_a, I_g = f(U_a)$$

（каждого трнода）

（for each triode）

———— I_a　　U_h=6.3V

- - - - - I_g　　f_{imp}=50Hz

τ=2μs

6Н6П（每单元）屏极电压—屏极电流、栅极电流特性曲线（Soviet）

6H6П 为苏联开发的小型九脚中放大系数双三极管，适用于低频功率放大及脉冲工作。6H6П-И 是脉冲用管。该管在音响电路中，适用于倒相、阴极输出器及较大信号激励放大，输入信号电平较大时，宜取较小屏极电阻值，以扩大动态响应。使用时管座中心屏蔽柱建议接地。特性与美国 5687、欧洲 E182CC 类似，可参阅相关内容。

6H6П 的等效管有 6N6（中国）。

（241）6H8C

中放大系数双三极管。

◎ **特性**

敷氧化物旁热式阴极：6.3V/0.6A，交流或直流

极间电容：栅极（1）—阴极　　　3pF

　　　　　屏极—阴极　　　　　　1.2pF

　　　　　栅极（1）—屏极　　　4pF

安装位置：任意

管壳：玻璃

管基：八脚（8 脚）

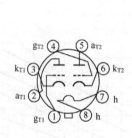

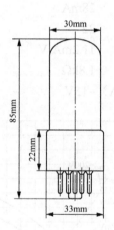

◎ **最大额定值**

屏极电压	330V
屏极耗散功率	2.75W
屏极电流	20mA
栅极电路电阻	0.5MΩ
热丝—阴极间电压	100V
保证寿命	2000 小时

◎ **典型工作特性**（每单元）

屏极电压	250V
栅极电压	−8V
屏极电流	9mA
放大系数	21.5
互导	3mA/V

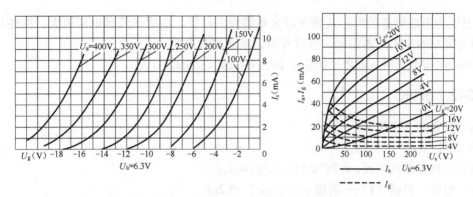

左：6H8C（每单元）栅极电压—屏极电流特性曲线（Soviet）
右：6H8C（每单元）屏极电压—屏极及栅极电流特性曲线（Soviet）

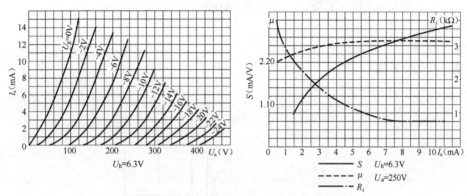

左：6H8C（每单元）屏极电压—屏极电流特性曲线（Soviet）
右：6H8C（每单元）屏极电流—互导、屏极内阻、放大系数特性曲线（Soviet）

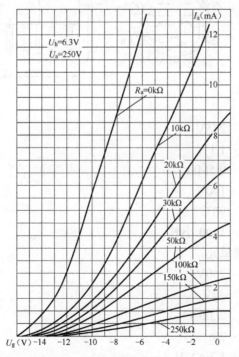

6H8C（每单元）栅极电压—屏极电流特性曲线（Soviet）（不同屏极电阻）

6H8C 为苏联制造的筒形八脚中放大系数双三极管，适用于低频电压放大。特性与英国 B65 和美国 6SN7GT 基本相同，可以互换，参阅相关内容。

6H8C 的等效管有 6N8P（中国）、B65（英国）、6SN7GT。

（242）6H9C

高放大系数双三极管。

◎ **特性**

敷氧化物旁热式阴极：6.3V/0.3A，交流或直流

极间电容：栅极（1）—阴极	1.7～3.2pF
屏极—阴极	0.3～1.6pF
栅极（1）—屏极	1.5～4.0pF

安装位置：任意

管壳：玻璃

管基：八脚（8 脚）

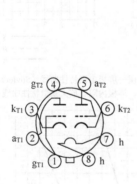

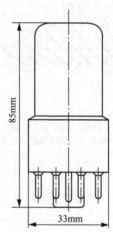

◎ **最大额定值**

屏极电压	275V
屏极耗散功率	1.1W
栅极电路电阻	0.5MΩ
热丝—阴极间电压	100V
管壳温度	90℃
保证寿命	1500 小时

◎ **典型工作特性（每单元）**

屏极电压	250V
栅极电压	−2V
屏极电流	2.3mA
放大系数	70
互导	1.7mA/V

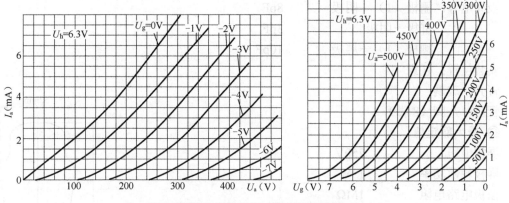

左：6H9C（每单元）屏极电压—屏极电流特性曲线（Soviet）
右：6H9C（每单元）栅极电压—屏极电流特性曲线（Soviet）

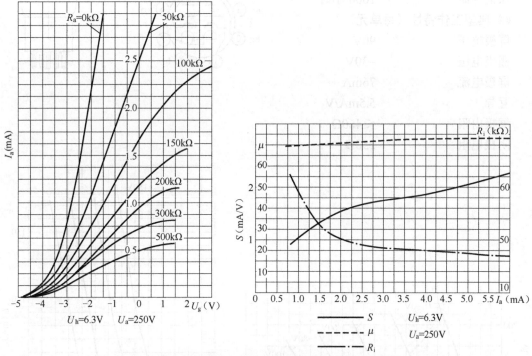

左：6H9C（每单元）栅极电压—屏极电流特性曲线（Soviet）（不同屏极电阻）
右：6H9C（每单元）屏极电流—互导、屏极内阻、放大系数特性曲线（Soviet）

6H9C 为苏联制造的筒形八脚高放大系数双三极管，适用于低频电压放大。特性与美国 6SL7GT 基本相同，可以互换，参阅相关内容。

6H9C 的等效管有 6N9P（中国）、6SL7GT。

（243）6H13C

功率双三极管。

◎ **特性**

敷氧化物旁热式阴极：6.3V/2.5A，交流或直流

极间电容：栅极（1）—阴极　　8pF

　　　　　　屏极—阴极　　　　3pF

　　　　　　栅极（1）—屏极　　10pF

安装位置：任意

管壳：玻璃

管基：八脚（8 脚）

◎ 最大额定值

屏极电压　　　　　　250V

屏极耗散功率　　　　13W

栅极电路电阻　　　　1MΩ

热丝—阴极间电压　　130V

保证寿命　　　　　　1000 小时

◎ 典型工作特性（每单元）

屏极电压　　　　　　90V

栅极电压　　　　　　−30V

屏极电流　　　　　　76mA

互导　　　　　　　　5.5mA/V

屏极内阻　　　　　　≤460Ω

阴极电阻　　　　　　250Ω

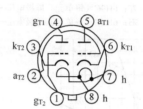

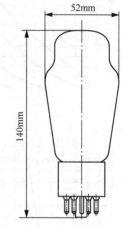

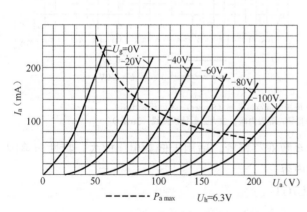

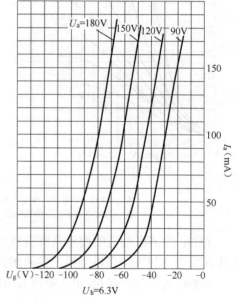

左：6H13C（每单元）屏极电压—屏极电流特性曲线（Soviet）

右：6H13C（每单元）栅极电压—屏极电流特性曲线（Soviet）（不同屏极电压）

　　6H13C 为苏联制造的瓶形八脚功率双三极管，适用于电子稳压电路中，特性与美国 6AS7G 相近，可参阅相关内容。

　　6H13C 的等效管有 6N13P（中国）、6H5C、6N5P（中国）、6AS7G。

（244）6H16Б

超小型中放大系数双三极管。

◎ **特性**

敷氧化物旁热式阴极：6.3V/0.4A，交流或直流

极间电容：栅极—阴极　　2.7pF
　　　　　屏极—阴极　　1.65pF
　　　　　栅极—屏极　　1.5pF

安装位置：任意

管壳：玻璃

管基：超小型八脚

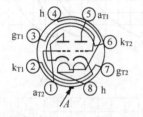

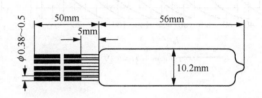

◎ **最大额定值**

屏极电压	200V
屏极耗散功率	0.9W
屏极电流	14mA
栅极电路电阻	1MΩ
热丝—阴极间电压	150V
保证寿命	750 小时

◎ **典型工作特性（每单元）**

屏极电压	100V
阴极电阻	325Ω
屏极电流	6.3mA
放大系数	25
互导	5.0mA/V

6H16Б 为苏联开发的超小型八脚中放大系数双三极管，两三极管间除热丝外，完全独立。6H1П-EB 是长寿命高可靠管。该管适用于低频电压及高频发生电路中。

6H16Б 的等效管有 6N16B（中国）。

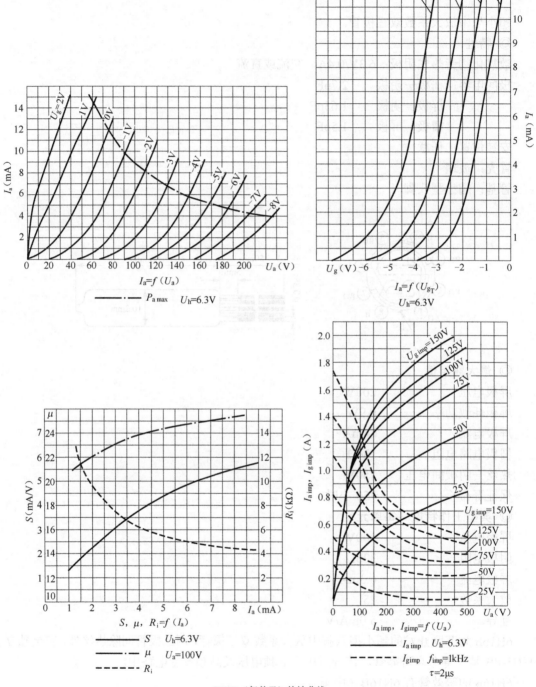

6H16Б（每单元）特性曲线

（245）6H17Б

超小型高放大系数双三极管。

◎ **特性**

敷氧化物旁热式阴极：6.3V/0.4A，交流或直流

极间电容：栅极—阴极　　2.7pF

　　　　　屏极—阴极　　1.7pF

　　　　　栅极—屏极　　1.6pF

安装位置：任意

管壳：玻璃

管基：超小型八脚

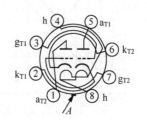

◎ **最大额定值**

屏极电压	250V
屏极耗散功率	0.9W
屏极电流	10mA
栅极电路电阻	1MΩ
热丝—阴极间电压	150V
保证寿命	750 小时

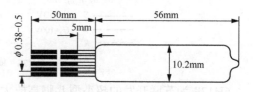

◎ **典型工作特性（每单元）**

屏极电压	200V
阴极电阻	325Ω
屏极电流	3.3mA
放大系数	75
互导	3.8mA/V

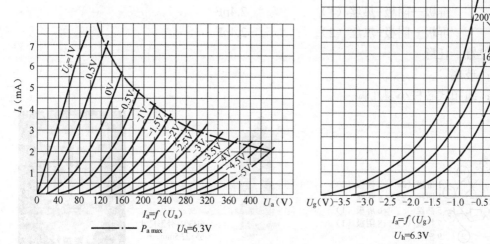

$I_a = f(U_a)$

$P_{a\,max}$　　$U_h = 6.3V$

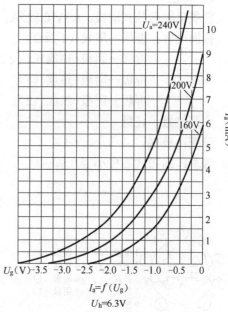

$I_a = f(U_g)$

$U_h = 6.3V$

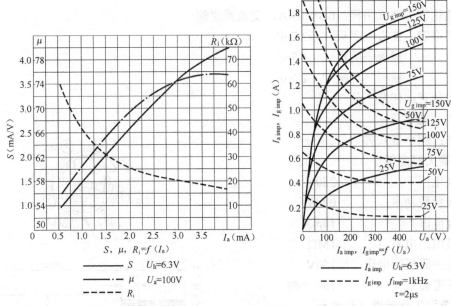

6H17Б（每单元）特性曲线

6H17Б 为苏联开发的超小型八脚高放大系数双三极管，两三极管间除热丝外，完全独立。该管适用于低频电压放大电路中。

6H17Б 的等效管有 6N17B（中国）。

（246）6H30П　6H30П-ДР

中放大系数双三极管，高互导、低内阻、高机械强度。

◎ **特性**

敷氧化物旁热式阴极：6.3V/0.825A，交流或直流

极间电容：栅极—屏极（1 及 2）　　　　　6pF

　　　　　栅极—阴极+热丝（1 及 2）　　　6.3pF

　　　　　屏极—阴极+热丝（1）　　　　　2.4pF

　　　　　屏极—阴极+热丝（2）　　　　　2.4pF

安装位置：任意

管壳：玻璃

管基：纽扣式芯柱小型九脚

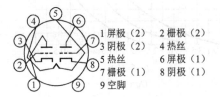

1 屏极（2）　　2 栅极（2）
3 阴极（2）　　4 热丝
5 热丝　　　　6 屏极（1）
7 栅极（1）　　8 阴极（1）
9 空脚

6H30П外形尺寸：
65×22.5mm

◎ 最大额定值

屏极电压	300V
屏极耗散功率	4.0W
阴极电流	100mA
栅极电路电阻	0.1MΩ（固定偏压），0.6MΩ（自给偏压）
热丝—阴极间电压	+100V，−200V

◎ 典型工作特性（每单元）

屏极电压	80V
屏极电流	40mA
阴极电阻	56Ω
放大系数	15
互导	18mA/V

◎ 阻容耦合放大数据

电源电压	200V			300V		
屏极电阻	4.7kΩ	7.5kΩ	15kΩ	4.7kΩ	7.5kΩ	15kΩ
阴极电阻	410Ω	621Ω	1.36kΩ	398Ω	628Ω	1.2kΩ
屏极电压	132V	122V	118V	185V	180V	170V
屏极电流	14.5mA	10.4mA	5.47mA	24.5mA	16mA	8.67mA
阴极电压	7.16V	6.76V	7,37V	9.77V	10.2V	10.4V
增益*	12.3	12.6	12.6	12.8	12.7	12.9
最大输出	≈30Vrms **	60～68Vrms ◇		60Vrms **	115 Vrms ◇	

* 输出 5Vrms 负载 91kΩ　　** 总谐波失真 5%　　◇ 总谐波失真 10%

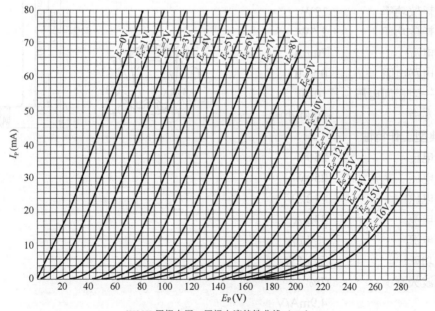

6H30Π 屏极电压—屏极电流特性曲线（EH）

6H30Π 为苏联开发的小型九脚高机械强度中放大系数双三极管，两三极管间除热丝外，完全独立，采用三层云母片及两根支架的辅助支撑结构，耐震性极高，具有寿命长、线性好、输出电流大、输出阻抗低、屏极电流变化时互导稳定等特点，而且各管间的一致性较好。该管原用于计算机，开发较晚，特性与美国 5687 及欧洲 E182CC 相近。在音响中使用时颤噪效应低，3 次谐波小于 2 次谐波的 1/10，4 次以上可忽略。在音响电路中，适用于直热功率三极管激励、前级放大、倒相、阴极输出、小功率推挽输出放大（V_{bb}=180V，R_L=5kΩ，I_p=20mA，P_o=0.8W）等用途。6H30Π-ДР 是特别品质、超长寿命管。使用时管座中心屏蔽柱建议接地。

俄罗斯 BTB 曾利用 6H30Π 管心制造 8 脚玻璃管 6N30P-Oktal=6SN7X，能替换 6SN7GT。

（247）6Π1Π　6Π1Π-EB

功率集射管。

◎ **特性**

敷氧化物旁热式阴极：6.3V/0.5A，交流或直流

极间电容：栅极—阴极　　　8pF

屏极—阴极　　　5pF

栅极—屏极　　　≤0.9pF

安装位置：任意

管壳：玻璃

管基：纽扣式芯柱小型九脚

◎ **最大额定值**

屏极电压	250V
帘栅电压	250V
屏极耗散功率	12W
帘栅耗散功率	2.5W
阴极电流	70mA
栅极电路电阻	0.5MΩ
热丝—阴极间电压	100V
保证寿命	3000 小时

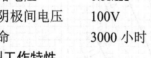
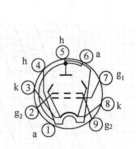
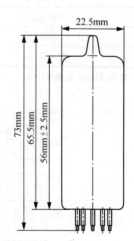

◎ **典型工作特性**

屏极电压	250V
帘栅电压	250V
栅极电压	−12.5V
屏极电流	44mA
帘栅电流	≤7mA
输出功率	≥3.5W
总谐波失真	7%
互导	4.9mA/V
屏极内阻	42.5kΩ

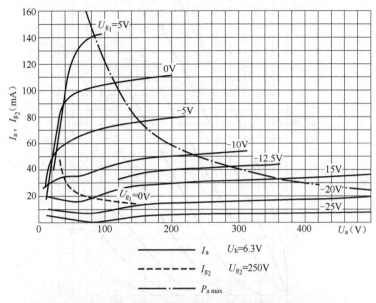

6П1П 屏极电压—屏极电流、帘栅电流、屏极耗散功率特性曲线（Soviet）

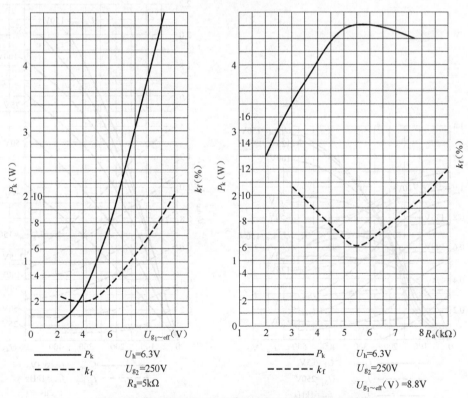

左：6П1П 栅极输入电压—输出功率、谐波失真特性曲线（Soviet）
右：6П1П 负载阻抗—输出功率、谐波失真特性曲线（Soviet）

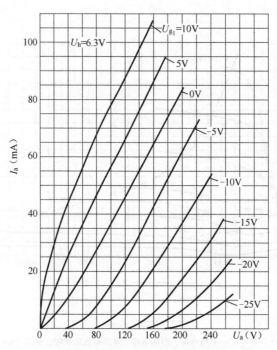

6П1П（三极接法）屏极电压—屏极电流特性曲线（Soviet）

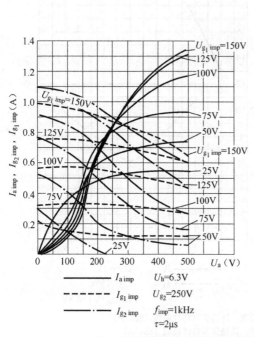

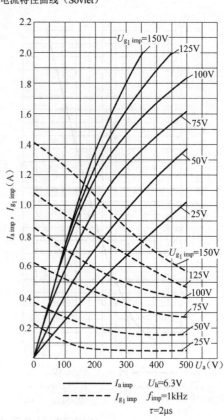

左：6П1П 屏极电压—屏极电流、栅极电流、帘栅电流特性曲线（Soviet）
右：6П1П 屏极电压—屏极电流、栅极电流特性曲线（Soviet）

6П1П 为苏联开发的小型九脚功率集射管，特性与美国小型七脚功率集射管 6AQ5 相近。该管曾广泛应用在无线电收音机中，在音响电路中适用于 AB$_1$ 类推挽声频放大，它的栅极电阻最大不能超过 470kΩ（自给偏压），由于是小型管易过热，使用时要注意有良好的通风。6П1П-EB 是长寿命、高可靠管。

6П1П 的等效管有 6P1（中国）、6П1П-EB（俄罗斯，长寿命、高可靠管）。

6П1П 的类似管有 6AQ5（美国，小型 7 脚管）、6AQ5A（美国，6AQ5 耐压改进管，小型 7 脚管）、6AQ5W（美国，小型 7 脚工业用管）、6005（美国，小型 7 脚特殊用途管）、EL90（欧洲，小型 7 脚管）、6L31（捷克）。

（248）6П3С

功率集射管。

◎ **特性**

敷氧化物旁热式阴极：6.3V/0.9A，交流或直流

极间电容：栅极—阴极　　　11pF

　　　　　屏极—阴极　　　6.7pF

　　　　　栅极—屏极　　　≤1pF

安装位置：任意

管壳：玻璃

管基：八脚（6 脚）

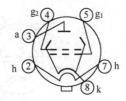

6П3С 外形尺寸：
109×39mm

◎ **最大额定值**

屏极电压	400V
帘栅电压	300V
屏极耗散功率	20.5W
帘栅耗散功率	2.75W
阴极电流	100mA
栅极电路电阻	0.5MΩ
热丝—阴极间电压	200V
管壳温度	210℃

◎ **典型工作特性**

屏极电压	250V	350V
帘栅电压	250V	250V
栅极电压	−14V	−18V
屏极电流	72mA	54mA

帘栅电流	5mA	2.5mA
互导	6mA/V	5.2mA/V
屏极内阻	22.5kΩ	33kΩ
负载阻抗	2.5kΩ	4.2kΩ
输出功率	6.5W	10.8W
总谐波失真	10%	15%

6П3C 为苏联制造的八脚功率集射管，适用于低频功率放大，外形有瓶形和直筒形两种，特性与美国 6L6G 基本相同，可参阅相关内容。

（249）6П6C

功率集射管。

◎ **特性**

敷氧化物旁热式阴极：6.3V/0.45A，交流或直流

极间电容：栅极—阴极　　　　　9.5pF
　　　　　屏极—阴极　　　　　6.5pF
　　　　　栅极—屏极　　　　　≤0.9pF

安装位置：任意

管壳：玻璃

管基：八脚（6 脚）

◎ **最大额定值**

屏极电压	350V
帘栅电压	310V
屏极耗散功率	13.2W
帘栅耗散功率	2.2W
阴极电流	70mA
栅极电路电阻	0.5MΩ（自给偏压），0.1MΩ（固定偏压）
热丝—阴极间电压	180V
管壳温度	210℃
保证寿命	1000 小时

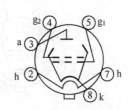

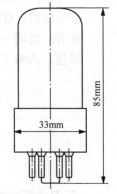

◎ **典型工作特性**

屏极电压	250V
帘栅电压	250V
栅极电压	−12.5V
屏极电流	46mA
帘栅电流	7.5mA
输入信号电压	8.8Vrms
负载阻抗	5kΩ
输出功率	≥3.6W
总谐波失真	10%

互导	4.1mA/V
屏极内阻	52kΩ

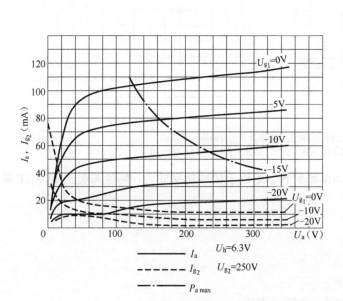

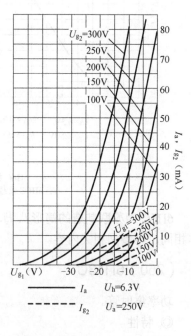

左：6П6C 屏极电压—屏极电流、帘栅电流、屏极耗散功率特性曲线（Soviet）

右：6П6C 栅极电压—屏极电流、帘栅电流特性曲线（Soviet）

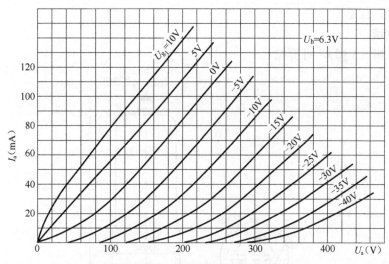

6П6C（三极接法）屏极电压—屏极电流特性曲线

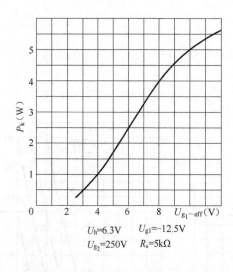

U_h=6.3V U_{g_1}=-12.5V
U_{g_2}=250V R_a=5kΩ

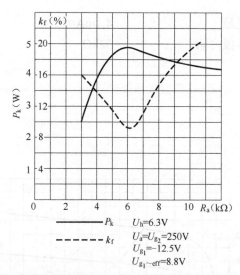

P_k U_h=6.3V
k_f U_a=U_{g_2}=250V
     U_{g_1}=-12.5V
     $U_{g_1\sim eff}$=8.8V

左：6П6C 栅极信号电压—输出功率特性曲线（Soviet）
右：6П6C 负载阻抗—输出功率、谐波失真特性曲线（Soviet）

6П6C 为苏联制造的筒形八脚功率集射管，适用于低频功率放大，特性与美国 6V6GT 基本相同，可参阅相关内容。

（250）6П13C

功率集射管。

◎ 特性

敷氧化物旁热式阴极：6.3V/1.3A，交流或直流

极间电容：栅极—阴极   17.5pF
         屏极—阴极   6pF
         栅极—屏极   ≤0.9pF

安装位置：任意

管壳：玻璃

管基：八脚（5脚），有屏帽

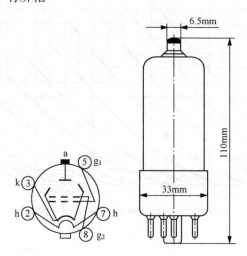

◎ **最大额定值**

屏极电压	450V
帘栅电压	450V
栅极电压	−150V
屏极耗散功率	14W
帘栅耗散功率	4W
屏极+帘栅耗散功率	16W
阴极电流	130mA
热丝—阴极间电压	100V
管壳温度	220℃
保证寿命	2000 小时

◎ **典型工作特性**

屏极电压	200V
帘栅电压	200V
栅极电压	−19V
屏极电流	58mA
互导	9.5mA/V
屏极内阻	25kΩ
阴极电阻	200Ω

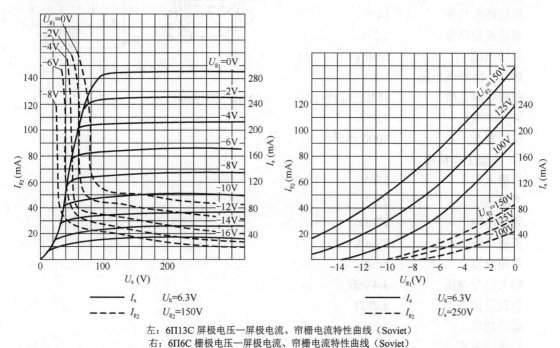

左：6Π13C 屏极电压—屏极电流、帘栅电流特性曲线（Soviet）
右：6Π6C 栅极电压—屏极电流、帘栅电流特性曲线（Soviet）

6Π13C 为苏联制造的带屏帽筒形八脚功率集射管，原用于 70°偏转角显像管电视机中水平扫描输出。在音响电路中，适用于中等功率输出的声频功率放大，互导高而驱动电压低。

行扫描输出管设计工作于 C 类脉冲状态，在用于连续声频功率放大时，必须注意屏极耗散功率不超标，需降低电子管的帘栅极电压，并要求稳定，否则动态失真增大，不能采用普通串联电阻降压的办法供电。

6П13C 的等效管有 6P13P（中国）。

（251）6П14П

功率五极管。

◎ **特性**

敷氧化物旁热式阴极：6.3V/0.76A，交流或直流

极间电容：$C_{g_1\text{-}k}$ 11pF

             $C_{a\text{-}k}$ 7pF

             $C_{g_1\text{-}a}$ ≤0.2pF

安装位置：任意

管壳：玻璃

管基：纽扣式芯柱小型九脚

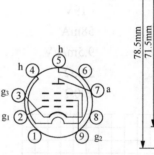
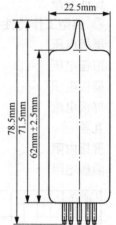

◎ **最大额定值**

屏极电压（P_p≤8W）	400V
屏极电压（P_p≥8W）	300V
帘栅电压	300V
屏极耗散功率	14W
帘栅耗散功率	2.2W
阴极电流	65mA
热丝—阴极间电压	100V
栅极电路电阻	1MΩ（自给偏压），0.3MΩ（固定偏压）
管壳温度	220℃
保证寿命	3000 小时

◎ **典型工作特性**

屏极电压	250V
帘栅电压	250V
阴极电阻	120Ω
屏极电流	48mA
帘栅电流	5mA
输入信号电压	3.4Veff
负载阻抗	5.2kΩ
输出功率	4.2W
总谐波失真	8%
互导	11.3mA/V
屏极内阻	30kΩ

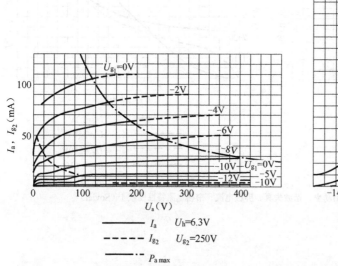

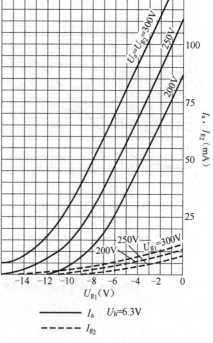

左：6Π14Π 屏极电压—屏极电流、帘栅电流、屏极耗散功率特性曲线（Soviet）
右：6Π14Π 栅极电压—屏极电流、帘栅电流特性曲线（Soviet）

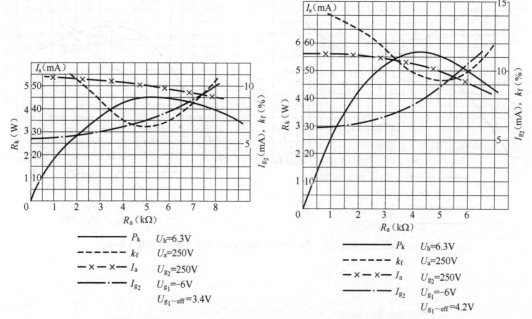

左：6Π14Π 负载阻抗—输出功率、谐波失真、屏极电流、帘栅电流特性曲线（Soviet）
右：6Π14Π 负载阻抗—输出功率、谐波失真、屏极电流、帘栅电流特性曲线

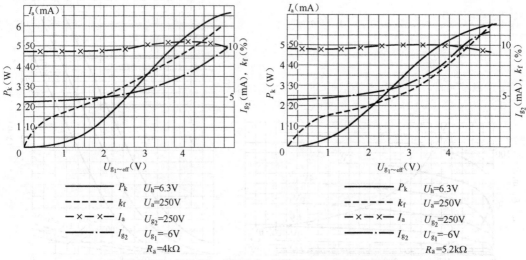

6П14П 输入信号电压—输出功率、谐波失真、屏极电流、帘栅电流特性曲线 1（Soviet）

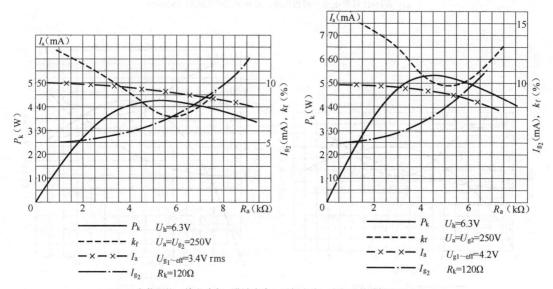

6П14П 负载阻抗—输出功率、谐波失真、屏极电流、帘栅电流特性曲线（Soviet）

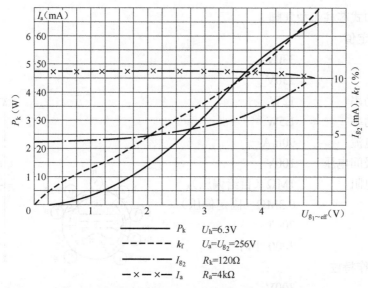

6П14П 输入信号电压—输出功率、谐波失真、屏极电流、帘栅电流特性曲线 2（Soviet）

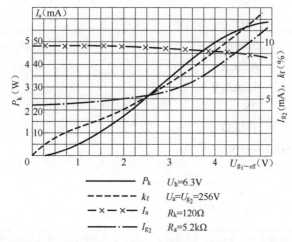

6П14П 输入信号电压—输出功率、谐波失真、屏极电流、帘栅电流特性曲线 3（Soviet）

6П14П 为苏联制造的小型九脚功率五极管，适用于低频功率放大，特性与美国 6BQ5、欧洲 EL84 基本相同，可参阅相关内容。

（252）6П15П

功率五极管。

◎ **特性**

敷氧化物旁热式阴极：6.3V/0.76A，交流或直流

极间电容：$C_{g_1\text{-}k}$ 13.5pF

$C_{a\text{-}k}$ 7pF

$C_{g_1\text{-}a}$ ≤0.07pF

安装位置：任意

管壳：玻璃

管基：纽扣式芯柱小型九脚

◎ **最大额定值**

屏极电压	330V
帘栅电压	330V
屏极耗散功率	12W
帘栅耗散功率	1.5W
阴极峰值电流	90mA
热丝—阴极间电压	100V
栅极电路电阻	1MΩ（自给偏压）， 0.3MΩ（固定偏压）
管壳温度	200℃
保证寿命	3000 小时

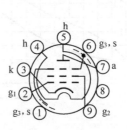

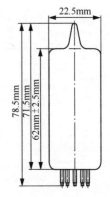

◎ **典型工作特性**

屏极电压	300V
帘栅电压	150V
阴极电阻	75Ω
屏极电流	30mA
帘栅电流	4.5mA
互导	15mA/V
放大系数*	25
屏极内阻	100kΩ
栅极电压（$I_p \leqslant 100\mu A$）	−20V

* 三极接法，V_p=150V。

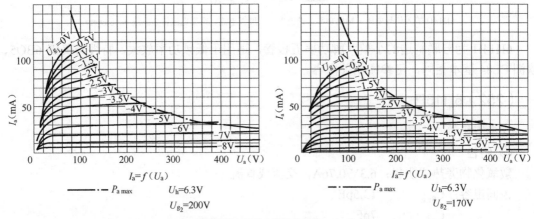

6П15П 屏极电压—屏极电流特性曲线 1（Soviet）

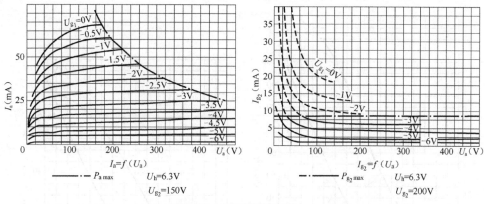

6П15П 屏极电压—屏极电流特性曲线 2（Soviet）

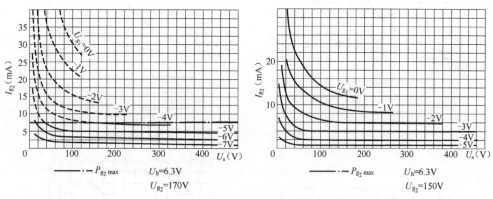

6П15П 屏极电压—帘栅电流特性曲线（Soviet）

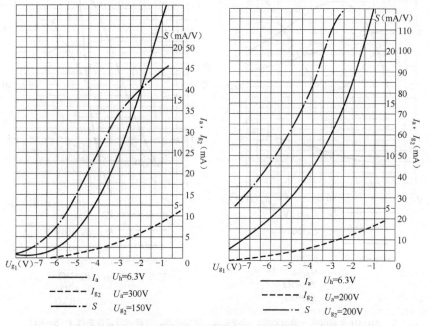

6П15П 栅极电压—屏极电流、帘栅电流、互导特性曲线 1（Soviet）

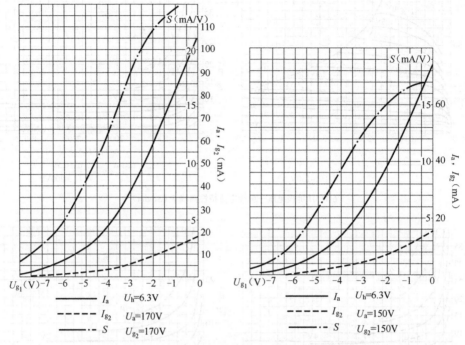

6П15П 栅极电压—屏极电流、帘栅电流、互导特性曲线 2（Soviet）

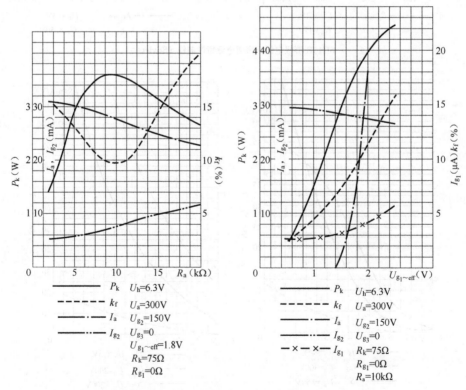

左：6П15П 负载阻抗—输出功率、谐波失真、屏极电流、帘栅电流特性曲线 1（Soviet）
右：6П15П 输入信号电压—输出功率、谐波失真、屏极电流、帘栅电流、栅极电流特性曲线 1（Soviet）

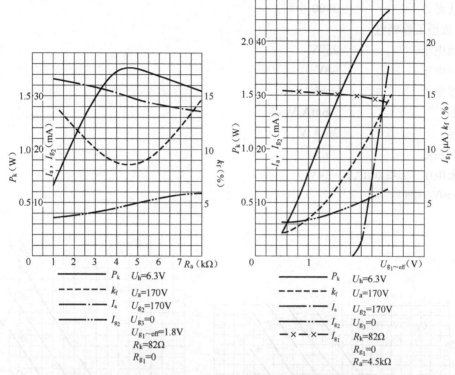

左：6Π15Π 负载阻抗—输出功率、谐波失真、屏极电流、帘栅电流特性曲线 2（Soviet）
右：6Π15Π 输入信号电压—输出功率、谐波失真、屏极电流、帘栅电流、栅极电流特性曲线 2（Soviet）

6Π15Π 为苏联开发的小型九脚功率五极管，原用于电视接收机中视频电压输出放大。在音响电路中，可用于 A 类功率放大。由于是小型管，易过热，使用时要注意有良好的通风，并注意帘栅供电的稳定。由于互导高，还要防止自激。使用时管座中心屏蔽柱建议接地。

6Π15Π 的等效管有 6P15（中国）。

6Π15Π 的类似管有 6CL6、EL180。

（253）6C2C

中放大系数三极管。

◎ **特性**

敷氧化物旁热式阴极：6.3V/0.3A，交流或直流

安装位置：任意

管壳：玻璃

管基：八脚（5 脚）

◎ **最大额定值**

屏极电压	330V
栅极电压	0V
屏极耗散功率	2.75W
阴极峰值电流	20mA
热丝—阴极间电压	100V

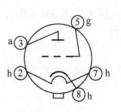

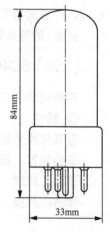

保证寿命　　　　　　　2000 小时
◎ **典型工作特性**

屏极电压　　　　　　　250V

栅极电压　　　　　　　−8V

屏极电流　　　　　　　9mA

互导　　　　　　　　　2.6mA/V

互导*　　　　　　　　 3mA/V

放大系数　　　　　　　20.5

栅极电压（$I_p \leq 20\mu A$）−24V

* V_p=90V，V_g=0V。

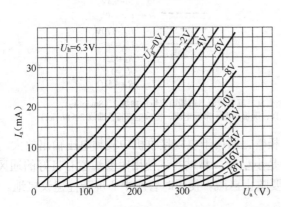
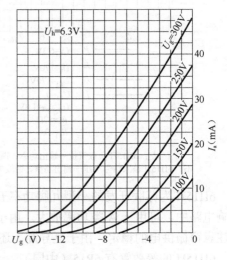

左：6C2C 屏极电压—屏极电流特性曲线（Soviet）
右：6C2C 栅极电压—屏极电流特性曲线（Soviet）

　　6C2C 为苏联制造的八脚中放大系数三极管，适用于低频电压放大，特性与美国 6J5GT 相同，可参阅相关内容。

　　6C2C 的等效管有 6J5GT（美国）、6C2P（中国）

（254）6C4C

直热式功率三极管。

◎ **特性**

敷氧化物旁热式阴极：6.3V/1.0A，交流或直流

安装位置：垂直

管壳：玻璃

管基：八脚

◎ **最大额定值**

屏极电压	360V
屏极耗散功率	15W
保证寿命	1000 小时

◎ **典型工作特性**

屏极电压	250V
栅极电压	−45V
屏极电流	62mA
输入信号电压	31Veff
负载阻抗	2500Ω
输出功率	2.8W
互导	5.4mA/V
放大系数	4.1

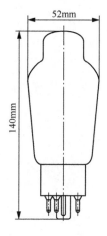

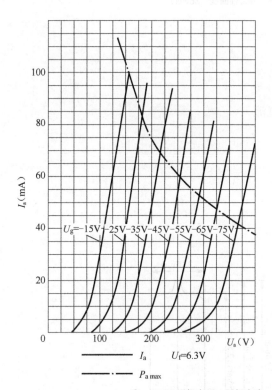

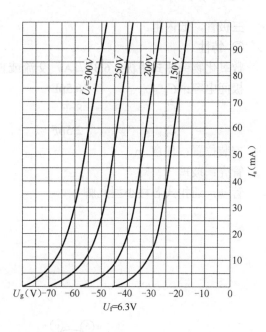

左：6C4C 屏极电压—屏极电流、屏极耗散功率特性曲线（Soviet）
右：6C4C 栅极电压—屏极电流特性曲线（Soviet）

6C4C 为苏联制造的瓶形八脚直热式功率三极管，适用于低频功率放大，特性与美国 6B4G 相同，可参阅相关内容。

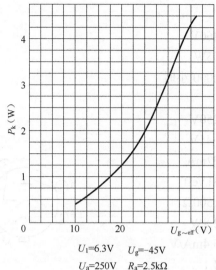

U_1=6.3V　　U_g=-45V

U_a=250V　　R_a=2.5kΩ

6C4C 输入信号电压—输出功率特性曲线（Soviet）

（255）6C19П

三极管，低内阻。

◎ **特性**

敷氧化物旁热式阴极：6.3V/1A，交流或直流

极间电容：$C_{g_1\text{-}k}$　　　　6.5pF

　　　　　$C_{g_1\text{-}a}$　　　　8pF

　　　　　$C_{a\text{-}k}$　　　　2.5pF

安装位置：任意

管壳：玻璃

管基：纽扣式芯柱小型九脚

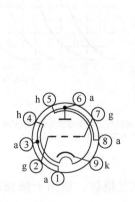

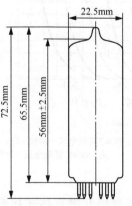

◎ **最大额定值**

屏极电压　　　　　　　200V

屏极冷管开关电压	500V
栅极电压	−200V
屏极耗散功率	7W（V_p=350V），11W（V_p=200V）
屏极电流	140mA
热丝—阴极间电压	250V
栅极电路电阻	0.5MΩ
管壳温度	250℃
保证寿命	2000 小时

◎ **典型工作特性**

屏极电压	110V
栅极电压	−7V
屏极电流	95mA
屏极内阻	400Ω
互导	7.5mA/V

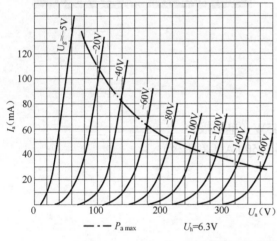

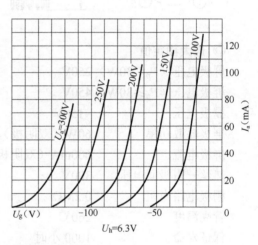

左：6C19Π 屏极电压—屏极电流特性曲线（Soviet）
右：6C19Π 栅极电压—屏极电流特性曲线（Soviet）

6C19Π 为苏联开发的小型九脚低内阻、低放大系数功率三极管。该管原用于稳压电源整流、AB₁ 类 OTL 功率放大，当两管并联用于 OTL 放大时，V_{bb}=380V，V_g=−67V（R_k=560Ω），R_L=32Ω，P_o=15W。

6C19Π 的等效管有 6C19（中国）。

（256）6C33C　6C33C-B

功率三极管，高互导低内阻。

◎ **特性**

敷氧化物旁热式阴极：并联 6.3V/6.4A，串联 12.6V/5.2A

极间电容：$C_{g_1\text{-}k}$　　　　30pF

　　　　　$C_{g_1\text{-}a}$　　　　31pF

$$C_{a\text{-}k} \qquad\qquad 10.5pF$$
$$C_{k\text{-}h} \qquad\qquad \leqslant 70pF$$

管壳：玻璃

管基：七脚

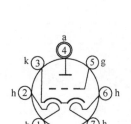

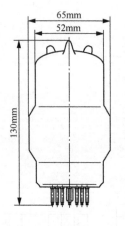

◎ **最大额定值**

屏极电压（$P_p \leqslant 30W$）	250V
屏极电压（$P_p \geqslant 30W$）	450V
栅极电压	−150V
屏极耗散功率	60W（双阴极），45W（单阴极）
屏极电流	600mA（双阴极），350mA（单阴极）
热丝—阴极间电压	300V
栅极电路电阻	0.2MΩ
管壳温度	260℃
保证寿命	1000 小时

◎ **典型工作特性**

屏极电压	120V
阴极电阻	35Ω
屏极电流	540mA
屏极内阻	130Ω
互导	39mA/V

6C33C 为苏联开发的耐震动、高可靠旁热式低内阻三极功率管，其阴极有两组，可单阴极或双阴极工作，但屏极最大耗散功率及最大电流不同。该管原是军用，适用于稳压电源的整流及功率放大，屏极内阻极低，适宜较低的工作电压，屏极电流较大。在声频电路中，不适用于单端输出放大，常用于无输出变压器功率放大，它的栅极电阻最大不能超过 200kΩ（自给偏压）。如将 4 只 6C33C 并联用于 AB$_1$ 类推挽 OCL 功率放大，电源±182V，8Ω 负载时，输出功率可达 80W。6C33C-B 是耐震动、高可靠管。

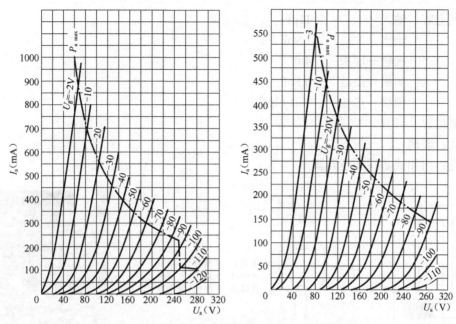

6C33C-B 屏极电压—屏极电流特性曲线（Electronintorg）

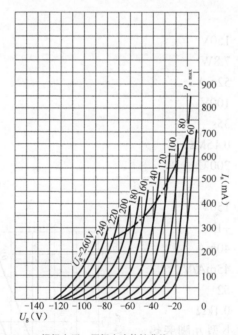

6C33C-B 栅极电压—屏极电流特性曲线（Electronintorg）

（257）6C45П 6C45П-E

三极管，高互导。

◎ **特性**

敷氧化物旁热式阴极：6.3V/0.44A，交流或直流

极间电容：输入   11pF
     输出   1.9pF
     栅极—屏极 4pF
     阴极—热丝 6.8pF
     栅极—热丝 ≤0.13pF

安装位置：任意

管壳：玻璃

管基：纽扣式芯柱小型九脚

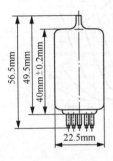

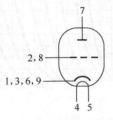

1 阴极 2 栅极 3 屏极
4 热丝 5 热丝 6 屏极
7 屏极 8 栅极 9 阴极

◎ **最大额定值**

屏极电压	150V
屏极耗散功率	7.8W
屏极电流	52mA
热丝—阴极间电压	100V
阴极加热时间	35s
栅极电路电阻	0.15MΩ
管壳温度	200℃

◎ **典型工作特性**

屏极电压	150V
栅极电压	−1V
屏极电流	40mA
互导	45mA/V
放大系数	52
等效噪声电阻	0.1kΩ

  6C45Π 为苏联开发的小型九脚旁热式高互导三极管，为减小栅极发射电阻，栅极丝镀金，该管线性很好，屏极电流变化时互导稳定，但管间一致性较差。原用于高频宽带电压放大，在音响设备中可用于倒相及较大信号激励放大。由于互导高、内阻低，用较小负载电阻仍有高的增益，

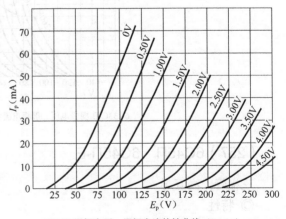

6C45Π 屏极电压—屏极电流特性曲线（Soviet）

并可获得较大输出电压。6C45Π 的栅极电阻最大不能超过 150kΩ。互导极高容易产生超高频自激振荡，要注意电源退耦和加置阻尼电阻。使用时管座中心屏蔽柱建议接地。

6C45Π 的等效管有 6C45Π-E（长寿命管）。

6C45Π 的类似管有 EC8020（德国，Telefunken，管脚接续不同）。

（258）6Φ1Π

三极—五极管，中放大系数三极部分，锐截止五极部分。

◎ **特性**

敷氧化物旁热式阴极：6.3V/0.42A，交流或直流

最大热丝—阴极间电压：300V

极间电容：

（三极部分）栅极—屏极	1.45pF	
输入	2.5pF	
输出	≤0.35pF	
（五极部分）栅极—屏极	≤0.025pF	
输入	5.8pF	
输出	3.8pF	

安装位置：任意

管壳：玻璃

管基：纽扣式芯柱小型九脚

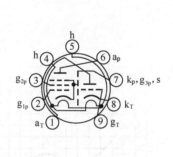

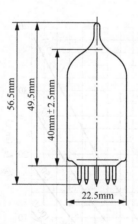

◎ **最大额定值**

	三极部分	五极部分
屏极电压	250V	250V
屏极耗散功率	1.5W	2.5W
栅极电路电阻	0.5MΩ	1MΩ
帘栅电压		175V
帘栅耗散功率		0.7W
阴极电流	14mA	14mA

| 热丝—阴极间电压 | 100V | 100V |

◎ **典型工作特性**

A₁ 类放大

	三极部分	五极部分
屏极电压	100V	170V
帘栅电压		170V
栅极电压	−2V	−2V
屏极电流	13mA	10mA
帘栅电流		≤4.5mA
互导	1500μA/V	6200μA/V
屏极内阻		0.4MΩ
放大系数	20	
输入阻抗（50MHz）		4000Ω
等效噪声电阻		4000Ω

6Φ1Π 为苏联制造的小型九脚三极—五极复合管，三极管与五极管间除热丝外，完全独立。该管原用于电视接收机中调谐器振荡及混频。特性与美国 6BL8 基本相同，可以互换，参阅相关内容。

6Φ1Π 的等效管有 6BL8、ECF80、6C16、CV5215、6F1（中国）、7643/F80CF（长寿命坚牢型）。

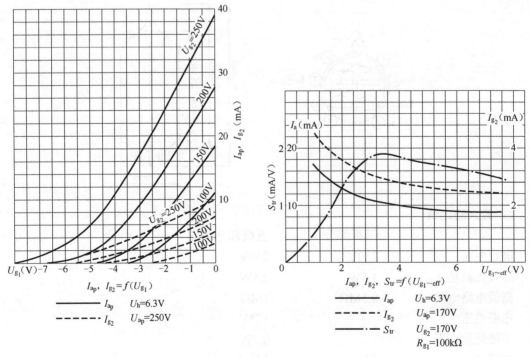

6Φ1Π（五极部分）特性曲线

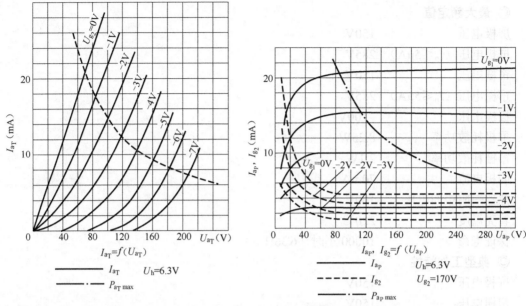

$$I_{aT} = f(U_{aT})$$

—— I_{aT}	$U_h = 6.3V$
—·—· $P_{aT\,max}$	

$$I_{ap},\ I_{g_2} = f(U_{ap})$$

—— I_{ap}	$U_h = 6.3V$
---- I_{g_2}	$U_{g_2} = 170V$
—·—· $P_{ap\,max}$	

6Φ1Π（三极部分）特性曲线

（259）6Э6П

高频四极管，高互导。

◎ **特性**

敷氧化物旁热式阴极：6.3V/0.61A，交流或直流

极间电容： C_{g_1-k} 15pF

            C_{g_1-a} 0.05pF

            C_{g_1-k} 22pF

            C_{k-h} 13.5pF

            C_{a-k} 5.9pF

安装位置：任意

管壳：玻璃

管基：纽扣式芯柱小型九脚

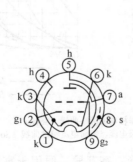

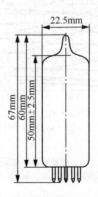

◎ 最大额定值

屏极电压	150V
屏极电压（$I_p \leq 5\mu A$）	285V
帘栅电压	150V
帘栅电压（$I_p \leq 5\mu A$）	285V
栅极电压	−100V
屏极耗散功率	8.25W
帘栅耗散功率	2.1W
阴极电流	70mA
热丝—阴极间电压	100V
管壳温度	220℃
保证寿命	10000 小时（6Э6П-E）

◎ 典型工作特性

屏极电压	150V
帘栅电压	150V
阴极电阻	30Ω
屏极电流	44mA
帘栅电流	10mA
互导	29.5mA/V
屏极内阻	15kΩ
等效噪声电阻	350Ω

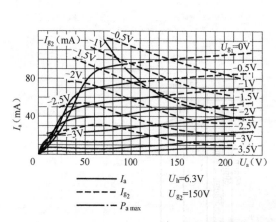
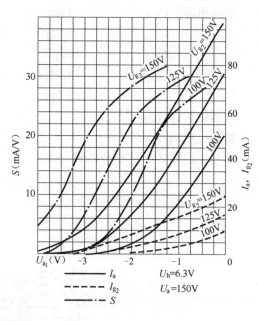

左：6Э6П 屏极电压—屏极电流特性曲线（Soviet）
右：6Э6П 栅极电压—互导、屏极电流、帘栅电流特性曲线（Soviet）

6Э6П 为苏联生产的小型九脚高频四极管，高互导，原用于高频宽带电压放大和功率放大。在音响电路中，常将第二栅极连接至屏极作为三极管使用，放大系数为 36，用于电压放大及激励放大。使用时管座中心屏蔽柱建议接地。

6Э6П 的等效管有 6Э6П-E（俄罗斯，长寿命）、6S6（中国）。

6Э6П 的类似管有 6Э5П-И（俄罗斯，脉冲用）。

（260）ГУ19-1

双四极发射管。

◎ 特性

敷氧化物旁热式阴极：并联 6.3V/1.5～1.9A，串联 12.6V/0.75～0.95A，交流或直流

极间电容：输入　　　　　7.5～12.5pF

　　　　　输出　　　　　2.8～4.2pF

　　　　　跨路　　　　　0.8pF

管壳：玻璃

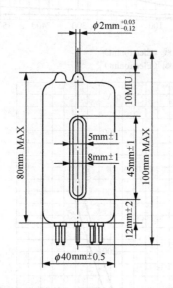
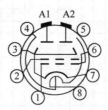
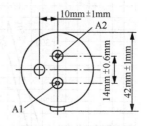

◎ 最大额定值

屏极电压	750V
帘栅电压	250V
栅极电压	−100V
屏极耗散功率	40W
帘栅耗散功率	6W
栅极耗散功率	1W
阴极电流	280mA
热丝—阴极间电压	±100V
工作频率	500MHz
管壳温度	250℃

◎ **典型工作特性**

屏极电压	350V
帘栅电压	250V
栅极电压	−17V
屏极电流	18～75mA
互导	4mA/V

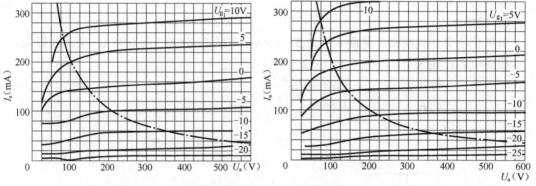

左：ГУ19-1 屏极电压—屏极电流特性曲线（Electronint）
右：ГУ19-1 屏极电压—屏极电流特性曲线（Electronint）

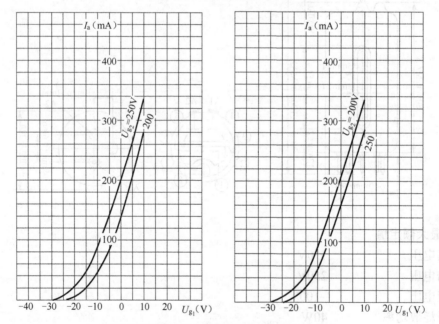

左：ГУ19-1 栅极电压—屏极电流特性曲线（Electronint）
右：ГУ19-1 栅极电压—屏极电流特性曲线（Electronint）

ГУ19-1 为双四极发射管，两部分的帘栅极和阴极在管内相连。ГУ19-1 原用于射频放大、振荡、倍频、调制，最高工作频率 500MHz。在音响电路中，可用于并管单端和推挽功率放大。

ГУ19-1 的等效管有 FU19（中国）。

ГУ19-1 的类似管有 QQ06-40（荷兰，Philips）、5894（德国，Telefunken）。

（261）ГУ29

功率双集射管。

◎ **特性**

敷氧化物旁热式阴极：12.6V/1.125A（串联），6.3V/2.25A（并联），交流或直流

极间电容：输入   13～17pF

          输出   5～9pF

          跨路   0.1pF

管壳：见图，玻璃

管基：中型七脚，有双屏脚

安装位置：垂直，管基或向下；两屏极处于垂直时也可水平安装

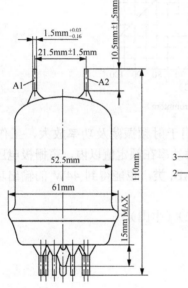

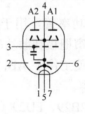

管脚接续：
1、7 热丝
2 第 2 四极管栅极
3 帘栅
4 阴极，集射屏
5 热丝中心抽头
6 第 1 四极管栅极
A1 第 1 四极管屏极
A2 第 2 四极管屏极

◎ **最大额定值**

最大屏极电压	750V
最大帘栅电压	225V
最大屏极耗散功率	40W
最大帘栅耗散功率	7W
最大栅极耗散功率	1W
最大热丝—阴极间电压	100V
管壳温度	175℃

◎ **典型工作特性**

屏极电压	250V
帘栅电压	175V
栅极电压	−11～−100V
屏极电流	38～85mA

输出功率*   42W

* V_p=400V, V_{g_2}=225V, f=100～200MHz。

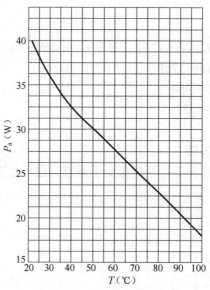

ГУ29 特性曲线（Electronintorg）

　　ГУ29 为苏联制造的发射用双集射功率管，用于射频振荡及功率放大，工作频率可达 100～200MHz。用于声频放大时，如果帘栅极耗散功率在额定值以内，帘栅极电压可以选得比高频放大时所用电压高一些，这样即使工作于 AB₁ 类，也能得到 44W 的输出功率，特性与美国 829B 基本相同，可参阅相关内容。

　　ГУ29 的等效管有 829B、P2-40B、2B29、FU29（中国）。

（262）ГУ50

VHF 集射功率管。

◎ **特性**

敷氧化物旁热式阴极：12.6V/0.765A，交流或直流

极间电容：输入   13～15pF

　　　　　输出   10.3pF

　　　　　跨路   0.1pF

管壳：玻璃

管基：无管基八脚

◎ **最大额定值**

屏极电压   1000V（6.5m 或更长波长）

帘栅电压   250V

栅极电压   −100V

屏极耗散功率   40W

帘栅耗散功率   5W

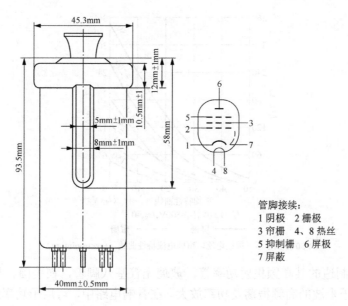

管脚接续：
1 阴极　2 栅极
3 帘栅　4、8 热丝
5 抑制栅　6 屏极
7 屏蔽

栅极耗散功率	1W
阴极电流	230mA
热丝—阴极间电压	200V
管壳温度	200℃

◎ **典型工作特性**

屏极电压	800V
帘栅电压	250V
栅极电压	$-25\sim55$V
屏极电流	50mA
互导*	4mA/V

* ΔV_g=5V，I_p=50mA。

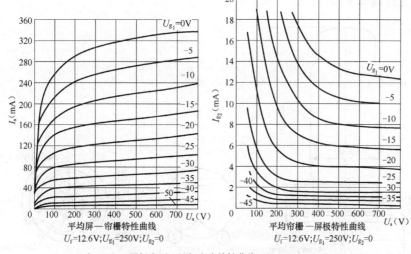

左：ГУ50 屏极电压—屏极电流特性曲线（Electronintorg）
右：ГУ50 屏极电压—帘栅电流特性曲线（Electronintorg）

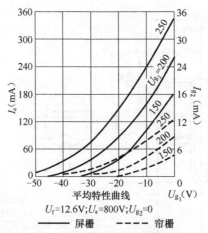

ГУ50 栅极电压—屏极电流、帘栅电流特性曲线（Electronintorg）

ГУ50 为苏联制造的甚高频集射功率管，玻璃无管基八脚管，在美国、日本等国家称为 GU50。该管原用于米波的高频振荡及功率放大。在音响电路中，可用于功率放大，如用于三极接法 A 类单端声频功率放大时，有较好的声音表现。

ГУ50 的等效管有 P50/2（RFT）、SRS552N（RFT）、FU50（中国）。

（263）ГМ-70

直热式功率三极管，高功率低频。

◎ **特性**

碳化钨直热式灯丝：20V/3A，交流或直流

极间电容：输入   5～11pF

          输出   3～6pF

          跨路   7～14pF

管壳：玻璃

管基：特殊四脚卡口

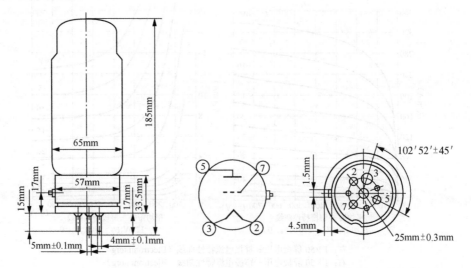

◎ 最大额定值

屏极电压	1650V
栅极电压	−100V
屏极耗散功率	125W

◎ 典型工作特性

互导*	6mA/V
屏极电流	20mA（V_g=−175V），80mA（V_g=−200V）
放大系数**	6.7

* V_p=600V，I_p=160～260mA。

** V_p=1～1.2kV，I_p=125mA。

◎ A类单端放大数据

屏极电压	栅极电压	屏极电流	激励电压	屏极内阻	阴极电阻	负载阻抗	输出功率
862V	−80V	80mA	60Vrms	1169Ω	1kΩ	10kΩ	18W

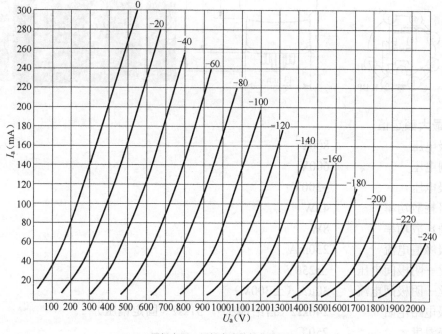

ΓM-70 屏极电压—屏极电流特性曲线（Soviet）

  ΓM-70 为苏联制造的直筒瓶形直热式三极功率管，在美国、日本等国家称为 GM-70，有石墨屏和铜屏两种结构。该管原用于射频设备中低频功率放大，在音响电路中适用于单端 A 类功率放大，额定输出功率 18W，最大输出功率可达 30W，特性与美国 845 近似，驱动电压稍低，可参考相关内容。

（264）KT88

功率集射管。

◎ 特性

敷氧化物旁热式阴极：6.3V/1.6A，交流或直流

极间电容：输入　　16pF

　　　　　输出　　12pF

　　　　　跨路　　1.2pF

管壳：玻璃

管基：肥大八脚（8 脚）

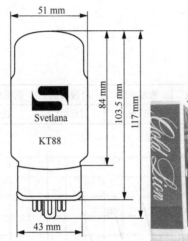

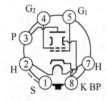

◎ 最大额定值

屏极电压	800V
帘栅电压	600V
栅极电压	−300V
屏极耗散功率	42W
帘栅耗散功率	8W
阴极峰值电流	230mA
热丝—阴极间电压	±250V
热丝—阴极间电流	30μA（±300V）
栅极电路电阻	240kΩ（自给偏压），51kΩ（固定偏压）
管壳温度	250℃

◎ 典型工作特性

屏极电压	400V
帘栅电压	225V
栅极电压	−16.5V
零信号屏极电流	87mA
最大信号屏极电流	105mA
零信号帘栅电流	4mA
最大信号帘栅电流	18mA

互导　　　　　　　　11.5mA/V
输出功率　　　　　　19W

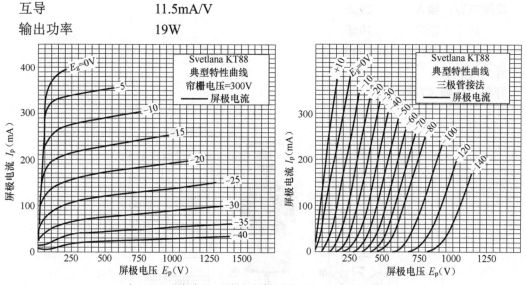

左：KT88 屏极电压—屏极电流特性曲线（Svetlana）（V_{g_2}=300V）
右：KT88（三极接法）屏极电压—屏极电流特性曲线（Svetlana）

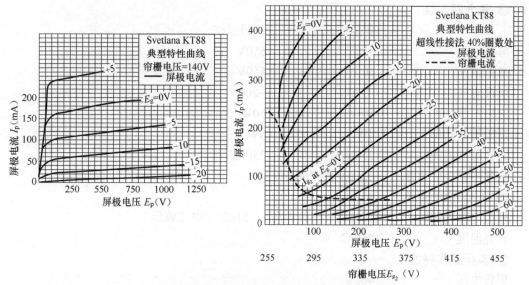

左：KT88 屏极电压—屏极电流特性曲线（Svetlana）（V_{g_2}=140V）
右：KT88 屏极电压、帘栅电压—屏极电流特性曲线（Svetlana）

　　俄罗斯制造的 KT88，有 Reflector 制造的 Soviet、EH 商标和 Светлана 制造的 Svetlana 商标 3 种。还有 New Senor 集团用 Genalex Gold Lion（金狮）商标的复刻版 KT88。应用可参考欧系 KT88 相关内容。

（265）KT120

功率集射管。

◎ **特性**

敷氧化物旁热式阴极：6.3V/1.7～1.95A，交流或直流

极间电容：输入   29pF

             输出   10pF

             跨路   1.8pF

管壳：玻璃

管基：八脚（7脚）

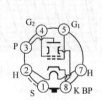

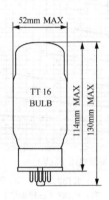

◎ **最大额定值**

	集射接法	三极接法
屏极电压	850V	650V
帘栅电压	600V	650V
栅极电压	−200V	−200V
屏极耗散功率	60W	60W
帘栅耗散功率	8W	8W
阴极峰值电流	250mA	230mA
热丝—阴极间电压	+300V，−200V	
热丝—阴极间电流	30μA（±300V）	
栅极电路电阻	240kΩ（自给偏压），51kΩ（固定偏压）	
管壳温度	250℃	

◎ **典型工作特性**

屏极电压	400V
帘栅电压	225V
屏极电流	135～165mA
帘栅电流	≤14mA
栅极电压	−14V
互导	≥12.5mA/V
输入信号电压	9.9Veff
负载阻抗	3000Ω
输出功率	20W
总谐波失真	≤14%

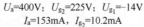

$U_a=400V$；$U_{g_2}=225V$；$U_{g_1}=-14V$
$I_a=153mA$，$I_{g_2}=10.2mA$

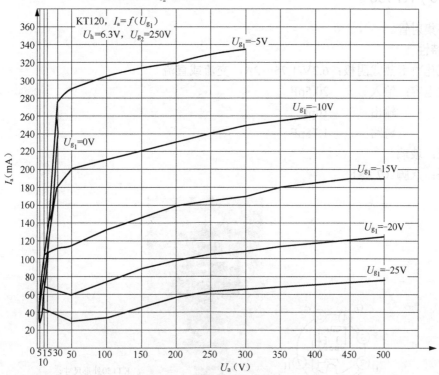

KT120 屏极电压—屏极电流特性曲线（Tung-Sol）

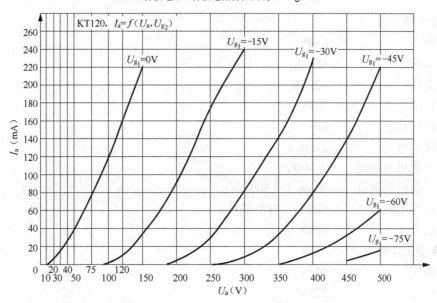

KT120（三极接法）屏极电压—屏极电流特性曲线（Tung-Sol）

　　KT120 为肥大管基八脚筒形 G 管，New Senor 集团俄罗斯 REFLECTOR 推出的集射功率管，使用 Tung-Sol 商标，是 KT88 的大功率衍生管，管壳及屏极面积较大。该管在屏极电压大于 400V 时，帘栅极电压不能超过 225V。应用可参考欧系 KT88 相关内容。

（266）KT150

功率集射管。

◎ **特性**

敷氧化物旁热式阴极：6.3V/1.75～2A，交流或直流

极间电容：输入　　20.5pF

　　　　　输出　　10pF

　　　　　跨路　　1.75pF

管壳：玻璃

管基：八脚（7脚）

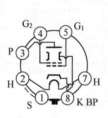

KT150外形尺寸：
60×140mm

◎ **最大额定值**

屏极电压	850V
帘栅电压	650V
栅极电压	−200V
屏极耗散功率	70W
帘栅耗散功率	9W
阴极峰值电流	275mA
热丝—阴极间电压	±300V
热丝—阴极间电流	30μA（±300V）
栅极电路电阻	510kΩ（自给偏压）
管壳温度	250℃

◎ **典型工作特性**

屏极电压	400V
帘栅电压	225V
屏极电流	150～180mA
帘栅电流	≤15mA
栅极电压	−14V
互导	12.6mA/V

输入信号电压	9.9Veff
负载阻抗	3000Ω
输出功率	20W
总谐波失真	≤14%

KT150 为肥大管基八脚管，New Senor 集团俄罗斯 Reflector 于 2013 年推出，使用 Tung-Sol 商标，是 KT88 的大功率终极版本，椭圆管壳，屏极耗散功率达 70W。该管在屏极电压大于 400V 时，帘栅极电压不能超过 225V。应用可参考欧系 KT88 相关内容。

（267）300B

直热式功率三极管。

◎ **特性**

敷氧化物灯丝：5V/1.2A，交流或直流

安装位置：垂直

管壳：玻璃

管基：瓷四脚

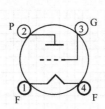

300B外形尺寸：
62×165mm

俄罗斯制造的 300B，有 Reflector 制造的 Soviet、EH 商标和 Светлана 制造的 Svetlana 商标 3 种。应用可参考美系 300B 相关内容。

（268）PX300B

直热式功率三极管。

◎ **特性**

敷氧化物灯丝：5V/1.25A，交流或直流

极间电容：输入   <9pF

          输出   <4.3pF

          跨路   <15pF

安装位置：垂直

管壳：玻璃

管基：瓷四脚

◎ **最大额定值**

屏极电压	450V
屏极电流	100mA
屏极耗散功率	40W
栅极电路电阻	0.05MΩ（固定偏压），0.50MΩ（自给偏压）
管壳温度	250℃

◎**典型工作特性**

屏极内阻	700Ω	790Ω
互导	5500μA/V	5000μA/V
放大系数	3.85	3.9

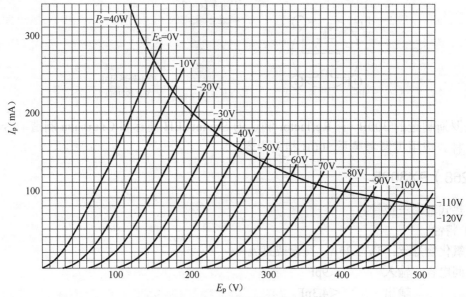

PX300B 屏极电压—屏极电流特性曲线（Genalex）

PX300B 为俄罗斯 New Senor 集团吸收英国 PX25 结构特点并根据 300B 规格开发的 300B 衍生管，使用 Genalex Gold Lion（金狮）商标。与 300B 比较，其耐压更高，灯丝电压宽容度更大，有良好的低频表现。应用可参考美系 300B 相关内容。

（269）EL34

功率五极管。

◎ **特性**

敷氧化物旁热式阴极：6.3V/1.7～1.95A，交流或直流

极间电容：输入　　　　＜16pF

　　　　　输出　　　　＜0.6pF

　　　　　跨路　　　　＜1.1pF

安装位置：任意

管壳：玻璃

管基：八脚（8脚）

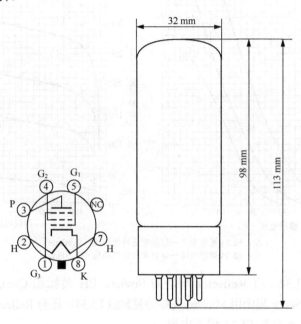

◎ **最大额定值**

屏极电压　　　　　　800V

帘栅电压　　　　　　500V

栅极电压　　　　　　−100V

屏极耗散功率　　　　25W

帘栅耗散功率　　　　8W

阴极峰值电流　　　　150mA

热丝—阴极间电压　　100V

管壳温度　　　　　　250℃

◎**典型工作特性**

屏极电压　　　　　　250V

帘栅电压　　　　　　250V

栅极电压	−14V
屏极电流	100～105mA
帘栅电流	15mA
互导	11mA/V
输入信号峰值电压	14V
负载阻抗	2000Ω
输出功率	10W

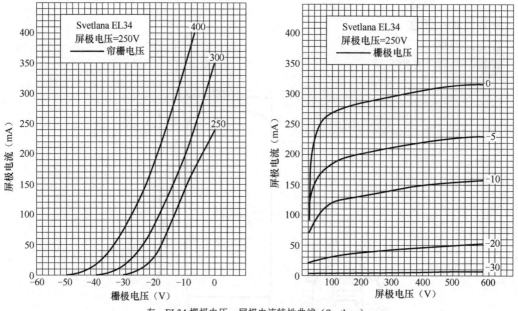

左：EL34 栅极电压—屏极电流特性曲线（Svetlana）
左：EL34 屏极电压—屏极电流特性曲线（Svetlana）

俄罗斯制造的 EL34，有 Reflector 制造的 Soviet、EH 商标和 Светлана 制造的 Svetlana 商标 3 种，以及 New Senor 集团用 Mullard 商标的复刻版 EL34，还有 Reflector 使用 Tung-Sol 商标的 EL34B。应用可参考欧系 EL34 相关内容。

4.1.5　特殊用途电子管

（270）电子射线指示管

电子射线指示管（Electron-ray Indicator Tube）或电子束指示管（Electron Beam Indicator Tube），又称调谐指示管（Tuning Indicator Tube），俗称"电眼"。电子射线指示管曾广泛应用在电子管收音机中，作为调谐指示，荧光屏上的发光区可对正确调谐作出直观显示，电子射线指示管还应用在测量仪器中作电压变化指示。

1935 年美国 RCA 公司首先开发出电子射线指示管 6E5，这是最早也是应用最为广泛的调谐指示管，各国都有生产，6E5 由三极管和射线指示荧光屏两部分组成，是特殊的小型阴极射线管，如下图所示。电子靶（Target）加正高压后，吸引由阴极来的电子，电子束冲击涂在皿状靶上的荧光物质就会发光，所以电子靶也称荧光屏，电子靶和阴极间的电子束控制极控制电子流，使它的发光面积随着加在栅极上的负偏压的变化而变化，在其圆形的靶面上形成可视的 0°~90°扇形阴影区，如下图所示。6E5 三极放大部分是锐截止性质，指示很灵敏，阴影最小时（0°）栅极偏压为–8V，适合一般收音机作调谐指示用。

6E5 的外形有六脚瓶形（尺寸 $\Phi40\times90mm$）、六脚筒形（尺寸 $\Phi30\times90mm$）和八脚筒形（尺寸 $\Phi30\times70mm$）3 种，性能完全一样。6E5 的同类管有 6E5GT（意大利，八脚筒形）、6E5C（俄罗斯，八脚筒形）、6E5P（中国，八脚筒形）。

1936 年推出的电子射线指示管 6N5/6AB5，外形尺寸 $\Phi30\times90mm$ 筒形六脚，指示阴影最小时栅极偏压为–6V，指示灵敏度比 6E5 高。

1936 年推出的电子射线指示管 6U5/6G5，外形尺寸 $\Phi30\times86mm$ 筒形六脚，它的三极放大部分是遥截止性质，扇形阴影区最小时栅极偏压为–22V，它们的工作适应信号电压很宽，更适合大信号变化的场合应用，如带高放或多级中放的高灵敏度收音机。同年美国 Raytheon 公司开发的 6H5 为同类管，特性与 1937 年美国 Arcurus-Raytheon-Sylvania 开发的 6T5 相近。

1936 年荷兰 Philips 公司开发出电子射线指示管 AM1 及 EM1，其圆形的指示区呈十字形开合，后又推出 EM4，20 世纪 50 年代中期 EM4 被淘汰，由双电子射线指示管 EM11 替代，并广泛应用在高级收音机中，EM11 外形尺寸 $\Phi37\times76mm$ 瓶形欧式八脚，它的阴影最小偏压分别为–4V 和–20V，对应屏极电阻分别为 2MΩ 和 1MΩ。

还有一种双电子射线指示管 6AF6G，外形尺寸 $\Phi30\times44mm$ 筒形八脚，具有两个射线控制极，仅包含射线指示荧光屏，没有三极管部分，需另设直流电压放大器，管内射线控制极位于阴极两侧，荧光屏上一对扇形阴影完全一致。

EM34 是欧系双电子射线指示管，外形尺寸 $\Phi28\times74mm$ 筒形八脚，它由两个放大系统和射线指示荧光屏组成，具有两个开合指示区，EM34 阴影最小时两个栅极偏压分别为–5V 和–16V。

1941 年 RCA 公司推出 1629 调谐指示管，外形尺寸 $\Phi29\times87mm$ 筒形八脚，指示阴影最小时栅极偏压为–8V，热丝 12.6V/0.15A，曲线与 6E5 相同。

20 世纪 50 年代初荷兰 Philips 公司开发了小型电子射线指示管 EM80，外形尺寸 $\Phi22\times60mm$ 小型九脚，各国都有生产。EM80 指示阴影最小时栅极偏压为–14V，其指示亮区呈扇形。这种调谐指示管流行于 20 世纪 60 年代的欧洲调幅收音机中。EM80 的同类管有 6BR5（美国）、6E1Π（俄罗斯）、6E1（中国）、EM80 在安装时注意第 1 脚正对扇形显示屏。

电子射线指示管 EM81 的扇形指示阴影最小栅极偏压为–10.5V，其余同 EM80。

1959 年荷兰 Philips 公司开发了电子射线指示管 EM84，外形尺寸 $\Phi22\times65mm$ 小型九脚，指示阴影最小时栅极偏压为–22V，其指示亮区呈条形，它的荧光粉直接涂敷在玻壳上，亮度更高、寿命更长，广泛应用在收音机中作调谐指示或调节控制指示用。EM84 的同类管有 6FG6（美国）、6R-E13（日本）。

欧系电子射线指示管 EM87 外形尺寸 $\Phi22\times65mm$ 小型九脚，调谐指示管，指示阴影最小时栅极偏压为–15V，其指示亮区呈条形，荧光粉直接涂敷在玻壳上，指示灵敏度比 EM84 高，对弱、强信号适应性好。EM87 的同类管有 6HU6、6E2（中国）。EM84 及 EM87 安装时注意第 7 脚正对显示屏。

6E5、6N5、6U5 的管脚接续图如下图所示，6E5GT、6E5C（俄罗斯）、6E5P（中国）、1629 的管脚接续如下图所示。EM80、6E1Π（俄罗斯）、6E1（中国）、EM81 的管脚接续如下图所示。EM84、EM87、6E2（中国）的管脚接续如下图所示，接续图中箭头所指为安装方向。6AF6G 的管脚接续如下图所示，EM34 的管脚接续如下图所示。

　　6E5、6N5、6U5、1629、EM80、EM84、EM87 等电子射线指示管的应用电路如下图所示，用于收音机调谐指示时，栅极控制电压由 AVC（自动音量控制）电路提供，时间常数应不小于 0.1s。图中 R_p 的取值 6E5、6N5、6U5、1629、6E5C（俄罗斯）、6E5P（中国）等为 1MΩ；EM80、EM81、EM84、6E1Π（俄罗斯）、6E1（中国）等为 470kΩ；EM87、6E2（中国）等为 100kΩ。收音机调节电台时，电子射线管的发光部分由最小变为最大甚至闭合即表示调谐最佳。

　　EM34 的应用电路如下图所示。6AF6G 双电子射线指示管的应用电路如下图所示，三极接法的 6K7 为直流电压放大指示管。

　　大多数收音机的调谐指示管工作得并不太好，荧光屏阴影对微弱电台信号的变化甚微。为了提高指示灵敏度，可在调谐指示管电子靶与电源间串进一个 33~47kΩ 电阻，能显著提高指示灵敏度，但荧光屏亮度略有降低，如下图所示。

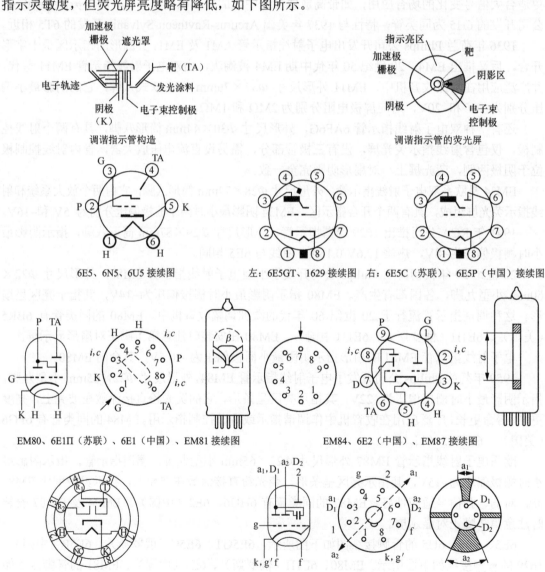

调谐指示管构造　　　　　　　　　　调谐指示管的荧光屏

6E5、6N5、6U5 接续图　　　左：6E5GT、1629 接续图　右：6E5C（苏联）、6E5P（中国）接续图

EM80、6E1Π（苏联）、6E1（中国）、EM81 接续图　　　　EM84、6E2（中国）、EM87 接续图

6AF6G 接续图　　　　　　　　　　　EM34 接续图

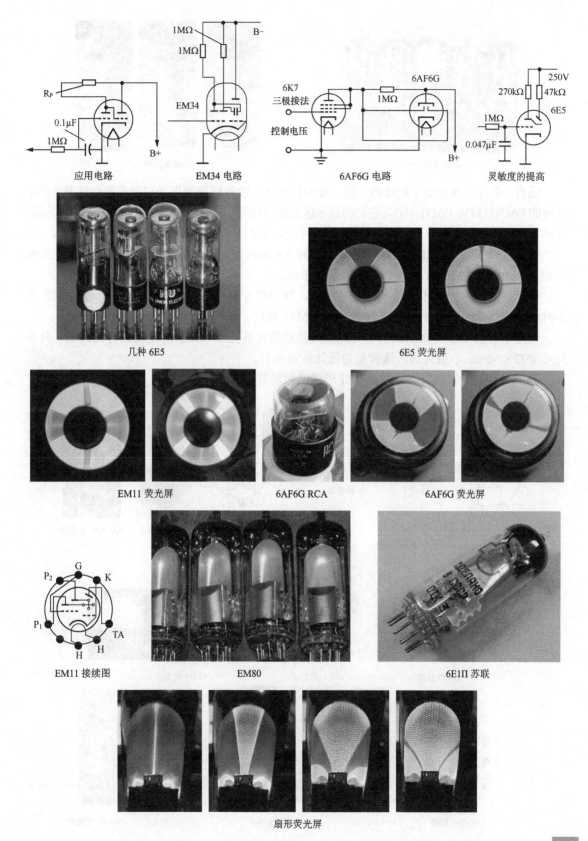

应用电路

EM34 电路

6AF6G 电路

灵敏度的提高

几种 6E5

6E5 荧光屏

EM11 荧光屏

6AF6G RCA

6AF6G 荧光屏

EM11 接续图

EM80

6E1П 苏联

扇形荧光屏

几种 EM84

条形荧光屏

还有一些不常见的电子射线指示管，如专供电池式收音机调谐指示和磁带录音机调节指示使用的 DM70/1M3、DM71/1N3，它们的显示区为感叹号形，外形尺寸 Φ10×44mm 超小型八脚，灯丝 1.4V/25mA，该管特点是高灵敏度、清晰指示、低灯丝消耗、小尺寸及断续信号指示。

电子射线指示管 6AL7GT，外形尺寸 Φ30×64mm 筒形八脚，显示区位于玻壳顶上为两个矩形，适用于 FM/AM 收音机中作调谐指示用。

电子射线指示管 EM71 是半圆形显示区，外形尺寸 Φ29×55mm 锁式八脚，指示阴影最小时栅极偏压为−18V。特性与小型九脚的 EM85 相同。

双电子射线指示管 EMM801，荧光粉直接涂敷在玻壳上，显示屏是两平行的条形，外形尺寸 Φ22×60mm 小型九脚，该管是电压比较指示管。

6M-E4（6E5P）是日本开发的指针形调谐指示管。

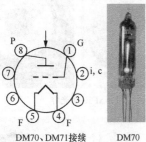    

DM70、DM71接续　　DM70　　6AL7GT 结构　　6AL7GT 接续　　6AL7GT GE　　6AL7GT 荧光屏

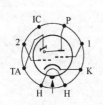 

EM71 接续　　　　EM71 LORENZ　　　　EM71 荧光屏

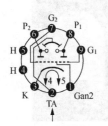    

EMM801 接续　　EMM801 Tel.　　EMM801 荧光屏　　6M-E4　　6M-E4 荧光屏

（271）汽车用电子管

在电子管大军中，曾经有一批专供汽车收音机用的特殊电子管，它们的特征是只需 6V 或 12V 电源就能正常工作。这简化了电子管汽车收音机的高压供电问题，于是流行高频部分用低压电子管、功率输出用晶体管的格式。直到 20 世纪 60 年代中期，高频半导体器件普及后，它们才悄悄地退出汽车收音机舞台。

高频双三极管 ECC86

ECC86 为小型九脚高频双三极管，原用于汽车收音机中作射频放大、本机振荡及混频用，电源电压 6V 或 12V，外形尺寸 $\Phi 22 \times 49mm$。ECC86 的美国型号是 6GM8，苏联型号是 6H27Π。

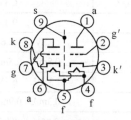

ECC86 接续图

ECC86 特性

热丝电压	6.3V
热丝电流	0.33A
屏极电压	6.3V
屏极电流	0.9mA
栅极电压	−0.4V
互　导	2.6mA/V
放大系数	14
最大屏极电压	30V
最大屏极耗散	0.6W
最大屏极电流	20mA
最大栅极电阻	1MΩ

ECC86 射频放大特性

屏极电压	6.3V	12.6V	25V
屏极电流	0.9mA	2.5mA	7.5mA
栅极电路电阻*	0.1MΩ	0.1MΩ	0.1MΩ
互　导	2.6mA/V	4.6mA/V	7.8mA/V
屏极内阻	5kΩ	3.4kΩ	2.1kΩ
等效噪声电阻	1000Ω		

*栅极供给电压 0V。

遥截止五极管 EF97

EF97 为小型七脚遥截止五极管，原用于汽车收音机中射频、中频放大，电源电压 6V 或

12V。EF97 的美国型号是 6ES6，苏联型号是 6К8П。

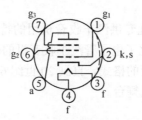

EF97 接续图

EF97 特性

热丝电压	6.3V		
热丝电流	0.3A		
屏极电压	6.3V	12.6V	25V
屏极电流	0.8mA	2.5mA	2.7mA
帘栅电压	3.2V	6.3V	6.3V
帘栅电流	0.3mA	0.9mA	0.8mA
栅极电压	−0.85V	−0.85V	−0.85V
互　　导	0.9mA/V	1.8mA/V	1.9mA/V
屏极内阻	60kΩ	120kΩ	60kΩ
栅极电压	−4V	−5V	−5V
互导（mA/V）	0.045	0.09	0.095
最大屏极电压	50V		
最大帘栅电压	50V		
最大屏极耗散	0.5W		
最大帘栅耗散	0.5W		
最大阴极电流	15mA		
最大栅极电阻	22MΩ		

锐截止五极管 EF98

EF98 为小型七脚锐截止五极管，原用于汽车收音机中中频放大、振荡及声频放大，电源电压 6V 或 12V。EF98 的美国型号是 6ET6，苏联型号是 6Ж40П。

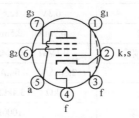

EF98 接续图

EF98 特性

热丝电压	6.3V
热丝电流	0.3A

屏极电压	6.3V	12.6V	25V
屏极电流	0.6mA	2mA	2.2mA
帘栅电压	3.2V	6.3V	6.3V
帘栅电流	0～2mA	0.7mA	0.6mA
栅极电压	−0.8V	−0.75V	−0.75V
互　　导	1mA/V	2mA/V	2.1mA/V
屏极内阻	100kΩ	200kΩ	90kΩ
g_1-g_2 放大系数	3.2	4.1	4.1
最大屏极电压	50V		
最大帘栅电压	50V		
最大屏极耗散	0.5W		
最大帘栅耗散	0.5W		
最大阴极电流	15mA		
最大栅极电阻	22MΩ		

双二极—五极管 EBF83

EBF83 为小型九脚双二极—五极管，原用于汽车收音机中中频放大、检波及自动增益控制（AGC），电源电压 6V 或 12V。EBF83 的美国型号是 6DR8。

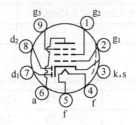

EBF83 接续图

EBF83 特性

热丝电压	6.3V		
热丝电流	0.3A		
屏极电压	6.3V	12.6V	25V
屏极电流	0.12mA	0.45mA	1.7mA
帘栅电压	3.2V	12.6V	25V
帘栅电流	0～0.4mA	0.14mA	0.5mA
互　　导	0.45mA/V	1mA/V	2.1mA/V
屏极内阻	0.65MΩ	1MΩ	0.2MΩ
最大屏极电压	50V		
最大帘栅电压	50V		
最大阴极电流	5mA		
最大栅极电阻	2.2MΩ		

三极—七极管 ECH83

ECH83 为小型九脚三极—七极管，原用于汽车收音机中的变频，电源电压 6V 或 12V。外形尺寸 $\Phi 22 \times 60$mm。ECH83 的美国型号是 6DS8。

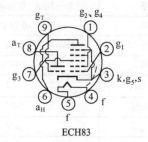

ECH83

ECH83 特性

热丝电压	6.3V					
热丝电流	0.3A					
	七极部分			三极部分 *		
屏极电压	6.3V	12.6V	25V	6.3V	12.6V	25V
屏极电流				0.3mA	0.75mA	2mA
g_2+g_4 电压	6.3V	12.6V	25V	—		
g_2+g_4 电流	0~0.4mA	0.14mA	0.5mA	—		
互 导	0.9mA/V	0.22mA/V	0.45mA/V	0.8mA/V	1.4mA/V	2.2mA/v
放大系数	—			14.6	18.3	20

* 栅极电阻 47kΩ。

ECH83 射频/中频放大（七极部分）

屏极电压	6.3V	12.6V	25V
g_2+g_4 电压	6.3V	12.6V	25V
互 导	0.35mA/V	0.71mA/V	1.5mA/V

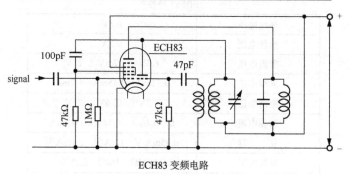

ECH83 变频电路

4.1.6 中国电子管

（272）2A3　2A3B　2A3C

直热式阴极功率三极管。

◎ **特性**

敷氧化物灯丝：2.5V/2.5A

极间电容：输入 7.5pF，输出 16.5pF，跨路 5.5pF

最大屏极电压：300V

最大屏极耗散功率：2A3 2A3B、2A3C

        15W   25W

最大栅极电阻：0.5MΩ（自给偏压），0.05MΩ（固定偏压）

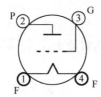

◎ **静态特性**

屏极电压	250V
栅极电压	−45V
屏极电流	60mA
互　　导	5.25mA/V
屏极内阻	0.8kΩ
放大系数	4.2
输出功率	3.5W

◎ **典型工作特性**

单端 A_1 类放大

	固定偏压
屏极电压	250V
栅极电压	−45V
负载阻抗	2.5kΩ
屏极电流	60mA
互导	5.25mA/V
输出功率	3.5W
总谐波失真	5%

推挽 AB_1 类放大

	固定偏压	自给偏压
屏极电压	300V	300V
栅极电压	−62V	R_k=180Ω
负载阻抗	3kΩ	10kΩ
栅极电压（峰值）	87V	110V
屏极电流（零信号）	80mA	80mA
屏极电流（最大信号）	140mA	100mA

输出功率	15W	10W
总谐波失真	2.5%	5%

2A3 是直热阴极瓶形玻壳四脚三极功率放大管。曙光 2A3B 为单屏高碳合金屏极，弹簧固定灯丝，耗散功率 25W，外形尺寸 Φ53×120mm。曙光 2A3C 为双云母结构，弹簧固定灯丝，采用 300B 玻壳，超高真空，耗散功率 25W，外形尺寸 Φ61×145mm。天津全真 Full Music 2A3/n 为茄形玻壳，网屏金脚，外形尺寸 Φ52×125mm。适用于 A 类单端声频功率放大和 AB₁ 类推挽声频功率放大，宜垂直安装。可参阅美系 2A3 相关内容。

（273）4P1S（4П1Л）

直热式阴极五极功率管，振荡及功率放大。

◎ **特性**

敷氧化物灯丝：4.2V/0.325A

极间电容：输入 8.5pF，输出 9.4pF，跨路<0.1pF

最大屏极电压：250V

最大帘栅电压：250V

最大阴极电流：50mA

最大屏极耗散功率：7.5W

最大帘栅耗散功率：1.5W

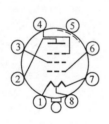

北京 4P1S

◎**典型工作特性**

灯丝电压	4.2V
灯丝电流	0.325A
屏极电压	150V
栅极电压	−3.5V
屏极电流	（60±20）mA
帘栅电压	150V
帘栅电流	<6.5mA
抑制栅电压	0V
互导	（6±1.5）mA/V

振荡输出功率　　4.2W

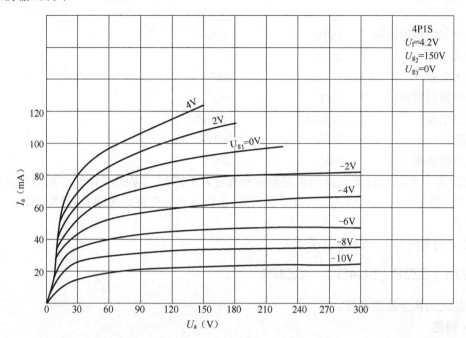

　　4P1S 是直热阴极锁式五极功率放大管。专门设计用于坦克电台的高频发射功率输出和声频功率输出。原型是欧洲 4L20，是二战后期德国设计制造的，战后苏联接收了这个设计并命名为 4П1Л，应用于苏军的坦克电台中。北京电子管厂在 20 世纪 50—60 年代生产这个管型，是为当时武器装备的苏式或仿苏式 T34 坦克电台配套和备份的。在音响设备中，可用于桌面系统的功率放大。该管输出功率较小，在音响电路中适用于小功率输出或驱动放大，三极接法（μ=9、r_p=1.2kΩ）可用于 RC 耦合放大。

　　4P1S 的等效管有 4П1Л（苏联）。

（274）5Z2P（5Y3GT）

直热式阴极全波整流管。

◎ **特性**

敷氧化物灯丝：5V/2A

最大屏极反峰电压：1400V

屏极峰值电流：440mA

瞬态电流：2.5A

◎ **典型工作特性**

	电容输入	电感输入
每个屏极供给电压	350V	500V
输入电容	20μF	—
输入电感	—	10H
变压器每臂阻抗	50Ω	—
输出电流	125mA	125mA
直流输出电压	360V	380V
电压变动率	50V	50V

5Z2P 是直热阴极筒形八脚高真空全波整流管，外形尺寸 $\Phi30\times71mm$，适用于提供直流输出电流 125mA 以下的全波整流。宜垂直安装，工作时必须有良好的通风。可参阅美系 5Y3GT 相关内容。

5Z2P 的等效管有 5Y3GT（美国）。

（275）5Z3P（5U4G） 5Z3PA

直热式阴极全波整流管。

◎ **特性**

敷氧化物灯丝：5V/3A

最大屏极反峰电压：	5Z3P	5Z3PA
	1550V	1700V
屏极峰值电流：	5Z3P	5Z3PA
	675mA	750mA

瞬态电流：2.35A

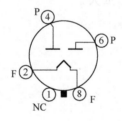

◎ **典型工作特性**

电容输入时

每个屏极供给电压	450V		550V	
变压器每臂阻抗	170Ω		230Ω	
滤波电容	10μF		10μF	
负载电流	半负载	全负载	半负载	全负载
	112.5mA	225mA	78mA	156mA
直流输出电压	510V	430V	660V	590V
电压变动率		80V		70V

电感输入时

每个屏极供给电压		450V	550V	
输入电感		10H	10H	
负载电流	半负载	全负载	半负载	全负载
	135mA	270mA	112.5mA	225mA
直流输出电压	360V	345V	460V	440V
电压变动率		20V		20V

电工 5Ц3C 的灯丝

南京 5Z3PA 的灯丝

　　5Z3P 是直热阴极瓶形八脚高真空全波整流管，外形尺寸 Φ53×125mm。5Z3PA 是 5Z3P 的改进型，最大屏极反峰电压较高。在电子设备中作为大功率直流电源使用。宜垂直安装，工作时必须有良好的通风。可参阅美系 5U4G 相关内容。

　　5Z3P 的等效管有 5U4G（美国）、5Ц3C（苏联）。

（276）5Z4P（5Ц4C）　5Z4PA

旁热式阴极全波整流管。

◎ **特性**

敷氧化物旁热式阴极：5V/2A

最大屏极反峰电压：	5Z4P	5Z4PA
	1350V	1550V
屏极峰值电流：	5Z4P	5Z4PA
	375mA	415mA
最大整流电流：	5Z4P	5Z4PA
	125mA	140mA

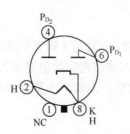

◎典型工作特性

	电容输入
每个屏极供给电压	500V
输入电容	4μF
屏极电路电阻	4.7kΩ（5Z4P），3.3kΩ（5Z4PA）
输出电流	≥122mA（5Z4P），≥133mA（5Z4PA）

5Z4P 是旁热阴极瓶形八脚高真空全波整流管，外形尺寸 Φ42×101mm。5Z4PA 是筒形管，外形尺寸 Φ30×71mm。适用于提供直流输出电流 125mA 以下的全波整流。宜垂直安装，工作时必须有良好的通风。可参阅美系 5Z4G 相关内容。

5Z4P 的等效管有 5Ц4C（苏联）、5Z4G（美国）。

（277）5Z8P 5Z9P

旁热式阴极全波整流管。

◎ 特性

	5Z8P	5Z9P
敷氧化物旁热式阴极：	5V/5±0.75A	5V/3±0.3 A
最大屏极反峰电压：	1700V	1700V
平均整流电流：	≥400mA	190mA
最大整流电流：	≥420mA	205mA
最大屏极耗散功率：	30W	12W
交流输入电压：	2×500V	2×500V
输入滤波电容：	4μF	4μF

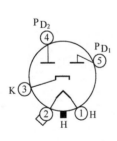

永光 5Z8P   北京 5Z9P

5Z8P 为高真空旁热式全波整流管，无管基 5 脚大型玻壳管。该管适用于较大电流（400mA）电源整流，电容输入滤波的典型输入滤波电容器电容量为 4μF。

5Z9P 为高真空旁热式全波整流管，无管基 5 脚大型玻壳管。该管适用于电流 190mA 内电源整流，管脚接续与 5Z8P 相同。

5Z8P 的等效管有 5Ц8C（苏联）。

5Z9P 的等效管有 5Ц9C（苏联）。

（278）6B8P（6Б8С）

双二极—五极复合管。

◎ **特性**

敷氧化物旁热式阴极：6.3V/0.3A，交流或直流

最大热丝—阴极间电压：　　100V

最大屏极电压：　　　　　　275V

最大帘栅电压：　　　　　　140V

最大屏极耗散功率：　　　　4W

最大帘栅耗散功率：　　　　0.3W

五极部分极间电容：

　　　栅极—屏极　　　　　<0.05pF

　　　栅极—阴极　　　　　4pF

　　　屏极—阴极　　　　　11pF

二极管整流电流：1mA

安装位置：任意

管壳：玻璃

管基：管基：八脚式（8 脚），有栅帽

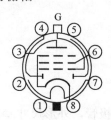

◎ **典型工作特性**

A_1 类放大

（五极部分）

屏极电压	250V
帘栅电压	125V
栅极电压	−3V
屏极电流	10mA
帘栅电流	2.45mA
互导	1350μA/V

（二极部分）

两个小屏位于阴极周围，各自独立，除阴极与五极部分共用外，没有其他关系。

6B8P 为旁热阴极筒形八脚双二极—五极管，外形尺寸 $\Phi30\times81$mm。该管原用于收音机中，双二极部分用于检波及 AGC，五极部分用于高频、中频或低频放大，具有遥截止特性。在音响电路中，五极部分适用于阻容耦合放大。可参阅美系 6B8GT 相关内容。

6B8P 的等效管有 6B8GT（美国）、6B8（美国，金属管）、VT93（美国，军用金属管）、6B8G（美国，G 管）、VT93A（美国，军用 G 管）、EBF32（欧洲）、6Б8（苏联，金属管）。

（279）6C1（6C1П）

旁热式阴极三极管，高频电压放大。

◎ 特性

敷氧化物旁热式阴极：6.3V/0.145A

极间电容：输入 0.95～1.8pF，输出 0.75～1.45pF，跨路 1.0～1.8pF

最大屏极电压：275V

最大屏极耗散功率：1.8W

最大热丝—阴极间电压：–90V

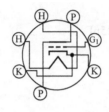

◎ **静态特性**

屏极电压	250V
栅极电压	–7V
屏极电流	6.1mA
互导	2.65mA/V
放大系数	29
屏极内阻	8.4～14.8kΩ

6C1 是旁热阴极小型七脚高频三极管，外形尺寸 Φ19×42mm，原用于高频电压放大及振荡。在音响电路中，可用于小信号阻容耦合放大。可参阅美系 9002 相关内容。

6C1 的等效管有 6C1П（苏联）、9002（美国）、EC98（欧洲）。

（280）6C2P（6C2C）

旁热式阴极三极管。

◎ 特性

敷氧化物旁热式阴极：6.3V/0.3A

极间电容：输入 3pF，输出 4.5pF，跨路 3.8pF

最大屏极电压：275V

最大阴极电流：20mA

最大屏极耗散功率：2.75W

最大热丝—阴极间电压：100V

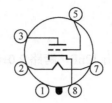

◎ **静态特性**

屏极电压	250V
栅极电压	–8V
屏极电流	9mA
互导	2.65mA/V

6C2P 是旁热阴极筒形八脚中放大系数三极管，外形尺寸 $\Phi30\times71mm$，是多用途管。在音响电路中，适用于倒相、激励及阻容耦合放大。可参阅美系 6J5GT 相关内容。

6C2P 的等效管有 6C2C（苏联）、6J5GT（美国）。

（281）6C4（6C4П）

旁热式阴极高频三极管。

◎ **特性**

敷氧化物旁热式阴极：6.3V/0.3A

极间电容：输入≤13.3pF，输出≤0.17pF，跨路≤3.7pF

最大屏极电压：160V

最大屏极耗散功率：3W

最大热丝—阴极间电压：±100V

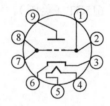

◎ **静态特性**

屏极电压	150V
阴极电阻	100Ω
屏极电流	16mA
互导	19.5mA/V
放大系数	50

6C4 是旁热阴极小型九脚高频高互导三极管，外形尺寸 $\Phi22.5\times50mm$，原用于栅极接地电路输入及宽带电压放大。在音响电路中，可用于小信号阻容耦合放大。

6C4 的等效管有 6C4П-EB（苏联，长寿命管）。

（282）6C5P（6C5C）

旁热式阴极三极管。

◎ **特性**

敷氧化物旁热式阴极：6.3V/0.3A

极间电容：输入 3.8±0.9pF，输出 12pF，跨路 2.0±0.6pF

最大屏极电压：350V

最大屏极耗散功率：2.75W

最大热丝—阴极间电压：100V

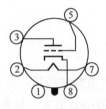

◎ **静态特性**

屏极电压	250V
栅极电压	−8V
屏极电流	8mA
互导	2.2mA/V
屏极内阻	9kΩ
放大系数	20

6C5P 是旁热阴极筒形八脚三极管，外形尺寸 Φ30×71mm，原用于检波、放大、振荡等用途，管内有屏蔽。在音响电路中，可用于小信号阻容耦合放大。可参阅美系 6C5GT 相关内容。

6C5P 的等效管有 6C5C（苏联）、6C5GT（美国）。

6C5P 的类似管有 6C2C（苏联）、6J5GT（美国）。

（283）6C12

旁热式阴极高频三极管。

◎ **特性**

敷氧化物旁热式阴极：6.3V/0.175A

极间电容：输入 3.7±0.5pF，输出 1.5±0.5pF，跨路 0.08±0.02pF

最大屏极电压：175V

最大屏极耗散功率：2W

最大热丝—阴极间电压：100V

最大栅极电阻：1MΩ

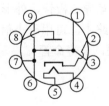

◎ **静态特性**

屏极电压	170V
阴极电阻	820Ω
屏极电流	12.5mA
互导	13mA/V
放大系数	65

6C12是旁热阴极小型九脚低噪声超高频三极管，外形尺寸 Φ22.5×50mm，原用于栅地电路低噪声超高频电压放大。在音响电路中，可用于小信号阻容耦合放大。

6C12的等效管有EC88（欧洲）。

6C12的类似管有EC86（欧洲）。

（284）6F1

三极—五极管，中放大系数三极部分，锐截止五极部分。

◎ **特性**

敷氧化物旁热式阴极：6.3V/0.4175A，交流或直流

最大热丝—阴极间电压：±90V

极间电容：

（三极部分）	栅极—屏极	1.45pF
	输入	2.5pF
	输出	0.3pF
（五极部分）	栅极—屏极	≤0.025pF
	输入	5.5pF
	输出	3.4pF

安装位置：任意

管壳：玻璃

管基：纽扣式芯柱小型九脚

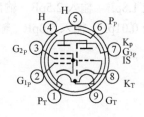

◎ **最大额定值**

	三极部分	五极部分
屏极电压	250V	250V
屏极耗散功率	1.5W	2.5W
栅极电路电阻	0.5MΩ	1MΩ
帘栅电压		175V
帘栅耗散功率		0.7W

阴极电流	14mA	14mA
热丝—阴极间电压	100V	100V

◎ **典型工作特性**

A_1 类放大

	三极部分	五极部分
屏极电压	100V	170V
帘栅电压		170V
栅极电压	−2V	−2V
屏极电流	13mA	10mA
帘栅电流		≤4.5mA
互导	5000μA/V	6200μA/V
屏极内阻		0.4MΩ
放大系数	20	
等效噪声电阻		5000Ω

6F1 为北京电子管厂生产的小型九脚三极—五极复合管，外形尺寸 Φ22×65mm。三极管与五极管间除热丝外，完全独立。该管原用于电视接收机中变频或高频电压放大。在音响电路中，三极部分适用于剖相式倒相及阻容耦合放大，五极部分适用于高增益阻容耦合放大或三极接法阻容耦合放大。特性与美国 6BL8 基本相同，可参阅相关内容。

6F1 的等效管有 6BL8（美国）、ECF80（欧洲）、6C16、CV5215（英国）、6Φ1П（苏联）。

（285）6F2

三极—五极复合管。

◎ **特性**

敷氧化物旁热式阴极：6.3V/0.45A，交流或直流

热丝—阴极间电压：±90V（最大）

极间电容：

三极部分 栅极—屏极 1.8pF 输入 2.5pF 输出 0.4pF

五极部分 栅极—屏极 0.01pF 输入 5.0pF 输出 2.6pF

安装位置：任意

管壳：玻璃

管基：纽扣式芯柱小型九脚

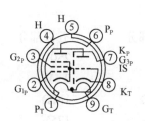

◎ **最大额定值**

	三极部分	五极部分
屏极电压	330V	300V
帘栅供电电压		300V
栅极电压	0V	0V
阴极电流	20mA	20mA
屏极耗散功率	2.7W	2.8V
帘栅耗散功率		0.5W
栅极电路电阻	1MΩ	

◎ **典型工作特性**

	三极部分	五极部分
屏极电压	150V	250V
帘栅电压	110V	
阴极电阻	56Ω	68Ω
屏极电流	18mA	10mA
帘栅电流		≤5.5mA
互导	8500μA/V	5200μA/V
放大系数	40	
屏极内阻	5000Ω	400kΩ

6F2 为上海电子管厂生产的小型九脚三极一五极复合管，外形尺寸 Φ22×65mm。三极部分与五极部分除热丝外，完全独立。该管原用于振荡、混频及高频电压放大。在音响电路中，五极部分适用于高增益阻容耦合放大或三极接法阻容耦合放大，三极部分适用于剖相式倒相及阻容耦合放大。特性与美国 6U8 基本相同，可参阅相关内容。

6F2 的等效管有 6U8（美国）、6U8A（美国）、ECF82（欧洲）。

（286）6G2（6Г2П-К）

旁热式阴极双二极-高放大系数三极管。

◎ **特性**

敷氧化物旁热式阴极：6.3V/0.3A

最大屏极电压：300V

最大阴极电流：5mA

最大屏极耗散功率：0.5W

最大热丝一阴极间电压：100V

最大栅极电阻：3MΩ

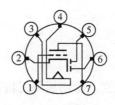

◎ **静态特性**

（三极部分）

屏极电压	250V
栅极电压	−2V
屏极电流	1.2mA
屏极内阻	62.5kΩ
互导	1.6mA/V
放大系数	100

（二极部分）

两个小屏位于阴极周围，各自独立，除阴极与三极部分共用外，没有其他关系。

6G2 是旁热阴极小型七脚双二极—高放大系数三极管，外形尺寸 Φ19×54mm，原用于收音机中第 2 检波、AGC 兼声频放大。在音响电路中，适用于小信号阻容耦合放大。特性与美国 6AV6 基本相同，可参阅相关内容。

6G2 的等效管有 6AV6（美国）。

（287）6G2P（6SQ7GT）

旁热式阴极双二极—高放大系数三极管。

◎ **特性**

敷氧化物旁热式阴极：6.3V/0.3A

最大屏极电压：330V

最大屏极耗散功率：0.5W

最大二极管每个屏极电流：1mA

最大热丝—阴极间电压：100V

最大栅极电阻：3MΩ

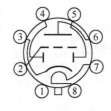

◎ **静态特性**

（三极部分）

屏极电压	250V
栅极电压	−2V
屏极电流	1.15mA
互导	1.1mA/V
放大系数	100

（二极部分）

两个小屏位于阴极周围，各自独立，除阴极与三极部分共用外，没有其他关系。

6G2P 是旁热阴极筒形八脚双二极—高放大系数三极管，外形尺寸 Φ30×75mm，原用于收音机中第 2 检波、AGC 兼声频放大。在音响电路中，适用于小信号阻容耦合放大。特性与美国 6SQ7GT 基本相同，可参阅相关内容。

6G2P 的等效管有 6SQ7GT（美国）、6Г2（苏联，金属管）。

（288）6J1（6Ж1П）

旁热式阴极高频锐截止五极管，高频宽带放大。

◎ 特性

敷氧化物旁热式阴极：6.3V/0.17A

极间电容：输入 4.3pF，输出 2.35pF，跨路≤0.02pF，热丝—阴极<4.6pF

最大屏极电压：200V

最大帘栅电压：150V

最大阴极电流：20mA

最大屏极耗散功率：1.8W

最大帘栅耗散功率：0.55W

最大热丝—阴极间电压：±120V

最大栅极电阻：1MΩ

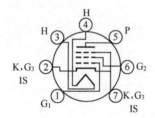

◎ 静态特性

屏极电压	120V
帘栅电压	120V
阴极电阻	200Ω
屏极电流	7.35mA
帘栅电流	≤3.2mA
互导	5.2mA/V

6J1 是旁热阴极小型七脚高频锐截止五极管，外形尺寸 Φ19×41mm，原用于高频宽带放大。在音响电路中，可用于高增益的小信号阻容耦合放大。由于管内无屏蔽，必要时应加屏蔽罩，管座中心屏蔽柱必须接地。可参阅美系 6AK5 相关内容。

6J1 的等效管有 6Ж1П（苏联）、6AK5（美国）、EF95（欧洲）、6J1-Q（中国，高可靠管）、6Ж1П-B（苏联，高可靠管）。

（289）6J2（6Ж2П）

旁热式阴极高频锐截止五极管。

◎ **特性**

敷氧化物旁热式阴极：6.3V/0.17A

极间电容：输入 4.0pF，输出 2.5pF，跨路≤0.02pF

最大屏极电压：200V

最大帘栅电压：150V

最大阴极电流：20mA

最大屏极耗散功率：1.8W

最大帘栅耗散功率：0.55W

最大栅极电阻：1MΩ

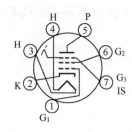

◎ **静态特性**

屏极电压	120V
帘栅电压	120V
阴极电阻	200Ω
屏极电流	5.5mA
帘栅电流	≤5.0mA
屏极内阻	0.13MΩ
互导	3.7mA/V
变频互导	0.5mA/V

6J2 是旁热阴极小型七脚高频锐截止五极管，外形尺寸 Φ19×41mm，原用于混频及高频宽频带放大。在音响电路中，可用于高增益的小信号阻容耦合放大。由于管内无屏蔽，必要时应加屏蔽罩，管座中心屏蔽柱必须接地。

6J2 的等效管有 6Ж2П（苏联）、6AS6（美国）、6J2-Q（中国，高可靠管）、6Ж2П-В（苏联，高可靠管）。

（290）6J3（6Ж3П）

旁热式阴极高频锐截止五极管，高频放大。

◎ **特性**

敷氧化物旁热式阴极：6.3V/0.3A

极间电容：输入 6.5pF，输出 1.5pF，跨路≤0.025pF

最大屏极电压：330V

最大帘栅电压：165V

最大屏极耗散功率：2.5W

最大帘栅耗散功率：0.55W

最大栅极电阻：1MΩ

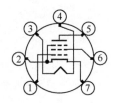

◎ **静态特性**

屏极电压	250V
帘栅电压	150V
阴极电阻	200Ω
屏极电流	7mA
帘栅电流	≤2mA
屏极内阻	0.75MΩ
互导	5mA/V

6J3 是旁热阴极小型七脚高频锐截止五极管，集射结构，外形尺寸 Φ19×54mm，原用于中、高频放大。在音响电路中，适用于高增益的小信号阻容耦合放大。由于管内无屏蔽，必要时应加屏蔽罩，管座中心屏蔽柱必须接地。可参阅美系 6AG5 相关内容。

6J3 的等效管有 6Ж3П（苏联）、6AG5（美国）、EF96（欧洲）。

（291）6J4（6Ж4П）

旁热式阴极高频锐截止五极管。

◎ **特性**

敷氧化物旁热式阴极：6.3V/0.3A

极间电容：输入 6.3pF，输出 6.3pF，跨路≤0.0035pF

最大屏极电压：300V

最大帘栅电压：150V

最大屏极耗散功率：3.5W

最大帘栅耗散功率：0.9W

最大阴极电流：20mA

最大热丝—阴极间电压：±90V

最大栅极电阻：1MΩ

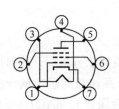

◎ 静态特性

屏极电压	250V
帘栅电压	150V
阴极电阻	68Ω
屏极电流	11mA
帘栅电流	4.5mA
屏极内阻	0.9MΩ
互导	5.7mA/V

6J4 是旁热阴极小型七脚高频锐截止五极管，外形尺寸 Φ19×54mm，原用于高频宽带放大及低频放大。在音响电路中，适用于高增益的小信号前置放大，可作为五极管也可作为中放大系数三极管使用。可参阅美系 6AU6 相关内容。

6J4 的等效管有 6Ж4П（苏联）、6AU6（美国）、EF94（欧洲）。

（292）6J4P（6Ж4C）

旁热式阴极高频锐截止五极管。

◎ 特性

敷氧化物旁热式阴极：6.3V/0.45A

极间电容：输入 11pF，输出 6pF，跨路≤0.015pF

最大屏极电压：330V

最大帘栅电压：160V

最大屏极耗散功率：3.3W

最大帘栅耗散功率：0.45W

最大热丝—阴极间电压：±100V

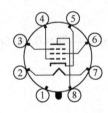

◎ 静态特性

屏极电压	300V
帘栅电压	150V
阴极电阻	160Ω
屏极电流	10.25mA
帘栅电流	2.5mA
互导	9mA/V

6J4P 是旁热阴极筒形八脚高频锐截止五极管，外形尺寸 Φ30×70mm，原用于宽频带高频和中频放大。在音响电路中，适用于高增益的阻容耦合放大。可参阅美系 6AC7 相关内容。

6J4P 的等效管有 6Ж4（苏联，金属管）、6AC7（美国，金属管）。

（293）6J5（6Ж5П）

旁热式阴极高频锐截止四极管。

◎ **特性**

敷氧化物旁热式阴极：6.3V/0.45 A

极间电容：输入 8.5pF，输出 2.2pF，跨路≤0.03pF

最大屏极电压：300V

最大帘栅电压：150V

最大屏极耗散功率：3.6W

最大帘栅耗散功率：0.5W

最大阴极电流：20mA

最大热丝—阴极间电压：±100V

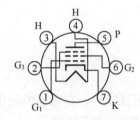

◎ **静态特性**

屏极电压	300V
帘栅电压	150V
栅极电压	−2V
屏极电流	10mA
帘栅电流	≤3.5mA
屏极内阻	350kΩ
互导	9mA/V

　　6J5 是旁热阴极小型七脚高频锐截止四极管，集射结构，外形尺寸 Φ19×54mm，原用于高频宽带放大。在音响电路中，可用于高增益的小信号前置放大。可参阅美系 6AH6 相关内容。

　　6J5 的等效管有 6Ж5П（苏联）、6AH6（美国）。

（294）6J8

旁热式阴极锐截止五极管。

◎ **特性**

敷氧化物旁热式阴极：6.3V/0.2A

极间电容：输入 4pF，输出 5.5pF，跨路≤0.05pF

最大屏极电压：300V

最大帘栅电压：200V

最大屏极耗散功率：1W

最大帘栅耗散功率：0.2W

最大阴极电流：6mA

最大热丝—阴极间电压：±100V

最大栅极电阻：2.2MΩ

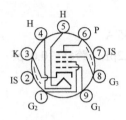

◎ 静态特性

屏极电压	250V
帘栅电压	140V
抑制栅电压	0V
栅极电压	−2V
屏极电流	3mA
帘栅电流	0.55mA
互导	2mA/V

6J8 是旁热阴极小型九脚声频用低噪声、高增益锐截止五极管，外形尺寸 Φ22×49mm，适用于低频电压放大。可参阅欧系 EF86 相关内容。

6J8 的等效管有 6Ж32П（苏联）、EF86（欧洲）、6267（美国）。

（295）6J8P（6Ж8C）

旁热式阴极高频锐截止五极管。

◎ 特性

敷氧化物旁热式阴极：6.3V/0.3A

极间电容：输入 7pF，输出 7pF，跨路≤0.007pF

最大屏极电压：330V

最大帘栅电压：140V

最大屏极耗散功率：2.8W

最大帘栅耗散功率：0.7W

最大热丝—阴极间电压：±100V

最大栅极电阻：0.5MΩ

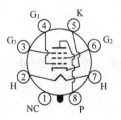

◎ 静态特性

屏极电压	250V

帘栅电压	100V
抑制栅电压	0V
栅极电压	−3V
屏极电流	3mA
帘栅电流	0.8mA
互导	1.65mA/V

6J8P 是旁热阴极筒形八脚高频锐截止五极管，外形尺寸 $\Phi30\times70$mm，适用于高频及低频放大。可参阅美系 6SJ7GT 相关内容。

6J8P 的等效管有 6Ж8（苏联，金属管）、6SJ7GT（美国）。

（296）6J9

旁热式阴极锐截止五极管。

◎ 特性

敷氧化物旁热式阴极：6.3V/0.3A

极间电容：输入 8.5pF，输出 3.1pF，跨路≤0.03pF，热丝—阴极≤7pF

最大屏极电压：250V

最大帘栅电压：160V

最大栅极电压：−100V

最大屏极耗散功率：3W

最大帘栅耗散功率：0.75W

最大阴极电流：35mA

最大热丝—阴极间电压：+100V，−150V

最大栅极电阻：1MΩ

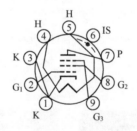

◎ 静态特性

屏极电压	150V
帘栅电压	150V
抑制栅电压	0V
栅极电压	−3V
屏极电流	15mA
帘栅电流	≤4.5mA
互导	17.5mA/V

6J9 是旁热阴极小型九脚高频锐截止五极管，外形尺寸 $\Phi22\times41$mm，原用于高频宽带放

大。在音响电路中，可用于高增益的小信号前置放大。该管用于声频放大时易产生震颤效应噪声。可参阅俄系6Ж9П-Е相关内容。

6J9的等效管有6Ж9П-Е（苏联，长寿命）、6688（美国）、E180F（欧洲）。

（297）6N1（6Н1П）

旁热式阴极双三极管。

◎ **特性**

敷氧化物旁热式阴极：6.3V/0.6A

极间电容：输入3.1pF，输出1.75pF（No.1）、1.95pF（No.2），跨路≤2.2pF，屏$_1$—屏$_2$≤0.2pF

最大屏极电压：300V

最大阴极电流：25mA

最大屏极耗散功率：2.2W

最大热丝—阴极间电压：+120V，−250V

最大栅极电阻：1MΩ

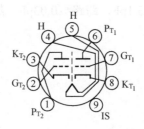

◎ **静态参数**

（每三极部分）

屏极电压	250V
阴极电阻	600Ω
屏极电流	7.5mA
互导	4.55mA/V
放大系数	35

分裂屏6N1

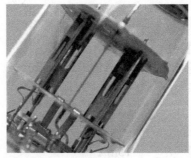

封闭屏6N1

6N1是旁热阴极小型九脚中放大系数双三极管，外形尺寸Φ22×49mm。6N1有分裂屏（如北京牌、曙光牌）及封闭屏（如上海牌）两种屏极结构，适用于声频阻容耦合放大、倒相及激励放大。6N1-M 为脉冲用管，封闭屏。6N1 库存很多，在音响设备中因无欧美等效管而使用较少，与声音表现无关，是很超值的管型。可参阅俄系 6H1Π 相关内容。

6N1 的等效管有 6H1Π（苏联）、6N1-Q（中国，高可靠管）、6H1Π-B（苏联，高可靠管）。

（298）6N2（6H2Π）

旁热式阴极高放大系数双三极管。

◎ **特性**

敷氧化物旁热式阴极：6.3V/0.34A

极间电容：输入 2.15pF，输出 2.6pF（No.1）、2.8pF（No.2），跨路≤0.8pF，屏$_1$—屏$_2$≤0.3pF

最大屏极电压：300V

最大阴极电流：10mA

最大屏极耗散功率：1W

最大热丝—阴极间电压：±100V

最大栅极电阻：0.5MΩ

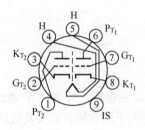

◎ **静态特性**

（每三极部分）

屏极电压	250V
栅极电压	−1.5V
屏极电流	2.3mA
互导	2.1mA/V
放大系数	97.5

6N2 是旁热阴极小型九脚高放大系数双三极管，外形尺寸 Φ22×49mm。大部分 6N2 都是银色盒屏，少数是闭屏结构。适用于低频电压放大。可参阅俄系 6H2Π 相关内容。

两种不同的北京 6N2

6N2 的等效管有 6H2Π（苏联）、6N2-Q（中国，高可靠管）、6H2Π-B（苏联，高可靠管）。

（299）6N3（6H3Π）

旁热式阴极高频双三极管。

◎ **特性**

敷氧化物旁热式阴极：6.3V/0.35A

极间电容：输入 2.6pF，输出 1.45pF，跨路 1.3pF，两屏极间≤0.15pF

最大屏极电压：300V

最大阴极电流：18mA

最大屏极耗散功率：1.5W

最大热丝—阴极间电压：±100V

最大栅极电阻：1MΩ

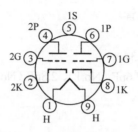

◎ 静态特性

（每三极部分）

屏极电压	150V
栅极电压	−2V
屏极电流	8.5mA
互导	5.9mA/V
放大系数	35

6N3 是旁热阴极小型九脚高频双三极管，外形尺寸 Φ22×49mm，原用于电视接收机 VHF 调谐器射频放大。在音响电路中，适用于阻容耦合放大及级联放大。可参阅美系 2C51 相关内容。

6N3 的等效管有 6H3Π（苏联）、2C51（美国）、6CC42（捷克）。

（300）6N4

旁热式阴极高放大系数双三极管。

◎ 特性

敷氧化物旁热式阴极：6.3V/12.6V，0.33A/0.165A

极间电容：输入 2.15pF，输出 2.6pF（No.1）、2.8pF（No.2），跨路<0.8pF，两屏极间≤0.3pF

最大屏极电压：300V

最大阴极电流：10mA

最大屏极耗散功率：1W

最大栅极电阻：0.5MΩ

最大热丝—阴极间电压：±100V

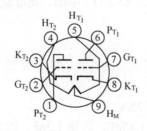

◎ **静态特性**

（每三极部分）

屏极电压	250V
栅极电压	−1.5V
屏极电流	2.1mA
互导	2.1mA/V
放大系数	97.5

6N4 是旁热阴极小型九脚高放大系数双三极管，外形尺寸 $\Phi22\times49$mm，适用于声频低噪声、高增益、低电平阻容耦合放大及倒相等。可参阅美系 12AX7 相关内容。

6N4 的类似管有 12AX7（美国）、ECC83（欧洲）。

（301）6N5P

旁热式阴极双三极管。

◎ **特性**

敷氧化物旁热式阴极：6.3V /2.5A

极间电容：输入 7pF，输出 4.2pF，跨路 9pF

最大屏极电压：250V

最大阴极电流：125mA

最大屏极耗散功率：13W

最大热丝—阴极间电压：300V

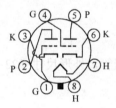

◎ **静态特性**

（每三极部分）

屏极电压	90V
栅极电压	−30V
屏极电流	60mA
屏极内阻	450Ω
互导	4.45mA/V

6N5P 是旁热阴极瓶形八脚功率双三极管，外形尺寸 $\Phi53\times126$mm，原用于稳压电路调整管。可参阅美系 6AS7G 相关内容。

6N5P 的等效管有 6H5C（苏联）。

6N5P 的类似管有 6AS7G（美国）。

（302）6N6（6H6П）

旁热式阴极双三极管。

◎ **特性**

敷氧化物旁热式阴极：6.3V/0.75A

极间电容：输入 4.4pF，输出 1.9pF（No.1）、2.05pF（No.2），跨路≤3.7pF，热丝一阴极间≤9pF

最大屏极电压：300V

最大阴极电流：45mA

最大屏极耗散功率：4.8W

最大热丝一阴极间电压：±200V

最大栅极电阻：1MΩ

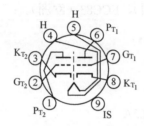

◎ **静态特性**

（每三极部分）

屏极电压	120V
栅极电压	−2V
屏极电流	30mA
互导	11mA/V
放大系数	20

6N6 是旁热阴极小型九脚双三极管，外形尺寸 Φ22×65mm，适用于低频功率放大及脉冲工作。可参阅俄系 6H6Π 相关内容。

6N6 的等效管有 6H6Π（苏联）。

6N6 的类似管有 ECC99（捷克）、5687（美国）。

（303）6N7P（6H7C）

旁热式阴极双三极管。

◎ **特性**

敷氧化物旁热式阴极：6.3V/0.8A

最大屏极电压：300V

最大屏极耗散功率：6W

最大热丝一阴极间电压：±200V

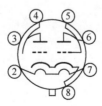

◎ **静态特性**

屏极电压	300V
栅极电压	−6V
屏极电流	7mA**
屏极电流	13mA*
互导	3.2mA/V**
输出功率	不小于4.2W（每三极管）
放大系数	35**

* 栅极电压为零时，每管值。
** 两三极管并联。

6N7P 是旁热阴极筒形八脚共阴极双三极管，外形尺寸 Φ30×85mm。该管为右特性管，用于变压器输入 B 类推挽功率放大时，栅极偏压为零，两三极部分并联还可用于 A 类驱动放大及倒相。可参阅美系 6N7 相关内容。

6N7P 的等效管有 6N7GT（美国）、6H7C（苏联）。

（304）6N8P（6H8C）

旁热式阴极双三极管。

◎ **特性**

敷氧化物旁热式阴极：6.3V/0.6A

极间电容：输入 2.3pF（No.1）、2.6pF（No.2），输出 0.7pF，跨路 4pF（No.1）、3.8pF（No.2）

最大屏极电压：450V

最大阴极电流：20mA

最大屏极耗散功率：5W

最大热丝—阴极间电压：±100V

最大栅极电阻：1MΩ

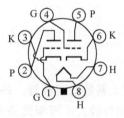

◎ **静态特性**

（每三极部分）

屏极电压	90V	250V
栅极电压	0V	−8V
屏极电流	10mA	9mA
互导	3mA/V	2.6mA/V
放大系数	20	20
屏极内阻	6.7kΩ	7.7kΩ

屏极电流	—	1.3mA（V_g=−12.5V 时）
栅极电压	−7V	−18V（I_p=10μA 时）

6N8P 是旁热阴极筒形八脚中放大系数双三极管，外形尺寸 Φ30×（64～71）mm。在无线电设备中，适用于多谐振荡、低频阻容耦合放大。可参阅美系 6SN7GT 相关内容。

6N8P 的等效管有 6H8C（苏联）、6SN7GT（美国）、B65（英国）。

（305）6N9P（6H9C）

旁热式阴极高放大系数双三极管。

◎ **特性**

敷氧化物旁热式阴极：6.3V/0.3A

极间电容：输入 3pF（No.1）、3.4pF（No.2），输出 3.8pF（No.1）、3.2pF（No.2），跨路 2.8pF

最大屏极电压：300V

最大栅极电压：0V

最大屏极耗散功率：1W

最大热丝—阴极间电压：±90V

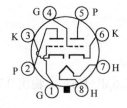

◎ **静态参数**

（每三极部分）

屏极电压	250V
栅极电压	−2V
屏极电流	2.3mA
互导	1.6mA/V
放大系数	70
屏极内阻	44kΩ

6N9P 是旁热阴极筒形八脚高放大系数双三极管，外形尺寸 Φ30×（64～71）mm。在无线电设备中，适用于低频倒相、阻容耦合放大。可参阅美系 6SL7GT 相关内容。

6N9P 的等效管有 6H9C（苏联）、6SL7GT（美国）。

（306）6N10

旁热式阴极中放大系数双三极管。

◎ **特性**

敷氧化物旁热式阴极：6.3V/12.6V，0.32.A/0.1625A

极间电容：输入 1.6pF，输出 0.6pF（No.1）、0.8pF（No.2），跨路 2.0pF

最大屏极电压：250V

最大阴极电流：15mA

最大屏极耗散功率：2.5W

最大热丝—阴极间电压：±100V

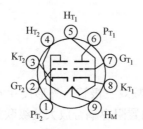

◎ **静态特性**

（每三极部分）

屏极电压	250V
阴极电阻	800Ω
屏极电流	10.5mA
互导	2.2mA/V
放大系数	17

6N10 是旁热阴极小型九脚中放大系数双三极管，外形尺寸 Φ22×49mm，适用于声频阻容耦合放大、倒相及激励放大。可参阅美系 12AU7 相关内容。

6N10 的类似管有 12AU7（美国）、ECC82（欧洲）。

（307）6N11

旁热式阴极高频双三极管。

◎ **特性**

敷氧化物旁热式阴极：6.3V/0.34A

极间电容：输入 3.4pF，输出 1.8pF，跨路 1.8pF

最大屏极电压：130V

最大屏极耗散功率：2W

最大阴极电流：22mA

最大栅极电阻：1MΩ

最大热丝—阴极间电压：±150V

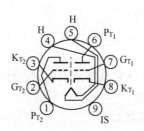

◎ 静态特性

（每三极部分）

屏极电压	90V
阴极电阻	90Ω
屏极电流	16mA
互导	12.5mA/V
放大系数	25

6N11 是旁热阴极小型九脚高频双三极管，外形尺寸 Φ22×49mm，原用于低噪声高频电压放大。在音响电路中，适用于前置阻容耦合放大及级联放大。可参阅美系 6DJ8 相关内容。

6N11 的类似管有 6DJ8（美国）、ECC88（欧洲）、6H23Π（苏联）。

（308）6N12P

旁热式阴极中放大系数双三极管。

◎ 特性

敷氧化物旁热式阴极：6.3V/0.9A

最大屏极电压：300V

最大阴极电流：45mA

最大屏极耗散功率：4.2W

最大热丝—阴极间电压：±100V

最大栅极电阻：0.1MΩ

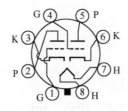

◎ 静态特性

（每三极部分）

屏极电压	180V
栅极电压	−7V
屏极电流	23mA
互导	7.0mA/V
屏极内阻	2.4kΩ
互导	7mA/V

6N12P 是旁热阴极筒形八脚中放大系数双三极管，外形尺寸 Φ30×64mm，适用于低频电压放大。可参阅美系 5687 相关内容。

6N12P 的等效管有 6H12C（苏联）。

6N12P 的类似管有 6H30Π（苏联，小型 9 脚管）、ECC99（斯洛伐克，小型 9 脚管）、5687（美国，小型 9 脚管）。

（309）6N13P

旁热式阴极双三极管。

◎ **特性**

敷氧化物旁热式阴极：6.3V/2.5A

极间电容：输入 7pF，输出 4.2pF，跨路 9pF

最大屏极电压：250V

最大阴极电流：130mA

最大屏极耗散功率：13W

最大热丝—阴极间电压：300V

最大栅极电阻：1MΩ

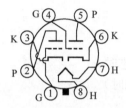

◎ **静态特性**

（每三极部分）

屏极电压	90V
栅极电压	−30V
屏极电流	80mA
屏极内阻	<460Ω
互导	5mA/V
放大系数	17

6N13P 是旁热阴极筒形八脚功率双三极管，外形尺寸 Φ53×126mm，原用于电子稳压电路调整管。可参阅美系 6AS7G 相关内容。

6N13P 的等效管有 6H13C（苏联）。

6N13P 的类似管有 6AS7G（美国）、6080（美国）。

（310）6P1（6П1П）

旁热式阴极功率集射管。

◎ **特性**

敷氧化物旁热式阴极：6.3V/0.5A

极间电容：输入 8pF，输出 5pF，跨路 ≤0.9pF

最大屏极电压：250V

最大帘栅电压：250V

最大阴极电流：70mA

最大屏极耗散功率：12W

最大帘顿耗散功率：2.5W

最大热丝—阴极间电压：±100V

最大栅极电阻：0.5MΩ

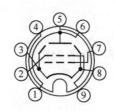

◎ 静态特性

屏极电压	250V
帘栅电压	250V
栅极电压	−12.5V
屏极电流	44mA
帘栅电流	≤7mA（静态时）
	12mA（动态时）
互导	4.9mA/V
屏极内阻	42.5kΩ
输出功率	≥3.8W*

总谐波失真 7%

* V_g=8.8V，R_L=5kΩ 时。

6P1 是旁热阴极声频用小型九脚集射功率管，外形尺寸 $\varPhi$22×70mm。在声频放大器中，用于 A_1 类、AB_1 类功率放大。特性与美系小型七脚管 6AQ5 近似。可参阅俄系 6Π1Π 相关内容。

6P1 的等效管有 6Π1Π（苏联）。

6P1 的类似管有 6AQ5（美国，小型七脚管）、EL90（欧洲，小型七脚管）。

（311）6P3P（6L6G）

旁热式阴极功率集射管。

◎ 特性

敷氧化物旁热式阴极：6.3V/0.9A

极间电容：输入 11pF，输出 9.5pF，跨路≤1.5pF

最大屏极电压：400V

最大帘栅电压：330V

最大屏极耗散功率：20.5W

最大帘顿耗散功率：2.75W

最大热丝—阴极间电压：±200V

最大栅极电阻：0.5MΩ

◎ **静态特性**

屏极电压	250V
帘栅电压	250V
阴极电阻	−14V
屏极电流	72mA
帘栅电流	≤8mA
互导	6mA/V
负载阻抗	2.5kΩ
输出功率	≥5.4W
总谐波失真	≤12.5%

1961 年南京，高 130mm	1955 年电工，高 125mm	1960 年南京，高 108mm	1962 年南京，高 103mm
6L6G	6L6G	6Π3C	6P3P

不同时期的南京 6P3P

6P3P 是旁热阴极声频用瓶形八脚集射功率管，外形尺寸 Φ53×129mm，直筒型 Φ38×90mm。在声频放大器中，用于 A₁、AB₁、AB₂ 类功率放大，也可用于电子稳压电路中。可参阅美系 6L6G 相关内容。

6P3P 的等效管有 6L6G（美国）、6Π3C（苏联）。

（312）6P6P（6V6GT）

旁热式阴极功率集射管。

◎ **特性**

敷氧化物旁热式阴极：6.3V/0.45A

极间电容：输入 9pF，输出 7.5pF，跨路 0.7pF

最大屏极电压：315V

最大帘栅电压：285V

最大屏极耗散功率：12W

最大帘栅耗散功率：2W

最大热丝—阴极间电压：±100V

最大栅极电阻：0.5MΩ（自给偏压），0.1MΩ（固定偏压）

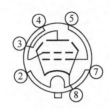

◎典型工作特性

单端 A_1 类放大

屏极电压	180V	250V	315V
帘栅电压	180V	250V	225V
栅极电压	−8.5V	−12.5V	−13V
屏极电流	29mA	45mA	34mA（零信号时）
屏极电流	30mA	47mA	35mA（最大信号时）
帘栅电流	3mA	4.5mA	2.2mA（零信号时）
帘栅电流	4mA	7mA	6mA（最大信号时）
互导	3.7mA/V	4.1mA/V	3.75mA/V
屏极内阻	50kΩ	50kΩ	80kΩ
负载阻抗	5.5kΩ	5 kΩ	8.5kΩ
输出功率	2W	4.5W	5.5W
总谐波失真	8%	8%	12%

6P6P 是旁热阴极声频用筒形八脚集射功率管，外形尺寸 $\Phi30×71mm$。在声频放大器中，用于 A_1 类、AB_1 类功率放大。可参阅美系 6V6GT 相关内容。

6P6P 的等效管有 6V6GT（美国）、6П6C（苏联）。

（313）6P9P（6П9C）

旁热式阴极功率五极管。

◎ 特性

敷氧化物旁热式阴极：6.3V/0.65A

极间电容：输入 13pF，输出 9.5pF，跨路 ≤0.06pF

最大屏极电压：330V

最大帘栅电压：330V

最大屏极耗散功率：9W

最大帘栅耗散功率：1.5W

最大热丝—阴极间电压：±100V

曙光 6P9P

◎ **静态特性**

屏极电压	300V
帘栅电压	150V
栅极电压	−3V
屏极电流	30mA
帘栅电流	6.5mA
互导	11mA/V
输出功率	≥2.4W

6P9P 是旁热阴极八脚高互导五极功率管，外形有玻壳及外加金属壳两种，后者外形尺寸 Φ34×93mm，适用于宽频带功率放大场合，原用于电视机中视频放大输出级或作为阴极跟随器。在音响电路中，可用于 A 类功率放大，但要求帘栅极电压稳定，并防止自激。可参阅美系 6AG7 相关内容。

6P9P 的等效管有 6AG7（美国，金属管）、6П9（苏联，金属管）。

（314）6P12P

旁热式阴极功率集射管。

◎ **特性**

敷氧化物旁热式阴极：6.3V/1.38A

极间电容：输入 12.5pF，输出 6.0pF，跨路≤1.2pF

最大屏极电压（峰值）：7kV

最大屏极电压：250V

最大帘栅电压：250V

最大屏极耗散功率：12W

最大帘顿耗散功率：5W

最大阴极电流：250mA

最大热丝—阴极间电压：±220V

最大栅极电阻：0.5MΩ

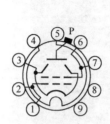

上海 6P12P

◎ 静态特性

屏极电压	100V
帘栅电压	100V
阴极电阻	–7V
屏极电流	120mA
帘栅电流	≤7mA
互导	18mA/V

6P12P 是旁热阴极带屏帽大九脚集射功率管，外形尺寸 Φ28×100mm，原用于电视机中110º偏转角显像管行扫描输出，也可用于脉冲电流放大。在音响电路中，可用于中等功率输出的声频功率放大，互导高而驱动电压低。但行扫描输出电子管设计工作于 C 类脉冲状态，用于连续声频功率放大时，必须注意屏极耗散功率不超标，从而需要降低帘栅极电压，同时还要求稳定性能好，否则动态失真会增大。

6P12P 的等效管有 EL500（欧洲）、6GB5（美国）。

6P12P 的类似管有 PL504（欧洲，热丝 27V/300mA）。

（315）6P13P（6П13С）

旁热式阴极功率集射管。

◎ 特性

敷氧化物旁热式阴极：6.3V/1.3A

极间电容：输入 18.5pF，输出 6.5pF，跨路≤0.5pF

最大屏极电压（峰值）：8kV

最大屏极电压：450V

最大帘栅电压：330V

最大栅极脉冲负电压：150V

最大屏极耗散功率：14W

最大帘栅耗散功率：4W

最大阴极脉冲电流：0.4A

最大热丝—阴极间电压：±100V

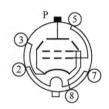

◎ **静态特性**

屏极电压	200V
帘栅电压	200V
阴极电阻	−19V
屏极电流	60mA
帘栅电流	≤8mA
互导	8.5mA/V
屏极内阻	25kΩ

6P13P 是旁热阴极带屏帽八脚集射功率管，外形尺寸 Φ33×116mm，原用于 70°偏转角显像管电视机中行扫描输出。在音响电路中，可用于 A 类功率放大，注意事项请参阅 6P12P 相关内容。

6P13P 的等效管有 6П13C（苏联）。

（316）6P14（6П14П）

旁热式阴极功率五极管。

◎ **特性**

敷氧化物旁热式阴极：6.3V/0.76A

极间电容：输入 10.8pF，输出 6.5pF，跨路 0.5pF，栅极—热丝 0.25pF

最大屏极电压：500V

最大屏极耗散功率：12W

最大帘栅电压：300V

最大帘栅耗散功率：2W

最大阴极电流：65mA

最大栅极电压：−100V

最大热丝—阴极间电压：±100V

最大栅极电阻：1MΩ（自给偏压），0.3MΩ（固定偏压）

◎ **静态特性**

屏极电压	256V
帘栅电压	256V
阴极电阻	120Ω
屏极电流	48mA
帘栅电流	≤7mA
互导	11.3mA/V
屏极内阻	38kΩ
g_1-g_2 放大系数	19

◎ **典型工作特性**

单端 A_1 类放大

屏极电压	250V			
帘栅电压	250V			
栅极电压	−7.3V			
阴极电阻	135Ω			
负载电阻	5.2kΩ			
驱动电压	0Vrms	3.4Vrms	4.3Vrms	4.7Vrms
屏极电流	48mA	—	49.5mA	49.2mA
帘栅电流	5.5mA	—	10.8mA	11.6mA
互导	11.3mA/V	—	—	—
屏极内阻	38kΩ	—	—	—
输出功率	0W	4.5W	5.7W	6W
总谐波失真	6.8%	10%		

6P14 是旁热阴极声频用小型九脚高功率灵敏度五极功率管，外形尺寸 Φ22×70mm。在声频放大器中，用于 A_1 类、AB_1 类、B 类放大。可参阅欧系 EL84 相关内容。

6P14 的等效管有 6П14П（苏联）、EL84（欧洲）、6BQ5（美国）。

（317）6P15（6П15П）

旁热式阴极功率五极管。

◎ **特性**

敷氧化物旁热式阴极：6.3V/0.76A

极间电容：输入 13.5pF，输出 7pF，跨路≤0.07pF

最大屏极电压：330V

最大帘栅电压：330V

最大屏极耗散功率：12W

最大帘顿耗散功率：1.5W

最大阴极电流：90mA

最大热丝—阴极间电压：±100V

最大栅电阻：1MΩ

◎ **静态特性**

屏极电压	300V
帘栅电压	150V
阴极电阻	75Ω
屏极电流	30mA
帘栅电流	6.5mA
互导	12mA/V
屏极内阻	100kΩ

6P15 是旁热阴极小型九脚五极功率管，外形尺寸 Φ22×93mm，适用于宽频带功率放大场合，原用于电视机中视频输出电压放大。在音响电路中，可用于 A 类功率放大。使用时要注意有良好通风，要求帘栅极供电稳定。

6P15 的等效管有 6П15П（苏联）。

6P15 的类似管有 6CL6（美国）、EL180（欧洲）、12BY7A（热丝 12.6V/300mA）。

（318）6Z4（6Ц4П）

旁热式阴极全波整流管。

◎ **特性**

敷氧化物旁热式阴极：6.3V/0.6A

最大屏极反峰电压	1000V
最大整流电流	75mA
屏极峰值电流	300mA

最大热丝—阴极间电压：+100V，−400V

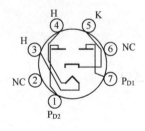

◎ **典型工作特性**

	电容输入
每个屏极供给电压	350V
输入电容	16μF
负载电阻	5.2kΩ

输出电流　　　　　　　≥72mA

6Z4 是旁热阴极小型七脚高真空全波整流管，外形尺寸 Φ19×55mm，适用于提供直流输出电流 70mA 以下的全波整流。可参阅美系 6X4 相关内容。

6Z4 的等效管有 6Ц4П（苏联）、6Z4-Q（中国，高可靠管）、6Ц4П-B（苏联，高可靠管）、6X4（美国，管脚接续不同）、EZ90（欧洲，管脚接续不同）。

（319）6Z5P（6Ц5С）

旁热式阴极全波整流管。

◎ **特性**

敷氧化物旁热式阴极：6.3V/0.6A

最大屏极反峰电压：1100V

最大整流电流：75mA

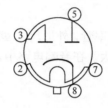

◎ **典型工作特性**

	电容输入
屏极交流电压	2×400V
滤波电容	8μF
平均垫流电流	≥70mA
屏极电路电阻	5.7kΩ

6Z5P 是旁热阴极八脚高真空全波整流管，适用于提供直流输出电流 70mA 以下的全波整流。可参阅美系 6X5 相关内容。

6Z5P 的等效管有 6Ц5С（苏联）、6X5（美国，金属管）、6X5GT（美国）。

（320）6Z18

旁热式阴极二极管。

◎ **特性**

敷氧化物旁热式阴极：6.3V/1.55A

最大屏极反峰电压：6kV

最大屏极电压：250V

最大整流电流：220mA

最大屏极耗散功率：5W

最大热丝—阴极间电压：−750V

热丝—阴极间电容：2pF

屏极—阴极间电容：8.6pF

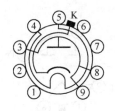

◎ **典型工作特性**

屏极电压	20V
屏极电流	≥200mA
平均垫流电流	≥120mA

6Z18 是旁热阴极小型带阴极帽九脚高真空二极管，原用于电视机行扫描输出电路中作为阻尼管。在音响电路中，作为整流管，输入交流电压可达 450V，用于全波整流时，整流电流可增倍，阻尼管用于整流时推荐输入滤波电容器电容量以小于 47μF 为宜。

6Z18 的类似管有 EY88（欧洲）、6AL3（美国）。

（321）6Z19

旁热式阴极二极管。

◎ **特性**

敷氧化物旁热式阴极：	6.3V/0.86A
最大屏极反峰电压：	4.5kV
最大整流电流：	120mA
最大热丝—阴极间电压：	−750V
热丝—阴极间电容：	5pF
最低行扫描频率：	12kHz

◎ **典型工作特性**

屏极电压	20V
屏极电流	≥150mA
内阻	100kΩ

6Z19 是旁热阴极小型带阴极帽九脚高真空二极管，原用于电视机行扫描输出电路中作为阻尼管。在音响电路中，作为整流管，输入交流电压可达 450V，用于全波整流时，整流电流可增倍，阻尼管用于整流时推荐输入滤波电容器电容量以小于 47μF 为宜。

6Z19 的类似管有 EY81（欧洲）、6R3（美国）、6Ц19П（苏联）。

（322）274B

直热式阴极全波整流管。

◎ **特性**

敷氧化物灯丝：	5V/2A
最大屏极反峰电压：	1500V
屏极峰值电流：	525mA

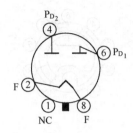

◎ **典型工作特性**

	电容输入
每个屏极供给电压	450V
输入电容	4μF
输出电流	150mA

274B 是直热阴极瓶形八脚高真空全波整流管。该管适用于提供直流输出电流 150mA 以下的全波整流。天津全真 Full Music 274B/n 为茄形玻壳，网状屏。可参阅美系 274B 相关内容。

274B 的等效管有 274B（美国）。

（323）300B　300B-98　300BS-B

直热式阴极功率三极管。

◎ **特性**

敷氧化物灯丝：5V/1.4A

极间电容：输入 9pF，输出 4.3pF，跨路 15pF

最大屏极电压：300B、300B-98　　　　300BS-B
　　　　　　　480V　　　　　　　400V

最大屏极耗散功率：300B、300B-98　　　300BS-B
　　　　　　　　　40W　　　　　　35W

最大屏极电流：100mA（自给偏压），70mA（固定偏压）*

* 300BS-B 为 90mA。

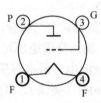

◎ **静态特性**

屏极电压	300V
栅极电压	−60V
屏极电流	60mA
互导	5.5mA/V
屏极内阻	0.7kΩ
放大系数	3.85
输出功率	6.6W

300B 是直热阴极瓶形玻壳四脚三极管,采用碳化铁屏极,镀金栅极,弹簧固定灯丝。适用于 A₁ 类放大,在声频放大中用于输出功率 10W 以下的场合。可参阅美系 300B 相关内容,但曙光生产的 300B 管基上突出的小钉位置不同于原西电 300B,因此定位安装时须予注意。

曙光 300B-98 是 300B 改进管,采用碳化纯镍屏极,强发射阴极材料,弹簧固定灯丝,长寿命管,外形尺寸 Φ61×145mm。曙光 300BS-B 为茄形玻壳喷石墨乳,网板屏极,外形尺寸 Φ64×150mm。天津全真 Full Music 300B/n 为网状屏,白瓷金脚。

(324) 350C

旁热式阴极集射功率管。

◎ 特性

敷氧化物旁热式阴极:6.3V/1.6A

极间电容:输入 16pF,输出 8pF,跨路 0.5pF

最大屏极电压:400V

最大帘栅电压:300V

最大屏极耗散功率:30W

最大帘栅耗散功率:4W

最大热丝—阴极间电压:±150V

最大栅极电阻:0.5MΩ(自给偏压),0.1MΩ(固定偏压)

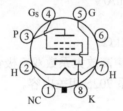

◎ 静态参数

屏极电压	250V
帘栅电压	250V
栅极电压	−14V
屏极电流	93mA
帘栅电流	6mA
互导	8.3mA/V
屏极内阻	37.5kΩ

350C 是旁热阴极瓶形玻壳八脚集射功率管,外形尺寸 Φ53×126mm,其屏极最大耗散功率为 30W,在声频放大器中用于 A₁ 类、AB₁ 类放大,或用于电子稳压电路中。

曙光 350C 与 350B(美国)、6L6G(美国)相似。

(325) 7025

旁热式阴极小型九脚,低噪声、高放大系数双三极管。

◎ 特性

敷氧化物旁热式阴极：6.3V/12.6V，0.3A/0.15A

极间电容：输入 1.6pF，输出 0.46pF（No.1）、0.34pF（No.2），跨路 1.7pF

最大屏极电压：330V

最大栅极负电压：−50V

最大栅极正电压：0V

最大屏极耗散功率：1.2W

最大热丝—阴极间电压（峰值）：±180V

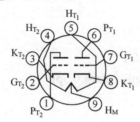

◎ 静态特性

屏极电压	100V	250V
栅极电压	−1V	−2V
屏极电流	0.5mA	1.2mA
互导	1.25mA/V	1.6mA/V
放大系数	100	100
屏极内阻	80kΩ	62.5kΩ

7025 是旁热阴极小型九脚低噪声高放大系数双三极管，外形尺寸 $\Phi22\times47mm$，适用于高增益声频放大器的前级。可参阅美系 7025 相关内容。

（326）EL34A　EL34B

旁热式阴极功率五极管。

◎ 特性

敷氧化物旁热式阴极：6.3V/1.5A

极间电容：输入 15.2pF，输出 8.4pF，跨路 1.1pF，栅极—热丝 1.0pF，热丝—阴极 10pF

最大屏极电压：800V

最大帘栅电压：500V

最大栅极电压：−100V

最大屏极耗散功率：EL34A　　EL34B

　　　　　　　　　　　25W　　　 30W

最大帘栅耗散功率：8W

最大阴极电流：150mA

最大栅极电阻：0.7MΩ（自给偏压），0.5MΩ（固定偏压）

最大热丝—阴极间电压（峰值）：±100V

最大玻壳温度：250℃

◎ **静态特性**

屏极电压	250V
帘栅电压	250V
抑制栅电压	0V
栅极电压	−12.2V
屏极电流	100mA
互导	11mA/V
屏极内阻	15kΩ
g_1-g_2 放大系数	11

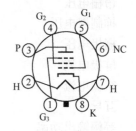

EL34 是旁热阴极筒形五极功率管。曙光 EL34A 耗散功率 25W，直径 33mm（最大）；曙光 EL34B 耗散功率达 30W，直径 36.5mm（最大）。在声频放大器中，用于单端 A_1 类放大时输出功率大于 10W，推挽 AB_1 类放大时输出功率大于 35W。可参阅欧系 EL34 相关内容。

（327）FD-422（2E22）

直热式阴极功率集射管。

◎ **特性**

敷氧化物灯丝：6.3V/1.5A

极间电容：输入 13pF，输出 9pF，跨路＜0.2pF

最大屏极电压：750V

最大帘栅电压：250V

最大屏极耗散功率：30W

最大帘栅耗散功率：10W

最大阴极电流：100mA

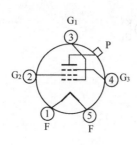

南京FD-422

◎ **静态特性**

屏极电压	500V

帘栅电压	250V
抑制栅电压	0V
栅极电压	−15V
屏极电流	60mA
帘栅电流	≤7.5mA
互导	5.5mA/V
等幅输出功率	>35W
调幅输出功率	>10.5W
屏极内阻	>60kΩ

FD-422 是直热阴极瓶形带屏帽玻壳五脚集射功率管，外形尺寸 Φ53×133mm，原用于高频振荡、功率放大、抑制栅极调幅放大。

FD-422 的等效管有 2E22（美国）。

（328）FU-7（807）

旁热式阴极功率集射管。

◎ 特性

敷氧化物旁热式阴极：6.3V/A

极间电容：输入 12pF，输出 7pF，跨路 0.2pF

最大屏极电压：600V

最大帘栅电压：300V

最大屏极耗散功率：25W

最大帘栅耗散功率：3.5W

最大阴极电流：120mA

最大栅极电阻：0.47MΩ（自给偏压），0.1 MΩ（固定偏压）

最大热丝—阴极间电压（峰值）：±135V

最大工作频率：40MHz

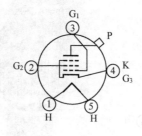

◎ 静态特性

屏极电压	300V
帘栅电压	250V
栅极电压	−12.5V
屏极电流	83mA
帘栅电流	8mA

互导	6.5mA/V
屏极内阻	24kΩ
输出功率	6.4W
总谐波失真	6%

FU-7 是旁热阴极瓶形带屏帽玻壳五脚集射功率管，外形尺寸 Φ53×129mm。在发射装置中作为输出级，在声频放大器中，用于 A₁、AB₁、AB₂ 类放大。可参阅美系 807 相关内容。

FU-7 的等效管有 807（美国）、Г-807（苏联）。

（329）KT88-98　GEKT88

旁热式阴极功率集射管。

◎ **特性**

敷氧化物旁热式阴极：6.3V/1.6A

极间电容：输入 16pF，输出 12pF，跨路 1.2pF

最大屏极电压：800V

最大帘栅电压：600V

最大栅极电压：−200V

最大屏极耗散功率：

KT88、KT94	KT88-98、KT100	GEKT88
42W	45W	40W

最大帘栅耗散功率：8W

最大阴极电流：230mA

最大栅极电阻：0.47MΩ（P_p≤35W，自给偏压），0.27MΩ（P_p≥35W，自给偏压）；0.22MΩ（P_p≤35W，固定偏压），0.10MΩ（P_p≥35W，固定偏压）

最大热丝—阴极间电压（峰值）：±200V

最大玻壳温度：250℃

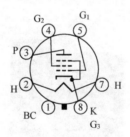

◎ **静态特性**

集射接法

屏极电压	250V
帘栅电压	250V
栅极电压	−15V
屏极电流	140mA
帘栅电流	3mA
互导	12mA/V

屏极内阻	12kΩ
g_1-g_2 放大系数	8

三极接法 *

屏极电压	250V
栅极电压	−15V
屏极+帘栅电流	143mA
帘栅电流	3mA
互导	12mA/V
屏极内阻	670Ω
放大系数	8

* 帘栅与屏极连接。

KT88 是旁热阴极直筒瓶玻壳 G 型集射功率管，外形尺寸 $\Phi52×110$mm。曙光早期曾生产 KT88、KT94、KT100。曙光 KT88-98 屏极耗散功率 45W；曙光 GEKT88 屏极耗散功率 40W。在声频放大器中，用于 AB_1 类推挽输出放大，也可用于电子稳压电路中。可参阅欧系 KT88 相关内容。

（330）SG-50

直热式阴极中功率三极管。

◎ **特性**
敷氧化物灯丝：2.5V/1.25A
最大屏极电压：450V
最大屏极耗散功率：20W
最大屏极电流：90mA

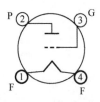

曙光 SG-50

◎ **静态特性**

屏极电压	350V

栅极电压	−63V
屏极电流	45mA
屏极内阻	4.1kΩ
放大系数	3.8
输出功率	2.4W

SG-50 是曙光电子管厂生产的直热阴极茄形玻壳四脚三极管，外形尺寸 Φ66×144mm。在音响电路中，可用于单端功率输出放大。可参阅美系 50 相关内容。

SG-50 的等效管有 50（美国）。

（331）SG-101

直热式阴极三极管。

◎ **特性**

敷氧化物灯丝：2.5V/1A

最大屏极电压：250V

最大屏极耗散功率：14W

最大屏极电流：18mA

◎ **静态特性**

屏极电压	190V
栅极电压	−20V
屏极电流	6.4mA
屏极内阻	6.2kΩ
放大系数	6.1
输出功率	0.25W

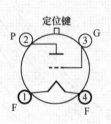

曙光 SG-101

SG-101 是曙光电子管厂生产的直热阴极球形玻壳四脚三极管，外形尺寸 Φ64×115mm，适用于低频放大。

SG-101 的等效管有 WE 101（美国）。

（332）SG-205

直热式阴极中功率三极管。

◎ **特性**

敷氧化物灯丝：4.5V/1.6A

最大屏极电压：400V

最大屏极耗散功率：14W

最大屏极电流：50mA

◎ **静态特性**

屏极电压	350V
栅极电压	−20V
屏极电流	34mA
屏极内阻	3.6kΩ

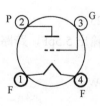

曙光 SG-205

放大系数　　　　　5

输出功率　　　　　0.75W

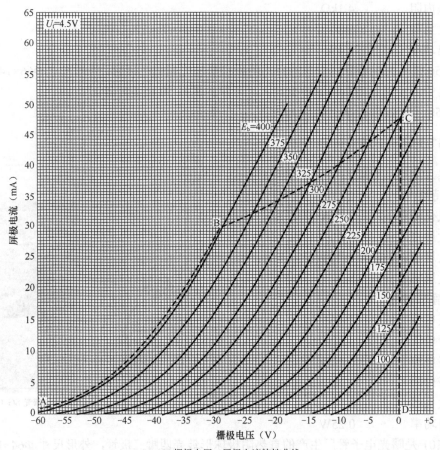

SG-205 栅极电压—屏极电流特性曲线

　　SG-205 是曙光电子管厂生产的直热阴极球形玻壳四脚三极管，外形尺寸 $\Phi64\times115mm$，可用于输出功率小于 1W 的声频功率放大器或调制器、射频功率放大、振荡。天津全真 Full Music TJ-205D/n 为球形玻壳，网状屏。

　　SG-205 的等效管有 WE 205（美国）。

（333）211

直热式碳化钍钨丝阴极功率三极管。

◎ **特性**

碳化钍钨灯丝：10V/3.25A

极间电容：输入 6pF，输出 5.5pF，跨路 14.5pF

最大屏极电压：1250V

最大屏极耗散功率：75W

◎ **静态特性**

屏极电压　　　　　1250V

栅极电压	–70V
屏极电流	100mA
互导	3.8mA/V
放大系数	12（I_p=75mA 时）
负载阻抗	7kΩ
输出功率	10W

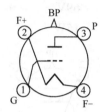

◎ **典型应用值**

单端 A 类放大

屏极电压	750V	1000V	1250V
栅极电压	–46V	–61V	–80V
驱动电压（峰值）	41V	56V	75V
屏极电流	34mA	53mA	60mA
屏极内阻	4.4kΩ	3.8kΩ	3.6kΩ
负载阻抗	8.8kΩ	7.6kΩ	9.2kΩ
输出功率	5.6W	12W	19.7W

211 是直热钍—钨阴极金属四脚卡口三极功率管，外形尺寸 Φ60×215mm，适用于 A 类、B 类和 C 类放大。可参阅美系 211 相关内容。

（334）845 845B 845C

直热式碳化钍钨丝阴极功率三极管。

◎ **特性**

碳化钍钨灯丝：10V/3.25A

极间电容：输入 6pF，输出 4.5pF，跨路 14.5pF

最大屏极电压： 845、845B　　845C
　　　　　　　　1250V　　　　1000V

最大屏极耗散功率： 845、845B　　845C
　　　　　　　　　　75W　　　　60W

最大信号时输入功率：150W

最大屏极电流： 845　　　　845B、845C
　　　　　　　120mA　　　140mA

◎ **静态特性**

	845	845B	845C
屏极电压	1250V	1250V	950V

栅极电压	−200V	−200V	−160V
屏极电流	80mA	80mA	60mA
互导	3mA/V	3mA/V	3mA/V
屏极内阻	1.7kΩ	1.7kΩ	1.7kΩ
放大系数	5	5	5
负载阻抗	3.4kΩ	3.4kΩ	3.4kΩ
驱动电压（峰值）	69V	69V	60V
输出功率	15W	15W	12W

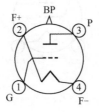

◎ 典型工作特性

单端 A 类放大

屏极电压	1000V	1000V	1250V
栅极电压	−145V	−155V	−209V
负载阻抗	6kΩ	9kΩ	16kΩ
屏极电流	90mA	65mA	52mA
驱动电压（峰值）	—	110V	148V
屏极内阻	1.7kΩ	1.9kΩ	2.1kΩ
互导	3.1mA/V	—	—
输出功率	24W	21W	24W
总谐波失真	5%	—	—

推挽 AB₁ 类

屏极电压	800V	1000V	1000V	1250V
栅极电压	−125V	−170V	−175V	−225V
负载阻抗	4.5kΩ	4.6kΩ	4.6kΩ	6.6 kΩ
屏极电流	80mA	70mA	40mA	40mA
驱动电压（峰值）	177V	240V	—	—
最大信号时屏极电流	170mA	230mA	230mA	240mA
输出功率	40W	75W	75W	115W

　　845 是直热钍—钨阴极金属四脚卡口三极功率管，外形尺寸 $\Phi60×215mm$。曙光 845B 为碳化钍钨灯丝，表面钛化高纯石墨屏极，耗散功率达 100W；曙光 845C 为碳化钍钨灯丝，金属屏极，屏极耗散功率较小，其额定极限值及静态参数为曙光 845B 的 70%，适用于 A₁ 类和 AB₁ 类声频功率放大。可参阅美系 845 相关内容。

（335）超小型电子管

型号	灯丝 电压/电流	屏极 电压/电流	栅极电压 （阴极电阻）	帘栅极 电压/电流	互导	屏极 内阻	放大 系数	等效管
6C6B	6.3V/0.2A	120V/9mA	R_k=220Ω	—	5mA/V	5kΩ	25	6С6Б
6C7B	6.3V/0.2A	250V/4.5mA	R_k=400Ω	—	4mA/V	16kΩ	65	6С7Б
6N16B	6.3V/0.4A	100V/6.3mA	R_k=325Ω	—	5mA/V	5kΩ	25	6Н16Б
6N17B	6.3V/0.4A	100V/3.3mA 200V/3.3mA	R_k=325Ω R_k=325Ω	— —	3.8mA/V 3.8mA/V	20kΩ 20kΩ	75 75	6Н17Б
6N21B-Q	6.3V/0.4A	200V/3.5mA	R_k=330Ω	—	4.2mA/V	21kΩ	90	6Н21Б
6J1B	6.3V/0.2A	120V/7.5mA	R_k=200Ω	120V/3.5mA	4.8mA/V			6Ж1Б
6J2B	6.3V/0.2A	120V/5.5mA	R_k=200Ω	120V/<6mA	3.2mA/V			6Ж2Б
6J23B-Q	6.3V/0.17A	120V/6mA	R_k=200Ω	120V/1.4mA	6mA/V			6Ж23Б
2P19B	2.2V/0.1A	120V/7.6mA	−5V	90V/<4mA	1.7mA/V			2П19Б
6P25B	6.3V/0.45A	110V/30mA	−8V	110V/<4mA	4.2mA/V			6П25Б
6P30B-Q	6.3V/0.45A	120V/30mA	R_k=330Ω	120V/<2mA	4.5mA/V			6П30Б
6P31B-Q	6.3V/0.45A	120V/30mA	R_k=330Ω	120V/<3mA	3.4mA/V			6П31Б

6N21B-Q

（336）中国—外国发射电子管型号对照

FD422	2E22（美国）
FU5	805（美国）、4242A（英国 STC）、RK57（美国 Raytheon）
FU7	807（美国）、Г807（苏联）
FU13	813（美国）、4B13（美国）、TT10（英国 Marconi）
FU17	ГУ17（苏联）、6360、QQE03-12（欧洲 Philips）
FU19	ГУ19-1（苏联）
FU25[*]	1625（美国）
FU29	829（美国）、2B29（美国）、ГУ29（苏联）
FU32	832（美国）
FU33	833（美国）
FU46	4146A（美国）、2B46（美国）、QE05/40（欧洲 Philips）
FU50	ГУ50（苏联）、P50/2（欧洲 RFT）

FU811　　　811（美国）

* 除热丝为 12.6V 外，特性与 FU7 相同。

4.2　英汉名词对照

DIODE	二极管
TRIODE	三极管
TETRODE	四极管
PENTODE	五极管
BEAM-POWER TUBE	集射功率管
BEAM PENTODE	集射五极管（多见于美国资料）
BEAM TETRODE	集射四极管（多见于英国资料）
PENTAGRID CONVERTER	五栅变频管
HEPTODE	七极管
MULTITUBE	复合管
MULTIPLE-UNIT TUBE	复合管
SPECIAL QUALITY TUBE	特别品质管
SPHERICAL TUBE	茄形 S 管
SHOULDERED TUBE	瓶形 ST 管
METAL TUBE	八脚 MT 金属管
GLASS TUBE	八脚 GT 管
MINIATURE TUBE	七脚 MT 小型管
NOVAL	九脚诺瓦型小型管
RIMLOCK	八脚里姆管
LOCKTAL TUBE	八脚锁式管
SUBMINIATURE TUBE	SMT 超小型管
NUVISTOR	小型金属抗振管
NOVAR	平面无管基大型九脚功率管
DUO -DECAR	小型平面玻璃管底十二脚紧密管
SHARP CUT-OFF	锐截止
REMOTE CUT-OFF	遥截止
FILAMENT	灯丝
HEATER	热丝
CATHODE	阴极
GRID-NO.1 (CONTROL GRID)	第一栅极（控制栅极）
GRID-NO.2 (SCREEN GRID)	第二栅极（帘栅极）
GRID-NO.3 (SUPPRRESSOR GRID)	第三栅极（抑制极）

PLATE	屏极
ANODE	（英）阳极
INTERNAL SHIELD	内部屏蔽
FILAMENT VOLTAGE	灯丝电压
FILAMENT CURRENT	灯丝电流
AC	交流
DC	直流
HEATER ARRANGEMENT	热丝安排
SERIES	串联
PARALLEL	并联
HEATER VOLTAGE	热丝电压
HEATER CURRENT	热丝电流
HEATER WARM-UP TIME (AVERAGE)	热丝加热时间（平均）
BULB TEMPERATURE (At hottest point)	管壳温度（在热测试点）
PLATE VOLTAGE	屏极电压
SUPPLY VOLTAGE	供给电压
DC PLATE VOLTAGE	直流屏极电压
PEAK POSITIVE-PULSE PLATE VOLTAGE (ABSOLUTE MAXIMUM)	正脉冲峰值屏极电压（绝对最大）
PEAK POSITIVE PLATE VOLTAGE	峰值正屏极电压
PEAK NEGATIVE PLATE VOLTAGE	峰值负屏极电压
DIRECT INTERELECTRODE CAPACITANCES	直接的极间电容
GRID to PLATE	栅极—屏极
GRID to CATHODE and HEATER	栅极—阴极及热丝
PLATE to CATHODE and HEATER	屏极—阴极及热丝
HEATER to CATHODE	热丝—阴极
ANODE VOLTAGE	（英）阳极电压
GRID VOLTAGE	栅极电压
NEGATIVE-BIAS VALUE	负偏压值
POSITIVE-BIAS VALUE	正偏压值
CATHODE BIAS	阴极偏压
FIXED BIAS	固定偏压
GRID-No.2 (SCREEN GRID) VOLTAGE	第二栅极（帘栅极）电压
PLATE CURRENT	屏极电流
ANODE CURRENT	（英）阳极电流
GRID-No.2 CURRENT	第二栅极电流
CATHODE CURRENT	阴极电流
PEAK CATHODE CURRENT	峰值阴极电流
AVERAGE CATHODE CURRENT	平均阴极电流

AMPLIFICATION FACTOR	放大系数
PLATE RESISTANCE (APPROX.)	屏极内阻（近似）
INTERNAL RESISTANCE	（英）内阻
TRANSCONDUCTANCE	互导
PEAK AF GRID-NO.1 (CONTROL GRID) VOLTAGE	
	第一栅极（控制栅极）峰值声频电压
PEAK AF GRID-NO.1-to-GRID-NO.1 VOLTAGE	栅至栅峰值声频电压
LOAD RESISTANCE	负载阻抗
EFFECTIVE LOAD RESISTANCE (PLATE-to-PLATE)	
	有效负载阻抗（屏至屏）
SECOND HARMONIC DISTORTION	二次谐波失真
TOTAL HARMONIC DISTORTION	总谐波失真
POWER OUTPUT	输出功率
PLATE DISSIPATION	屏极耗散
EACH PLATE	每屏
BOTH PLATES (BOTH UNITS OPERATING)	两屏（两单元工作）
FOR EITHER PLATE	任一屏极
FOR BOTH PLATES with BOTH UNITS OPERATING	
	两单元两屏一起工作
ANODE DISSIPATION	（英）阳极耗散
GRID-NO.2 DISSIPATION	第二栅极耗散
GRID-NO.2 INPUT	第二栅极输入
MAXIMUM CIRCUIT VALUE	最大电路值
GRID-CIRCUIT RESISTANCE	栅极电路电阻
FOR FIXED-BIAS OPERATION	固定偏压工作
FOR CATHODE-BIAS OPERATION	阴极偏压工作
CATHODE-BIAS RESISTANCE	阴极偏压电阻
GRID VOLTAGE (APPROX.) for PLATE CURRENT of $10\mu A$	
	栅极电压（近似）在屏极电流 $10\mu A$ 时
PEAK INVERSE PLATE VOLTAGE	屏极峰值反向电压
PEAK PLATE CURRENT (PER PLATE)	屏极峰值电流（每屏）
AC PLATE SUPPLY VOLTAGE (PER PLATE, rms)	
	交流屏极供给电压（每屏，均方根值）
DC OUTPUT CURRENT	直流输出电流
FILTER-INPUT CAPACITOR	滤波输入电容器
FILTER-INPUT CHOKE	滤波输入扼流圈
TYPICAL OPERATION with CAPACITOR INPUT to FILTER	
	典型电容输入滤波工作
TOTAL EFFECTIVE PLATE-SUPPLY IMPEDANCE PER PLATE	

	每屏总有效屏极供给阻抗
VOLTAGE REGULATION (APPROX.)	电压调整率（近似）
HALF-LOAD to FULL-LOAD CURRENT	半负载到全负载电流
PEAK HEATER-CATHODE VOLTAGE	热丝与阴极间峰值电压
HEATER NEGATIVE with RESPECT to CATHODE	热丝与阴极负向
HEATER POSITIVE with RESPECT to CATHODE	热丝与阴极正向
ZERO SIGNAL	零信号
MAXIMUM SIGNAL	最大信号
MAXIMUM 或 MAX.	最大值
PEAK	峰值
EFFECTIVE	有效值
AF	声频（低频）
RF	射频（高频）
MODULATOR	调制
TRANSMITTING	发射
HIGH-VACUUM	高真空
TRIODE CONNECTED	三极接法
PENTODE CONNECTED	五极接法
ULTRA-LINEAR CONNECTION, 43%TAPS	超线性接法，43%抽头
BRIEF DATA	简要资料
GENERAL	一般的
CHARACTERISTICS	特性（曲线）
CCS	连续工作
ICAS	间歇工作
OPERATING CONDITIONS As SINGLE VALVE CLASS A AMPLIFIER	
	工作状态单管甲类放大
OPERATING CONDITIONS FOR TWO VALVES in PUSH-PULL	
	工作状态双管推挽
TYPICAL OPERATING CONDITIONS and CHARACTERISTICS	
	典型工作状态及特性
CLASS A_1 AMPLIFIER	A_1 类放大
PUSH-PULL CLASS AB_1 AMPLIFIER-VALUES FOR TWO TUBES	
	推挽 AB_1 类放大—双管值
VERTICAL-OSCILLATOR SERVICE	垂直（帧）振荡使用
HORIZONTAL-OSCILLATOR SERVICE	水平（行）振荡使用
OPERATING CHARACTERISTICS (CONTINUED)	工作特性（连续）
DESIGN CENTRE RATINGS	设计中心额定值
MAXIMUM RATINGS	最大额定值
ABSOLUTE	绝对的

DESIGN Max.	设计最大
LIMITING VALUES (DESIGN CENTRE RATINGS SYSTEM)(each unit)	限制值（系统设计中心额定值）（每单元）
ELECTRICAL	电气的
MECHANICAL	机械的
RATINGS	额定值
BASE CONNECTIONS and VALVE DIMENSIONS	管基接法及管子尺寸
BASE	管基
PIN	管脚
BULB	管壳
GLASS TYPE	玻璃型
METAL TYPE	金属型
GLASS OCTAL TYPE	玻璃八脚型
MINIATURE TYPE	小型
NOVAR TYPE	无管基大九脚型
INSTALLATION	安装，装置
LIFE PERFORMANCE	寿命性能
REMARK	注意
APPLICATION	应用
NOTE	注解

不同的 6SN7GT

参考文献

[1] [美] RCA，RCA Receiving Tube Manual 1961（RCA 接收管手册）．

[2] [日] 松下电器産業株式会社，ナツォナル真空管.トラソヅスタ ハソドブッヮ，诚文堂新光社 1962 年（松下电子管、晶体管手册）．

[3] [德] SIEMENS，RÖHREN HALBLEITER BAUELEMENTE Taschenbuch 1964/1965（1964/1965 西门子电子管、半导体、元件手册）．

[4] [苏] А.М.Бройле Ф.И.Тарасов，СПРАВОчНИК ПО ЭЛЕКТРОВАКУУМНЫМ И ПОЛУПРОВОДНИКОВЫМ ПРИБОРАМ，ГЭИ1961（电子管和半导体器件手册）．

[5] [苏] В.А.ЗАЙЦЕВ С.Н.НИКОЛАЕВ，КРАТКИЙ СПРАВОЧНИК ПО ЭЛЕКТРО ВАКУУМНЫМ ПРИБОРАМ ИЗДАТЕЛЬСТВО 《ЭНЕРГИЯ》 1965（电真空器件简明手册）．

[6] [英] B.B.BABANI，Radio Television，Industrial Tube，Transistor and Diode Equivalents Handbook BERNARDS LTD1960（无线电、电视、工业用电子管、晶体管及二极管等效手册）．

[7] [美] HOWARD W.SAMS ENGINEERING STAFF，TUBE SUBSTITUTION handbook HOWARD W. SAMS & CO.，INC. THE BOBBS-MERRILL COMPANY，INC1964（电子管替代手册）．

[8] [荷] Th.J.KROES， TUBE & SEMICONDUCTOR SELECTION GUIDE 1960—1961 Philips Technical Library 1960（1960—1961 电子管及半导体选择指南）．

[9] [日] 山川正光，世界の真空管カタログ 誠文堂新光社 1995 年（世界电子管手册）．

[10] [美] RCA，1965 RCA REFERENCE BOOK（RCA 1965 年便览）．

[11] 北京电子管厂，收讯管目录.

[12] 曙光电子管厂，电子管手册.

[13] 唐道济. 电子管声频放大器实用手册. 北京：人民邮电出版社，2009.

参考文献

[1] RCA. RCA Receiving Tube Manual 1961. (RCA 电子管手册).

[2] 日下部益次, 子安胜. 真空管手册. 魏炎荣译. 北京: 科学普及出版社.

[3] SIEMENS, RÖHREN TABELLEN R VADEMENTO Taschenbuch 1964/1965.

[4] А.М.Бройде. СПРАВОЧНИК ПО ЭЛЕКТРОВАКУУМНЫМ И ПОЛУПРОВОДНИКОВЫМ ПРИБОРАМ. ЭНЕРГИЯ.

[5] М.И.Азарцев. СПРАВОЧНИК РАДИО. СПРАВОЧНИК ПО ЭЛЕКТРО ВАКУУМНЫМ ПРИБОРАМ. ИЗДАТЕЛЬСТВО ЭНЕРГИЯ.

[6] В.В.ВАRАNI. Radio Television Industrial Tubes: Transistor and Diode equivalents Handbook BERNARDS LTD1960.

[7] HOWARD W.SAMS ENGINEERING STAFF. TUBE SUBSTITUTION handbook HOWARD W. SAMS & CO., INC. THE BOBS-MERRILL COMPANY, INC.

[8] Th.J.KROES.. TUBE & SEMICONDUCTOR SELECTION GUIDE 1960~1961 Philips technical Library 1960 (1961 年菲利普公司电子管与半导体选择指南).

[9] RCA. 1965 RCA REFERENCE BOOK. (RCA 1965 手册).